高等职业教育“十四五”规划教材

应用化工生产技术

（第二版）

王艳艳　王焕梅　主编

中国石化出版社
·北京·

内 容 提 要

全书分为五篇，共十五章。本书的编写以对化学工业的认识过程为主线，首先介绍化工生产过程的组织和管理，然后以天然气、石油、煤为原料，介绍石油化工、天然气化工、精细化工、煤化工等的主要技术手段，并列举了大量的生产案例。

本书较好地反映了我国化学工业的发展和技术特点，可作为高等职业院校、本科院校化工技术类专业及相关专业教材，也可作为五年制高职、成人教育化工及相关专业的教材，还可供从事化工技术工作的人员参考使用。

图书在版编目(CIP)数据

应用化工生产技术 / 王艳艳，王焕梅主编．—2 版．北京：中国石化出版社，2024. 8.
ISBN 978-7-5114-7619-7

Ⅰ. TQ

中国国家版本馆 CIP 数据核字第 2024KS3806 号

未经本社书面授权，本书任何部分不得被复制、抄袭，或者以任何形式或任何方式传播。版权所有，侵权必究。

中国石化出版社出版发行
地址：北京市东城区安定门外大街 58 号
邮编：100011 电话：(010)57512500
发行部电话：(010)57512575
http://www.sinopec-press.com
E-mail:press@sinopec.com
北京富泰印刷有限责任公司印刷
全国各地新华书店经销
*
787毫米×1092毫米 16 开本 28.5 印张 770 千字
2024 年 8 月第 2 版 2024 年 8 月第 1 次印刷
定价：78.00 元

前　　言
（第二版）

应用化工生产技术作为一门专业核心课程，力求实现教材内容与化工企业岗位所需知识的无缝对接，使学生能够尽快适应工作岗位的需要。本书第一版自2013年出版以来，受到了化工类高等职业院校的广泛关注和高度评价，在应用化工生产技术相关课程教学中发挥了重要的作用。随着高等职业教育教学改革不断深化，本书的专业覆盖面应该更加广泛，有助于应用化工技术专业、石油化工生产技术专业、化工安全专业、公用工程等专业技术技能型人才的培养；同时随着科技的飞速发展，新材料、新工艺、新技术层出不穷，专业课教材的内容也要做到与时俱进。根据教师在使用第一版的过程中反馈的信息，本次修改对本书中部分内容进行调整。

鉴于以上几点原因，本次修订中，在第一版的基础上调整和更新的内容如下：

1. 书中涉及的标准、工艺进展等具有时效性内容，基本采用最新的内容。
2. 部分章节的内容做了适当调整。
3. 对第一版中错别字及有争议的内容进行了纠正。
4. 对知识链接部分进行了内容更新。

本书内容调整及内容更新由兰州石化职业技术大学的王艳艳负责，错别字及有争议内容的修订由兰州石化职业技术大学的王小瑞和酒巧娜负责。在本书的修订过程中，兰州石化职业技术大学及所在地石化企业也给予了大力支持，在此一一表示感谢。同时感谢中国石化出版社给予的指导。在修订过程中，编者参考了大量的文献资料，在此特向文献资料的作者表示感谢，所列参考文献如有遗漏之处，敬请谅解。

由于编者水平有限，加之时间仓促，难免有不妥之处，敬请广大师生和读者批评指正，在此深表感谢。

前　言
（第一版）

为适应高职教育教学改革的需要，根据高等职业教育技术技能型人才的培养目标，以及国家示范性高等职业院校教材建设的要求，兰州石化职业技术学院教材资源建设研讨会确定了以应用、技术、技能为目的的教学基本要求，依据高职院校应用化工技术类专业专业面宽的实际情况和化工产品生产技术(工艺)的特点，本书本着从理论高度解析化工产品生产过程的原则，以化工原料路线为主线，化工生产的共性为基准，进行归类编排，该教材体系由六篇组成。

第一篇是基础篇(第一章~第三章)，即化工生产过程的组织与管理，此部分内容是把化工产品生产技术的共性内容抽提出来，包括化工生产过程、化工生产过程分析、化工生产过程的组织与管理等内容，这些问题的集中研究和学习有利于教师教学组织和学生知识的掌握。

第二篇至第五篇从化工原料出发，以天然气、石油、煤为原料介绍天然气化工、石油炼制与化工、有机化工、精细化工、煤化工等采用的主要化工技术手段，并列举了大量的生产案例。《应用化工生产技术》(第四章~第十五章)是应用化工生产技术部分，这部分内容是对化工生产技术的研究描述，按原料预处理、化学反应过程、产品分离技术、三废治理和安全操作等方面进行编排。

本书突出了化工生产过程这条主线，按认识发展的规律性和教学活动的规律性，首先介绍化工生产过程、分析及组织和管理等基本知识，为后续工艺课程提供强有力的理论基础，工艺课程内容穿插介绍化工生产中常用的生产技术，形成基础理论和工艺、工程应用前后呼应，相互融合渗透的知识体系。使学生在学习化工生产过程和工艺基本知识的同时，掌握处理工程、工艺问题的基本方法，培养学生的创造能力。

本书特别强调工程技术观点和实践技能的训练，突出了运用物理化学原理并结合化工生产实际分析和讨论问题，并且通过大量的工程实例进行分析说明，做到了理论与实际相结合，强化了对学生分析和解决生产实际问题的能力培养。

本书由王焕梅、魏刚主编，其中第六章、第七章、第九章由王焕梅编写；绪论、第一章~第五章、第八章、第十章、第十一章由魏刚编写；第十二章~第十五章由王建强编写；王艳艳、顾永和等同志参与了本书的习题与练习的编写。

本书注重理论联系实际，密切结合工程实际问题，内容由浅入深、循序渐进，力求概念清晰、层次分明，便于自学。本书可作为化工类及相关专业的教材，也可供有关科研、设计及生产单位的科技人员参考。

在编写本书的过程中，作者参考了大量的文献资料，在此特向文献资料作者表示感谢。参考文献所列如有遗漏之处敬请谅解。本书由于编者水平所限，加之时间仓促，难免有不妥之处，敬请同仁和读者批评指正。

目　录

第五篇　煤化工

绪 论

学习导言

通过本章的学习，了解化学工业的行业划分及特征；熟悉化学工业在国民经济中的地位和作用，化学工业的发展趋势与特点；并了解化工生产技术研究的主要内容及课程的学习要求。

一、化学工业概述

化学工业又称化学加工工业，化学工业是19世纪初开始形成，并发展较快的一个工业门类，泛指用化学工程的方法，化学工艺的技术，从事应用型、功能性产品生产和加工的工业。

随着科学技术的发展，化学工业由最初只生产纯碱、硫酸等少数几种无机产品和主要从植物中提取茜素制成染料的有机产品，逐步发展为一个多领域、多品种的生产行业，出现了一大批综合利用资源和规模大型化的化工企业，包括基本化学工业和塑料、合成纤维、石油、橡胶、药剂、染料工业等。化学工业是利用化学反应改变物质结构、成分、形态等生产化学产品，如：无机酸、碱、盐、稀有元素、合成纤维、塑料、合成橡胶、染料、油漆、化肥、农药等的部门。

化学工业按照GB/T 4754—2017《国民经济行业分类》行业管理分工，可分为以下行业：

(1) 石油和天然气开采业：①石油开采；②天然气开采。

(2) 石油、煤炭及其他燃料加工业：①精炼石油产品制造；②煤炭加工；③核燃料加工；④生物质燃料加工。

(3) 化学原料和化学制品制造业：①基础化学原料制造；②肥料制造；③农药制造；④涂料、油墨、颜料及类似产品制造；⑤合成材料制造；⑥专用化学品制造；⑦炸药、火工及焰火产品制造；⑧日用化学产品制造。

(4) 医药制造业：①化学药品原料药制造；②化学药品制剂制造；③中药饮片加工；④中成药生产；⑤兽用药品制造；⑥生物药品制品制造；⑦卫生材料及医药用品制造；⑧药用辅料及包装材料。

(5) 化学纤维制造业：①纤维素纤维原料及纤维制造；②合成纤维制造；③生物基材料制备。

(6) 橡胶和塑料制品业：①橡胶制品业；②塑料制品业。

(7) 专用设备制造业：①采矿、冶金、建筑专用设备制造；②化工、木材、非金属加工专用设备制造；③印刷、制药、日化及日用品生产专用设备制造。

(8) 废弃资源综合利用业：①金属废料和碎屑加工处理；②非金属废料和碎屑加工处理。

(9) 燃气生产和供应业：①天然气生产和供应业；②液化石油气生产和供应业；③煤气生产和供应业；④生物质燃气生产和供应业。

二、化学工业在国民经济中的地位和作用

化学工业是国民经济的支柱产业之一，化学工业产品种类多、数量大，为国民经济各部门和人民生活各方面提供了有力的保障。

1. 化学工业是能源的主要供应者

化学工业中的石油炼制过程生产的汽油、煤油、柴油、重油以及天然气是当前主要能源的主要供应者。目前，全世界石油和天然气消费量约占能源能耗总量的60%；我国因煤炭使用量大，石油的消费量不到20%。燃料油能源主要用作汽车、飞机、轮船、锅炉等的燃料，少量用作民用燃料。能源是制约我国国民经济发展的一个因素，化学工业的能耗约占能源总消耗的8.5%，应不断降低能源消费量。

2. 化学工业是材料工业的支柱之一

金属、无机非金属材料和高分子合成材料称为三大材料。全世界化学工业提供的高分子合成材料目前产量约1.45×10^8t。除合成材料外化学工业还提供了绝大多数的有机化工原料，如乙烯、丙烯、丁二烯、苯、甲苯、二甲苯、乙苯等。

3. 化学工业促进了农业的发展

农业是我国国民经济的基础产业。化学工业提供的氮肥占化肥总量的80%，农用塑料薄膜的推广使用，加上农药的合理使用以及大量农业机械所需各类燃料，形成了支援农业的主力军。

4. 国民经济各工业部门离不开化学工业产品

现代交通工业的发展与燃料供应息息相关，可以毫不夸张地说没有燃料就没有现代交通工业。金属加工、各类机械毫无例外需要各类润滑材料及其他配套材料，消耗了大量化工产品。建材工业是化工产品的新领域，如塑料管材、门窗、铺地材料、涂料被称为化学建材。轻工、纺织工业是化工产品的传统用户，新材料、新工艺、新产品的开发与推广都有化工产品的身影。当前，高速发展的电子工业以及诸多的高新技术产业，对化学工业尤其是以石化产品为原料生产的精细化工产品提出了新要求，这对发展化学工业是个巨大的促进。

5. 化学工业的建设和发展离不开各行业的支持

国内外的化工企业都是集中建设一批生产装置，形成大型化工工业区，炼油装置为“龙头”石化装置提供裂解原料，如轻油、柴油并生产大量燃料油；裂解装置生产乙烯、丙烯、苯、二甲苯等石化基本原料；建设以上述原料为主生产合成材料和有机原料的系列生产装置，其产品、原料有一定比例关系。如要求年产60×10^4t乙烯，粗略计算，约需裂解原料240×10^4t，对应炼油厂加工能力约500×10^4t，可配套生产合成材料和基本有机原料180×10^4t。由此可见，建设化工工业区要投入大量资金，厂区选址适当，不但要保证原料和产品的运输，而且要有充分的电力、水供应及其他配套的基础工程设施。各生产装置需要大量标准、定型的机械、设备、仪表、管道和非定型专用设备。制造机械设备涉及材料品种多，要求各异，有些重点设备单件重几百吨；有的要求耐热1000℃以上，有的要求耐冷−150℃，有些关键设备需在国际市场采购。所有这些都需要冶金、电力、机械、仪表、建筑、环保各行业支持。化工行业是个技术密集型产业，生产方法和生产工艺的确定，关键设备的选型、选用、制造等一系列技术，都要求由专有或独特的技术标准所规定，如从国外引进要支

付专利或技术使用费。因此，只有加强基础学科，尤其是有机化学、高分子化学、催化、化学工程、电子计算机、自动化等方面的研究工作，加强相关专业技术人员的培养，使之掌握和采用先进科研成果，再配合相关的工程技术，化学工业才有可能不断发展，登上新台阶。

当前，自然科学和技术科学的各门学科正在酝酿着新的技术突破，化学工业也将随着催化、分子设计、激光和化学仿生学等重大技术突破而进入一个崭新的时代。

三、化学工业的行业特点

现代化学工业生产过程有很多区别于其他工业部门的特点，主要体现在以下几个方面。

1. 投资和资金密集

化学工业的发展在很大程度上要依靠科研和新技术开发的成果，而科研、开发的经费很高；引进技术和专利也需要资金；工艺流程长，生产设备多；使用昂贵的特殊材料和自动化程度很高的装置，所以投资较高。装置规模适当扩大可开展副产品及能量的综合利用，有利于降低产品成本。

2. 知识技术密集

高度机械化、自动化、连续化、智能化的生产装置要求生产过程高度连续性，要求有理想的自动控制系统来保证产品质量。因此不仅要有化工工艺的工程技术人员，而且要有电气、仪表、计算机、机械设备、分析的工程技术人员，还要有众多具有一定文化技术素质、能熟练进行岗位操作的操作人员。

3. 综合性强

化学工业是原料种类多、生产方法多样化和产品品种多的工业部门。许多化工生产过程之间存在着各种不同形式的纵向联系和横向联系。如炼焦工业生产出的副产焦油，可进一步加工生产其他化工产品；同样的生产线、同样的设备变换用不同的原料可生产出不同的产品。

4. 能源消耗大，综合利用潜力大

化工产品的生产多以石油、煤为原料和燃料，现代化工是燃料和电力的最大用户之一。化学反应过程也是能量转移的过程，反应过程中释放的热量是一种有价值的能源，综合利用化学反应热是化工生产技术进步的一个重要内容。一般在化工生产过程中，参加化学反应的物质除了生成主产品外，还有一些副产物和废水、废气、废渣，造成能源和资源的很大浪费。化工生产过程中排放的“三废”种类繁多，排放量大，一般多是有害的，甚至是剧毒物质。因此，“三废”的形成不仅浪费原材料，而且污染环境，危及人类健康。所以化工企业加强“三废”综合治理十分重要，可以变废为宝，不仅节约资源和能源，而且对于保护环境、造福人类意义更大。

5. 安全生产要求严格

化工生产具有易燃、易爆、易中毒，高温、高压、腐蚀性强等特点，工艺过程多变，因此不安全因素很多，不严格按照工艺规程和岗位操作法生产就容易发生事故。但是只要化工生产过程严格执行安全生产规程，事故是可以避免的。尤其是连续性的大型化工生产装置，要想充分发挥现代化工业生产的优越性，保证高效、经济地生产，就必须高度重视安全，确保装置长期、连续地安全运转。

6. 技术革新和创新是化学工业发展的源泉

化工产品产值的发展速度快于整个工业的发展速度，而且化工生产技术进步快，产品更新快。

四、化学工业的可持续发展

1. 合理利用资源

在化工产品生产过程中，从工艺源头上就运用环保的理念，推行源消减、进行生产过程的优化集成，废物再利用与资源化，从而降低了成本与消耗，减少废弃物的排放和毒性，减少产品全生命周期对环境的不良影响。要实现资源的合理利用需在可持续发展理念指导下，开发新技术，使用新工艺，提高原料转化率及目的产物的收率，使用闭路循环系统，实现废物最小化，发展生物碳化工和二氧化碳转化加工经济发展模式，实行低碳经济的发展模式。

2. 能量合理利用

大力开发节能新技术，不断开发和利用新能源，提高能源生产和使用的效率以及增加低碳或非碳燃料的生产和利用的比例。

3. 环境友好与可持续发展

尽可能地减少对于煤炭石油等高碳能源的消耗，同时积极探索碳封存技术的研发和利用途径，从而实现减缓大气中 CO_2 浓度增长的目标；加大废水、废气、废渣的综合利用和无害化处理，减小排放，最终形成经济社会发展与生态环境保护双赢的局面。

五、化工生产技术的研究内容与研究方法

化工生产技术本质上是研究化工产品生产的“技术”“过程”和“方法”的学科，是用先进的、经济的过程工业和方法生产出合乎质量要求的产品的技术。概括起来化工生产技术研究的主要内容包括三个方面：生产过程的原理和工艺流程，生产的工艺操作控制条件和技术管理控制，化工三废治理和安全、环保措施。

化工生产技术必然要有一个合理的、先进的、经济上有利的工艺流程，这个流程要保证从原料进入流程直至产品下线，过程顺畅、经济合理，原料的利用率高，能耗和物耗低。而这个流程是通过一系列设备和装置体现出来，组成一个有机的流水线，在流水线上设备串联或并联运行。因此，微观上的工艺流程形成了宏观上的硬件设备设施。

化工生产技术有了工艺流程(宏观上的硬件设备设施——流水线)，还要有一套合理的、先进的、经济上有利的工艺操作控制条件和质量保证体系。包括反应的温度、压力、催化剂、原料和原料准备、投料配比、反应时间、生产周期、分离水平和条件、后处理加工包装等，以及对这些操作参数监控、调节的手段，此即化工生产中的软件控制部分。

当然，在整个生产过程中要保证安全，即保证人身安全和设备设施的安全运行，遵守卫生标准和要求，在保证先进、合理、经济、安全的同时，要求保护环境、杜绝公害、减少污染，对产生的污染一定要综合治理，这也是化工产品生产技术研究的主要内容。

化工产品数以百万计，按大的类型来分可以分为千百个类型，每个类型中各个产品生产的方法、技术、流程、设备又千差万别，因此，我们不可能逐一研究、介绍、熟悉每一个产

品生产过程，而必须从理论高度解析化工产品的生产过程，这就是化工生产技术学科重要的研究方法。

依据上述化工生产技术研究的主要内容，任何一个复杂的化工产品生产过程，我们把它从技术工艺上分为三个部分，第一部分是工艺流程；第二部分是工艺操作参数；第三部分是环境安全和三废治理。这三个部分既相对独立，又互相依存、互相联系。工艺流程主要体现出来的是设备或装置的一个流水线，而它的每一个设备必须有工艺操作参数条件作为它的软件和核心。也就是说生产的工艺操作参数条件是灵魂，而生产的工艺、设备流程是躯壳，三废治理是我们研究灵魂和躯壳时必须铭记在心的一个“规矩”。有了这一纲领性认识，就有了化工生产技术研究的方法和思路，并可以指导实践。

六、 应用化工生产技术的课程性质和学习任务

应用化工生产技术是应用化工技术等化工技术类专业学生的必修课。本书根据化工生产过程的内在关系、组织特点和工艺规律，阐述化工生产技术的基本知识和基本原理；以化工过程所使用天然原料为主线，选择各种原料基础上具有代表性的化工产品，介绍其工艺原理、生产方法、主要工艺条件和典型反应设备的基本结构与操作；重点学习讨论化学反应部分的工艺原理、工艺条件、反应设备的结构特点以及工艺流程等；对于物质和能量的回收及综合利用、环境保护、新工艺、新技术和新方法等予以适当介绍。

通过本课程的学习，了解化工生产原料及主要化工产品，了解不同类型的化工生产技术的特点；熟悉典型化学品的特性、合成原理和生产方法，理解化工工艺流程、工艺条件对生产的影响、典型化学反应器的基本结构和基本操作方法；掌握化工生产技术的共性，包括基本概念、基本原理和基本工艺计算，具有化工生产的基本技能、分析和处理一般的工艺问题的基本能力。可以应用它学会如何把一个具有工艺条件的化学反应，通过工艺向工程的飞跃，变成一个由具体生产设备组成的生产流程。

本书强调理论联系实际，重视化工生产技术基本知识、基本原理和基本技能的培养；重视分析和解决实际问题能力的培养；注重安全生产意识、经济技术观点、环境生态意识和创新意识的培养，为学生从事化工生产，具备实事求是的科学态度，良好的化工职业素质奠定基础。

习题与练习

1. 化学工业在国民经济中的地位如何？
2. 按行业管理分工划分，化学工业分为哪些行业？
3. 举例说明化学工业的产品及应用。
4. 按生产原料及产品划分，化学工业分为哪些行业？
5. 谈谈化学工业的行业特点。
6. 21 世纪化学工业的发展面临哪些机遇和挑战？
7. 什么是化工生产技术？本课程的主要内容与要求是什么？
8. 怎样才能具备良好的化工职业素质？

第一篇　化工生产过程的组织与管理

化工生产过程是从原料到产品的过程，是将设备和管线科学组织和管理的过程，是将生产过程参数和产品质量高度化、自动化控制的过程，是将若干个化工单元操作和反应单元按一定的规律组成系统的过程，是能量的合理规划和利用的过程，是人力、物力资源的合理配置和科学管理的过程，是企业利益和社会效益最大化的过程，是一个系统工程。

第一章　化工生产过程

✲**目标要求：**

熟悉化工生产过程的原料路线、原料分类和来源；

了解化工生产过程工序、生产过程的组成及操作方式；

掌握化工生产原料路线的选择及原料预处理过程的目的、意义和方法；

掌握化工反应过程类型、特点；了解化学反应器的类型、特点及选型；

了解化工产物分离方法及产品分离方案的选择。

✲**能力要求：**

具有初步的化工生产原料路线的选择能力；

具有对化工生产过程组织的初步能力。

化工产品种类繁多，性质各异。不同的化学产品其生产过程不尽相同；同一产品原料路线和加工方法不同，其生产过程也不尽相同。但是一个化工生产过程都包括：原料的净化和预处理过程、化学反应过程、产品的分离与提纯过程。

第一节　化工原料的准备、净化和预处理过程

一、化工原料

（一）化工基础原料

化工基础原料是指用来加工化工基本原料和产品的天然资源，通常是指石油、天然气、煤和生物质以及空气、水、盐、矿物质和金属矿等自然资源。这些天然资源来源丰富，价格低廉，但经过一系列化学加工以后，就可得到很多很有价值的、更方便利用的化工基本原料和化工产品。原油、天然气、煤都是矿物能源，对化学工业有双重意义，既是原料又是能源。

1. 原油

从油田开采出来未经加工处理的石油称为原油。原油为一种褐黄色至黑色的可燃性黏稠液体，具有特殊气味，不溶于水。原油性质因产地而异，国内已开发的油田其原油黏度一般在几至几十毫帕·秒，相对密度在0.85左右，属中质原油；有的油田原油黏度高达几百甚至几万毫帕·秒，相对密度在0.90以上，为重质原油。

(1)原油的组成与分类：

原油的化学组成非常复杂，主要是由碳、氢两种元素组成的各种烃类，并含有少量的N、O、S化合物，以及Ni、V、Si等少量元素。其中碳含量为83%~87%，氢为11%~14%，氢碳原子比为1.65~1.95。N、S、O含量为1.0%~5.0%。C、H、S、O、N等元素在原油中形成各种化合物，这些化合物概括起来可分为两大类，即：烃类和非烃类化合物。烃类化合物是原油的主要组分，包括烷烃、环烷烃和芳烃。此外还含有数量不等的非烃类化合物，如含硫化合物、含氧化合物及含氮化合物，以及由C、H、N、O、S形成的多环复杂化合物——胶质和沥青质。在多数原油中硫化合物总量小于1%，氮化合物含量在万分之几到千分之几，氧含量从千分之几到1%，变化较大。

原油中的微量元素(V、Ni、Fe等)总含量小于0.02%~0.03%，这些元素对加工有害，必须尽可能将其除去。

按照化学组成，原油大体可划分为石蜡基、中间基和环烷基三大类。石蜡基原油一般含烷烃量超过50%。其特点是密度较小、含蜡量较高，凝点高，含硫、含胶质较少，是属于地质年代古老的原油，这种原油生产的直馏汽油辛烷值低，柴油的十六烷值较高。大庆原油是典型的石蜡基原油。其润滑油馏分具有良好的黏温性能，用常规的生产工艺即可获得高黏度指数的润滑油基础油。

环烷基原油的特点是含环烷烃、芳香烃较多，密度较大，凝点低，一般含硫、含胶质、含沥青质较多，是地质年代较年轻的原油。它所生产的汽油中含50%以上的环烷烃，直馏汽油的辛烷值较高，柴油的十六烷值较低，润滑油的黏温性质差。环烷基原油是原油中的重质原油，含有大量胶质和沥青质，又称为沥青基原油，可以用来生产各种高质量的沥青，孤岛原油就属于这一类。

中间基原油的性质介于这两类之间，此外还有主要成分为芳香烃的芳烃基原油。表1-1为主要国产原油的一般性质。

表1-1 国产原油的一般性质

原油产地	大庆	胜利	辽河	华北	中原	新疆吐哈
密度(20℃)/(kg/m³)	855.4	900.5	920.4	0.8837	846.6	819.7
运动黏度/(50℃)/(mm²/s)	20.19	80.36	109.0	57.1	10.32	2.72
凝点/℃	30	28	17(倾点)	36	33	16.5
蜡含量/%(质量)	26.6	14.6	9.5	22.8	19.7	18.6
庚烷沥青质/%(质量)	0	<1	0	<0.1	0	0
残炭/%(质量)	2.9	6.4	6.8	6.7	3.8	0.9
灰分/%(质量)	0.002	0.020	0.010	0.0097	—	0.014
硫含量/%(质量)	0.10	0.80	0.21	0.31	0.52	0.03
氮含量/%(质量)	0.16	0.41	0.400	0.38	0.17	0.05
镍含量/(μg/g)	3.1	26.0	32.5	15.0	3.3	0.5
钒含量/(μg/g)	0.04	1.6	0.6	0.7	2.4	0.03

(2)原油的加工方法:

习惯上将石油炼制过程不很严格地分为一次加工、二次加工、三次加工三类过程。

① 一次加工过程。将原油用蒸馏方法分离成几个不同沸点范围的馏分，常称原油蒸馏。它包括原油预处理、常压蒸馏和减压蒸馏。通常蒸馏馏分可分为：轻汽油、汽油、喷气燃料、煤油、柴油、润滑油、重油(渣油)。

② 二次加工过程。将一次加工过程产物进行再加工，主要是指将重质馏分油和渣油经过各种裂化生产轻质油的过程，包括催化裂化、热裂化、催化重整、加氢裂化、延迟焦化、石油产品精制等。

③ 三次加工过程。主要指将二次加工产生的各种气体进一步加工生产高辛烷值汽油组分和各种化学品的过程，包括石油烃裂解、烷基化、烯烃叠合、石油烃异构化等。

图 1-1 概括了以石油为原料进行化工生产的路线图。

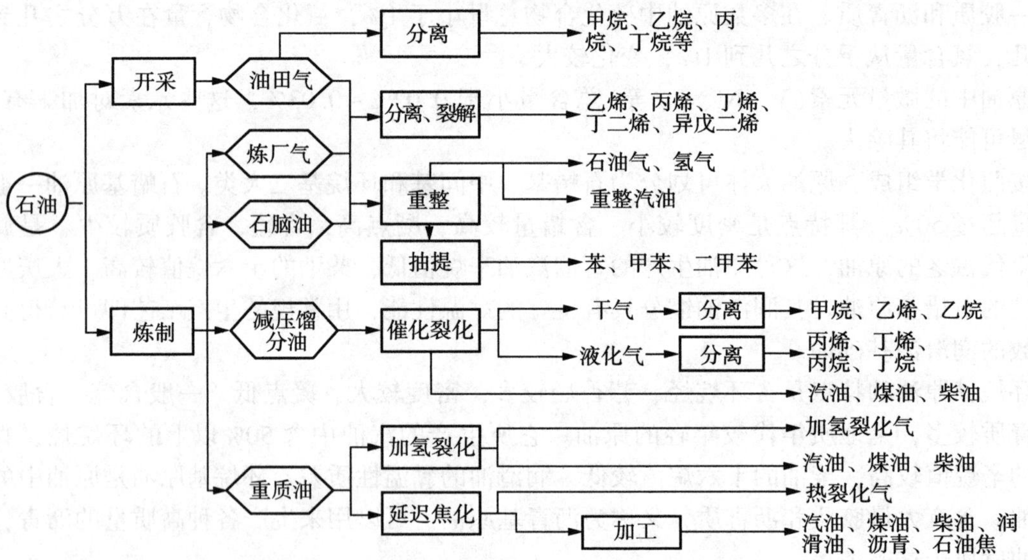

图 1-1　以石油为原料的化学加工方法和途径

2. 天然气

天然气是埋藏在地下的主要含有甲烷的可燃性气体，它的产地常常和石油产地在一起，在开采石油时析出含烷烃的气体称为油田气或多油天然气。天然气也有单独蕴藏的资源。

(1)天然气的组成与分类:

天然气中除含有甲烷外，还含有少量的乙烷、丙烷、丁烷、二氧化碳、二氧化硫、硫化氢、氮等气体。

天然气按组成可分为干气和湿气两类，干气以甲烷为主要成分，湿气除甲烷外尚含有相当量的乙烷、丙烷、丁烷及 C_4 以上的烃类。甲烷的沸点很低(111.6K)，极难液化。而 C_2 以上的组分沸点较高，易于液化。

天然气按来源可分为气井气、凝析气、油田伴生气。气井气多为干气，通常具有较高的压力；凝析气含有相当量的 $C_5 \sim C_{10}$ 烃类，并溶有 $C_1 \sim C_4$ 烃类，当开采后节流至管输压力时，可获得凝析油；油田伴生气富含有 C_2 以上烷烃，通常开采 1t 油可回收 $30 \sim 500m^3$ 的伴生气。表 1-2 列出了我国主要产地的天然气气体组成。

表 1-2 我国主要天然气产地的气体组成 %(体积)

天然气种类	四川地区			大庆地区			胜利油田
	1#	2#	3#	1#	2#	3#	
C_1	93.01	97.84	87.58	82.76	84.56	91.05	92.07
C_1 以上组分	1.05	1.32	0.24	14.64	14.53	8.39	6.38
$CO+CO_2$	0.42	0.35	4.16	0.5	0.3	0.12	0.68
N_2	5.5	0.53	6.48	1.59	1.78	0.46	0.84
H_2S	$(20\sim40)\times10^{-6}$	0.03	1.22	20×10^{-6}	30×10^{-6}	—	—
He	—	0.05	0.22	—	—	—	—

(2)天然气的化学加工方法：

天然气大部分用于工业燃料，只有少部分用于化工原料。天然气不仅可用于生产合成气或含氢量很高的气体，然后再进一步合成甲醇、高级醇、合成氨、尿素等，而且还可以直接制得许多重要化工产品，如乙炔、氢氰酸、甲烷卤代烃等。天然气的化学加工方向如图1-2所示。

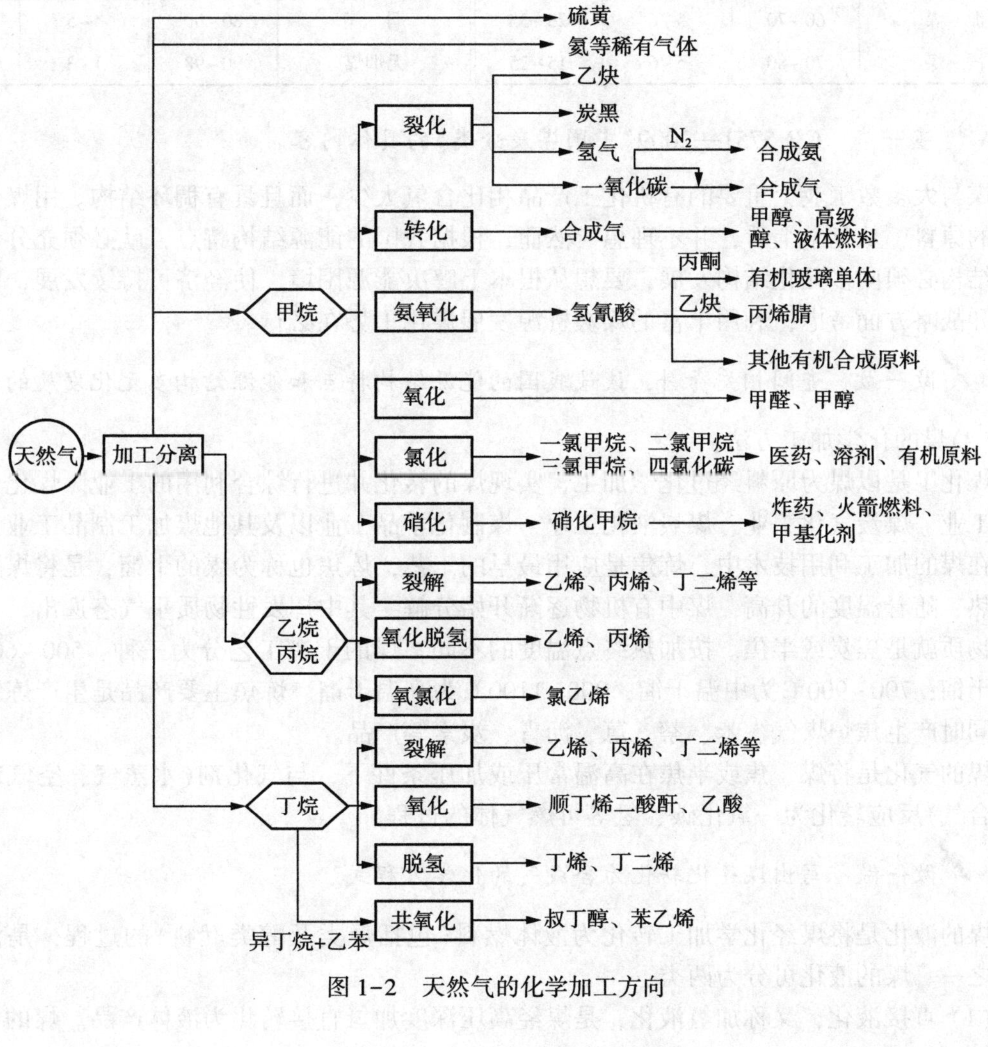

图 1-2 天然气的化学加工方向

天然气能与空气和氧气形成爆炸性混合物，在空气中的爆炸范围为5%~6%(体积)。高于或低于此范围时则无爆炸危险；如果超过爆炸上限时，遇火花或温度达到燃点即能燃烧。

3. 煤

(1)煤的种类与组成：

煤是古代植物堆积在地层中经炭化而成的，根据其炭化过程大致可分为泥煤、褐煤、烟煤和无烟煤四类。泥煤是植物炭化的第一步产物，色褐黑而质致密，水分约为80%，燃烧热值较小。褐煤是炭化的第二步产物，色褐黄，呈木质结构，又似泥土状，易燃，燃烧热值小，含30%~40%水分。烟煤的炭化程度较褐煤为高，呈深褐色，质致密，燃烧时有浓烟。无烟煤的炭化程度最高，含挥发性组分最少而固定碳最多，燃点高，发热值最高。

煤的结构极其复杂，由含稠合芳香环和氢化芳香环的大分子构成，其近似组成为$(C_{135}H_{97}O_9NS)_n$，因此煤是由碳、氢、氧、氮、硫构成的有机物质和硅、铁、铝、钙等构成的无机物质共同组成。中国煤分类是根据GB 5751—2009进行的。煤的主要元素组成见表1-3。

表1-3　煤的主要元素组成 %

煤的种类	元素分析			煤的种类	元素分析		
	C	H	O		C	H	O
泥　煤	60~70	5~6	23~35	烟　煤	80~90	4~5	5~15
褐　煤	70~80	5~6	15~25	无烟煤	90~98	1~3	1~3

查一查　GB 5751—2009《中国煤炭分类》的具体内容。

煤与大多数工业上重要的有机化工产品相比含氢太少，而且具有稠环结构。用煤作化学工业的原料，从化学上看，并不理想。然而，根据我国的能源结构特点，就必须充分认识到能源结构必须向多元化结构发展，要想从根本上解决能源困境，使经济可持续发展，同时从能源和战略方面考虑，利用丰富的煤炭资源发展煤化工势在必行。

做一做　查阅相关资料，谈谈我国的能源结构特点和能源结构多元化发展的现状。

(2)煤的化学加工方法：

煤化工是以煤为原料经过化学加工，实现煤的转化并进行综合利用的工业。煤化工包括炼焦工业、煤炭气化工业、煤炭液化工业、煤制化学品工业以及其他煤加工制品工业。

在煤的加工利用技术中，炼焦是应用最早的工艺，炼焦也称为煤的干馏，是将煤隔绝空气加热，随着温度的升高，煤中有机物逐渐开始分解，其中挥发性物质呈气态逸出，残留下固体物质就是焦炭或半焦。按加热终点温度的不同，煤的干馏工艺分为三种：500~600℃为低温干馏；700~900℃为中温干馏；900~1100℃为高温干馏。炼焦主要产品是生产炼铁用焦炭，同时产生焦炉煤气、苯、萘、蒽、沥青、炭素等产品。

煤的气化是将煤、焦或半焦在高温常压或加压条件下，与气化剂(水蒸气、空气或它们的混合气)反应转化为一氧化碳、氢等可燃气体的过程。

做一做　写出煤气化转化为合成气的化学方程式。

煤的液化是将煤经化学加工转化为液体燃料(包括烃类及醇类燃料)的过程，是洁净煤技术之一。煤的液化可分为两类：

(1) 直接液化，又称加氢液化，是煤经高压深度加氢直接转化为液体产品。煤的加氢过程复杂，主要反应：①煤受热裂解的热裂解反应；②煤的加氢裂解反应，如多环芳香结构饱和加氢、环破裂及脱烷基，使相对分子质量降低；③煤中氧、硫、氮原子的脱除反应。

由于煤加氢一般还采用溶剂，这些溶剂还进行供氢反应，即供氢溶剂给出氢及从气相中吸收氢，以发挥传递氢的作用，所以液化装置运转时溶剂是循环使用的。直接液化的优点是热效率高，液体产品收率高；缺点是煤浆加氢工艺过程各步骤的总体操作条件相对苛刻。

（2）间接液化，煤先气化制得合成气，然后在温度200~350℃、压力1~3MPa下，通过铁和钴催化剂作用，将合成气转化为烃类及醇类燃料。

做一做　查相关资料，谈谈煤液化技术的前景和进展状况。

图1-3概括了以煤为原料进行化工生产的路线图。

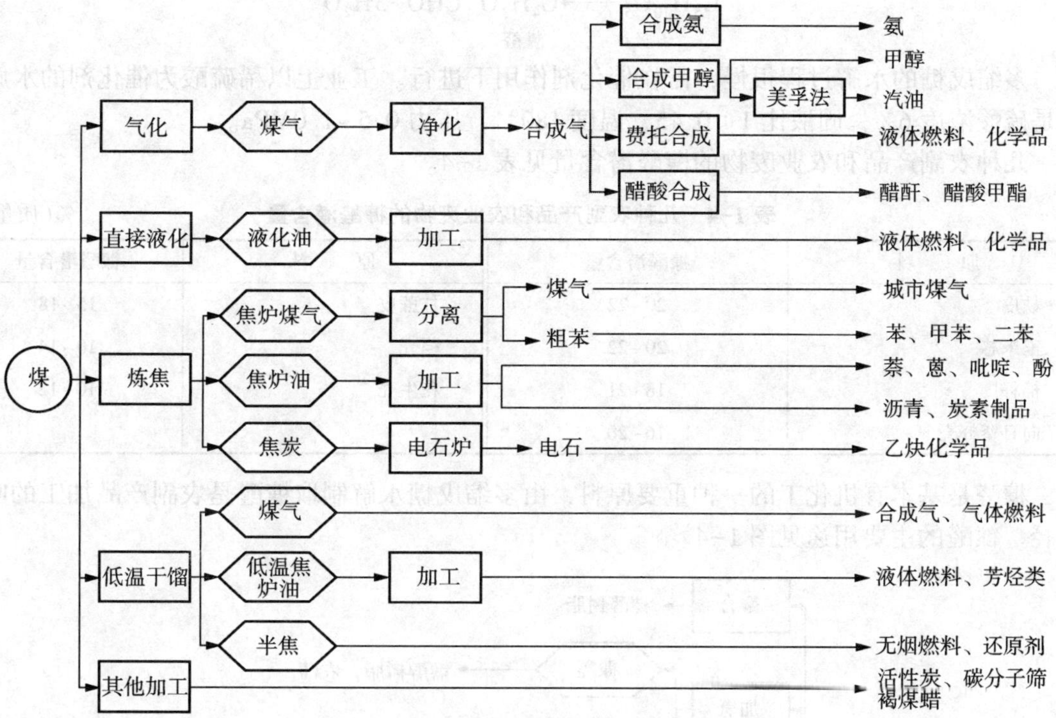

图1-3　煤加工分类及产品示意图

4. 农副产品

自然界中许多含纤维素、半纤维素、淀粉、糖类和油脂的生物质可作为化工生产的初始原料。

将苞米、土豆等含淀粉的物质先进行蒸煮，使淀粉糊化，再加入一定的水，冷却到60℃左右，并加入丙酮-丁醇酶，使淀粉依次水解为麦芽糖和葡萄糖，然后加入酵母菌进行发酵可以制得乙醇。

$$2(C_6H_{10}O_5)_n + H_2O \xrightarrow{\text{酶}} nC_{12}H_{22}O_{11}$$

淀粉　　　　麦芽糖

$$C_{12}H_{22}O_{11} + H_2O \xrightarrow{\text{酶}} 2C_6H_{12}O_6$$

葡萄糖

$$C_6H_{12}O_6 \xrightarrow{\text{酶}} 2C_2H_5OH + 2CO_2$$

将发酵液进行精馏得95%(质量)工业乙醇并副产杂醇油。

糖厂副产物糖蜜中含有蔗糖、葡萄糖等糖类，占50%~60%，也是发酵制乙醇的良好原料。

含纤维素的农林副产品如木屑、植物茎秆、麸皮、玉米芯、棉籽皮、花生壳、甘蔗渣等含有纤维素和半纤维素。纤维素是多缩己糖，半纤维素由多缩己糖、多缩戊糖等组成。多缩己糖水解得己糖，经发酵可制得乙醇。多缩戊糖可在酸催化剂作用下水解为戊糖，戊糖在酸催化剂作用下加热脱水转化为糖醛。

$$(C_5H_8O_4)_n + nH_2O \xrightarrow{H^+} nC_5H_{10}O_5$$

多缩戊糖　　　　　　戊糖

$$C_5H_{10}O_5 \xrightarrow{H^+} C_4H_3O\text{-}CHO + 3H_2O$$

糠醛

多缩戊糖的水解过程很慢，需在催化剂作用下进行。工业上以稀硫酸为催化剂的水解条件是硫酸浓度6%，固液比1∶0.45，温度180℃，压力0.5~1.0MPa。

几种农副产品和农业废物的糠醛潜含量见表1-4。

表1-4　几种农副产品和农业废物的糠醛潜含量　　%(质量)

原　料	糠醛潜含量	原　料	糠醛潜含量
麸皮	20~22	甘蔗皮	15~18
玉米芯	20~22	稻壳	10~14
棉籽皮	18~21	花生壳	10~12
向日葵籽壳	16~20		

糠醛是基本有机化工的一种重要原料，由多缩戊糖水解制取糠醛是农副产品加工的唯一途径。糠醛的主要用途见图1-4。

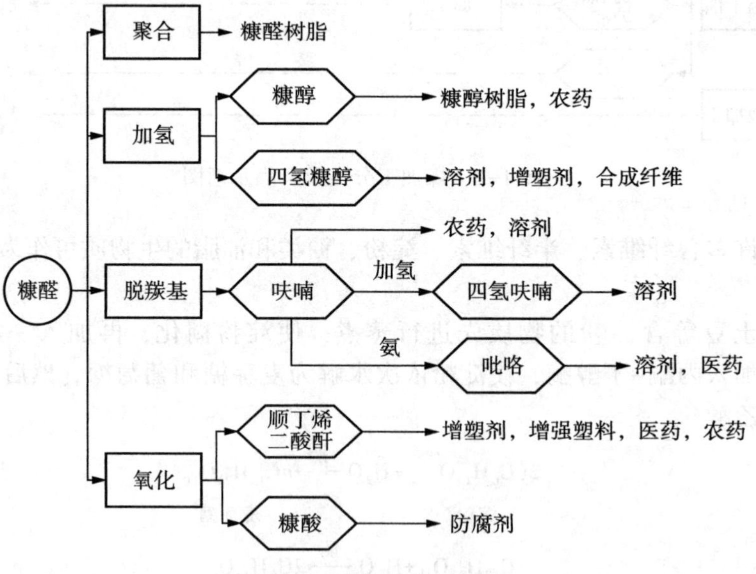

图1-4　糠醛的主要用途

观察与思考

如何充分利用农副产品，变废为宝，提高农副产品的经济价值？

(二)化工基本原料

化工基本原料是指经一定化学加工得到的原料，通常是指低碳原子的烷烃、烯烃、炔烃、芳香烃和合成气、三酸(盐酸、硫酸、硝酸)、两碱(氢氧化钠、碳酸钠)、无机盐等。如常用的乙烯、丙烯、丁烯、丁二烯、苯、甲苯、二甲苯、乙炔、甲烷、一氧化碳、氢气、氯气、氨气等。这些基本原料都是石油、天然气、煤等基础原料经过一定的途径生产而来。由化工基本原料出发可以合成一系列化工中间产品和最终产品。

(三)辅助原料

在化工企业生产中除必须消耗原料来生产目的产品外，还要消耗一些辅助材料，通常我们将这些材料与原料一起统称为原材料。辅助材料是相对于原料而言的，在化工反应过程和分离过程中起辅助作用，可能在反应过程中进入产品，也可能不进入产品中，这是它和原料的最本质区别。化工生产中常用的辅助材料有助剂、添加剂、溶剂、催化剂等。

二、原料的净化和预处理

原料的净化和预处理过程需根据反应对原料的要求进行综合考虑，原则是先用物理或化学的方法解决化学反应对原料的纯度要求问题，再解决诸如储存、干燥、混合、加压、配制、升温等其他问题。

(一)原料的净化

原料的净化过程是为化学反应提供符合质量要求的原料，清除对反应或催化剂有害的杂质，减少副反应的种类和量，为提高产品收率创造条件。

对于不同的化学反应过程，原料净化的方法和需要去除的杂质不尽相同，但原料净化却出于一致目的。即原料的净化是为化学反应提供符合质量要求的原料，清除对反应或催化剂有害的杂质，减少副反应的种类和量，为提高产品收率创造条件。按照一般的规律原料净化要解决以下问题：

1. 提高原料的纯度

若原料中混有其他组分可能产生如下后果：

(1)可能使反应产物复杂化，对后续产品的分离不利，增加分离过程的操作费用和设备费用；如乙烯和苯的烷基化反应生产乙苯工艺过程中，如果乙烯中丙烯、丁烯等含量超标，结果烷基化产物中除乙苯外还有异丙苯、异丁苯等产物，如果仍用精馏的方法分离这些物质，则每增加一种物质，则需至少增加一个精馏塔、附属设备及相应的控制操作系统，公用工程，操作人员等，操作费用和设备费用的增加是不言而喻的。

(2)使产品质量下降，达不到产品质量要求。如在聚乙烯生产过程中乙烯原料中掺杂有乙炔，则会改变聚合的规则，使产品的相对分子质量、产品质量等恶化，产生不合格产品。

2. 去除原料中易使催化剂中毒的物质

如乙烯环氧化生产环氧乙烷过程使用银为活性组分、以碱金属及氧化物为助催化剂、以氧化铝-氧化硅为载体的催化剂，该催化剂遇砷、硫、卤族元素易永久性失活，故要求原料中砷化物、硫化物含量小于1μg/g，氯化物含量小于1μg/g。在其他催化反应过程中，几乎所有催化剂都有使其失活的毒素，同样都是要加以去除的。化学工业中使用的脱硫方法有加氢精制然后碱洗，或用氧化锌和活性炭联合脱硫剂，铁-碱溶液催化法气体脱硫。脱出砷化物用硫酸铜-硅铝溶液洗涤。工业脱氯方法有：对于有机氯化物一般采用二元金属体系催化剂作为脱氯催化剂；目前用铁系金属化合物作为主催化剂，配合其他贵重金属（如 Pd、Cd、Sn、Ni、Hg、Co、Cu 等）及其对应的离子作为辅助催化剂。无机氯脱除技术主要有物理吸附法和化学吸收法。物理吸附法适用于高含量氯化氢（质量分数>0.01%）的部分脱除。吸附剂一般采用比表面较大的活性氧化铝、分子筛等。化学吸收法是利用净化原料中的 HCl 和脱氯剂中的有效金属组分银等进行反应，生成稳定的金属氯化物而被固定下来，化学吸收法可使 HCl 的质量分数降到 10μg/kg 以下。其他还有电化学脱氯方法等。

3. 脱除原料中对安全生产不利的物质

如乙烯环氧化生产环氧乙烷的工业过程中，如果原料中乙炔含量超标则会生产乙炔银，乙炔银受热分解会发生爆炸，所以乙炔含量必须小于 5μg/g。氧化反应过程中氮气和氩气的含量要求控制在 0.4%（体积）以下，氩气会降低乙烯和氧气的混合物的爆炸极限，给安全操作带来隐患，所以其含量越低越好。

4. 脱除反应过程的阻化剂或对副反应有催化作用的物质

有些物质的存在会对反应过程起到阻化剂的作用，如苯酚、丙酮的联产过程中，如果异丙苯原料中有硫化物，含羧基、羟基的物质，不饱和烯烃，卤化物等会对反应速度产生较大的阻碍作用。所以一般要求原料中酚、有机酸含量小于 3μg/g，硫含量小于 2μg/g，氯含量小于 3μg/g。

有些物质的存在会对反应产物继续催化生成副产物，从而降低了产物的收率和反应的选择性。如乙烯环氧化生产环氧乙烷的工业过程中铁离子的存在会使产物环氧乙烷异构化为乙醛，最终生成二氧化碳和水，所以要求铁离子的浓度控制在 0.5μg/g 之下，而且反应器和有关管道使用不锈钢材质或经酸洗钝化处理后的碳钢。

5. 脱出水分等其他物质

水分的存在对有些化学反应过程是有益的，例如可以降低反应原料的分压，从而调节反应速率；可以减小和清除催化剂表面的积炭；由于热容大可以稳定温度和作为载热体等。但对于有些反应过程水分的存在却是不合时宜的，如在芳烃歧化和烷基转移反应过程中如果原料中有水分存在，会使分子筛催化剂的活性下降，故应除去。

原料净化过程要除去的物质对不同的反应过程还有一些，如芳烃歧化和烷基转移反应过程中，为了防止催化剂表面积炭，要用白土塔除去原料中的烯烃、二烯烃等不饱和烃，同时要除去的还有砷、铅、铜等重金属；因为这些重金属能促进芳烃脱氢，加速缩合反应。

（二）原料的预处理

原料的预处理过程除了对原料进行混合、换热、升温、加压，还可能要加入其他看似既不是反应物，又不是催化剂的一些物质。这些物质到底起什么作用呢？难以一概而论。如乙烯环氧化生产环氧乙烷过程中加入甲烷作为致稳气或稀释剂，一方面导热性能好，相对分子质量小，减小循环压缩机的压缩功，另一方面可以提高氧的爆炸极限浓度，有利于提高操作的稳定性。

有的反应过程需要加入溶剂，可以提高反应过程的速率。如丁烷的液相氧化反应，其反应温度受到丁烷临界温度（152℃）的限制，反应温度低于 152℃，反应速率低。用乙酸（临界温度 321.3℃）作溶剂后，不仅可以提高反应温度，而且由于溶剂效应，增加了烃和氧在溶剂中的溶解度，对提高反应速率有利。

做一做　有些反应过程水蒸气既不是反应物，又不是催化剂，但反应过程中却要加入，甚至比例还不小。看看这样的反应过程你能举出几个例子，其中水蒸气的作用是什么？

第二节　化学反应过程

化学反应过程是化工生产过程的关键步骤，是生产过程的核心所在。经过预处理的原料，在一定的温度、压力、催化剂条件下，在合适的反应器中进行化学反应，通过控制合理的反应参数和反应时间，以达到经济和技术上合理的原料转化率和产品收率。

一、化学反应的类型及特点

由于化工生产过程中发生的化学反应种类繁多，化学反应可从不同的角度加以分类。按物料的聚集状态化学反应可划分为均相反应和非均相反应；按照物料的相态分类可以分为气相反应、液相反应、气-固相反应、液-固相以及气-液-固三相反应等；从反应级数看，基元反应可以分为零级、一级、二级等，非基元反应的反应级数可以是小数或负数。从反应的热效应角度看，有吸热反应和放热反应之分；从反应机理看，可分为单一反应和复杂反应，复杂反应系统又可分为平行反应、连串反应、可逆反应、自催化反应或是多种复杂反应的综合。

(一) 根据反应系统中相的类别与数目分类

根据反应过程中所涉及的物料的相态可把反应分为均相反应和非均相反应。

均相反应：指反应过程中只存在一个相态，如气相反应、液相反应。

非均相反应：反应过程中不只存在一个相态，如气-液相反应、液-液相反应，液-固相反应、气-液-固三相反应、气-固相反应。

(二) 根据反应特性分类

在化工生产过程中反应的特性有很多方面，主要的是指反应机理、反应的可逆性、反应分子数、反应级数等。

按反应机理可把反应分为：简单反应(只发生一个化学反应)、复杂反应(不只发生一个反应如平行反应、连串反应、自催化反应)。

按反应级数可把反应分为：零级反应、一级反应、二级反应、分数级反应等。不同级数的反应其反应物浓度对反应速率的贡献不同。

按反应分子数可把反应分为：单分子反应、双分子反应、三分子反应等。

按热力学可把反应分为：可逆反应、不可逆反应。

按反应的热效应可把反应分为：吸热反应、放热反应。

(三) 根据反应过程进行的条件分类

反应过程进行的条件则包括温度、压力和操作方式等各个方面。某些典型的分类方法如下：

操作温度：等温反应、变温反应。

操作压力：常压反应、加压反应、减压反应。

操作方式：间歇式、连续式、半连续式。

换热方式：自热式、对外换热式、绝热式。

以上只是根据化学反应某一方面的特征来分类的，事实上工业反应过程是综合了几个方面的结果。

(四)根据反应器的操作方式分类

工业反应器在生产过程中有三种操作方式：间歇操作、连续操作、半连续操作。

1. 间歇操作

间歇操作是指在反应过程中将进行反应所需的原料一次性装入反应器内，然后在其中进行化学反应，经一定时间后，达到所要求的反应程度时卸出全部物料，其中主要是反应产物以及少量未被转化的原料。接着是清洗反应器，继而进行下一批原料的装入、反应和卸料。因此间歇反应器又称为分批反应器。

间歇反应过程是一个非定态过程，反应器内物系的组成随时间而变，这是间歇过程的基本特征。间歇反应器在反应过程中既没有物料的输入，也没有物料的输出，即不存在物料的流动，整个反应过程都是在恒容下进行的。反应物系若为气体，则必充满整个反应器空间；若为液体虽不充满整个反应器空间，但由于压力的变化而引起液体体积的改变通常可以忽略，因此按恒容处理也足够准确。

采用间歇操作的反应器几乎都是釜式反应器。间歇反应器主要适用于反应速率较慢的化学反应，对于产量小的化学品生产过程也很适用，尤其是那些批量少而产品的品种又多的企业尤为适宜。例如医药洗涤剂等精细化学品生产往往就属于这类情况。

2. 连续操作

连续操作是指在反应过程中连续地将进行反应所需的原料通入反应器，反应产物也连续地从反应器流出。采用连续操作的反应器叫作连续反应器或流动反应器，一般情况下各种结构类型的反应器都可采用连续操作。对于工业生产中某些类型的反应器，连续操作是唯一可采用的操作方式。

连续操作的反应器多属于定常态操作过程，即反应器内任何部位的物系参数，如浓度及反应温度等均不随时间而改变，只随位置而变。大规模工业生产的反应器绝大部分都是采用连续操作，因为它具有产品质量稳定，劳动生产率高，便于实现机械化和自动化等优点，这些都是间歇操作无法与之相比的。然而连续操作系统一旦建立，想要改变产品品种是十分困难的，有时甚至要较大幅度地改变产品产量也不易办到，但间歇操作系统则较为灵活。

3. 半连续（半间歇)操作

原料与产物只要其中的一种为连续输入或输出而其余则为分批加入或卸出的操作，均属半连续操作，相应的反应器称为半连续反应器或半间歇反应器。由此可见，半连续操作具有连续操作和间歇操作的某些特征：有连续流动的物料，这点与连续操作相似；也有分批加入或卸出的物料，因而生产是间歇的，这反映了间歇操作的特点。由于这些原因，半连续反应器的反应物系组成必然既随时间而改变，也随反应器内的位置而改变。管式、釜式、塔式以及固定床反应器都可采用半连续操作方式。

二、反应器的类型及特点

化学反应器是用于化学反应的设备，是生产过程中关键性的设备。通常化学反应需要适宜的反应操作条件，例如温度、压力(对气相反应)、原料组成等。操作条件不同会导致反应效果不同，尤其是温度的变化更是对反应过程有不可控制的影响。由于任何化学反应过程均是伴随着热效应，欲维持合适的反应温度，必须采取有效的换热措施。为了提高反应速率，缩短反应时间，增加反应设备生产能力，常需要选择活性高的催化剂，同时提高扩散速率，改善流体流动状况等。

(一)反应器的结构型式

1. 釜式反应器

釜式反应器又叫槽式反应器，该反应器高度和直径之比为1~2.5。反应器内装有搅拌器，热效应不大时是在反应器外装夹套进行换热。也可根据不同的情况在反应器内装换热装置或在反应器外进行强制换热。釜式反应器的操作条件比较缓和，操作方式既可采用连续式，也可采用间歇式。一般情况该类反应器适用于液相均相反应，也可用于多相反应如气-液反应、液-固反应等，例如，聚合反应、酯化反应、硝化反应等。

2. 管式反应器

管式反应器的结构一般管长与管径之比大于100，通常管内不设任何内部构件。适用于热效应比较大的均相反应，也可用于高压反应。烃类裂解生产乙烯即是典型的管式反应器，高压聚乙烯反应也属此类。

3. 固定床反应器

固定床反应器是指反应器内装有固定不动的固体颗粒的反应器。反应时流体通过这些颗粒所形成的床层进行反应，固体颗粒可参加反应也可不参加反应。根据反应过程中是否和外界进行热交换又可分为绝热式固定床和换热式固定床。根据换热方式的不同换热式固定床又分为自热式和外热式，该反应器适用于气固相催化和非催化反应，工业上许多反应都是应用该类反应器。例如，乙苯脱氢生产苯乙烯、乙烯氧化生产环氧乙烷等。

4. 流化床反应器

流化床反应器是利用固体流态化技术进行气-固相反应的装置。将大量的固体颗粒悬浮于运动的流体从而使颗粒具有类似流体的某些宏观表观特性，与固定床不同的是反应器内固体颗粒处于运动状态，根据运动方式不同，可分为循环流化床(即固体颗粒被流体带出，经分离后固体颗粒循环使用)和沸腾床反应器。沸腾床反应器是指固体在反应器内运动，流体与固体所构成的床层犹如沸腾的液体。流化床反应器主要用于固体的物理加工、颗粒输送、催化和非催化化学反应。例如，丙烯氨氧化生产丙烯腈、丁烯氧化脱氢生产丁二烯、催化裂化反应装置等。

5. 鼓泡塔反应器

鼓泡塔反应器是指气体以鼓泡形式通过催化剂液层进行反应，反应器内不设任何内部构件，反应器的高度一般是直径的数倍。这类反应器若设有增加两相接触的内部构件还有板式塔、填料塔。若液体呈雾滴状分散于气体中即喷雾塔也属于该类反应器，一般情况下这类反应器主要适用于气液相反应器。

以上是几种典型的反应器。实际生产中所用的反应器还有很多，不能一一列举。反应器的型式是各种各样的，不同型式的反应器具有不同的流体流动特征和传质传热的方式。因此反应器的类型不同，对动力学方程的影响也不同，这样就导致即使同样的反应过程在不同的反应器中进行，反应效果也是不同的。

反应器的分类方法有很多种，不同的分类方法所针对的目标也不同，常见的反应器分类见表1-5。同一个反应器在不同的分类中处于不同的类型，如乙苯脱氢生产苯乙烯的反应器：按相态分它属于非均相气固相反应器，催化剂是固相的，反应物料是气相的；按反应器的结构型式分，它属于固定床反应器，反应器的高径比大约为 10∶1；按操作方式分它属于连续式反应器，反应过程属于稳态操作；按传热方式分该反应器是两段式绝热反应器，反应过程中与外界没有热交换，反应过程所吸收的热量靠通入的稀释剂水蒸气来提供；按温度分它属于变温反应。

表 1-5　反应器的分类

分类方法	类　型		本　质
相态	均相——气相、液相 非均相——气固、气液、液固等		动力学特性
结构	管式 釜式 塔式		流体流动和传递特性
操作方式	连续操作 间歇操作 半连续（半间歇）操作		是否稳态
温度和传热方式	温度	等温 非等温	热量衡算
	传热方式	绝热式 自热式 换热式	

（二）反应器特性研究

对反应器的基本认识过程是从理想置换、理想混合流动模型开始的，随着认识过程的深入，反应器的特性可从流体流动、传质、传热三方面加以讨论。对流体流动特性主要利用对反应器中停留时间分布的测定结合多级混合釜模型、离析流模型、轴向扩散模型等非理想流动模型加以研究；对传质过程主要通过传质机理、传质因子及相关参数进行研究；同样对传热过程主要通过传热机理、传热因子及相关参数进行研究。

三、反应器的选型

化学反应过程要达到优化的效果，一方面必须研发和使用优良的催化剂，使用先进的工艺技术，促进操作条件的优化。另一方面必须深入分析化学反应特性和反应器特性，即在反应器的型式和操作方式的选择方面，不仅考虑化学反应的特性，还要考虑到反应器中流体物料状况和传质、传热，完成反应特性和反应器特性的匹配。最终优化的指标取决于过程的经济性。

为使工业反应过程能获得最大的经济效益，在实际过程开发工作中既要以化学反应动力学特性和反应器特性作为开发工作的依据，同时还得结合原料、产品、能量的价格，设备和操作费用，生产规模，三废处理等因素综合地进行方案的优化选择。

从工程角度看，优化就是如何进行反应器型式、操作方式和操作条件的选择并从工程上予以实施，以实现温度和浓度的优化条件，提高反应过程的速率和选择性。反应器的型式包括管式、釜式、固定床、流化床、气液相反应器等；操作条件包括物料的初始浓度、转化率、反应温度或温度分布；操作方式则包括间歇操作、连续操作、半连续操作以及加料方式的分批或分段加料等。

反应器的选型其实就是根据不同的反应特性，选择适合这种反应特性的反应器型式和操作方式。对某个具体的反应，选择时主要考虑化学反应本身的特性及反应器的特性。而在选择时对于不同型式的反应器主要从两个方面进行比较：生产能力和反应的选择性。对于简单反应不存在选择性的问题，只需要进行生产能力的比较。对于复杂反应不仅要考虑反应器的大小，还要考虑反应的选择性。副产物的多少直接影响到原料的消耗量、分离流程的选择和分离设备的大小。因此反应的选择性往往是复杂反应的主要矛盾。

对于特定的化学反应过程，选择反应器的型式多是从化学反应特性入手考虑的，如烃类裂解过程属于气均相反应，需要在高温、强传热、严格控制停留时间终止二次反应，就主反应而言，要求反应浓度由高到低逐渐递变，而这些特性唯有管式反应器能够满足，故裂解反应都采用管式反应器。

对于丁二烯和苯乙烯乳液聚合生产丁苯橡胶的过程来说，为了控制聚合度，使产品质量均一，要求反应温度、浓度均一。而且反应温度较低(5~8℃)，反应速率小，反应时间长，高的浓度对提高反应速率有利；从这些特点出发，反应过程宜选用多釜串联釜式反应器。

对于丙烯氨氧化生产丙烯腈过程，由于催化剂是固体颗粒，所以多采用固定床或流化床反应器。同一个反应，由于使用的催化剂不同，所选择的反应器型式也就不同，例如，苯和乙烯的烷基化反应，若使用 $AlCl_3^-$ HCl 络合物催化剂，反应温度 80℃，液相反应，反应器选择气液鼓泡塔反应器；而如果采用 ZSM-5 分子筛催化剂，反应温度 400℃左右的气相反应，则采用多层固定床绝热反应器。

第三节 产品的分离与提纯

由于化学反应过程中所采用工艺路线的客观限制性、所使用催化剂的局限性、反应原料的纯度和配比的复杂性，大多数反应产物都是含有几种到几十种不等的化学品的混合物，它包括未反应掉的原料、反应生成产物、各种添加剂等。而一个合格的产品必须是色泽和纯度等性质达标的物质，要达到这一指标，产物的分离和提纯是化工生产中的重要环节，它不仅可以由产物中分离出所需要的产品，并进一步提纯至一定产品的规格，也可使未反应的原料得以循环利用，还可以对生产过程中产生的副产物加以综合利用，减小“三废”排放，保护环境。因此，产物的分离和提纯操作对保证产品质量、提高生产过程的经济效益、环境保护和充分利用资源方面起着特别重要的作用。

一、分离过程的分类和特征

分离过程可分为机械分离和传质分离两大类，机械分离过程的分离对象是由两相以上所组成的混合物，其目的只是简单地将各相加以分离。例如，过滤、沉降、离心分离、旋风分离和静电除尘等。这类过程在工业上是重要的，见表1-6，但要从均相物系中分离出合格的产品，却是无能为力。

传质分离过程用于各种均相混合物的分离，其特点是有质量传递现象发生，按所依据的物理化学原理不同，工业上常用的传质分离过程又可分为两大类，即平衡分离过程和速率分离过程。

(一)平衡分离过程

该过程是借助分离媒介(如热能、溶剂或吸附剂)使均相混合物系统变成两相系统，再以混合物中各组分在处于相平衡的两相中不等同的分配为依据而实现分离。分离媒介可以是能量媒介(ESA，Energy-Separating Agent)或物质媒介(MSA，Mass-Separating Agent)，有时也可两种同时应用。ESA是指传入或传出系统的热，还有输入或输出的功。MSA可以只与混合物中的一个或几个组分部分互溶或吸附它们，此时MSA常是某一相中浓度最高的组分。例如，吸收过程中的吸收剂，萃取过程中的萃取剂等。MSA也可以和混合物完全互溶。当MSA与ESA共同使用时，还可有选择性地改变组分的相对挥发度，使某些组分彼此达到完全分离，例如萃取精馏。

表1-6 几种典型的机械分离过程

名称	原料相态	分离媒介	产生相态	分离原理	工业应用实例
过滤	液-固	压力	液-固	颗粒尺寸大于过滤介质孔	浆液中催化剂的回收
沉降	液-固	重力	液-固	密度差	污水澄清
离心分离	液-固	离心力	液-固	离子尺寸	蔗糖生产
旋风分离	气-固(液)	流体惯性	气-固(液)	密度差	催化剂细粒收集
静电除尘	气-固(细粒)	电场力	气-固	离子带电性	合成氨气体除尘

常见的平衡分离方法：闪蒸或部分冷凝、普通精馏、萃取精馏、共沸精馏、解吸和吸收、液液萃取、蒸发、结晶、升华、浸取、吸附、离子交换、泡沫分离、区域熔炼等。近几十年来在工业上新崛起的变压吸附技术，超临界流体萃取技术，膜萃取技术等也日益在产品分离过程中得以广泛应用。

当被分离混合物中各组分的相对挥发度相差较大时，闪蒸或部分冷凝即可满足所要求的分离程度。

如果组分之间的相对挥发度差别不够大，则通过闪蒸及部分冷凝不能达到所要求的分离程度，而应采用精馏才可能达到所要求的分离程度。

当被分离组分间相对挥发度很小，必须采用具有大量塔板数的精馏塔才能分离时，就要考虑采用萃取精馏。在萃取精馏中采用MSA有选择地增加原料中一些组分的相对挥发度，从而将所需要的塔板数降低到比较合理的程度。一般说来，MSA应比原料中任一组分的挥发度都要低。MSA在接近塔顶的塔板引入，塔顶需要有回流，以限制MSA在塔顶产品中的含量。

如果由精馏塔顶引出的气体不能完全冷凝，可从塔顶加入吸收剂作为回流，这种单元操作叫作吸收蒸出(或精馏吸收)。如果原料是气体又不需要设蒸出段，便是吸收。通常吸收是在室温和加压下进行的，无需往塔内加入ESA，气体原料中的各组分按其不同溶解度溶于吸收剂中。

解吸是吸收的逆过程，它通常是在高于室温及常压下，通过气提气体(MSA)与液体原料接触来达到分离的目的。由于塔釜不必加热至沸腾，因此当原料液的热稳定性较差时，这一特点显得很重要。如果在加料板以上仍需要有气液接触才能满足所要求的分离程度，则可采用带有回流的解吸过程。如果解吸塔的塔釜液体是热稳定的，可不用MSA，而仅靠加热沸腾，则称为再沸解吸。

能形成最低共沸物系统的分离，采用一般精馏是不合适的，常常采用共沸精馏。例如，为使醋酸和水分离，选择共沸剂醋酸丁酯(MSA)，它与水所形成的最低共沸物由塔顶蒸出，经分层后，酯再返回塔内，塔釜则得到纯醋酸。

液液萃取是工业上广泛采用的分离技术，有单溶剂和双溶剂之分，在工业实际应用中有多种不同形式。

干燥是利用热量除去固体物料中湿分(水分或其他液体)的单元操作。被除去的湿分从固相转移到气相中，固相为被干燥的物料，气相为干燥介质。

蒸发一般是指通过热量传递，引起汽化使液体转变为气体的过程。增湿和蒸发在概念上是相近的，但采用增湿或减湿的目的往往是向气体中加入或除去蒸汽。

结晶是多种有机产品以及很多无机产品的生产装置中常用的一种单元操作，用于生产小颗粒状固体产品。结晶实质上也是提纯过程。因此，结晶的条件是要使杂质留在溶液里，而所希望的产品则由溶液中分离出来。

升华就是物质由固体不经液体状态直接转变成气体的过程，一般是在高真空下进行。主要应用于由难挥发的物质中除去易挥发的组分。例如，硫的提纯、苯甲酸的提纯、食品的熔融干燥。其逆过程就是凝聚，在实际中也被广泛采用，例如由反应的产品中回收邻苯二甲酸酐。

浸取广泛用于冶金及食品工业，操作方式分间歇、半间歇和连续。浸取的关键在于促进溶质由固相扩散到液相，对此最为有效的方法是把固体减小到可能的最小颗粒。固-液和液-液系统的主要区别在于前者存在级与级间输送固体或固体泥浆的困难。

吸附的应用一般仍限于分离低浓度的组分。近年来由于吸附剂及工程技术的发展，使吸附的应用扩大了，已经工业化的过程有多种气体和有机液体的脱水和净化分离。

离子交换也是一种重要的单元操作。它采用离子交换树脂有选择性地除去某组分，而树脂本身能够再生。一种典型的应用是水的软化，采用的树脂是钠盐形式的有机或无机聚合物，通过钙离子和钠离子的交换，可除去水中的钙离子。当聚合物的钙离子达饱和时，可与浓盐水接触而再生。

泡沫分离是基于物质有不同的表面性质，当惰性气体在溶液中鼓泡时，某组分可被选择性地吸附在从溶液上升的气泡表面上，直至带到溶液上方泡沫层内浓缩并加以分离。为了使溶液产生稳定的泡沫，往往加入表面活性剂，表面化学和鼓泡特征是泡沫分离的基础。该单元操作可用于吸附分离溶液中的痕量物质。

区域熔炼是根据液体混合物在冷凝结晶过程中组分重新分布的原理，通过多次熔融和凝固，制备高纯度的金属、半导体材料和有机化合物的一种提纯方法。目前已经用于制备铝、镓、锑、铜、铁、银等高纯金属材料。

上述基本的平衡分离过程经历了长时期的应用实践，随着科学技术的进步和高新产业的兴起，日趋完善不断发展，演变出多种各具特色的新型分离技术。

在传统分离过程中，精馏仍列为石油和化工分离过程的首位，因此，强化方法在不断地研究和开发。例如，从设备上广泛采用新型塔板和高效填料；从过程上开发与反应或其他分离方法的集成。

随着生物化工学科的发展，适用于分离提纯含量微小的生物活性物质的新型萃取过程应运而生。双水相萃取即属此列，它是由于亲水高聚物溶液之间或高聚物与无机盐溶液之间的不相容性，形成了双水相体系，依据待分离物质在两个水相中分配的差异而实现分离提纯。反胶团萃取为另一新型萃取过程，反胶团是油相中表面活性剂的浓度超过临界胶团浓度后形成的聚集体，它可使水相中的极性分子“溶解”在油相中，用于从水相中提取蛋白质和其他生物制品。

新型多级分步结晶技术是重复地运用部分凝固和部分熔融，利用原料中不同组分间凝固点的差异而实现分离。与精馏相比，能耗可大幅度下降，设备费也低于精馏。该技术已用于混合二氯苯、硝基氯苯的分离，精萘的生产，均四甲苯提取和蜡油分离等工业生产中。

变压吸附技术是近几十年来在工业上新崛起的气体分离技术。其基本原理是利用气体组分在固体吸附材料上吸附特性的差异，通过周期性的压力变化过程实现气体的分离。该技术在我国的工业应用有十多年的历史，已进入世界先进行列，由于其具有能耗低、流程简单、产品气体纯度高等优点，在工业上迅速得到推广。例如，从合成氨尾气、甲醇尾气等各种含氢混合气中制纯氢；从含 CO_2 或 CO 混合气中制纯 CO_2、CO；从空气中制富氧、纯氮等。

超临界流体萃取技术是利用超临界区溶剂的高溶解性和高选择性将溶质萃取出来，再利用在临界温度和临界压力以下溶解度的急剧降低，使溶质和溶剂迅速分离。超临界萃取可用于天然产物中有效成分和生化产品的分离提取，食品原料的处理和化学产品的分离精制等。

膜萃取是以膜为基础的萃取过程，多孔膜的作用是为两液相之间的传递提供稳定的相接触面，膜本身对分离过程一般不具有选择性。该过程的特点是没有萃取过程的分散相，因此不存在液泛、返混等问题。类似的过程还有膜气体吸收或解吸、膜蒸馏。

(二)速率分离过程

速率分离过程是在某种推动力(浓度差、压力差、温度差、电位差等)的作用下，有时在选择性透过膜的配合下，利用各组分扩散速率的差异实现组分的分离。这类过程所处理的原料和产品通常属于同一相态，仅有组成上的差别。

膜分离是利用流体中各组分对膜的渗透速率的差别而实现组分分离的单元操作。膜可以是固态或液态，所处理的流体可以是液体或气体，过程的推动力可以是压力差、浓度差或电位差。微滤、超滤、反渗透、渗析和电渗析为较成熟的膜分离技术，已有大规模的工业应用和市场。

二、分离过程的集成化

化工领域中过程集成的基本目标是实施清洁工艺，使物料及能源消耗最小，达到最大的经济效益和社会效益。

(一)分离过程与反应过程的集成

为改善不利的热力学和动力学因素，减少设备和操作费用，节约资源和能源，分离过程与反应过程多种形式的集成已经开发和应用。

化学吸收是反应和分离过程集成的单元操作，当被溶解的组分与吸收剂中的活性组分发生反应时，增加了传质推动力和液相传质系数，因而提高了过程的吸收率，降低了设备的投资和能耗。

化学萃取是伴有化学反应的萃取过程。溶质与萃取剂之间的反应类型很多，例如，络合反应，水解、聚合、离解及离子积聚等。萃取机理也多种多样，例如，中性溶剂络合、螯合、溶剂化、离子交换、离子缔合、协同效应及带同萃取作用等。

反应和精馏结合成一个过程形成了蒸馏技术中的一个特殊领域——反应(催化)精馏。它一方面成为提高分离效率而将反应和精馏相结合的一种分离过程；另一方面则成为提高反应收率而借助于精馏分离手段的一种反应过程。目前，已从单纯工艺开发向过程普遍性规律研究的方向发展。反应精馏在工业上应用是很广泛的，例如，酯化、酯交换、皂化、胺化、水解、异构化、烃化、卤化、脱水、乙酰化和硝化等过程。催化精馏的典型应用是甲基叔丁基醚的生产。

膜反应器是将合成膜的优良分离性能与催化反应相结合，在反应的同时选择性地脱除产物，以移动化学反应平衡，或控制反应物的加入速度，提高反应的收率、转化率和选择性。如多孔陶瓷膜催化反应器进行丁烯脱氢制丁二烯，丙烷脱氢制丙烯；对氧化反应用膜控制氧的加入量，减少深度氧化。膜反应器还用于控制生化反应中产物对反应的抑制作用，用膜循环发酵器进行乙醇等发酵制品的连续生产和用膜反应器进行辅酶反应等都具有很好的开发前景。

（二）分离过程和分离过程的集成

精馏、吸收和萃取是最成熟和应用最广的传统分离过程，大多数化工产品的生产都离不开这些分离过程。在流程中合理组合这些过程，扬长避短，才能达到高效、低耗和减少污染。

不同的分离过程集成在一起构成复合分离过程，适用于特殊物系的分离。如：萃取结晶亦称加合结晶，是分离沸点、挥发度等物性相近组分的有效方法及无机盐生产的节能方法。对于无机盐结晶，某些有机溶剂的加入使待结晶的无机盐水溶液中的一部分水被萃取出来，促进了无机盐的结晶过程。例如，以正丁醇为溶剂萃取结晶生产碳酸钠。对于有机物结晶，溶剂的加入使原物系中某有机组分形成加合物；而使另一组分结晶出来。例如，以2-甲基丙烷为加合剂能从邻甲酚和酚的混合物中分离出酚。

吸附蒸馏是吸附和蒸馏在同一设备中进行的气-液-固三相分离过程。吸附分离具有分离因子高、产品纯度高和能耗低等优点，但吸附剂用量大，收率低。而传统的蒸馏过程处理能力大，设备比较简单，工艺成熟。由这两个分离过程集成的复合蒸馏过程能充分发挥各自的优势，弥补了各自的不足。它特别适用于共沸物和沸点相近物系的分离及需要高纯度产品的情况。

三、分离流程方案选择

（一）明确分离目标

在化工产品分离系统设计中，首先要确定产品的质量指标、纯度要求、对杂质含量的要求等。一般而言，产品纯度是根据产品的使用目的来确定的。而回收率或产品总收率则在很大程度上决定着分离过程的经济性，所以经济性最佳就成为确定回收率的主要依据。

（二）确定可行的分离方法

充分了解被分离混合物中各组分在物理、化学以及生物学方面的性质，避免在分离过程中产物的分解、聚合、变质和被污染；注意热敏的产物不能过热；易聚合物质还要添加阻聚剂；尽量缩短物料在分离流程中运行流动时间。然后选择可以进行分离并且是最为经济的分离方法。

从经济性角度考量，在选择分离方法时，必须考虑分离规模和能量的消耗。一般来说建设工厂的投资与其规模的0.6次方成正比，但这只适用于大型工厂。当规模小于某种程度后，与规模相关的投资就成为定值。这是因为工艺过程所必需的管道、仪表、泵类、贮罐等的投资与规模大小无关，而这些却占据着工厂投资的较大部分。此外，规模小与规模大所投入的人力资源不会有悬殊的差别。因此，就经济成本而言，规模大的工厂可以摊薄成本。

分析分离所需的能量消耗，最好能够利用自然的能量。当规模比较大时，首先要考虑能否利用热能。相对挥发度(分离因子)大于1.05，就应毫不犹豫地选择蒸馏法。相对挥发度小于1.05，则可采用萃取法等其他分离法与蒸馏法相互组合而构成的分离过程。在热能无法利用时就只能选择速率分离法。

(三)确定分离流程经验规则和注意事项

(1)反应产物有固体物的，不论它们是目的产物还是废弃物，都要防止管道设备堵塞，以免流程不畅通。

(2)反应产物中对目的产物尤其有害的物质必须首先除去，甚至不惜能量的利用合理与否，这是工艺的要求。通常产品的收率在经济上是最重的砝码，因为最终的产品利润最大。

(3)反应产物中对后续工艺有害的物质，应先分离。比如精馏过程，易燃、易爆、易聚合，腐蚀性物质等要先分离，对流程和工艺有利。

(4)尽量优先把产物中未反应组分分离出来，循环使用，如果原料宝贵更应如此。

(5)一般情况下分离的流程先易后难，容易分离的先分离，把最难分离的组分或分离要求高的产物放到精馏流程的最后，可以减小设备投资和操作费用。

(6)尽量选用简单的分离方法，能用机械分离的先用机械法。一般的优先顺序是机械法-物理法-物理化学法-化学法，无论从操作和能量上都是合理的。

(7)一般情况下量大的组分先分离。

(8)尽量把多种杂质一次性除去，再研究从杂质中回收有用副产物。

(9)能用精馏的地方尽量采用简单精馏，除非有充分理由，不主张率先考虑萃取精馏、反应精馏、共沸精馏等。

(10)尽量重复合理利用热源，节省能量。

(11)尽量采用现有的装备，逐渐改善工艺和技术，先进技术和先进设备。

知识链接

新质生产力

新质生产力是创新起主导作用，摆脱传统经济增长方式、生产力发展路径，具有高科技、高效能、高质量特征，符合新发展理念的先进生产力质态。它由技术革命性突破、生产要素创新性配置、产业深度转型升级而催生，以劳动者、劳动资料、劳动对象及其优化组合的跃升为基本内涵，以全要素生产率大幅提升为核心标志，特点是创新，关键在质优，本质是先进生产力。

从经济学角度看，新质生产力代表一种生产力的跃迁。它是科技创新在其中发挥主导作用的生产力，具有高效能、高效率、高质量，区别于依靠大量资源投入、高度消耗资源能源的生产力发展方式，是摆脱了传统增长路径、符合高质量发展要求的生产力，是数字时代更显创新性、更具融合性、更体现新内涵的生产力。新质生产力的主要内涵主要体现在以下几点：

(1) 新质生产力是新时代党领导下先进生产力的具体表现形式。

必须坚持科技是第一生产力、人才是第一资源、创新是第一动力，深入实施科教兴国战略、人才强国战略、创新驱动发展战略，开辟发展新领域新赛道，不断塑造发展新动能新优势，这深刻体现出党对科技推动生产力发展的规律性认识。科技创新推动生产力发展，孕育先进生产力。新时代以来，科技创新的广度、深度和融合度使生产力的发展水平与先进程度不断提高，逐步形成了涉及领域新、科技含量高、交叉属性强、符合高质量发展要求的新质生产力，实现了生产力的跃迁和质变。

（2）新质生产力是新时代我国经济社会高质量发展的必然产物。

要实现经济社会高质量发展，进一步解决不平衡不充分的发展问题，需以创新驱动为引领，逐步摆脱传统的人力和资源能源驱动型增长模式，实现低成本优势向创新优势的转变，创造新产业、培育新动能、形成新优势。与高速增长相比，高质量发展的要素条件、组合方式、配置机制、发展模式等都发生了根本性改变，这就要求大力推动动力变革、效率变革、质量变革，提升全要素生产率，实现创新驱动发展，这就为新质生产力的形成和发展创造了条件。

（3）新质生产力是引领全球创新性可持续发展的关键驱动要素。

科技创新催生的先进生产力对经济全球化的产生和发展起决定作用，并深刻影响着全球的经济结构和经济发展。当今世界，新一轮科技革命与产业变革正在深入推进，数字经济与实体经济深度融合，各国之间围绕产业、技术特别是关键核心技术的竞争日趋激烈。以科技创新驱动产业创新，加快推进新型工业化，持续推动产业结构优化升级，大力推动创新链、产业链、资金链、人才链“四链”融合，大力推动数字技术与实体经济深度融合，全面推动工业绿色发展，赋能支柱产业迭代升级、新兴产业培育壮大、未来产业前瞻布局，打造具有核心竞争力的优势产业集群，加快构建具有智能化、绿色化、融合化特征和符合完整性、先进性、安全性要求的高质量现代化产业体系，形成并发展先进程度跃迁的新质生产力。

加快培育新质生产力要把握好三点：一是打造新型劳动者队伍，包括能够创造新质生产力的战略人才和能够熟练掌握新质生产资料的应用型人才；二是用好新型生产工具，特别是掌握关键核心技术，赋能发展新兴产业；三是塑造适应新质生产力的生产关系，通过改革开放着力打通束缚新质生产力发展的堵点卡点，让各类先进优质生产要素向发展新质生产力顺畅流动和高效配置。

习题与练习

一、填空题

1. 化工生产过程一般都包括：________过程，________过程，________过程。

2. 化工基础原料是指用来加工________和________的天然资源。

3. 按照化学组成，原油大体可划分为________、________和________三大类。

4. 环烷基原油的特点是含________、________较多，________较大，________低，一般含________、含________、含________较多，是地质年代较________的原油。

5. 习惯上将石油炼制过程不很严格地分为________、________、________三类过程。

6. 天然气按组成可分为干气和湿气两类，干气以________为主要成分，湿气除________外尚含有相当量的________、________及________的烃类。

7. 煤是古代植物堆积在地层中经炭化而成的，根据其炭化过程大致可分为________、________、________和________四类。

8. 煤化工包括________、________、________、________以及其他煤加工制品工业。

9. 糠醛是基本有机化工的一种重要原料，由________水解制取糠醛是农副产品加工的唯一途径。

10. 化学反应可从不同的角度加以分类。按物料的聚集状态化学反应可划分为________和________反应；按照物料的相态分类可以分为________、________、________、________以及气-液-固三相反应等。

11. 工业反应器在生产过程中有三种操作方式：________、________、________。

12. 流化床反应器主要用于固体的________、________、________和________化学反应，例如丙烯氨氧化生产丙烯腈、丁烯氧化脱氢生产丁二烯、催化裂化反应装置等。

13. 对某个具体的化学反应，选择反应器时主要考虑________特性及________的特性。

14. 化工产品大的分离过程可分为________和________两大类。

15. 平衡分离过程的分离媒介可以是________媒介，简称________，或________媒介，简称________，有时也可两种同时应用。

16. 解吸是________的逆过程，它通常是在高于室温及常压下，通过________与液体原料接触，来达到分离的目的。

17. 速率分离过程是在某种________的作用下，有时在________的配合下，利用各组分________的差异实现组分的分离。

18. ________、________和________是最成熟和应用最广的传统分离过程，大多数化工产品的生产都离不开这些分离过程。

二、判断题

1. 化工基础原料是指石油、天然气、煤和生物质以及空气、水、盐、矿物质和金属矿等自然资源。(　　)

2. 原油黏度高达几百甚至几万毫帕·秒，相对密度在1.0以上的称为重质原油。(　　)

3. 原油的一次加工是指将重质馏分油和渣油经过各种裂化生产轻质油的过程，包括催化裂化、热裂化、催化重整、加氢裂化、延迟焦化、石油产品精制等。(　　)

4. 天然气中除含有甲烷外，还含有少量的乙烷、丙烷、丁烷、二氧化碳、二氧化硫、硫化氢、氮等气体。(　　)

5. 烟煤的炭化程度最高，含挥发性组分最少而固定碳最多，燃点高、发热值最高。(　　)

6. 炼焦也称为煤的干馏，是将煤加热分解，挥发性物质呈气态逸出，残留下固体物质就是焦炭或半焦。(　　)

7. 有些反应过程如芳烃歧化和烷基转移反应过程中如果原料中有水分存在，会使分子筛催化剂的活性下降，故应除去。(　　)

8. 连续操作的反应器多属于定常态操作过程，即反应器内任何部位的物系参数，如浓度及反应温度等均只随时间而变，不随位置而改变。(　　)

9. 釜式反应器的操作条件比较缓和，操作方式采用间歇式。(　　)

10. 机械分离过程的分离对象是由两相以上所组成的混合物。其目的只是精确地将各相加以分离。(　　)

11. 当被分离组分间相对挥发度很小，必须采用具有大量塔板数的精馏塔才能分离时，就要考虑采用萃取精馏。(　　)

12. 反应和精馏结合成一个过程形成了蒸馏技术中的一个特殊领域——反应(催化)精馏。(　　)

13. 从经济性角度考量，在选择分离方法时，可以忽略分离规模和能量的消耗。(　　)

14. 反应产物中对目的产物尤其有害的物质必须首先除去，但必须考虑能量的利用合理与否，这是工艺的要求。(　　)

15. 一般情况下分离的流程先易后难，容易分离的先分离，把最难分离的组分或分离要求高的产物放到精馏流程的最后，可以减小设备投资和操作费用。(　　)

三、选择题

1. 原油中各元素形成各种化合物，这些化合物概括起来可分为两大类，即(　　)。

A. 无机和有机化合物　　B. 烷烃和烯烃

C. 链状和环状化合物　　D. 烃类和非烃类化合物

2. 下列不属于原油三次加工过程的是(　　)。

A. 石油产品精制　　B. 石油烃裂解　　C. 石油烃异构化　　D. 烯烃叠合

3. 煤的气化是将煤、焦或半焦在高温常压或加压条件下，与气化剂反应转化为(　　)等可燃气体的过程。

A. CH_4、H_2　　B. CO、H_2　　C. CO、CH_4　　D. CO_2、H_2

4. 下列哪项不是原料的净化过程要解决的问题(　　)。

A. 调节原料的配比　　B. 脱除原料中易使催化剂中毒的物质

C. 脱除原料中对安全生产不利的物质

D. 脱除反应过程的阻化剂或对副反应有催化作用的物质

5. 从反应机理看，化学反应可分为(　　)。

A. 均相反应和非均相反应　　B. 吸热反应和放热反应

C. 单一反应和复杂反应　　D. 平行反应和连串反应

6. 乙苯脱氢生产苯乙烯的反应器，按反应器的结构型式分，它属于(　　)。

A. 非均相气固相反应器　　B. 固定床反应器

C. 连续式反应器　　D. 两段式绝热反应器

7. 能形成最低共沸物系统的分离，采用一般精馏是不合适的，常常采用(　　)。

A. 闪蒸　　B. 萃取精馏　　C. 精馏吸收　　D. 共沸精馏

8. (　　)是近几十年来在工业上新崛起的气体分离技术

A. 新型多级分步结晶技术　　B. 变压吸附技术

C. 反胶团萃取　　D. 超临界流体萃取技术

9. (　　)是反应和分离过程集成的单元操作，增加了传质推动力和液相传质系数，因而降低了设备的投资和能耗。

A. 化学吸收　　B. 化学萃取　　C. 区域熔炼　　D. 泡沫分离

10. 下列说法错误的是(　　)。

A. 反应产物有固体物的，要防止管道设备堵塞，以免流程不畅通

B. 一般情况下量小的组分先分离

C. 尽量选用简单的分离方法，能用机械分离的先用机械法

D. 尽量优先把产物中未反应组分分离出来，循环使用

四、名词解释

1. 化工基础原料

2. 原料的净化

3. 间歇操作、连续操作和半连续操作

4. 平衡分离过程

5. 速率分离过程

五、简答题

1. 简述原油的加工方法。

2. 原料净化要解决的问题有哪些？
3. 如何使化学反应过程达到优化的效果？
4. 简述变压吸附技术的机理。
5. 如何使分离过程集成化？
6. 怎样选择分离流程方案？确定分离流程有哪些经验规则和注意事项？

第二章　化工生产过程分析

✲目标要求：

掌握化工生产过程的分析内容及方法；

掌握化工热力学分析的依据、分析内容和分析结果；

掌握化学反应动力学分析的依据、分析内容和分析结果；

掌握化工生产过程影响因素的分析方法；

熟悉化工生产过程中常用的工艺技术指标；

掌握通过物料平衡和能量平衡确定物料和能量消耗定额的方法；

掌握确定生产条件的方法。

✲能力要求：

具有对化工生产过程进行分析评价的初步能力；

具有确定物料和能量消耗定额的初步能力；

具有判断、确定生产条件的初步能力。

如何对化工生产过程合理地、有规律地进行操作和管理，需解决许多工业和工程问题，要解决这些问题，必须从以下方面进行分析和研究。

(1)分析化工生产中的热力学趋向性问题，从而选定原料路线，为确定生产能力和选定操作条件提供依据；

(2)分析化工生产过程的可行性问题，选取反应时间和生产能力大小，为提高反应选择性提供理论依据；

(3)进行生产过程影响因素分析，确定生产条件；

(4)进行生产过程的自动化和可控性分析，为设备的合理操作提供依据；

(5)进行化工生产过程安全性和环境安全性分析，为安全生产和环境安全提供依据。

实际生产过程要分析解决的问题远比我们以上提出的要多。

第一节　化工生产过程热力学分析

化工生产过程的热力学分析可以对化工生产过程有如下指导意义：

(1)判别化学反应能否发生，化学反应进行的方向和限度；判断化学平衡移动，主副反应在热力学方面的竞争。

(2)就传质分离过程判断相平衡进行的方向和限度，判断传质分离的难易，为分离方法的选择提供理论依据和方法。

(3)进行化学反应过程热量衡算，热功转化计算，能量合理利用计算。

(4)利用热量衡算结果确定换热器等设备的结构尺寸，利用相平衡数据进行分离设备的计算等。

(5)指导改进工艺参数，选择温度和压力条件，选择合适的物料配比。

一、化学反应可能性分析

化工生产过程的核心是化学反应，生产某种产品，提出一定的工艺过程和路线，应该首先确定化学反应在热力学上的可能性，以避免徒劳无功，浪费人力、物力。若反应可以进行，即可进一步根据热力学方法计算出反应能进行到什么限度，可达到的最大转化率是多少。

对于一个反应体系，其热力学分析的依据是热力学第二定律。可以用反应的吉布斯函数变化值 $\Delta_r G_T$ 来判断反应进行的可能性。借助于热力学可以判断、比较同一反应系统中同时发生的几个反应的难、易程度进而从热力学的角度寻找有利于主反应进行或尽可能减少副反应发生的工艺条件。

当 $\Delta_r G_T<0$，反应自发进行，且 $\Delta_r G_T$ 越小，反应的自发性越大。

当 $\Delta_r G_T=0$，反应达到平衡。

当 $\Delta_r G_T>0$，反应不能自发进行。

对于能自发进行的反应过程，平衡常数与反应自由焓变之间的关系：

$$\ln K_p=-\frac{\Delta_r G_T}{RT} \tag{2-1}$$

关键组分 A 的平衡转化率，即最大转化率平衡常数的函数。

$$x_{A,e}=f(K_p) \tag{2-2}$$

式中　K_p——平衡常数；

R——常数，值为 8.314J/(mol·K)；

T——温度，K。

二、化学反应的平衡移动分析

化学平衡和一切平衡一样，都只是相对的、暂时的和有条件的。当外界条件如温度、压力、系统组成等发生变化时，原来的平衡被打破，在新的条件下建立新的平衡，此时称为平衡的移动。平衡移动在工业生产中的实际意义是可以人为地选择适宜的操作条件，使化学反应尽可能向生成主产物的方向移动。

根据律·查德平衡移动原理，“稳定平衡系统所处条件温度、压力、浓度发生变化时，则平衡向着削弱或解除这种变化的方向移动”。由此我们可以通过改变反应条件来达到促进主反应的发生或通过改变条件削弱副反应的进行。

当外界诸条件发生变化时，化学平衡情况我们可以总结出如下原则：

升高温度平衡总是向吸热反应的方向进行；升高压力总是有利于平衡向气体物质分子数减少(或气体体积缩小)的方向进行；增大反应物浓度总是有利于平衡向产物方向移动。

三、分离过程难易程度的判断和分离方法的选择

对于平衡分离过程常采用分离因子来表示平衡关系，定义为：

$$\alpha_{ij}=\frac{y_i/y_j}{x_i/x_j}=\frac{k_i}{k_j} \tag{2-3}$$

式中，k_i 为相平衡常数，是温度、压力、系统组成的函数。

分离因子在精馏过程中又称为相对挥发度，它相对于气液平衡常数而言，随温度和压力的变化不敏感，若近似当作常数，能使计算简化。对于液液平衡情况，常用 β_{ij} 代替 α_{ij}，称之为相对选择性。分离因子与 1 的偏离程度表示组分 i 和 j 之间分离的难易程度。

就精馏过程而言，如果分离因子 $\alpha_{ij} \neq 1$，则 i 和 j 组分可以通过普通精馏法实现组分分离；如果 $\alpha_{ij} \approx 1$，则要使用萃取精馏、共沸精馏等特殊精馏方法，或者直接改用其他平衡分离方法实现组分分离。

如常压下苯(沸点 80.2℃)和环己烷(沸点 80.8℃)二者互溶，形成均相共沸物。所以分离苯-环己烷均相共沸物溶液时需加入另一种共沸剂丙酮(沸点 56.2℃)；丙酮与环己烷形成最低共沸物(沸点 53.1℃)，从共沸精馏塔的塔顶引出，塔釜采出纯苯。丙酮与环己烷的共沸物用水作为萃取剂，由于丙酮在水中的溶解度较大，所以在萃取塔釜引出丙酮水溶液，从塔顶采出纯环己烷。丙酮水溶液中丙酮和水的相对挥发度较大，在丙酮精馏塔顶引出丙酮，作为共沸剂循环使用，塔釜引出水作为萃取剂循环使用，如图 2-1 所示。

而有些情况下要根据物质的具体特性，改用其他的分离方法，如二甲苯异构化产物中，对二甲苯、间二甲苯、邻二甲苯的相对挥发度非常接近，不宜使用精馏方法分离，但这三种同分异构体熔点相差较大，故使用结晶分离的方法实现组分分离。

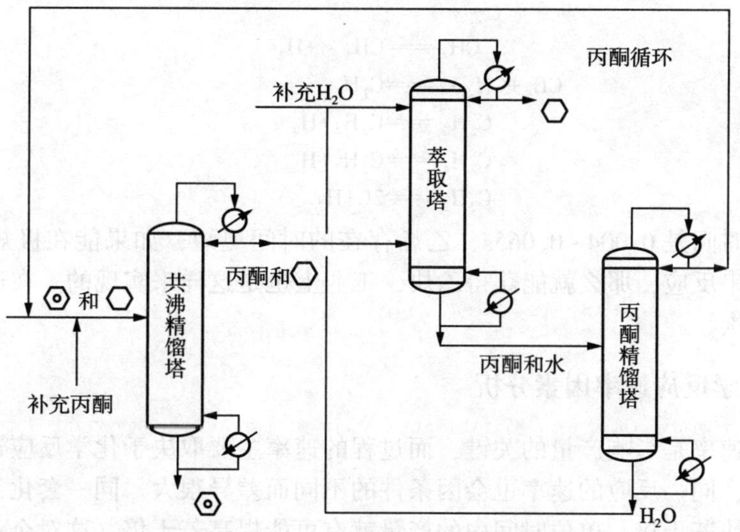

图 2-1 苯-环己烷混合物的分离流程

查一查 对二甲苯、间二甲苯、邻二甲苯的熔点分别是多少？

热力学分析在其他方面的使用，请大家留意其他课程中的相关章节。

做一做 从节能的角度出发，谈谈你所熟悉的化学过程的热功转化和能量合理利用。

第二节 化学反应动力学分析

化学动力学主要为解决反应过程的如下问题提供理论依据：

(1)化学反应过程进行的步骤和机理。

(2)确定反应过程的化学反应速率与其影响因素之间的函数关系式。此外在研究化学反应过程时，不仅要考虑微观的动力学因素，而且还要同时考虑设备结构、传递过程等宏观的动力学因素(包括动量传递、热量传递和质量传递三个部分)。

(3)确定反应物料流动模型、反应时间长短以及复杂反应体系的选择性问题。

一、化学热力学与化学动力学的关系

化学热力学是研究物质变化过程的能量效应，解决反应过程的方向与限度问题，即有关平衡的规律，它不研究完成该过程所需要的时间以及实现这一过程的具体步骤、方式及其影响因素等方面的问题，解决后一问题有赖于化学动力学的原理和方法。所以它们之间的关系可以概括为：前者是解决物质变化过程的可能性，而后者是解决如何把这种可能性变为现实性，使化工生产过程具有现实意义。这是实现化工生产的相辅相成的两个方面。当人们想要以某些物质为原料合成新的化学品时，首先要对该过程进行热力学分析，得到过程可能实现的肯定性结论后，再做动力学分析，建立各种因素与反应速率之间的规律关系。最后从热力学和动力学两方面综合考虑，选择该反应的最佳工艺操作条件及进行反应器的选型与设计。

例如，甲烷裂解制乙炔，在1500℃左右的高温下，乙炔极不稳定，最终似乎只能得到碳和氢。但如果我们分析了该反应过程的机理和计算了反应时间后发现，乙炔的生成机理：

$$CH_4 \rightleftharpoons CH_2\cdot + H_2$$
$$CH_4 + CH_2\cdot \rightleftharpoons C_2H_6$$
$$C_2H_6 \rightleftharpoons C_2H_4 + H_2$$
$$C_2H_4 \rightleftharpoons C_2H_2 + H_2$$
$$C_2H_2 \rightleftharpoons 2C + H_2$$

乙炔存在的时间是0.004~0.065s，乙烯存在的时间更短，如果能在极短的时间内淬冷到低温，终止连串反应，那么就能获得乙炔，工业上也是这样来实现的。在这里起确定性作用的是动力学因素。

二、影响化学反应速率因素分析

工艺过程的速率是影响产量的关键，而过程的速率主要取决于化学反应速率。不同的化学反应速率不同，同一反应的速率也会因条件的不同而差异很大。同一套化工生产装置，如果主反应速率加快若干倍，单位时间内的产量就有可能提高若干倍，这对企业的经济效益无疑具有很大的影响。

影响反应速率的因素几乎在动力学方程中得到了全部体现，定量描述反应速率与影响反应速率因素之间的关系式称为化学动力学方程。对于均相及拟均相反应，影响反应速率的因素有反应温度、组成、压力、溶剂的性质、催化剂的性质等。然而对于绝大多数的反应，最主要的影响因素是反应物的浓度和反应温度。因而化学动力学方程一般都可以写为：

$$r=f(T、c) \qquad (2-4)$$

式中，T为反应过程中的温度，℃；c为浓度向量，它表示影响反应速率的组分不止一个。对一个由几个组分组成的反应系统，其反应速率与各个组分的浓度都有关系。当然，各个反应组分的浓度并不都是相互独立的，它们受化学计量方程和物料衡算关系的约束。

对于非均相反应过程，如气固相催化反应过程的动力学方程式不能仅仅考虑本征动力学，因为在反应器床层内的催化剂中，由于受内、外扩散的影响，颗粒内各处的温度和浓度不同，导致反应速率在床层内各处均不同。即传质过程对气固相催化反应动力学的影响是不能忽略的。考虑了传质过程的动力学方程为宏观动力学，它是以催化剂颗粒体积为基准的平均反应速率。

$$(-R_A)=\frac{\int_0^{V_S}(-r_A)\mathrm{d}V_S}{\int_0^{V_S}\mathrm{d}V_S} \tag{2-5}$$

式中 $(-R_A)$——A 组分的宏观反应速率，kmol/(m^3 · h)；

$(-r_A)$——A 组分的本征反应速率，kmol/(m^3 · h)；

V_S——催化剂颗粒的体积，m^3。

(一)反应机理与动力学方程

动力学方程的正确表达取决于对化学反应机理正确认识和描述，根据反应过程机理，每一步是一个基元反应，可以根据质量作用定律写出动力学方程。

如对于基元反应：$v_A A+v_B B=v_R R$

$$(-r_A)=k_c c_A^{v_A} c_B^{v_B} \tag{2-6}$$

式中 $(-r_A)$——反应物 A 消耗速率，kmol/(m^3 · h)；

c_A、c_B——反应物的浓度，kmol/m^3；

v_A、v_B——分别为反应物 A、B 的反应级数，反应总级数为 $n=v_A+v_B$；

k_c——以浓度表示的反应速率常数，$(\text{kmol}/\text{m}^3)^{1-n}$/h。

一般情况下大多数反应都是非基元反应，而非基元反应是不能直接按质量作用定律写出动力学方程的。但非基元反应可以看成若干个基元反应的综合结果，因此可以把非基元反应分为几个基元反应，选取其中一个基元反应为控制步骤，一般为对反应起决定性作用的那一个基元反应即反应速率最慢的那一个基元反应，其余各步基元反应达到平衡，然后根据质量作用定律推导出动力学方程。

(二)浓度对化学反应速率的影响

浓度对反应速率的影响取决于反应级数，动力学方程式中浓度项的指数是反应的级数。对基元反应反应级数 v_A、v_B 即等于化学反应式的计量系数值；而对非基元反应则应通过反应机理推导或根据实验来确定。反应级数的大小反映了该物料浓度对反应速率影响的程度。如果反应级数等于零，在动力学方程式中该物料的浓度项就不出现，说明该物料浓度的变化对反应速率没有影响。如果反应级数是正值，说明随着该物料浓度的增加反应速率增加；如果反应级数是负值，说明该物料浓度的增加反而阻抑了反应，使反应速率下降。

因此反应级数的高低并不能单独决定反应速率的快慢，只是反映了反应速率对物料浓度的敏感程度。级数愈高，物料浓度对反应速率的影响愈大，这可以为我们选取合适的反应器提供依据。

(三)温度对化学反应速率的影响

由动力学方程式可以看出，化学反应速率与速率常数(k)呈正比关系。k 值大小直接决定了反应速率的高低和反应进行的难易程度。不同的反应有不同的反应速率常数，对于同一个反应，速率常数随温度、溶剂、催化剂的变化而变化，其中温度是影响反应速率常数的主要因素。分子运动学说认为在反应体系中只有一小部分分子具有超过分子的平均能量，称其为活化分子。而只有活化分子才能参加反应，分子的热运动导致分子间的碰撞，分子间能量有了交换，使得一部分分子被活化。温度升高时，分子间碰撞的次数显著增加，而活化的分子数增加得更多。因此升高温度，反应速率明显加快。温度对常数速率的影响可用阿伦尼乌斯(Arrhenius)方程描述。

$$k=k_0\exp(-\frac{E}{RT}) \tag{2-7}$$

式中 k_0—— 指前因子或频率因子，决定于反应物系的本质，与操作条件无关；

E——反应的活化能，J/mol；

R——气体常数，R=8.314J/(mol·K)。

活化能 E 的物理意义是指把反应物分子"激发"到可进行反应的"活化状态"所需要的能量，由此可见活化能的大小是表征化学反应进行难易程度的标志。活化能高，反应难于进行；活化能低，则容易进行。但活化能 E 不仅决定反应的难易程度，它还决定了反应速率对温度的敏感程度。活化能越大，温度对反应速率的影响就越显著，即温度的改变会使反应速率发生较大的变化。例如，在常温下若反应活化能 E 为 42kJ/mol，则温度每升高 1℃，反应速率常数约增加 5%；如果活化能为 126kJ/mol，则将增加 15%左右。当然这种影响的程度还与反应的温度水平有关。对于同一反应，即当活化能 E 一定时，反应速率对温度的敏感程度随着温度的升高而降低。例如，反应活化能为 150kJ/mol，当反应温度由 300K 上升 10K 时，反应速率增加了 7 倍；而当温度由 400K 上升了 10K 时，反应速率却只增加了 3 倍。即高温时温度对反应速率的影响不如低温时影响大。

由此可见，影响反应速率的因素主要是温度和反应物的浓度，而温度的影响尤为重要。一般情况下温度升高，则反应速率是增加的。但对于可逆反应而言，则需要进行分析，因为可逆反应的速率等于正逆反应速率之差，温度升高，正逆反应速率均升高，但正逆反应速率之差的变化不一定升高。通过对可逆反应速率的计算，我们知道对于可逆吸热反应，反应速率是随着温度的升高而增加的，如图 2-2(a)所示。而对于可逆放热反应则不然，可逆放热反应随着温度的增加，反应速率的变化是先增加然后再下降，存在一极大值。因此，对于可逆放热反应而言，存在一最佳温度，反应应在最佳温度下进行，此时的反应速率最大，如图 2-2(b)所示。

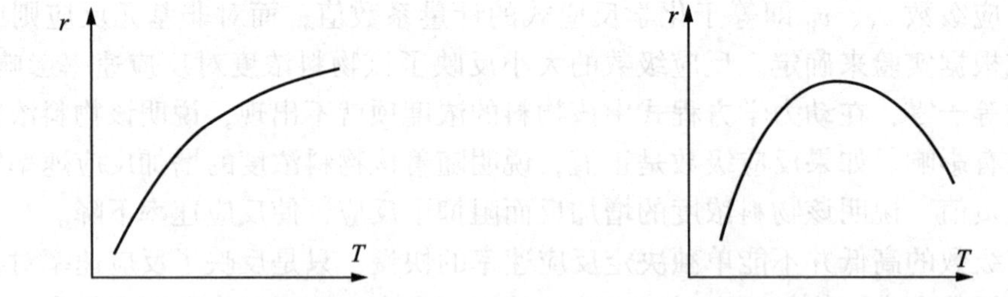

(a)可逆吸热反应速率与温度的关系　　(b)可逆放热反应速率与温度的关系

图 2-2　反应速率与温度的关系

由于化学反应种类繁多各不相同，因此温度对化学反应速率的影响也是复杂的，反应速率常数随温度升高而加快只是一般规律，有些特殊化学反应的速率常数受温度影响的规律是不符合阿伦尼乌斯方程的。图 2-3 表示了五种反应类型的反应速率随温度改变而变化的情况。

第Ⅰ种类型：反应速率常数随温度的升高而逐渐加快，它们之间呈指数关系，这种类型的化学反应是最常见的，符合阿伦尼乌斯公式。

第Ⅱ种类型：反应开始时反应速率常数随温度的升高而加快，但影响不是很大，但当温度升高到某一温度时，反应速率常数突然迅速加快，以“爆炸”速率进行。这类反应属于有爆炸极限的化学反应。

第Ⅲ种类型：温度比较低时反应速率常数随温度的升高而逐渐加快，但当温度升高到一定数值时，再升高温度，反应速率常数却反而减慢。酶的催化反应就属于这种类型，因此温度太高和太低都不利于生物酶的活化。还有一些受吸附速率控制的多相催化反应过程亦是如此。

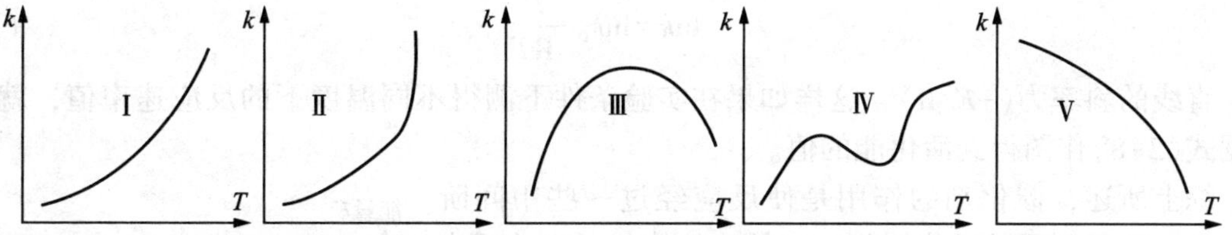

图 2-3　k-T 的五种关系

第Ⅳ种类型：在温度比较低时反应速率常数随温度的升高而加快，符合一般规律。当温度高达一定值时，反应速率常数随温度的升高反而下降，但若温度继续升高到一定程度，反应速率常数又会随温度的升高而加快，甚至以燃烧速率进行。这种反应比较特殊，某些碳氢化合物的氧化过程属于此类反应。

第Ⅴ种类型：反应速率常数随温度的升高而下降，如一氧化氮氧化为二氧化氮的反应就是这种少有的特例。

在化工生产中，对第Ⅰ类反应和第Ⅱ、Ⅲ、Ⅳ类反应低于拐点对应的温度范围来讨论安全生产和用升高温度的办法来加快化学反应速率都是有意义的。而接近于极值点(或拐点)的温度就应视为过高的温度或不安全的温度。化工生产中应根据这一规律来确定安全生产的适宜温度范围。

(四)催化剂对化学反应速率的影响

在化学动力学中，决定反应在某温度时的反应速率大小的基本因素是活化能。而能够改变反应活化能的只有催化剂了，所以若能降低反应活化能，同样也可使反应速率加快。

只有当反应物分子具备了足够能量(即活化分子能量)并且活化分子数达到一定数量时，化学反应才能进行。活化分子数量(即浓度)越多，反应速率越快。处于活化状态的分子所具有的最低能量与普通分子所具有的平均能量之差，称为反应的活化能，以 E 表示，其单位是 kJ/mol。

降低活化能 E 可显著提高反应速率常数 k，加快反应速率。计算表明活化能降低 2kJ/mol，反应速率常数 k 可增加 2 倍；若活化能降低达 80 kJ/mol，反应速率常数约增加 10^7 倍以上。通常使用适宜的催化剂能够显著降低反应的活化能，见表 2-1。

表 2-1　催化反应与非催化反应活化能的比较

反应实例	活化能 E/(kJ/mol)		催化剂
	热反应	催化反应	
$2HI = H_2 + I_2$	184.1	104.6	Au
$2NO = N_2 + O_2$	244.8	134.0	Pt
$CH_3CHO = CO + CH_4$	190.2	136.8	I
$N_2 + 3H_2 = 2NH_3$	334.9	167.4	Fe

反应活化能降低的原因是催化剂改变了反应的途径，是反应按照新的途径进行，如图2-4是一个催化反应的模拟过程，简单反应 A+B ⟶R，新途径中两步反应的活化能 E_1 和 E_2 与无催化剂参与的原途径活化能 E 相比，$E_1<E$，$E_2<E$。个别能量高的活化分子仍可按原途径进行反应，此即催化剂加速化学反应的主要原因。

由阿伦尼乌斯方程可知：若以 ln$k$ 对 1/T 作图可得一条直线，即：

$$\ln k=\ln k_0-\frac{E}{\mathrm{R}T} \tag{2-8}$$

直线的斜率为($-E$/R)，这样如果在实验条件下测得不同温度下的反应速率值，就可以根据式(2-8)作图得到活化能的值。

综上所述，催化剂的作用是使反应经过一些中间阶段，每一阶段所需的活化能都比较低，就使每一步的反应速率都比原反应速率快，因而加快了整个反应的速率。催化剂既能加快正向反应速率，也能加快逆向反应的速率，从而缩短化学反应达到平衡的时间。但不能改变平衡的状态，因此这一点告诉我们，实际生产中在寻找催化剂以前，应进行热力学分析，如果热力学认为不可能的反应，就不必再浪费精力去寻找催化剂了。

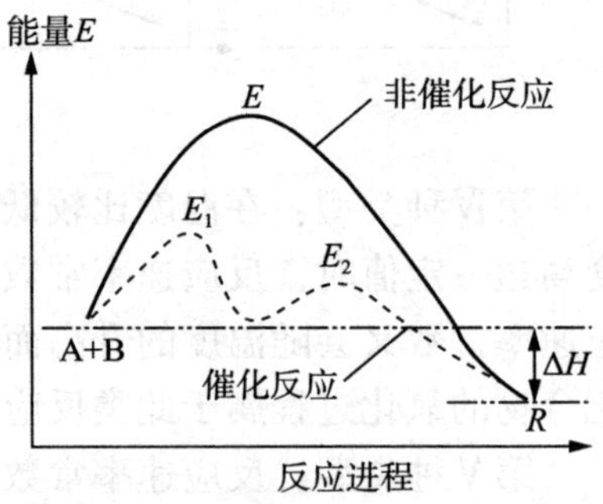

图 2-4　非催化与催化反应的活化能的比较

催化剂具有特殊的选择性，不同类型的反应，需要选择不同的催化剂。同一种反应物，使用不同的催化剂，可以得到不同的产物。催化剂特殊的选择性，不仅可以合成多种多样的产品，而且还能抑制不必要的副反应，有选择性地合成目的产品，节省原材料，在工业上具有特别重要的意义。

化学动力学的重要任务之一是要研制出各种化工产品所需的高效催化剂，有效地改变化学反应速率。此外，还要根据各个产品反应的具体情况和催化剂的性能来选择适宜的温度等工艺条件。在一个反应体系中，当几个反应在热力学上都有可能同时发生的情况下，如果各个反应的速率相差很悬殊，则动力学因素对其反应结果将起到关键作用。

查一查　动力学因素还涉及哪些内容？

第三节　化工生产过程影响因素分析

在研究一个化学反应过程时，为了表明生产过程中化学反应进行的情况，说明某一反应系统中，原料的变化情况和消耗情况，往往要引入一些常用的、过程开发不可缺少的指标。

一、化工生产工艺指标

(一)反应的转化率、选择性和收率

衡量化学反应进行的程度及其效率，常用转化率、选择性及收率等指标。它们是化学反应工程的几个专门名词，和物料衡算有密切关系。

1. 反应转化率

对于一个化学反应，参与反应的物质往往不止一种，反应过程进行到了什么程度，我们可以用某一种反应物的转化率来衡量，这种反应物我们一般称为关键组分，为了从理论上全

程描述反应过程进行的程度，关键组分通常选取参与反应且量相对不足的反应物来承担。

转化率是转化掉的关键组分量占关键组分投入总量的百分数，反映了原料通过反应器之后发生化学变化的程度。随不同情况，转化率有三种表示方法。

(1)单程转化率。指反应物一次通过反应器时，关键组分的转换量占关键组分投入总量的百分数。若关键组分用 A 表示，转化率用 x 表示：

$$x_A=\frac{\text{参加反应的关键组分的量}}{\text{输入反应器的关键组分的量}}\times 100\% \tag{2-9}$$

其中参加反应的关键组分的量=输入反应器的关键组分的量-输出反应器的关键组分的量，对于关键组分量可以用物质的量表示，也可以用物质的质量表示；通常如果参与反应的原料是石油、天然气、煤或是石脑油、重油等相对分子质量难以考量时用质量表示。

转化率高说明化学反应发生的程度也大。

(2)总转化率。对于有循环和旁路的生产系统，通常用总转化率衡量反应过程中关键组分的转换程度。

$$X_A=\frac{\text{反应过程中转化了的关键组分的总量}}{\text{输入反应系统的关键组分的总量}}\times 100\% \tag{2-10}$$

(3)平衡转化率。平衡转化率是在一定条件下，某一化学反应更多是指可逆反应，关键组分的最高转化率，该值取决于反应过程的自由焓变，是温度的函数，达到此值一般要经历一定的时间。作为一个理论值，它表示了一定条件下的最高转化率，因此，这一理论值可以作为一个参考标准，通过和实际单程转化率数值进行比较，看到它们之间的差距，帮助我们认识实际反应的转化情况，看到反应的差距和潜力，作为提高实际转化率、改进生产过程与条件的依据。

平衡转化率的大小取决于反应过程的平衡常数，要准确计算出一个反应过程的平衡常数是困难的，但对于一个理想状况下进行的气相反应，道理是简单易行的。

平衡常数与反应自由焓变之间的关系：

$$K_p=e^{\frac{-\Delta_r G_T}{RT}} \tag{2-11}$$

关键组分 A 的平衡转化率是平衡常数的函数。

$$x_{A,e}=f(K_p) \tag{2-12}$$

2. 选择性

在化学反应过程中，往往有许多化学反应同时存在，不仅生成有目的产物的主反应，还有生成副产物的副反应，所以转化了的原料中，只有一定比例的原料生成目的产物。所以在实际生产中，常采用选择性评价反应过程效率的高低。针对某一个既定反应产物来说，生成目的产物所消耗的关键组分的量占全部转化了的关键组分的量的比率称为选择性。

如果目的产物用 R 表示，选择性用 S 表示，则：

$$S_R=\frac{\text{生成目的产物所消耗的关键组分的量}}{\text{组分的转化总量}}\times 100\% \tag{2-13}$$

从目的产物的选择性可以看出在各种主副反应中主反应所占的百分比，当人们提高转化率的时候，必须考虑到选择性变化的趋势，如果选择性变差(副产物增加过多)会使原料消耗定额升高而目的产物的产量减少，因此一般要求选择性越高越好，而转化率的提高在选择性低时受到限制。

在化工生产中，仅仅是选择性高并不意味着过程就一定经济合理，只能说明反应过程中副反应的概率低。如果通过反应器的原料只有很少一部分进行反应，则设备的利用率即单位时间的生产能力大大降低，显然只有综合考虑转化率和选择性，才有助于确定合理的工艺指标。

3. 收率

收率是生成目的产物所消耗的关键组分的量占关键组分投料的量的百分数。

对于目的产物 R，其收率 y_R 可以用如下公式计算。

$$y_R = \frac{\text{生成目的产物所消耗的关键组分的量}}{\text{关键组分的投料量}} \times 100\% \tag{2-14}$$

与转化率的概念相对应，收率有单程收率和总收率之分。单程收率是指单程通过反应器生成目的产物所消耗的关键组分的量占单程投入到反应器的关键组分量的百分比。

单程收率高，反映反应器生产能力大，意味着未反应原料回收量减少，并减少了水、电、汽等能源消耗，标志着过程既经济又合理。

总收率是对于有循环和旁路的生产系统，在一定生产周期内，相对于投入反应系统的关键组分总量而计算的目的产物的收率。

$$y_A = \frac{\text{生成目的产物所消耗的关键组分的总量}}{\text{输入反应系统的关键组分的总量}} \times 100\% \tag{2-15}$$

在实际生产中，当反应原料是难以确定的混合物，而反应过程又极为复杂，各种组分难以通过分析手段来确定时，可以直接采用以混合原料质量为基准的收率来表示反应效果，以原料质量为基准的收率称为质量收率。

$$y = \frac{\text{生成目的产物的质量}}{\text{混合原料的质量}} \times 100\% \tag{2-16}$$

4. 转化率、选择性和单程收率的相互关系

根据以上的计算公式，不难推导出转化率、选择性和单程收率三者之间的关系式为：转化率×选择性=单程收率。即：

$$y_R = x_A \cdot S_R \tag{2-17}$$

此关系式应用时需注意单程收率和单程转化率、总收率和总转化率所具有的对应关系。

影响产物收率和转化率的因素一般有原料组成、催化剂、反应温度和压力、反应区域中的停留时间、设备的材料和结构等。

不同的原料有不同的转化率、选择性和单程收率，当反应原料不止一种时，应着重考虑最昂贵的原料为关键组分。另外，反应产物一般也不止一种，其中最重视的是目的产物的选择性和单程收率，但有时也要相应计算副产物选择性和单程收率，要根据具体需要来确定。

单程转化率和选择性都只是从某一个方面说明化学反应进行的程度。转化率越高，说明反应进行得越彻底，未反应原料量的少，可以减轻分离、精制和原料循环的负担，一定程度上可以降低设备投资和操作费用，同时也提高了设备的生产能力。但是随着单程转化率的升高，原料浓度下降，主反应推动力下降，反应速率会减慢，若再提高转化率，所需时间会过长，随之副反应也会增多，致使选择性下降。所以单纯的转化率高，反应效果不一定就好。

选择性越高，说明消耗于副反应的原料量越少，原料的有效利用率越高，反应效果好。但如果仅仅是选择性高而经过反应器后的原料参加反应的量太少，则设备的利用率太低，生产能力也不高，故也不经济合理。所以必须综合考虑单程转化率和选择性，二者都比较适宜时，才能求得较好的反应效果，才能作为确定合理的工艺控制指标的依据。

（二）反应时间

化学反应过程中对反应时间的表示方法有：空间时间、停留时间（接触时间）、反应持

续时间、空间速度等概念。

1. 空间时间

空间时间指反应器有效体积与所处理物料的体积流量之比，常用于连续操作的均相反应过程。

$$\tau=\frac{V_R}{V_0} \tag{2-18}$$

式中 V_R——反应器有效体积，m^3；

V_0——所处理物料的体积流量，m^3/s。

2. 停留时间

停留时间也称接触时间，指流体微元从进入反应器到离开反应器所经历的时间，常用于连续操作的各种反应器。

$$t=\int_0^{V_R}\frac{dV_R}{V} \tag{2-19}$$

式中 V_R——反应器有效体积，m^3；

V——反应过程中某时刻物料的瞬时体积流量，m^3/s。

3. 反应持续时间

反应持续时间也叫反应时间，是指反应物料进行化学反应达到所要求的转化率所需要的时间，主要用于间歇反应过程。

4. 空间速度

空间速度简称空速，指单位反应器有效体积所处理反应混合物料的标准体积流量。

$$S_v=\frac{V_{0N}}{V_R} \tag{2-20}$$

式中 V_R——反应器有效体积，m^3；

V_{0N}——所处理反应混合物料的标准体积流量，m^3/s。

对于气体标准状况是指0℃、101.3kPa，而对于液体，工业上通常是指25℃、101.3kPa。

二、消耗定额

消耗定额是在实现产品产量和质量的前提下，为降低消耗而确定的工艺技术经济指标。即生产单位产品所消耗各种原材料的量，如原料、水、燃料、电力和蒸汽量。消耗定额越低、生产过程越经济、产品的单位成本也就越低。但是消耗定额低到某一水平后，就难以或不可能再降低，此时的标准就是最佳状态。

在消耗定额的各个内容中，水、电、汽和各种辅助材料、燃料等的消耗均影响产品成本，应努力减少消耗。然而最重要的是原料的消耗定额，因为原料成本在大部分化学过程中占产品成本的60%~70%，所以原料通常是降低产品的成本最关键的因素之一。

1. 原料消耗定额

$$\text{消耗定额 } C=\frac{\text{原料量 } Q_R(\text{kg})}{\text{产品量 } Q_P(\text{kg})} \tag{2-21}$$

如果原料量是按化学反应方程式以化学计量为基础计算出来的，该消耗定额称为理论消耗定额，它表示原料消耗的最小值。因此实际过程的原料消耗量绝不可能低于理论消耗定额。

在实际生产过程中，由于有副反应发生会多消耗一部分原料，在所有各个环节中也免不了损失一些物料(如随废气、废液、废渣带走的物料，设备及阀门等跑、冒、滴、漏损失的物料，由于生产工艺不合理而未能回收的物料以及由于操作事故而造成的物料损失等)，因此，由于各种化学的和物理的损耗，原料消耗量将大于理论量，如果将原料损耗均计算在内，得出的原料消耗定额称为实际消耗定额，理论消耗定额 C_m 与实际消耗定额 C_a 之比即为原料的利用率 η。

$$\eta=\frac{C_m}{C_a}=1-\text{损失率} \tag{2-22}$$

生产一种目的产品，若有两种以上的原料，则每一种原料都有各自不同的消耗定额数据。对某一种原料，有时因为初始原料的组成情况不同，其消耗定额也不等，差别可能还会比较大。因此，在选择原料品种时，还要考虑原料的运输费用，以及不同类型原料的消耗定额的估算等，计算消耗定额时，每一种原料应分别计算各自的消耗定额，以便选择一个最经济的方案。

制定消耗定额应具有先进性和现实性两条标准，消耗定额低说明原料利用得充分，产品收率高而成本低，也说明了副反应少，三废少，管理水平高，损耗少。反之，消耗定额高势必增加产品成本，加重三废治理的负担。所以，消耗定额是反映生产技术水平和管理水平的一项重要经济指标，同时也是企业管理的基础数据之一。

2. 公用工程的消耗定额

公用工程指的是化工厂必不可少的供水、供热、冷冻、供电和供气等条件。公用工程消耗定额是指生产单位产品所消耗的水、蒸汽、电以及燃料的量。

工艺技术管理工作的目标除了保证完成目的产品的产量和质量，还要努力降低消耗，因此各化工企业都根据产品设计数据和本企业的条件在工艺技术规程中规定了各种原材料的消耗定额，作为本企业的工艺技术经济指标。如果超过了规定指标，必须查找原因，降低消耗以达到生产强度大、产品质量高、单位产品成本低的目的。

三、生产能力和生产强度

(一)生产能力

生产能力是指一台设备、一套装置或是一个工厂，在单位时间内生产的产品量或处理的原料量，单位表示为 kg/h、t/d、kt/a 或 Mt/a。例如，一台管式裂解炉一年可生产乙烯产品 5×10^4t，即 50 kt/(a · 台)；年产 5000 t 聚乙烯醇的生产装置，表示该装置一年可以生产 5000t 的聚乙烯醇产品；又如年产 30×10^4t 合成氨的工厂，指的是该厂一年能生产 30×10^4t 的合成氨产品。

原料处理量也称为加工能力。如处理原油为 500×10^4t/a 的炼油厂，是指每年可将 500×10^4t 原油加工炼制成各种油品。

生产能力有设计能力、核定能力和现有能力之分。设计能力是设备或装置在最佳条件下可达到最大的生产能力，即设计任务书规定的生产能力。核定能力是在现有条件的基础上结合实现各种技术、管理措施确定的生产能力。现有能力也称作计划能力，是根据现有生产技术条件和计划年度内能够实现的实际生产效果，按计划产品方案计算确定的生产能力。

设计能力和核定能力是编制企业长远规划的依据，而现有生产能力则是编制年度生产计划的重要依据。

(二)生产强度

生产强度指单位容积或单位面积(或底面积)的设备在单位时间内生产的产品量或加工的原料量，其单位是 $kg/(h \cdot m^3)$、$t/(h \cdot m^3)$、$kg/(h \cdot m^2)$、$t/(h \cdot m^2)$。

具有相同化学或物理过程的设备(装置)，可用生产强度指标比较其优劣。设备内进行的过程速率越快，该设备的生产强度就越高，设备生产能力也就越大。如催化反应装置的生产强度，常用时空收率表示。

时空收率是指单位时间内、单位体积(质量)催化剂所能获得的产品量，记作 $kg/(h \cdot m^3$ 催化剂)或 $kg/(h \cdot kg$ 催化剂)。

例如，醋酸乙烯酯的合成，乙炔气相法的时空收率为 $1\sim2t/(d \cdot m^3$ 催化剂)；乙烯气相法为 $6\sim7t/(d \cdot m^3$ 催化剂)。显然，乙烯气相法设备的生产强度比较高。

四、化学反应过程影响因素分析

影响反应过程能否达到工艺上最佳点的因素很多，如设备尺寸、结构，催化剂的性能和用量，反应过程的工艺参数(温度、压力、原料配比、停留时间)以及原料的纯度等。虽然各个化工产品的反应过程各有各自的特点，工艺过程差别很大。但总的说来，每一个工艺因素，不论是温度、压力、原料配比以及停留时间，对化学反应的影响都有一些共同之处。

(一)温度对化学反应过程的影响规律

任何一种化工生产过程都伴随着物质的物理和化学性质的改变，都必然有能量的交换和转化，其中最普遍的交换形式是热交换。化学反应的速度都与温度密切相关，很多化学反应，每升温10℃，反应速度就要加快1倍。温度的变化同时影响其他工艺参数，如压力、转化率等，直接影响产品质量甚至发生恶性事故。从小试到中试直到大工业生产，工艺操作温度都是十分重要的，有时同样的反应使用不同的催化剂，需要控制的温度也不同。因此，温度的测量与控制是保证化工生产过程正常进行与安全运行的重要环节。

温度对化学反应影响的一般规律可以从下述几个方面分析：

1. 平衡常数与温度的关系

平衡常数与温度的关系可以从 vol't Hoff 方程看出。

$$\frac{d\ln K_p}{dT}=\frac{\Delta_r H^\ominus}{RT^2}$$

对于吸热反应，$\Delta_r H^\ominus>0$，则$\frac{d\ln K_p}{dT}>0$，即平衡常数 K_p 值随温度的上升而增大。对于放热反应，$\Delta_r H^\ominus<0$，则$\frac{d\ln K_p}{dT}<0$，即平衡常数 K_p 值随温度的上升而减小。

所以从化学平衡的角度看，升高温度有利于提高吸热反应的平衡转化率，降低温度则有利于提高放热反应的平衡转化率。其实际意义说明了应该如何改变温度条件去提高反应的限度。

2. 反应速率与温度的关系

从温度与化学反应比速率的关系阿伦尼乌斯方程(2-7)分析可知，提高温度可利于加快化学反应的速率，在同一反应系统中，不论主、副反应皆符合这一规律。但升高温度相对地更有利于活化能高的反应。

3. 催化剂的使用与温度的关系

由于催化剂的存在，相比之下主反应一定是活化能最低的。因此，温度升得越高，从相对速度看，越有利于副反应的进行。所以在实际生产上，特别是对于催化反应过程，用升温的方法来提高化学反应的速率应有一定的限度，只能在有限的适宜范围内使用。

另外，从温度变化对催化剂性能和使用的影响来看，对某产品的生产过程，只有在其催化剂能正常发挥活性的起始温度以上使用，催化剂才是有效的。因此，适宜的反应温度必须在催化剂活性的起始温度以上。此时，若温度提高，催化剂活性也上升，但催化剂的中毒系数也增大，若温度过高，中毒系数会急剧上升，致使催化剂的生产能力即空时收率急速下降。当温度继续上升，达到催化剂使用的极限温度时，催化剂会完全失去活性，主反应难以进行，反应失去控制，同时生产也无法进行，有的反应甚至还会出现爆炸等危险。因而操作温度应在低于极限温度的安全范围内进行操作。

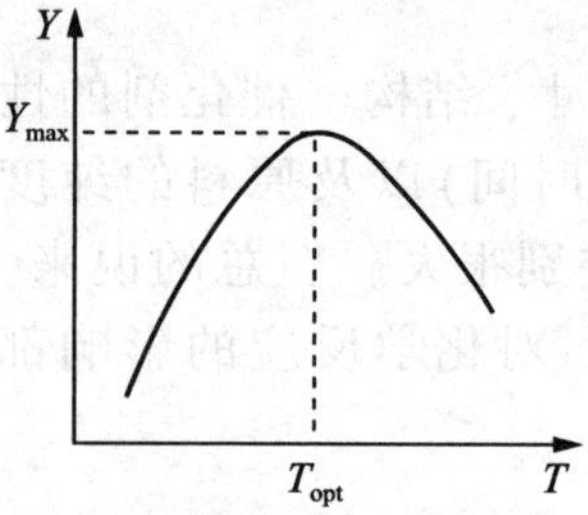

图 2-5　产物收率与反应温度之间的关系

4. 反应产物收率与温度的关系

从温度对反应产物收率的影响来看，在催化剂适宜的温度范围内，当温度较低时，由于反应速率慢，原料转化率比较低，但反应选择性比较高；产物收率不高。随着温度的升高，反应速率加快，可以提高原料的转化率，然而由于副反应速率也随温度的升高而加快，选择性下降；产物收率依然不高，且温度越高，选择性下降越多，导致单程收率下降。由此看升温对反应产物收率的提升存在最优值，如图 2-5 所示。但不宜升得过高，否则反应效果反而变坏，而且选择性的下降还会使原料耗量增加。

综上所述，适宜温度范围的选择首先是根据催化剂的使用条件，在其活性起始温度和极限温度之间。同时还必须考虑反应过程的平衡转化率、平衡移动、反应速率、物料的热敏性、反应器的操作稳定性，设备材质的耐高温程度；结合操作压力、空间速度、原料配比和安全生产的要求以及反应的效果等项目进行综合选择，并经过实践和生产实际的验证而后确定操作温度高低。

(二) 压力对化学反应过程的影响规律

在化工生产中，压力是重要的操作参数之一，而压力不完全由反应动力学所决定。还有动力设备、安全等诸多因素也影响着反应压力的确定。由于液体的可压缩性太小，所以一般压力对液相反应的影响不大，液相反应都在常压下进行。对某些气液相反应，为了维持反应在液相中进行，才在与之平衡的气相空间略加一点有限的压力，也属于常压反应。气体可压缩性很大，因此压力对气相反应的影响比较大，这里仅讨论压力对气相反应的影响规律。

1. 压力对平衡移动的影响

对于气体反应：$aA+bB \rightleftharpoons cC+dD$

若气体总压为 p，任一反应组分的分压 $p_i=y_ip$，则平衡常数 K_p 的表达式为：

$$K_p=\prod_i(p_i)^{v_i}=p^{\Delta n}\prod_i(y_i)^{v_i}=K_yp^{\Delta n} \tag{2-23}$$

其中：$K_y=\dfrac{y_C^c y_D^d}{y_A^a y_B^b}$，$\Delta n=c+d-a-b$

由热力学原理可知，气相反应的平衡常数 K_p 仅是温度的函数，与压力无关，所以当反应温度一定时，K_p 为常数。

对于 $\Delta n>0$(即体积增大)的反应，当总压 p 下降时，$p^{\Delta n}$ 也下降。为维持 K_p 不变，必然

K_y 要增大，其结果是化学平衡向产物生成的方向移动。

对于 $\Delta n<0$(即体积减小)的反应。当总压 p 下降时，$p^{\Delta n}$ 增大，要使 K_p 不变，则 K_y 一定下降。结果是化学平衡向逆反应，即向反应物的方向移动。

对于 $\Delta n=0$(体积不变)的反应，$p^{\Delta n}=1$，所以 $K_p=K_y$，即压力变化对平衡移动无影响。

以上分析说明，从化学平衡的角度看，增大压力对气体分子数减少的反应是有利的，而降低压力有利于气体分子数增加的反应。

2. 压力对反应过程的影响

压力对反应速度的影响是通过改变压力来改变反应物浓度而实现的，一般情况下增大反应压力，也就相应地提高了反应物的分压(即浓度增大)。除零级反应外，反应速度均随反应物浓度的增加而加快。所以一定条件下增大压力，间接地加快了化学反应速率。

增加压力可以有效压缩气体混合物的体积。对于确定的生产装置来说，则意味着可以加大原料处理量，即提高设备的生产能力。这对于强化生产是有利的。

随着反应压力的提高，一方面对设备的材质和耐压强度要求也高，设备造价，投资自然也要增加；另一方面，对反应气体加压，需要增加压缩机，设备费用、操作费用增加，能量消耗也增加。此外，压力提高后对有爆炸危险的原料气体，其爆炸极限范围将会扩大。压力高生产过程的危险性也增加，因此，安全要求条件也就更高。

适宜的压力条件应根据该反应使用催化剂的性能要求，以及化学平衡和化学反应速率随压力变化的规律来确定。若反应有必要进行加压，多高压力适当，要结合必要条件和加压的利弊作经济效果的比较，还要考虑物料体系有无爆炸危险，最后确认生产是在安全确有保证的条件下进行。

(三)原料配比对化学反应过程的影响

化工生产中，为了有效地进行生产操作和控制，经常需要测量生产过程中各种介质(液体、气体和蒸汽等)的流量。一般所讲的流量大小是指单位时间内通过管道某一截面的流体数量的大小，即瞬时流量。这样的流量有摩尔流量、质量流量、体积流量等。

化学反应有两种以上的原料时，某一时间、某一条件下，各种原料的瞬时流量的比例，就是原料配比。原料配比一般多用原料摩尔配比表示。原料配比对反应的影响与反应本身的特点有关。如果按化学反应方程式的化学计量关系进行配比，在反应过程中原料的比例基本保持不变，是比较理想的。但根据反应的具体要求，还应结合下述情况分析确定。

从化学平衡的角度来看，两种以上的反应物料，任意提高某一种物料浓度(比例)，均可达到提高另一种原料之转化率的目的。

从反应速度的角度分析，在动力学方程中 $(-r_A)=k_c c_A^{v} c_B^{v}$。如果其中某一种反应物的反应级数为0，则反应速度与该反应物的浓度无关，无必要过量配比；若某反应物的反应级数大于0，则说明反应速度与该反应物的浓度有正比关系，可以考虑原料配比过量操作，以加快反应速度。但在提高某种原料配比时，还应注意到该种原料的转化率一定会下降，那就涉及在分离反应混合产物时导致的分离过程设备费用和操作费用的增加；通常必须要实现过剩原料的循环使用，提高其总转化率。整个过程的可行性与经济性问题必须要加以考虑。过量多少为宜还须经过对比实验，即从反应效果和经济效果综合分析确定。

如两种以上的原料混合物属爆炸性混合物，则首要考虑的问题是其百分比浓度应在爆炸范围之外，以保证生产的安全进行，同时还应该有必要的各种安全措施。

适宜的原料配比范围应根据反应物的性能、反应的热力学和动力学特征以及催化剂性能、反应效果，经济衡算结果等综合分析后予以确定。

(四)停留时间对化学反应过程的影响

停留时间指的是原料在反应区或在催化剂层的停留时间，也称接触时间。停留时间和空间速度有密切的关系。空间速度越大，停留时间越短；空间速度越小，停留时间越长，二者是反比关系。

从化学平衡看，接触时间增长(空间速度减小)，反应将向平衡接近，单程转化率升高，循环原料量可减少，能量消耗也少一些。但停留时间太长也是不适宜的，首先是反应时间过长，导致平行副产物和连串副反应严重，尤其是有机物的聚合和分解反应出现的可能性要增加，使催化剂的中毒系数增大，缩短了催化剂的寿命，选择性也随之下降，结果使产物的收率反而下降。其次，停留时间过长，单位时间内处理的原料气量减少，大大降低了设备的生产能力。如果空速过大，原料气与催化剂接触时间太短，原料尚未来得及反应或反应甚少便离开了反应区，从而使原料转化率很低，产品收率也低。正确地控制适宜的空速，才会得到理想的转化率和满意的产物收率。

对每一个具体的化学反应，适宜的停留时间(或空间速度)应根据反应达到适当高的转化率(选择性等指标也较高)所需的时间以及催化剂的性能来确定。

知识拓展

循环经济

1. 循环经济的含义

通常定义循环经济是对物质闭环流动型经济的简称。从物质流动的方向看，传统工业社会的经济是一种单向流动的线性经济，即："资源-产品-废弃物"。线性经济的增长，依靠的是高强度地开采和消耗资源，同时高强度地破坏生态环境。而循环经济的增长模式是"资源-产品-再生资源"。

3R 原则：减量化原则(reduce)、再利用原则(reuse)、再循环原则(recycle)，是循环经济最重要的原则，其中减量化原则属于输入端方法，旨在获得进入生产和消费过程的物质量，要求用较少的原料投入来达到既定的生产消费目的，在经济源头就注意节约资源和减少污染。在生产过程中，减量化要求产品体积小、重量轻，有最大的性能/体积、性能/重量比，从而达到减废目的。再利用原则属于过程性方法，目的是提高产品和服务利用效率，要求产品和包装容器能够被多次使用，而不是一次性商品。再循环原则是输出端方法，通过将废物、副产物再转化为有用资源，以减少末端处理负荷，要求生产出的产品在完成使用功能后重新变成可利用资源而不是垃圾，通过再利用和循环原则，反过来又强化了减量化原则的实施。

2. 循环经济理念的新观念

(1) 新的系统观。循环是指在一定系统内的运动过程，循环经济的系统是由人、自然资源和科学技术等要素构成的大系统。

(2) 新的经济观。西方经济学理念：最大限度地开发自然资源，最大限度地创造社会财富，最大限度地获取利润。知识经济学理念：最大限度地优化配置自然资源。用高技术开发新产业，用富有资源替代稀缺资源，知识可以直接作为产品，提高人们生活水平。循环经济学理念：最大限度地优化配置自然资源、最大限度提高自然资源利用效率、最大限度提高自然资源利用效益。

(3) 新的价值观。循环经济的价值观是在工程建设和经济生产中考虑自然时，不仅视其为可利用的资源，而是需要维持良性循环的生态系统。

(4) 新的自然观。循环经济要求运用生态学规律，而不是仅仅沿用自19世纪以来机械工程学的规律来指导工程建设和经济生产。不仅要考虑工程承载能力，还要考虑生态承载能力。

(5) 新的生产观。清洁的闭环生产是循环经济的一种生产观念。

(6) 新的消费观。循环经济提倡物质的适度消费、层次消费，在消费的同时就考虑到废弃物的资源化，建立合理需求、有效供给、循环生产的消费观念。

习题与练习

一、填空题

1. 化工生产过程的核心是________，生产某种产品，提出一定的工艺过程和路线，应该首先确定它在________上的可能性。

2. 分离因子在精馏过程又称为________，它相对于气液平衡常数而言，随温度和压力的变化不敏感，若近似当作常数，能使计算简化。对于液液平衡情况，常用________代替________，称之为________。

3. 动力学方程的正确表达取决于对________的正确认识和描述，每一步是一个基元反应，可以根据________写出动力学方程。

4. 不同的反应有不同的反应速率常数，对于同一个反应，速率常数随________、________、________的变化而变化。其中________是影响反应速率常数的主要因素。

5. 在化学动力学中，决定反应在某温度时的反应速率大小的基本因素是________，而能够改变它的只有________。

6. 化学反应过程中对反应时间的表示方法有：________、________、________、________等概念。

7. 公用工程指的是化工厂必不可少的________、________、________、________、________等条件。

8. 压力对反应速度的影响是通过改变压力来改变________而实现的，一般情况下增大反应压力，也就相应地提高了反应物的分压。除________外，反应速度均随________的增加而加快。

二、选择题

1. 对于一个反应体系，其热力学分析的依据是(　　)。

A. 热力学第一定律　　B. 热力学第二定律

C. 质量守恒定律　　D. 分压定律

2. 就精馏过程而言，如果分离因子 $\alpha_{ij} \neq 1$，则 i 和 j 组分可以通过(　　)法实现组分分离。

A. 普通精馏　　B. 萃取精馏　　C. 共沸精馏　　D. 闪蒸

3. 工艺过程的(　　)是影响产量的关键，而其主要取决于化学反应速率。

A. 收率　　B. 产率　　C. 转化率　　D. 速率

4. (　　)对反应速率的影响取决于反应级数。

A. 温度　　B. 压力　　C. 浓度　　D. 空速

5. 下列说法错误的是(　　)。

A. 活化能高，反应难于进行；活化能低，则容易进行

B. 影响反应速率的因素主要是温度和反应物的浓度

C. 活化能愈大，温度对反应速率的影响就越显著

D. 对于可逆反应而言，温度升高，正逆反应速率均升高，正逆反应速率之差也升高

6. (　　)反映了原料通过反应器之后发生化学变化的程度。

A. 收率　　B. 转化率　　C. 产率　　D. 消耗定额

7. 转化率、选择性和单程收率三者之间的关系式为：(　　)。

A. $y=x\cdot s$　　B. $x=y\cdot s$　　C. $s=y\cdot x$　　D. $s\cdot y\cdot x=1$

8. 停留时间和空间速度有密切的关系，下列说法错误的是(　　)。

A. 空间速度越大，停留时间越短

B. 从化学平衡看，空间速度越小越好

C. 空间速度和停留时间成反比

D. 以上说法均不正确

三、判断题

1. 化学平衡和一切平衡一样，都只是相对的、暂时的和有条件的。(　　)

2. 化学动力学是解决物质变化过程的可能性，而化学热力学是解决如何把这种可能性变为现实性，使化工生产过程具有现实意义。(　　)

3. 对于非均相反应过程，如气固相催化反应过程的动力学方程式仅需考虑其本征动力学。(　　)

4. 由动力学方程式可以看出，化学反应速率与速率常数呈正比关系。速率常数大小直接决定了反应速率的高低和反应进行的难易程度。(　　)

5. 催化剂能够加快正向反应速率，也能加快逆向反应的速率，从而改变化学平衡的状态，缩短化学反应达到平衡的时间。(　　)

6. 在实际生产中，常采用选择性评价反应过程效率的高低。(　　)

7. 提高温度可利于加快化学反应的速度，在同一反应系统中，不论主、副反应皆符合这一规律。但升高温度相对地更有利于活化能低的反应。(　　)

8. 从化学平衡的角度来看，两种以上的反应物料，任意提高某一种物料浓度(比例)，均可达到提高另一种原料之转化率的目的。(　　)

四、名词解释

1. 活化能

2. 转化率、收率、产率

3. 空间速度、停留时间、空间时间

4. 消耗定额

五、简答题

1. 如何分析化学反应进行的可能性？

2. 分析温度对化学反应速率的影响。

3. 描述温度对化学反应过程的影响规律。

4. 停留时间对化学反应过程有怎样的影响？如何确定反应的停留时间？

第三章　化工生产过程组织及管理

✻**目标要求：**

熟悉化工生产装置的硬件和软件组成；

掌握生产工艺流程的组织原则、组织方法和形成的组织文件；

掌握化工生产过程的检测和生产控制方法；

熟悉生产过程的优化和生产过程评价；

掌握化工生产过程的安全生产常识和环境保护要求。

✻**能力要求：**

具有认识和组织化工生产的初步能力；

具有识读生产过程文件的初步能力；

具有一定的安全生产常识。

对于化学工业装置及化工生产过程来说，从设计到生产出合格的产品，能够成熟地、无事故地运行，工程师和技术员们是如何组织和管理生产的呢？我们应该从什么角度、哪些层面入手对一个庞大的生产装置加以认识、了解和熟悉，从而帮助我们认识装置、提高操作水平和技能，安全组织和科学管理生产呢？

一套装置能否发挥潜力，达到最大的生产能力和经济效益，取决于很多方面的因素，有设备的因素、人为的因素和化学反应进行的状况等。本章我们将从化工生产装置的组成构架、生产过程主要设备的选择、化工生产工艺流程组织、化工生产过程工艺参数控制与安全操作、化工生产过程环境安全与三废处理等方面诠释化工生产过程的组织与管理。

第一节　化工生产装置的组成

对化工生产装置的组织和管理，我们从组成化工生产装置的软硬件或生产装置的系统划分方面给予分析，也可以从生产过程组织顺序的前后安排进行认识。

一、按化工生产装置软硬件组织管理生产

从化工生产装置的组成看，化工装置由下列八部分组成。

(1)化工建筑、钢结构、梯子、平台、护栏、吊机等，这些是化工生产装置的外围设施，对化工生产过程起到支撑、保护、设备安装调运等作用，是必不可少的设施。

(2)静设备：静设备是指没有驱动机带动的非转动或移动的设备。静设备主要是指加热炉类、反应设备类、分离设备类、换热设备类等。

1）加热炉是将物料或介质进行加热的设备。按热源划分有燃料加热炉、电阻加热炉等。

2）反应设备是用于实现化学反应工程的设备。按反应器的结构特征，常见的工业反应

器可分为釜式、管式、塔式等反应器。它们最显著的区别是高径比的差异，釜式反应器又叫槽形反应器，它的高径比通常接近于1；管式反应器的长径比相差很大，呈细长形结构，有单根直管、盘管、列管等型式；塔式反应器的高径比在上述两者之间。按照反应器处理物料的相态分类，反应器可分为气均相、液均相、气-液非均相、液-液非均相、液-固非均相、气-固固定床、气-固流化床、气-液-固三相反应器等。这些反应器按照不同的工艺和生产要求加以选择使用。

3）分离设备：常见的分离设备有机械分离设备和传质分离设备。机械分离的对象是由两相以上所组成的混合物，其目的只是简单地将各相加以分离。例如，过滤、沉降、离心分离、旋风分离和静电除尘等。传质分离在化工生产装置中不论从设备费用，还是操作费用方面来说都占很大的比例份额。主要用于分离均相物料混合物。均相分离设备主要有闪蒸罐、精馏塔、吸收-解吸塔、萃取、蒸发、结晶、吸附、离子交换等设备。

4）换热设备是将热流体的部分热量传递给冷流体的设备，又称热交换器。在化工生产中换热器可作为加热器、冷却器、冷凝器、蒸发器和再沸器等，应用更加广泛。换热器种类很多，但根据冷、热流体热量交换的原理和方式基本上可分三大类，即：间壁式、混合式和蓄热式。在三类换热器中，间壁式换热器应用最多。

① 直接混合式换热：在冷、热流体混合过程中直接接触进行传热的方式，叫直接混合式换热。如工业生产中使用的凉水塔、喷洒式冷却塔、混合式冷凝器等。这一类型的特点是设备结构简单，传热效果好，适用于以水直接冷凝蒸汽的两股流体混合的场合。

② 间壁式换热：在冷、热流体换热过程中通过间壁进行热量传递的方式，叫间壁式换热。如化工生产中广泛使用的各种列管式换热器。在这类换热器中，冷、热流体被一固体壁隔开，热流体将热量传给壁面，壁面再将热量传给冷流体，从而达到换热的目的。

③ 蓄热式传热：蓄热式传热通常是在蓄热器内进行。蓄热器内装有耐火砖一类的填充物，操作时首先通入热流体，使填充物温度升高，并储存热量，然后改通冷流体，填充物释放所储存的热量，并将冷流体加热，从而达到冷、热流体进行换热的目的。

(3)动设备：动设备是指有驱动机带动的转动设备(亦即有能源消耗的设备)，如泵、压缩机、风机等，其能源可以是电动力、气动力、蒸汽动力等。如中试装置中的离心泵、真空泵就属于动设备。

(4)管线：由管段、管件以及阀门等组成，与机器、设备连接用以输送介质。如水线、加热线、产品线、真空线、放空线。

(5)阀门：管路中用作调节流量，切断或切换管路以及对管路起安全、控制作用的一种管件，通常称为阀门。根据阀门在管路中的作用不同，有切断阀(又称截止阀)、闸阀、安全阀等区别。又可根据阀门的结构形式不同分为闸阀、球阀、蝶阀、隔膜阀、衬里阀等。

1）截止阀：这种阀门在化工生产中的中低压管路中应用广泛。它的结构简单，制造维修方便。它是利用装在阀杆下面的圆形阀盘(阀头)与阀体内凸缘部分(阀座)相配合来达到密封目的的。阀杆靠螺纹升降可调节阀门的开启程度，可起一定的调节作用。

由于阀门的密封依靠阀头与阀座平面接触密封，故对流体中含有硬性固体颗粒(结晶)的管路中不宜采用。截止阀可按使用介质特性选用合适的阀头、阀座、壳体的材料。对于使用中因密封不好或阀头、阀座等零件损坏的阀门，可以采取研磨、堆焊、镶套等办法修复使用，以延长阀门使用寿命。

2）闸阀：闸阀是指它的密封是靠与介质流动方向垂直的一块或两块平板，同阀体内凸缘相配合来达到的。阀板升起就使阀门开启，平板随阀杆的旋转而移动，开启的大小调节流体的流量，这种阀门阻力小、密封性能好，开关省力，特别适用于大口径的管路上，但闸阀的结构比较复杂，种类较多。

根据阀杆结构不同，有明杆和暗杆之分；根据阀板的结构形式又分为楔式、平行式两类。一般楔式阀板为单阀板，而平行式多用两块阀板。从结构上讲平行式比楔式容易制造，好修理，使用中不易变形，但闸阀不宜用于输送含有杂质的流体管路中，多用于输送水、干净气体、油类等管路中。

3）安全阀：为确保化工生产的安全，在有压力的管路中常设有安全装置，最简单的是采用安全销板，俗称爆破板。即选用一定厚度的金属薄片，像插入盲板一样装在管路的端部或三通接口上。当管路内压力升高时，薄片被冲破从而达到泄压目的，爆破板一般用于低压大口径的管路中。但在大多数化工管路中则用安全阀，安全阀的种类很多，大致可以分两大类，即弹簧式和杠杆式。

① 弹簧式安全阀，主要依靠弹簧的作用力来达到密封。当管内压力超过弹簧的弹力时，阀门被介质顶开，管内流体排出，使压力降低。但管内压力降至与弹簧弹力平衡时，阀门重新关闭。

② 杠杆式安全阀，它主要靠杠杆上重锤的作用力来达到密封的，作用过程同弹簧式。

安全阀的选用是根据工作压力和工作温度来决定公称压力的等级，其口径大小可参考有关规定计算确定。另外安全阀的结构型式以及阀门的材质等均应按介质的性质和条件合理选用。安全阀的起跳压力以及试验验收等均有专门规定，由安全部门定期校验、铅封打印。在使用中不得任意调节，以确保安全。

(6)仪表和参数控制设施：温度表、压力表、流量计、液位计。

(7)保温：

1）保温的目的：①对于高温介质的管路，可以减少其散热；②对于低温介质的管路，可以减少其吸热；③维持室内正常温度，改善工人的劳动条件。

2）对保温材料的要求：①隔热性好；②结构疏松；③单位体积质量轻(即密度低)；④有一定的强度和刚度；⑤吸水性差；⑥来源广、价格低。

3）常用保温材料的种类：常用的保温材料有石棉、硅藻土、碳酸镁、蛭石、矿渣棉、酚醛玻璃纤维、聚苯乙烯泡沫塑料、聚氯乙烯泡沫塑料、软木砖、木屑等。

4）对保温装置的要求：①保温层应有良好的隔热性能，应有防水、防风的作用；②保温层应有足够的强度；③保温层应有足够的厚度，其厚度以低温管路保温层表面不凝结水珠、高温管路保温层表面不致产生烫伤为准；④施工容易，维修方便；⑤成本低，外表整齐美观。

(8)化工生产过程的软件：化工生产过程的软件包括生产过程流程方案、过程控制程序、生产组织管理文件、设计资料、专利文献等技术资料，这些是化工生产过程的灵魂。

二、按照化工生产过程的组成系统组织管理生产

对于一般的化工生产装置，可以划分为如下几个系统进行管理和运作。

(1)冷却系统：对于高温系统常采用油系统制冷，对于中高温系统，多采用水循环系统制冷，对于低温系统，多用氨制冷系统等降温。如水循环系统的主要功能是在生产过程中起着冷却取热，以维持系统的热平衡，系统开工前的水联运、试压，提供消防及冲洗等水源。水循环系统主要由水泵、储水箱、凉水塔、冷却对象及连接管线构成。

（2）加热系统：供热系统用于给被分离混合物及反应系统等提供热量或保温。有些系统采用导热油供热而有些系统采用蒸汽供热。导热油系统主要用于间接换热系统，而蒸汽供热系统既可以用于间接换热，也可以用于直接给系统供热。导热油系统主要由加热炉、热油泵、储油罐及热油管线构成。蒸汽供热系统由汽包、汽水分离器和管线构成。

（3）真空系统：抽真空系统的主要功能是满足工艺系统的真空操作。如反应过程中低压操作条件的保持及连续抽出气体产物，以避免二次副反应的进行；精馏过程中的减压操作，以降低精馏温度，提高拔出率，避免高温下化学反应的进行；流体的输送等。

（4）反应系统：是化工生产过程的关键系统，主要由反应器和相应的换热系统、输送设备、管线等构成。

（5）产品分离系统：分离系统使用的方法随系统物性的不同而不同，闪蒸、精馏、吸收-解析、吸附是最常用的分离系统。如精馏系统是利用混合物中各组分挥发度的差异，通过液相和气相的回流，使气、液两相逆向多级接触，在热能驱动和相平衡关系的约束下，使易挥发组分（轻组分）不断从液相往气相中转移，而难挥发组分（重组分）由气相向液相迁移，使混合物得到不断分离。

想一想　应如何做好生产系统的日常维护和管理。

三、按照生产过程的工艺流程顺序组织管理生产

在化工生产企业，大多数生产过程的组织和管理是按照工艺流程的顺序和功能实施的，如丁苯橡胶的生产过程就分为以下生产单元。

（1）单体储存及配制单元：本单元接收新鲜丁二烯和新鲜苯乙烯，接收单体回收单元送来的回收丁二烯和回收苯乙烯。

（2）化学品配制单元：将各种固体和液体化学品按工艺配方要求配制成溶液，供相关单元使用。

（3）聚合单元：将丁二烯、苯乙烯按一定比例在线连续配制成碳氢相，与活化剂（ACT）、除氧剂（SHS）、歧化松香酸钾皂（KR）、脂肪酸钾皂（FAD）、氯化钾（ELT）、扩散剂（TN）、脱盐水（WT）、调节剂（TDM）按一定比例在线混合，在乳化剂的作用下，将难溶于水的单体分散在水相介质中形成聚合乳液，在首釜加入引发剂（DIP），同时在中间釜分两点加入调节剂，恒定聚合反应温度控制在5~8℃，单体在DIP的作用下进行聚合反应，生成丁二烯与苯乙烯的共聚物，即丁苯橡胶。

（4）单体回收单元：

①回收丁二烯：胶乳中未反应的丁二烯采用加热闪蒸的原理进行脱除。脱出的丁二烯采用加压冷凝进行回收。

②回收苯乙烯：胶乳中未反应的苯乙烯采用真空水蒸气蒸馏的原理进行脱除，脱出的苯乙烯采用冷凝、沉降、分离进行回收。

（5）胶乳储存及掺混单元：胶乳的物理化学性能随单体、助剂性能和工艺条件的变化有所不同，为保证产品质量的均一性，需要对胶乳进行必要的掺混。

（6）凝聚工序：胶乳的凝聚是借助高分子凝聚剂和硫酸的作用破坏胶乳的稳定性，从而使胶粒析出，同时加入防老剂和三烷基氯化铵（生产充油胶时加入油乳），使橡胶全部从乳液状态的胶乳中脱离出来形成一定的颗粒，通过进一步转化，使橡胶中的松香酸皂转化为松香酸并残留在橡胶中。在洗涤槽内用过滤水洗涤以除去橡胶中的可溶性杂质，再经过振动筛

脱水后进入下一工序。

(7)干燥工序：橡胶干燥是以热空气作为干燥介质，胶粒中的水分及其他可挥发成分被蒸发并由干燥介质带走。被加热的空气通过循环风机输送经网板自下向上穿过胶层将热量传递给胶粒，使热胶粒内的水分由内向外迅速扩散蒸发被热空气带走，达到橡胶干燥的目的。因此，热空气循环上流式干燥包括传热和传质两个过程。热空气既是载热体又是载湿体，干燥过程得以进行的条件是物料表面产生的水汽的压力大于干燥介质中水汽的压力，当压力平衡时干燥过程即停止。

(8)氨冷冻单元：聚合与单体回收单元返回的气氨经压缩机提压，提压后气氨的冷凝温度随压力的提高而升高，气氨进入冷凝器，由冷却水将气氨冷凝为液氨。液氨用于反应和储存等单元的制冷。

四、化工生产操作

1. 生产操作分类

化工生产的操作按其作用可归纳为反应操作、分离和提纯操作、调节物料温度操作、调节压力操作和物料混合操作等方面。

反应操作是化工生产过程的核心，其他的操作都是围绕着化学反应组织和实施的，化学反应的好坏直接影响着生产的全过程。

分离与提纯操作主要用于反应原料的净化、产品的分离与提纯。它是根据物料的物理性质(如沸点、熔点、溶解度、密度等)的差异，将含有两种或两种以上组分的混合物分离成纯的或比较纯的物质。例如，蒸馏、吸收、吸附、萃取等化工单元操作。

调节物料温度操作是热量交换的操作过程。化学反应速度的改变、物料相态的变化(如蒸汽的冷凝、液体的汽化或凝固、固体的熔化等)以及其他物理性质的变化均与温度有密切的关系，改变温度可以调节上述性质达到生产所需的要求。温度的改变一般是通过换热器实现的，热量从热流体转移到冷流体，冷、热流体由易导热的材料隔开，传递的热量取决于两流体的温度差、传热面积和两流体的相对流动速度。

调节压力操作是能量交换的操作过程。反应过程中有气相反应物时，改变压力可以改变气相反应物的浓度，从而影响化学反应速度和产品的收率。蒸汽的冷凝或是液体的汽化等相变化过程与压力有着密切的关系。此外，流动物料的输送，需要增加流体压力以克服设备和管道的阻力，改变压力的操作可通过泵、压缩机等机械能转化为物料的内能来实现，或利用余压进行闪蒸操作，实现混合物一定程度的分离。

物料混合操作是将两种及其以上的物料按照一定配比进行混合的操作，以达到生产所需要的浓度。

此外，在化工生产中还有破碎、筛分、除尘等操作。

查一查　化工生产中温度调节、压力调节、流量调节和液位调节的方法和仪表，你能够熟练操作和使用吗？

2. 化工装置操作方式

化工产品种类繁多，反应和分离方式千差万别。化工装置一般要有维修周期，安排维修时间，化工生产一般希望年生产时间在 8000h 左右，特殊产品可以长一些，也可以短一些。

操作方式有连续和间歇两大类，采用何种生产方式对生产工艺和工艺设计有一定影响。

(1)连续操作：物料从进入反应器开始，一直到分离处理，生产出精产品或粗产品的过程是连续操作的，也就是说物料源源不断地进入反应器，粗产品同时源源不断地生产出来，这个过程称为连续操作。

连续操作的优点很多，如生产条件不随时间变化，产品质量比较均一、稳定，工艺控制指标很容易实现自动化操作和由计算机操作控制，设备满负载运转，劳动生产率高，工人的劳动强度小，生产过程比较稳定，因而也比较安全。通常大型化工生产装置采用连续式。

(2)间歇操作：整个生产过程以反应为标志，包括从原料计量、加料、升温、加压、进行反应、出料、清洗反应器等，是一个周期，生产是按反应的周期来进行的。即使在周期中局部时间之内也可能连续加料或出料，但只要这个周期不很长，也称为间歇操作，如间歇精馏、间歇吸收。最典型的间歇操作就是物料一次性计量投入，反应一段时间，中间可能经多次和多种步骤操作，最后一次性地从反应器输出产物，清洗反应器，进行下一轮投料。

间歇操作的优点是投料容易准确，反应产物便于调控，对于生产小批量多品种(比如同一种高分子树脂需要有不同平均相对分子质量的产品)比较方便，对于复配型的精细化工产品也比较方便。但间歇操作工人劳动强度相对较大，如清洗反应器时有废物废渣排放则增大了环境治理的工作量和难度，也增大了环保投资，此外如采用自动控制费用亦较连续生产为高。但同一套装置可以生产多个产品，设备投资小。

(3)半连续操作：广义地说凡是介于典型的间歇操作和典型的连续操作之间，都可以叫半连续操作。半连续操作过程中有些物料是连续地加入或输出；而有些物料是不间断地加入反应器，产物源源不断地从反应器中输出，这样的操作过程称为半连续操作。

在整个工艺流程上关键部分连续而其他部分不连续，比如反应过程连续，但反应产物是要累积到一定程度，才集中分离一次或进行分离操作，只能算半连续操作；或者反应部分是典型的或较典型的间歇过程，而分离过程在积累到一定量后连续操作，也叫半连续操作。

(4)操作方式选择：化工生产中选择采用何种操作方式并无定规，通常根据反应特点、生产能力大小、自动化程度高低、产品质量和纯度要求来决定。大型生产企业要求生产能力大时以连续操作为有利；小批量产品生产通常以间歇为主，有些反应需要维持一定时间的，往往采用半连续的方式。

凡此种种不能看成教条，一切因时而异，因物而异，随机选择。如若尚不能决定采用何种操作方式，则应进行进一步开发试验，将两种或两种以上方案进行技术、经济和风险研究。

第二节 化工生产工艺流程组织

工艺流程是指由化工原料转化为化工产品，经历各种反应设备、分离设备和其他设备(如缓冲罐、储槽、输送设备)以及管路的全过程，反映了原料转化成产品采取的化学和物理的全部措施和操作控制方法，是原料转化为产品所需原料预处理单元、反应单元、产品分离单元及其他化工操作单元的有机组合。

工艺流程组织是确定各单元过程的具体内容、顺序和组合方式，并以图形的形式表示出整个生产过程的全貌。

化工生产工艺流程组织原则可以由各类设备与物料关系体现出来，从原料的输入到产品的输出，物料变化始末与设备之间的关系如图 3-1 所示。

化工生产过程的组织和改进应从改善产品质量，合理利用资源，提高劳动生产率，降低消耗指标，改善劳动环境，保证生产安全，简化流程、简化操作和便于集中控制，便于实现机械化、自动化等方面考虑。

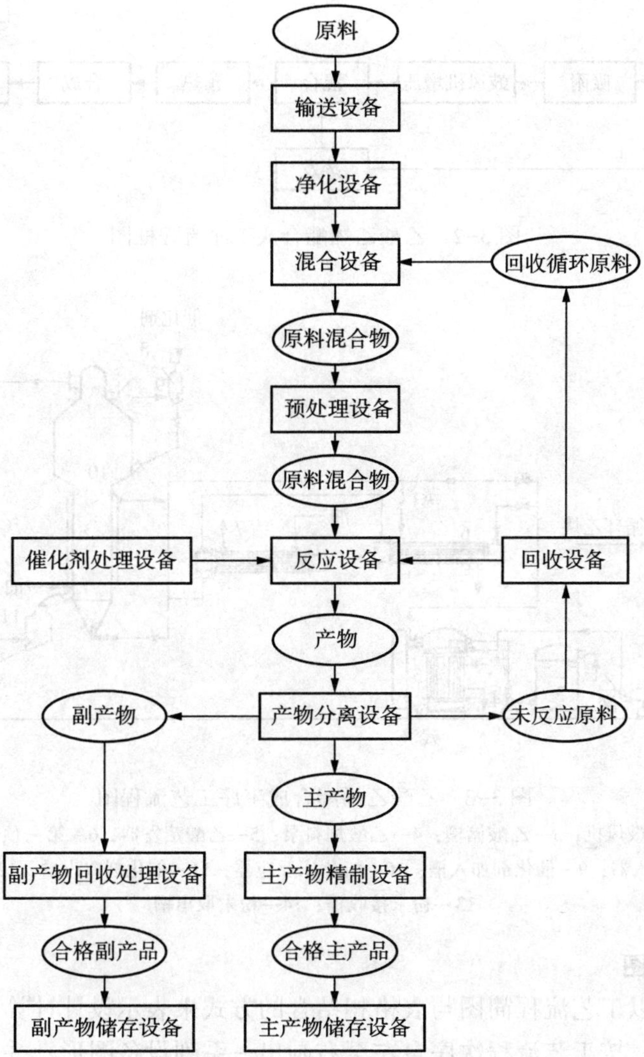

图 3-1 化工生产过程原则流程图

一、化工生产工艺流程图

工艺流程图是一种示意性的图样，它以形象的图形、符号、代号表示出化工设备、管路、附件和仪表自动控制等，以表达一个化工生产过程中物料及能量的变化始末。工艺流程图按其用途分为生产工艺流程图、物料流程图、带控制点的工艺流程图等。

(一) 工艺流程图

工艺流程图包括工艺流程框图和工艺流程图。工艺流程图是以设备形状示意图或框图，分别表示化工单元操作和单元反应过程，以带箭头的线段表示物料和载能介质的流向，并辅以文字说明，标明设备名称、物料名称及物料流向等。如图 3-2 为乙酸乙烯酯合成工序工艺流程框图。

图 3-3 是乙酸乙烯酯合成工序生产工艺流程图，工艺流程图中的设备外形与实际外形

或制造图的主视图相似，用细线条绘制，设备上的管线接头、支脚和支架均不表示。

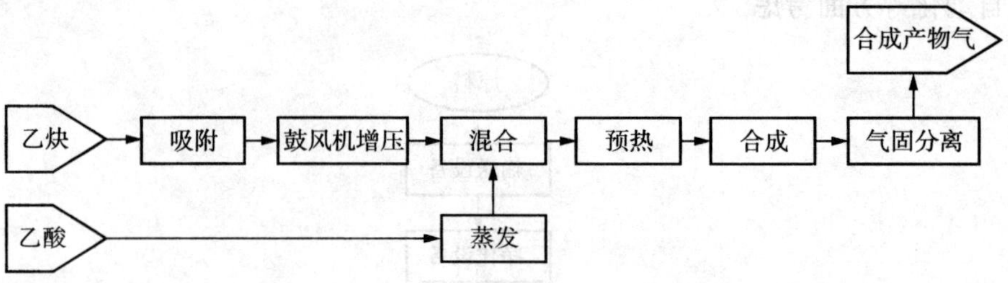

图 3-2　乙酸乙烯酯合成工序流程框图

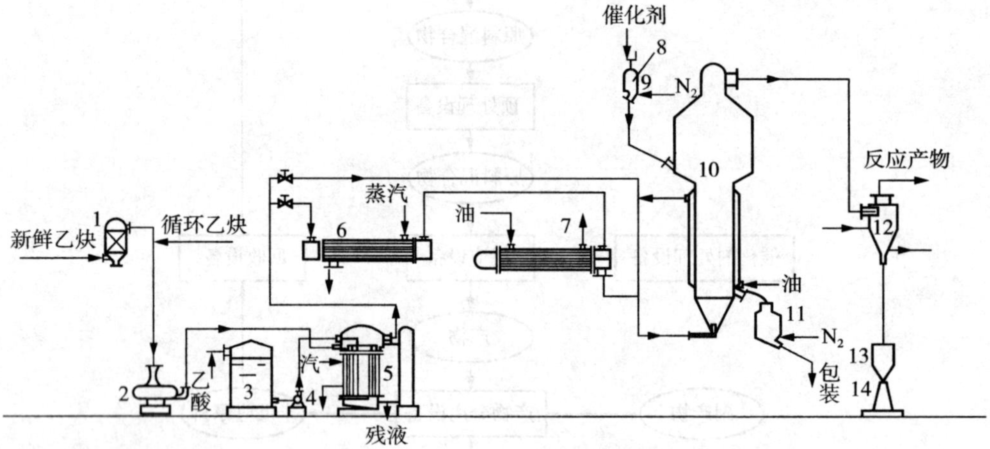

图 3-3　乙酸乙烯酯合成工序工艺流程图

1—吸附床；2—乙炔鼓风机；3—乙酸储槽；4—乙酸加料泵；5—乙酸蒸发器；6—第一预热器；7—第二预热器；8—催化剂加入器；9—催化剂加入槽；10—流化床反应器；11—催化剂取出槽；12—旋风分离器；13—粉末接收槽；14—粉末取出槽

(二)物料流程图

物料流程图是以工艺流程简图与表格相结合的方式来表示设计计算某些结果的图样。图样采用展开图型式，按工艺流程次序自左至右画出一系列设备图形，并配以物料流程线与必要的标注与说明。

物料流程图的要求：

(1)按流程顺序由左向右绘出有物料量变化的设备示意图。

(2)设备之间绘出各股物料线，用粗实线绘制；物料流向用箭头表示，各物料进出设备的位置参照工艺流程图的位置。

(3)从各股物料线上用指引线引出一表格，指引线与表格用细实线绘制；表内注明物料名称，物料中各组分名称(或代号)、质量、百分含量、物料总量。

物料流程图能表示出各设备和物料管线中流动物料的组分、组成、量等相互关系；其优点是简单清楚，查阅方便。

(三)带控制点的工艺流程图

带控制点的工艺流程图是组织、实施和指挥生产的技术文件。常见的图样有两种，一种是管道仪表流程图(P&ID，即 Piping and Instrumentation Diagram 的缩写)，又称施工流程图或工艺安装流程图。另一种是 DCS 图(Distributed Control System 的缩写)，又称为集散控制系统图。

P&ID 图主要内容是将各设备的简单图形按工艺流程的次序和相对位置展示在同一平面上，并配以连接的主副管线、管件、阀门、仪表控制点及其相应的标注，必要的尺寸数据，图例，标题等。P&ID 图是最全面的组织、安装、施工和指挥生产的技术文件。

DCS 图主要内容是将各设备的简单图形按工艺流程的次序和相对位置展示在同一平面上，并配以连接的主副管线、管件、阀门、仪表控制点，图例，标题等。省略了管线、管件、阀门、仪表控制的标注，DCS 图是帮助操作工、技术人员熟悉工艺过程，指导开停车操作，指导工艺事故处理，熟悉和运用仪表、自动化控制的技术文件。

图 3-4 是乙烯生产装置 DCS 图。

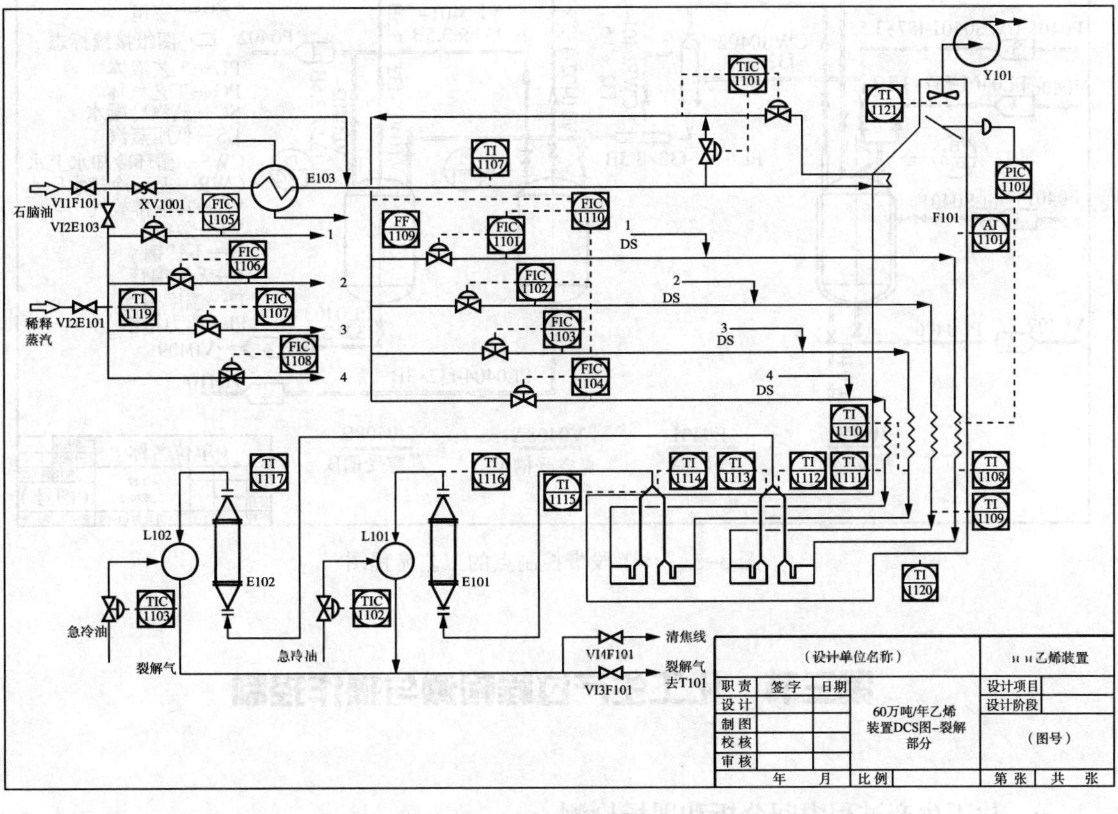

图 3-4　乙烯装置裂解工段 DCS 图

查一查　带控制点的工艺流程图包括哪些内容，有哪些绘制标准?

二、工艺流程图阅读

阅读带控制点工艺流程图主要是了解和掌握物料的工艺流程，设备的数量、名称和编号；管线的编号和规格；管件、阀门、控制点(测压点、测温点、分析点)的部位和名称，以便在管道安装和工艺操作实践中，做到心中有数，一般读图的步骤如下：

(1)掌握设备的名称、数量及位号。例如指出空气压缩机、冷却器、气液分离器、干燥器等有几台及其位号等；

(2)熟悉主要物料(例如反应原料等)的工艺流程；

(3)熟悉辅助物料(例如冷却水等)的工艺流程；

(4)熟悉管线、管件、阀门等的规格型号，控制点和控制方法等情况。

做一做 阅读图 3-5 是××工段施工图(带控制的工艺流程图)，写出带控制的工艺流程图由哪些部分组成。

做一做 利用一款你熟悉的软件(如 Auto CAD)绘制某产品的生产工艺流程图。

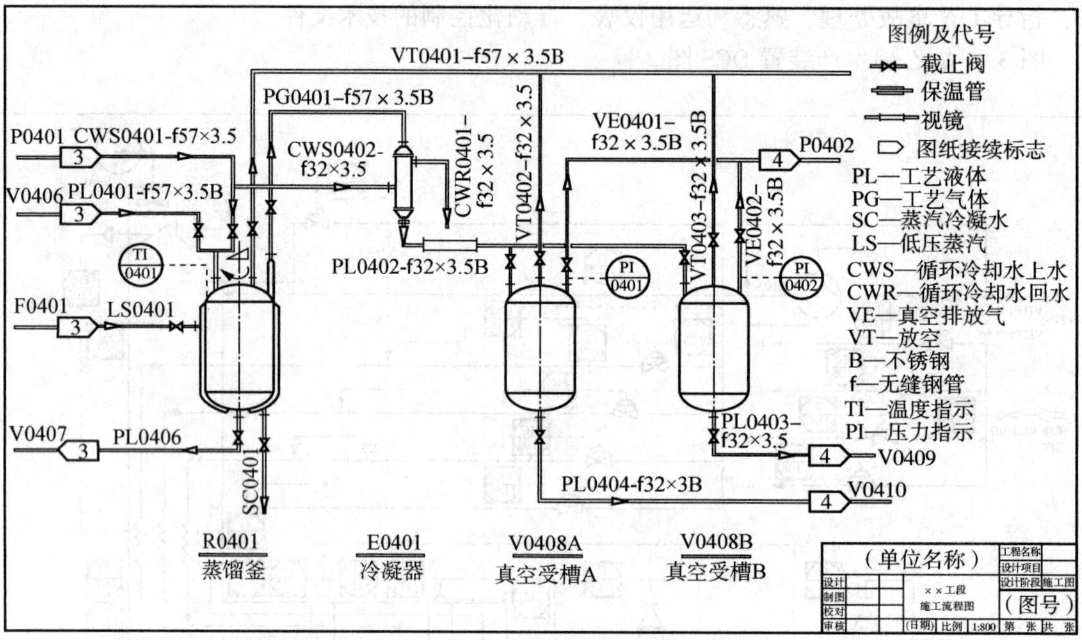

图 3-5 ××工段带控制点的工艺流程图

第三节 化工生产过程检测与操作控制

一、化工生产过程中间分析和现场检测

合格化工产品的生产必须要有产品生产全过程的质量控制，包括生产线外检验和在线分析。

1. 技术经济指标控制

(1)进库原料和产品质量必须符合相关技术条件，并有相应的检测和控制稳定措施。

(2)生产工艺条件包括温度、压力、压差、流量和液面等参数，必须严格控制在指标范围内，并力争优化。

(3)总工程师和生产厂长对产品的质量负有主要责任，并对生产条件控制的修正具有决定权。

2. 随机取样和定时取样分析

传统的质量控制就是指非生产线上的线外检验，也就是中间分析，其中包括定时取样分析和随机抽样分析。

在工艺操作规程中，都要明确规定中间控制分析项目，其中包括分析内容、工艺取样点以及取样时间，这就是定时取样分析。

除此之外取样方法实际上是最关键的，因为中间分析项目一般都是从中间储罐中取样，中间储罐中的物料是一段时间内的平均值。如果取样口选在储槽处，取样时必须放掉管路中积存的原有物料，直接取出储罐中的物料，其分析结果才能代表要求的这一段时间内的结果。但用这样的结果来指导生产，作为修正操作控制的依据，往往要落后实际生产较长时间，这同时取决于取样间断时间，及得出分析及计算报告的时间。所以，我们如果不是从中间储罐中取样，而是从储罐进口的管路中取样，这个样品代表的就是瞬时的分析结果，如果这个取样时间又是随机的，用这个分析结果来指导生产，修正控制操作，就会大大提高质量控制的准确度。中间分析一般由车间化验室承担。

3. 在线分析与报警

在线分析就是与传统的质量控制方法，即非生产线上的线外分析检验方法完全不同，它差不多与生产操作控制同步进行。

在线分析只有在现代自动快速分析技术，特别是微机控制分析技术出现以后才有可能。随着过程监测功能的不断完善，采样速率的增加，以及测量分析和计算出分析结果的时间极少耽搁，这样就有可能用在线分析替代非生产线上的传统线外分析检验。

随着计算机信息处理和功能的增加，其精密度和有效性也有了更好的保证，这时只有在特定的环境中才需要非生产线上的线外检查。例如，①在作业式产品要求中无法认为是均匀一致时，对原材料和其他过程中所供给的材料进行检验。②对可能导致出现产品缺陷的手工操作，检查和试验其加上所得的产品。③ 需要符合法定的、合同的或生产许可证认可的产品。④可促进产品质量而进行的检查。

在线分析强调的是强化生产过程的监测和控制，也就是防止产生次品和废品的工作在生产线上就已完成，而不是在出现次品或废品之后再来检验。所以当在线分析、质量控制出现异常，必须设置报警装置。

4. 现场办公检测与显示

现场办公检测就是建立过程监测系统，在规则的间隔时间内进行连续测量。这样在大多数情况下，当问题刚刚出现时便能检测到，并通过有关手段显示出来。

5. 紧急停车

用微机控制的生产过程监测控制系统，当出现影响安全和质量的情况，应该设置紧急停车设施。尽可能避免事故发生，减少不合格产品产生。

6. 产品检验与合格证

(1)产品在入库之前要进行严格的检验。

(2)产品检验由企业质量管理部门负责进行。

(3)产品检验的依据是产品标准(国家标准、行业标准或企业标准)。依据产品标准所规定的检验规则进行取样和判定合格与否，按照标准的技术指标及试验方法进行检验。

(4)产品按标准要求进行包装、检验。

(5)合格产品由企业质检部门签发产品合格证。产品合格证随产品一同入库，发往用户。产品合格证的内容包括：①产品名称；②批号；③生产日期；④数量；⑤质检员签章

(或代号)。

二、化工生产过程操作控制

1. 主要控制点和控制范围

(1)主要控制点：一个产品生产的工艺流程中，都要明确规定主要工艺控制点。主要工艺控制点包括以下内容：

①分类：温度、压力、差压、流量、液面等。②测量仪表：所用测量仪表的型号、精度；一次仪表所在现场的工艺位置，二次仪表在仪表盘上的位置。③控制方法：包括测量指示，测量记录，给定自调，自动控制，控制阀的位置，仪表自控，自调装置的位置及操作。

(2)控制范围：也就是主要工艺参数的控制范围。

(3)工艺操作规程：在工艺操作规程中列有工艺操作参数表(表3-1)。

表3-1 工艺操作参数

类别	测量仪表	工艺位置	控制范围	控制方法	备注
温度					
压力					
压差					
流量					
液面					

2. 操作控制方案

操作人员根据工艺操作规程所规定的控制点，以及主要的工艺操作参数(温度，压力，流量和液位)的操作控制，实现合格产品的生产。操作人员的操作控制一般要分三个方面：

(1)检测：观察仪表所显示的参数。

(2)对比判断：把观察到的参数的值与工艺操作规程所规定的范围进行对比，判断是否正常，是否需要变更操作条件。

(3)操作控制：根据以上对比，判断、决定进行实际操作控制，通过加热或冷却，开启或关小阀门，提高或降低液位来实现对工艺过程的控制。对于主要依靠人工来改变操作条件的操作控制，装置流程上就要设置中间储槽，来克服瞬时条件改变对产品质量影响及稳定生产的作用，这样的生产是低效率的，设备投资也较浪费。

3. 巡视与观测

巡视和观测是化工工艺过程控制中必不可少的内容，在产品工艺操作规程中要明确给予规定，不仅要规定巡回检查的间隔时间，而且要规定巡回检查的路线和观测点。

巡视与观测可以看成是对工艺过程控制系统是否正确运行的校验或验证。在化工生产特别是连续化生产中，大量仪表和自控装置的运用，使操作控制人员远离生产设备，在操作控制中，除了操作人员的主观因素引起操作失误或误差会影响生产正常进行之外，客观自然的因素(例如仪表失灵，设备阀门堵塞、渗漏，尾气堵塞，冬季冻坏管路设备，大风损坏设备等)都会直接影响正常生产运转，甚至引发事故。所以在严格操作控制条件的同时，必须严格执行巡回检查和观测的制度。也可称之为在线检查，发现问题，及时给予纠正，预防质量事故及安全事故的发生。

4. 监测

监测顾名思义就是监督测试，对操作控制中质量起检验和监督的作用，包括工艺参数的监测和产品取样分析测试。操作控制、巡回检查和监测的情况，要详细地做好原始记录。原始记录的内容应包括时间、工艺参数(温度、压力、压差、流量、液位)、加料、出料、取样、不正常情况及排除情况，要求下一班操作人员引起注意的问题等。原始操作记录是技术管理的重要依据，是总结经验、改进工艺的依据，也是查清质量问题、安全事故的依据，所以原始记录应该是操作控制中很重要的组成部分。

第四节 化工生产过程的优化和生产过程评价

一、化工装置生产能力评价

装置生产能力的大小取决于诸如设备因素、人为因素、市场因素等多个方面。

设备因素主要是关键设备的大小和设备结构是否合理以及设备的套数。每一台设备的生产能力都比较大，能发挥比较好的效果，总的生产能力就能提高。另一个重要的因素是在整个过程中，各个设备的生产能力相互之间是否匹配也很关键，否则关键设备中只要有一个生产能力跟不上(辅助设备也应该能满足生产能力的要求)，其他设备的生产能力也将受到限制，而使企业生产能力降低。

人为的因素主要是指生产技术的组织管理水平和操作人员的操作水平。生产管理水平高一些，对生产过程的调配、协调能力就强一些，生产能够持续平稳、正常地进行。在连续生产中，只要因某种事故开、停车一次，不仅物料浪费很大，也浪费了时间，产量必将受到很大的影响，因而只有在不得已的情况下才能做出停车的决定(计划之内的大、小检修属正常范围)。技术管理搞得好，能够保持在最佳的条件下生产，而且还能不断改进工艺，提高产量。操作人员的操作水平主要体现在能按照管理部门提出的工艺目标进行平稳的操作，以及及时发现生产中出现的事故隐患并通过正确的处理防止事故的发生。平稳的操作不仅指各种参数控制在适宜范围之内，而且指参数的变化小和缓慢，这样才能保证产品质量稳定，催化剂也才能发挥最好的效果。

市场因素主要指产品质量前提下的市场占有份额、供需关系和市场饱和程度。最主要的方面还是提高产品质量，降低产品成本，利用科技含量提高市场占有率。

二、化工生产过程的优化

化工生产过程的中心环节是化学反应过程，只有通过化学反应过程原料才能变成目的产品。然而对某一个化学反应过程而言，往往除了生成目的产物的主反应之外，也还有多种副反应(平行反应和连串反应)。原料经单程转化通常不可能全部转化为目的产物；生产上希望消耗尽可能少的原料而得到更多的目的产品，要实现这样的指标，首先就要了解通过控制哪些基本因素可以保证实现化工产品工业化的最佳效果，明确这些外界条件对化学反应过程的影响规律，从而找出最佳工艺条件范围并实现最佳控制。为了达到上述目的，首先要搞清楚的问题就是化工生产反应过程优化控制的目标是什么。

反应过程工艺条件优化的目标随不同的反应有不同的研究方法。连串反应是化学工业中最常见也是最重要的复杂反应之一，以此为例来进行分析。连串反应可以用下面的通式表示：

$$A \xrightarrow{k_1} R \xrightarrow{k_2} S$$

以中间产物 R 为目的产物的生产工艺称为连串反应工艺，S 是 R 的产物进一步反应生成的副产物。使消耗的原料 A 尽可能多地得到中间产物 R(即目的产物)是连串反应工艺优化的基本目标。

对连串一级反应的动力学方程进行数学处理，可以得到各组分浓度随时间变化的关系如图 3-6 所示。

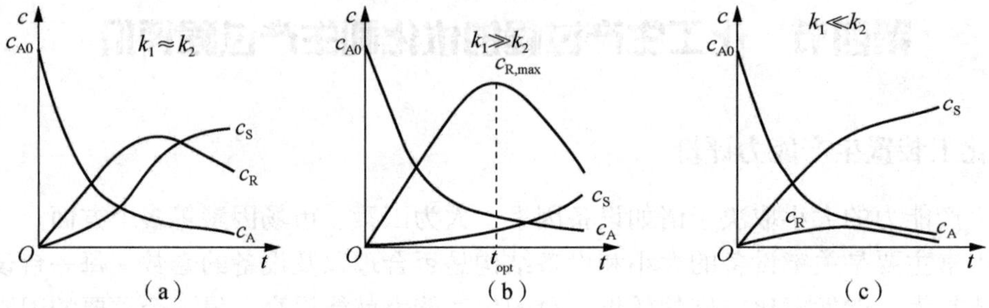

图 3-6　连串反应 A→R→S 的浓度-时间变化关系图

由图 3-6 中曲线(b)(工业生产中常见反应情况)变化可见，中间产物 R(目的产物)的浓度存在极大值 $c_{R,max}$，在极大值之前，R 的生成速度大于消失速度，随着反应时间的延长，R 的浓度增大到极大值 $c_{R,max}$，此后 R 的生成速度小于消失速度，且随反应时间的延长，R 的浓度越来越低，副产物 S 的浓度则越来越大。一般把 R 浓度的极大值 $c_{R,max}$ 作为连串反应工艺中的最佳点，对应的时间 t_{opt} 称为最佳反应时间，对应反应物 A 的转化率 $x_{A,opt}=\left[\frac{c_{A0}-c_{A,opt}}{c_{A0}}\right]$ 称为最佳转化率。若将反应过程中因副反应造成的损失称为化学损失，则这种以 R 浓度最大(即化学损失最小)为优化目标的最佳点称为化学上的最佳点。

在工业生产中，为了使原料得到充分利用，反应器之后总有一个配套的分离回收系统，在分离回收过程中未反应的 A 不可能无损失地全部回收，这种分离回收过程中的物料损失称为物理损失。工艺生产中如果原料 A 的转化率过高，则目的产物 R 转化为副产物 S 的量就太大，化学损失会很大；然而如果反应物 A 的转化率太低，在工艺系统中循环的原料 A 量就会增大，由分离回收而造成的物理损失也随之增大。上述两种情况下，R 的收率都不可能很高。

所以，必然存在一个 R 总收率最大，即化学损失和物理损失两项的总损失最小的最佳点，这就是工艺上 R 总收率最大的操作点。以目的产物 R 总收率最大为优化目标的最佳点称为工艺上的最佳点。

此外，当未反应的 A 在系统中的循环量增大时，分离设备体积也要增大，设备折旧费和能耗都要相应增加。因此，R 总收率最大的最佳点还不是成本最低的最佳点。以目的产物 R 成本最低为优化目标的最佳点称为设计中的最佳点。

以上三种最佳点分别以目的产物不同的标准为优化的目标，各有其不同的含义。从经济观点讲，成本最低应是最终目标，而在已有的装置中分析影响反应过程的基本因素时，以目的产物 R 总收率最大为优化目标(即工艺上的最佳点)来寻求反应过程的最佳工艺条件就能符合工艺管理的要求。

三、化工生产过程评价

化工生产过程评价主要是对工艺流程的评价，其目的是根据工艺流程的组织原则来衡量被考查的工艺流程是否达到最佳效果。评价工艺流程的标准是技术上先进，经济上合理，安全上可靠，而且应符合国情，切实可行。因此，组织工艺流程时应遵循以下的原则。

1. 物料及能量的充分利用

在组织工艺流程时要注意以下几个问题，尽量提高原料的转化率和主反应的选择性，因而应采用先进技术，合理安排单元和操作，提高设备效率，选用最适宜的工艺条件和高效催化剂。

(1)充分利用原料，对未转化的原料应采用分离、回收等措施循环使用提高总转化率。副反应物应回收成副产品，对采用的溶剂、助剂等一般也应建立回收系统，减少废物的产生和排放。对废气、废液(包括废水)、废渣应尽量考虑综合利用，以免造成环境污染。

(2)认真研究换热流程及换热方案，最大限度地回收热量。如尽可能采用交叉换热、逆流换热，注意安排好换热顺序，提高传热速率等。

(3)要注意设备位置的相对高低．充分利用位能输送物料。如高压设备的物料可自动进入低压设备，减压设备可以靠负压自动抽进物料，高位槽与加压设备的顶部设置平衡管可有利于进料等。

2. 工艺流程的连续化、自动化

对大批量生产的产品，工艺流程宜采用连续操作，设备大型化和仪表自动化控制，以提高产品和降低生产成本，如果条件具备还可采用计算机控制；对精细化上产品以及小批量多品种产品的生产，工艺流程应有一定的灵活性、多功能性，以便于改变产量和更换产品品种。

3. 易燃易爆的安全措施

对一些因原料组成或反应特性等因素潜在的易燃、易爆炸等危险性，在组织流程时要采取必要的安全措施。如在设备结构上或适当的管路上考虑防爆装置，增设阻火器、保安氮气等工艺条件也要作相应的严格规定，必要时还可安装自动报警及联锁装置以确保安全生产。

4. 适宜的单元操作及设备形式

要正确选择合适的单元操作，确定每一个单元操作中的流程方案及所需设备的结构形式，合理安排各单元操作与设备的先后顺序。要考虑全流程的操作弹性和各个设备的利用率，并通过调查研究和生产实践来确定弹性的适应幅度，尽可能使各台设备的生产能力相匹配，以免造成浪费。

根据上述工艺流程的评价标准，就可以对某一工艺流程进行综合评价。主要内容是根据实际情况讨论该流程有哪些地方采用了先进的技术并确认流程的合理性；论证流程中有哪些物料和热量充分利用的措施及其可行性；工艺上确保安全生产的条件等流程具有的特点，也可同时说明因条件所限还存在有待改进的问题。

知识链接

计算机在化工开发和设计中的应用

1. 检索文献，整理资料

一个项目的开发和设计，先要运用计算机检索文献，将文献全文或摘要以及相关物料性质物化数据，原材料供应商价格，包括运输，总图的有关设计数据，分类储存，为开发研究做资料准备，这是计算机最起码的应用。

2. 设计方案和工厂选址比较

设计方案的比较参数，过去是很麻烦的事，主观性较强，有许多数据一时比较很难，要求大量繁难琐碎的计算。从技术经济上最终用动态经济进行比较，从投资数据和操作数据进行比较，计算机按指定的程序，可以协助人们做出相应的比较。厂址方案中比如土石方量的计算，三通一平的费用，以及其他有关数据的综合处理，应用计算机可以方便解决。

3. 实验数据处理

在开发设计和小试、中试中，为概念设计(这是开发研究的成果)提供准确的数据，除了通常说的误差分析可以方便地应用计算机处理之外，实验方案的设计、分析和实验中一些常数参数的测定，都要运用计算机建立数学模型、很方便地进行处理。数据的可靠性分析、补充和简化计算，有些数据的归纳、汇总绘图都可由计算机完成。

4. 化工计算和化工单元操作的计算

物料衡算、热量衡算和有用能衡算，应用计算机已相当成熟。而化工单元操作的设计计算，例如泵系统、过滤分离、干燥、精馏、蒸发结晶等都有比较成熟的计算软件。化工单元的计算机设计不仅省去了繁重的劳动，而且数据准确，筛选比较适用。

5. 化工过程模拟和优化

对化工反应过程的系统模拟分析和设计的优化早已有应用，对化工逐个过程和全流程的模拟已经逐步实现，是设计工作的重大进步。

6. 计算机辅助绘图和辅助设计

计算机辅助设计(Auto CAD)是利用计算机绘制和生成工程图纸的一种现代高新技术，目前已经广泛应用，而且随着计算机性能/价格比的进一步提高，各种商品化软件都由原来的二维绘图转变成三维造型，实现了二维与三维混合，线框、曲面和实体混合等新的造型技术。中国的一些设计单位也开始使用 Auto CAD 系统进行工程项目的设计，并在设计工具和项目管理上进行了一系列改革，从而将工程设计推进到一个新的发展时期。

工程制图一直被人们称为工程师的语言，因为计算机的出现，过程制图逐步从纸上转移到屏幕上。使用 Auto CAD 系统，能够消除手工绘图的辛苦和乏味，尽管图形基准设置等基本操作仍需人工完成，但大多数操作都已简化或由系统自动完成。Auto CAD 软件不仅能够使二维图形的绘制简便易行，而且还可以通过建立三维实体模型，实现设计与制造一体化。由一系列基本视图构成的工程图，完全是一种抽象而枯燥的语言，它不仅没有真实感，而且还难于理解。现在多数 Auto CAD 系统都具有了绘制三维图形的功能，这样用户不仅可以生成易于理解的三维图形，而且还可以通过建立称为实体模型的原型，来对物体进行物理特性分析，以便设计更加完善的设备或物体。例如，在化工过程设计中进行设备布局设计和管道设计等。

另外，工程项目的三维模型还可供施工安装时参考使用，可根据施工变更修改模型，根据改正的模型，可得竣工图。此模型和竣工图还可移交建设单位，供将来技术改造或扩建时参考。而项目的设备(包括备件)数据库，也可供工厂进行设备管理和组织检修工作使用，设计工艺过程和设备所用的数学模型，一般可用于生产中对过程操作进行核算分析和离线调优，如再与现场实时数据信息系统相联，经过必要的整编，还可形成在线优化操作，乃至管理与控制相结合的计算机集成化过程管理系统。

计算机绘制机械设备图，平面布置图，已经在机械建筑行业应用得相当成熟，各种软件已商品化，可以方便地绘制出设备的三维图形，可以直接用于制造加工。对设备布置图不仅直观，而且修改也十分直观，还可以模拟操作环境。

7. CIM 集成系统

计算机辅助化工过程设计将应用功能强大的工作站和网络技术；发展工程数据库系统；应用专家系统和人工智能技术；形成计算机辅助化工设计集成系统。

在化工过程和设备的设计中，往往还需要设计人员利用其丰富的知识、经验和智慧对设计中的某些问题做出正确合理的判断和决策。在这方面人工智能和专家系统技术将大有用武之地。从设计、工程分析到制造都由计算机辅助进行，近来 CIM 计算机集成制造已经应用。

计算机辅助化工设计集成系统，将适应项目执行的各个阶段，各有关专业设计人员准备数据、研究方案、进行设计、绘制图纸、编辑文档等项工作的需要。重要的是应用计算机辅助化工设计集成系统能够正确、有效地在各专业之间传送设计数据、图形和文本信息，使有关专业的设计模型协调合理地配置而不发生碰撞干扰；设备材料的规格、数据表、统计表要与设备定货、材料采购相一致。此外，该系统还要满足工程项目的进度控制、费用控制和质量控制的要求。这样的系统可在适当规模的客户机/服务器网络系统上建立，具有标准的开放式操作系统、分布式管理系统、分布式计算/处理环境、面向对象的分布式数据管理系统、各种应用软件包和相应的接口。

8. 计算机在企业管理上的应用

这一类应用在各个环节都早已实现，如人事管理、财务管理、物资管理、物流管理、全面质量管理、营销系统管理等。产品和半成品的检验、原材料入厂检验等进入数据库，储存分析，有利于质量分析和管理，在一些大型企业已经完成。各企业应用计算机管理，水平还参差不齐，但在管理方面的应用却是大有作为的。

习题与练习

一、填空题

1. 反应器是用于实现化学反应工程的设备。按反应器的结构特征，常见的工业反应器可分为________、________、________等反应器。它们最显著的区别是________的差异。

2. 对于一般的化工生产装置，可以划分为________、________、________、________、________五个系统进行管理和运作。

3. 在化工生产企业，大多数生产过程的组织和管理是按照________的顺序和功能实施的。

4. 操作方式有________和________两大类，采用何种生产方式，对生产工艺和工艺设计有一定影响。

5. 工艺流程是指________由转化为化工产品，经历各种________设备，________设备和其他设备(如缓冲罐、储槽、输送设备)以及________的全过程。

6. 生产工艺条件包括________、________、________、________等参数，必须严格控制在指标范围内，并力争优化。

7. 操作人员根据工艺操作规程所规定的控制点，以及主要的工艺操作参数的操作控制，实现合格产品的生产。操作人员的操作控制一般要分________、________、________三个方面。

8. 装置生产能力的大小取决于诸如________、________、________等多个方面。

9. 化工生产过程评价主要是对________的评价，其目的是根据________的组织原则来衡量被考查的工艺流程是否达到最佳效果。

二、选择题

1. 下列属于机械分离的是(　　)。

A. 萃取　　B. 结晶　　C. 蒸发　　D. 过滤

2. (　　)的密封是靠与介质流动方向垂直的一块或两块平板，同阀体内凸缘相配合来达到的。

A. 闸阀　　B. 截止阀　　C. 蝶阀　　D. 球阀

3. (　　)是化工生产过程的核心，其他的操作都是围绕其组织和实施的。

A. 分离和提纯操作　　B. 反应操作

C. 调节物料温度操作　　D. 调节压力操作

4. (　　)是以工艺流程简图与表格相结合的方式来表示设计计算某些结果的图样。

A. 流程框图　　B. 原理流程图

C. 带控制点的工艺流程图　　D. 物料流程图

5. 随着过程监测功能的不断完善，采样速率的增加，以及测量分析和计算出分析结果的时间极少耽搁，就有可能用(　　)替代非生产线上的传统线外分析检验。

A. 定时取样分析　　B. 现场办公检测　　C. 在线分析　　D. 随机取样分析

6. 在工业生产中，为了使原料得到充分利用，反应器之后总有一个配套的(　　)系统。

A. 分离回收　　B. 分析检测　　C. 放空　　D. 冷凝回流

三、判断题

1. 换热器种类很多，但根据冷、热流体热量交换的原理和方式基本上可分为间壁式、混合式和蓄热式三大类，其中间混合式换热器应用最多。(　　)

2. 广义地说，凡是介于典型的间歇操作和典型的连续操作之间，都可以叫半连续操作。(　　)

3. 从储罐进口的管路中取样，这个样品代表的是瞬时的分析结果，如果这个取样时间又是随机的，用这个分析结果来指导生产，修正控制操作，就会大大提高质量控制的准确度。(　　)

4. 用微机控制的生产过程监测控制系统，当出现影响安全和质量的情况，应该设置紧急停车设施。尽可能避免事故发生，减少不合格产品产生。(　　)

5. 巡视和观测是化工工艺过程控制中必不可少的内容，在产品工艺操作规程中要规定巡回检查的路线和观测点，但无需规定巡回检查的间隔时间。(　　)

四、名词解释

1. 连续操作和间歇操作
2. 工艺流程图
3. 定时取样分析和在线分析

五、简答题

1. 保温的目的有哪些？对保温材料有什么要求？
2. 工艺流程中一般包括哪些设备？
3. 叙述阅读工艺流程图的步骤。
4. 一个产品生产的工艺流程中，主要工艺控制点包括哪些内容？

第二篇 石油化工

1. 石油的形成

石油是化石燃料之一，从地下深处开采出来的可燃性黏稠液体，常与天然气并存。它是由远古海洋或湖泊中的生物在地下经过漫长的地球化学演化而形成的复杂混合物。

2. 石油性状及其组成

石油外观颜色因不同产地会有所不同，但基本都是从褐黄色到黑色的深色系，在常温下多为流动或半流动的黏稠液体。相对密度多在0.8~0.98之间，我国主要油区的石油密度多在0.85~0.95之间。许多石油含有一些有臭味的硫化合物，有浓烈的特殊气味。

石油是一种主要由碳氢化合物组成的复杂混合物。组成石油的主要元素是C、H、S、N、O，最主要的是C和H。其中C占83%~87%，H占11%~14%，C和H两种元素占96%~99%，其余的S、N、O和微量元素总含量不超过1%~4%。C、H、S、N、O等元素在石油中形成各种化合物，这些化合物可分为两大类，即烃类和非烃类化合物。其中烃类化合物是石油的主要组分，包括烷烃、环烷烃和芳烃，一般不含烯烃。非烃类化合物包括含硫化合物、含氧化合物、含氮化合物以及结构复杂、组成不明的高分子化合物的复杂混合物——胶质和沥青质。非烃类化合物在石油中的含量高达10%~20%，它们会给石油加工过程和石油产品质量带来危害，所以我们常采用一些措施将其脱除。除碳、氢、硫、氮、氧五种元素外，在石油中还发现氯、碘、磷、砷、硅等微量元素和铁、钒、镍、铜、铅、钙、钠、镁、钛、钴、锌等微量金属元素。这些微量元素在石油中的含量极低，但对石油加工过程，特别是对催化加工过程也有害，所以尽可能将其除去。

3. 原油分类及馏分组成

由油田开采出来未经加工处理的石油称为原油。由于原油的组成极为复杂，要确切分类非常困难。一般倾向于化学分类，按照化学组成原油大体可分为石蜡基、中间基和环烷基原油三大类。石蜡基原油一般含烷烃超过50%，其特点是密度较小、含蜡量较高，凝点高，含硫和胶质较少。这种原油生产的直馏汽油辛烷值低，柴油的十六烷值较高，润滑油的黏温性能良好。我国大庆原油就是典型的石蜡基原油。环烷基原油的特点是含 环烷烃和芳香烃较多，密度较小，凝点低，一般含硫、胶质及沥青质较多，它所生产的汽油中含环烷烃超过50%，直馏汽油的辛烷值较高，柴油的十六烷值较低，润滑油的黏温性质差。我国孤岛原油就属于这种类型。中间基原油的性质介于石蜡基和环烷基之间，我国胜利原油属于这一类。

原油是一个多组分的复杂混合物，其沸点范围很大，从常温一直到500℃以上。研究原油以及将原油加工成产品，都需将石油进行蒸馏，获得各种沸点范围相对较窄的馏分。馏分就是一定沸点范围的蒸馏馏出物，馏分的沸点范围简称为馏程或沸程，原油直接蒸馏得到的馏分称为直馏馏分。一般把原油从常压蒸馏开始馏出的温度(初馏点)到200℃(或180℃)的轻馏分称为汽油馏分(也称为石脑油馏分)，常压蒸馏200℃(或180℃)到350℃的中间馏分称为煤柴油馏分或称常压瓦斯油(简称AGO)，将常压蒸馏 > 350℃的馏分称为常压重油(简称AR)。但是原油从350℃开始有明显的分解现象，所以对于高于350℃的馏分，需在减压下进行蒸馏，将减压下蒸出馏分再换算成常压沸点。一般将相当于常压下350~500℃的高沸点馏分称为减压馏分或润滑油馏分，还可称为减压瓦斯油(简称VGO)，减压蒸馏后残留的

>500℃的馏分称为减压渣油(简称 VR)。因为常减压蒸馏过程中没有发生化学反应，所以直馏馏分基本保留原油原来的组成，即直馏馏分中也不含烯烃。特别要注意馏分还不是产品，即汽油馏分不是汽油产品，因为馏分并没有满足产品规格的要求，还需将馏分进一步加工才能成为石油产品。

4. 石油产品及加工方法

一般地讲石油产品并不包括以石油为原料合成的各种石油化工产品，现在石油产品约有800多种，如包括石油化工产品在内而达数千种之多。我国现将石油产品分为下列六大类：

(1)燃料：燃料包括汽油、喷气燃料(航空煤油)及柴油等发动机燃料以及灯用煤油、燃料油等。我国石油产品中燃料类约占80%，而其中60%为各种发动机燃料。

汽油根据辛烷值高低而有各种牌号，如汽车中常用的92号汽油和95号汽油等，指的就是该汽油辛烷值分别为92和95。辛烷值是用来表示汽油的抗爆性能，我们人为地规定抗爆性能极好的异辛烷(2，2，4-三甲基戊烷)的辛烷值为100，抗爆性能极差的正庚烷的辛烷值为0，将二者按照比例配成一系列的标准燃料，两者的混合物则以其中异辛烷的体积分数值为其辛烷值。例如，80%异辛烷和20%正庚烷的混合物的标准燃料其辛烷值就是80。在测定汽油辛烷值时，是将待测汽油试样与一系列辛烷值不同的标准燃料在标准的试验用单缸汽油发动机上进行比较，与所测汽油爆震强度相等的标准燃料的辛烷值也就所测汽油的辛烷值。

喷气发动机的推力取决于所用燃料的热值，如使用热值低的燃料，必然导致耗油率的增大。对于喷气燃料，不仅要求有较高的质量热值(kJ/kg)，而且也要求有较高的体积热值(kJ/dm^3)。质量热值越大，发动机的推力越大，耗油率越低。由于喷气飞机上油箱的体积是有限的，为了使航程能尽可能长些，这就还要求燃料有尽可能高的体积热值。换言之，即要求喷气燃料除有较高的质量热值外，还要有较大的密度，这样在一定容量的油箱中可装有更多的燃料，储备更多的热量。

我国的柴油产品分为轻柴油和重柴油。轻柴油适用于高速柴油机，重柴油适用于中、低速柴油机。轻柴油按凝点划分为10号、0号、-10号、-20号、-35号和-50号六个牌号；重柴油则按其50℃运动黏度(mm^2/s)划分为10号、20号、30号三个牌号。

由此看出柴油是用凝点和黏度作为划分牌号的指标，而不像汽油用抗爆性能来划分牌号。但我们也需用一个指标来考核柴油的抗爆性能，这个指标就是十六烷值。

十六烷值是衡量燃料在压燃式发动机中发火性能的指标。十六烷值高，表明该燃料在柴油机中发火性能好，滞燃期短，燃烧均匀且完全，发动机工作平稳。十六烷值低则表明燃料发火困难，滞燃期长，发动机工作状态粗暴。但十六值过高也将会由于局部不完全燃烧，而产生少量黑色排烟。不同转速的柴油机对柴油的十六烷值有不同的要求。高速柴油机的燃料其十六烷值应在40~60，一般使用40~45的燃料；中速柴油机可使用具有30~35的燃料；对于低速柴油机，即使用十六烷值低于25的燃料，其燃烧也不会发生特殊的困难。

与汽油的辛烷值相似，柴油的十六烷值也是在标准的试验用单缸柴油机中测定的。所用的标准燃料是正十六烷和α-甲基萘(或七甲基壬烷)，正十六烷具有很短的发火延迟期，自燃性能很好，因而规定其十六烷值为100。而α-甲基萘的发火延迟期很长，自燃性能很差，规定其十六烷值为0(七甲基壬烷的十六烷值为15)。将这两种化合物按不同比例掺和，即可配成各种十六烷值不同的标准燃料。把所测燃料与标准燃料进行对比，与其发火性能相同的标准燃料的十六烷值即为所测燃料的十六烷值。

我国石油产品标准中规定轻柴油的十六烷值一般不低于45，对于中间基原油生产或混有催化裂化组分的轻柴油则其十六烷值允许不低于40。

(2)润滑油：其中包括润滑油和润滑脂，主要用于降低机件之间的摩擦和防止磨损，以减少能耗和延长机械寿命。其产量不多仅占石油产品总量的2%左右，但品种达数百种之多。润滑油主要有发动机润滑油、机械油、电器用油、齿轮油、液压油等。

(3)石油沥青：石油沥青用于道路、建筑及防水等方面，其产量约占石油产品的3%。

(4)石油蜡：石油蜡属于石油中的固态烃类，是轻工、化工和食品等工业部门的原料，其产量约占石油产品总量的1%。

(5)石油焦：石油焦可用以制作炼铝及炼钢用电极等，其产量约为石油产品总量的2%。

石油沥、石油蜡和石油焦是生产燃料和润滑油的副产物，它们都是固体产品。

(6)溶剂和化工原料：约有10%的石油产品是用作石油化工原料和溶剂，其中包括制取乙烯的原料以及石油芳烃和各种溶剂油。

习惯上将石油炼制工艺过程不很严格地分为一次加工、二次加工、三次加工等三种类型。

①一次加工过程：将原油用蒸馏方法分离成几个不同沸点范围的馏分，如汽油馏分、煤油馏分、柴油馏分、常压重油、减压馏分、减压渣油等，常称为原料蒸馏。这个过程只是通过蒸馏的方法对原油进行物理分离，是不发生化学反应的。

②二次加工过程：将一次加工过程产物进行再加工。主要是指将重质馏分油和渣油经过各种化学加工过程生产轻质油的过程，主要包括催化裂化、热裂化、催化重整、加氢裂化、延迟焦化、石油产品精制等。

③三次加工过程：主要指将二次加工产品产生的各种气体进一步加工以生产高辛烷值汽油组分和各种化学品的过程，如烷基化、烯烃叠合、异构化等。

石油炼制：将石油加工为汽油、煤油、喷气燃料、柴油、润滑油、石蜡、沥青等产品及化工原料的方法。石油炼制简称为炼油，主要包括蒸馏、重整、催化裂化、焦化、加氢、脱蜡、精制等生产过程，我们在第一章就是介绍这些生产过程的原理、操作特点及工艺过程等，即掌握炼油技术的相关知识。

第四章 炼油技术

✽目标要求：

了解中国炼油工业的发展简史及现状；
掌握常减压蒸馏的原理、操作条件、主要装置及工艺流程；
了解催化裂化的原料及产品，掌握催化裂化的生产原理、操作条件及工艺流程；
掌握催化重整的化学反应、操作条件及工艺流程；
了解加氢裂化的原料及产品，掌握其反应原理、操作条件及工艺流程；

✽能力要求：

能够画出各炼油过程的全流程图；
能够分析影响各炼油过程的各种因素。

炼油厂主要由两大部分组成，即：炼油过程和辅助设施。从原油生产出各种石油产品一般须经过多个物理的及化学的炼油过程。通常每个炼油过程相对独立地自成为一个炼油生产装置。在某些炼油厂，从有利于减少用地、余热的利用、中间产品的输送、集中控制等考虑，把几个炼油装置组合成一个联合装置。为了保证炼油生产的正常进行，炼油厂还必须有完备的辅助设施，例如供电、供水、废物处理、储运等系统。下面对这两部分分别作简要介绍。

1. 炼油生产装置

各种炼油生产装置大体上按生产目的分为以下几类：

(1)原油分离装置：原油加工的第一步是把原油分离为多个馏分油和残渣油，因此，每个正规的炼油厂都应有原油常压蒸馏装置或原油常减压蒸馏装置，在此装置中还应设有原油脱盐脱水设施。

(2)重质油轻质化装置：为了提高轻质油品收率，须将部分或全部减压馏分油及渣油转化为轻质油，此任务由裂化反应过程来完成，如催化裂化、加氢裂化、焦炭化等。

(3)油品改质及油品精制装置：此类装置的作用是提高油品的质量以达到产品质量指标的要求，如催化重整、加氢精制、电化学精制、溶剂精制、氧化沥青等。加氢处理、减黏裂化也可归入此类。

(4)油品调和装置：为了达到产品质量要求，通常需要进行馏分油之间的调和(有时也包括渣油)，并且加入各种提高油品性能的添加剂。油品调和方案的优化对提高现代炼油厂的效益也能起重要作用。

(5)气体加工装置：如气体分离、气体脱硫、烷基化、C_5/C_6异构化、合成甲基叔丁基醚(MTBE)等。

(6)制氢装置：在现代炼油厂，由于加氢过程的耗氢量大，催化重整装置的副产氢气不敷使用，有必要建立专门的制氢装置。

(7) 化工产品生产装置：如芳烃分离、含硫化氢气体制硫、某些聚合物单体的合成等。

此外，为了保证出厂产品的质量，炼油厂中都设有产品分析中心。由于生产方案不同，各炼油厂包含的炼油过程的种类和多少，或者说复杂程度会有很大的不同。一般来说规模大的炼油厂其复杂程度会高些，但也有一些大规模的炼油厂的复杂程度并不高。

2. 辅助设施

辅助设施是维持炼油厂正常生产所必需的。主要的辅助设施如下：

(1) 供电系统：多数炼油厂使用外来高压电源，炼油厂应有降低电压的变电站及分配用电的配电站。为了保证电源不间断，多数炼油厂备有两个电源。为了保证在断电时不发生安全事故，炼油厂还自备小型的发电机组。

(2) 供水系统：新鲜水的供应系统主要由水源、泵站和管网组成，有的还需水的净化设施。大量的冷却用水需循环使用，故应设有循环水系统。

(3) 供水蒸气系统：主要由蒸汽锅炉和蒸汽管网组成。供应全厂的工艺用蒸汽、吹扫用蒸汽、动力用蒸汽等。一般都备有 1 MPa 和 4MPa 两种压力等级的蒸汽锅炉。

(4) 供气系统：如压缩空气站、氧气站(同时供应氮气)等。

(5) 原油和产品储运系统：如原油及产品的输油管或码头，或铁路装卸站、原油储罐区、产品储罐区等。

(6) 三废处理系统：如污水处理系统、有害气体处理(如含硫化氢、二氧化硫气体)、废渣处理(如废碱渣、酸渣)等。三废的排放应符合环境保护的要求。

此外，多数炼油厂还设有机械加工维修、仪表维护、研究机构、消防队等设施。

下面我们选取一些典型的炼油生产装置进行介绍。

第一节 常减压蒸馏装置

一、常减压蒸馏的原料与产品

常减压蒸馏是石油加工的第一道工序，它依次在常压和减压条件下进行蒸馏，将原料按照沸程范围切割成汽油(或称石脑油)馏分、煤油馏分、柴油馏分、润滑油原料、裂化原料和渣油等。

(一) 原料

常减压蒸馏是原料进入炼油厂的第一个装置，所以原料就是初步处理过的原油。

不同油区所产的原油在组成和性质上差别较大，即使在同一油区，不同油层和油井的原油在组成和性质上也可能有很大的差别。所以我们必须先把原油进行分析评价，才能确定如何来加工和使用该原油。

原油评价首先对原油性质进行分析，其次对原油进行实沸点蒸馏，获得一系列窄馏分性质数据。为了合理地制订原油加工方案，还必须将原油进行蒸馏，切割成汽油馏分、煤油馏分、柴油馏分及重整原料和裂化原料等，并测定其主要性质。另外还要进行汽油、柴油、减压馏分油的烃类组成分析，进行润滑油、石蜡和地蜡的潜含量测定等。

根据这些原油评价数据，可以着手制订原油切割方案。原油常减压蒸馏装置除生产个别产品外，多数馏分作为调和组分和二次加工的原料，故对原油的蒸馏切割，主要考虑满足二次加工对原料质量的要求。

(二)产品

根据不同原油评价的结果，确定了原油加工方案，也就确定了常减压蒸馏装置的产品。根据主要产品的特性，炼油厂可分为四种类型，每一类型的典型装置也不同。

(1)燃料型炼油厂：主要产品是汽油、喷气燃料、柴油、燃料油等石油燃料。主要加工装置有常减压蒸馏、催化重整、催化裂化、延迟焦化等装置。由于国内燃料类产品占总石油产品的80%左右，所以燃料型炼油厂的数量最多。

(2)燃料-润滑油型炼油厂：主要产品除生产各种燃料油外还生产润滑油。主要加工装置还要增加生产润滑油的溶剂精制、溶剂脱蜡、丙烷脱沥青、加氢精制等装置。

(3)燃料-化工型炼油厂：主要产品除了燃料油外，还生产化工原料及化工产品，例如某些烯烃、芳烃和聚合物的单体等。主要加工装置还增加有气体分离、芳烃抽提等装置。

(4)燃料-润滑油-化工型炼油厂：产品是既生产燃料、润滑油等产品，又生产石油化工原料及化工产品等。主要装置包括了以上各类型中的典型装置。

二、常减压蒸馏的基本原理

根据石油中各种组分的沸点不同且随压力的变化而改变的特点，通过蒸馏的办法将其分离成满足产品要求或后续装置加工要求的各种馏分。

常减压蒸馏装置由原油预处理(电脱盐)部分、换热系统(余热回收)及加热炉部分、常压蒸馏部分、减压蒸馏部分等组成。

(一)原油的预处理

原油的预处理是指对原油进行脱盐脱水的过程，原油中所含盐类主要是NaCl、$MgCl_2$、$CaCl_2$等。原油从油田开采出来后，已经在油田进行了初步的脱盐、脱水，以减轻在输送过程中的动力消耗和管线腐蚀。但原油中含盐含水会增加炼油过程的能耗、干扰蒸馏操作、腐蚀设备、影响二次加工催化剂的性能等，所以原油进入炼油厂还必须进行更为严格的脱盐脱水。对设有重油催化裂化装置的炼油厂，要求脱后原油含盐量小于3mg/L，含水量小于0.2%；对于不设重油催化裂化装置的炼油厂，要求脱后原油含盐量应小于5mg/L，含水量小于0.3%。

目前常用的是电化学脱盐脱水的方法。即先在原油中加入大量的不含盐的清水，充分搅拌，使大部分的盐能溶于水中。然后在破乳剂和高压电场的共同作用下，使微小水滴聚集成较大水滴，借重力从油中分离，达到脱盐脱水的目的。

(二)换热系统

常减压蒸馏装置的能耗是炼油厂全厂能耗中占有重要的比重，其燃料消耗约相当于加工原油量的2%，为全厂消耗自用燃料量最大的生产装置。在装置中原油升温及部分汽化，需要供给大量的热量，而产品出装置要被冷凝或冷却到一定温度，又需要通过冷却水等取走热量。如果设计合理的换热网络，则可以通过离塔产品与原油进行多次换热，既节约了供给原油的热量，又可减少冷却水用量及冷却循环的负荷。设计较为合理的换热网络，热量的回收率可以达到60%以上。所以每个常减压装置都有独自特色的换热系统，以达到最佳的节能效果。

(三)蒸馏系统

常减压蒸馏的两个主要塔，一个是接近1个大气压下蒸馏，所以称为常压塔，另一个塔在小于 1 个大气压下蒸馏，所以称为减压塔。这也是将这个装置称为常减压蒸馏的原因。

1. 常压蒸馏

原油通过常压蒸馏要切割成汽油、煤油、轻柴油、重柴油和重油等四五种产品。按照一般的多组分精馏方法，需要 $N-1$ 个精馏塔才能把原料分割成 N 个产品。但是在石油精馏中，各种产品本身也还是一种复杂的混合物，它们之间的分离精确度并不要求很高。所以可以把几个精馏塔结合成一个塔，即它的精馏段相当于几个塔的精馏段组合而成，它的提馏段只是最重馏分分离塔的提馏段，而不是几个塔提馏段的组合。显然这种塔与正常的二元精馏塔是不一样的，这种塔称为复合塔或复杂塔。当然这种塔的分离精确度不会很高，例如在轻柴油侧线抽出板上除了柴油馏分以外，还有汽油和煤油的蒸气通过，这必然会影响轻柴油的质量，而且会降低汽油和煤油的产率。生产中在常压塔的外侧为侧线产品设汽提塔，在汽提塔底部吹入少量的过热蒸汽以降低侧线产品的油气分压，使混入产品的较轻馏分汽化而返回常压塔。这样做既可能达到分离要求，而且也很简便。显然这种汽提塔与精馏塔的提馏段在本质上有所不同。

2. 减压蒸馏

常压塔底的产物称为常压重油，一般是原油中 > 350℃的重组分，原油中的胶质、沥青质等也集中在其中。为了取得润滑油原料和催化裂化原料，需要把沸点高于 350℃的馏分从重油中分离出来。如果继续在常压下进行分离，则必须将重油加热到 400~500℃，从而导致重油，特别是其中的胶质、沥青质等不安定组分发生较严重的分解、缩合等化学反应。这不仅会降低产品的质量，而且会加剧设备的结焦而缩短生产周期。为此将常压重油在减压条件下进行蒸馏，温度条件限制在 420℃以下，压力在 8kPa 左右或更低，它是由塔顶的抽真空系统实现的。

三、蒸馏塔的操作条件

主要介绍温度、压力和水蒸气用量，其他条件不再叙述。

(一) 操作压力

1. 常压塔

常压蒸馏塔的最低操作压力最终是受制于塔顶产品接受罐的温度下塔顶产品的泡点压力。常压塔顶产品通常是汽油馏分或重整原料，当用水作冷却介质时，产品罐常压操作，塔顶产品冷却到 40℃左右即可冷凝。但为使塔顶馏分能克服管线和冷凝冷却设备的阻力而流入产品回流罐，常压塔顶的压力应稍高于产品接受罐的压力，或者说稍高于常压，大约在 130~160kPa。塔顶压力确定后，塔的各部位的操作压力也随之可以计算得到。油气由下而上，所以塔内压力由上而下逐渐增加，根据所用不同类型塔板的压降即可推算出塔内各处的压力。然后再由精馏塔汽化段压力即可推算出炉出口压力，一般加热炉出口经转油线到精馏塔汽化段的压力降通常为 34kPa。

2. 减压塔

为了达到蒸馏塔在减压下操作，在塔顶设有专门的抽真空设备。减压塔的抽真空设备可以是用蒸汽喷射器或机械真空泵，由于蒸汽喷射器用水蒸气，所以称为湿式抽真空，相对应的机械真空泵称为干式抽真空。对于湿式减压，减压塔顶残压一般在 5.5~8.0kPa，对于干式减压，减压塔顶压力一般为 1.3kPa。

(二)操作温度

1. 加热炉出口温度

最高的加热炉允许温度应该是保证在此温度下油料的不安定组分不至于发生显著的热裂解反应。一般常压炉出口温度为370℃，若生产喷气燃料最高温度为360~365℃。减压炉生产润滑油型为400℃，燃料型为410℃。

2. 汽化段温度

汽化段温度就是进料的绝热闪蒸温度。由于热损失及入塔后发生闪蒸过程使油料温度下降，所以汽化段温度一般要比加热炉出口温度低5~10℃。

3. 塔底温度

进料在汽化段闪蒸形成的液相部分，会同精馏段流下的液相一起向下流入汽提段。塔底通入过热水蒸气逆流而上与油料接触，不断地将油料中的轻馏分汽提出去。轻馏分汽化需要的热量一部分由过热水蒸气供给，一部分由液相油料本身的显热提供。由于过热水蒸气提供的热量有限，加之又有散热损失，因此油料温度由上而下逐板下降，塔底温度比汽化段温度低5~10℃。

4. 侧线温度

侧线抽出温度是未经汽提的侧线产品在该处油气分压下的泡点温度。它比汽提后的产品在同样条件下的泡点温度略低，相差不多。所以生产中常用易得到的汽提后的泡点温度作为侧线抽出温度。

5. 塔顶温度

塔顶温度就是塔顶产品在其本身油气分压下的露点温度。

表4-1是国内某常减压蒸馏装置的操作温度与压力，可以作为参考。

表4-1 某常减压蒸馏装置的操作温度与压力

常压塔		减压塔	
塔顶温度/℃	92	塔顶温度/℃	74
一线温度/℃	162	一线温度/℃	190
二线温度/℃	250	二线温度/℃	225
三线温度/℃	267	三线温度/℃	260
四线温度/℃	324	四线温度/℃	349
五线温度/℃	338	五线温度/℃	370
汽化段温度/℃	363	汽化段温度/℃	390
炉出口温度/℃	370	炉出口温度/℃	400
塔底温度/℃	358	塔底温度/℃	380
塔顶压力/kPa	159	塔顶残压/kPa	7.7
汽化段压力/kPa	180	汽化段残压/kPa	12.2

6. 汽提水蒸气用量

原油蒸馏用的汽提水蒸气一般都是用温度为400~450℃的过热水蒸气，用过热蒸汽主要原因是防止冷凝水带入塔内。侧线产品汽提的目的是驱除其中的低沸点组分，从而提高产品的闪点和改善蒸馏的精确度；常压塔汽提主要是为了降低塔底重油中<350℃馏分的含量，以提高直馏轻质油品的收率，同时也减轻了减压塔的负荷；减压塔汽提的目的则是降低汽化段的油气分压，从而在所能达到的最高温度和真空度之下尽可能提高减压塔的拔出率。汽提蒸汽的用量与需要提馏出来的轻组分含量有关。表4-2列出了选择汽提蒸汽的经验数据，

可以作为参考，当然生产中还要根据具体情况进行调整。

表 4-2　汽提蒸汽用量的经验数据

塔	产品	蒸汽用量/%(质量分数)
初馏塔	塔底油	1.2~1.5
常压塔	溶剂油	1.5~2
	煤油	2~3
	轻柴油	2~3
	重柴油	2~4
	轻润滑油	2~4
	塔底重油	2~4
减压塔	中、重润滑油	2~4
	残渣燃料油	2~4
	残渣汽缸油	2~5

四、常减压蒸馏装置的工艺流程

根据原油的品质情况和生产的目的不同，常减压蒸馏装置有两种类型：燃料型和燃料润滑油型。

燃料型生产装置主要生产：石脑油、煤油、柴油、催化裂化原料或者加氢裂化、加氢处理原料、减黏原料、焦化原料、氧化沥青原料或者直接生产道路沥青；

燃料润滑油型生产装置主要生产除燃料之外，还在减压蒸馏塔生产润滑油基础油原料。

图 4-1 是常见的三段汽化常减压蒸馏装置的工艺流程。如图 4-1 所示，原油经预热后进入两级脱盐罐，用电-化学方法脱除原油中的盐和水。

脱除盐和水后的原油经过一系列的换热，使温度升高到 230~240℃，然后进入初馏塔进行预分离。初馏塔的主要作用是将原油中较轻的组分蒸出一部分。蒸出的塔顶气经冷凝冷却后在塔顶回流罐进行气液分离，液体的一部分返回塔顶作为回流，另一部分为轻汽油(或称石脑油)送出装置。初馏塔侧线不出产品，但可抽出组成与重汽油馏分相似的馏分，经换热后一部分打入常压塔中段回流入口处(常压塔侧一线和侧二线之间)，这样可以减轻常压炉和常压塔的负荷；另一部分则送回初馏塔作循环回流。

初馏塔底油称为拔头原油，经一系列换热后，再经常压炉加热到 360~370℃进入常压塔的汽化段。从汽化段到塔顶由下而上温度逐渐降低，组分越来越轻，塔顶蒸出的气体经过冷凝冷却后在塔顶回流罐进行气液分离，液体的一部分返回塔顶作为回流，另一部分为轻汽油(或称石脑油)送出装置。

常压塔和初馏塔顶的回流罐中分离出的石油气体为 C_1~C_4 轻质烷烃和少量轻油，可引到加热炉作燃料或经压缩进行气体分离，以回收液化石油气。

从常压塔一般有 3~5 个侧线，由此抽出液体产品分别为：煤油(喷气燃料与灯用煤油)、轻柴油、重柴油、催化裂化原料油等。图 4-1 中采用的 3 个侧线，所以采出的是煤油馏分、轻柴油馏分和重柴油馏分。这些馏分在汽提塔中，用水蒸气汽提脱除轻组分后，与原油换热，冷却到规定温度送出装置。

在两侧线之间还采用了中段循环回流，这样一方面可以使全塔沿塔高的气液相负荷分布比较均匀，另一方面可以取走部分热量。

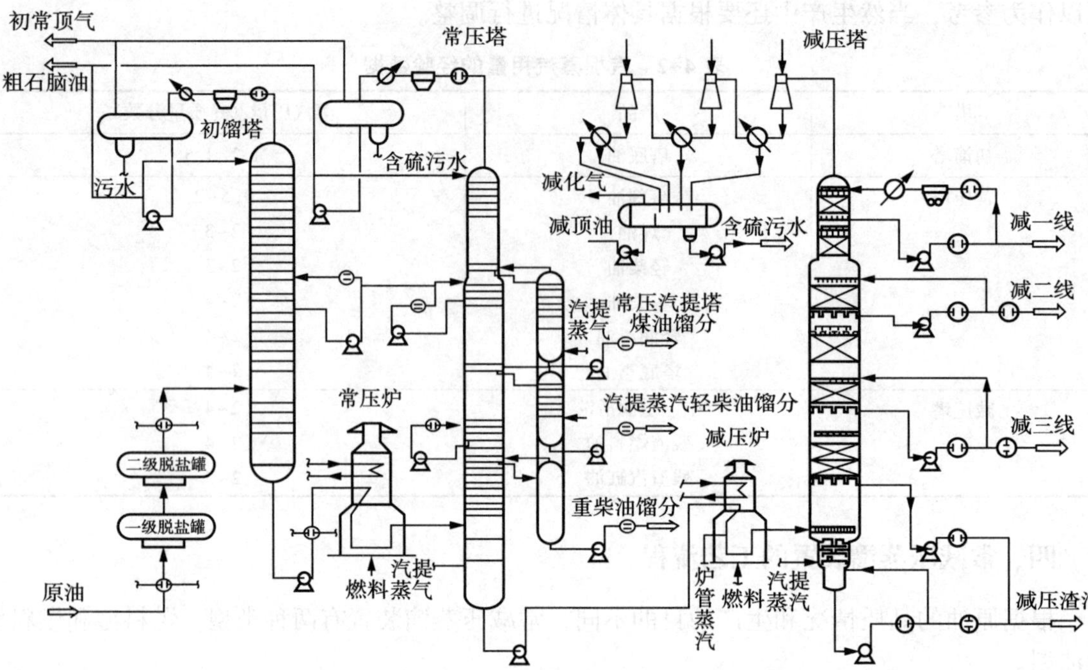

图 4-1　典型三段汽化的常减压装置的工艺流程

常压塔底未汽化的常压重油经水蒸气汽提出轻组分后，进入减压炉加热到 400～410℃，然后进入减压塔，在减压条件下使重质油料汽化蒸出，塔顶为不凝气和水蒸气，经冷凝后采用真空喷射器抽出不凝气，使塔内压力维持在 5.5～8.0kPa。减压塔一般也设 3～5 个侧线，用于抽出润滑油原料或裂化原料等。液体侧线经水蒸气汽提、换热、冷却到规定温度后送出装置。

减压塔底的减压渣油经水蒸气汽提，以提高拔出率，然后经换热、冷却到规定温度后送出装置。减压渣油可作为丙烷脱沥青、延迟焦化、氧化沥青装置的原料，去生产沥青或石油焦。也可经调和后作为重质燃料油，供给炼钢厂或发电厂使用。

根据我国原油性质，一般常减压蒸馏的馏出率在 25%～35%之间，原油的总拔出率在 60%左右。

第二节　催化裂化装置

一般原油经常减压蒸馏后可得到 10%～40%的汽油、煤油及柴油等轻质油品，其余的是重质馏分和残渣油。如果不经过二次加工，占原油约 60%的重质油只能作为润滑油原料或重质燃料油。但是国民经济和国防上需要的轻质油量是很大的，由于内燃机的发展对汽油的质量提出更高的要求，而直馏汽油(辛烷值较低 40)则一般难以满足这些要求。原油经简单加工所能提供的轻质油品的数量和质量同生产发展所需要的轻质油品的数量和质量之间的矛盾，促使了催化裂化过程的产生和发展。促进催化裂化发展的因素中除了继续解决上述的矛盾以外，还有像如何满足石油化工原料的需要，如何节约能源以及减少环境污染等新的因素对促进催化裂化发展也起了重要作用。

所谓催化裂化就是重质油在酸性催化剂存在下，在温度为 500℃左右、压力约 0.1～

0.4MPa 下发生裂解，生成气体、汽油、柴油、重质油及焦炭等。

一、催化裂化的原料和产品

(一)催化裂化的原料

催化裂化原料的范围很广泛，大体分为馏分油和渣油两大类。馏分油包括以下几种：

1. 直馏重馏分油(蜡油 350~500℃)

大多数直馏重馏分含芳烃较少，容易裂化，轻油收率较高，是理想的催化裂化原料。

2. 热加工产物

焦化蜡油、减黏裂化馏出油等。由于它们是已经裂化过的油料，其中烯烃、芳烃含量较多，裂化时转化率低、生焦率高，一般不单独使用，而是和直馏馏分油掺合作为混合进料。

3. 润滑油溶剂精制的抽出油

此抽出油中含有大量难以裂化的芳烃，尤其是含稠环化合物较多，极易生焦。渣油是原油中最重的部分，它含有大量胶质、沥青质和各种稠环烃类，因此它的元素组成中氢碳比小，残炭值高，在反应中易于缩合生成焦炭，这时产品分布和装置热平衡都有很大影响。原油中的硫、氮、重金属以及盐分等杂质也大量集中在渣油中。在催化裂化过程中会使催化剂中毒，进而也会影响产品分布，同时将加重对环境的污染。由于渣油的残炭、重金属、硫、氮等化合物的含量比馏分油高得多，增加了催化裂化的难度。

(二)产品分布

催化裂化的主要产物有：气体约占 10%~20%、汽油约占 40%~60%、柴油约占20%~40%、焦炭约占 5%~10%。

1. 气体产品

在一般工业条件下，气体产率约为 10%~20%，催化裂化气体中大量的是 C_3、C_4(称为液态烃或液化气)，约占 90%(质)，其中液态烃中 C_4 含量约为 C_3 含量的 1.5~2.5 倍，而且烯烃比烷烃多。C_3 中烯烃约为 70%，C_4 烯烃约为 55%。由于上述特点致使催化裂化所产气体成为石油化工的宝贵原料。

2. 液体产品

催化裂化汽油产率为 40%~60%(质)。由于其中有较多烯烃(一般 50%以上)、异构烷烃和芳烃，所以辛烷值较高，一般为 90 左右(RON)。

柴油产率为 20%~40%(质)，因其中含有较多的芳烃约为 40%~50%，所以十六烷值较直馏柴油低很多，只有 20~30，常常需要与直馏柴油等调和后才能作为柴油发动机燃料使用。

3. 焦炭

催化裂化的焦炭沉积在催化剂上，不能作产品。常规催化裂化的焦炭产率约为 5%~7%，当以渣油为原料时可高达 10%以上。

二、催化裂化的生产原理

(一)单体烃的催化裂化反应

1. 烷烃

烷烃主要是发生分解反应，分解成较小分子的烷烃和烯烃。例如：

$$C_{16}H_{34} \longrightarrow C_8H_{16} + C_8H_{18}$$

生成的烷烃又可以继续分解成更小的分子，烷烃分子中的 C—C 键的键能随着其由分子两端向中间移动而减少，因此烷烃分解时多从中间的 C—C 键处断裂，而且分子越大越容易断裂。

2. 烯烃

烯烃很活泼，反应速度快，在催化裂化过程中，烯烃的主要反应也是分解反应，但还有一些其他重要的反应。

(1)分解反应：烯烃发生分解反应生成两个较小分子的烯烃，反应速度比烷烃高很多。

(2)异构化反应：烯烃的异构化反应有两种，一种是分子骨架改变，正构烯烃变成异构烯烃；另一种是分子中的双键向中间位置转移。例如：

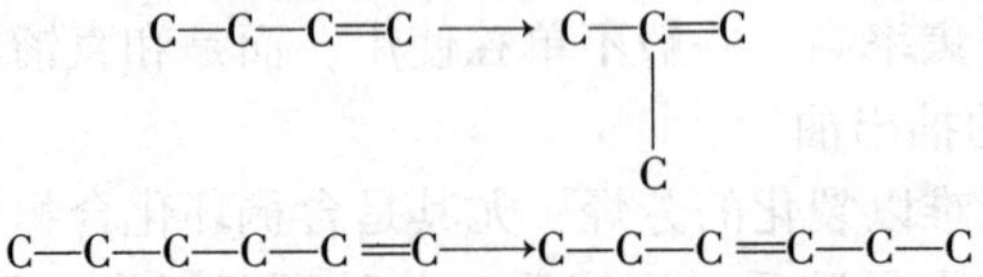

(3)氢转移反应：某烃分子上的氢脱下来后立即加到另一烯烃分子上使之饱和的反应称为氢转移反应。它包括烯烃分子之间、烯烃与环烷烃、芳烃分子之间的反应，其结果是一方面某些烯烃转化为烷烃，另一方面给出氢的烃分子转化为多烯烃及芳烃或缩合程度更高的分子。所以氢转移反应是造成催化裂化汽油饱和度较高及催化剂失活的主要原因。在高温下(如 500℃左右)氢转移反应的速度比分解反应速度低得多，所以在高温时裂化汽油的烯烃含量高；在较低温度下(如 400～450℃)氢转移反应速度降低的程度不如分解反应降低得多，于是在低温反应时所得汽油的烯烃含量就会低些。根据以上反应特点可以指导生产，如要生产碘值低的汽油时，可采用较低温度，以促进氢转移反应，降低汽油中烯烃的含量；要生产高辛烷值汽油，则应采用较高的反应温度，以加速分解反应而抑制氢转移反应，使汽油中烯烃含量增加。

(4)芳构化反应：烯烃环化并脱氢生成芳烃，例如：

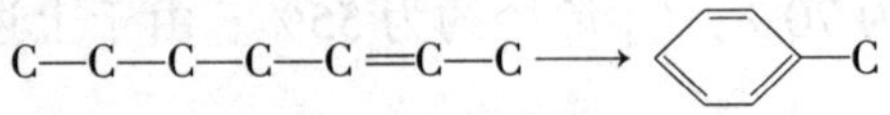

3. 环烷烃

环烷烃主要发生分解、氢转移和异构化反应。

环烷烃的分解反应有两种情况：一是断环生成烯烃，烯烃再继续进行上面介绍的各类反应。例如：

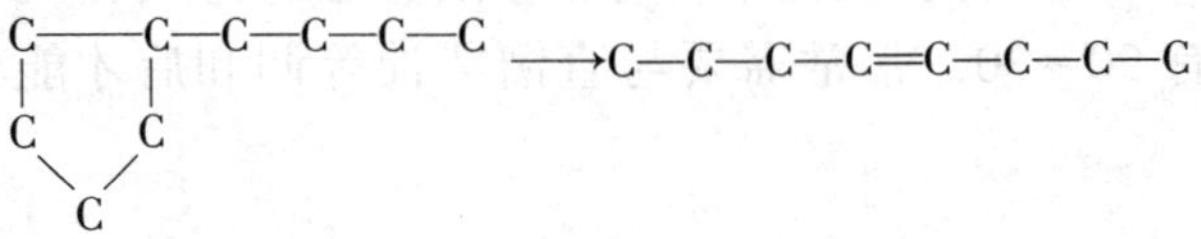

另一种是带长侧链的环烷烃断侧链。因为环烷烃的结构中有叔碳原子，因此分解反应速度较快。

环烷烃通过氢转移反应转化成芳烃。带侧链的五元环烷烃也可以异构化成六元环烷烃再进一步脱氢生成芳烃。

4. 芳烃

芳烃的苯环在催化裂化条件下十分稳定，例如苯、萘就难以进行反应，但是有侧链的芳烃，侧链容易从苯环根部断裂下来生产较小分子的烯烃。

多环芳烃的裂化反应速度很低，它们的主要反应是缩合成稠环芳烃，最后成为焦炭，同时放出氢使烯烃饱和。

由上分析可得，催化裂化条件下，各类烃发生的最主要反应是分解反应，催化裂化也是因此而得名。但与此同时还进行了异构化、氢转移、芳构化等反应。

(二)石油馏分的催化裂化反应

石油馏分是由各种为烃所组成，因此在石油馏分进行催化裂化反应时，上述各烃的反应规律都是遵循的，但是组成石油馏分的各种烃类之间又相互影响，并不是各种烃类反应的简单加合。

石油馏分的催化裂化反应同时朝着几个方面进行，这种反应称为平行反应，生成的反应产物又可继续进行反应，这种反应称为顺序反应。因此石油馏分的催化裂化反应是一个复杂的平行-顺序反应。如图 4-2 所示，重质石油馏分发生了下列化学变化，从而得到了各种产物：

(1)原料中大分子烃经裂化生成氢气、低级烷烃和烯烃(含 4 个碳原子以下)，这就是称为裂解气的气体混合物。

(2)原料中大分子经裂化生成 4~20 个碳原子的烃，其结果是环烷烃、芳烃和异构烃增加，这就使汽油等馏分的产量增加，质量提高。

(3)由于氢转移及缩合等反应，会生成比原料烃分子更大的物质，即缩合产物。

(4)缩合产物继续反应最后会生我们不希望要的焦炭。

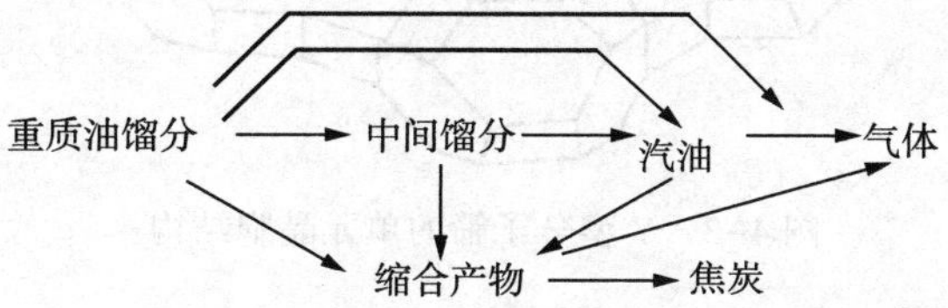

图 4-2 石油馏分的催化裂化反应

平行-顺序反应的一个特点是反应深度对产品产率的分布有重要的影响。随着反应时间的增加，转化度提高，气体和焦炭的产率会一直增加，而汽油是先增加到达一最高点后会下降。因为汽油是裂化时的中间产物，如不及中止反应，则汽油会进一步反应。所以工业中如果产品主要是汽油，应当选择汽油产率最高处的单程转化率，一般 50%~70%之间。然后将未反应的原料即反应产物中与原料馏程相近的中间馏分(回炼油)再送回反应器重新进行裂化。由于回炼油中含有芳烃比新鲜原料多，所以它比新鲜原料难裂化。

(三)催化剂

催化剂是一种能使在该条件下，从热力学角度判断有可能发生的化学反应改变其反应速度的物质。它可以加快某些反应的速度，也可以抑制另一些反应的进行，而对那些热力学上没有可能进行的反应则不起作用。同时对可逆反应它相等地加速正向和逆向反应，也就是不改变反应的平衡。例如，在通常的反应条件下，从热力学角度来判断，烃类可以进行分解、异构化、芳构化、氢转移、叠合、烃化等多种反应，但反应速率各异，这样就可以利用催化剂选择性地加速这些反应中所希望的反应，而抑制那些不希望发生的反应，从而达到提高产品质量改善产品分布的目的，这是热裂化过程所达不到的。例如为了提高汽油辛烷值，设法使催化剂能选择性加速异构化反应而抑制氢转移反应和不饱和烃进一步脱氢生焦的反应。

工业上所使用的裂化催化剂虽品种繁多，但归纳起来不外乎三大类：

天然白土催化剂，工业催化裂化装置最初使用的经处理的天然白土，其主要活性组分是硅酸铝。

无定型合成催化剂，天然白土被人工合成硅酸铝所取代。特点是具有孔径大小不一的许多微孔，一般平均孔径为4~7 nm，比表面积可达500~700m^2/g。硅酸铝的催化活性来源于其表面的酸性。

分子筛催化剂：分子筛催化剂在催化裂化中的应用是催化裂化技术的重大发展。与无定型硅酸铝相比，具有更高的选择性、活性和稳定性，比表面积600~800m^2/g。分子筛又名结晶型泡沸石，是一种具有规则晶体结构的硅铝酸盐，在它的晶格结构中排列着整齐均匀、大小一定的孔穴，只有小于孔径的分子才能进入其中，而直径大于孔径的分子则无法进入。由于它能像筛子一样将直径大小不等的分子分开，因而得名分子筛。目前应用于催化裂化的主要是Y型分子筛(图4-3)。

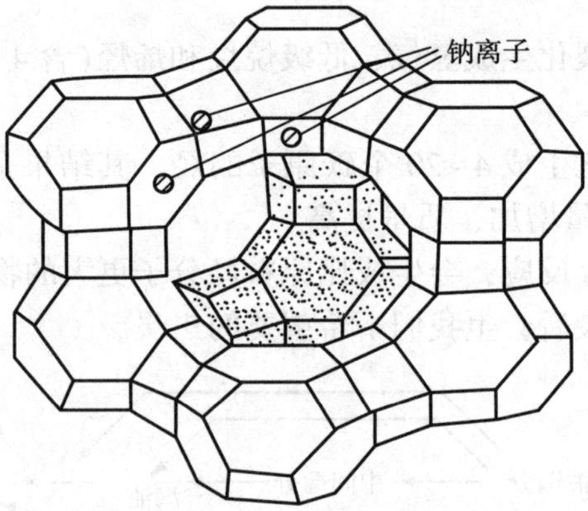

图4-3　Y型分子筛的单元晶胞结构

三、催化裂化的操作条件

1. 反应温度

反应温度对催化裂化的反应速率和产品产率分布以及产品质量都有显著的影响。提高反应温度则反应速率增大，活化能越高反应速率增加得越快。热裂化的活化能比催化裂化高得多，因此当反应温度提高时，热裂化反应速率提高的比较快。当反应温度>500℃，热裂化反应渐趋重要。所以催化裂化反应温度不宜过高。

在生产实践中，反应温度是调节转化率的主要参数，不同的反应温度可实现不同的生产方案。低温多产柴油方案，采用较低的反应温度(460~470℃)，在低转化率和高回炼比的条件下操作；多产汽油方案，反应温度较高(500~530℃)，在高转化率和高回炼比的条件下操作；多产气体的方案，则选择更高的温度。

当反应温度提高时，由于分解反应和芳构化反应的反应速率常数比氢转移反应的大，因而前两类反应的速率提高得快，所以汽油中的烯烃和芳烃含量有所增加，烷烃含量降低，相应的汽油的辛烷值提高，柴油的十六烷值降低，汽油和柴油中的胶质含量提高。

2. 反应压力

反应压力是指反应器内的油气分压。油气分压的提高意味着反应浓度的提高，因而反应速度加快。当然提高压力也提高了生焦反应的速度，使焦炭产率明显提高。在实际生产中，压力一般固定不变的，不作为调节参数。另外反应压力主要不是由反应系统决定的，由于压力平衡的要求，反应压力和再生压力之间应保持一定的压差，不能任意改变，即反应压力随再生压力而定。

对于给定大小的设备，提高压力可以增加装置的处理能力。而处理能力常常受到再生系统烧焦能力的限制，因此工业上一般不采用太高的反应压力，目前采用的反应压力约0.1~0.4MPa。

3. 剂油比

剂油比是催化剂循环量与总进料量之比。剂油比实际上反应了单位催化剂上有多少原料进行反应。因此剂油比增大，原料与催化剂的接触机会更多，并减少了单位催化剂上的积炭量。提高了催化剂活性，从而提高了转化率。但是随着转化率的提高，焦炭产率也提高了。剂油比的选择还与原料油性质和生产方案有关，一般适宜的剂油比为3~7。汽油方案，剂油比为5~7；柴油方案和渣油裂化的剂油比为3~5。

在生产操作中常用催化剂循环量调节温度，其实质是通过剂油比来调节焦炭产率，从而达到调节装置热平衡的目的。表4-3是某催化裂化装置的部分操作条件。

表4-3　某催化裂化装置的部分操作条件

序号	名称	单位	设计条件
	反应再生部分操作参数		
1)	第一再生器压力	MPa(绝)	0.35
2)	第二再生器压力	MPa(绝)	0.37
3)	反应沉降器压力	MPa(绝)	0.30
4)	提升管出口温度	℃	510~538
5)	一再密相温度	℃	660~690
6)	二再密相温度	℃	720~760
7)	第一再生器		
	主风量	Nm^3/min	1280
	密相线速	m/s	0.72
	稀相线速	m/s	0.60
	旋风器入口线速(8组)	m/s	一级17.35 二级20.33

四、催化裂化的工艺流程

催化裂化装置一般由三个部分组成，反应-再生系统、分馏系统、吸收-稳定系统。在处理量较大、反应压力较高(例如0.25MPa)的装置，常常还有再生烟气的能量回收系统。图4-4是一个高低并列式提升管催化裂化装置的工艺流程。

1. 反应-再生系统

催化裂化的反应-再生系统有多种型式，图4-4的高低并列式反应器只是其中的一种类型。新鲜原料油经换热后与回炼油混合经加热炉加热至200~400℃后进入提升管反应器下部的喷嘴，原料油由蒸汽雾化并喷入提升管内，在其中与来自再生器的高温催化剂(600~750℃)接触，随即汽化并进行反应。油气在提升管内的停留时间很短，一般只有几秒钟。反应产物经旋风分离器分离出夹带的催化剂后离开反应器去分馏塔。

积有焦炭的催化剂(称待生催化剂)由沉降器落入下面的气提段。气提段内装有多层人字形挡板并在底部通入过热水蒸气。待生催化剂上吸附的油气和颗粒之间的空间的油气被水蒸气置换出而返回上部。经气提后的待生剂通过待生斜管进入再生器。

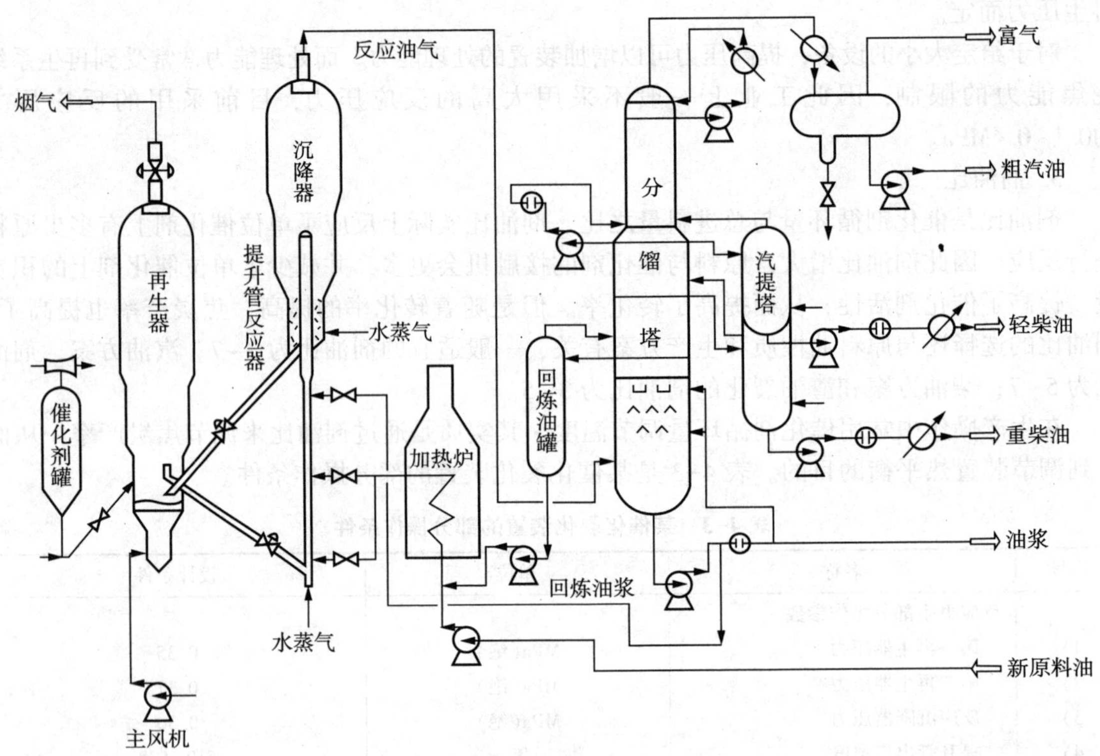

图4-4　馏分油高低并列式提升管催化裂化反-再及分馏系统工艺流程图

再生器的主要作用是烧去催化剂上因反应而生成的积炭，使催化剂的活性得以恢复。再生用空气由主风机供给，空气通过再生器下面的辅助燃烧室及分布管进入流化床层。对于热平衡式装置，辅助燃烧室只是在开工升温时才使用，正常运转时并不烧燃料油。再生后的催化剂(称再生催化剂)落入淹流管，再经再生斜管送回反应器循环使用。再生烟气经旋风分离器分离出夹带的催化剂后，经双动滑阀排入大气。在加工生焦率高的原料时，例如加工含渣油的原料时，因焦炭产率高，再生器的热量过剩，须在再生器设取热设施以取走过剩的量。再生烟气的温度很高，不少催化裂化装置设有烟气能量回收系统，利用烟气的热能和压力能(当设能量回收系统时，再生器的操作压力应较高些)做功，驱动主风机以节约电能，甚至可对外输出剩余电力，对一些不完全再生的装置，再生烟气中含有5%~10%的CO，可以设CO锅炉使CO完全燃烧以回收能量。

在生产过程中，催化剂会有损失及失活，为了维持系统内的催化剂的藏量和活性，需要定期地或经常地向系统补充或置换新鲜催化剂。为此，装置内至少应设两个催化剂储罐。装卸催化剂时采用稀相输送的方法，输送介质为压缩空气。

2. 分馏系统

典型的催化裂化分馏系统如图4-4所示。由反应器来的反应产物油气从底部进入分馏塔，经底部的脱过热段后在分馏段分割成几个中间产品：塔顶为汽油及富气，侧线有轻柴油、重柴油和回炼油，塔底产品是油浆。轻柴油和重柴油分别经气提后，再经换热、冷却后出装置。

催化裂化装置的分馏塔有几个特点：

(1)进料是带有催化剂粉尘的过热油气，因此，分馏塔底部设有脱过热段，用经过冷却的油浆把油气冷却到饱和状态并洗下夹带的粉尘以便进行分馏和避免堵塞塔盘。

(2)全塔的剩余热量大而且产品的分离精确度要求比较容易满足，因此一般设有多个循环回流：塔顶循环回流、1~2 个中段循环回流、油浆循环。

(3)塔顶回流采用循环回流而不用冷回流，其主要原因是进入分馏塔的油气含有相当大数量的惰性气体和不凝气，它们会影响塔顶冷凝冷却器的效果；采用循环回流代替冷回流以降低从分馏塔顶至气压机入口的压降，从而提高了气压机的入口压力、降低气压机的功率消耗。

3. 吸收-稳定系统

吸收-稳定系统主要由吸收塔、再吸收塔、解吸塔及稳定塔。从分馏塔顶油气分离器出来的富气中带有汽油组分，而粗汽油中则溶解有 C_3、C_4 组分。吸收-稳定系统的作用就是利用吸收和精馏的方法将富气和粗汽油分离成干气($\leqslant C_2$)、液化气(C_3、C_4)和蒸气压合格的稳定汽油。如图 4-5 所示。

从分馏系统来的富气经气压机两段加压到 1.6MPa(绝)，经冷凝冷却后与来自吸收塔底部的富吸收油以及解吸塔顶部的解吸气混合，然后进一步冷却到 40℃，进入油气分离器进行平衡汽化。气液平衡后将凝缩油送去解吸塔，不凝气送去吸收塔，从吸收塔底部进入。

吸收塔操作压力约 1.4MPa(绝)，粗汽油作为吸收剂由吸收塔第 20 或 25 层打入。稳定汽油作为补充吸收剂由塔顶打入。不凝气自下而上与粗汽油、稳定汽油逆流接触，气体中 $\geqslant C_3$ 组分大部分被吸收(同时也吸收了部分 C_2)。吸收是放热过程，较低的操作温度对吸收有利，故在吸收塔设两个中段回流。吸收塔塔顶出来的携带有少量吸收剂的气体称为贫气，经过压力控制阀去再吸收塔。

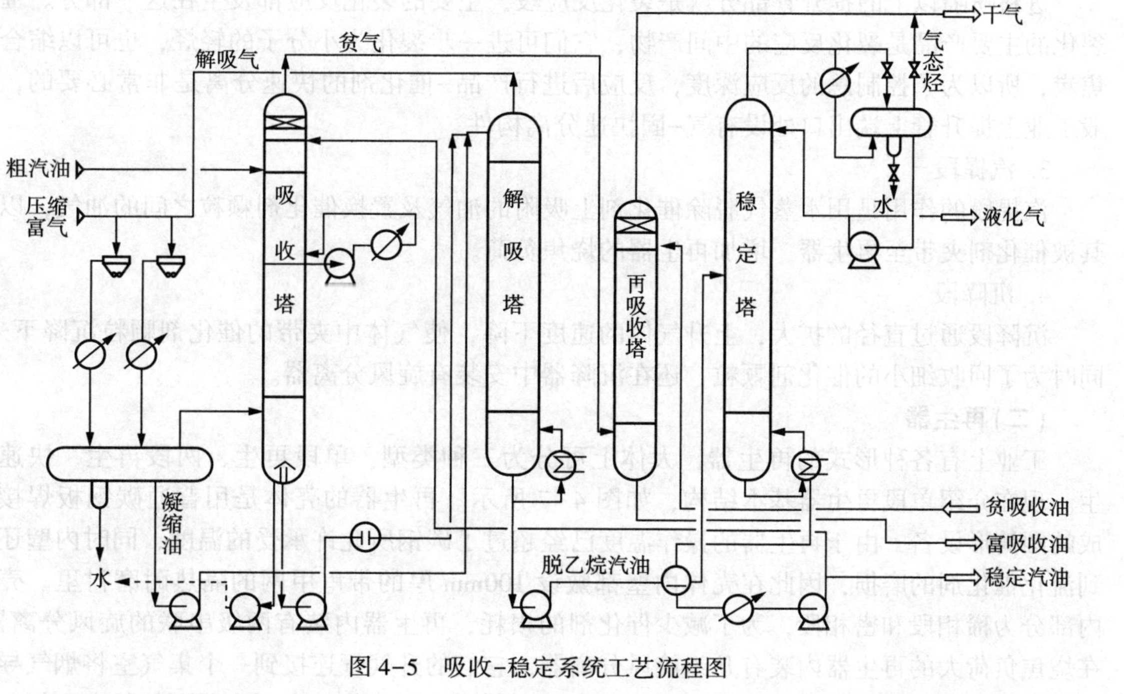

图 4-5 吸收-稳定系统工艺流程图

再吸收塔压力为 1.0MPa(绝)。再吸收塔用轻柴油馏分作为吸收剂，从塔上部打入，与吸收塔顶来的贫气进行逆流接触，吸收贫气中携带的少量汽油。塔底的富吸收油返回分馏塔，塔顶出来的干气送到瓦斯管网。

吸收塔塔底的富吸收油中含 C_2 组分不利于稳定塔的操作，解吸塔的作用就将其中的 C_2

解吸出来。富吸收油和从油气分离器来的凝缩油一起进入解吸塔顶部，解吸塔的操作压力为1.5MPa(绝)，解吸塔底部有再沸器提供热量。塔顶出来的解吸气中除含有C_2组分外，还有相当数量的C_3、C_4组分，与压缩富气混合冷却后循环回油气分离器。解吸塔底为脱乙烷汽油，送入稳定塔。

稳定塔实质就是一个精馏塔，通过精馏将脱乙烷汽油中的C_3、C_4组分从塔顶分离出去，经冷凝冷却后，一部分作为塔顶回流，另一部分就是液化气送出装置。稳定塔的操作压力1.2MPa(绝)。为了控制稳定塔的操作压力，有时要排出不凝气(或称气态烃)，它主要是C_2及少量夹带C_3、C_4。稳定塔底产品就是蒸气压合格的稳定汽油，先后与脱乙烷汽油、解吸塔进料油换热，然后冷却到40℃，一部分用泵打入吸收塔顶部作补充吸收剂，另一部分送出装置。

五、主要设备——反应器与再生器

(一)反应器

提升管反应器的基本结构如图4-6所示。按功能分为以下几段：

1. 预提升段

进料以下部分的提升管称为预提升管，用汽油-轻烃混合物作为提升介质。其作用一方面加速催化剂，使催化剂形成活塞流向上流动，另一方面还可使催化剂上的重金属钝化，有利于与油雾的快速混合。预提升管的高度一般为3~6m。

2. 裂化反应段

进料喷嘴以上的提升管部分就是裂化反应段，主要的裂化反应都发生在这一部分。催化裂化的主要产品是裂化反应的中间产物，它们可进一步裂化为小分子的轻烃，也可以缩合成焦炭，所以为了控制总的反应深度，反应后进行产品-催化剂的快速分离是非常必要的，一般工业上提升管上端出口处设有气-固快速分离构件。

3. 汽提段

汽提段的作用是用水蒸气脱除催化剂上吸附的油气及置换催化剂颗粒之间的油气，以免其被催化剂夹带至再生器，增加再生器的烧焦负荷。

4. 沉降段

沉降段通过直径的扩大，上升气体的速度下降，使气体中夹带的催化剂颗粒沉降下来，同时为了回收细小的催化剂颗粒，还在沉降器中安装有旋风分离器。

(二)再生器

工业上有各种形式的再生器，大体上可分为三种类型：单段再生、两段再生、快速再生。现在介绍单段再生器基本结构，如图4-7所示。再生器的壳体是用普通碳钢板焊接而成的圆筒形设备，由于再生器的操作温度已经超过了碳钢所允许承受的温度，同时内壁还受到流化催化剂的磨损，因此在壳体内壁都敷设100mm厚的带龟甲网的隔热耐磨衬里。壳体内部分为稀相段和密相段，为了减少催化剂的损耗，再生器内装有两级串联的旋风分离器，在烧焦负荷大的再生器内装有几组旋风分离器，它们的升气管连接到一个集气室将烟气导出再生器。为了使烧焦空气进入床层时能沿整个床截面分布均匀，在再生器下部装有空气分布器，目前工业上使用较多的是管式分布器。

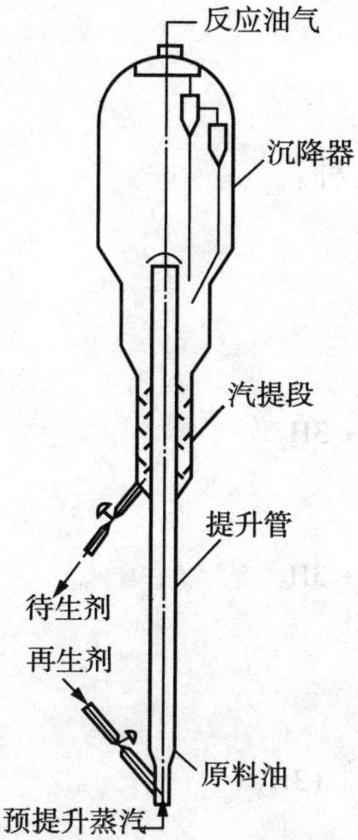

图 4-6　提升管反应器

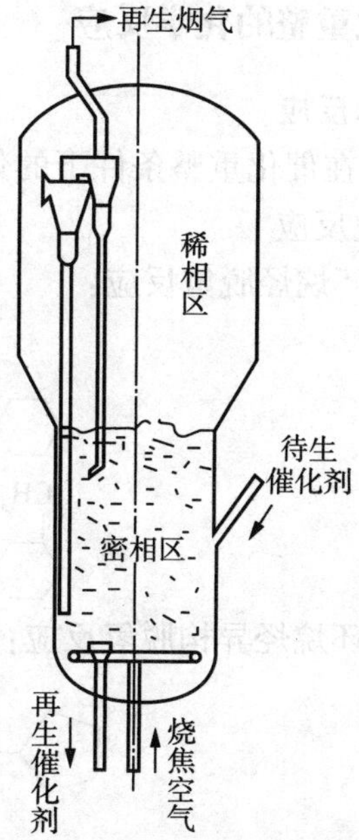

图 4-7　再生器的工艺结构

第三节　催化重整

催化重整是以 $C_6 \sim C_{11}$ 石脑油为原料，在一定的操作条件和催化剂的作用下，使轻质原料油（石脑油）的烃类分子结构重新排列整理，转变成富含芳烃的高辛烷值汽油（重整汽油），并副产液化石油气和氢气的过程。

一、催化重整的原料和产品

（一）原料

催化重整的原料主要是直馏汽油馏分，生产中也称石脑油。

在生产高辛烷汽油时，一般用 80~180℃ 馏分。馏分的终馏点过高会使催化剂上结焦过多，导致催化剂失活快及运转周期缩短。沸点低于 80℃ 的 C_6 环烷烃的调和辛烷值已高于重整反应产物苯的调和辛烷值，因此没必要再去进行重整反应。

当以生产芳烃为主时，则宜用 60~145℃ 馏分作原料，但在实际生产中常用 60~130℃ 馏分作原料，因为 130~145℃ 馏分是在喷气燃料的馏程范围内。

（二）产品

按照对目的产品的不同要求，工业催化重整装置分为以生产芳烃为主的化工型、以生产高辛烷值汽油为主的燃料型和包括副产氢气的利用与化工及燃料两种产品兼顾的综合型三种。若是化工型装置，则主要产品是苯、甲苯、二甲苯等轻质芳烃，并副产氢气及液化石油气。若是燃料型装置，则产品主要就是高辛烷值汽油，也副产氢气及液化石油气。若是综合型就是以上产品都要生产。

二、催化重整的化学反应

(一)化学反应

重整原料在催化重整条件下的化学反应主要有以下几种：

1. 芳构化反应

(1)六元环烷烃脱氢反应：

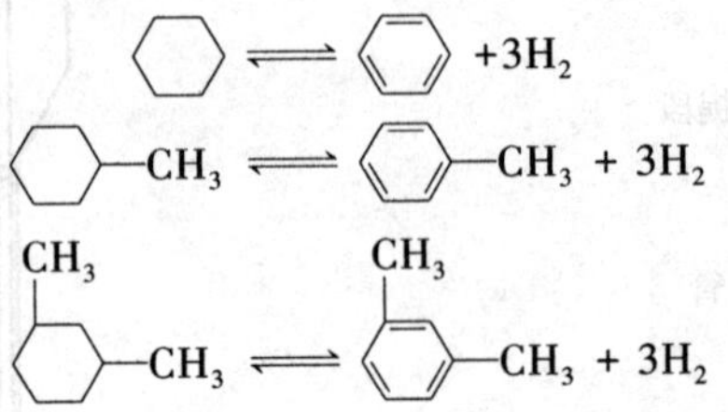

(2)五元环烷烃异构脱氢反应：

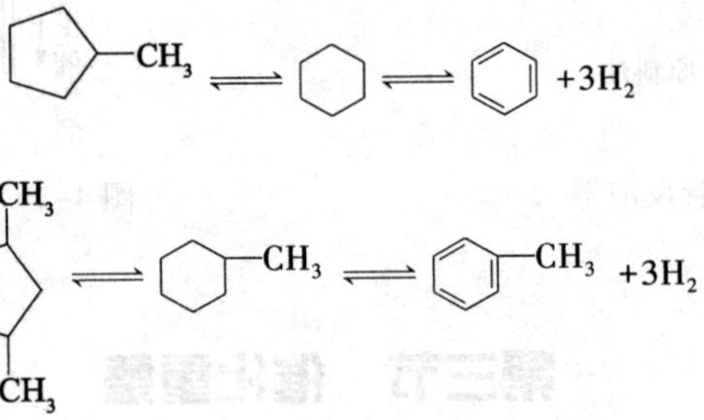

(3)烷烃的环化脱氢反应：

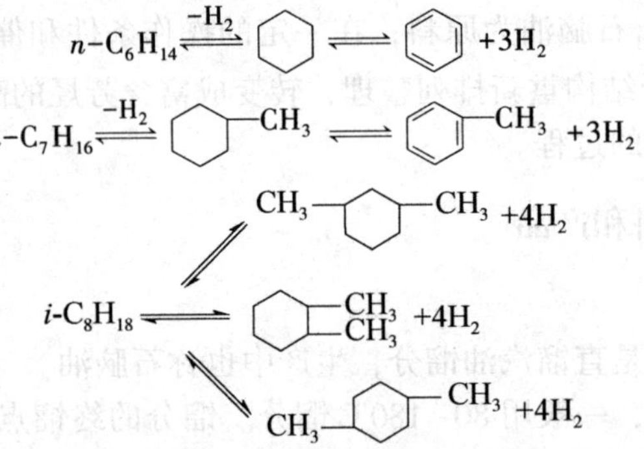

以上三种反应都是生成芳烃的反应，无论生产目的产物是芳烃还是高辛烷值汽油，这些反应都是有利的，因为产物芳烃的辛烷值高于原料环烷烃的辛烷值。尤其是正构烷烃的环化脱氢反应会使辛烷值大幅度地提高。这三种反应的反应速度是不同的：六员环烷烃的脱氢反应很快，在工业生产中能达到化学平衡，它是生产芳烃的最重要反应；五员环烷烃的异构脱氢反应速度比六员环烷烃慢得多，但大部分也能转化为芳烃；烷烃环化脱氢反应的速度较慢，在一般铂重整过程中，烷烃转化为芳烃的转化率很小。

2. 异构化反应

各种烃类在重整催化剂的活性表面上都能发生异构化反应。例如：

$$n\text{-}C_7H_{16} \rightleftharpoons i\text{-}C_7H_{16}$$

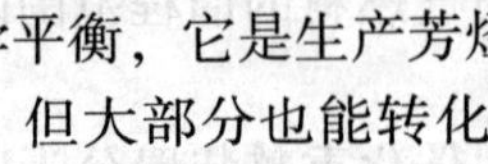

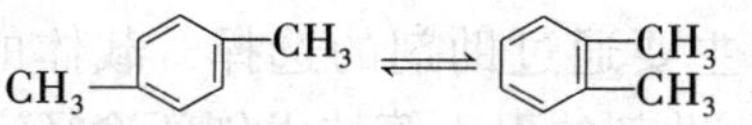

异构化反应对五元环烷烃异构脱氢反应生产芳烃具有重要意义。对于烷烃的异构化反应，虽然不能生成芳烃，但却能提高汽油辛烷值。

3. 加氢裂化反应

在催化重整条件下，各种烃类都能发生加氢裂化反应，并可以认为是加氢、裂化和异构化三者并发的反应。例如：

$$n\text{-}C_7H_{16}+H_2 \rightleftharpoons n\text{-}C_3H_8+i\text{-}C_4H_{10}$$

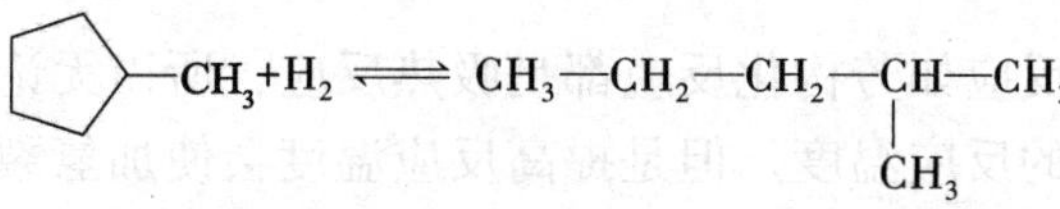

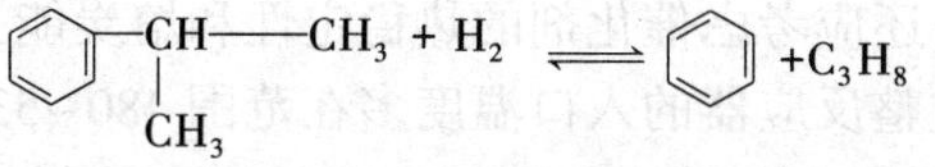

加氢裂化反应生成较小的烃分子，而且在催化重整条件下的加氢裂化还包含有异构化反应，因此加氢裂化反应有利于提高辛烷值。但是过多的加氢裂化反应会使液体产物收率降低，因此对加氢裂化反应要适当控制。

4. 缩合生焦反应

烃类还可以发生叠合和缩合等分子增大的反应，最终缩合成焦炭，覆盖在催化剂表面使其失活。在生产中必须控制这类反应，工业上采用循环氢保护，一方面使容易缩合的烯烃饱和，另一方面抑制芳烃深度脱氢。

(二)催化剂

从化学反应可知，催化重整反应主要有两大类：脱氢(芳构化)反应和裂化、异构化反应。这就要求重整催化剂应兼备两种催化功能，既能促进环烷烃和烷烃脱氢芳构化反应，又能促进环烷烃和烷烃异构化反应，即是一种双功能催化剂。

现代重整催化剂由三部分组成：活性组分(如铂、钯、铱、铑)、助催化剂(如铼、锡)和酸性载体(如含卤素的 $\gamma\text{-}Al_2O_3$)。其中铂构成活性中心，促进脱氢、加氢反应，一般铂含量在 0.2%~0.3%。

铼的主要作用是提高催化剂的容碳能力和稳定性，延长了运转周期或使反应苛刻度得以提高，特别适合于固定床反应器，工业催化剂中铼/铂=1~2。锡比铼价格低，新鲜剂和再生剂不必预硫化，生产操作简便，但铂-锡催化剂的稳定性不如铂-铼催化剂好，不过也足以满足连续重整工艺的要求，所以近年来已广泛用于连续重整装置。

而酸性载体提供酸性中心，促进裂化、异构化等反应，氧化铝载体本身只有很弱的酸性，甚至接近于中性，但含少量氯或氟的氧化铝则具有一定的酸性，从而提供了酸性功能，所以改变催化剂中卤素含量可以调节其酸性功能的强弱。

同时重整催化剂的两种功能必须适当地配合才能得到满意的结果。如果只是脱氢活性很强，则只能加速六元环烷烃的脱氢，而对于五元环烷烃和烷烃的异构化则反应不足，不能达到提高汽油辛烷值和芳烃产率的目的。反之如果只是酸性功能很强，就会有过度的加氢裂化，使液体产物的收率下降，五元环烷烃和烷烃转化为芳烃的选择性下降，同样也不能达到预期的目的。因此在制备重整催化剂和生产操作中都要考虑保证催化剂两种功能的配合问题。

国内连续重整催化剂的研制技术已日益成熟，可以与国外的研制技术相媲美。国内中国石化石油化工科学研究院(RIPP)主要通过助剂的选择、载体的改进、铂金属含量的降低、助剂与Pt的最佳配合和非Sn、Re助剂的引入等技术创新途径实现了技术突破，得到了活性稳定性高、水热稳定性好和选择性高的连续重整催化剂。截至2011年我国运转中的连续重整装置已有48套，其中39套采用国产催化剂。国产催化剂的国内市场占有率达80%以上，并出口到多个国家。

三、催化重整的操作条件

(一)反应温度

催化重整的主要反应如芳构化反应都是吸热反应，所以无论从反应速度还是化学平衡的角度都希望采用较高的反应温度。但是提高反应温度会使加氢裂化反应加剧、液体产物收率下降，还使催化剂积炭加快。另外还应考虑催化剂的热稳定性和熔炭能力、设备材质是否能承受高温等因素。综合考虑工业重整反应器的入口温度多在范围480~530℃。重整反应器一般是3~4串联，目前多数重整装置趋向于采用前面反应器的温度较低，后面反应器的温度较高的方案。

(二)反应压力

提高反应压力对生成芳烃的芳构化反应都不利，相反却有利于加氢裂化反应。因此从增加芳烃产率的角度考虑，希望采用较低的反应压力。在较低的压力可以得到较高的汽油产率和芳烃产率的同时，氢气的产率和纯度也高。但是在低压下催化剂的积炭速度加快，从而使操作周期缩短。因此催化剂有较高容焦能力时，可以采用较低的反应压力。半再生式铂重整采用2~3MPa压力，铂铼重整1.8MPa左右压力，连续重整装置压力可低到约0.8MPa，新一代的连续再生式重整装置反应压力已降到0.35MPa。

(三)空速

空速反映了反应时间的长短。对一定的反应器空速越大，处理能力也越大。能采用多大的空速主要取决于催化剂的活性水平。

正如我们前面讲过催化重整中的各类反应速度是不一样的，因而改变空速即改变反应时间对各类反应的影响也不同。例如环烷烃脱氢反应的速度很快，比较容易达到化学平衡，延长反应时间的意义不大。但是对反应速度慢的加氢裂化和烷烃环化脱氢反应，则延长反应时间会有较大的帮助。所以在一定范围内提高空速即减少反应时间，保证环烷烃脱氢反应的同时，减少加氢裂化反应可以得到较高的芳烃产率和液体收率。

选择空速时还应考虑到原料的性质。对环烷烃含量较高的原料，可以采用较高的空速，即较短的反应时间；而烷烃含量较高的原料，则需采用较低的空速，即较长的反应时间。铂重整采用的空速一般为$3h^{-1}$，铂铼重整则采用$1.5\sim2h^{-1}$的空速。

(四)氢油比

在催化重整中使用循环氢的目的是抑制生焦反应，达到保护催化剂的作用；同时也起到热载体的作用，减小反应床层的温降，提高反应器内的平均温度；此外还可以稀释原料，使原料更均匀地分布于床层。在总压不变的情况，提高氢油比意味着提高氢分压，有利于抑制催化剂上积炭。但提高氢油比，使循环氢量增大，压缩机消耗功率增加。同时在氢油比过大时会由于减少了反应时间而降低了原料的转化率。

由此可见，对于稳定性高的和生焦倾向小的催化剂，可以采用较小的氢油比。铂重整装置采用的氢油摩尔比一般为5~8，使用铂铼催化剂时一般<5，新的连续重整则进一步降到

了 2。

在表 4-4 中把各类反应的特点和操作条件的改变对其的影响情况进行了总结，在实际生产中还要综合考虑更多因素来确定操作条件。

表 4-4 催化重整各类反应的特点和操作条件的影响

反 应			六元环烷脱氢	五元环烷异构脱氢	烷烃环化脱氢	异构化	加氢裂化
影响	反应特性	热效应	吸热	吸热	吸热	放热	放热
		反应热/(kJ/kg)	2000~2300	2000~2300	~2500	很小	~840
		反应温度	最快	很快	慢	快	慢
		控制因素	化学平衡	化学平衡及反应速度	反应速度	反应速度	反应速度
	对产品产率的影响	芳烃	增加	增加	增加	影响不大	减少
		液体产品	稍减	稍减	稍减	影响不大	减少
		C_4~C_6 气体					增加
		氢气	增加	增加	增加	无关	减少
	对重整汽油性质的影响	辛烷值	增大	增大	增大	增大	增大
		密度	增大	增大	增大	稍增	减小
		蒸汽压	降低	降低	降低	稍增	增大
	参数增大时产生的影响	温度	促进	促进	促进	促进	促进
		压力	抑制	抑制	抑制	无关	促进
		空速	影响不大	影响不大	抑制	抑制	抑制
		氢油比	影响不大	影响不大	无关	无关	促进

四、催化重整的工艺流程

生产的目的产品不同，则采用的工艺流程也不同。当以生产高辛烷值汽油为主要目的时，其工艺流程主要包括原料预处理和重整反应两大部分。而当以生产轻质芳烃为主要目的时，流程中还要增加芳烃的分离部分。下面我们以生产芳烃为例进行介绍，因为生产高辛烷值汽油比其过程还要简单。化工型常用的加工方案是预处理-催化重整-溶剂抽提-芳烃精馏的联合过程，装置的示意流程见图 4-8 所示。

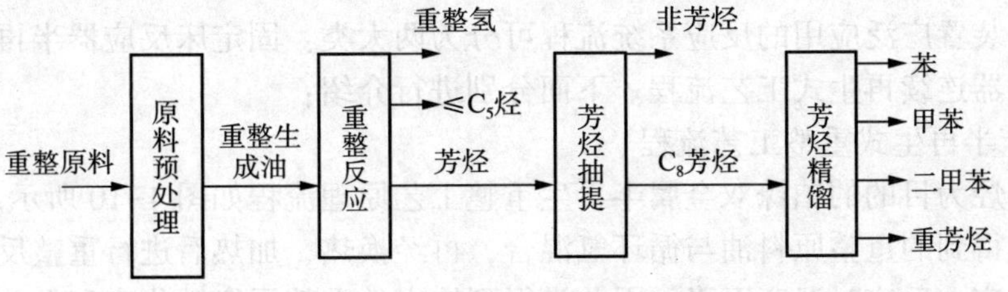

图 4-8 化工型催化重整装置流程示意图

(一) 原料的预处理过程

重整原料的预处理由预分馏、预加氢、预脱砷和脱水等单元组成，其典型工艺流程如图 4-9 所示，其目的是切取符合重整要求的馏分和脱除对重整催化剂有害的杂质及水分。

1. 原料预分馏部分

预分馏的作用是切取适宜馏程的重整原料。在多数情况下，进入重整装置的原料是原油常减压蒸馏塔塔顶<180℃（生产高辛烷汽油时）或<130℃（生产轻芳烃时）的汽油馏分。所以在预分馏塔，只要切去<80℃或<60℃的轻馏分即可满足：生产高辛烷值汽油所需的80~180℃馏分，生产芳烃所需的60~130℃馏分。

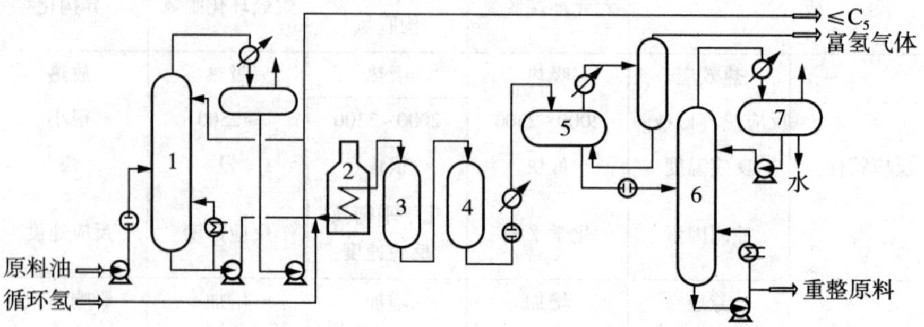

图 4-9　催化重整装置原料预处理部分工艺原则流程图

1—预分馏塔；2—预加氢加热炉；3，4—预加氢反应器；
5—高压分离器；6—脱水塔；7—油水分离器

2. 预脱砷部分

砷不仅是重整催化剂最严重的毒物，也是各种预加氢精制催化剂的毒物。因此．必须在预加氢前把砷降到较低程度。重整反应原料含砷量要求在1μg/kg以下。如果原料油的含砷量<100μg/kg，可不经过单独脱砷，经过预加氢就可符合要求。

3. 预加氢部分

预加氢的目的是脱除原料油中对催化剂有害的杂质，同时也使烯烃饱和以减少催化剂的积炭，从而延长运转周期。在预加氢条件下，原料中微量的硫、氮、氧等杂质能进行加氢裂解反应，相应地生成 H_2S、NH_3 及水等而被除去，烯烃则通过加氢变成饱和烃。

4. 脱水部分

由预加氢反应器出来的油、气混合物经冷却后在高压分离器中进行气液分离。由于相平衡的原因，分出的液体中溶解有少量的 H_2S、NH_3 和 H_2O 等。重整原料要求的含水量很低，主要是水和氯的含量控制不当会造成催化剂减活或失活，所以要进行脱水。脱水塔实质就是一个蒸馏塔，塔顶产品是水和少量轻烃的混合物，经冷凝冷却后在油水分离器中油水分层，再分别引出，就达到了脱水的目的。脱水塔底得到的就是符合要求的重整原料。

（二）重整反应过程

工业重整装置广泛应用的反应系统流程可分为两大类：固定床反应器半再生式工艺流程和移动床反应器连续再生式工艺流程。下面分别进行介绍：

1. 固定床半再生式重整工艺流程

以生产芳烃为目的的铂铼双金属半再生重整工艺原理流程如图 4-10 所示。

经预处理得到的重整原料油与循环氢混合，再经换热、加热后进行重整反应器。重整反应是强吸热反应，反应时温度下降，因此为得到较高的重整平衡转化率和保持较快的反应速度，就必须维持合适的反应温度，这就要在反应过程中不断地补充能量。所以半再生装置的固定床反应器一般由3~4个绝热式反应器串联，反应器之间有加热炉加热到所需的反应温度。每半年或一年停止进料，全部催化剂在反应器中就地再生一次。

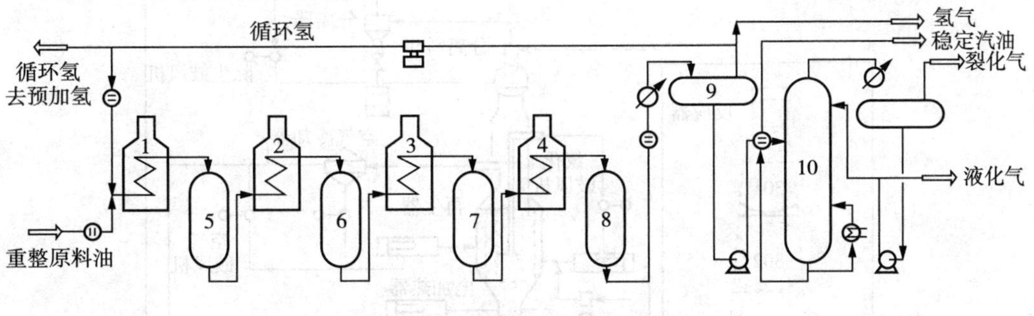

图 4-10 铂铼重整反应过程原理流程图

1、2、3、4—加热炉；5、6、7、8—重整反应器；9—高压分离器；10—稳定塔

自最后一个反应器出来的重整产物温度很高(490℃左右)，先回收热量，再经冷却后进入高压分离器，分出的气体是含氢 85%~95%(体)的氢气，分出的液体是重整生成油。重整生成油进入脱戊烷塔，塔顶蒸出≤C_5 的组分，塔底是含有芳烃的脱戊烷油作为芳烃抽提的进料。

如果重整装置只是生产高辛烷值汽油，则脱戊烷塔改称稳定塔，塔底得到的产品就是满足蒸气压要求的稳定汽油。

2. 连续再生式重整工艺流程

半再生式重整会因催化剂的积炭而停工进行再生。为了能经常保持催化剂的高活性，并且随炼油厂加氢工艺的日益增加，需要连续地供应氢气，美国环球油品公司(UOP)和法国石油研究院(IFP)分别研究和发展了移动床反应器连续再生式重整(简称连续重整)。主要特征是设有专门的再生器，反应器和再生器都是采用移动床，催化剂在反应器和再生器之间连续不断地进行循环反应和再生，一般每 3~7 天全部催化剂再生一遍。UOP 和 IFP 连续重整反应系统的流程如图 4-11 和图 4-12 所示。

在国外连续催化重整专利技术主要有 UOP 和 IFP 两家，反应条件及产品收率大致相同，工艺技术没有大的差别。两个公司的工艺流程具有各自的特点：

(1)美国 UOP 连续催化重整工艺流程是反应器重叠布置，催化剂从第一个反应器靠重力依次流经重叠的第二、第三反应器。从最下面的一个反应器出来后，用 N_2 将催化剂提升到再生器顶，除去粉尘后进入再生器。催化剂在再生器内经烧焦、氯化、干燥三个区，再经 N_2 置换后，用 H_2 提升到反应器顶，用 H_2 还原后进入第一个反应器，这样完成一个循环。反应器与再生器之间均设有料斗。

(2)法国 IFP 的连续催化重整工艺流程是反应器并列布置，各反应器均设有料斗和提升器，顶上设有上部料斗。催化剂从第一个反应器至最后一个反应器是通过气体输送的。从最后一个反应器底出来的催化剂用气体提升，定期进入再生器。再生器内催化剂在固定状态下烧焦、氯化、焙烧，再生后的催化剂经还原后再送入第一反应器顶部。

我国的重整工艺技术在不断消化吸收先进的连续催化重整技术中发展。2009 年 4 月 12 日，我国第一套自行研究开发、设计和建设的 1Mt/a 连续催化重整装置在广州建成投产，并实现全装置投料试车一次成功。本套超低压连续重整装置建成投产，标志着我国成为继美国、法国之后世界上第三个拥有连续重整技术的国家，对实现我国炼油技术国产化具有划时代意义。

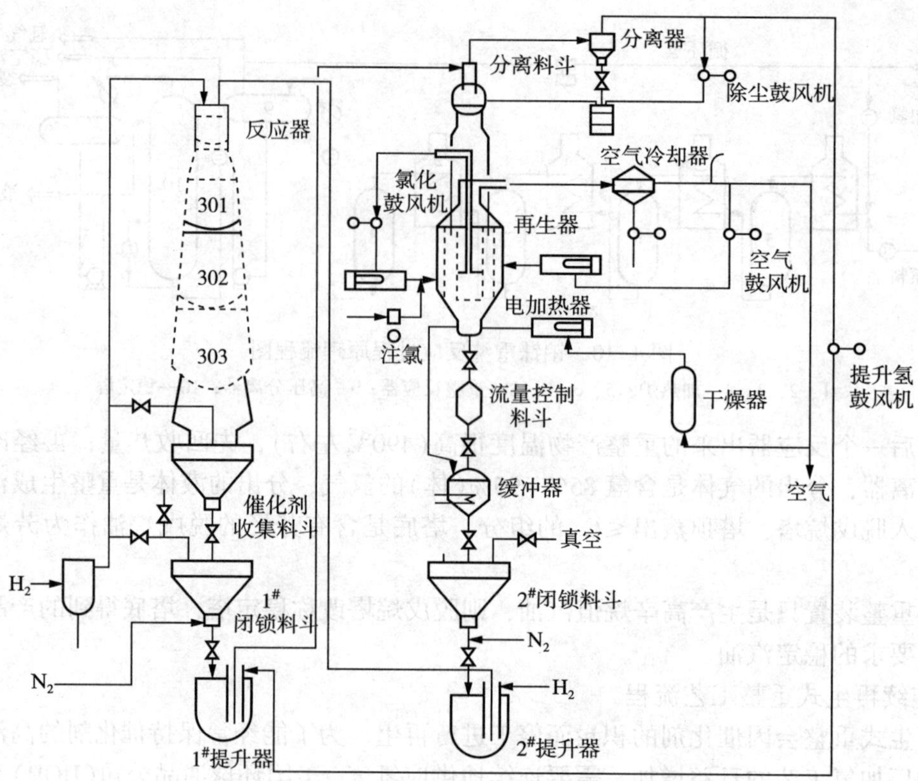

图 4-11　UOP 连续重整反应过程原则工艺流程图

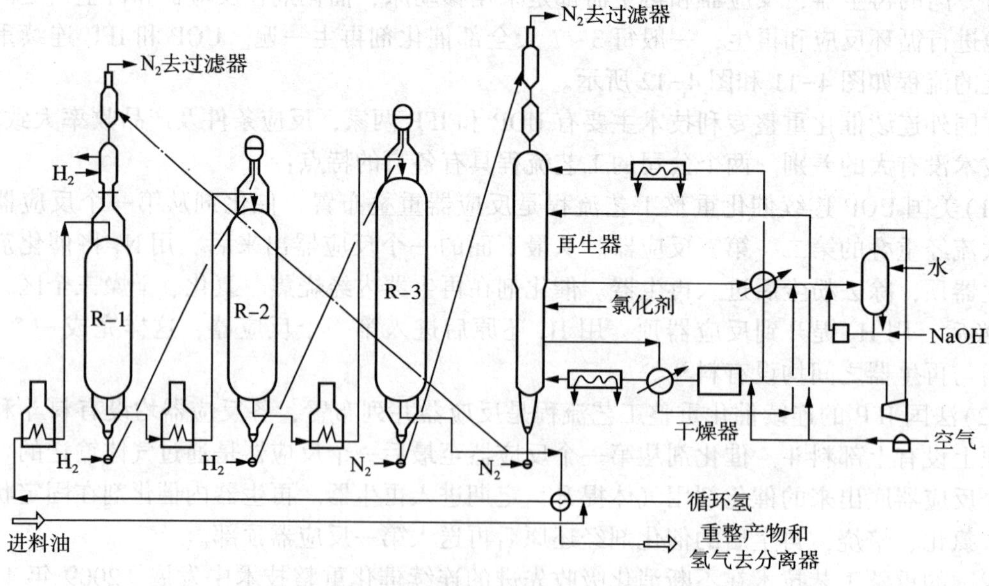

图 4-12　IFP 连续重整反应过程原则工艺流程图

(三)芳烃抽提过程

催化重整生成油是芳烃与非芳烃的混合物，所以存在芳烃分离问题。重整生成油中组分复杂，很多芳烃和非芳烃的沸点相近，例如苯的沸点为 80.1℃，环已烷的沸点为 80.74℃，3-甲基丁烷的沸点为 80.88℃，它们之间的沸点差很小，在工业上很难用精馏的方法从它们的混合物中分离出纯度很高的苯。此外，有些非芳烃组分和芳烃组分形成了共沸混合物，用一般的精馏方法就更难将它们分开，工业上应用广泛的是液相抽提的方法分离出其中的混合芳烃。

液相抽提就是利用某些有机溶剂对芳烃和非芳烃具有不同的溶解能力，即利用各组分在溶剂中溶解度的差异，经逆流连续抽提过程而使芳烃和非芳烃得以分离。在溶剂与重整生成油混合后生成的两相中，一个是溶剂和溶于溶剂的芳烃，称为提取液，另一个是在溶剂中具有极小溶解能力的非芳烃，称为提余液。将两相液层分开后，再用汽提的方法将溶剂和溶解在溶解中的芳烃分开，以获得芳烃混合物。

工业生产中因所用的溶剂不同，相对应的也有不同的工艺类型。例如：Udex 工艺以甘醇类为溶剂，有四塔流程和五塔流程两种工艺。甘醇类溶剂抽提工艺有二甘醇、三甘醇、四甘醇工艺，而四甘醇工艺无论从容积比、过程的能耗和溶剂的消耗上来看均优于二甘醇和三甘醇工艺，目前国内淘汰了二甘醇和三甘醇工艺。而使用中的四甘醇工艺也基本上采用五塔流程。Morphylane 工艺以 *N*-甲酰基吗啉(NFM)为溶剂，只生产苯时 Morphylane 工艺为首选。SED 工艺是我国开发的专利技术，以环丁砜为溶剂，同时加入助溶剂 COS 形成复合溶剂，生产苯和甲苯时 SED 工艺为首选。Sulfolane 工艺以环丁砜为溶剂，由于此工艺比较成熟，基本上装置可以实现国产化，国内的大多数装置均采用 Sulfolane 工艺(图 4-13)。

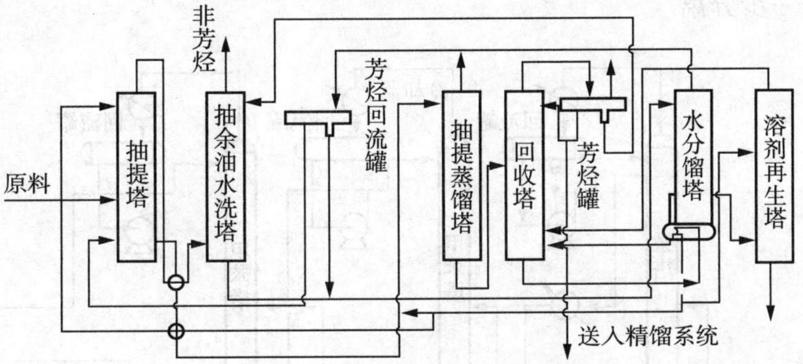

图 4-13　Sulfolane 工艺流程图

Sulfolane 工艺包括六个部分，即抽提塔、抽余油水洗塔、抽提蒸馏塔、回收塔、水分馏塔，溶剂再生塔。

(1)抽提塔：原料进入抽提塔下部，贫溶剂油从塔顶进入，经过逆向接触后塔顶出抽余油，塔底出富溶剂油或称第一富溶剂油。塔底有回流芳烃进入。

(2)抽余油水洗塔：从抽提塔顶采出的抽余油经换热后进入抽余油水洗塔的下部，同时芳烃罐油水分离后的水相进入塔顶，水洗后的水从塔底排出，塔顶采出非芳烃。

(3)抽提蒸馏塔：抽提塔底的富溶剂油与贫溶剂换热后抽提蒸馏塔顶，进行提馏操作，抽提蒸馏塔底为富含芳烃的第二溶剂油，而轻质烷烃和少量芳烃从塔顶排出，经过冷却后进入回流芳烃罐进行油水分离，油相作为回流芳烃回到抽提塔底，水相与抽余油水洗塔塔底的水一起进入水分馏塔。

(4)回收塔：蒸馏塔底的第二溶剂油进入回收塔中部，进行减压将芳烃与溶剂分开。回收塔塔底的汽提介质为水分馏塔塔底含溶剂的水以及溶剂再生塔顶出来的溶剂蒸气或溶剂与水的蒸汽。贫溶剂从塔底排出。塔顶馏出物经冷却后进入芳烃罐，进行油水分离，油相一部分作为回流回到回收塔顶，其余作为芳烃产品送入精馏系统，水相则为抽余油水洗塔的水洗水。

(5)水分馏塔：抽余油水洗塔与回流芳烃罐中的水进入水分馏塔，以除去水中的微量非芳烃。塔顶馏出的水蒸气冷凝后进入回流芳烃罐。下部的水蒸气则进入溶剂再生塔。而分馏塔的热源为回收塔底的贫溶剂油。

(6)溶剂再生塔：回收塔底的贫溶剂油换热一部分作为回流，另一部分进入溶剂再生塔，进行溶剂再生。溶剂再生后从塔顶排出，塔底排渣。

环丁砜抽提工艺芳烃回收率高，原料范围宽，可抽提 $C_6 \sim C_{11}$ 范围内的芳烃，对碳钢不腐蚀。国内可以生产环丁砜，使得生产成本降低。

(四)芳烃精馏过程

由溶剂抽提所得的混合芳烃中含有苯、甲苯、二甲苯、乙苯及少量较重的芳烃，而有机合成工业所需的原料有很高的纯度要求，为此必须将混合芳烃通过精馏的方法分离成高纯度的单体芳烃。这一过程称为芳烃精馏。芳烃精馏部分的原理工艺流程如图 4-14 所示。

混合芳烃依次送入苯塔、甲苯塔、二甲苯塔，分别通过精馏的方法进行切取，得到苯、甲苯、二甲苯及 C_9 芳烃等单一组分。此法芳烃的纯度为：苯 99.9%，甲苯 99.0%，二甲苯 96%。二甲苯还是对二甲苯、邻二甲苯、间二甲苯和乙苯的混合物，所以要得到最需要的对二甲苯还需要进一步分离。

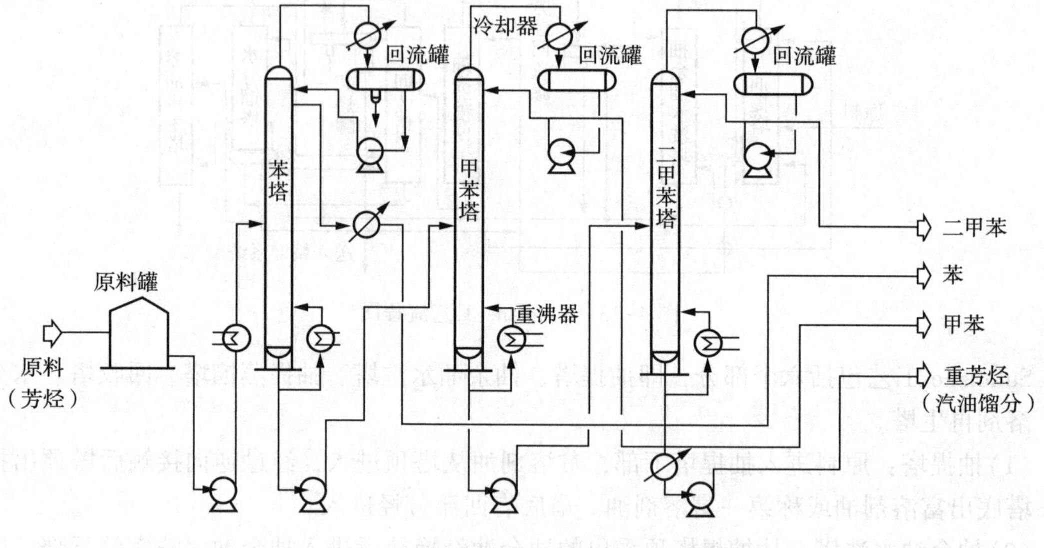

图 4-14　芳烃精馏原理工艺流程图(三塔流程)

五、主要设备——反应器

采用固定床重整的反应器，工业上常用的有两种，一是轴向反应器，二是径向反应器。其结构如图 4-15 所示。

与轴向反应器相比，径向反应器的主要特点是气流以较低的流速径向通过催化剂床层，床层压降较低，这一点对于连续重整装置尤为重要。因此连续重整装置的反应器都采用径向反应器，而且其再生器也采用径向式的。

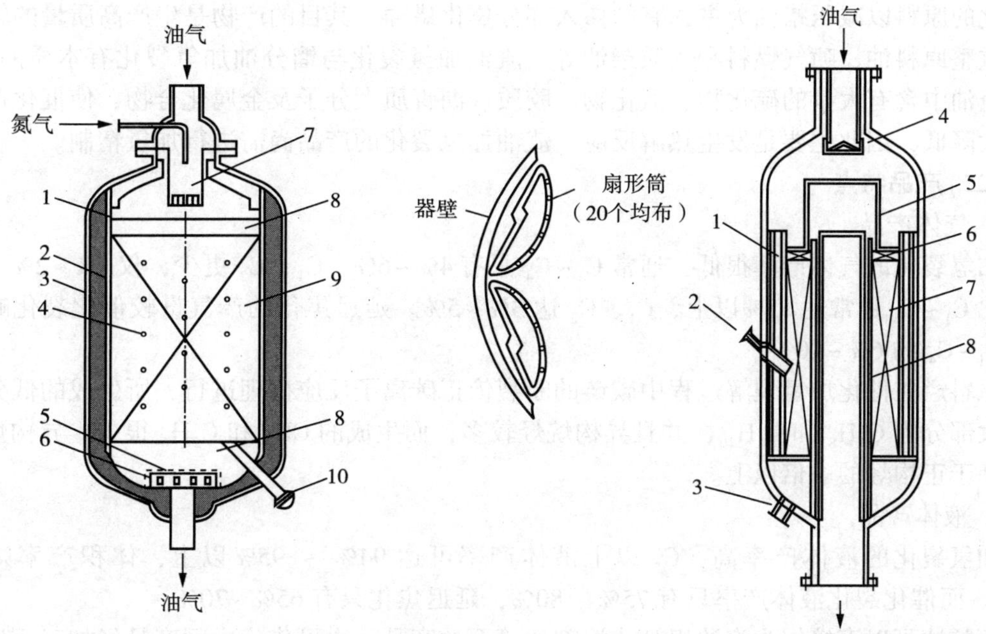

轴向反应器

1—合金钢材；2—耐火水泥层；3—碳钢克体；4—测温点；5—钢丝网；6—油气出口集合管；7—分配头；8—惰性小球；9—催化剂；10—催化剂卸出口

径向反应器

1—扇形筒；2—催化剂取样口；3—催化剂卸料口；4—分配器；5—中心管罩帽；6—瓷球；7—催化剂；8—中心管

图 4-15 固定床催化重整反应器

第四节 加氢裂化

催化加氢是指石油馏分在氢气存在下催化加氢过程的通称，目前炼油厂采用的加氢过程主要有两大类：加氢精制和加氢裂化。加氢精制主要用丁油品精制，其日的是除掉油品中的硫、氮、氧杂原子及金属杂质，有时还对部分芳烃进行加氢，改善油品的使用性能。加氢精制的原料有重整原料、汽油、煤油、各种中间馏分油、重油及渣油。我们本节主要介绍加氢裂化。

加氢裂化是在较高压力下烃分子与氢气在催化剂表面进行裂解和加氢反应生成较小分子的转化过程。重油轻质化基本原理是改变油品的相对分子质量和氢碳比，而改变相对分子质量和氢碳比往往是同时进行的。改变油品的氢碳比有两条途径，一是脱碳，二是加氢。脱碳过程有焦化、催化裂化等，其缺点是产生一部分气体烃和氢碳比较小的缩合产物——焦炭和渣油，从而使脱碳过程的轻质油收率不会太高。加氢裂化属于加氢路线，是在催化剂存在下从外界补入氢气以提高油品的氢碳比。加氢裂化实质上是加氢和催化裂化过程的有机结合，一方面能使重质油品通过裂化反应转化为汽油、煤油和柴油等轻质油品，另一方面又可防止像催化裂化那样生成大量焦炭，而且还可将原料中的硫、氯、氧化合物杂质通过加氢除去，使烯烃饱和。

一、原料与产品

(一) 原料

馏分油加氢裂化的原料主要有减压蜡油、焦化蜡油、裂化循环油及脱沥青油等。我国加氢裂化的原料以减压蜡油为主，有的掺入部分焦化蜡油。其目的产物是生产高质量的轻质油品如重整原料油、喷气燃料和优质柴油等。渣油加氢裂化与馏分油加氢裂化有本质的区别，由于渣油中含有大量的硫化物、氮化物、胶质、沥青质大分子及金属化合物，使催化剂的作用大大降低，因此主要是发生热解反应。渣油加氢裂化的产品尚需进行加氢精制。

（二）产品特点

1. 气体产品

加氢裂化的气体产率很低，通常 $C_1 \sim C_4$ 只有4%~6%，C_1、C_2 更少，仅1%~2%。而催化裂化 $C_1 \sim C_4$ 通常达15%以上，C_1、C_2 达3%~5%。延迟焦化的产气量较催化裂化略低一些，$C_1 \sim C_4$ 约6%~10%

原料烃在催化加氢裂解过程中碳链的断裂依正碳离子反应机理进行，所生成的低分子气体烃大部分为 C_3H_8 和 C_4H_{10}，并且异构烷烃较多，而生成的 CH_4 和 C_2H_6 很少，异构烃含量一般高于正构烃的一倍以上。

2. 液体产品

加氢裂化的液体产率高，C_5 以上液体产率可达 94% ~ 95%以上，体积产率则超过110%。而催化裂化液体产率只有75%~ 80%，延迟焦化只有65%~70%。

石脑油可以直接作为汽油组分或溶剂油等石油产品，也可作为中间产品经加工而生产石油化工原料或运输燃料，例如通过催化重整生产轻芳烃、高辛烷值汽油或通过蒸汽裂解装置生产乙烯等轻烯烃。由于加氢裂化具有深度加氢、异构能力强等功能，因此获得的石脑油有以下共同特点：一是异构烃含量多，通常为正构烃的2~3倍甚至更多；二是芳烃含量少，一般小于10%，基本没有不饱和烃；三是非烃含量较低。

中间馏分油主要指喷气燃料、轻柴油、取暖用油及灯用煤油等石油产品。加氢裂化喷气燃料烯烃含量低，芳烃含量少，结晶点（冰点）低，烟点高，是优质的喷气燃料。

加氢裂化柴油硫含量很低，小于0.01%，芳烃含量也较低，十六烷值>60，着火性能好，安定性高，能符合低硫柴油的要求，适合用来调和生产低硫车用柴油。

加氢裂化尾油与其他重油轻质化工艺不同的是加氢裂化过程重尾油同样获得了很好的加氢改质，硫、氮等杂质极少，环状烃含量或环数减少，链烷烃含量增加。如果将这部分优质尾油加以利用，则不仅会使加氢裂化的加工费用降低（氢耗、能耗下降），并可增加处理新鲜原料的能力，有较好的经济效益。如尾油因环状烃的减少，BMCI值降低，适合作为裂解制乙烯的原料。

二、反应原理

（一）化学反应

加氢裂化过程采用双功能催化剂，因此烃类的加氢裂化反应是催化裂化与加氢反应的组合。所有在催化裂化过程中最初发生的反应在加氢裂化过程中也基本发生，不同的是某些二次反应由于氢气及具有加氢功能催化剂的存在而被大大抑制甚至停止了。

1. 烷烃

（1）裂化反应，例如：

$$C_{16}H_{34} \longrightarrow C_8H_{16} + C_8H_{18}$$

$$C_8H_{16} \xrightarrow{H_2} C_8H_{18}$$

（2）异构化反应。异构化反应包括：加氢裂化原料分子的异构化及裂化产物分子的异构化两部分；反应中生成的烯烃先异构化，随即被加氢成异构烷烃。

(3)环化反应。烷烃分子可在加氢活性中心上经脱氢而发生少量的环化作用。

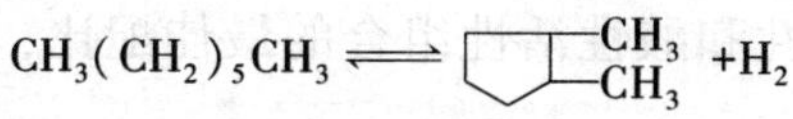

2. 环烷烃

在加氢裂化过程中，环烷烃的主要反应是烷基侧链断裂，开环异构化及不明显的脱氢反应。

环烷烃加氢裂化时反应方向因催化剂的加氢和酸性强弱的不同而有区别：

长侧链单环六元环烷在高酸性催化剂上进行加氢裂化时，主要发生断侧链反应；

短侧链单环六元环烷在高酸性催化剂上加氢裂化时，直接断环或断侧链的反应很少，主要是异构成五元环烷烃，再断侧链。

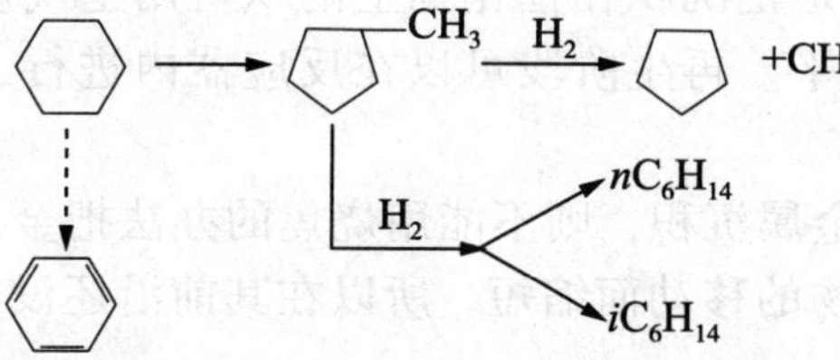

双环环烷烃是依次开环，首先有一个环断开，并进行异构化，生成环戊烷衍生物，当反应继续进行时，第二个环也发生断裂。

3. 芳香烃

苯加氢生成六元环烷烃，再异构化，五元环烷断环和侧链断开。

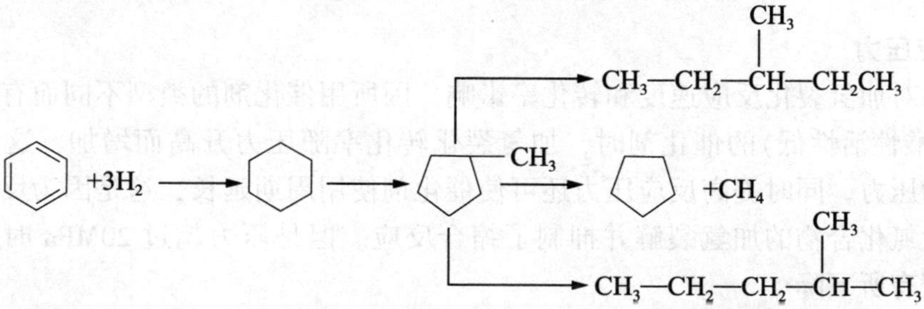

多环芳烃分步进行反应，先加氢成环烷芳烃，再开环成为单烷基芳烃，再按单芳烃加氢裂化过程进行反应。

多环芳烃的加氢裂化反应的最终产物可能主要是苯类及较小分子烷烃的混合物，而不像在催化裂化条件下主要是缩合生焦。这是两类裂化反应的本质区别，也是加氢裂化可以维持长周期运转，而催化裂化必须连续烧焦的主要原因。

(二)催化剂

加氢裂化催化剂由金属加氢组分和酸性载体组成的双功能催化剂，催化剂具有加氢活性以及裂解活性和异构活性。催化剂加氢组分主要是ⅥB族和Ⅷ元素(Mo、W、Ni、Co、Pd、Pt等)的氧化物或硫化物。研究表明，ⅥB族和Ⅷ金属组分之间相互组合比单独组分的加氢活性好，各种组合的加氢活性排列顺序为：

Ni-W > Ni-Mo > Co-Mo > Co-W

工业常用催化剂用前两种较多。对加氢脱氮、加氢脱金属、加氢异构化反应，上述次序不变，而在加氢脱硫时Co-Mo活性最高。

常用的载体无定型硅酸铝、硅酸镁以及各种分子筛，近年来主要用各种分子筛。

一般认为金属组分是加氢活性的主要来源，酸性载体保持催化剂具有裂化和异构化活性，也可以认为催化剂金属组分的主要功能是使容易结焦的物质迅速加氢而使酸性活性中心保持稳定。所以只有在加氢活性和酸性活性组合的最佳配比，才能得到优质的加氢裂化催化剂。

当催化剂加入反应器后，活性组分是以氧化物形态存在的。根据生产经验和理论研究，加氢催化剂的活性组分只有呈硫化物的形态才有较高的活性。因此加氢催化剂使用之前必须进行预硫化。

预硫化就使其活性组分在一定温度下与 H_2S 作用，由氧化物转变为硫化物。

在加氢工业装置中，不管处理哪种原料，由于原料要部分地发生裂解和缩合反应，催化剂表面便逐渐积炭覆盖，使它的活性下降。所以积炭达到一定程度需要对催化剂进行再生操作。催化剂的再生就是把沉积在催化剂上的积炭用空气烧掉，再生后的催化剂活性基本可以恢复到原来的水平。再生阶段可以在反应器内进行，也可以采用在反应器外进行的办法。

如果催化剂失活是由于金属沉积，则不能用烧焦的办法把金属除掉并使催化剂完全恢复，操作周期将随金属沉积物的移动而缩短，所以在其前沿还没有达到催化剂床层底部之前，就需要更换催化剂。

三、操作条件

影响石油馏分加氢过程的主要因素有：反应压力、反应温度、空速和氢油比、原料的性质和催化剂等。

(一)反应压力

反应压力对加氢裂化反应速度和转化率影响，因所用催化剂的类型不同而有所不同。在使用加氢型(酸性活性低)的催化剂时，加氢裂化转化率随压力升高而增加，这种规律一直持续到很高的压力。同时提高反应压力还可使催化剂使用周期延长，这是因为反应压力的提高，促进了含氮化合物的加氢裂解并抑制了缩合反应。但是压力超过 20MPa 时，提高压力可使反应速度有所下降。

在使用酸性加氢裂化催化剂时，随反应压力升高，转化率开始升高而后又下降。

另外压力的选择还与原料有较大的关系。加氢裂化原料一般是较重的馏分油，其中含有较多的多环芳烃。因此在给定催化剂和反应温度下，选用的反应压力应当能保证环数最多的稠环芳烃有足够的平衡转化率。芳烃环数越多，其加氢平衡转化率越低。加氢裂化所用原料越重，需采用的反应压力越高。工业上加氢裂化采用的反应压力，根据原料组成不同大体如下：直馏瓦斯油约 7MPa，减压馏分油和催化裂化循环油约 10~15MPa，而渣油则要用 20MPa。

在工业装置中，加氢裂化压力不仅是一个操作条件，同时还会大大影响装置的设备和能量消耗。所以压力的选择要综合考虑。

(二)反应温度

提高反应温度会使加氢裂化反应速度加快，也就意味着转化率的提高。随着转化率的增加，二次裂解反应加剧，增加了气体和轻组分的产率，从而降低了中间馏分油的收率，总液收率也有所降低，这种过度追求高的单程转化率是不经济的。当转化率高于 60%时，不仅目的产品的收率减少，同时过程化学氢耗也将增加，所以工业生产中控制单程转化率为 60%~70%，然后将未转化尾油进行循环裂化，以提高过程的转化率。也就说不必为了高转化率而选择过高的反应温度。

如果原料中氮化物存在会使催化剂的酸性活性降低，为了保持所需的反应深度，必须提高反应温度。在加氢裂化过程中由于有表面积炭生成，催化剂的活性要逐渐下降。为了保持反应速度，随失活程度的发展，需将反应温度逐步提高。

所以工业上根据催化剂的性能、原料性质和产品要求等条件来选择适宜的反应温度，一般加氢裂化所选用的温度范围较宽(260~400℃)。

(三)空速

空速反映了装置的处理能力，工业上希望采用较高的空速，但是空速受到反应速度的制约。根据催化剂的活性、原料油性质和反应深度不同，空速在一较大范围内波动，为0.5~10h^{-1}之间。重质油料和二次加工中得到的油料在加氢处理时要采用较低的空速。在加氢裂化条件下，烃类的加氢裂化是一平行连串反应。提高空速时总转化率虽然降低不多，但反应产物中轻组分含量下降较多。因此在实际生产中改变空速也与改变反应温度一样，是调节产品分布的一种手段。

(四)氢油比

在加氢系统中需要维持较高的氢分压，因为高氢分压对加氢反应在热力学上有利，同时也能抑制生成积炭的缩合反应。维持较高的氢分压是通过大量氢循环来实现的，因此加氢过程所用的氢油比大大超过化学反应所需的数值。提高氢油比可以提高氢分压，这在许多方面对反应是有利的，但却增大了动力消耗，使操作费用增大，因此要根据具体条件选择最适宜的氢油比。此外，加氢过程是放热反应，大量的循环氢可以提高反应系统的热容量，从而减小反应温度变化的幅度。在加氢裂化过程中，热效应较大，氢耗量较大，气体生成量也较大，所以为了保证足够的氢分压，需要采用较高的氢油比，如一般用(1000~2000)∶1(体)。

加氢裂化操作条件因原料、催化剂性能、产品方案及收率不同可能有很大差别。大多数加氢裂化装置设计操作压力在10.5~19.5MPa之间，原料越重压力越高；一般减压馏分油加氢裂化反应温度在370~440℃之间；空速为0.5~2.0h^{-1}；氢/油=(1000~2000)∶1。

四、工艺流程

(一)加氢裂化装置的特点

(1)对原料油的适应性强，可加工直馏重柴油、催化裂化循环油，焦化馏出油，甚至可用脱沥青重残油生产汽油、喷气燃料和低凝点柴油；

(2)生产方案灵活，可根据不同季节要求来改变生产方案；

(3)产品质量好，轻质油收率高。

(二)加氢裂化工艺装置的类别

1. 按操作压力分类

可分为高压加氢裂化和中压加氢裂化，高压加氢裂化分离器的操作压力一般为16MPa左右，中压加氢裂化分离器的操作压力一般为9MPa左右。通过几代人的不懈努力，加氢裂化的操作压力已有明显的降低，在中压操作条件下，所能加工的原料油干点、种类、体积空速、转化深度或催化剂的运转周期的某一方面(但不是同时在所有方面)，已经接近高压加氢裂化水平，但在产品质量(尤其是喷气燃料的烟点，柴油的十六烷值、芳烃含量等)方面，与高压加氢裂化相比仍存在较大的差距，还无法完全取代高压加氢裂化技术在炼油工业中的地位和作用。目前采用高压较多。

2. 按工艺流程分类

可分为一段加氢裂化流程、二段加氢裂化流程、串联加氢裂化流程。

一段加氢裂化流程是指只有一个加氢反应器，原料的加氢精制和加氢裂化在一个反应器内进行。该流程的特点是工艺流程简单，但对原料的适应性及产品的分布有一定限制。

二段加氢裂化流程是指有两个加氢反应器，第一个加氢反应器装加氢精制催化剂，第二个加氢反应器装加氢裂化催化剂，两段加氢形成两个独立的加氢体系，该流程的特点是对原料的适应性强，操作灵活性较大，产品分布可调节性较大，但是该工艺的流程复杂，投资及操作费用较高。

串联加氢裂化流程也是分为加氢精制和加氢裂化两个反应器，但两个反应器串联连接，为一套加氢系统。串联加氢裂化流程既具有二段加氢裂化流程比较灵活的特点，又具有一段加氢裂化流程比较简单的特点，该流程具有明显优势。

(三)加氢裂化工艺流程

1. 一段加氢裂化工艺流程

如图 4-16 所示，原料油经泵升压到 16MPa 与新氢及循环氢混合后，再与 420℃左右的加氢生成油换热到约 320~360℃进入加热炉。反应器进料温度为 370~450℃，原料在反应温度 380~440℃、空速 $1.0h^{-1}$、氢油比约为 2500：1 的条件下进行反应。为的是控制反应温度，向反应器分层注入冷氢。反应产物经与原料换热后温度降至 200℃，再经冷却温度降到 30~40℃之后进入高压分离器。反应产物进入空冷器之前注入软化水以溶解其中的 NH_3、H_2S 等，以防止水合物析出而堵塞管道。自高压分离器顶部分出循环气，经循环氢压缩机升压后，返回反应系统循环使用。自高压分离器底部分出生成油，经减压系统减压至 0.5MPa，进入低压分离器，在低压分离器中将水脱除，并释放出部分溶解气体，作为富气送出装置，可以作燃料气用。生成油经加热送入稳定塔，在 1.0~1.2MPa 下蒸出液化气，塔底液体经加热炉加热至 320℃后送入分馏塔，最后得到轻汽油、喷气燃料、低凝柴油和塔底油(尾油)。尾油可一部分或全部作循环油，与原料混合再去反应。

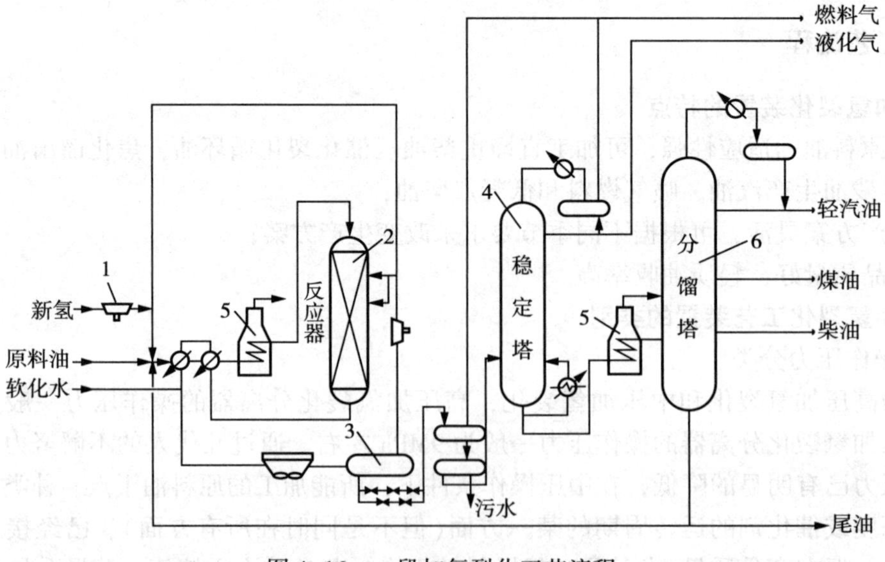

图 4-16　一段加氢裂化工艺流程

1—新氢压缩机；2—反应器；3—高压分离器；4—稳定塔；5—加热炉；6—分馏塔

Ⅰ—新氢；Ⅱ—原料油；Ⅲ—软化水；Ⅳ—循环氢；Ⅴ—液化气；Ⅵ—汽油；Ⅶ—煤油；Ⅷ—柴油；Ⅸ—污水；Ⅹ—尾油

一段加氢裂化可以用三种方案操作：原料一次通过(尾油不循环)、尾油部分循环和尾油全部循环。以某加氢裂化装置航空煤油收率为例，采用原料一次通过为32.9%(质)、尾油部分循环为34.1%(质)、而尾油全部循环为43.5%(质)。柴油收率也是同样的规律，所以采用尾油循环可以增产喷气燃料和柴油。

2. 两段加氢裂化工艺流程

如图4-17所示，原料油经高压油泵升压并与循环氢混合后，首先与生成油换热，再在加热炉中加热至反应温度，进入第一段加氢精制反应器，在加氢活性高的催化剂上进行脱硫、脱氮反应，原料中的微量金属也被脱除掉。反应生成物经换热、冷却后进入高压分离器，分出循环氢。生成油进入脱氮(硫)塔，用氢气吹掉溶解气、NH_3和H_2S，塔底油作为第二段加氢裂化反应器的进料。第二段进料与循环氢混合后进入第二段加热炉，加热至反应温度，在装有高酸性催化剂的第二段加氢裂化反应器内进行裂化反应。反应生成物经换热、冷却、分离等，分出溶解气和循环氢后送至稳定分馏系统。

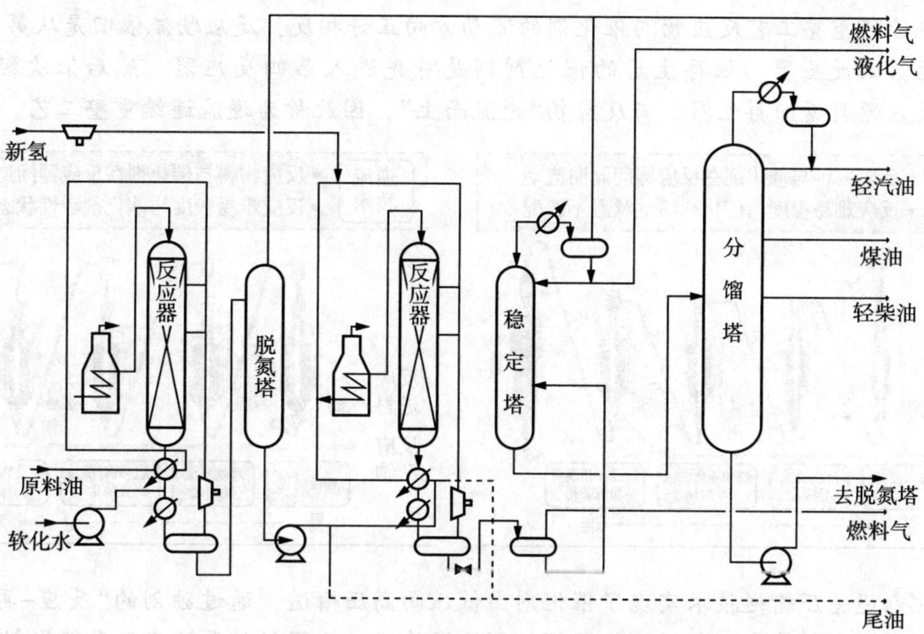

图4-17　两段加氢裂化工艺流程

两段加氢裂化有两种操作方案：一是第一段精制、第二段加氢裂化；二是第一段除精制外还进行部分裂化，第二段加氢裂化。第二种方案的特点是第一段生成油和第二段生成油一起进入稳定分馏系统，分出的尾油作第二段的进料，如图4-17中虚线所示。根据某装置的生产数据分析，采用第二种方案，汽油、煤油和柴油的收率都有所提高，而尾油明显降低，这主要是因为裂化深度较大的原因。

3. 串联加氢裂化工艺流程

如图4-17所示，串联流程是两个反应器串联，在反应器中分别装入不同的催化剂：第一个反应器装入脱硫脱氮活性好的加氢催化剂，第二个反应器装入抗NH_3和H_2S的分子筛催化剂。除此之外，其他部分都与一段加氢裂化流程相同。

4. 三种流程的比较

用同一种原料分别采用以上三种流程，结果表明：

一段流程喷气燃料收率最高，而汽油的收率较低，同时流程结构和投资也优于其他流程，但一段流程对原料油的质量要求比较严格。

两段流程灵活性最大，即可处理一段流程不能处理的原料，喷气燃料收率高，又能生产汽油。投资上两段流程略高于一段一次通过流程，略低于一段全循环流程。

与一段加氢裂化相比，串联流程的优点是只要通过改变操作条件，就可以最大限度地生产汽油或喷气燃料和柴油。例如降低第二个反应器的温度，可以多生产喷气燃料或柴油；提高第二个反应器的温度，可多生产汽油。串联流程有生产汽油的灵活性，但喷气燃料收率偏低。

知识链接

低碳高效逆流连续重整工艺

传统的石脑油连续重整工艺属于顺流连续重整工艺，即反应物和催化剂的流动方向一致，反应物流从第一反应器顺序流至第四反应器，再生后的催化剂也是首先进入第一反应器，此后依次经过第二、三、四反应器直至返回再生器，催化剂的流动方向是“顺流而下”。

逆流连续重整工艺反应物与催化剂的流动方向正好相反，反应物流依旧是从第一反应器顺序流至第四反应器，但再生后的催化剂则是首先进入第四反应器，然后依次经过第三、二、一反应器再返回再生器，与反应物“逆流而上”，因此称为逆流连续重整工艺。

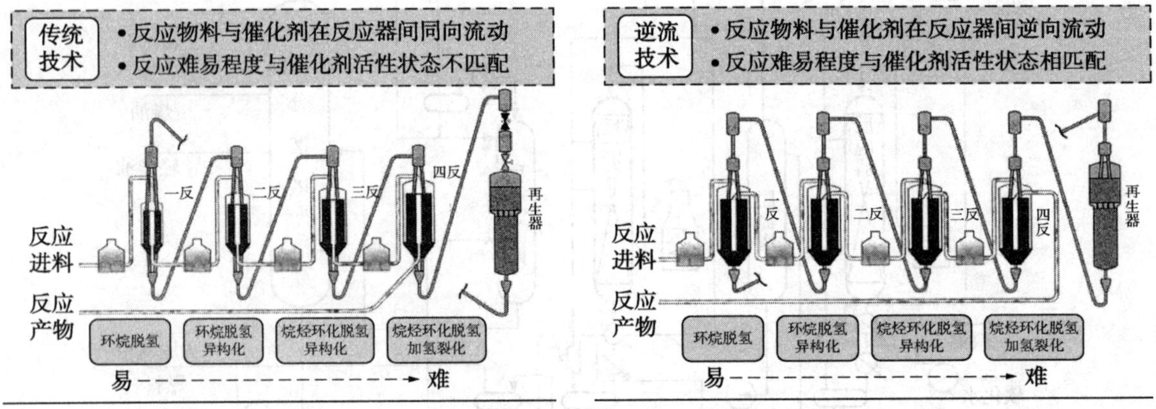

催化剂逆差压输送技术实现了催化剂由低压向高压输送，通过独创的“反应-再生”系统分步式逆差压分配技术，大幅降低了催化剂输送难度；无阀料封系统实现了催化剂无阀连续输送，使催化剂磨损量较传统技术减少50%以上。

应用于重整-芳烃热能耦合的节能新技术，通过高效回收芳烃联合装置低温热产生低压蒸汽，驱动高转速、超大功率重整氢气压缩机组，首次实现大型重整与芳烃联合装置热能耦合应用，使联合装置综合能耗降低13%。同时，利用热媒水回收塔顶低温热量用于制冷，替代重整装置再接触部分的电驱冷冻系统，节省用电量。

习题与练习

一、填空题

1. 炼油厂主要由两大部分组成，即：________和________。从原油生产出各种石油产品一般须经过多个物理的及化学的炼油过程。

2. 一般常压炉出口温度为________℃，若生产喷气燃料最高温度为________℃。减压炉生产润滑油型为________℃，燃料型为________℃。

3. 环烷烃的分解反应有两种情况，一种是________，另一种是________。
4. 反应压力是指反应器内的________分压。它的提高意味着反应的________的提高，因而反应速度________。
5. 催化裂化装置一般由三个部分组成，________系统、________系统、________系统。
6. 工业上催化裂化装置有各种形式的再生器，大体上可分为三种类型：________、________。
7. 从化学反应可知，催化重整反应主要有两大类：________、________。
8. Sulfolane 工艺包括 6 个部分，即________，________，________，________，________，________。
9. 催化加氢是指石油馏分在氢气存在下催化加氢过程的通称，目前炼油厂采用的加氢过程主要有两大类：________和________。
10. 按工艺流程分类加氢裂化可分为：________流程、________流程、________流程。

二、选择题

1. 减压塔采用塔顶循环回流是为了(　　)。
A. 更好利用回流热　　B. 提高真空度
C. 改善汽液相负荷　　D. 提高产品收率

2. 加氢精制最容易进行的反应是(　　)。
A. 脱硫　　B. 脱氮　　C. 脱氧　　D. 脱金属

3. 生产高辛烷值汽油的生产装置有(　　)。
A. 常减压蒸馏　　B. 催化裂化　　C. 烷基化　　D. 加氢裂化

4. 催化重整生产高辛烷值汽油的馏分范围是(　　)。
A. 80~180℃　　B. 60~145℃　　C. 60~85℃　　D. 85~110℃

5. 加氢催化剂失活的主要原因是(　　)。
A. 反应结焦　　B. 氢气还原　　C. 硫化物的中毒　　D. 氮气的作用

6. 在催化重整中为了提高汽油的辛烷值(　　)。
A. 提高反应压力　　B. 降低反应温度
C. 提高催化剂的活性　　D. 提高反应温度

7. 使重整催化剂发生永久性中毒的化合物是(　　)。
A. 含硫化合物　　B. 含氮化合物　　C. 含砷化合物　　D. 含氧化合物

8. 提升管反应器流化状态操作属于(　　)。
A. 鼓泡床　　B. 固定床　　C. 移动床　　D. 流化床

9. 催化重整生产芳烃的原料馏分范围应为(　　)。
A. 80~180℃　　B. 60~145℃　　C. 60~85℃　　D. 85~110℃

10. 在催化裂化反应中(　　)。
A. 分子越大越不易发生分解反应。
B. 烯烃异构化反应结果是变为烷烃。
C. 烯烃的分解反应速度比烷烃的分解反应速度快得多。
D. 在相同条件下氢转移反应速度比分解反应快。

三、判断题

1. 为了提高轻质油品收率，须将全部减压馏分油及渣油转化为轻质油，此任务由裂化

反应过程来完成。(　　)

2. 燃料润滑油型生产装置主要生产除燃料之外，还在减压蒸馏塔生产润滑油基础油原料。(　　)

3. 根据我国原油性质，一般常、减压蒸馏的馏出率分别在25%~35%之间，原油的总拔出率在80%左右。(　　)

4. 烯烃很活泼，反应速度快。在催化裂化过程中，烯烃的主要反应也是分解反应，但还有一些其他重要的反应。(　　)

5. 目前应用于催化裂化的主要是X型分子筛。(　　)

6. 催化重整的原料主要是直馏汽油馏分，生产中也称石脑油。(　　)

7. 催化重整的主要反应如芳构化反应都是放热反应，所以从化学平衡的角度希望采用较低的反应温度。(　　)

8. 脱水塔实质就是一个蒸馏塔，塔顶产品是水和少量轻烃的混合物，经冷凝冷却后在油水分离品中油水分层，再分别引出，就达到了脱水的目的。(　　)

9. 重质油料和二次加工中得到的油料在加氢处理时要采用较低的空速。(　　)

10. 异构化反应包括：加氢裂化原料分子的异构化及裂化产物分子的异构化两部分。(　　)

四、名词解释

1. 常减压蒸馏

2. 催化裂化

3. 催化重整

4. 液相抽提

五、简答题

1. 在常减压蒸馏过程中如何确定汽提水蒸气的用量？

2. 催化裂化条件下主要发生了哪些反应？

3. 分析反应压力对催化重整过程的影响。

4. 加氢裂化装置有哪些特点？

第五章 石油化工生产技术

✻目标要求：

了解国内外乙烯生产现状及主要生产方法；

掌握石油烃热裂解的原理、生产步骤及相关知识；

了解裂解气的组成及分离方法；

掌握深冷分离的原理及工序。

✻能力要求：

根据化学反应规律，能够判断原料的优劣；

能够画出石油烃热裂解的工艺(原理)流程图；

能够分析压缩机制冷的原理。

第一节 烃类裂解技术

石油化工是石油化学工业的简称，指化学工业中以石油为原料生产化学品的领域，广义上也包括天然气化工。石油化工作为一个新兴工业，是20世纪20年代随石油炼制工业发展而形成。第二次世界大战后，石油化工的高速发展，使大量化学品的生产从传统的以煤及农林产品为原料，转移到以石油及天然气为原料的基础上来。石油化工已成为化学工业中的主要工业，在国民经济中占有极重要的地位。

以石油及天然气生产的化学品品种极多、范围极广。石油化工原料主要为来自石油炼制过程产生的各种石油馏分和炼油厂气，以及油田气、天然气等。石油馏分(主要是轻质油)通过烃类裂解、裂解气分离可制取乙烯、丙烯、丁二烯等烯烃和苯、甲苯、二甲苯等轻质芳烃，芳烃亦可来自石油轻馏分的催化重整。石油轻馏分和天然气经蒸汽转化、重油经部分氧化可制取合成气，进而生产合成氨、合成甲醇等。从烯烃出发，可生产各种醇、酮、醛、酸类及环氧化合物等。随着科学技术的发展，上述烯烃、芳烃经加工可生产包括合成树脂、合成橡胶、合成纤维等高分子产品及一系列制品，如表面活性剂等精细化学品，因此石油化工的范畴已扩大到高分子化工和精细化工的大部分领域。但本章主要介绍石油馏分(主要是轻质油)通过烃类裂解、裂解气分离制取乙烯、丙烯、丁二烯等烯烃和苯、甲苯、二甲苯等轻质芳烃的生产过程，其他内容在相关章节进行介绍。

石油烃热裂解的主要目的是生产乙烯和丙烯，同时可得丁二烯以及苯、甲苯和二甲苯等产品。它们都是重要的基本有机原料，其中乙烯是石油化工中最重要的产品，目前约有75%的石油化工产品由乙烯生产，因而乙烯生产能力的大小反映了一个国家石油化学工业的发展水平。

我国乙烯工业已有60多年的发展历史，20世纪60年代初我国第一套乙烯装置在兰州化工厂建成投产。改革开放40年来，中国乙烯工业得到迅速发展，在发展中形成了以中国石化、中国石油两大公司为主导，其他一些国有企业、外资企业参加的多元化市场竞争的国内乙烯工业格局。

未来我国乙烯供需仍将保持较快增长态势，但增速将有所放缓。预计2025年我国乙烯生产能力将达到70Mt，国内自给率将达92.3%。

一、乙烯的生产方法

由于烯烃的化学性质很活泼，因此乙烯在自然界中独立存在的可能性很小。制取乙烯的方法很多，但以管式炉裂解技术最为成熟，其他技术还有催化裂解、合成气制乙烯等多种方法。

(一)管式炉裂解技术

反应器与加热炉融为一体，称为裂解炉。原料在辐射炉管内流过，管外通过燃料燃烧的高温火焰、产生的烟道气、炉墙辐射加热将热量经辐射管管壁传给管内物料，裂解反应在管内高温下进行，管内无催化剂，也称为石油烃热裂解。同时为降低烃分压，目前大多采用加入稀释蒸汽，故也称为蒸汽裂解技术。

(二)催化裂解技术

催化裂解即烃类裂解反应在有催化剂存在下进行，可以降低反应温度，提高选择性和产品收率。此技术通过将重质油进行高温催化裂解来生产丙烯、乙烯等低碳烯烃，同时兼顾高辛烷值汽油的生产。随着炼化一体化进程的不断推进，以及乙烯和丙烯等低碳烯烃市场需求的不断增大，催化裂解技术在原料适应性、产品灵活性、经济效益及碳减排等方面的优势逐渐彰显。

(三)煤炭制烯烃技术

煤制烯烃是目前我国生产烯烃的重要工艺技术之一，其以煤为原料通过气化、变换、净化、合成等过程首先生产甲醇。甲醇制烯烃(MTO)的基本反应过程是甲醇首先脱水为二甲醚(DME)，二甲醚再脱水生成低碳烯烃(乙烯、丙烯、丁烯)，少量低碳烯烃以缩聚、环化、烷基化、氢转移等反应生成饱和烃、芳烃及高级烯烃等，大部分低碳烯烃转化生产聚烯烃(聚乙烯、聚丙烯)等下游产品。

目前甲醇制烯烃主要有MTO技术和MTP技术两种。MTO技术是将甲醇转化为乙烯和丙烯混合物的工艺，除了生成乙烯、丙烯外，还有丁烯等副产物；MTP技术是将甲醇主要转化成丙烯的工艺，除了生成丙烯外，还有乙烯、液化石油气(LPG)、石脑油等产物。

二、石油烃热裂解的原料

目前我国乙烯原料的轻质化、多元化趋势明显，以石脑油为主，轻烃、加氢裂化尾油和轻柴油作为主要补充。石脑油在乙烯原料中的占比已经从2010年的62.8%下降至2022年的47.6%左右，而乙烷原料占比从17.3%增至21.4%，煤/甲醇原料占比从0.1%提升至8.4%。

(一)裂解原料来源和种类

用于管式炉裂解的原料来源很广，主要有两个方面：一是来自油田的伴生气和来自气田的天然气，两者都属于天然气范畴。二是来自炼油厂的一次加工油品（如石脑油、煤油、柴油等）、二次加工油品（如加氢焦化汽油、加氢裂化尾油等）以及副产的炼油厂气。另外还有乙烯装置本身分离出来循环裂解的乙烷等。

1. 天然气

从化学组分来分类，天然气可分为干气和湿气。

(1)干气：含甲烷在90%（质）以上，由于在常温下加压也不能使之液化，故称为干气。此类天然气不适宜作裂解原料。

(2)湿气：含90%（质）以下甲烷，还含有一定量的乙烷、丙烷、丁烷等烷烃。由于乙烷以上的烃在常温下，加压可以使之液化故称为湿气。此类天然气经分离后得到的乙烷以上的烷烃，是优质的裂解原料。

2. 来自炼油厂的裂解原料

来自炼油厂的各种原料所含烃类的组成不同，裂解性能有很大差异。在此对一些常用的裂解原料进行介绍。

(1)炼油厂气：炼油厂气是原油在炼油厂加工过程中所得副产气的总称，它主要包括重整气、加氢裂化气、催化裂化气、焦化气等。炼油厂气含有丰富的丙烯和丁烯，可不经裂解由气体分离装置直接回收利用。分离出来的烷烃可作为裂解原料。

(2)石脑油：初馏点~200℃的馏分称为全程石脑油，初馏点~130℃的馏分称为轻石脑油。按加工深度不同分为直馏石脑油和二次加工石脑油。直馏石脑油是原油经常压蒸馏分馏出的馏分，二次加工石脑油是指由炼油厂中焦化装置、加氢裂化装置等二次加工后得到的石脑油。

(3)拔头油：由于重整装置需要的是60℃以上的馏分，因此石脑油进重整前需将60℃以前的馏分拔掉，通常称这一部分被拔出的初馏点~60℃的馏分为拔头油。拔头油主要是C_3~C_6烃类，是较好的裂解原料。

(4)重整抽余油：重整油经芳烃抽提装置抽提出芳烃后，剩下的馏分称为重整抽余油。其主要成分是C_6~C_8烷烃，是较好的裂解原料。

(5)直馏柴油：原油常压蒸馏时所得馏程范围在200~400℃的馏分为直馏柴油，一般称200~350℃的馏分为轻柴油，称250~400℃的馏分为重柴油，由于柴油裂解性能比相应的石脑油差，故不是理想的裂解原料。

(6)加氢裂化尾油：加氢裂化使重质原料脱硫、脱氮；使芳烃饱和、多环烷烃加氢开环，从而增加烷烃含量，使重油轻质化，将减压馏分油及渣油转化为汽油、中间馏分和加氢裂化尾油（一般大于350℃）。加氢裂化尾油是很好的裂解原料。

所以裂解原料的来源主要有两个方面，一是天然气加工厂的轻烃，如乙烷、丙烷、丁烷等，二是炼油厂的加工产品，如炼油厂气、石脑油、柴油、重油等，以及炼油厂二次加工油，如加氢焦化汽油、加氢裂化尾油等。

（二）衡量原料裂解性能的指标

从裂解原料的来源可看出，裂解原料范围很广。原料性质对裂解结果有着决定性的影响，因此研究表征原料裂解的特性十分重要。表征原料裂解性能的指标很多，对于已知组成的烃类混合物，可用各组分的特性来表征，对于石油馏分，由于组分复杂，分析困难，则常用烃组成、族组成、馏程、密度、含氢量、平均相对分子质量、特性因素、关联指数

(*BMCI*)、残炭、溴价等指标来衡量其裂解性能。在此介绍其中几个主要指标：

1. 族组成

裂解原料是由各种烃类组成的，按其结构可分为四大族，即烷烃族、烯烃族、环烷烃族和芳烃族。这四大族的族组成以 *PONA* 值来表示，其含义如下：

(1)烷烃(*P*)：正构烷烃最利于裂解生成乙烯、丙烯等低分子烃，相对分子质量愈小则烯烃的收率愈高；异构烷烃的烯烃总收率低于同碳原子数的正构烷烃。随着相对分子质量增大，这种差别就减少。

(2)烯烃(*O*)：大分子的烯烃能裂解为乙烯和丙烯等低级烯烃，烯烃脱氢生成二烯烃，能进一步反应生成芳烃和焦。

(3)环烷烃(*N*)：通常情况下环烷烃生成芳香烃的反应优于生成单烯烃的反应。环烷烃含量高的原料其丁二烯和芳烃收率较高，乙烯收率较低。

(4)芳香烃(*A*)：无侧链的芳烃基本上不易裂解为烯烃，有侧链的芳烃主要是侧链逐步断裂及脱氢。芳环倾向于脱氢缩合生成稠环芳烃，直至生焦。

测定裂解原料的 *PONA* 值，就能在一定程度上了解其裂解反应的性能。裂解原料中，烷烃含量特别是正构烷烃含量越高，三烯收率也越高。

2. 氢含量

裂解原料的氢含量是指烃分子中氢的质量百分比含量，原料的氢含量是衡量该原料裂解性能和乙烯潜在含量的重要特性。原料氢含量越高，裂解性能越好。从族组成看，烷烃氢含量最高，环烷烃次之，芳烃最低。从原料相对分子质量看，乙烷到柴油相对分子质量越大，氢含量依次降低，乙烯收率也依次降低。

3. 特性因数

特性因数是反映原油及其馏分的烃类组成特性的因数，用符号 *K* 表示。*K* 值以烷烃最高，环烷烃次之，芳烃最低，见表 5-1。

表 5-1　烃类的特性因数

烃类	甲烷	乙烷	丙烷	丁烷	环戊烷	环己烷	甲苯	乙苯	苯
K_i	19.54	18.38	14.71	13.51	11.12	10.99	10.15	10.37	9.73

从表 5-1 看出，*K* 值越高烃类烷烃含量越高，表示烃类石蜡性越强；*K* 值越低表示烃的芳香性越强。因此 *K* 值越高烃类裂解性能越好。

4. 关联指数 *BMCI*

石脑油中环烷烃 *N* 和芳烃 *A* 大部分是单环的，而柴油中环烷烃 *N* 和芳烃 *A* 有相当部分是双环和多环的，这在 *PONA* 值中是反映不出来的，而关联指数 *BMCI* 则可表征这一特点。

由于正己烷的 *BMCI*=0，苯的 *BMCI*=100，故 *BMCI* 是一个芳烃性指标，其值愈大芳烃性愈高。因此 *BMCI* 也可称为芳烃指数。直链烷烃的 *BMCI* 值接近于 0，较多支链的烷烃 *BMCI* 值约为 10~15。烃类化合物的芳香性愈强，则 *BMCI* 值愈大。烃类 *BMCI* 值与裂解性能的关系，*BMCI* 值愈小乙烯收率愈高，反之 *BMCI* 值愈大乙烯收率愈低。因此 *BMCI* 值较小的馏分油是较好的裂解原料。

（三）裂解原料的选择

原料是影响乙烯生产成本的重要因素，以石脑油和柴油为原料的乙烯装置，原料在总成本中所占比例高达70%~75%。乙烯作为下游产品的原料，对下游产品生产成本的影响同样显著，例如在聚乙烯生产成本中其所占比重高达80%左右。因此，乙烯原料的选择和优化是降低乙烯生产成本、提高产品市场竞争力的关键。对能力相同的乙烯装置，好的乙烯原料的设备投资少，操作周期长，物耗能耗低，操作成本也低。所以必须重视乙烯原料的选择。选择乙烯原料的原则为：

1. 原料的轻质化

随着裂解原料由轻到重，乙烯产率下降，稀释蒸汽比增大，装置投资增加，生产成本增高。因此，原料轻质化是乙烯生产者的共识。但也必须看到，乙烷作原料时联产品和副产品较少。对于只需要乙烯，不需要丙烯、丁二烯、芳烃的工厂，乙烷是最理想的原料。对于既要乙烯又要其他烯烃和芳烃的工厂，需要根据对其他烯烃和芳烃需求选择适宜的原料。

2. 原料的优质化

同是石脑油或柴油由于烃类组成不同，裂解性能有很大区别。大庆石脑油、长庆石脑油和阿曼石脑油是较优质的裂解原料，大庆柴油和长庆柴油也可以。而辽河石脑油、胜利石脑油和辽河柴油、胜利柴油都不是理想的裂解原料。一般对石脑油而言，应选择 P（烷烃）>65，O（烯烃）<1，A（芳烃）<5 的石脑油作为裂解原料。对柴油以上的重组分而言，应选择 *BMCI* 值<15 的油品作为原料。

加氢裂化尾油也是一种优质的裂解原料。加氢尾油的 *BMCI* 值<15，乙烯收率 > 30%。因此，在有加氢裂化的工厂，应很好地利用尾油作为生产乙烯的原料。

3. 来源稳定，价格低廉

在选择裂解原料时，要从本国的资源出发考虑地区资源优势，以保证得到价格低廉、来源稳定的原料。

选择以石油馏分还是以液化天然气为原料生产乙烯，各国、各地区根据自己国家的资源和市场情况会各有侧重。美国、加拿大及中东等地因为有丰富廉价的天然气资源，侧重以乙烷、丙烷为原料生产乙烯。西欧和东北亚地区由于天然气资源短缺，基本不用轻烃作裂解原料，中东主要石油生产国2/3的乙烯是以乙烷和丙烷作裂解原料。乙烷和丙烷主要是天然气的副产物。而中国乙烯生产以石脑油和轻柴油为裂解原料，它们主要是原油的副产物。而从全球看，天然气价格只相当于原油的25%~60%，这直接导致了乙烯及衍生品的成本差距。据有关专家测算，中东地区的乙烯、聚乙烯、乙二醇生产成本仅为我国的20%~30%。

综上所述乙烯原料的优劣，直接影响乙烯生产的成本和竞争力。从提高竞争力和可持续发展的长远目标考虑，中国企业在建设乙烯工厂时，就应先认真研究优化乙烯原料的切实可行方案，更多地使用优质石脑油、加氢裂化尾油和轻烃一类优质原料。对沿海加工进口原油并提供乙烯原料的炼油厂，在选择进口原油的品种时，可考虑进口来源稳定的中东原油，如卡塔尔、沙特、阿联酋、伊朗等国家产的轻质原油，这些产地的原油不但石脑油收率较高，是我国原油石脑油收率的2~3倍，而且石脑油中链烷烃含量也较高，是比较理想的乙烯原料。

三、石油烃热裂解的生产原理

在裂解原料中主要烃类有烷烃、环烷烃和芳烃，二次加工的馏分油中还含有烯烃。尽管原料的来源和种类不同，但其主要成分是一致的，只是各种烃的比例有差异。烃类在高温下裂解，不仅原料发生多种反应，生成物也能继续反应，其中既有平行反应又有连串反应，包括脱氢、断链、异构化、脱氢环化、脱烷基、聚合、缩合、结焦等反应过程。因此，烃类裂解过程的化学变化是十分错综复杂的，生成的产物也多达数十种甚至上百种，见图5-1。

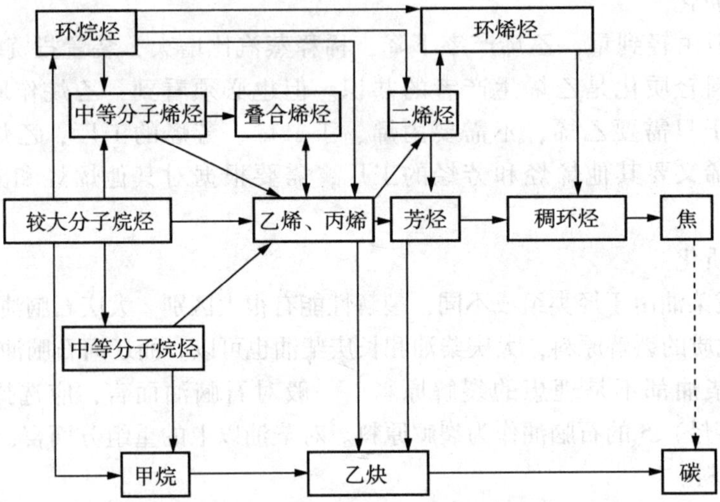

图5-1 裂解过程中部分化学变化

由图5-1可见，要全面描述这样一个十分复杂的反应过程是很困难的，所以人们根据反应的前后顺序，将它们简化归类分为一次反应和二次反应。

(一)烃类裂解的一次反应

所谓一次反应是指生成目的产物乙烯、丙烯等低级烯烃为主的反应。

1. 烷烃裂解的一次反应

(1)断链反应：断链反应是C—C链断裂反应，反应后产物有两个，一个是烷烃，一个是烯烃，碳原子数都比原料烷烃减少。

(2)脱氢反应：脱氢反应是C—H链断裂的反应，生成的产物是碳原子数与原料烷烃相同的烯烃和氢气。

(3)烷烃反应的规律：脱氢反应是可逆的，断链反应是不可逆的；断链反应所需的能量比脱氢反应小，所以断链反应比脱氢反应容易进行，而且相对分子质量越大断链反应更占优势，C_4以上断链反应占绝大多数；分子两端的C—C键断裂优先于中央，但相对分子质量增大优势减弱；裂解较小分子烷烃需用较高的裂解温度；相同温度大分子烷烃反应速度常数大；异构烷烃裂解所得乙烯、丙烯收率远较正构烷烃低。

2. 环烷烃的断链(开环)反应

环烷烃的热稳定性比相应的烷烃好，环烷烃热裂解时可以发生C—C链的断裂(开环)与脱氢反应，生成乙烯、丁烯和丁二烯等烃类。

以环己烷为例断链反应：

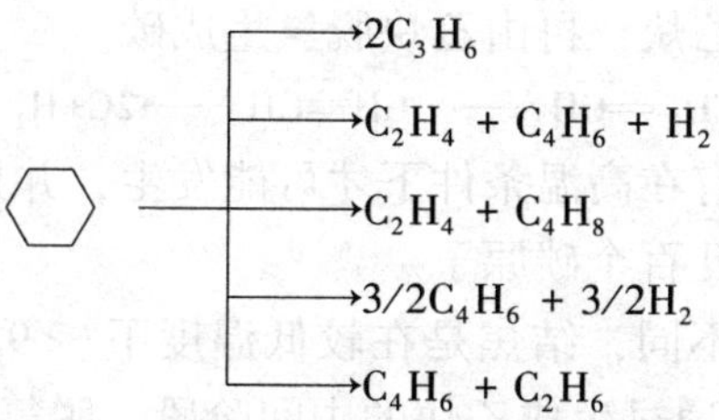

环烷烃的脱氢反应生成的是芳烃，芳烃缩合最后生成焦炭，所以不能生成低级烯烃，即不属于一次反应。

3. 芳烃的断侧链反应

芳烃的热稳定性很高，一般情况下芳香烃不易发生断裂。所以由苯裂解生成乙烯的可能性极小。但烷基芳烃可以断侧链生成低级烷烃、烯烃和苯。

4. 烯烃的断链反应

常减压车间的直馏馏分中一般不含烯烃，但二次加工的馏分油中可能含有烯烃。大分子烯烃在热裂解温度下能发生断链反应，生成小分子的烯烃。

例如：$C_5H_{10} \longrightarrow C_3H_6+C_2H_4$

（二）烃类裂解的二次反应

所谓二次反应就是一次反应生成的乙烯、丙烯继续反应并转化为炔烃、二烯烃、芳烃直至生碳或结焦的反应。

烃类热裂解的二次反应比一次反应复杂。原料经过一次反应后，生成氢、甲烷和一些低相对分子质量的烯烃如乙烯、丙烯、丁二烯、异丁烯、戊烯等，氢和甲烷在裂解温度下很稳定，而烯烃则可以继续反应。主要的二次反应有：

1. 低分子烯烃脱氢反应

$$C_2H_4 \longrightarrow C_2H_2+H_2$$
$$C_3H_6 \longrightarrow C_3H_4+H_2$$
$$C_4H_8 \longrightarrow C_4H_6+H_2$$

2. 二烯烃叠合芳构化反应

$$2C_2H_4 \longrightarrow C_4H_6+H_2$$
$$C_2H_4+C_4H_6 \longrightarrow C_6H_6+2H_2$$

3. 结焦反应

烃的生焦反应要经过生成芳烃的中间阶段，芳烃在高温下发生脱氢缩合反应而形成多环芳烃，它们继续发生多阶段的脱氢缩合反应生成稠环芳烃，最后生成焦炭。

$$\text{烯烃}\xrightarrow{-H_2}\text{芳烃}\xrightarrow{-H_2}\text{多环芳烃}\xrightarrow{-H_2}\text{稠环芳烃}\xrightarrow{-H_2}\text{焦}$$

除烯烃外环烷烃脱氢生成的芳烃和原料中含有的芳烃都可以脱氢发生结焦反应。

根据结焦机理，结焦主要由原料中的芳烃化合物以及裂解气二次反应生成物产生。原料中芳烃含量愈多，结焦速率愈快。轻烃裂解时的结焦母体主要是二次反应的生成物；而重质原料裂解时，原料中的芳烃是主要的结焦母体，特别是带侧链的芳烃同时裂解深度提高，结焦活性组分增加，二次反应加剧，结焦也加重。

4. 生碳反应

在较高温度下低分子烷烃、烯烃都有可能分解为碳和氢，这一过程是随着温度升高而分步进行的。如乙烯脱氢先生成乙炔，再由乙炔脱氢生成碳。

$$CH_2=CH_2 \longrightarrow CH\equiv CH \longrightarrow 2C+H_2$$

因此，实际上生碳反应只有在高温条件下才可能发生，并且乙炔生成的碳不是断链生成单个碳原子，而是脱氢稠合成几百个碳原子。

结焦和生碳过程二者机理不同，结焦是在较低温度下（<927℃）通过芳烃缩合而成，生碳是在较高温度下（>927℃），通过生成乙炔的中间阶段，脱氢为稠合的碳原子。

由此可以看出，一次反应是生产的目的，而二次反应既造成烯烃的损失，浪费原料又会生碳或结焦，致使设备或管道堵塞影响正常生产，所以是不希望发生的。因此，无论在选取工艺条件或进行设计，都要尽力促进一次反应，千方百计地抑制二次反应。

另外从以上讨论，可以归纳各族烃类的热裂解反应的大致规律：

烷烃——正构烷烃最利于生成乙烯、丙烯，是生产乙烯的最理想原料。相对分子质量越小则烯烃的总收率越高。异构烷烃的烯烃总收率低于同碳原子数的正构烷烃。随着相对分子质量的增大，这种差别就减少。

环烷烃——在通常裂解条件下，环烷烃脱氢生成芳烃的反应优于断链（开环）生成单烯烃的反应。含环烷烃多的原料，其丁二烯、芳烃的收率较高，乙烯的收率较低。

芳烃——无侧链的芳烃基本上不易裂解为烯烃；有侧链的芳烃主要是侧链逐步断链及脱氢。芳烃倾向于脱氢缩合生成稠环芳烃，直至结焦，所以芳烃不是裂解的合适原料。

烯烃——大分子的烯烃能裂解为乙烯和丙烯等低级烯烃，但烯烃会发生二次反应，最后生成焦和炭。所以含烯烃的原料如二次加工产品作为裂解原料不好。

所以高含量的烷烃，低含量的芳烃和烯烃是理想的裂解原料。

四、石油烃热裂解的操作条件

石油烃裂解所得产品收率与裂解原料的性质密切相关。而对相同裂解原料而言，则裂解所得产品收率取决于裂解过程的工艺条件。只有选择合适的工艺条件，并在生产中平稳操作，才能达到理想的裂解产品收率分布，并保证合理的清焦周期。

（一）裂解温度

1. 理论裂解温度的分析

从热力学分析，裂解是吸热反应，需要在高温下才能进行。温度越高对生成乙烯、丙烯越有利，但对烃类分解成碳和氢的副反应也越有利，即二次反应在热力学上占优势；从动力学角度分析，升高温度，石油烃裂解生成乙烯的反应速度的提高大于烃分解为碳和氢的反应速度，即提高反应温度，有利于提高一次反应对二次反应的相对速率，有利于乙烯收率的提高，所以一次反应在动力学上占优势。因此应选择一个最适宜的裂解温度，发挥一次反应在动力学上的优势，而克服二次反应在热力学上的优势，既可提高转化率也可得到较高的乙烯收率。

一般当温度低于 750℃时，生成乙烯的可能性较小，或者说乙烯收率较低；在 750℃以上生成乙烯可能性增大，温度越高反应的可能性越大，乙烯的收率越高。但当反应温度太高，特别是超过 900℃时，甚至达到 1100℃时，对结焦和生碳反应极为有利，同时生成的乙烯又会经历乙炔中间阶段而生成碳，这样原料的转化率虽有增加，产品的收率却大大降低。表 5-2 温度对乙烷转化率及乙烯收率的关系正说明了这一点。

表 5-2　温度对乙烷转化率及乙烯收率的关系

温度/℃	832	871
停留时间/s	0.0278	0.0278
乙烷单程转化率/%	14.8	34.4
按分解乙烷计的乙烯产率/%	89.4	86.0

所以理论上烃类裂解制乙烯的最适宜温度一般在 750~900℃之间，而实际裂解温度的选择还与裂解原料、产品分布、裂解技术、停留时间等因素有关。

2. 实际裂解温度的选择

不同的裂解原料具有不同最适宜的裂解温度，较轻的裂解原料，裂解温度较高，较重的裂解原料，裂解温度较低。如某厂乙烷裂解炉的裂解温度是 850~870℃，石脑油裂解炉的裂解温度是 840~865℃，轻柴油裂解炉的裂解温度是 830~860℃；若改变反应温度，裂解反应进行的程度就不同，一次产物的分布也会改变，所以可以选择不同的裂解温度，达到调整一次产物分布的目的，如裂解目的产物是乙烯，则裂解温度可适当地提高，如果要多产丙烯，裂解温度可适当降低；提高裂解温度还受炉管合金的最高耐热温度的限制，也正是管材合金和加热炉设计方面的进展，使裂解温度可从最初的 750℃提高到 900℃以上，目前某些裂解炉管已允许壁温达到 1115~1150℃，但这不意味着裂解温度可选择 1100℃以上，它还受到停留时间的限制。

3. 横跨温度

横跨温度是指裂解原料经过对流段预热而进入辐射段前的温度，这个温度被选定为裂解原料开始进行裂解反应时的温度，在实际生产操作中，如果横跨温度高于设计值时，裂解反应将在对流段内进行，因而会延长停留时间，促使二次反应的进行；低于设计值时，则辐射段将有一部分变成原料预热区，停留时间相对缩短，而使辐射段炉管不能充分发挥作用，达不到预期的裂解深度。横跨温度由裂解原料特性所决定，原料越重一般越容易裂解，如乙烷的标准横跨温度为 679.5℃，石脑油是 593℃，轻柴油则为 538℃。一般横跨温度允许有 ±10℃的波动范围。对于已定型的裂解炉可通过调节进入裂解炉之前的物料预热温度、炉出口温度和炉膛烧嘴燃烧分布，尤其是上部烧嘴等手段来调节横跨温度。

4. 辐射段炉管出口温度

物料在辐射段炉管内迅速升温进行裂解反应，以控制辐射段炉管出口温度(COT)的方式控制裂解深度。不同的原料其裂解的 COT 是不同的，表 5-3 为某装置裂解不同原料的 COT 设计值。

裂解炉的 COT 是通过调节每组炉管的烃进料量来控制的，并由裂解炉总的烃进料量来确定和调节底部燃料用量。假如采用 100% 底部供热，底部烧气时燃料气在压力控制下进入炉子的底部烧嘴；底部烧油时，燃料油在流量控制下进入炉子的底部烧嘴。有的裂解炉还设有侧壁烧嘴，炉膛侧壁燃烧器组合优化了炉膛底部至拱顶的辐射热通量分布，确保炉内温度场分布均匀。

表 5-3　某装置裂解不同原料的 COT 设计值

原　　料	COT 设计值/℃
HGO/HVGO(重柴油/加氢尾油)	785
AGO(柴油)	795
NAP(石脑油)	835
LNAP(轻石脑油)	840
循环乙烷	861

(二)停留时间

停留时间是指裂解原料由进入裂解辐射管到离开裂解辐射管所经过的时间。即反应原料在反应管中停留的时间。停留时间一般用 τ 来表示，单位为 s。

如果裂解原料在反应区停留时间太短，大部分原料还来不及反应就离开了反应区，原料的转化率很低，这样就增加了未反应原料的分离、回收的能量消耗；原料在反应区停留时间过长，对促进一次反应是有利的，故转化率较高，但二次反应更有时间充分进行，一次反应生成的乙烯大部分都发生二次反应而消失，乙烯收率反而下降。同时二次反应的进行生成更多焦和炭，缩短了裂解炉管的运转周期，既浪费了原料，又影响正常的生产进行。表 5-4 停留时间对乙烷转化率和乙烯收率的影响可以说明这一问题。

表 5-4　停留时间对乙烷转化率和乙烯收率的影响

温度/℃	832	832
停留时间/s	0.0278	0.0805
乙烷单程转化率/%	14.8	60.2
按分解乙烷计的乙烯收率/%	89.4	76.5

所以选择合适的停留时间，既可使一次反应充分进行，又能有效地抑制并减少二次反应。

停留时间的选择主要取决于裂解温度，当停留时间在适宜的范围内，乙烯的生成量较大，而乙烯的损失较小，即有一个最高的乙烯收率称为峰值收率。如图 5-2 中Ⅱ所示。不同的裂解温度，所对应的峰值收率不同，温度越高，乙烯的峰值收率越高，相对应的最适宜的停留时间越短，这是因为二次反应主要发生在转化率较高的裂解后期，如控制很短的停留时间，一次反应产物还没来得及发生二次反应就迅速离开了反应区，从而提高了乙烯的收率。

停留时间的选择除与裂解温度有关外，也与裂解原料和裂解工艺技术等有关，在一定的反应温度下，每一种裂解原料都有它最适宜的停留时间，如裂解原料较重，则停留时间应短一些，原料较轻则可选择稍长一些；20 世纪 50 年代由于受裂解技术限制，停留时间为 1.8~2.5s，目前一般为 0.15~0.25s(二程炉管)，单程炉管可达 0.1s 以下，即以毫秒计。

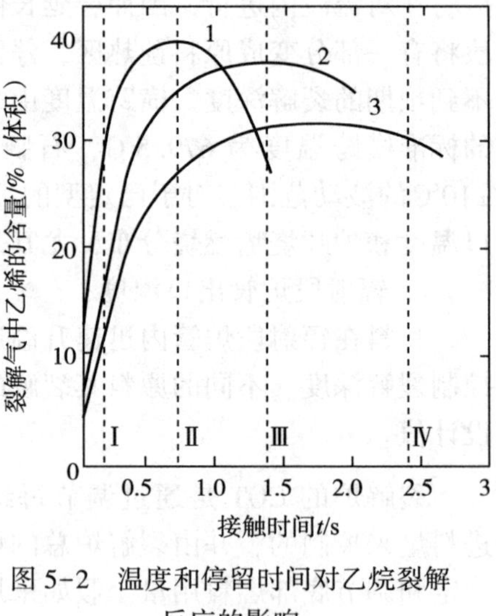

图 5-2　温度和停留时间对乙烷裂解反应的影响

1—843℃；2—816℃；3—782℃

(三) 裂解反应的压力

1. 压力对平衡转化率的影响

烃类裂解的一次反应是分子数增加的反应，降低压力对反应平衡向正反应方向移动是有利的，但是高温条件下断链反应的平衡常数很大，几乎接近全部转化，反应是不可逆的，因此改变压力对断链反应的平衡转化率影响不大。对于脱氢反应，它是一可逆过程，降低压力有利于提高转化率。二次反应中的聚合、脱氢缩合、结焦等二次反应，都是分子数减少的反应，因此降低压力不利于平衡向产物方向移动，可抑制此类反应的发生。所以从热力学分析可知，降低压力对一次反应有利，而对二次反应不利。

2. 压力对反应速度的影响

烃类裂解的一次反应是单分子反应，其反应速度可表示为：$r_{裂}=k_{裂}C$。

烃类聚合或缩合反应为多分子反应，其反应速度为：$r_{聚}=k_{聚}C^n$，$r_{缩}=k_{缩}C_AC_B$。

压力不能改变速度常数 k 的大小，但能通过改变浓度 C 的大小来改变反应速度 r 的大小。降低压力会使气相的反应分子的浓度减少，也就减少了反应速度。由以上三式可见，浓度的改变虽对三个反应速度都有影响，但降低的程度不一样，浓度的降低使双分子和多分子反应速度的降低比单分子反应速度要大得多。

所以从动力学分析得出：降低压力可增大一次反应对于二次反应的相对速度。

故无论从热力学还是动力学分析，降低裂解压力对增产乙烯的一次反应有利，可抑制二次反应，从而减轻结焦的程度。表 5-5 说明了压力对裂解反应的影响。

表 5-5 压力对一次反应和二次反应的影响

反应		一次反应	二次反应
热力学因素	反应后体积的变化	增大	减少
	降低压力对平衡的影响	有利提高平衡转化率	不利提高平衡转化率
动力学因素	反应分子数	单分子反应	双分子或多分子反应
	降低压力对反应速度的影响	不利提高	更不利提高
	降低压力对反应速度的相对变化的影响	有利	不利

3. 稀释剂的降压作用

如果在生产中直接采用减压操作，因为裂解是在高温下进行的，当某些管件连接不严密时，有可能漏入空气，不仅会使裂解原料和产物部分氧化而造成损失，更严重的是空气与裂解气能形成爆炸性混合物而导致爆炸。另外如果在此处采用减压操作，而对后继分离部分的裂解气压缩操作就会增加负荷，即增加了能耗。工业上常用的办法是在裂解原料气中添加稀释剂以降低烃分压，而不是降低系统总压。

稀释剂可以是惰性气体（例如氮）或水蒸气。工业上都是用水蒸气作为稀释剂，其优点是：

(1)易于从裂解气中分离。水蒸气在急冷时可以冷凝，很容易就实现了稀释剂与裂解气的分离。

(2)可以抑制原料中的硫对合金钢管的腐蚀。

(3)可脱除炉管的部分结焦。水蒸气在高温下能与裂解管中沉淀的焦炭发生如下反应：$C+H_2O \longrightarrow H_2+CO$，使固体焦炭生成气体随裂解气离开，延长了炉管运转周期。

(4)减轻了炉管中铁和镍对烃类气体分解生碳的催化作用。水蒸气对金属表面起一定的氧化作用，使金属表面的铁、镍形成氧化物薄膜，可抑制这些金属对烃类气体分解生碳反应的催化作用。

(5)稳定炉管裂解温度。水蒸气的热容大，水蒸气升温时耗热较多，稀释水蒸气的加入，可以起到稳定炉管裂解温度、防止过热、保护炉管的作用。

(6)降低烃分压的作用明显。稀释蒸汽可降低炉管内的烃分压，水的摩尔质量小，同样质量的水蒸气其分压较大，在总压相同时烃分压可降低较多。

加入水蒸气的量不是越多越好，增加稀释水蒸气量，将增大裂解炉的热负荷，增加燃料的消耗量，增加水蒸气的冷凝量，从而增加能量消耗，同时会降低裂解炉和后部系统设备的生产能力。水蒸气的加入量随裂解原料而异，一般地说轻质原料裂解时，所需稀释蒸汽量可以降低，随着裂解原料变重，为减少结焦所需稀释水蒸气量将增大（表 5-6）。

综合本节讨论，石油烃热裂解的操作条件宜采用高温、短停留时间、低烃分压，如某裂解装置原料为石脑油时，采用的操作条件为：温度 845～850℃、稀释比 0.5、停留时间 0.213s。同时产生的裂解气要迅速离开反应区，因为裂解炉出口的高温裂解气在出口温度条件下将继续进行裂解反应，使二次反应增加，乙烯损失随之增加，故需将裂解炉出口的高温裂解气加以急冷，当温度降到 650℃ 以下时，裂解反应基本终止。

表 5-6　不同原料的稀释蒸汽比

裂解原料	稀释蒸汽比
乙烷	0.3～0.35
丙烷	0.3～0.4
丁烷	0.3～0.4
石脑油	0.5～0.6
轻柴油	0.7～0.8
减压柴油	0.85～1.0

五、石油烃热裂解的工艺流程

(一) 裂解工艺流程

以原料是轻柴油的裂解为例，裂解工艺流程包括原料供给和预热系统、裂解和高压水蒸气系统、急冷油和燃料油系统、急冷水和稀释水蒸气系统。图 5-3 所示是轻柴油裂解工艺流程。

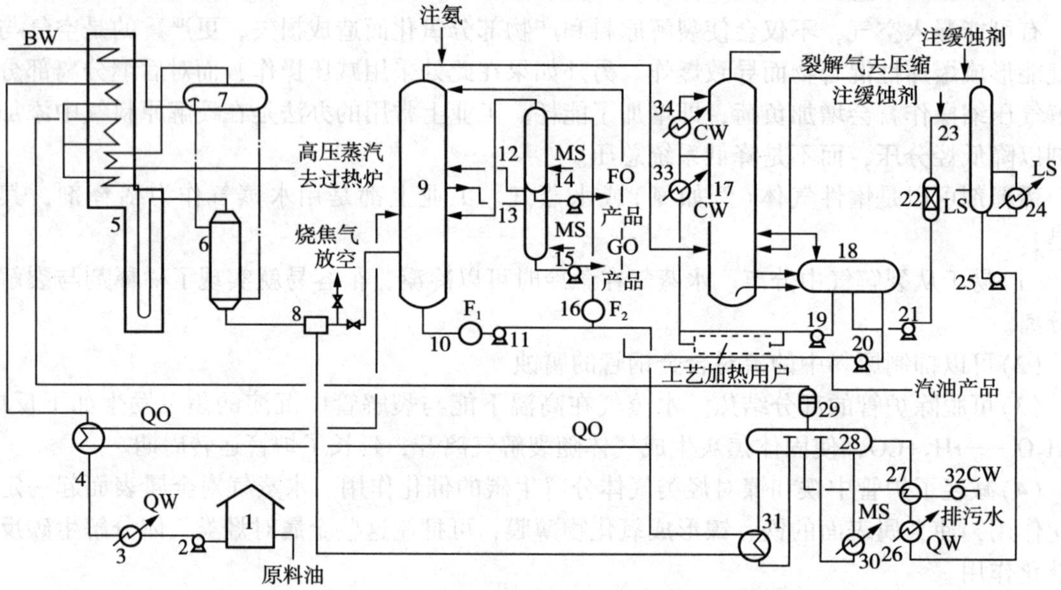

图 5-3　轻柴油裂解工艺流程

1—原料油储罐；2—原料油泵；3、4—原料油预热器；5—裂解炉；6—急冷换热器；7—汽包；8—急冷器；9—油洗塔；10—急冷油过滤器；11—急冷油循环泵；12—燃料油汽提塔；13—裂解轻柴油汽提塔；14—燃料油输送泵；15—裂解轻柴油输送泵；16—燃料油过滤器；17—水洗塔；18—油水分离器；19—急冷水循环泵；20—汽油回流泵；21—工艺水泵；22—工艺水过滤器；23—工艺水汽提塔；24—再沸器；25—稀释蒸汽发生器给水泵；26、27—预热器；28—稀释蒸汽发生器汽包；29—分离器；30—中压蒸汽加热器；31—急冷油换热器；32—排污水冷却器；33、34—急冷水冷却器　QW—急冷水；CW—冷却水；MS—中压水蒸气；LS—低压水蒸气；QO—急冷油；BW—锅炉给水；GO—轻柴油；FO—燃料油

1. 原料油供给和预热系统

原料油由储罐 1 经换热器 3 和 4 与过热的急冷水和急冷油热交换后进入裂解炉的预热段。原料油供给必须保持连续、稳定，否则直接影响裂解操作的稳定性，甚至有损毁炉管的危险。因此原料油泵须有备用泵及自动切换装置。

2. 裂解和高压蒸汽系统

预热过的原料油入对流段初步预热后与稀释蒸汽混合，再进入裂解炉的第二预热段预热到一定温度，然后进入裂解炉辐射段 5 进行裂解。炉管出口的高温裂解气迅速进入急冷换热器 6 中，使裂解反应很快终止。

急冷换热器的给水先在对流段预热并局部汽化后送入高压汽包 7，靠自然对流流入急冷换热器 6 中，产生 11MPa 的高压水蒸气，水和蒸汽的混合物通过废热锅炉的上升管再返回到高压蒸汽汽包内，并在汽包中进行气液相的分离。从汽包送出的高压水蒸气进入裂解炉预热段过热，过热至 470℃后供压缩机的蒸汽透平使用。裂解炉正常运转时，高压蒸汽的压力应在 10. 0~10. 5MPa，不能过低，因为如果蒸汽压力过低，废热锅炉水侧的饱和温度相应降低，金属管壁的温度亦低，裂解气中的重组分会在废热锅炉中冷凝，使废热锅炉快速结焦。

为了保证炉水水质，防止有害物质的积累，汽包设有连续排污和间断排污，连续排污经角阀控制排到高压蒸汽连续排污罐中，排污水在连续排污罐中减压闪蒸产生中压蒸汽，并入中压蒸汽管网(图中未画)。

3. 急冷油和燃料油系统

从急冷换热器 6 出来的裂解气再去油急冷器 8 中用急冷油直接喷淋冷却，然后与急冷油一起进入油洗塔 9，塔顶出来的气体为氢、气态烃和裂解汽油以及稀释水蒸气和酸性气体。

裂解轻柴油从油洗塔 9 的侧线采出，经汽提塔 13 汽提其中的轻组分后，作为裂解轻柴油产品。裂解轻柴油含有大量的烷基萘，是制萘的好原料，常称为制萘馏分。塔釜采出重质燃料油，自油洗塔釜采出的重质燃料油，一部分经汽提塔 12 汽提出其中的轻组分后，作为重质燃料油产品送出，大部分则作为循环急冷油使用。循环急冷油分两股进行冷却，一股用来预热原料轻柴油之后，返回油洗塔作为塔的中段回流，另一股用来发生低压稀释蒸汽 31，急冷油本身被冷却后循环送至急冷器作为急冷介质，对裂解气进行冷却。

急冷油系统常会出现结焦堵塞而危及装置的稳定运转，结焦产生原因有两个：一是急冷油与裂解气接触后超过 300℃时不稳定，会逐步缩聚成易于结焦的聚合物；二是不可避免地由裂解管、急冷换热器带来的焦粒。因此在急冷油系统内设置 6mm 滤网的过滤器 10，并在急冷器油喷嘴前设较大孔径的滤网和燃料油过滤器 16。

4. 急冷水和稀释水蒸气系统

裂解气在油洗塔 9 中脱除重质燃料油和裂解轻柴油后，由塔顶采出进入水洗塔 17，此塔的塔顶和中段用急冷水喷淋，使裂解气冷却，其中一部分的稀释水蒸气和裂解汽油就冷凝下来。冷凝下来的油水混合物由塔釜引至油水分离器 18，分离出的水一部分供工艺加热用，冷却后的水再经急冷水换热器 33 和 34 冷却后，分别作为水洗塔 17 的塔顶和中段回流，此部分的水称为急冷循环水，另一部分相当于稀释水蒸气的水量，由工艺水泵 21 经过滤器 22 送入汽提塔 23，将工艺水中的轻烃汽提回水洗塔 17，保证塔釜中含油少于 100μg/g。此工艺水由稀释水蒸气发生器给水泵 25 送入稀释水蒸气发生器汽包 28，再分别由中压水蒸气加热器 30 和急冷油换热器 31 加热汽化产生稀释水蒸气，经气液分离器 29 分离后再送入裂解炉。这种稀释水蒸气循环使用系统，节约了新鲜的锅炉给水，也减少了污水的排放量。

油水分离槽18分离出的汽油，一部分由泵20送至油洗塔9作为塔顶回流而循环使用，另一部分从裂解中分离出的裂解汽油作为产品送出。

经脱除绝大部分水蒸气和裂解汽油的裂解气，温度约为40℃送至裂解气压缩系统。

综上所述，石油烃裂解过程中有三个相态的产物，一是气相产物裂解气，其中含有我们的目的产物乙烯和丙烯，但还需要将裂解气进行分离(见第二节)，才能得到聚合级的乙烯和丙烯；二是液相产物，主要有裂解汽油、裂解轻柴油和重质燃料油，其中裂解汽油可用来生产芳烃，裂解轻柴油除制萘外可返回反应器循环使用，重质燃料油一部分做急冷油，也可做燃料使用；三是固相产物即焦和炭，这是我们不希望发生的副反应产生的。

(二)裂解气急冷

从裂解炉出来的裂解气是富含烯烃的气体和大量的水蒸气，温度727~927℃，烯烃反应性很强，若任它们在高温下长时间停留，仍会发生二次反应，引起结焦、烯烃收率下降及生成经济价值不高的副产物，因此需要将裂解炉出口高温裂解气尽快冷却，以终止其裂解反应。当裂解气温度降至650℃以下时裂解反应基本终止。

1. 急冷的方式

(1)间接急冷。裂解炉出来的高温裂解气温度在800~900℃左右，在急冷的降温过程中要释放出大量热，是一个可加利用的热源，为此可用换热器进行间接急冷，回收这部分热量发生蒸汽，以提高裂解炉的热效率，降低产品成本。用于此目的的换热器称为急冷换热器。急冷换热器与汽包所构成的发生蒸汽的系统称为急冷锅炉。也有将急冷换热器称为急冷锅炉或废热锅炉的，使用急冷锅炉有两个主要目的：一是终止裂解反应；二是回收废热，产生高压水蒸气作动力能源以驱动裂解气、乙烯、丙烯的压缩机、汽轮机发电及高压水泵等机械，

(2)直接急冷。直接急冷的方法是在高温裂解气中直接喷入冷却介质，冷却介质被高温裂解气加热而部分汽化，由此吸收裂解气的热量，使高温裂解气迅速冷却。根据冷却介质的不同，直接急冷可分为水直接急冷和油直接急冷。

(3)急冷方式的比较。直接急冷设备费少，操作简单，系统阻力小。由于是冷却介质直接与裂解气接触，传热效果较好，但形成大量含油污水，油水分离困难，且难以利用回收的热量。而间接急冷对能量利用较合理，可回收裂解气被急冷时所释放的热量，经济性较好，且无污水产生。生产中一般都先采用间接急冷，即裂解产物先进急冷换热器取走热量，然后采用直接急冷，即油洗和水洗来降温。

裂解原料的不同，急冷方式有所不同，如裂解原料为气体，则适合的急冷方式为水急冷，而裂解原料为液体时，适合的急冷方式为先油后水。

2. 急冷设备

裂解装置中的五大关键设备是裂解炉、急冷换热器、三机(裂解气压缩机、乙烯压缩机、丙烯压缩机)、冷箱和乙烯球罐。急冷换热器是裂解装置中五大关键设备之一，是间接急冷的关键设备。一般急冷换热器管内走高温裂解气，裂解气的压力约低于0.1MPa，温度高达800~900℃，进入急冷换热器后要在极短的时间(一般在0.1s以下)下降到350~600℃，传热强度约达418.7MJ/($m^2 \cdot h$)。管外走高压热水，压力约为11~12MPa，在此产生高压水蒸气，出口温度为320~326℃。因此急冷换热器具有热强度高，操作条件极为苛刻、管内外必须同时承受较高的温度差和压力差的特点；同时在运行过程中还有结焦问题，所以生产中使用的不同类型的急冷锅炉都是考虑这些特点来研究和开发的，而与普通的换热器不同，具有以下特性：一是在工艺方面要尽量减少重质烃冷凝和焦化，以免堵塞换热管路；具有较长

(不少于45天)的操作周期；尽可能多地回收高品位热能。二是在结构方面要能适应因高温差而形成的巨大应力并易于进行清焦。为解决这些问题采用了高压水换热，发生8.5~14MPa的高压水蒸气，使热交换管具有较高的壁温，以降低传热温差，并针对不同的原料设计适应的管径和长度以保持高流率(停留时间约为0.015s)和较合适的出口温度，以减缓管壁重质烃冷凝和结焦现象。

裂解气急冷锅炉有两种设计方案：一是用加强支承结构强度的方法，来承受因限制高温裂解气的热管沿轴向膨胀而产生的应力；二是应用可适度变形的椭圆形结构的集流管来吸收高温裂解气的热管因高温膨胀产生的应力。第二种方案是大型乙烯生产装置所广泛采用的，典型代表为施米特型双套管式结构的急冷锅炉。这种结构与一般管壳式换热器不同，它用双套管代替单管。高温裂解气走内管，管径2.5~5.0cm，管长为3~6m；高压水和水蒸气走中心管与外套管内环间隙。套管端用椭圆形截面的集流管与中心管相连，组成管排结构代替一般管板。

(三)结焦与清焦

1. 裂解炉和急冷锅炉的结焦

一般来说裂解炉的辐射段、急冷锅炉是比较容易结焦的区域，在对流段气体原料和轻质馏分油裂解时一般不会出现结焦，但随着裂解原料的重质化和二次加工油的加入，对流段的结焦问题也必须予以关注。

一般认为对流段结焦一是由于重质原料(如减压柴油、加氢尾油)在对流段预热时由于在接近高温管壁区域没有完全气化，进料中就形成了高结焦趋势的中间体，进而形成结焦；二是由于重质原料本身就含有较多的不稳定芳烃化合物，在对流段加热时会逐渐缩合成大分子化合物粘在管壁上，逐渐脱氢成为焦。

为减缓对流段的结焦，通常采用二次注汽技术，使最终汽化温度一般比原料露点温度高25℃。进料未汽化前，要避免管内产生雾状流；进料未完全汽化前，管壁温度要低于物料开始裂解的温度，即横跨温度。

在辐射段的结焦主要是通过乙炔途径，其过程如下式所示。

$$C_2H_2 \xrightarrow{-H} C_4H_3 \xrightarrow{-H} C_4H_2 \xrightarrow{-H} C_6H_2 \xrightarrow{-H} C_8H_2 \xrightarrow{-H} \text{焦}$$

影响辐射段炉管结焦的因素包括如下几点：

(1) 原料性质。烃类裂解过程中的结焦母体为原料中的芳烃化合物以及二次反应的生成物。轻质原料裂解时的结焦母体主要是二次反应的生成物，而重质原料裂解时除二次反应的生成物外，原料中的芳烃化合物更是主要结焦母体。柴油裂解时原料中带支链的芳烃是活性很高的结焦母体，其结焦反应的活性高于低裂解深度时所得产品的结焦活性。因此，在馏分油裂解时结焦速度将随原料中的芳烃含量增加而急剧增大。

(2) 裂解深度。轻烃裂解时裂解产品中烯烃和炔烃等的结焦活性远大于原料烷烃的结焦活性，其结焦活性主要取决于裂解产物中的二次反应。故轻烃的结焦速度随裂解深度的提高而增加。

(3) 温度。在裂解深度一定的情况下，结焦速度将随温度的升高而增加。在裂解深度和烃分压一定时，结焦母体的浓度取决于裂解原料的性质。

(4) 烃分压。烃分压不仅影响裂解选择性，也将影响裂解过程的结焦速度。裂解选择性随烃分压的降低而提高，结焦速度随烃分压的降低而减小。故降低烃分压不仅有利于提高选择性，也有利于降低结焦速度。

(5) 停留时间。从裂解反应的动力学分析，缩短停留时间可以减少二次反应的发生，有利于降低结焦反应速度，但在缩短停留时间的同时需要相应增大流速或减小管径。通常在高温裂解时结焦过程由传质过程控制，此时缩短停留时间既有减少结焦母体浓度而降低结焦速度的正面影响，也可能因提高流速或减小管径而有增加结焦速度的负面影响。

高温裂解气在废热锅炉内的结焦主要有高温气相结焦和低温冷凝结焦两种方式。

(1) 高温气相结焦。高温裂解气在废热锅炉中由于高温作用继续发生二次反应，反应析出的游离碳附着在管壁表面而积存为焦垢，这就是通常所说的高温气相结焦，结焦量与温度、停留时间有关，停留时间缩短有利于减少结焦。

轻质油裂解时高温气相结焦是废热锅炉结焦的主要因素。同时由于高温气相结焦与温度和裂解温度有关，结焦在入口端更为明显，一方面是由于入口端温度高，另一方面是由于入口端存在涡流而导致裂解气停留时间增加。

(2) 低温冷凝结焦。在废热锅炉中，管内为高温裂解气，管间为高温沸腾水，由于管外沸腾传热系数比管内对流传热系数高 10 倍以上，故锅炉管壁温度接近高压沸腾水的温度。这样裂解气中沸点高于废热锅炉管壁温度的重质馏分可能在管壁上冷凝，而冷凝物由于较长时间与高温裂解气接触而发生脱氢、缩聚等反应，结果形成管壁上的焦垢，这种结焦机理称之为冷凝物结焦。

重质裂解原料裂解时，由于裂解气中的高沸点组分含量高，废热锅炉内的结焦主要由冷凝结焦所控制。

从冷凝结焦机理可以看出，废热锅炉终期出口温度与裂解气露点温度相适应，只有当废热锅炉出口温度高于裂解气露点温度时，其出口温度才趋于平稳，这就是说裂解气露点温度大体上确定了废热锅炉终期的出口温度。

2. 裂解炉和急冷锅炉的清焦

当出现下列任一情况时应进行清焦：

(1)裂解炉管管壁温度超过设计规定值。裂解过程中炉管内形成焦层的导热系数比金属要低得多，两者分别为：合金管 125~167kJ/(m·h·℃)，焦层 16.7~21kJ/(m·h·℃)，因此热阻值随焦层厚度增加的幅度相当可观。这样随焦层厚度的增加，在相同热强度下的管壁表面温度相应升高，当升高到材质最高允许温度时就要停炉烧焦。

(2)裂解炉辐射段入口压力增加值超过设计值。随着焦层厚度的增加，实际管径随之缩小，炉管阻力降相应增大，当增大到一定程度时，管内的裂解过程就会因烃分压升高而明显恶化，此时就需要停炉清焦。所以炉管阻力降或炉入口压力增加值是限制管式裂解炉清焦周期的又一重要因素，工业上管式裂解炉中一般限定管入口压力增加值不超过 70kPa。

(3)废热锅炉出口温度超过设计允许值，或废热锅炉进出口压差超过设计允许值。裂解气在废热锅炉中生成的焦垢，一方面由于热阻的增加而使废热锅炉裂解气出口温度增加；另一方面由于焦垢生成而使管内径减小导致废热锅炉阻力降增加。当出口温度或阻力降增长至一定程度后就需要停炉清焦。在实际生产中通常是在废热锅炉阻力降超过 30kPa，或裂解炉入口压力增加 70kPa 时进行停炉清焦。

停炉清焦需 3~4 天时间，这样会减少全年的运转日数，设备生产能力不能充分发挥。不停炉清焦(也称在线清焦)是一个改进，就是不将裂解炉完全停车和拆开，与传统的烧焦方式相比，在线烧焦具有明显的优势。一是裂解炉没有升降温过程，可以延长炉管的使用寿命，并可节省裂解炉升降温过程中燃料与稀释蒸汽的消耗；二是由于在线烧焦，裂解炉离线时间短，可以提高开工率，并可增加乙烯与超高压蒸汽的产量。

六、主要设备——裂解炉

烃类裂解的主要反应设备是裂解炉，也是裂解装置中的五大关键设备之一。它既是乙烯装置的核心，又是挖掘节能潜力的关键设备。

(一)管式炉的基本结构

为了提高乙烯收率和降低原料和能量消耗，多年来管式炉技术取得了较大进展，并不断开发出各种新炉型。尽管管式炉有不同型式，但从结构上看总是包括对流段(或称对流室)和辐射段(或称辐射室)组成的炉体、炉体内适当布置的由耐高温合金钢制成的炉管、燃料燃烧器等三个主要部分。管式炉的基本结构如图 5-4 所示。

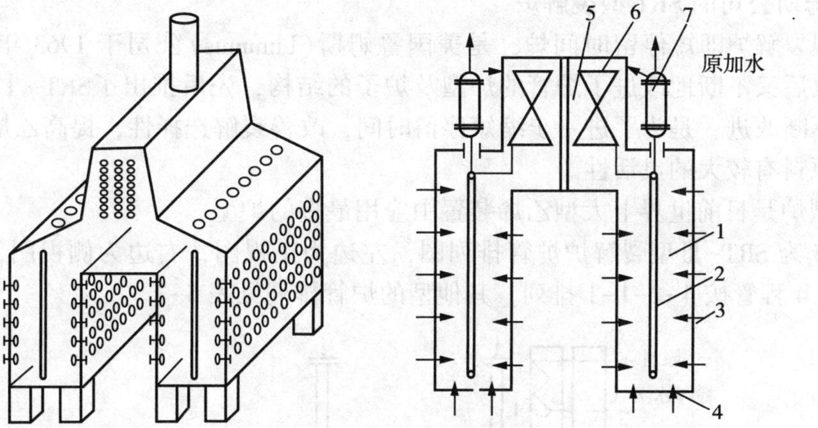

图 5-4 裂解炉基本结构

1—辐射段；2—垂直辐射管；3—侧壁燃烧器；4—底部燃烧器；5—对流段；6—对流管；7—换热器

1. 炉体

炉体由两部分组成，即对流段和辐射段。对流段内设有数组水平放置的换热管用来预热原料、工艺稀释水蒸气、急冷锅炉进水和过热的高压蒸汽等；辐射段由耐火砖(里层)和隔热砖(外层)砌成，在辐射段炉墙或底部的一定部位安装有一定数量的燃烧器，所以辐射段又称为燃烧室或炉膛，裂解炉管垂直放置在辐射室中央。为放置炉管还有一些附件如管架、吊钩等。

2. 炉管

炉管前一部分安置在对流段的称为对流管，对流管内物料被管外的高温烟道气以对流方式进行加热并气化，达到裂解反应温度后进入辐射管，故对流管又称为预热管。炉管后一部分安置在辐射段的称为辐射管，通过燃料燃烧的高温火焰、产生的烟道气、炉墙辐射加热将热量经辐射管管壁传给物料，裂解反应在该管内进行，故辐射管又称为反应管。

在管式炉运行时，裂解原料的流向是先进入对流管，再进入辐射管，反应后的裂解产物离开裂解炉经急冷段给予急冷。燃料在燃烧器燃烧后，则先在辐射段生成高温烟道气并向辐射管提供大部分反应所需热量。然后烟道气再进入对流段，把余热提供给刚进入对流管内的物料，然后经烟道从烟囱排放。烟道气和物料是逆向流动的，这样热量利用更为合理。

3. 燃烧器

燃烧器又称为烧嘴，它是管式炉的重要部件之一。管式炉所需的热量是通过燃料在燃烧器中燃烧得到的。性能优良的烧嘴不仅对炉子的热效率、炉管热强度和加热均匀性起着十分重要的作用，而且使炉体外形尺寸缩小，结构紧凑、燃料消耗低，烟气中 NO_x 等有害气体含量低。烧嘴因其所安装的位置不同分为底部烧嘴和侧壁烧嘴。管式裂解炉的烧嘴设置方式可分为三种：一是全部由底部烧嘴供热；二是全部由侧壁烧嘴供热；三是由底部和侧壁烧嘴联合供热。世界各大公司为了降低建设和维护费用，减少燃烧器数目，以便与空气预热器或燃气轮机联用和大型裂解炉相配套，都在大力开发长火焰超大能力底部燃烧器。侧壁燃烧器则由多排逐渐变为一排，甚至采用 100% 底部供热。按所用燃料不同，又分为气体燃烧器、液体(油)燃烧器和气油联合燃烧器。

(二)管式裂解炉的炉型

1. 鲁姆斯公司的 SRT 型裂解炉

SRT 型裂解炉即短停留时间炉，是美国鲁姆斯(Lummus)公司于 1963 年开发，1965 年工业化，以后又不断地改进了炉管的炉型及炉子的结构，先后推出了SRT-Ⅰ~Ⅵ型裂解炉，该炉型的不断改进，是为了进一步缩短停留时间，改善裂解选择性，提高乙烯的收率，对不同的裂解原料有较大的灵活性。

SRT 型炉是目前世界上大型乙烯装置中应用最多的炉型。

图 5-5 为 SRT-Ⅲ型裂解炉炉管排列图，左边为正视图，右边为侧视图，一个炉子有 4 组裂解管，4 程管按 4-2-1-1 排列。其他型的炉管排列见表 5-7。

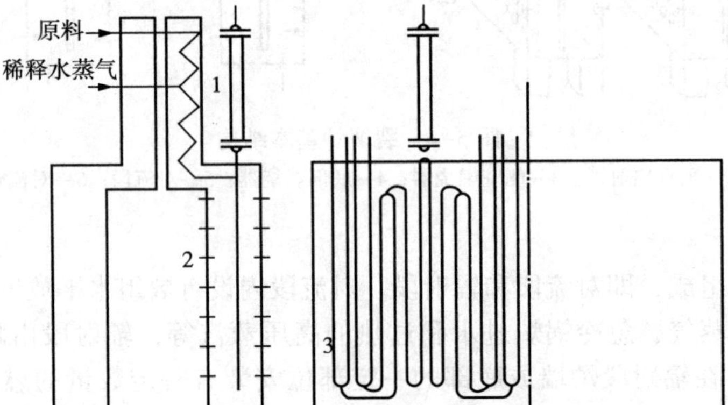

图 5-5　SRT-Ⅲ型裂解炉炉管排列图

1—急冷换热器；2—侧壁燃烧器；3—辐射炉管；4—底部燃烧器

为进一步缩短停留时间并相应提高裂解温度，Lummus 公司在 20 世纪 80 年代相继开发了 SRT-Ⅳ型和 SRT-Ⅴ型裂解炉，其辐射盘管为多分支变径管，管长进一步缩短。其高生产能力盘管(HC 型)为 4 程盘管，而高选择性盘管(HS 型)则为双程盘管。SRT-Ⅴ型与 SRT-Ⅳ型裂解炉辐射盘管的排列和结构相同，SRT-Ⅳ型为光管，而 SRT-Ⅴ型裂解炉的辐射盘管则为带内翅片的炉管。内翅片可以增加管内给热系数，降低管内传热的热阻，由此相应将低管壁温度延长清焦周期。表 5-7 所示为了适应高温-短停留时间，Lummus 的 SRT 裂解炉的炉管作了如下变革：SRT 型裂解炉炉管由长变短、分支变径、先细后粗(均管径变异管径)、程数变少、圆管变椭圆管(其他炉)、炉管排列变化、管材变化(耐温越来越高)等。

表 5-7 SRT 型裂解炉辐射盘管

项 目	SRT-Ⅰ	SRT-Ⅱ	SRT-Ⅲ
炉管排列	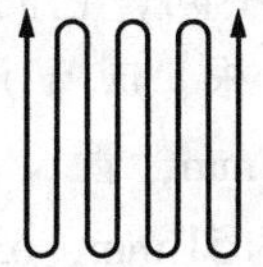	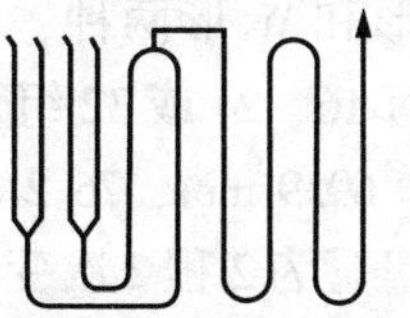	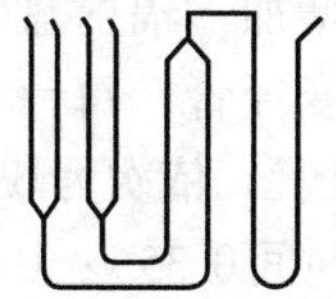
程数	8P	6P33	4P40
管长/m	80~90	60.6	51.8
管径/mm	75~133	64 96 152	64 89 146
		1 程 2 程 3~6 程	1 程 2 程 3~4 程
表观停留时间/s	0.6~0.7	0.47	0.38

项 目	SRT-Ⅳ SRT-Ⅴ	SRT-Ⅵ
炉管排列	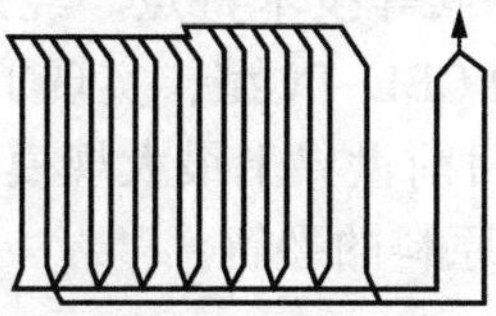	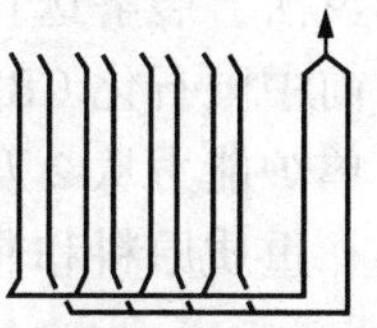
程数	2 程(16~2)	2 程(8~2)
管长/m	21.9	约 21
管径/mm	41.6 116	>50 >100
	1 程 2 程	1 程 2 程
表观停留时间/s	0.21~0.3	0.2~0.3

2. 凯洛格(现为 KBR)公司的毫秒裂解炉

图 5-6 为毫秒裂解炉炉管的排列情况，采用直径较小的单程直管，不设弯头以减少压降。管内径为 24~28 mm，管长为 10~13 m。原料烃和稀释蒸气混合物在对流段预热至物料横跨温度后，通过横跨管(共 2 根)和猪尾管(起均布流体作用)由裂解炉底部送入辐射管，物料由下向上流动，由辐射室顶部出辐射管进入第一废热锅炉。

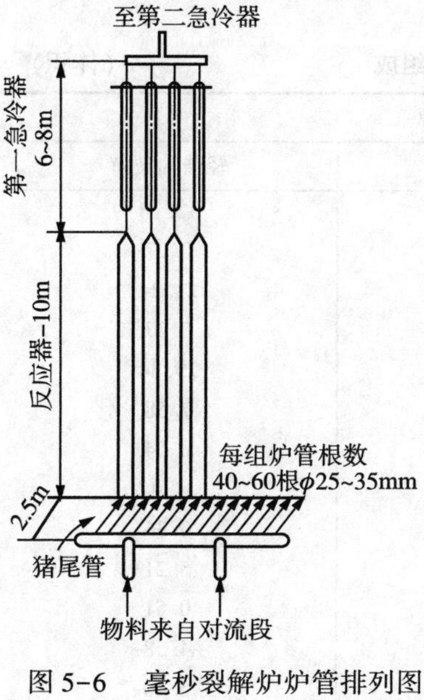

图 5-6 毫秒裂解炉炉管排列图

毫秒炉由于管径较小，所需炉管数量多，致使裂解炉结构复杂，投资相对较高。因裂解管是一程，没有弯头，阻力降小，烃分压低，因此乙烯收率比其他炉型高。

3. 斯通-韦伯斯特公司的 USC 裂解炉

超选择性裂解炉简称 USC 炉，它是美国斯通-韦伯斯特(Stone & Webster)公司在 20 世纪 70 年代开发的一种炉型，USC 裂解技术是根据停留时间、裂解温度和烃分压条件的选择，使生成的产品中乙烷等副产品较少，乙烯收率较高而命名的。短的停留时间和低的烃分压使裂解反应具有良好的选择性。

S&W 公司认为，在低烃分压的条件下停留时间对裂解选择性的影响远比烃分压的影响更为显著，缩短停留时间最有效的途径就是缩短辐射盘管的长度。在给定的裂解深度和质量流速下，只有通过缩小辐射管直径，增加表面热强度才能达到此目的，辐射盘管直径缩小，在相同的生产能力下意味着辐射盘管的数量要增加，辐射盘管有U形和W形两种，与SRT炉不同，它们均为不分支变径管，每台USC炉有16、24或32组管，每组4根，成W形，4程4次变径，依次为63.5 mm、69.9 mm、76.2 mm、82.9 mm，管长43.9 m，停留时间0.35 s；U形辐射盘管为2程2次变径，依次为51 mm，63.5 mm，管长26.9 m，停留时间0.2~0.25 s。图5-7为W形炉管的排列方式。

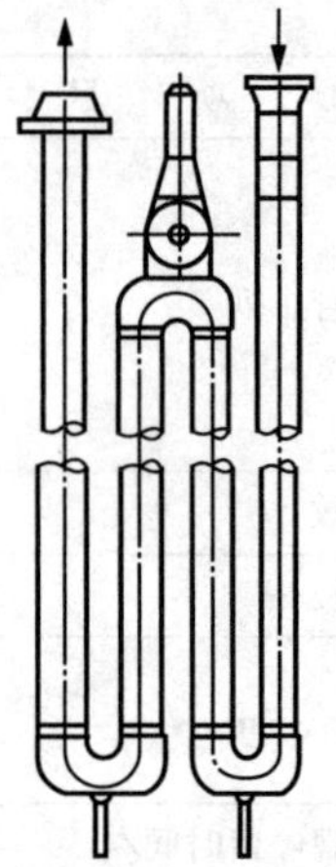

图5-7　USC裂解炉炉管图

目前，工业装置中所采用的管式炉裂解技术有十几种，除以上介绍的外，还有KTI公司的GK裂解炉，Linde公司的LSCC型裂解炉等。

我国在20世纪90年代由北京化工研究院，中国石化工程建设公司，兰州化工机械研究院等单位设计开发了CBL系列裂解炉(C代表中国CHINA，B代表北方，L代表炉)。该裂解炉具有原料适应性强，裂解炉操作灵活，裂解选择性高，乙烯能耗低等技术特点。经过持续的研发，目前中国石化CBL裂解炉已发展到CBL-IX型，实现了系列化、大型化，单炉能力从2万t/a乙烯发展到目前世界上最大规模的30万t/a乙烯，而且可适应轻质原料、重质原料和非常规原料等复杂原料的裂解。

第二节　裂解产物的深冷分离技术

一、裂解气的组成及分离方法

(一)裂解气的组成及分离要求

石油烃裂解的气态产品裂解气是一个多组分的气体混合物，其中含有许多低级烃类，主要是甲烷、乙烯、乙烷、丙烯、丙烷与C_4、C_5、C_6等烃类，此外还有氢气和少量杂质如H_2S和CO_2、H_2O、炔烃、CO等，其具体组成随裂解原料、裂解方法和裂解条件不同而异。表5-8列出了用不同裂解原料所得裂解气的组成。

表5-8　不同裂解原料得到的几种裂解气组成　　%(体积)

组分	原料来源		
	乙烷裂解	石脑油裂解	轻柴油裂解
H_2	34.0	14.09	13.18
$CO+CO_2+H_2S$	0.19	0.32	0.27
CH_4	4.39	26.78	21.24
C_2H_2	0.19	0.41	0.37
C_2H_4	31.51	26.10	29.34
C_2H_6	24.35	5.78	7.58
C_3H_4	0	0.48	0.54
C_3H_6	0.76	10.30	11.42
C_3H_8	0	0.34	0.36
C_4	0.18	4.85	5.21
C_5	0.09	1.04	0.51
C_6	0	4.53	4.58
H_2O	4.36	4.98	5.40

要得到高纯度的单一的烃，如重要的基本有机原料乙烯、丙烯等，就需要将它们与其他烃类和杂质等分离开来，并根据工业上的需要，使之达到一定的纯度，这一操作过程称为裂解气的分离。各种有机产品的合成，对于原料纯度的要求是不同的。有的产品对原料纯度要求不高，例如用乙烯与苯烷基化生产乙苯时，对乙烯纯度要求不太高。对于聚合用的乙烯和丙烯的质量要求则很严，生产聚乙烯、聚丙烯要求乙烯、丙烯纯度在99.9%或99.5%以上，其中有机杂质不允许超过5~10μg/g。这就要求对裂解气进行精细的分离和提纯，所以分离的程度可根据后续产品合成的要求来确定。

(二)裂解气分离方法简介

裂解气的分离和提纯工艺，是以精馏分离的方法完成的，精馏方法要求将组分冷凝为液态。甲烷和氢气不容易液化，碳二以上的馏分相对地比较容易液化。因此，裂解气在除去甲烷、氢气以后，其他组分的分离就比较容易。所以分离过程的主要矛盾是如何将裂解气中的甲烷和氢气先行分离，解决这对矛盾的不同措施，便构成了不同的分离方法。

工业生产上采用的裂解气分离方法，主要有深冷分离和油吸收精馏分离两种。

油吸收法是利用裂解气中各组分在某种吸收剂中的溶解度不同，用吸收剂吸收除甲烷和氢气以外的其他组分，然后用精馏的方法把各组分从吸收剂中逐一分离。此方法流程简单，动力设备少，投资少，但技术经济指标和产品纯度差，现已被淘汰。

工业上一般把冷冻温度高于-50℃称为浅度冷冻(简称浅冷)；而在-100~-50℃之间称为中度冷冻；把等于或低于-100℃称为深度冷冻(简称深冷)。

深冷分离是在-100℃左右的低温下，将裂解气中除了氢和甲烷以外的其他烃类全部冷凝下来。然后利用裂解气中各种烃类的相对挥发度不同，在合适的温度和压力下，以精馏的方法将各组分分离开来，达到分离的目的。因为这种分离方法采用了-100℃以下的冷冻系统，故称为深度冷冻分离，简称深冷分离。

深冷分离法是目前工业生产中广泛采用的分离方法。它的经济技术指标先进，产品纯度高，分离效果好，但投资较大，流程复杂，动力设备较多，需要大量的耐低温合金钢。因此，适宜于加工精度高的大工业生产。本章重点介绍裂解气的精馏分离的深冷分离方法。

在深冷分离过程中，为把复杂的低沸点混合物分离开来需要有一系列操作过程组合。但无论各操作的顺序如何，总体可概括为三大部分。

(1)压缩和冷冻系统。该系统的任务是加压、降温，以保证分离过程顺利进行。

(2)气体净化系统。为了排除对后继操作的干扰，提高产品的纯度，通常设置有脱酸性气体、脱水、脱炔和脱一氧化碳等操作过程。

(3)低温精馏分离系统。这是深冷分离的核心，其任务是将各组分进行分离并将乙烯、丙烯产品精制提纯。它由一系列塔器构成，如脱甲烷塔，乙烯精馏塔和丙烯精馏塔等。

下面就按以上三大系统顺序，分别详细介绍。

二、压缩与制冷

裂解气分离过程中需加压、降温，所以必须进行压缩与制冷来保证生产的要求。

(一)裂解气的压缩

低级烃类在常温常压下是气体，其沸点很低，如在常压条件下把它们冷凝下来进行分离，就要冷却到极低的温度。这不仅需要大量的冷量，而且要用很多耐低温钢材制造的设备，无疑增大了投资和能耗，在经济上不够合理。

根据物质的冷凝温度随压力增加而升高的规律，可对裂解气加压，从而使各组分的冷凝点升高，即提高深冷分离的操作温度，不同压力下某些组分的沸点见表 5-9。从表中我们可以看出，乙烯在常压下沸点是-104℃，即乙烯气体需冷却到-104℃才能冷凝为液体，但当加压到 1MPa 时，只需冷却到-55℃即可。再例如生产中当脱甲烷塔压力为 0.5MPa 时，为分离甲烷所需塔顶温度需下降到-140~-130℃，而脱甲烷塔操作压力为 3.0MPa 时，为分离甲烷所需塔顶温度上升为-100~-90℃之间。所以生产中采用对裂解气加压的方法，这既有利于分离，又可节约冷冻量和低温材料。

表 5-9　不同压力下某些组分的沸点　℃

组分 \ 压力	0.1MPa	1.0MPa	1.5MPa	2.0MPa	2.5MPa	3.0MPa
H_2	-263	-244	-239	-238	-237	-235
CH_4	-162	-129	-114	-107	-101	-95
C_2H_4	-104	-55	-39	-29	-20	-13
C_2H_6	-86	-33	-18	-7	3	11
C_3H_6	-47.7	9	29	37	44	47

虽然加压可以节约冷冻量和低温材料，但也不能任意加压，压力增高，对设备材料强度要求增高，动力消耗增大；加大压力后会使烃类相对挥发度降低，增加了分离的困难。因此，在深冷分离中要采用经济上合理而技术上可行的压力，一般为 3.54~3.95MPa。

还要注意裂解气经压缩后，不仅会使压力升高，而且气体温度也会升高，裂解气重组分中的二烯烃易发生聚合，生成的聚合物沉积在压缩机内，严重危及操作的正常进行。而二烯烃的聚合速度与温度有关，温度愈高聚合速度愈快。同时温度升高，还会使压缩机润滑油黏度下降，从而使压缩机运转不能正常进行。所以裂解气压缩后的气体温度必须要限制，压缩机出口温度一般不能超过 100℃，在生产上主要是通过裂解气的多段压缩和段间冷却相结合的方法来实现。裂解气段间冷却通常采用水冷，相应各段入口温度一般为 38~40℃左右。图 5-8 为四段压缩的一个示意图。

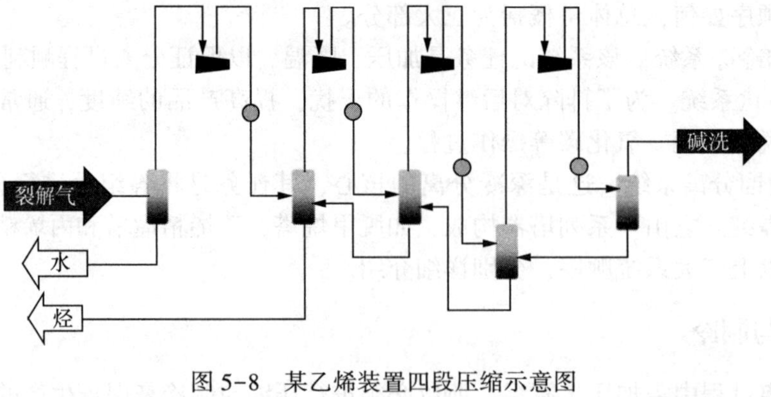

图 5-8　某乙烯装置四段压缩示意图

下面再以轻柴油为裂解原料的 30×10⁴t/a 乙烯五段压缩为例，观察一下主要指标（表 5-10）：

由图 5-8 和表 5-10 可以看出，通过多段压缩和段间冷却相结合的方法，不仅使各段出口温度都小于 100℃，同时对裂解气压缩冷却还能除掉相当量的水分和重质烃，可减少后继干燥及低温分离的负担。提高裂解气压力还有利于裂解气的干燥过程，提高干燥过程的操作压力，可以提高干燥剂的吸湿量，减少干燥器直径和干燥剂用量，提高干燥度。所以裂解气的分离首先需进行压缩。

表 5-10　五段压缩进出口主要指标

主要指标	Ⅰ段	Ⅱ段	Ⅲ段	Ⅳ段	Ⅴ段
进口温度/℃	40	38	38	40	37
进口压力/MPa	0.135	0.259	0.539	1.023	1.94
出口温度/℃	93.4	93.4	93.4	91.2	91.7
出口压力 MPa	0.286	0.579	1.133	1.99	3.793
压缩比	2.12	2.23	2.10	1.95	1.96

采用多段压缩还可以节省压缩做功的能量，因为压缩机压缩过程接近绝热压缩，功耗大于等温压缩，若把压缩分为多段进行，段间冷却移热，则可节省部分压缩功，段数愈多，愈接近等温压缩。根据深冷分离法对裂解气的压力要求及裂解气压缩过程中的特点，目前工业上对裂解气大多采用三段至五段压缩。

同时压缩机采用多段压缩可减少压缩比，也便于在压缩段之间进行净化与分离，例如脱酸性气体、干燥和脱重组分可以安排在段间进行。

（二）制冷

深冷分离裂解气需要把温度降到-100℃以下。为此，需向裂解气提供低于环境温度的冷剂，获得冷量的过程称为制冷。深冷分离中常用的制冷方法有两种：冷冻循环制冷和节流膨胀制冷。

1. 冷冻循环制冷

冷冻循环制冷的原理是利用制冷剂自液态汽化时，要从物料或中间物料吸收热量因而使物料温度降低的过程。所吸收的热量，在热值上等于它的汽化潜热。液体的汽化温度（即沸点）是随压力的变化而改变的，压力越低，相应的汽化温度也越低。

（1）氨蒸汽压缩制冷。氨蒸气压缩制冷系统可由四个基本过程组成，如图 5-9 所示。

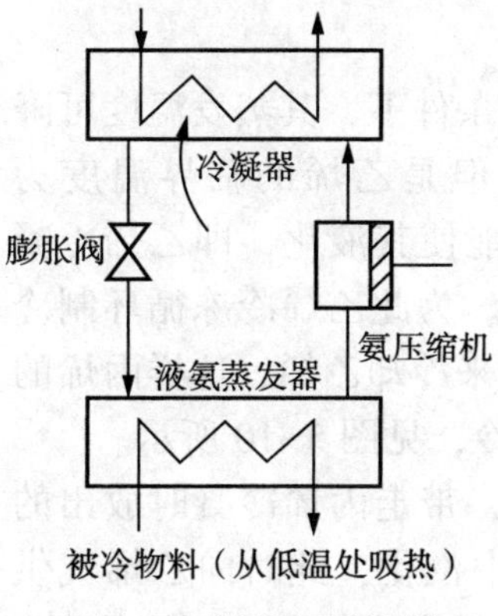

图 5-9　氨蒸气压缩制冷系统示意图

①蒸发。在低压下液氨的沸点很低，如压力为 0.12MPa 时沸点为-30℃。液氨在此条件下，在蒸发器中蒸发变成氨蒸气，则必须从通入液氨蒸发器的被冷物料中吸取热量，产生制冷效果，使被冷物料冷却到接近-30℃。

②压缩。蒸发器中所得的是低温、低压的氨蒸气。为了使其液化首先通过氨压缩机压缩，使氨蒸气压力升高。

③冷凝。高压下的氨蒸气的冷凝点是比较高的。例如把氨蒸气加压到 1.55MPa 时，其冷凝点是 40℃，此时可由普通冷水做冷却剂，使氨蒸气在冷凝器中变为液氨。

④膨胀。若液氨在 1.55MPa 压力下汽化，由于沸点为 40℃，不能得到低温，为此，必须把高压下的液氨，通过节流阀降压到 0.12MPa，若在此压力下汽化，温度可降到-30℃。节流膨胀后形成低压，低温的汽液混合物进入蒸发器。在此液氨又重新开始

下一次低温蒸发，形成一个闭合循环操作过程。

氨通过上述四个过程构成了一个循环，称之为冷冻循环。这一循环必须由外界向循环系统输入压缩功才能进行，因此，这一循环过程是消耗了机械功，换得了冷量。

氨是上述冷冻循环中完成转移热量的一种介质，工业上称为制冷剂或冷冻剂，冷冻剂本身物理化学性质决定了制冷温度的范围。如液氨降压到 0.098MPa 时进行蒸发，其蒸发温度为-33.4℃，如果降压到 0.011MPa，其蒸发温度为-40℃，但是在负压下操作是不安全的。因此，用氨作制冷剂不能获得-100℃的低温。所以要获得-100℃的低温，必须用沸点更低的气体作为制冷剂。

原则上沸点低的物质都可以用作制冷剂，而实际选用时则需选用可以降低制冷装置投资、运转效率高，来源容易、毒性小的制冷剂。对乙烯装置而言，乙烯和丙烯为本装置产品，已有储存设施，且乙烯和丙烯已具有良好的热力学特性，因而均选用乙烯和丙烯作为制冷剂。在装置开工初期尚无乙烯产品时，可用混合 C_2 馏分代替乙烯作为制冷剂，待生产出合格乙烯后再逐步置换为乙烯。

(2)丙烯制冷系统。在裂解气分离装置中，丙烯制冷系统为装置提供-40℃以上温度级的冷量。其主要冷量用户为裂解气的预冷、乙烯制冷剂冷凝、乙烯精馏塔、脱乙烷塔、脱丙烷塔塔顶冷凝等。最大用户是乙烯精馏塔塔顶冷凝器，约占丙烯制冷系统总功率的 60%~70%；其次是乙烯制冷剂的冷凝和冷却占 17%~20%。在需要提供几个温度级冷量时，可采用多级节流多级压缩多级蒸发，以一个压缩机组同时提供几种不温度级冷量，如丙烯冷剂从冷凝压力逐级节流到 0.9MPa、0.5MPa、0.26MPa、0.14MPa，并相应制取 16℃、-5℃、-24℃、-40℃四个不同温度级的冷量。

(3)乙烯制冷系统。乙烯制冷系统用于提供裂解气低温分离装置所需-102~-40℃各温度级的冷量。其主要冷量用户为裂解气在冷箱中的预冷以及脱甲烷塔塔顶冷凝。如对高压脱甲烷的顺序分离流程，乙烯制冷系统冷量的 30%~40%用于脱甲烷塔塔顶冷凝，其余 60%~70%用于裂解气脱甲烷塔进料的预冷。大多数乙烯制冷系统均采用三级节流的制冷循环，相应提供三个温度级的冷量，通常提供-50℃、-70℃、100℃左右三个温度级的冷量。

(4)乙烯-丙烯复迭制冷。用丙烯作制冷剂构成的冷冻循环制冷过程，把丙烯压缩到 1.864MPa 的条件下，丙烯的冷凝点为 45℃，很容易用冷水冷却使之液化，但是在维持压力不低于常压的条件下，其蒸发温度受丙烯沸点的限制，只能达到-45℃左右的低温条件，即在正压操作下用丙烯作制冷剂，不能获得-100℃的低温条件。

用乙烯作制冷剂构成冷冻循环制冷中，维持压力不低于常压的条件下，其蒸发温度可降到-103℃左右，即乙烯作制冷剂可以获得-100℃的低温条件，但是乙烯的临界温度为 9.9℃，临界压力为 5.15MPa，在此温度之上不论压力多大，也不能使其液化，即乙烯冷凝温度必须低于其临界温度 9.9℃，所以不能用普通冷却水使之液化。为此乙烯冷冻循环制冷中的冷凝器需要使用制冷剂冷却。工业生产中常采用丙烯作制冷剂来冷却乙烯，这样丙烯的冷冻循环和乙烯冷冻循环制冷组合在一起，构成乙烯-丙烯复迭制冷，见图 5-10 所示。

在乙烯-丙烯复迭制冷循环中，冷水在换热器 2 中向丙烯供冷，带走丙烯冷凝时放出的热量，丙烯被冷凝为液体，然后经节流膨胀降温，在复迭换热器中汽化，此时向乙烯气供冷，带走乙烯冷凝时放出的热量，乙烯气变为液态乙烯，液态乙烯经膨胀阀降压到换热器 1 中汽化，向被冷物料供冷，可使被冷物料冷却到-100℃左右。复迭换热器既是丙烯的蒸发器(向乙烯供冷)，又是乙烯的冷凝器(向丙烯供热)。当然在复迭换热器中一定要有温差存

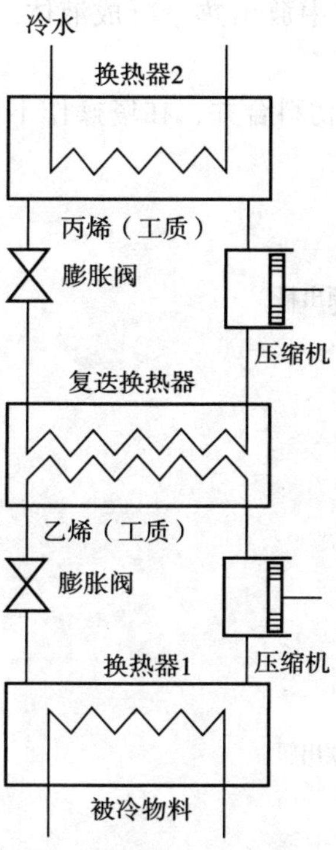

图 5-10 乙烯-丙烯复迭制冷

在，即丙烯的蒸发温度一定要比乙烯的冷凝温度低，才能组成复迭制冷循环。

(5)甲烷-乙烯-丙烯三元复迭制冷。用乙烯作制冷剂在正压下操作，不能获得-103℃以下的制冷温度。生产中需要-103℃以下的低温时，可采用沸点更低的制冷剂，如甲烷在常压下沸点是-161.5℃，因而可制取-160℃温度级的冷量。但是由于甲烷的临界温度是-82.5℃，若要构成冷冻循环制冷，需用乙烯作制冷剂为其冷凝器提供冷量，这样就构成了甲烷-乙烯-丙烯三元复迭制冷。在这个系统中，冷水向丙烯供冷，丙烯向乙烯供冷，乙烯向甲烷供冷，甲烷向低于-100℃冷量用户供冷。

复叠制冷循环的主要缺陷是制冷机组多，又需有储存制冷剂的设施，相应投资较大，操作较复杂，而在乙烯装置中所需制冷温度的等级多，所需制冷剂又是本装置的产品，储存设施完善，加上复叠制冷循环能耗低，因此在乙烯装置中仍广泛采用复迭制冷。

2. 节流膨胀制冷

所谓节流膨胀制冷就是气体由较高的压力通过一个节流阀迅速膨胀到较低的压力，由于过程进行得非常快，来不及与外界发生热交换，膨胀所需的热量必须由自身供给，从而引起温度降低。

工业生产中脱甲烷分离流程中，利用脱甲烷塔顶尾气的自身节流膨胀可降温到获得-160～-130℃的低温。

3. 热泵

常规的精馏塔都是从塔顶冷凝器取走热量，由塔釜再沸器供给热量，通常塔顶冷凝器取走的热量是塔釜再沸器加入热量的90%左右，能量利用很不合理。如果能将塔顶冷凝器取走的热量传递给塔釜再沸器，就可以大幅度地降低能耗。但同一塔的塔顶温度总是低于塔釜温度，根据热力学第二定律，“热量不能自动地从低温流向高温”，所以需从外界输入功。这种通过做功将热量从低温热源传递给高温热源的供热系统称为热泵系统。该热泵系统是既向塔顶供冷又向塔釜供热的制冷循环系统。

常用的热泵系统有闭式热泵系统、开式A型热泵系统和开式B型热泵系统等几种。如图5-11所示。

闭式热泵：塔内物料与制冷系统介质之间是封闭的，而用外界的工作介质为制冷剂。液态制冷剂在塔顶冷凝器5中蒸发，使塔顶物料冷凝，蒸发的制冷剂气体再进入压缩机1升高压力，然后在塔釜再沸器2中冷凝为液体，放出的热量传递给塔釜物料，液体制冷剂通过节流阀4降低压力后再去塔顶换热完成一个循环，这样塔顶低温处的热量，通过制冷剂而传到塔釜高温处。在此流程中制冷循环中的制冷剂冷凝器与塔釜再沸器合成一个设备，在此设备中，制冷剂冷凝放热，而釜液吸热蒸发。闭式热泵特点是操作简便、稳定，物料不会污染，出料质量容易保证。但流程复杂，设备费用较高。

开式A型热泵流程不用外来制冷剂，直接以塔顶蒸出低温烃蒸气作为制冷剂，经压缩提高压力和温度后送去塔釜换热，放出热量而冷凝成液体。凝液部分出料，部分经节流降温后流入塔。此流程省去了塔顶换热器。

开式B型热泵流程，直接以塔釜出料为制冷剂，经节流后送至塔顶换热，吸收热量蒸发为气体，再经压缩升压升温后返回塔釜。塔顶烃蒸气则在换热过程中放出热量凝成液体。此流程省去了塔釜再沸器。

开式热泵特点是流程简单，设备费用较闭式热泵少，但制冷剂与物料合并，在塔操作不稳定时，物料容易被污染，因此自动化程度要求较高。

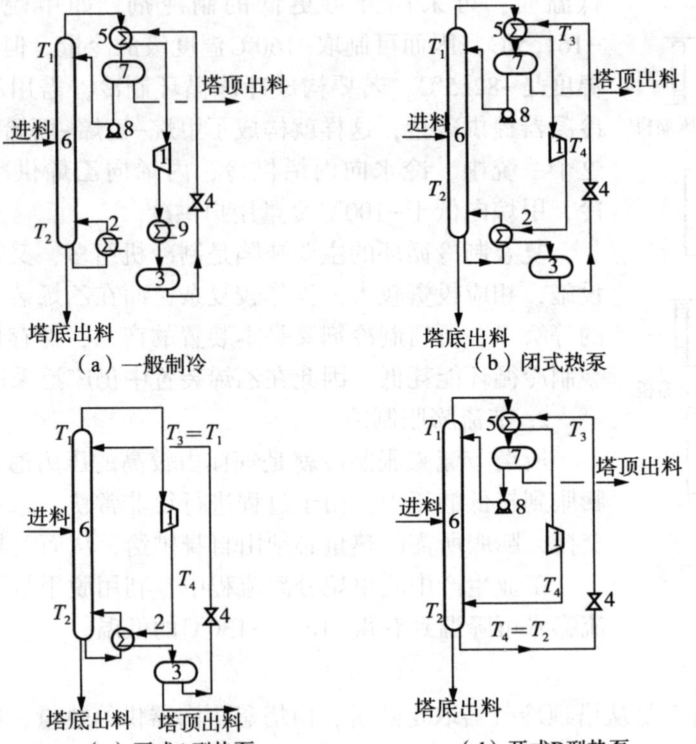

(a) 一般制冷　(b) 闭式热泵

(c) 开式A型热泵　(d) 开式B型热泵

图 5-11　热泵的几种形式

1—压缩机；2—再沸器；3—制冷剂储罐；4—节流阀；5—塔顶冷凝器；6—精馏塔；7—回流罐；8—回流泵；9—冷剂冷凝器

在裂解气分离中，可将乙烯制冷系统与乙烯精馏塔组成乙烯热泵，也可将丙烯制冷系统与丙烯精馏塔组成丙烯热泵，两者均可提高精馏的热效率，但必须相应增加乙烯制冷压缩机或丙烯制冷压缩机的功耗。对于丙烯精馏来说，丙烯塔采用低压操作时多用热泵系统。当采用高压操作时，由于操作温度提高，冷凝器可以用冷却水作制冷剂，故不需用热泵。对于乙烯精馏来说，乙烯精馏塔塔顶冷凝器是丙烯制冷系统的最大用户，其用量约占丙烯制冷总功率的60%~70%，采用乙烯热泵不仅可以节约大量的冷量，有显著的节能作用，而且可以省去低温下操作的换热器、回流罐和回流泵等设备，因此乙烯热泵得到了更多的利用。

三、气体净化

裂解气在深冷精馏前首先要脱除其中所含杂质，包括脱酸性气体、脱水、脱炔和脱一氧化碳等。

(一)酸性气体的脱除

裂解气中的酸性气体主要是指 CO_2 和 H_2S 和其他气态硫化物。此外尚含有少量的有机硫化物，如氧硫化碳(COS)、二硫化碳(CS_2)、硫醚(RSR′)、硫醇(RSH)、噻吩等，也可以在脱酸性气体操作过程中除之。

1. 酸性气体的来源

裂解气中的酸性气体一部分是由裂解原料带来的，另一部分是由裂解原料在高温裂解过程中发生反应而生成的。例如：

$$RSH+H_2 \longrightarrow RH+H_2S$$
$$CS_2+2H_2O \longrightarrow CO_2+H_2S$$
$$COS+H_2O \longrightarrow CO_2+H_2S$$
$$C+2H_2O \longrightarrow CO_2+H_2$$
$$CH_4+H_2O \longrightarrow CO_2+4H_2$$

2. 酸性气体的危害

这些酸性气体含量过多时对分离过程会带来危害：H_2S 能腐蚀设备管道，使干燥用的分子筛寿命缩短，还能使加氢脱炔用的催化剂中毒；CO_2 则在深冷操作中会结成干冰，堵塞设备和管道，影响正常生产。酸性气体杂质对于乙烯或丙烯的进一步利用也有危害，例如生产低压聚乙烯时，二氧化碳和硫化物会破坏聚合催化剂的活性。生产高压聚乙烯时，二氧化碳在循环乙烯中积累，降低乙烯的有效压力，从而影响聚合速度和聚乙烯的相对分子质量。所以必须将这些酸性气体脱除。

3. 脱除的方法

工业生产中一般采用吸收法脱除酸性气体，即在吸收塔内让吸收剂和裂解气进行逆流接触，裂解气中的酸性气体则有选择性地进入吸收剂中或与吸收剂发生化学反应。工业生产中常采用的吸收剂有 NaOH 或乙醇胺，用 NaOH 脱酸性气体的方法称碱洗法，用乙醇胺脱酸性气体的方法称乙醇胺法。两种方法具体情况比较见表 5-11。

表 5-11　碱洗法与醇胺法脱除酸性气体的比较

方　法	碱洗法	醇胺法
吸收剂	氢氧化钠（NaOH）	乙醇胺（$HOCH_2CH_2NH_2$）
原理	$CO_2+2NaOH \longrightarrow Na_2CO_3+H_2O$ $H_2S+2NaOH \longrightarrow Na_2S+2H_2O$	$2HOCH_2CH_2NH_2+H_2S \rightleftharpoons (HOCH_2CH_2NH_3)_2S$ $2HOCH_2CH_2NH_2+CO_2 \rightleftharpoons (HOCH_2CH_2NH_3)_2CO_3$
优点	对酸性气体吸收彻底	吸收剂可再生循环使用，吸收液消耗少
缺点	碱液不能回收，消耗量较大	(1)醇胺法吸收不如碱洗彻底 (2)醇胺法对设备材质要求高，投资相应增大 （醇胺水溶液呈碱性，但当有酸性气体存在时，溶液 pH 值急剧下降，从而对碳钢设备产生腐蚀） (3)醇胺溶液可吸收丁二烯和其他双烯烃 （吸收双烯烃的吸收剂在高温下再生时易生成聚合物，由此既造成系统结垢，又损失了丁二烯。）
适用情况	裂解气中酸性气体含量少时	裂解气中酸性气体含量多时

(二)脱水

在乙烯生产过程中，为避免水分在低温分离系统中结冰或形成水合物堵塞管道和设备，需要对裂解气、氢气、乙烯和丙烯进行脱水处理，以保证乙烯生产装置的稳定运行，并保证产品乙烯和丙烯中水分达到规定值。

1. 裂解气脱水

裂解气脱水的相关问题见表 5-12。

表 5-12　裂解气脱水问题总结

水的来源	水的危害	脱水的方法
由于裂解原料在裂解时加入一定量的稀释蒸汽，所得裂解气经急冷水洗和脱酸性气体的碱洗等处理，裂解气中不可避免地带一定量的水(约 400~700mg/m^3)	在低温分离时，水会凝结成冰；另外在一定压力和温度下，水还能与烃类生成白色的晶体水合物，水合物在高压低温下是稳定的。冰和水合物结在管壁上，轻则增大动力消耗，重者使管道堵塞，影响正常生产	工业上对裂解气进行深度干燥的方法很多，主要采用固体吸附方法。吸附剂有硅胶活性氧化铝、分子筛等。目前广泛采用的效果较好的是分子筛吸附剂

2. 氢气脱水

裂解气中分离出的氢气用于碳二馏分和碳三馏分加氢的氢源时，也必须经干燥脱水处理，否则会影响加氢效果，同时水分带入低温系统也会造成冻堵。氢气中多数水分是甲烷化法脱 CO 时产生的。

3. 碳二馏分脱水

实际生产中碳二馏分加氢后物料中大约有 3mg/m^3 的含水量，因此通常在乙烯精馏塔进料前设置碳二馏分干燥器。

4. 碳三馏分脱水

当部分未经干燥脱水的物料进入脱丙烷塔时，脱丙烷塔顶采出的碳三馏分含相当水分，必须进行干燥脱水处理。在碳三馏分气相加氢时，碳三馏分的干燥脱水设置在加氢之后，进入丙烯精馏塔之前；在碳三馏分液相加氢时，碳三馏分的干燥脱水一般安排在加氢之前。

(三)脱炔

1. 炔烃的来源

在裂解反应中，由于烯烃进一步脱氢反应，使裂解气中含有一定量的乙炔，还有少量的丙炔、丙二烯。裂解气中炔烃的含量与裂解原料和裂解条件有关，对一定裂解原料而言，炔烃的含量随裂解深度的提高而增加。在相同裂解深度下，高温短停留时间的操作条件将生成更多的炔烃。

2. 炔烃的危害

少量乙炔、丙炔和丙二烯的存在严重地影响乙烯、丙烯的质量。乙炔的存在还将影响合成催化剂寿命，恶化乙烯聚合物性能，若积累过多还具有爆炸的危险。丙炔和丙二烯的存在，将影响丙烯聚合反应的顺利进行。

3. 脱除的方法

在裂解气分离过程中，裂解气中的乙炔将富集于碳二馏分，丙炔和丙二烯将富集于碳三馏分。乙炔的脱除方法主要有溶剂吸收法和催化加氢法，溶剂法是采用特定的溶剂选择性将裂解气中少量的乙炔或丙炔和丙二烯吸收到溶剂中，达到净化的目的，同时也相应回收一定量的乙炔。催化加氢法是将裂解气中的乙炔加氢成为乙烯，两种方法各有优缺点。一般在不需要回收乙炔时，都采用催化加氢法脱除乙炔；丙炔和丙二烯的脱除方法主要是催化加氢法，此外一些装置也曾采用精馏法脱除丙烯产品中的炔烃。

(1)催化加氢除炔的反应原理。选择性催化加氢法是在催化剂存在下，炔烃加氢变成烯烃。它的优点是不会给裂解气和烯烃馏分带入任何新杂质，工艺操作简单，又能将有害的炔烃变成产品烯烃。

碳二馏分加氢可能发生如下反应：

主反应：

$$CH \equiv CH + H_2 \longrightarrow CH_2 = CH_2$$

副反应：

$$CH \equiv CH + 2H_2 \longrightarrow CH_3—CH_3$$

$$CH_2 = CH_2 + H_2 \longrightarrow CH_3—CH_3$$

乙炔也可能聚合生成二聚、三聚等俗称绿油的物质。

碳三馏分加氢可能发生下列反应：

主反应：

$$CH \equiv C—CH_3 + H_2 \longrightarrow CH_2 = CH—CH_3$$

$$CH_2 = C = CH_2 + H_2 \longrightarrow CH_2 = CH—CH_3$$

副反应：

$$CH_2 = CH—CH_3 + H_2 \longrightarrow CH_3—CH_2—CH_3$$

$$nC_3H_4 \longrightarrow (C_3H_4)_n \longrightarrow 低聚物$$

$$C_4H_6 \longrightarrow 高聚物$$

生产中希望主反应发生，这样既脱除炔烃又增加烯烃的收率；而不发生或少发生副反应，因为副反应虽除去了炔烃，乙烯或丙烯却受到损失，远不及主反应那样对生产有利。要实现这样的目的，最主要的是催化剂的选择，工业上脱炔用钯系催化剂为多，它是一种加氢选择性很强的催化剂，其加氢反应难易顺序为：丁二烯>乙炔>丙炔>丙烯>乙烯。

(2)前加氢与后加氢。用催化加氢法脱除裂解气中的炔烃有前加氢和后加氢两种不同的工艺技术。在脱甲烷塔之前进行加氢脱炔称为前加氢，即氢气和甲烷尚没有分离之前进行加氢除炔，前加氢因氢气未分出就进行加氢，加氢用氢气是由裂解气中带入的，不需外加氢气，因此，前加氢又叫作自给加氢；在脱甲烷塔之后进行加氢脱炔称为后加氢，即裂解气中所含氢气、甲烷等轻质馏分分出后，再对分离所得到的碳二馏分和碳三馏分分别进行加氢的过程，后加氢所需氢气由外部供给。

前加氢由于氢气自给，故流程简单，能量消耗低，但前加氢也有不足之处：

一是加氢过程中乙炔浓度很低，氢分压较高，因此，加氢选择性较差，乙烯损失量多；同时副反应的剧烈发生，不仅造成乙烯、丙烯加氢遭受损失，而且可能导致反应温度的失控，乃至出现催化剂床层温度飞速上升；

二是当原料中乙炔、丙炔、丙二烯共存时，当乙炔脱除到合格指标时，丙炔、丙二烯却达不到要求的脱除指标；

三是在顺序分离流程中，裂解气的所有组分均进入加氢除炔反应器，丁二烯未分出，导致丁二烯损失量较高，此外裂解气中较重组分的存在，对加氢催化剂性能有较大的影响，使催化剂寿命缩短。

后加氢是对裂解气分离得到的碳二馏分和碳三馏分，分别进行催化选择加氢，将碳二馏分中的乙炔，碳三馏分中的丙炔和丙二烯脱除，其优点：

一是因为是在脱甲烷塔之后进行，氢气已分出，加氢所用氢气按比例加入，加氢选择性高，乙烯几乎没有损失；

二是加氢产品质量稳定，加氢原料中所含乙炔、丙炔和丙二烯的脱除均能达到指标要求；

三是加氢原料气体中杂质少，催化剂使用周期长，产品纯度也高。

但后加氢属外加氢操作，通入的本装置所产氢气中常含有甲烷。为了保证乙烯的纯度，加氢后还需要将氢气带入的甲烷和剩余的氢脱除，因此，需设第二脱甲烷塔，导致流程复杂，设备费用高。

所以前加氢与后加氢各有其优缺点，在生产中要根据具体情况进行选择。

在顺序分离流程中如果采用前加氢脱炔，则加氢反应器进料包含了 H_2、CO、CH_4、C_2 馏分、C_3 馏分、C_4 馏分、裂解汽油等，组成十分复杂。特别是其中的重组分对催化剂的活性和选择性都有很大的影响，很难保证催化剂既具有很高的活性和选择性，又能长周期稳定运行。所以在顺序分离流程中均采用后加氢方案，如 Lummmus 公司常采用这种方案。

在前脱乙烷分离流程中采用前加氢脱炔时，加氢反应器设在脱乙烷塔之后，其进料为脱乙烷塔塔顶产品，包含 H_2、CO 和 C_2 馏分，所以进料组成较为简单，乙炔可以通过前加氢进行脱除。但由于 C_3 馏分进入脱丙烷系统，所以丙炔(MA)和丙二烯(PD)还需用后加氢方法脱除。

在前脱丙烷分离流程中，如果采用前加氢脱炔，加氢反应器设在脱丙烷塔之后，其进料为脱丙烷塔塔顶产品，包含 H_2、CO、CH_4、C_2 馏分、C_3 馏分。此时可利用进料中的 H_2、同时脱除乙炔和丙炔、丙二烯。但这种方案只能保证乙炔脱除合格，而丙炔和丙二烯只能部分脱除。所以更多的前脱丙烷分离流程采用了后加氢脱炔的方案。

(四)脱一氧化碳(甲烷化)

1. CO 的来源

裂解气中的一氧化碳是在裂解过程中由如下反应生成的：

焦炭与稀释水蒸气反应： $C+H_2O \longrightarrow CO+H_2$

烃类与稀释水蒸气反应： $CH_4+H_2O \longrightarrow CO+3H_2$

$$C_2H_6+2H_2O \longrightarrow 2CO+5H_2$$

2. CO 的危害

经裂解气低温分离，一氧化碳部分富集于甲烷馏分中，另一部分富集于富氢馏分中。裂解气中少量的 CO 带入富氢馏分中，会使加氢催化剂中毒。另外，随着烯烃聚合高效催化剂的发展，对乙烯和丙烯的 CO 含量的要求也越来越高。因此脱除富氢馏分中的 CO 是十分必要的。

3. 脱除的方法

乙烯装置中采用的脱除 CO 的方法是甲烷化法，甲烷化法是在催化剂存在的条件下，使裂解气中的一氧化碳催化加氢生成甲烷和水，从而达到脱除 CO 的目的。其主反应方程为：

$$CO+H_2 \longrightarrow CH_4+H_2O$$

该反应是强放热反应，从热力学考虑温度稍低，对化学平衡有利。但温度低反应速度慢，采用催化剂可以解决二者之间的矛盾，一般采用镍系催化剂。

四、裂解气深冷分离

(一)深冷分离流程

1. 深冷分离的任务

裂解气经压缩和制冷、净化过程为深冷分离创造了条件——高压、低温、净化。深冷分离的任务就是根据裂解气中各低碳烃相对挥发度的不同，用精馏的方法逐一进行分离，最后获得纯度符合要求的乙烯和丙烯产品。

2. 深冷分离流程

石油烃裂解制乙烯技术研究始于 20 世纪 20~30 年代，经过 90 多年的发展裂解技术日臻成熟，与之相应的深冷分离方法也最为成熟，目前占据世界乙烯市场的分离技术主要分为三大类，分别是顺序分离技术、前脱丙烷技术和前脱乙烷技术。

我们希望通过精馏等方法，将裂解气分离为下述 7 个馏分，见表 5-13。

表 5-13　裂解气

馏分号	A	B		C		D	E
		B_1	B_2	C_1	C_2		
组分	H_2+CH_4	$C_2^=$	C_2^0	$C_3^=$	C_3^0	C_4	$\geqslant C_5$

按照常规精馏原理需要 6 个精馏塔，这 6 个精馏塔按排列组合规则有 132 种方案，此外还要考虑脱炔烃是前加氢还是后加氢，所以流程方案非常复杂，但在生产中常用的主要是以下五种，如图 5-12 所示，表示了裂解气分离几种主要的原理流程。

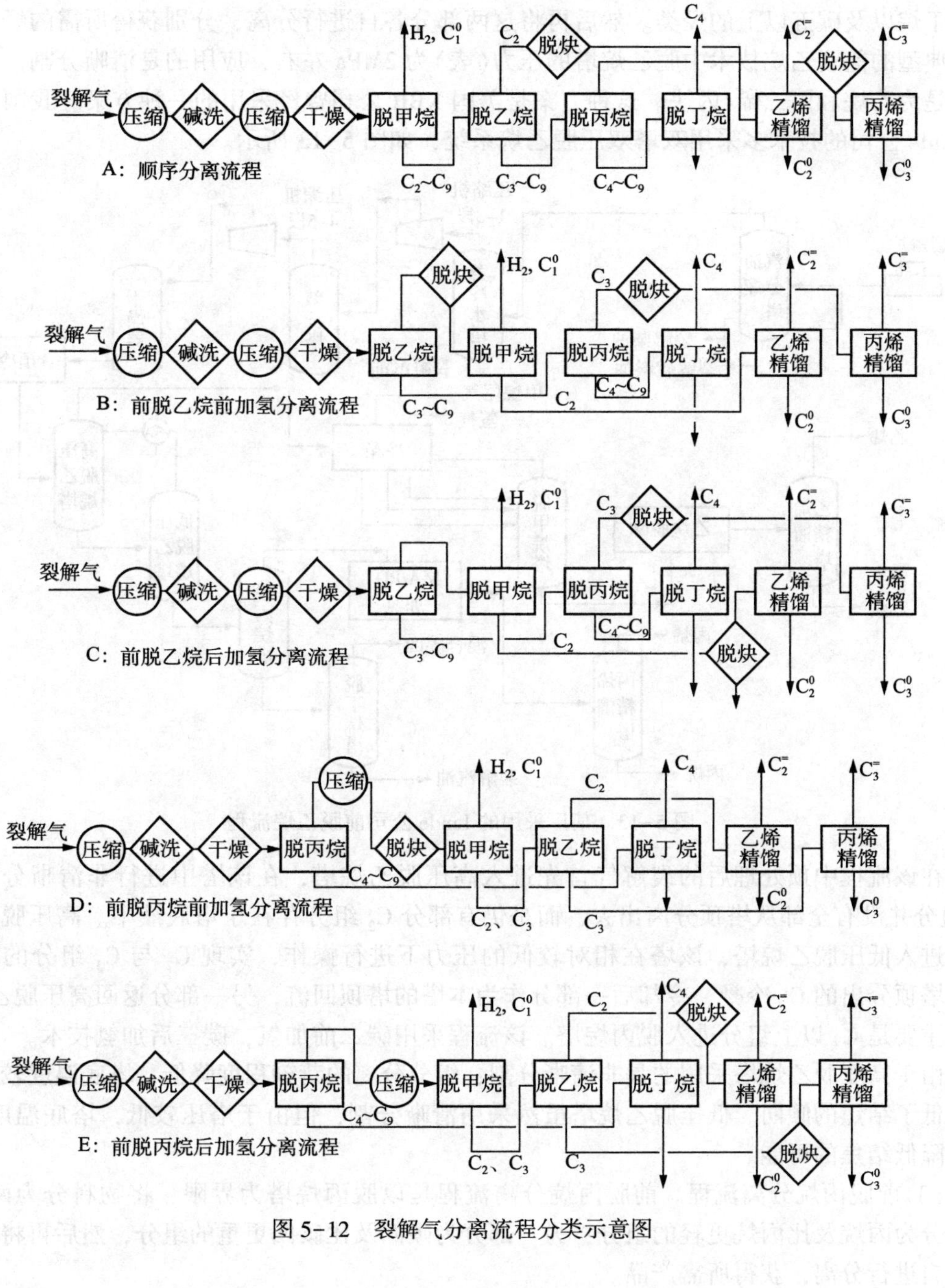

图 5-12　裂解气分离流程分类示意图

(1)顺序分离流程。顺序分离流程是按裂解气中各组分碳原子数由小到大的顺序进行分离，即先分离出甲烷、氢，其次是脱乙烷及乙烯的精馏，接着是脱丙烷和丙烯的精馏，最后是脱丁烷，塔底得碳五馏分。

为了降低冷量的消耗，Lummus 公司采用降低脱甲烷塔操作压力的技术，增加体系的相对挥发度，使脱甲烷塔冷凝器负荷降低，从而形成低压脱甲烷技术。碳二加氢系统位于冷箱及脱甲烷下游，为后加氢。由于顺序分离技术中的循环物料稍多，故不利于系统节能。

(2)前脱乙烷分离流程。前脱乙烷分离流程是以脱乙烷塔为界限，将物料分成两部分。一部分是轻馏分，即甲烷、氢、乙烷和乙烯等组分；另一部分是重组分，即丙烯、丙烷、丁烯、丁烷以及碳五以上的烃类。然后再将这两部分各自进行分离，分别获得所需的烃类。

典型的前脱乙烷技术中脱乙烷塔的压力(表)为 2MPa 左右，应用的是清晰分割，即关键组分是为乙烷和丙二烯/丙炔。这种方案是美国 KBR 公司曾经采用的一种方案。我国采用德国 Linde 公司的技术多采用双塔双压脱乙烷系统，如图 5-13 所示。

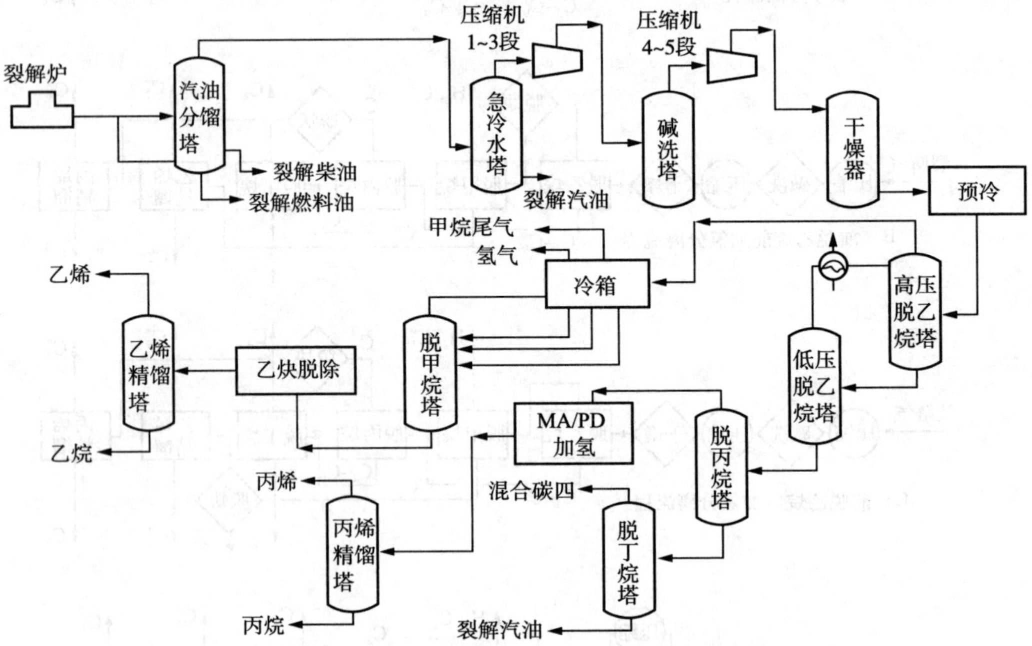

图 5-13　某厂采用的 Linde 公司前脱乙烷流程

在该流程中预处理后的裂解气首先进入高压脱乙烷塔，在该塔中进行非清晰分割，即 C_2 组分并没有全部从塔顶分离出去，而是仍有部分 C_2 组分存在于塔底液中。高压脱乙烷塔底液进入低压脱乙烷塔，该塔在相对较低的压力下进行操作，实现 C_2 与 C_3 组分的清晰分割，塔顶分出的 C_2 冷凝、冷却后一部分作为本塔的塔顶回流，另一部分返回高压脱乙烷塔；塔底主要是 C_3 以上组分进入脱丙烷塔。该流程采用碳二前加氢，碳三后加氢技术。

由于高压脱乙烷塔采用的是非清晰分割，组分分离的苛刻程度降低，塔底温度较低，大幅降低了结焦的倾向。低压脱乙烷塔虽然采用清晰分割，但由于塔压较低，塔底温度不高，仍有降低结焦的可能。

(3)前脱丙烷分离流程。前脱丙烷分离流程是以脱丙烷塔为界限，将物料分为两部分，一部分为丙烷及比丙烷更轻的组分；另一部分为碳四及比碳四更重的组分，然后再将这两部分各自进行分离，获得所需产品。

为防止塔釜物料结焦，Stone&Webster公司采用高低压双塔脱丙烷，且高压塔位于裂解气压缩机的四、五段之间，这样裂解气干燥器、碱洗塔和高压脱丙烷塔使段间压降增大，第五段的压缩比较大，可超过2.5。所以，尽管第五段的入口温度降低，裂解气压缩机的总功率并无明显的变化。

碳二前加氢技术有很多优势。第一，碳二前加氢产生的绿油量甚微，无需绿油洗涤系统；第二，由于碳二加氢位于脱甲烷塔上游，从脱乙烷塔釜进入乙烯塔的碳二馏分中不含氢气和甲烷轻组分，乙烯塔可采用开式热泵技术降低能耗；第三，由于碳二加氢进料中富含氢气，不需要冷箱分离出的氢气，所以，在装置开车时能很快生产出合格的乙烯产品，缩短开车时间；第四，由于在进行碳二加氢时也对50%以上的MA/PD加氢，下游的碳三加氢系统负荷降低。

3. 三种流程的比较

三种工艺流程的比较见表5-14。

表5-14　三种工艺流程的比较

比较项目	顺序分离流程	前脱乙烷分离流程	前脱丙烷分离流程
操作问题	脱甲烷塔在最前，釜温低，再沸器中不易发生聚合而堵塞	脱乙烷塔在最前，压力高，釜温高，如 C_4 以上烃含量多，二烯烃在再沸器聚合，影响操作且损失丁二烯	脱丙烷在最前，且放置在压缩机段间，低压时就除去了丁二烯，再沸器中不易发生聚合而堵塞
冷量消耗	全馏分都进入了脱甲烷塔，加重了脱甲烷塔的冷冻负荷，消耗高能级位的冷量多，冷量利用不够合理	C_3、C_4 烃不在脱甲烷而是在脱乙烷塔冷凝，消耗低能级位的冷量，冷量利用合理	C_4 烃在脱丙烷塔冷凝，冷量利用比较合理
分子筛干燥负荷	分子筛干燥是放在流程中压力较高、温度较低的位置，对吸附有利，容易保证裂解气的露点，负荷小	与顺序分离流程相同	由于脱丙烷塔在压缩机三段出口，分子筛干燥只能放在压力较低的位置，以吸附不利，且三段出口 C_3 以上重质烃不能较多冷凝下来，负荷大
加氢脱炔方案	多采用后加氢	可用后加氢，但最有利于采用前加氢	可用后加前，但前加氢经济效果更好
塔径大小	脱甲烷塔负荷大，塔径大，且耐低温钢材耗用多	脱甲烷塔负荷小，塔径小，而脱乙烷塔塔径大	脱丙烷塔负荷大，塔径大，脱甲烷塔塔径介于前两种流程之间
对原料的适应性	对原料适应性强，无论裂解气轻、重，均可	最适合 C_3、C_4 烃含量较多而丁二烯含量少的气体	可处理较重的裂解气，对含 C_4 烃较多的裂解气，本流程更能体现其优点

因此，三种分离技术各有长短，没有明显的技术优劣，也都占有一定的市场。用户在选择分离技术时，需综合考虑投资、能耗和稳定性等各方面的因素，并结合原料情况把握重点，选择出适合的分离技术。

(二)脱甲烷塔

脱甲烷塔的中心任务是将裂解气中甲烷-氢和乙烯及比乙烯更重的组分进行分离，分离过程是利用低温，使裂解气中除甲烷-氢外的各组分全部液化，然后将不凝气体甲烷-氢分出。分离的轻关键组分是甲烷，重关键组分为乙烯。对于脱甲烷塔希望塔釜中甲烷的含量应该尽可能低，以利于提高乙烯的纯度。塔顶尾气中乙烯的含量应尽可能少，以利于提高乙烯的回收率，所以脱甲烷塔对保证乙烯的回收率和纯度起着决定性的作用；同时脱甲烷塔是分离过程中温度最低的塔，能量消耗也最多，所以脱甲烷塔是精馏过程中关键塔之一。对整个深冷分离系统来说，设计上的考虑、工艺上的安排、设备和材料的选择，都是围绕脱甲烷塔而进行的。影响脱甲烷的操作条件有进料中 CH_4/H_2 分子比、温度和压力。

1. 进料中 CH_4/H_2 分子比

CH_4/H_2 分子比大，尾气中乙烯含量低，即提高乙烯的回收率。这是由于裂解气中所含的氢和甲烷都进入了脱甲烷塔塔顶，在塔顶为了满足分离要求，要有一部分甲烷的液体回流。

但如有大量氢气存在，降低了甲烷的分压，甲烷气体的冷凝温度会降低，即不容易冷凝，会减少甲烷的回流量。所以在满足塔顶露点的要求条件下，在同一温度和压力水平下，分子比越大，乙烯损失率越小。

2. 温度和压力

降低温度和提高压力都有利于提高乙烯的回收率，但温度的降低压力的提高都受到一定条件的制约，温度的降低受温度级位的限制，压力升高主要影响分离组分的相对挥发度。所以工业中有高压法、中压法和低压法三种不同的压力操作方法。

(1)低压法。操作条件为压力0.6~0.7MPa，顶温-140℃左右，釜温-50℃左右。由于压力低，相对挥发度较大，所以分离效果好。又由于温度低，所以乙烯回收率高。虽然需要低温级冷剂，但因易分离，回流比较小，折算到每吨乙烯的能量消耗，低压法仅为高压法的70%多一些。低压法也有不利之处，如需要耐低温钢材、多一套甲烷制冷系统、流程比较复杂，同时低压法并不适合所有的裂解气分离，只适用于裂解气中的 CH_4/C_2H_4 比值较大的情况。

(2)中压法。压力为1.05~1.25 MPa，脱甲烷塔顶温度为-113℃。采用低压脱甲烷，为了满足脱甲烷塔顶温度的要求，低压脱甲烷工艺增加了独立的闭环甲烷制冷系统，因此低压脱甲烷只适用于以石脑油和轻柴油等重质原料裂解的气体分离，以保证有足够的甲烷进入系统，提供一定量的回流。而对乙烷、丙烷等轻质原料进行裂解，则由于裂解气中甲烷量太少，不适宜采用低压脱甲烷工艺。为此TPL公司采用了中压脱甲烷的工艺流程。

(3)高压法。压力为3.1~4.1MPa，高压法的脱甲烷塔顶温度为-96℃左右，不必采用甲烷制冷系统，只需用液态乙烯冷剂即可。由于脱甲烷塔顶尾气压力高，可借助高压尾气的自身节流膨胀获得额外的降温，比甲烷冷冻系统简单。此外提高压力可缩小精馏塔的容积，所以从投资和材质要求看，高压法是有利的，但分离效果不如低压法。

在生产中，脱甲烷塔系统为了防止低温设备散冷，减少其与环境接触的表面积，常把节流膨胀阀、高效板式换热器、气液分离器等低温设备，封闭在一个由绝热材料做成的箱子中，此箱称之为冷箱。冷箱可用于气体和气体、气体和液体、液体和液体之间的热交换，在同一个冷箱中允许多种物质同时换热，冷量利用合理，从而省掉了一个庞大的列管式换热系统，起到了节能的作用。

按冷箱在流程中所处的位置可分为前冷(又称前脱氢)和后冷(又称后脱氢)两种。冷箱在脱甲烷塔之前的称为前冷流程，冷箱在脱甲烷塔之后的称为后冷流程。

图 5-14 是前脱氢低压脱甲烷流程，在图中经预处理后的裂解气由 0℃、-20℃、-43℃丙烯冷冻剂降温到-37℃(*a* 点)，在气液分离罐 6 分出凝液(*c* 点)，其中含氢量已极小，作脱甲烷塔第一股进料。分出的气体(*b* 点)经冷箱换热器 1 和-56℃、-70℃乙烯冷冻剂降温到-65℃，在气液分离罐 7 分出凝液(*e* 点)作第二股进料。分出的气体(*d* 点)经冷箱换热器 2 和-101℃乙烯冷冻剂降温到-96℃，在气液分离罐 8 分出凝液(*g* 点)作第三股进料。分出的气体(*f* 点)经冷箱换热器 3 降温到-130℃，在气液分离罐 9 分出凝液(*i* 点)作第四股进料。分出的气体(*h* 点)经冷箱换热器 4 换热后，在气液分离罐 10 分出主要含甲烷的凝液(*k* 点)，经节流膨胀阀 A 降温到-165℃，然后作冷冻剂依次经过五个冷箱换热器，最后引出作化工原料、燃料或脱水干燥的再生气。气体(*j* 点)主要含氢，作冷冻剂依次经过五个冷箱换热器，然后引出，经甲烷化脱一氧化碳后，供加氢脱炔用。四股进料在脱甲烷塔中精馏分离，塔顶尾气主要含甲烷，乙烯含量极小，甲烷尾气经节流膨胀制冷，依次通过四个冷箱换热器，然后引出。

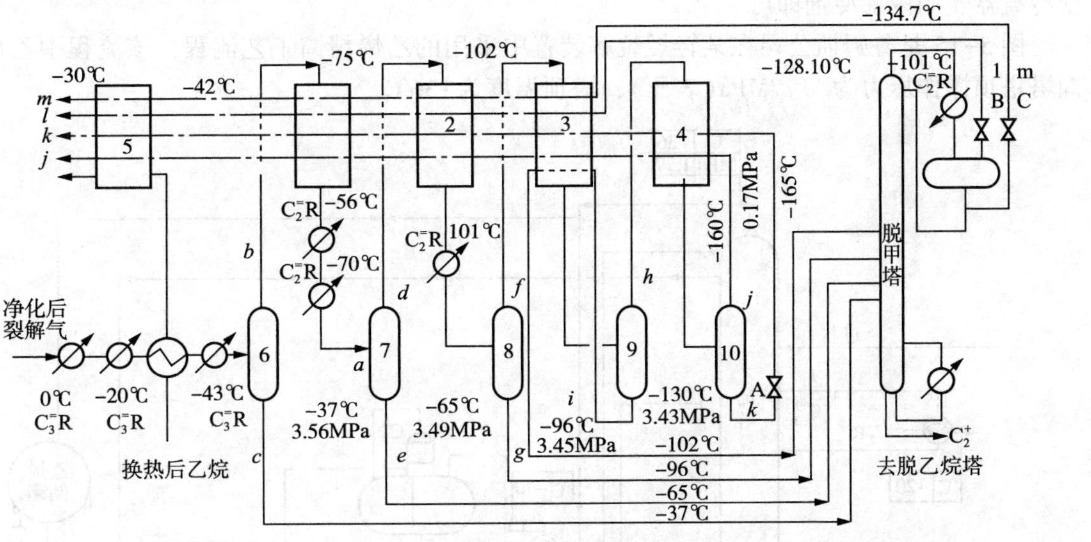

图 5-14　前脱氢低压法脱甲烷工艺流程

1、2、3、4、5—换热器；6、7、8、9、10—气液分离罐；A、B、C—节流阀

可以看出前冷的优点是采用逐级冷凝和多股进料，可节省低温冷冻剂并减轻脱甲烷塔的负荷；不仅乙烯回收率高，氢的回收率也高(前冷 90%以上，后冷 53%)，而且可获得浓度 91%~95%的富氢气(后冷只有 70%)；进料前分离出氢气(所以也称前脱氢)，增大了 CH_4/H_2，从而提高了脱甲烷塔的分离效果。缺点是流程复杂，自动化要求高。目前工业生产中应用前冷流程的较多。

(三)乙烯的精馏

乙烯精馏的目的是以混合碳二馏分为原料，分离出合格的乙烯产品，并在塔釜得到乙烷产品。碳二馏分经加氢脱炔后主要含有乙烷和乙烯。乙烷-乙烯馏分在乙烯塔中进行精馏，塔顶得到聚合级乙烯，塔釜液为乙烷，乙烷可返回裂解炉进行裂解。乙烯精馏塔是出成品的塔，它消耗冷量较大，约为总制冷量的 38%~44%，仅次于脱甲烷塔。因此它的操作好坏直接影响着产品的纯度、收率和成本，所以乙烯精馏塔也是深冷分离中的一个关键塔。

压力对乙烷-乙烯的相对挥发度有较大的影响，压力增大相对挥发度降低，使塔板数增多或回流比加大，对乙烷-乙烯的分离不利。当压力一定时，塔顶温度就决定了出料组成。

如操作温度升高，塔顶重组分含量就会增加，产品纯度就下降；如果温度太低，则浪费冷量，同时，塔釜温度控制低了，塔釜轻组分含量升高，乙烯收率下降；如釜温太高，会引起重组分结焦，对操作不利。

乙烯塔进料中乙烷和乙烯占 99.5%以上，所以乙烯塔可看作是二元精馏系统。根据相律乙烯-乙烷二元气液系统的自由度为 2。塔顶乙烯纯度是根据产品质量要求来规定的。所以温度与压力两个因素只能规定一个，例如规定了塔压，相应温度也就定了。所以生产中有低压开式热泵流程和高压乙烯精馏工艺流程。

1. 低压乙烯精馏

低压乙烯精馏塔的操作压力一般为 0.5~0.8MPa，此时塔顶冷凝温度为-60~-50℃左右，塔顶冷凝器需要乙烯作为制冷剂，生产中常采用开式热泵。

2. 高压乙烯精馏

高压乙烯精馏塔的操作压力一般为 1.9~2.3MPa，相应塔顶温度为-35~-23℃左右，塔顶冷凝器使用丙烯冷剂即可。

图 5-15 是鲁姆斯公司在某轻烃裂解装置中采用的乙烯精馏工艺流程，该流程中乙烯精馏塔塔顶操作压力为 1.77MPa(表压)，塔顶温度为-36℃。

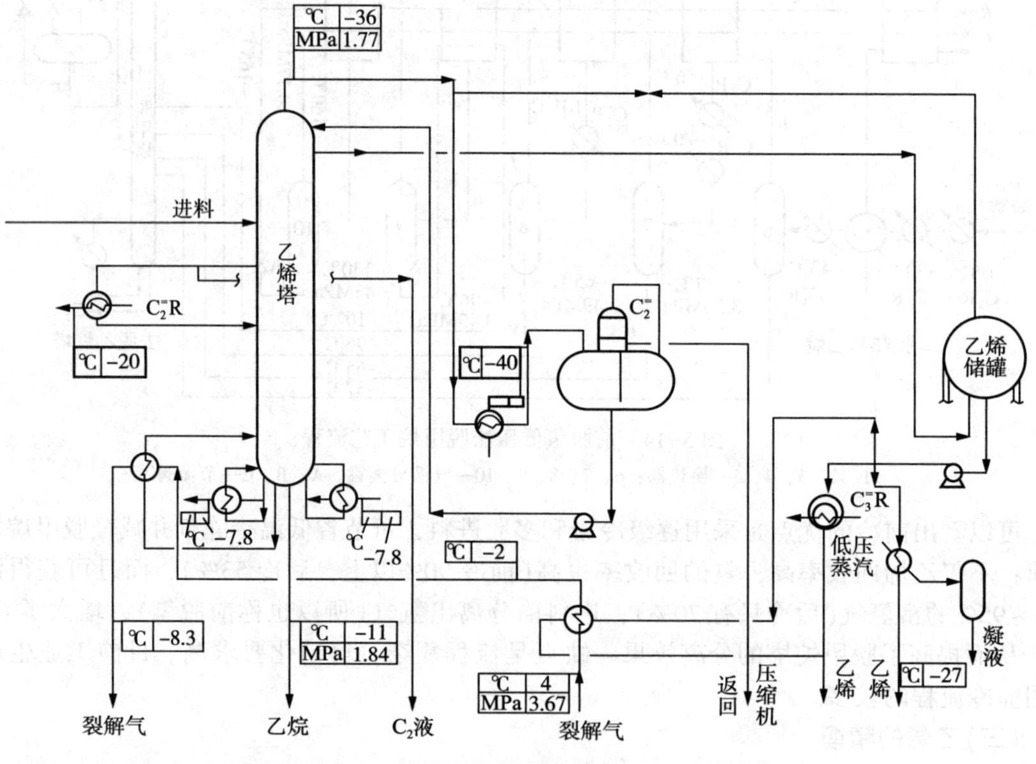

图 5-15 乙烯精馏塔和乙烯产品系统工艺流程

该塔共有理论板 96 块，实际板约 125 块，回流比约为 3.4~3.6，乙烯从第 8~10 块板作为侧线出料，顶部几块板用来脱除乙炔加氢所带入精馏塔进料中的氢气和甲烷。乙烯塔有一个中间再沸器，以便从冷却系统中回收温度级别比塔底再沸器低的冷量。

塔顶的轻组分经过尾气冷凝器以降低乙烯含量，冷凝器用最低温度级(-40℃)的丙烯冷剂，然后进入气液分离罐中，冷凝的乙烯液体作为塔顶回流，不凝气体返回压缩机，乙烯产品从侧线抽出送往乙烯成品储罐。塔底主再沸器采用温度级为-8~2℃的丙烯冷剂蒸气冷凝加热。乙烷从精馏塔底抽出，在冷箱中气化回收冷量，然后循环回乙烷裂解炉。高压乙烯和低压乙烯产品从乙烯贮罐抽出，依后加工情况气化后送往界区。

在图5-16中采用两种节能的措施，一是在提馏段采用中间再沸器装置回收冷量。乙烯精馏塔与脱甲烷塔相比，前者精馏段的塔板数较多，回流比大。大回流比对精馏段操作有利，可提高乙烯产品的纯度，对提馏段则不起作用，所以可以在提馏段采用中间再沸器装置回收冷量。

二是不设第二脱甲烷塔两塔合一。在后加氢工艺中乙烯精馏塔的进料还含有少量甲烷，它会带入塔顶馏分乙烯中影响产品的纯度。因此，在乙烯精馏塔之前可设置第二脱甲烷塔，将甲烷脱去后再作乙烯精馏塔的进料。但目前工业上多不设第二脱甲烷塔，而采用侧线出料法，即在乙烯塔顶附近的几块塔板(7、8块)，侧线引出高纯度乙烯，而塔顶引出含少量甲烷的粗乙烯回压缩系统，这一改进就相当于一塔起到二塔的作用。由于拔顶段(侧线出料口至塔顶)采用了乙烯的大量回流，因而这对脱甲烷作用要比设置第二脱甲烷塔还有利，既简化了流程，又节省了能量。由于将第二个塔的负荷集中于一个塔进行，所以对塔的自动化控制程度要求较高，另外因为塔顶气相引入冷凝器的不是纯乙烯，故此时乙烯塔就不能采用热泵精馏。

(四)丙烯的精馏

丙烯精馏塔就是分离丙烯-丙烷的塔，塔顶得到丙烯，塔底得到丙烷。由于丙烯-丙烷的相对挥发度很小，彼此不易分离，要达到分离目的，就得增加塔板数、加大回流比，所以丙烯塔是分离系统中塔板数最多，回流比最大的一个塔，也是运转费和投资费较多的一个塔。在生产聚合级丙烯产品时，丙烯精馏塔的实际塔板数大多在200~240块之间，相应的塔高一般在85~90m以上。因此，一些工厂采用双塔丙烯精馏工艺流程以降低单塔高度。同时可在较小回流比之下获得较高纯度的丙烯产品。

目前，丙烯精馏塔操作有高压法与低压法两种。

1. 低压法

压力在1.2MPa以下的称低压法，低压法的操作压力低，有利于提高物料的相对挥发度，从而塔板数和回流比就可减少。由于此时塔顶温度低于环境温度，故塔顶蒸气不能用工业水来冷凝，必须采用制冷剂才能达到凝液回流的目的。工业上往往采用热泵系统。

如图5-16所示，丙烯冷剂与产品丙烯混合在一起。压缩机出口丙烯作为再沸器加热介质，同时在此冷凝。冷凝的丙烯减压节流后送入回流罐，回流罐中的丙烯液体一部分作为产品输出，一部分作为塔顶回流。回流罐中闪蒸的气态丙烯和塔顶气态丙烯均进入丙烯压缩机进行压缩。

2. 高压法

压力在1.7MPa以上的称高压法，高压法的塔顶蒸汽冷凝温度高于环境温度，因此，可以用工业水进行冷凝，产生凝液回流。塔釜用急冷水(目前较多的是利用水洗塔出来的约85℃以上温度的急冷水作加热介质)或低压蒸气进行加热，这样设备简单，易于操作。缺点是回流比大，塔板数多。

如图5-17所示塔顶为水冷却，塔釜为急冷水加热。仅就丙烯精馏过程而言，高压精馏所需塔釜供热量和塔顶冷凝热负荷比低压精馏时高。但对馏分油裂解装置而言，急冷水尚需在循环过程用冷却水冷却，而用急冷水加热丙烯塔再沸器，无论从塔釜加热和塔顶冷却来看，并不增加全装置和冷却水负荷。而高压精馏的电耗比低压精馏低得多，相应高压精馏的运转费用明显低于低压精馏。因此在有急冷水可供利用时，低压精馏的热泵流程基本上均被急冷水加热的高压精馏流程所取代。

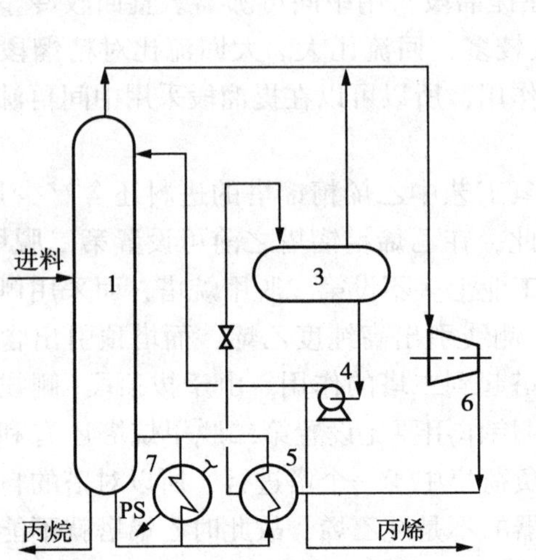

图 5-16　低压丙烯精馏开式热泵流程

1—丙烯精馏塔；2—塔顶冷凝器；3—回流罐；4—回流泵；5—丙烯加热再沸器；6—丙烯制冷压缩机；7—蒸汽加热再沸器

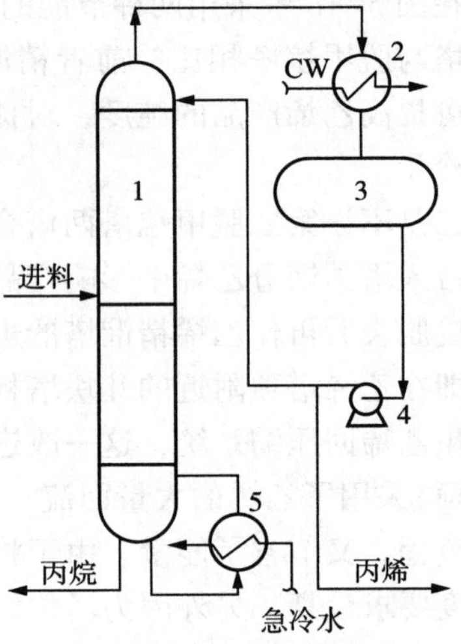

图 5-17　高压丙烯精馏工艺流程

1—丙烯精馏塔；2—塔顶冷凝器；3—回流罐；4—回流泵；5—急冷水加热再沸器；

习题与练习

一、填空题

1. 石油系原料包括________、________、________、________、________等，它们都是由烃类化合物组成。

2. 石油烃热裂解的主要目的是生产________，通过进一步的分离还可以得到________以及________和________等产品，它们都是重要的基本有机原料，所以石油烃热裂解是有机化学工业获取基本有机原料的主要手段。

3. 结焦和生碳过程二者机理不同，结焦是在________温度下通过________而成，生碳是在________温度下，通过生成________的中间阶段，脱氢为稠合的碳原子。

4. 高含量的________，低含量的________和________是理想的裂解原料。

5. 不同的裂解温度，所对应的乙烯峰值收率不同，温度越高，乙烯的峰值收率________，相对应的最适宜的停留时间________。

6. 工业上常用在裂解原料气中添加稀释剂来________，常用的稀释剂为________。

7. 从结构上看，管式炉一般包括________、________和________三大部分。

8. 裂解原料的来源主要有两个方面，一是________的轻烃，如________、________、________等，二是________产品，如________、________、________、重油等，以及炼油厂二次加工油。

9. 裂解气组成中少量杂质有________、________、________、________等。

10. 深冷分离过程主要由________、________和________三大系统组成。

11. 氨压缩制冷系统可由四个基本过程组成，分别是________、________、

________和________。

12. 目前具有代表性三种裂解气分离流程是：________流程，________流程和________流程。

13. 脱甲烷塔分离的轻关键组分是________，重关键组分为________。对于脱甲烷塔，希望塔釜中________的含量应该尽可能低，以利于提高乙烯的________。塔顶尾气中________的含量应尽可能少，以利于提高乙烯的________。

二、选择题

1. (　　)的产量往往标志着的一个国家基本有机化学工业的发展水平。

A. 甲烷　　B. 乙烯　　C. 苯　　D. 丁二烯

2. 到目为止，世界乙烯 95%都是由(　　)技术生产的。

A. 催化裂解　　B. MTO　　C. 管式炉裂解　　D. MTP

3. 我国兰州石化公司采用的(　　)炉型。

A. USRT　　B. USC　　C. CBL　　D. SRT

4. 下列哪项不属于烃类裂解的二次反应(　　)。

A. 结焦　　B. 烯烃的断链

C. 低分子烯烃脱氢　　D. 二烯烃叠合芳构化

5. 理论上烃类裂解制乙烯的最适宜温度一般为(　　)。

A. 850～870℃　　B. 750～850℃　　C. 700～900℃　　D. 750～900℃

6. 烃类裂解反应在管式炉的(　　)中进行。

A. 辐射管　　B. 对流管　　C. 燃烧器　　D. 烟囱

7. 下列哪个反应不属于烃类裂解的一次反应(　　)。

A. 烷烃的断链反应　　B. 环烷烃的开环反应链

C. 芳烃的开环反应　　D. 烯烃的断链反应

8. 石油烃热裂解宜采用(　　)的操作条件。

A. 高温、高烃分压、短停留时间　　B. 高温、低烃分压、短停留时间

C. 高温、低烃分压、长停留时间　　D. 低温、低烃分压、短停留时间

9. (　　)是生产乙烯最理想的原料。

A. 烯烃　　B. 环烷烃　　C. 芳烃　　D. 正构烷烃

10. 裂解原料为气体时，合适的急冷方式为(　　)。

A. 水急冷　　B. 油急冷　　C. 先油后水　　D. 间接急冷

11. 裂解气是一个多组分的气体混合物，其中含有很多低级烃类，还含有(　　)和少量杂质。

A. CO　　B. H_2　　C. CO_2　　D. N_2

12. 温度等于或低于(　　)称为深度冷冻，简称深冷。

A. -50℃　　B. -80℃　　C. -96 ℃　　D. -100℃

13. 要想获得-130℃的低温条件，应采用(　　)制冷系统。

A. 氨　　B. 丙烯

C. 乙烯-丙烯　　D. 甲烷-乙烯-丙烯

14. 在生产中低压乙烯精馏塔常采用(　　)热泵系统。

A. 闭式　　B. 开式 A 型　　C. 开式 B 型　　D. 无

15. 深冷分离的任务就是根据裂解气中各低碳烃相对挥发度的不同，用(　　)方法逐一进行分离，最后获得纯度符合要求的乙烯和丙烯产品。

A. 吸收　　B. 精馏　　C. 萃取　　D. 碱洗

三、判断题

1. 由于烯烃带有双键，结构比较不稳定，自然界中也有大量烯烃，所以用烯烃来直接生产乙烯也是合理，经济的方法。(　　)

2. MTO 合成路线是以天然气或煤主要原料生产合成气，合成气再转化成甲醇然后甲醇生产烯烃的路线，完全不依赖于石油。(　　)

3. 升温有利于加快石油烃裂解生成乙烯的反应速率，所以温度越高越好。(　　)

4. 乙烯精馏塔是出成品的塔，作用相当关键，所以塔板数最多。(　　)

5. 尽量地增加水蒸气的量，不仅可以降低烃分压而且可以及时地清焦。(　　)

6. 对于丙烯精馏来说当采用高压操作时，由于操作温度提高，冷凝器可以用冷却水作制冷剂，故不需用热泵。(　　)

7. 裂解气中的酸性气体是由裂解原料在高温裂解过程中发生反应而生成的。(　　)

8. 丙烯精馏塔采用高压法操作时，往往采用热泵系统。(　　)

9. 冷冻循环制冷的原理是利用制冷剂自液态汽化时，要从物料或中间物料吸收热量因而使物料温度降低的过程。(　　)

10. 开式 B 型热泵直接以塔釜出料为制冷剂，无需塔釜再沸器。(　　)

四、名词解释

1. 石油烃热裂解
2. 一次反应和二次反应
3. 直接急冷和间接急冷
4. 深冷分离

五、简答题

1. 烃类裂解的原料主要有哪些？选择原料应考虑哪些方面？
2. 不同烃类热裂解的反应规律是什么？
3. 裂解过程中为何加入水蒸气？水蒸气的加入原则是什么？
4. 深冷分离主要哪几个系统组成？各系统的作用分别是什么？
5. 裂解气为什么要进行压缩？
6. 简述复迭制冷的原理，它与一般的制冷有何区别？
7. 裂解气深冷分离为何采用多段压缩技术。
8. 裂解气分离的目的是什么？工业上采用哪些分离方法？

第六章　有机化工生产技术

❋目标要求：

了解基本有机化工发展现状和前景；

了解以乙烯、丙烯、丁二烯、苯乙烯为原料的主要化工产品及用途；

掌握氯化技术、氧化技术、烷基化技术在化工生产中的应用；

掌握以乙烯、丙烯、丁二烯、苯乙烯为原料的主要化工产品的生产技术。

❋能力要求：

具有认识基本有机化工原料的生产、管理、应用的初步能力；

在技术人员指导下具有初步处理常规生产过程的能力。

一、基本有机化学工业在国民经济中的作用

基本有机化学工业是利用自然界中的煤、石油、天然气等原料，通过各种化学加工方法制成各种有机产品的工业，如乙烯、聚乙烯、苯、甲苯、苯乙烯、酮、醇、羧酸、环氧化合物、含氮化合物等。基本有机化工产品的用途可概括为三个方面：

(1)生产合成橡胶、合成纤维、塑料和其他高分子化工产品的原料，即聚合反应的单体；

(2)其他有机化工，包括精细化工产品的原料；

(3)按产品所具有的性质用于某些直接消费，例如用作溶剂、冷冻剂、防冻剂、载热体、气体吸收剂以及直接用于医药麻醉剂、消毒剂等，为其他化学工业的发展提供重要的物质基础，与国民经济许多部门都有密切关系，是现代工业结构中的重要组成部分。

二、基本有机化学工业的原料

天然气是指埋藏于地层深部的可燃气体，其主要成分是甲烷，还含有数量不同的乙烷、丙烷、丁烷、戊烷、己烷等低碳烷烃以及二氧化碳、氮气、氢气、硫化物等非烃类物质。甲烷是制造甲醛、甲醇、乙炔等重要有机化工产品的重要原料。

石油是从地下深处开采出来的黄色到黑色的可燃性黏稠状液体，其成分主要是烷烃、环烷烃、芳香烃三种烃类和少量的含氮、含氧、含硫的化合物。石油是有机化学工业最主要的原料来源，烷烃、烯烃、炔烃、芳烃等烃类物质大量来自石油加工，因此，可以说石油是有机化学工业的基础。

煤的种类很多，但它们都由有机物和无机物组成。有机物主要是碳、氢、氧和少量的氮、硫、磷等元素；无机物主要是水分和矿物质。煤为基本有机化学工业提供的原料也相当丰富，通过液化、干馏等加工，可提供大量烃类物质，特别是芳香烃类物质。通过电石加工还能提供大量的乙炔，这曾经是有机化工中乙炔的主要来源途径。

农林副产品曾经是获取基本有机化工产品的主要来源之一，近年来随着煤、石油、天然气的发展，逐渐处于次要地位。但由于农林副产品具有可再生性，原料易得且价格低廉，加工方法简单等特点，农林副产品仍是极具潜力的有机化工原料。农林副产品加工可得以下三类主要有机化工产品：

(1) 植物纤维水解可得糠醛、木糖醇、呋喃衍生物等；

(2) 淀粉发酵可得甲醇、乙醇、杂醇油、丙酮、正丙醇等；

(3) 木材化学加工可得甲醇、甲酸、乙酸等。

第一节　乙烯系列主要产品

由乙烯出发可以生产许多重要的基本有机化学工业的产品。乙烯主要用于生产高压聚乙烯、低压聚乙烯、环氧乙烷、二氯乙烷、氯乙烯等几个主要品种。乙烯系的产品非常丰富，这些产品的合成从反应类型看，有聚合、氧化、氯化、烷基化、水合等反应。

乙烯的用途及乙烯系列主要产品见图 6-1。本节主要介绍氯乙烯的生产技术。

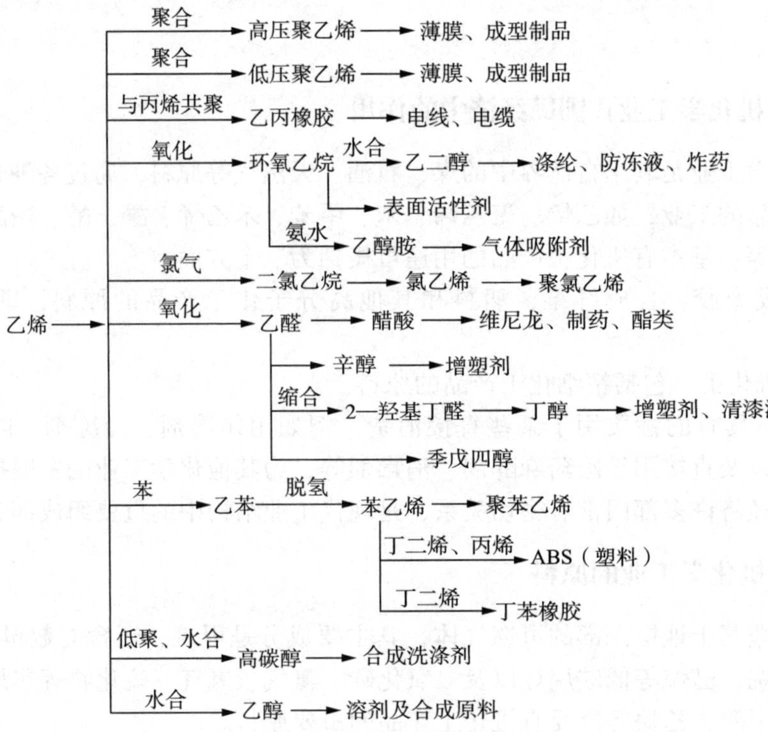

图 6-1　乙烯系列主要产品

一、氯化技术

氯乙烯的生产在化学反应类型上属于氯化反应，通常在化合物中引入氯原子以生产氯的衍生物的反应过程统称为氯化。在基本有机化学工业中，烃类的氯化是非常重要的反应，烃类的氯化产品用途甚广。它们有的是优良的不燃溶剂，有的是高分子材料的重要单体，有的是合成其他各类有机产品的重要原料和中间体，有的可直接用作冷冻剂、麻醉剂和灭火剂。图 6-2 列出了几种烃类氯化产品及其用途。

图 6-2 所列的各种氯化产品，所采用的氯化反应主要有加成氯化、取代氯化以及氧氯化，上面三类反应所用的氯化剂有 Cl_2、HCl 和 HOCl(即 Cl_2+H_2O)，虽然 $COCl_2$、SO_2Cl_2、PCl_5、PCl_3 等也可作为氯化剂，但在基本有机化工中很少采用。

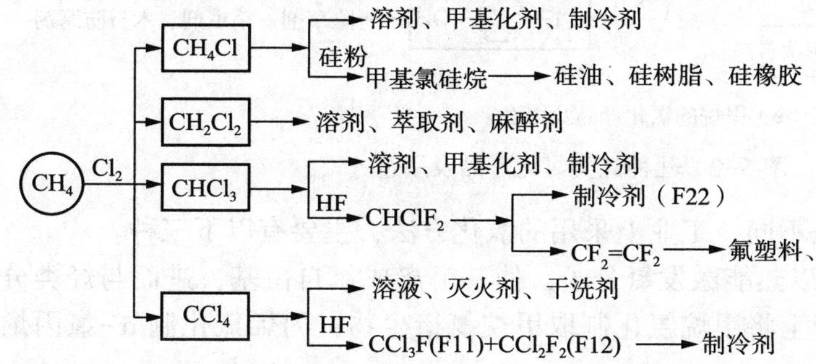

（a）甲烷的氯化产品及用途

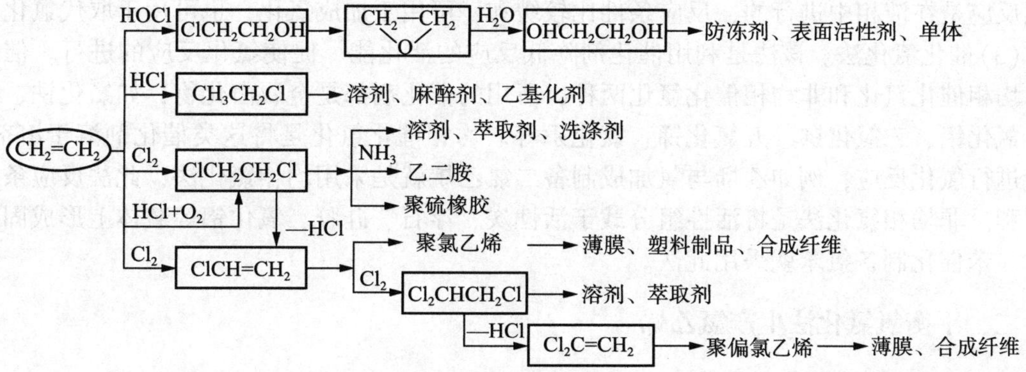

（b）乙烯的氯化产品及用途

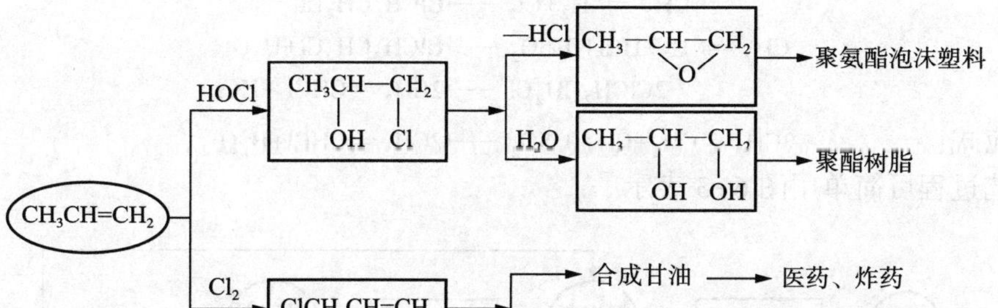

（c）丙烯的氯化产品及用途

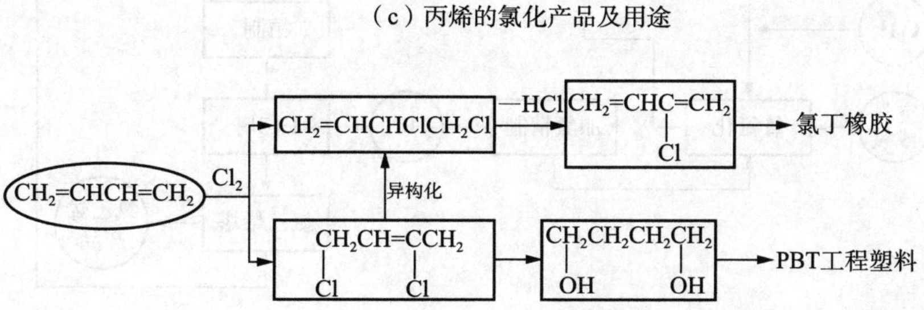

（d）丁二烯的氯化产品及用途

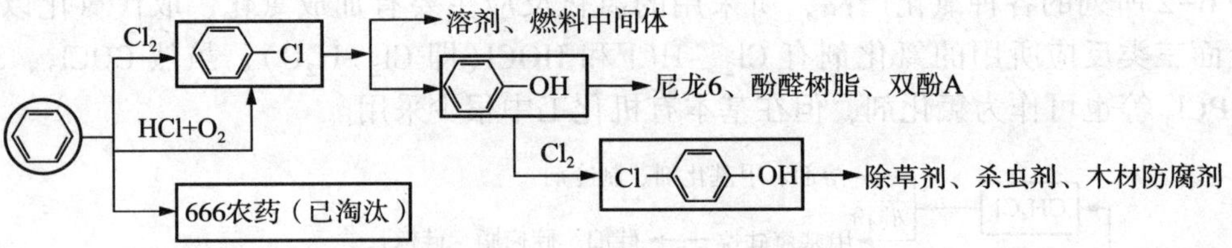

（e）甲烷的氯化产品及用途

图 6-2 几种烃类氯化产品及用途

根据促进氯化反应的手段不同，工业上采用的氯化方法，主要有以下三种。

(1)热氯化法。该方法是以热能激发氯分子，使其解离成氯自由基，进而与烃类分子反应而生成各种氯衍生物。工业上将甲烷氯化制取甲烷氯衍生物，丙烯氯化制 α-氯丙烯等均可采用热氯化法。

(2)光氯化法。该方法是以光子激发氯分子，使其解离成氯自由基进而实现氯化法。光氯化反应是在液相中进行的，反应条件比较缓和，可用于加成氯化，也可用于取代氯化。

(3)催化氯化法。该法是利用催化剂降低反应的活化能，促使氯化反应的进行。催化氯化有均相催化氯化和非均相催化氯化两种，所用的催化剂都是金属卤化物，如氯化铁、氯化铜、氯化铝、三氯化锑、五氯化锑、氯化汞等。均相催化氯化是将这类催化剂溶于溶剂中，然后进行氯化反应，例如乙烯与氯加成制备二氯乙烷就是采用均相氯化法，此法反应条件比较缓和。非均相氯化法是将活性组分载于活性炭、浮石、硅胶、氧化铝等载体上形成固体催化剂，苯催化制备氯苯就采用此法。

二、平衡氧氯化法生产氯乙烯

平衡氧氯化法生产氯乙烯包括三步反应：

$$CH_2=CH_2+Cl_2 \longrightarrow ClCH_2CH_2Cl$$

$$CH_2=CH_2+HCl+0.5O_2 \longrightarrow ClCH_2CH_2Cl+H_2O$$

$$2ClCH_2CH_2Cl \longrightarrow 2CH_2=CHCl+HCl$$

总反应式：

$$2CH_2=CH_2+Cl_2+0.5O_2 \longrightarrow 2CH_2=CHCl+H_2O$$

其工艺过程可简单用图 6-3 表示。

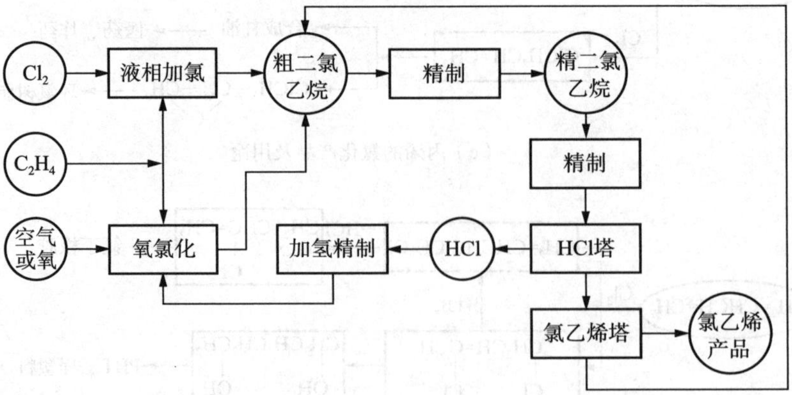

图 6-3 乙烯平衡氯化法生产氯乙烯的工艺过程

此方法生产氯乙烯的原料只需乙烯、氯和空气(或氧)，氯可以全部被利用，是一种经济合理生产方法，但关键是要计算好乙烯与氯加成、乙烯氧氯化两个反应的反应量，使1，2-二氯乙烷裂解所产生的HCl正好满足乙烯氧氯化所需的HCl，这样才能使HCl在整个生产过程中始终保持平衡。

(一)乙烯液相加氯制1，2-二氯乙烷(EDC)

1，2-二氯乙烷为无色液体不溶于水，沸点83.5℃，它不仅是重要的溶剂，也是以乙烯为原料制取氯乙烯的中间体——1，2-二氯乙烷，然后经高温裂解能脱去一分子HCl而转化为氯乙烯。

1. 乙烯加氯反应原理

乙烯与氯加成得1，2-二氯乙烷，由于放热量大工业上是采用液相催化氯化法以利散热。

$$CH_2=CH_2+Cl_2 \longrightarrow ClCH_2CH_2Cl + 171.5kJ$$

乙烯液相加氯是在极性溶剂中进行，常用的溶剂是产物1，2-二氯乙烷本身。该反应属于离子型反应，采用盐类作催化剂，工业上是用三氯化铁为催化剂，它能促进Cl^+的生成。反应机理为：

$$FeCl_3+Cl_2 \longrightarrow FeCl_4^-+Cl^+$$

$$Cl^++CH_2=CH_2 \longrightarrow CH_2Cl—CH_2^+$$

$$CH_2Cl—CH_2^++FeCl_4^- \longrightarrow CH_2Cl—CH_2Cl+FeCl_3$$

其反应速率方程为：$$\frac{dC_R}{dt}=kc_Ac_B \qquad (6-1)$$

式中 $\frac{dC_R}{dt}$——1，2-二氯乙烷的生成速度，kmol/(L·s)；

c_A——溶液中乙烯浓度，kmol/L；

c_B——溶液中氯浓度，kmol/L；

k——反应速度常数，L/(kmol·s)，是温度和催化剂$FeCl_3$的浓度的函数。

主要副反应是生成多氯化物1，1，2-三氯乙烷和1，1，2，2-四氯乙烷。

2. 乙烯与氯液相加成合成1，2-二氯乙烷的工艺流程

乙烯与氯加成合成1，2-二氯乙烷的工艺有低温氯化法和高温氯化法两种，传统的氯化工艺是低温氯化法，反应温度控制在50℃左右。为了确保氯能全部反应掉，乙烯用量略为过量。其工艺流程如图6-4所示。

乙烯液相氯化是在塔式反应器中进行，在氯化塔内部有一套筒，内充以铁环和氯化液(主要是二氯乙烷)，乙烯和氯气从塔底进入套筒内，溶解在氯化液中而发生加成反应，生成产物二氯乙烷。为了保证气液相的良好接触和移除大量反应热，在氯化塔外连通两台循环冷却器，反应器中氯化液由内套筒溢流至反应器本体与套筒间环形空隙，再用循环泵将氯化液从氯化塔下部引出，经过滤后把反应生成的二氯乙烷送至洗涤分层器，其余的经循环冷却器用水冷却除去反应热后循环回氯化塔。补充的催化剂$FeCl_3$是用循环液溶解后从氯化塔的上部加入，氯化液中$FeCl_3$的浓度维持在250~300μg/g。

反应产物在两套串联的洗涤分层装置中先后经过两次洗涤，以除去夹带的少量催化剂$FeCl_3$和HCl。所得粗二氯乙烷送精馏工段除去轻组分和重组分副产物，得产品1，2-二氯乙烷。洗涤水经汽提，以回收其中少量的二氯乙烷后，重复循环使用。自氯化塔顶部溢出的反应尾气经过冷却冷凝以回收夹带的二氯乙烷后送焚烧炉处理。

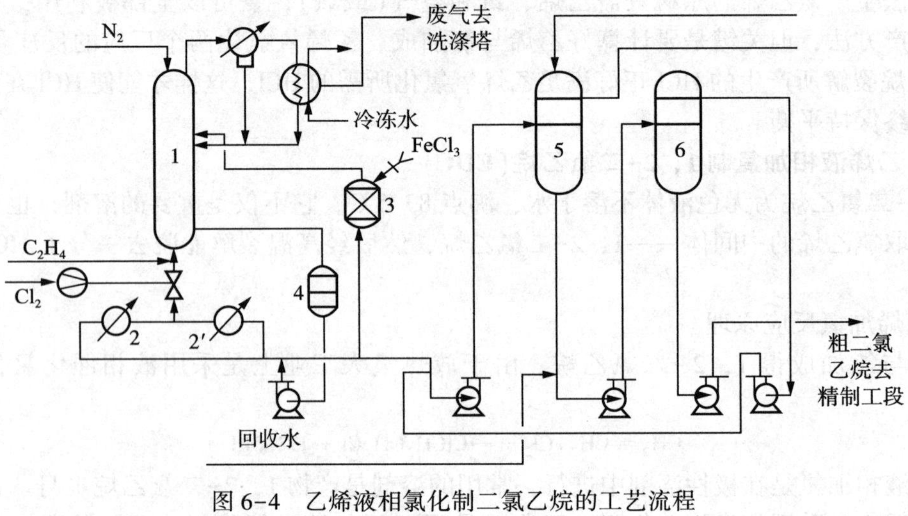

图 6-4　乙烯液相氯化制二氯乙烷的工艺流程

1—氯化塔；2，2′—循环冷却器；3—催化剂溶解罐；4—过滤器；5，6—洗涤分层器

低温氯化法反应热没有利用，而且反应产物要经水洗以除去带出的催化剂，洗涤水需经汽提，故能耗较大，且需经常补充催化剂，还有污水需排放处理。近年来对其工艺进行了改进，使反应在接近二氯乙烷沸点的条件下进行(称为高温氯化法)。反应热靠二氯乙烷的蒸出带出反应器外，每生成 1mol 二氯乙烷，大约可产生 6.5mol 二氯乙烷蒸气。由于在沸腾条件下反应，未反应的乙烯和氯会被二氯乙烷蒸气带走而使二氯乙烷的收率降低。为了克服此缺点，设计一个由 U 形循环管 A 和分离器 B 组成的反应器。高温氯化法的工艺流程如图6-5所示。

乙烯和氯通过特殊设计的喷散器在 U 形循环管上升段底部进入反应器，溶解于氯化液中后立即进行反应生成二氯乙烷，由于该处有足够的静压，可以防止反应液沸腾。至上升段的三分之二处，反应已基本完成，然后液体继续上升并开始沸腾，最后气液混合物进入分离器，二氯乙烷蒸气自分离器出来进入精馏塔，在此分出轻组分(包括少量未转化的乙烯)和重组分并获得产品纯二氯乙烷。重组分中含有大量二氯乙烷，大部分循环回反应器，一部分送二氯乙烷-重组分分离系统，分出 1，1，2-三氯乙烷和 1，1，2，2-四氯乙烷等副产物后二氯乙烷仍返回反应器。

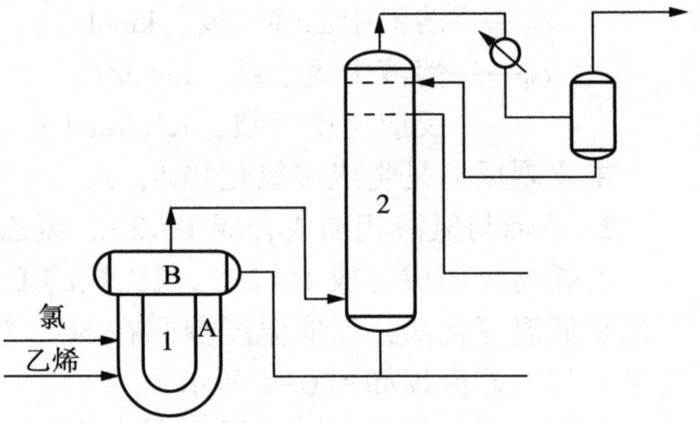

图 6-5　高温氯化法制取二氯乙烷的工艺流程

1—反应器；2—精馏塔

A—U 形循环管；B—分离器

采用这种型式反应器进行高温氯化二氯乙烷收率高，反应热能得到利用，并由于二氯乙烷是气相出料，不会将催化剂带出，所以不需要洗涤脱除催化剂，过程中没有污水排出，也不需要补加催化剂。但操作这种型式反应器，循环速度的控制十分重要。循环速度太低会导致反应物分散不均匀和局部浓度过高。高温氯化法比低温氯化法节省大量能耗，原料利用率接近 99%，二氯乙烷纯度接近 99.99%。

(二)乙烯的氧氯化

1. 乙烯氧氯化催化剂

乙烯氧氯化制取1，2-二氧乙烷需在催化剂存在下进行。常用的氧氯化催化剂是金属氯化物，其中以 $CuCl_2$ 的活性为最高。工业上普遍采用的是以 $\gamma-Al_2O_3$ 为载体的 $CuCl_2$ 催化剂，根据氯化铜催化剂的组成不同可以分为三种类型。

(1)单组分催化剂。即 $CuCl_2/\gamma-Al_2O_3$ 催化剂。其活性与活性组分 $CuCl_2$ 的含量有关。图 6-6 为在 $CuCl_2/\gamma-Al_2O_3$ 催化剂中铜含量对其活性和选择性(以 CO_2 的生成率表示)的影响。由图 6-6 中曲线可看出，铜含量增加催化剂的活性显著增加。当铜含量达到5%~6%(质量)时，HCl的转化率几乎接近100%，其活性已达到最高。由图 6-6 也可看出，随着铜含量的增加深度氧化副产物 CO_2 的生成率也有所增加，但铜含量超过5%时，CO_2 的生成率就维持在一定的水平上。工业上所用的 $CuCl_2/\gamma-Al_2O_3$ 催化剂，铜含量为5%(质量)左右。可用成型的 $\gamma-Al_2O_3$ 浸渍 $CuCl_2$ 溶液制得。如用于流化床反应器，可用微球形 $\gamma-Al_2O_3$ 浸渍制得也可用混合凝胶法制得，用喷雾干燥法成型为适合于流化床的微球型催化剂。

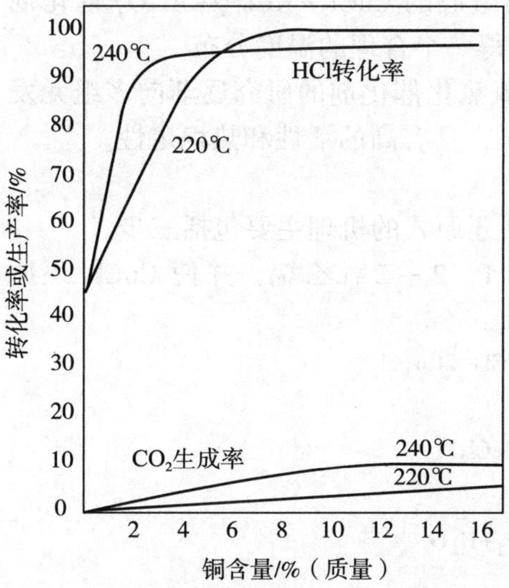

图 6-6 $CuCl_2/\gamma-Al_2O_3$ 催化剂中铜含量与催化剂性能的关系

C_2H_4：HCl：O_2=1.16：2：0.9，空速 $612h^{-1}$

这类催化剂具有良好的选择性，主要缺点是氯化铜易挥发，在反应过程中由于活性组分 $CuCl_2$ 的挥发流失，使催化剂的活性下降，因而热稳定性较差，反应温度越高，$CuCl_2$ 的挥发流失量越大，活性下降越快。

(2)双组分催化剂。为了改善单组分催化剂的热稳定性和使用寿命，在催化剂中加入第二组分。常用的为碱金属或碱土金属的氯化物，主要是 KCl。图 6-7为 $CuCl_2/\gamma-Al_2O_3$ 催化剂中添加 KCl 后，K/Cu 原子比对催化剂活性的影响。由图 6-7 可看出，加入少量 KCl 仍能维持原单组分催化剂的活性，且能抑制深度氧化产物 CO_2 的生成，但 KCl 用量增加时催化剂的活性迅速下降。

图 6-8 所示为不同 K/Cu 原子比的催化剂达到最高活性时的反应温度。由图 6-8 可看出 K/Cu 用量比越高，显示高活性所需温度也越高，但对选择性没有影响(见表 6-1)。

表 6-1 不同 K/Cu 原子比时 $CuCl_2/\gamma-Al_2O_3$ 催化剂选择性(催化剂中的铜质量含量 6.3%)

K/Cu 原子比	0	0.1	0.5	1.0	2.0
最佳反应温度/℃	240	240	240	240	260
产物中1，2-二氯乙烷含量/%	99.6	99.4	99.8	99.8	99.5

总之在 $CuCl_2$ 加入 KCl 后，活性减低，而催化剂的稳定性却有提高。这很可能是 KCl 和 $CuCl_2$ 形成了不易挥发的复盐或低熔混合物，因而防止 $CuCl_2$ 的流失。加入稀土金属的氯化物，如氯化铈、氯化镧等也可以稳定催化剂的活性和增长其寿命。

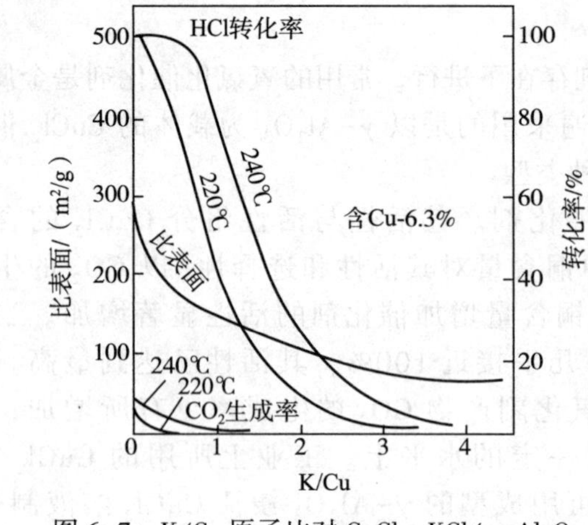

图 6-7　K/Cu 原子比对 $CuCl_2$-KCl/γ-Al_2O_3 的催化剂活性的影响

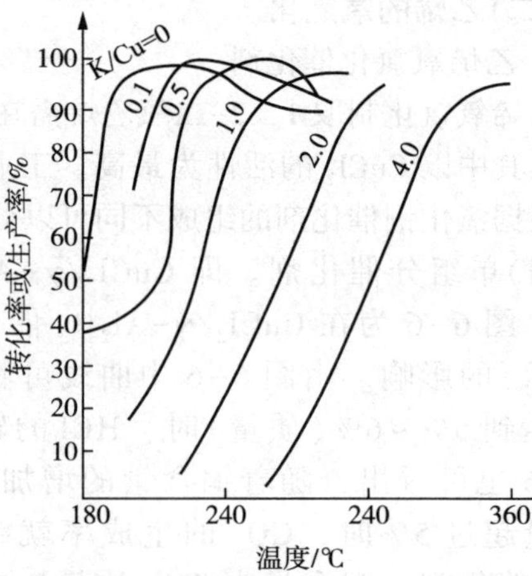

图 6-8　不同 K/Cu 原子比 $CuCl_2$-KCl/γ-Al_2O_3 的催化剂活性

$CuCl_2$-KCl/γ-Al_2O_3 催化剂用于固定床，可用不同组成的 $CuCl_2$-KCl/γ-Al_2O_3 催化剂(具有不同活性)，沿轴向高度填充不同床层位置，以获得一个合理的温度分布。

(3)多组分催化剂。为了寻求低温高活性催化剂，氧氯化催化剂的研究逐渐向多组元发展。$CuCl_2$-碱金属氯化物-稀土金属氯化物型多元催化剂，具有高的活性和热稳定性。

2. 乙烯氧氯化反应机理和反应动力学

乙烯在 $CuCl_2$/γ-Al_2O_3 催化剂上氧氯化反应的氧化-还原式的机理主要包括三步。

第一步是吸附于催化剂的乙烯与 $CuCl_2$ 作用生产 1，2-二氧乙烷，并使 $CuCl_2$ 还原为 Cu_2Cl_2。

$$CH_2{=}CH_2+2CuCl_2 \longrightarrow ClCH_2CH_2Cl+2Cu_2Cl_2$$

第二步是 Cu_2Cl_2 被氧氯化为二价铜的络合物。

$$Cu_2Cl_2+0.5O_2 \longrightarrow CuO\cdot CuCl_2$$

第三步是络合物再与 HCl 作用分解为 $CuCl_2$ 和水。

$$CuO\cdot CuCl_2+2HCl \longrightarrow 2CuCl_2+H_2O$$

反应的控制步骤是第一步，已报道的动力学方程有：

$$r=kp_c^{0.6}p_h^{0.2}p_o^{0.5} \tag{6-2}$$

$$r=kp_cp_h^{0.3}(\text{氧的浓度达到一定程度}) \tag{6-3}$$

式中　p_c、p_h、p_o——分别为 $CH_2{=}CH_2$、HCl 和 O_2 的分压。

这些动力学方程虽各不相同，但显示的规律是共同的。即乙烯浓度对氧氯化反应速度影响最大，而氧浓度的影响取决于氧浓度的范围，HCl 浓度的影响也是如此。总之从动力学方程可知，要增加 1，2-二氯乙烷的生成速率，增大乙烯的分压最为有效。

3. 主要副反应

乙烯氧氯化过程的主要副反应有三种。

(1)乙烯的深度氧化：

$$C_2H_4+2O_2 \longrightarrow 2CO+2H_2O$$

$$C_2H_4+3O_2 \longrightarrow 2CO_2+2H_2O$$

(2)生成副产物 1，1，2-三氯乙烷和氯乙烷：

$$CH_2{=}CH_2+HCl \longrightarrow CH_3CH_2Cl$$

$$ClCH_2CH_2Cl \longrightarrow CH_2{=}CHCl+HCl$$

$$CH_2{=}CHCl+2HCl+0.5O_2 \longrightarrow ClCH_2CHCl_2+H_2O$$

(3)其他氯衍生物副产物的生成：

除1，1，2-三氯乙烷副产物外，尚有少量的各种饱和或不饱和的一氯或多氯衍生物生成，例如三氯甲烷、四氯化碳、氯乙烯、1，1，1-三氯乙烷、顺式-1，2-二氯乙烯等。但这些副产物的总量仅为1，2-二氯乙烷生成量的1%以下。

4. 反应条件的影响

(1)反应温度。乙烯氧氯化反应是强放热反应，反应热可达251kJ/mol，因此反应温度的控制十分重要。温度过高乙烯完全氧化反应加速，CO_2 和CO的生成量增多，副产物三氯乙烷的生成量也增加，反应选择性下降。此外温度高催化剂的活性组分 $CuCl_2$ 挥发流失快，催化剂的活性下降快寿命短。图6-9~图6-11为在Cu含量为12%(质量)的 $CuCl_2/\gamma-Al_2O_3$ 催化剂上，温度对1，2-二氯乙烷(EDC)生成速度、选择性和乙烯燃烧副反应的影响。由图6-9~图6-11可看出，当温度高于250℃时，1，2-二氯乙烷的生成速度增加缓慢，而选择性显著下降，乙烯燃烧反应明显增多。一般在保证HCl的转化率接近全部转化的前提下，反应温度低些为好。适宜的反应温度与催化剂的活性有关。采用高活性 $CuCl_2/\gamma-Al_2O_3$ 催化剂时，适宜反应温度为220~230℃。

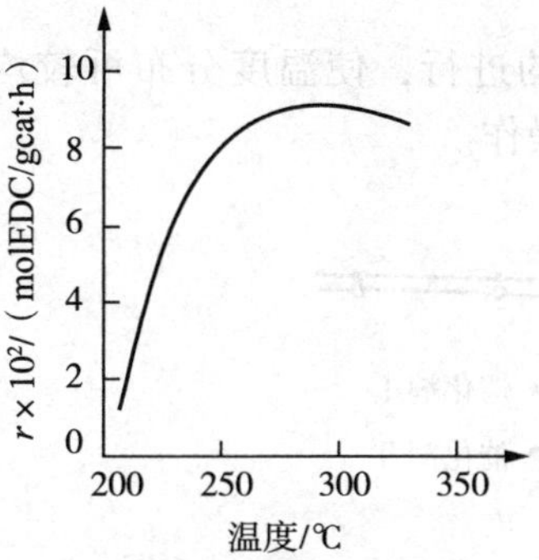

图6-9　温度对反应速率的影响

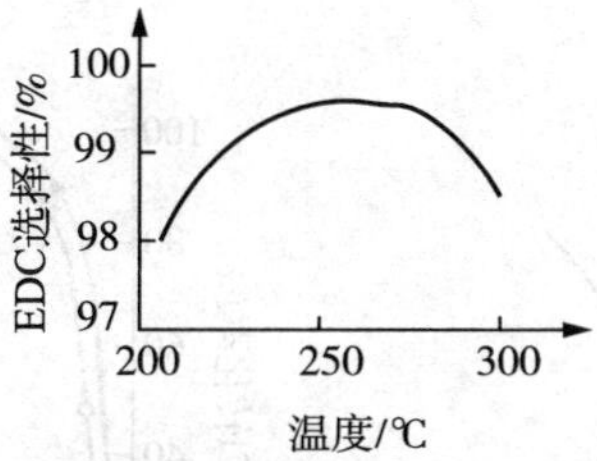

图6-10　温度对选择性的影响(以氯计)

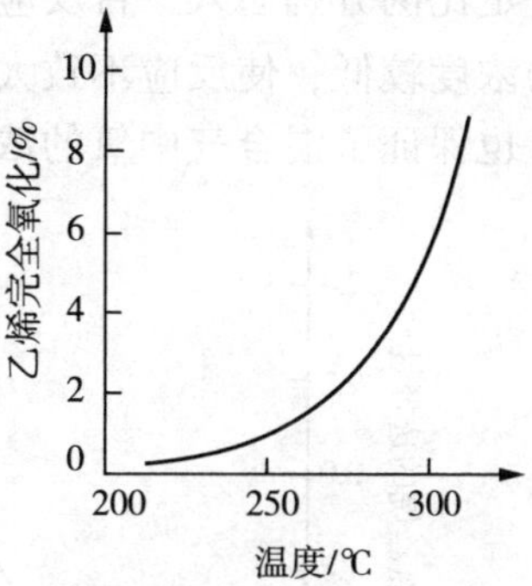

图6-11　温度对乙烯燃烧反应的影响

(2)压力。压力对乙烯氧氯化反应既影响反应速度也影响反应选择性。增高压力可提高反应速度，但却使选择性下降。图6-12和图6-13为压力对反应选择性的影响。由图6-12和图6-13可看出，压力增高，生成1，2-二氯乙烷的选择性降低，而副产物氯乙烷的生成量增加，故反应压力不宜过高。

(3)配料比。按乙烯氧氯化方程式的计量关系，乙烯、氯化氢和氧所需摩尔比应为1∶2∶0.5在正常操作情况下，乙烯和氧都是过量的。若HCl过量则过量的HCl吸附在催化剂表面，会使催化剂颗粒胀大，视密度减小。如果用流化床反应器，床层会急剧升高，甚至发生节涌现象。采用乙烯稍过量，能使HCl接近全部转化。但乙烯过量太多会使烃的燃烧反应增多，尾气中CO和 CO_2 的含量增多，使选择性下降。氧稍过量也能提高HCl的转化率，但用量过多也会使选择性下降。原料气的配比必须在爆炸极限以外。

(4)原料气纯度。氧氯化反应可用浓度较稀的原料 C_2H_4，CO、CO_2 和 N_2 等惰性气体的存在对反应并无影响。但原料气中的乙炔、丙烯和 C_4 烯烃含量必须严格控制。因为它们都会发生氧氯化反应，而生成四氯乙烯、三氯乙烯、1，2-二氯丙烷等多氯化物，使产品1，2

-二氯乙烷的纯度降低而影响它的后加工。

(5)停留时间。图 6-14 为停留时间对 HCl 转化率的影响。由图 6-14 可以看出，要使 HCl 接近全部转化必须有较长的停留时间。但停留时间也不宜过长，过长会出现转化率反而下降的现象。这可能是由于停留时间过长，发生了连串副反应 1，2-二氯乙烷的裂解而产生氯化氢和氯乙烯之故。

5. 乙烯氧氯化生产 1，2-二氯乙烷的工艺流程

乙烯氧氯化生产 1，2-二氯乙烷是一强放热的气固相催化氧化反应，有空气氧化法和氧气氧化法两种。

(1)氧氯化反应器型式的选择：

① 固定床氧氯化反应器。即为常用的多管式反应器。管内填充颗粒状催化剂，原料气自上而下流经催化剂层进行反应，管间用加压热水作载热体，副产一定压力的水蒸气。

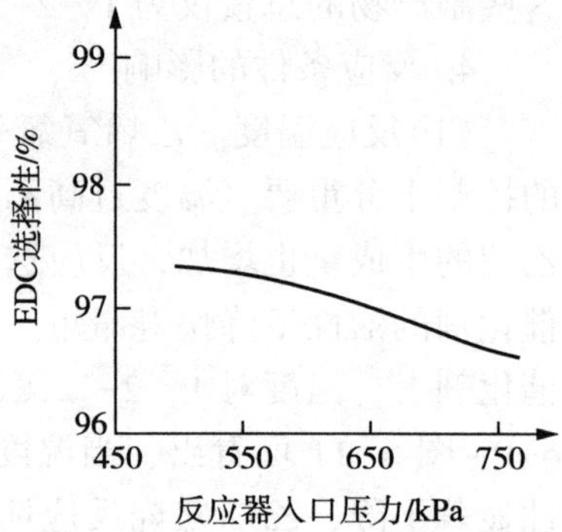

图 6-12 压力对选择性的影响(O_2 为氧化剂)

氧氯化反应是强放热反应，由于固定床传热较差，容易产生局部温度过高而出现热点，结果使反应选择性下降，催化剂的活性下降较快，寿命缩短。为了使床层温度分布能较均匀，工业上采用三台固定床反应器串联，氧化剂空气或氧按一定比例分别通入三台反应器。这样每台反应器中的物料氧的浓度较低，使反应不致太剧烈也可减少完全氧化副反应的进行，使温度分布可较均匀；而且也保证了混合气中氧的浓度在可燃范围以下，有利安全操作。

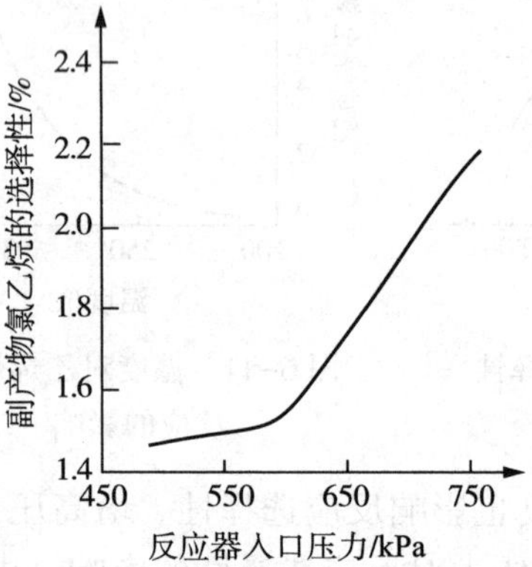

图 6-13 压力对副产物氯乙烷的影响(O_2 为氧化剂)

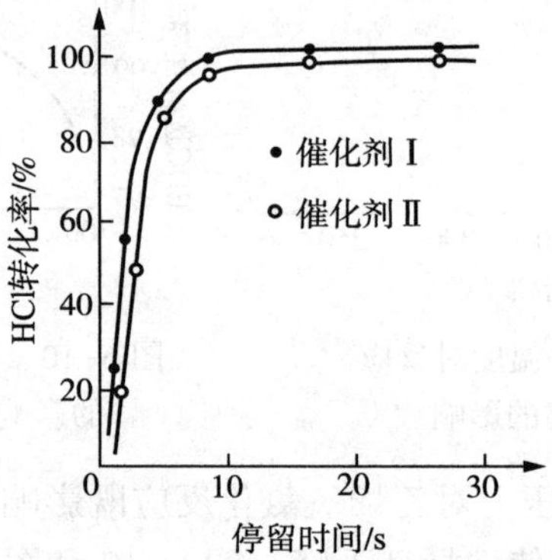

图 6-14 停留时间对 HCl 转化率影响

225℃，C_2H_4：HCl：空气=1.1：2：3.6

② 流化床氧氯化反应器。采用流化床反应器由于催化剂在器内处于沸腾状态，床层内又设有热交换器，可以有效地移出反应热，因此床层温度分布均匀也易控制。流化床氧氯化反应器的构造如图 6-15 所示。

在反应器底部水平插入空气进料管，进料管上方设置有具有多个喷嘴的板式分布器，用以均匀分布进入的空气。在板式分布器上方有 C_2H_4 和 HCl 混合气体的进入管，此管连接有与空气分布器具有同样数目喷嘴的分布器，其喷嘴正好插入空气分布器的喷嘴内。这样就能使两股进料气体在进入催化床层之前在喷嘴内混合均匀。

在反应段设置了一定数量的直立冷却管组，管内通入加压热水，借水的汽化以移出反应热，并产生相当压力的水蒸气。在反应器上部设置三组三级旋风分离器，用以分离回收反应

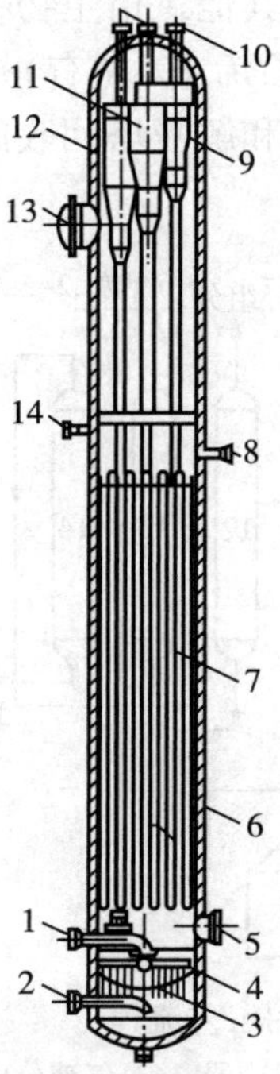

图 6-15　乙烯氧氯化流化床反应器结构示意图

1—C_2H_4 和 HCl 入口；2—空气入口；3—短管分布器；4—分布板；5—催化剂入口；6—反应器外壳；7—冷却管组；8—加压热水入口；9、11、12—旋风分离器；10—反应器出口；13—人孔；14—高压水蒸气出口

气体所夹带的催化剂。催化剂的磨损量每天约为 0.1%，需补充的催化剂自气体分布器上部处用压缩空气送入反应器内。

由于氧氯化过程有水产生，如反应器的一些部位保温不好，温度过低，当达到露点温度时水就会凝结，将使设备遭受严重腐蚀。当催化剂表面为氧化铁覆盖时，副产物氯乙烷明显增加。

(2)以空气作氧化剂的乙烯流化床氧氯化制 1，2-二氯乙烷的工艺流程。

① 氧氯化反应部分。如图 6-16 所示，氯化氢(来自 1，2-二氯乙烷热裂解装置，见后)预热至 170℃左右，与 H_2 一起进入加氢反应器，在 Pd/Al_2O_3 催化剂存在下进行加氢精制，使其中所含有害的乙炔杂质加氢为乙烯。原料乙烯也预热到一定温度，然后与 HCl. 混合后一起进入反应器。氧化剂空气则经空气压缩机压缩后送入反应器，三者在分布器中混合后进入催化床层，发生氧氯化反应，放出的热量借冷却管中热水的汽化而移走。反应温度是由调节气水分离器的压力进行控制。

② 1，2-二氯乙烷的分离和精制。如图 6-17 所示，自氧氯化反应器顶部出来的反应混合气含有反应生成的产物 1，2-二氯乙烷，副产物 CO、CO_2 和其他少量的氯衍生物，以及未转化的乙烯、氧、氯化氢及惰性气体，还有主副反应生成的水。此反应混合气进入骤冷塔用水喷淋骤冷至 90℃并吸收气体中 HCl，洗去夹带出来的催化剂粉末。产物二氯乙烷以及其他氯衍生物仍留在气相，从骤冷塔塔顶逸出，在冷却冷凝器中冷凝后流入分层器，与水层分离后即得粗 1，2-二氯乙烷，分出的水循环回骤冷塔。

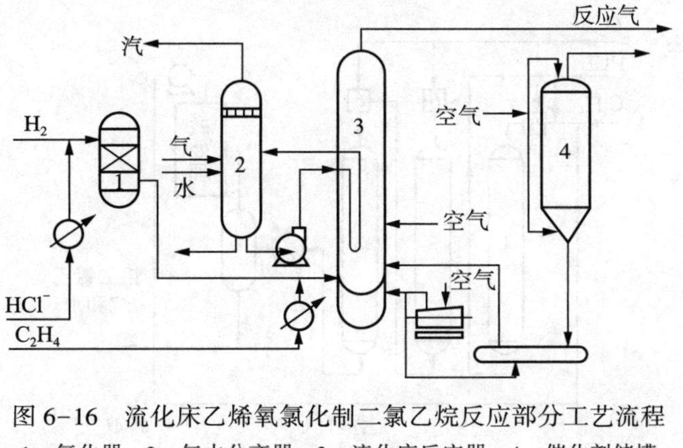

图 6-16　流化床乙烯氧氯化制二氯乙烷反应部分工艺流程

1—氢化器；2—气水分离器；3—流化床反应器；4—催化剂储槽

从分层器出来的气体再经低温冷凝器以回收二氯乙烷及其他氯衍生物，不凝气体进入吸收塔，用溶剂吸收其中尚存的二氯乙烷等烃类后，尾气(含乙烯1%左右)排出系统。溶有二氯乙烷等烃类的吸收液在解吸塔中进行解吸。在低温冷凝器和解吸塔回收的二氯乙烷，一并送至分层器。

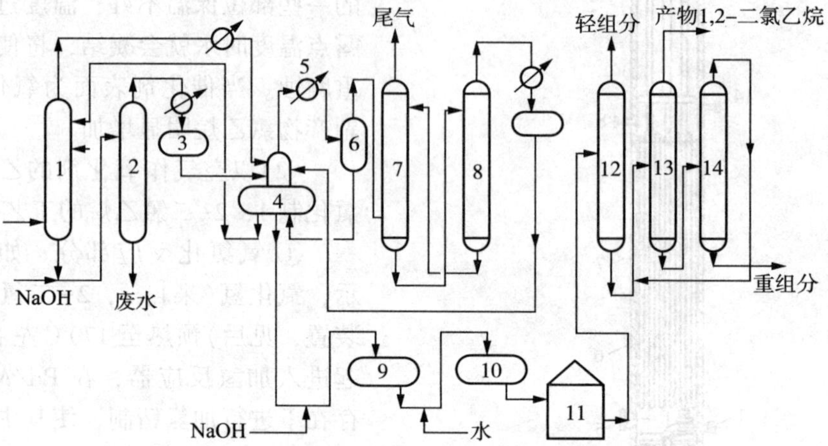

图6-17　1，2-二氯乙烷分离和精制部分的工艺流程

1—骤冷塔；2—废水汽提塔；3—受槽；4—分层器；5—低温冷器；6—气液分离器；7—吸收塔；8—解吸塔；9—碱洗罐；10—水洗罐；11—粗二氯乙烷储槽；12—轻组分塔；13—二氯乙烷塔；14—重组分塔

自分层器出来的粗1，2-二氯乙烷经碱洗、水洗后进入储槽。然后用三个精馏塔进行分离精制。第一塔脱除低沸物，第二塔蒸出产品1，2-二氯乙烷，第三塔从第二塔釜液中回收二氯乙烷。第三塔是在减压下操作。

骤冷塔塔底排出的水吸收液中含有盐酸和少量二氯乙烷等氯衍生物，经碱中和后进入汽提塔进行水蒸气汽提以回收其中的二氯乙烷等氯衍生物，冷凝后进入分层器。

空气氧化法排放的气体中尚含有1%左右的乙烯不再循环使用，故乙烯消耗定额较高，且有大量排放废气污染空气需经处理。

(3)以氧为氧化剂的乙烯固定床氧氯化制1，2-二氯乙烷。此方法与前面方法主要不同之处是在氧氯化反应部分，其氧氯化反应部分的工艺流程简图如图6-18所示。

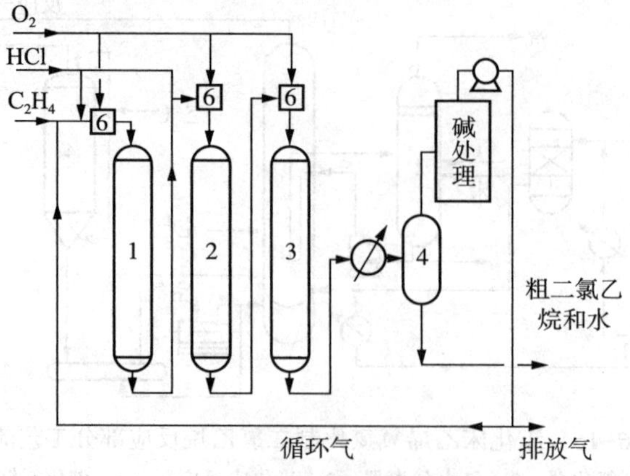

图6-18　氧气氧氯化反应部分流程

1，2，3—反应器；4—气液分离器；5—循环压缩机；6—混合器

氧氯化反应器共有三台互相串联，乙烯自第一台反应器通入，HCl 分成两股(各为一半)自第一和第二两台反应器通入。氧则分为三股(分配比，例如 40/40/20)分别自三台反应器通入。每台反应器进口处均设置有混合器，使诸物流能进行充分混合。循环乙烯与新鲜原料乙烯混合后一并进入第一台反应。反应产物自第三台反应器出来后经冷却冷凝，使 1，2-二氯乙烷及其副产物和水冷凝下来，进入气液分离器，分出水和粗 1，2-二氯乙烷，进行进一步分离和精制。不凝气体主要是乙烯，尚含有 CO、CO_2、Ar、He 等惰性气体和少量未反应氧，经循环压缩机增加后，少量排出系统(可作氯化原料用)，其余作为循环乙烯返回反应器。

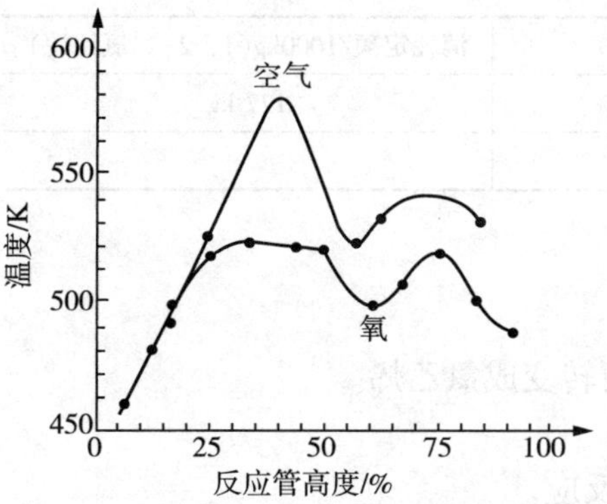

图 6-19 第一台反应器温度分布

此流程氧是分段加入，且由于乙烯是大量过量，使氧的浓度低于可燃浓度范围，保证了安全操作。氧气氧化法由于有大量乙烯在系统中循环使传热和传质都得到显著改善。热点温度明显降低，1，2-二氯乙烷的选择性提高，HCl 的转化率也提高。

与空气氧氯化法(也是采用固定床反应器)相比，氧气氧氯化法有如下优点。

① 床层温度分布较好，热点温度较低或不显著，有利于保护催化剂的稳定性，如图 6-19~图 6-21 所示。

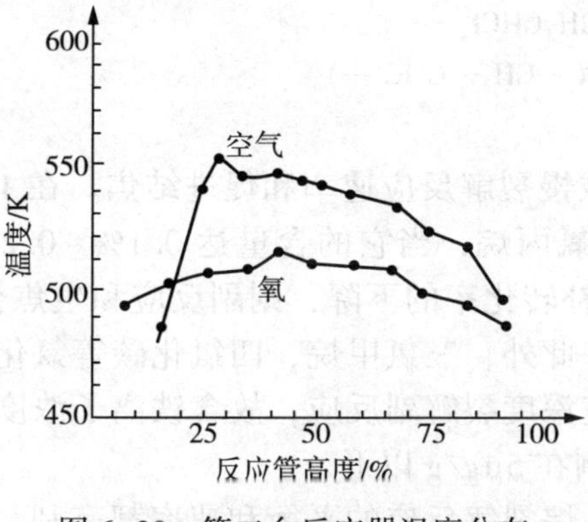

图 6-20 第二台反应器温度分布

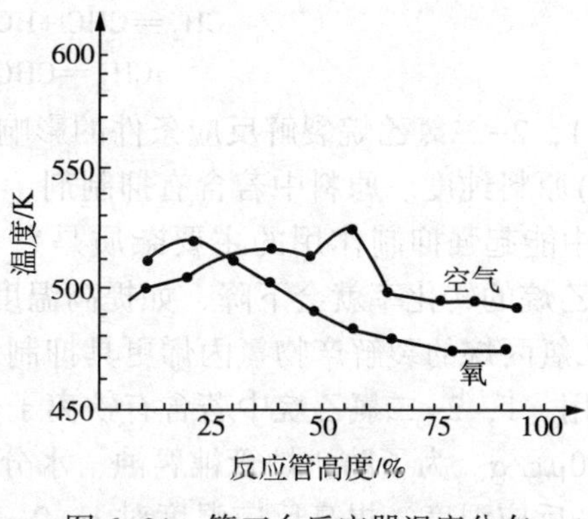

图 6-21 第三台反应器温度分布

② 1，2-二氯乙烷的选择性较高，HCl 的转化率也较高，见表 6-2。

表 6-2 乙烯氧氯化结果比较

乙烯转化为各物的选择性/%	空气氧氯化	氧气氧氯化	乙烯转化为各物的选择性/%	空气氧氯化	氧气氧氯化
1，2-二氯乙烷	95.11	97.28	1，1，2-三氯乙烷	0.88	0.08
氯乙烷	1.73	1.50	其他氯衍生物	0.50	0.46
CO、CO_2	1.78	0.68	HCl 的转化率/%	99.13	99.83

③ 排出系统的废气少，只有空气氧化法的 5%，或更少至 1%，且可进一步用于氯化。空气氧氯化法排出的废气中乙烯含量甚低，一般为 1%左右，大量是惰性气体，并含有各种氯化物，使 1，2-二氯乙烷损耗增加。且氯乙烯等氯化物对人体十分有害，如直接排入大气将污染环境，需作焚烧处理。由于可燃物含量低必须外加燃料。而氧气氧氯化法排出的气体乙烯浓度较高，可直接进行焚烧处理。

④ 氧气氧氯化法乙烯浓度高，有利于提高1，2-二氯乙烷的生成速度和催化剂的生产能力。

⑤ 氧气氧氯化法不需要采用溶剂吸收、深冷等方法回收1，2-二氯乙烷，因此流程较简单，设备投资费用较少。

由于氧气氧氯化有如上这些优点，自20世纪70年代末工业化后，国际上已有许多国家工厂采用，并有取代空气氧氯化法趋势。氧气氧氯化法的消耗定额见表6-3。

表6-3　氧气法原材料消耗定额

原材料	消耗定额/1000kg(1，2-二氯乙烷)	原材料	消耗定额/1000kg(1，2-二氯乙烷)
乙烯(100%)	287 kg	氧(100%)	177 kg
氯化氢(100%)	742 kg		

(三)1，2-二氯乙烷高温裂解制氯乙烯

1. 裂解反应原理

1，2-二氯乙烷加热至高温即能脱去一分子氯化氢而转变成氯乙烯。

$$ClCH_2CH_2Cl \rightleftharpoons CH_2{=}CHCl+HCl-79.5kJ$$

这是一个吸热可逆反应，同时还发生连串和平行副反应。

$$ClCH_2CH_2Cl \longrightarrow H_2+HCl+2C$$
$$CH_2{=}CHCl \longrightarrow CH{\equiv}CH + HCl$$
$$CH_2{=}CHCl+HCl \longrightarrow CH_3CHCl_2$$
$$nCH_2{=}CHCl \longrightarrow (-CH_2-CHCl-)_n$$

2. 1，2-二氯乙烷裂解反应条件的影响

(1)原料纯度。原料中若含有抑制剂，就会减慢裂解反应速率和促进结焦。在1，2-二氯乙烷中能起强抑制作用的主要杂质是1，2-二氯丙烷，当它的含量达0.1%~0.2%时1，2-二氯乙烷的转化率就会下降，如提高温度以弥补转化率的下降，则副反应和生焦会更多。1，2-二氯丙烷的裂解产物氯丙烯更具抑制作用。此外，三氯甲烷、四氯化碳等氯化物也有抑制作用。1，2-二氯乙烷中若含有铁离子会加速深度裂解副反应，故含铁离子浓度要求不大于100μg/g。为了防止炉管被腐蚀，水分应控制在5μg/g以下。

(2)反应温度。提高反应温度对1，2-二氯乙烷裂解反应的平衡和速率都有利，温度小于450℃时转化率很低。当温度升至500℃时裂解反应速率显著加快，转化率与温度的关系见图6-22所示。但温度过高二氯乙烷深度裂解和氯乙烯的裂解、聚合等副反应也相应加速。当温度高于600℃时，副反应的速率将大于主反应的速率。故反应速率的选择应从二氯乙烷的转化率和氯乙烯的选择性两方面考虑，一般为500~550℃。

(3)压力。提高压力对反应平衡不利，但实际生产中常采用加压操作。其原因是为了物流畅通，维持适宜空速，避免局部过热。加压还有利于抑制分解生碳的副反应，提高氯乙烯的选择性。加压也有利于产物氯乙烯和副产物HCl的冷凝回收，生产中有采用低压法(约0.6MPa)、中压法(约1.0MPa)、高压法(>1.5MPa)。

(4)停留时间。停留时间与1，2-二氯乙烷转化率的关系见图6-23。停留时间长，能提高转化率，但同时连串反应增多，氯乙烯聚合生焦副反应增加，使氯乙烯选择性下降，使炉管的烧焦周期缩短。所以生产上采用较短的停留时间以期获得高选择性。通常停留时间为10s左右，1，2-二氯乙烷转化率为50%~60%，氯乙烯选择性为97%左右。

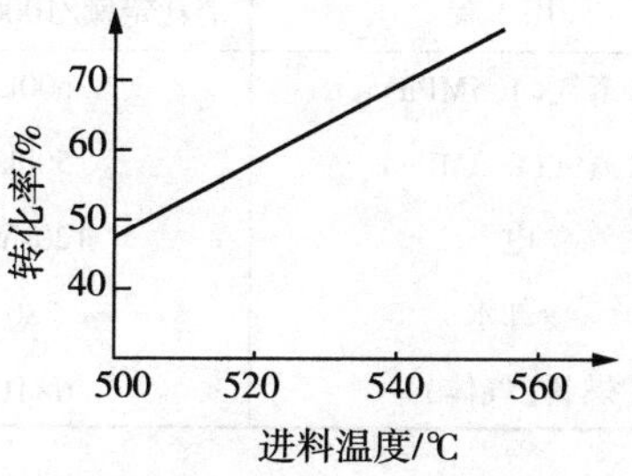

图 6-22　温度对 1，2-二氯乙烷转化率的影响 $p=0.5\mathrm{MPa}$，温度 530℃

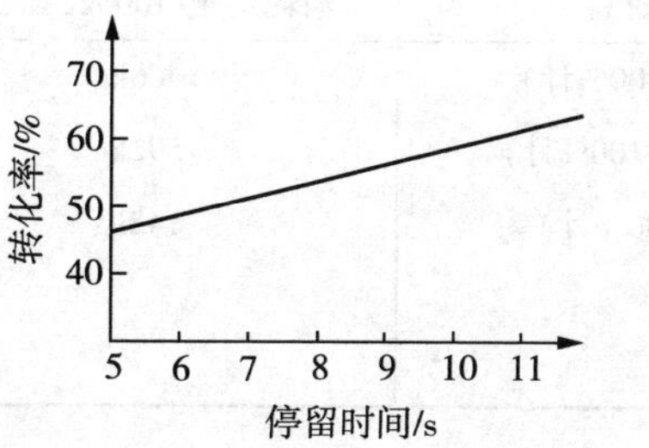

图 6-23　停留时间对 1，2-二氯乙烷转化率的影响 $p=0.5\mathrm{MPa}$，温度 530℃

3. 1，2-二氯乙烷裂解制氯乙烯的工艺流程

1，2-二氯乙烷裂解制氯乙烯的工艺流程如图 6-24 所示。1，2-二氯乙烷裂解是在管式裂解炉中进行。在对流段设有原料二氯乙烷的预热管，反应管设置在辐射段。

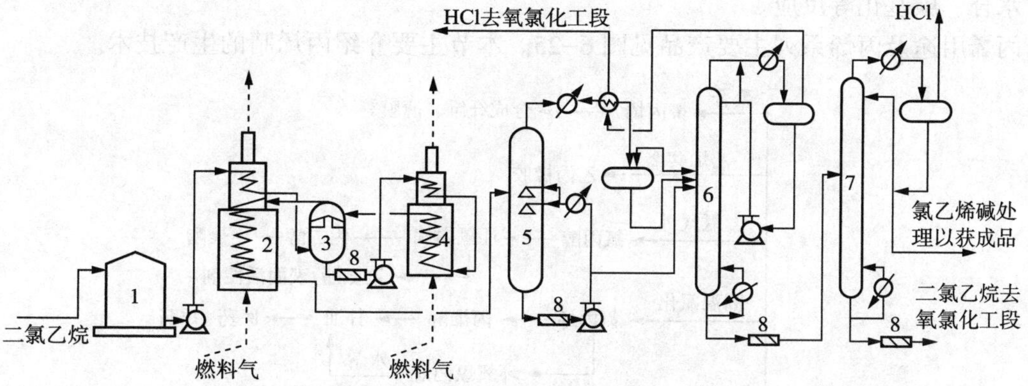

图 6-24　1，2-二氯乙烷裂解制乙烯的工艺流程

1—1，2-二氯乙烷储槽；2—裂解反应炉；3—气液分离器；4—二氯乙烷蒸发器；5—骤冷塔；6—HCl 塔；7　氯乙烯塔，8　过滤器

精 1，2-二氯乙烷由定量泵送入裂解炉预热，然后到蒸发器加热蒸发并达到一定温度，1，2-二氯乙烷蒸气经气液分离器分离掉可能夹带的液滴后进入裂解炉反应管，在一定压力下升温至 500~550℃进行裂解获得氯乙烯和氯化氢。裂解气出炉后在骤冷塔中迅速降温并除碳。为了防止盐酸对设备的腐蚀，急冷剂不用水而用二氯乙烷，在此未反应的二氯乙烷会部分冷凝。出骤冷塔的裂解气再经冷却冷凝，然后气液混合物一并进入氯化氢塔，脱除出浓度为 99. 8%的 HCl，作为氧氯化原料。塔釜液为含有微量 HCl 的二氯乙烷和氯乙烯混合液，送入氯乙烯塔，馏出的氯乙烯经用固碱脱除微量 HCl 后，即得纯度为 99. 9%的成品氯乙烯。氯乙烯塔塔釜流出的二氯乙烷送至氧氯化工段的粗二氯乙烷储槽，一并进行精制后再返回裂解装置。

4. 平衡氧氯化法生产氯乙烯的技术经济指标

平衡氧氯化法生产氯乙烯的原材料和公用工程消耗定额见表 6-4。

表 6-4　平衡氧氯化法生产氯乙烯的原材料和公用工程消耗定额

原材料	消耗定额/1000kg 氯乙烯	公用工程	消耗定额/1000kg 氯乙烯
乙烯(100%计)	466kg	水蒸气(1.5MPa)	600kg
氯化氢(100%计)	592kg	水蒸气(0.3MPa)	500kg
氧(100%计)	142kg	电	120kWh
		冷却水	280t
		燃料(气体)	4.6×10^6kJ

第二节　丙烯系列的主要产品

丙烯系列产品的重要性在基本有机化学工业中仅次于乙烯系列产品。丙烯主要用于生产高压聚丙烯、乙丙烯共聚物、氯丙烯、丙烯腈、甘油、丙酮及丙烯醇等多个主要品种。丙烯系的产品种类很多，这些产品的合成从反应类型看，有聚合、氧化、氨氧化、氯化、烷基化、水合、羰基化等反应。

丙烯用途及丙烯系列主要产品见图 6-25。本节主要介绍丙烯腈的生产技术。

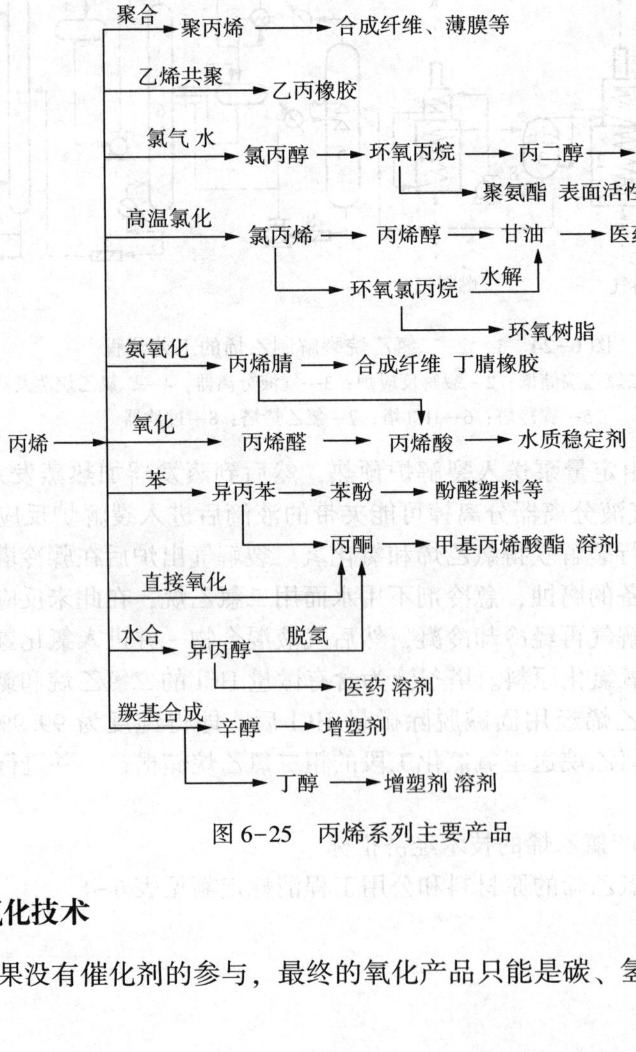

图 6-25　丙烯系列主要产品

一、催化氧化技术

氧化反应如果没有催化剂的参与，最终的氧化产品只能是碳、氢、硫、氮、磷等元素的燃烧产物。有了催化剂的参与，才可以生产出品种繁多的有机含氧化合物——醇、醛、酮、酸、酯、环氧化合物、过氧化物、有机腈和二烯烃等(见表6-5)。不同的催化剂作用下生产出不同的产品，这些产品用途广泛，在国民经济中占有重要的地位。

(一)催化氧化的类型

催化氧化按参与反应的物料的相态分类，可分为气液非均相催化氧化和气固非均相催化氧化两大类。

1. 气液相催化氧化。

气液相催化氧化指气相的氧化物(通常是氧气或空气)和烃类(大部分情况下是气相)在催化剂溶液中(很多情况下是溶剂)进行气液相反应而生成氧化物(通常是呈液相)的反应。这类反应大多在气液鼓泡塔反应器中完成。气液相催化氧化分为催化自氧化反应和络合催化氧化两类。

(1)催化自氧化。这类反应常用过渡金属离子为催化剂，具有自由基链反应的特点。催化自氧化反应虽然可以在没有催化剂的条件下进行，但要经历较长的诱导期，过了诱导期，氧化反应速率迅速增加到达最大值。表6-6列出了催化自氧化反应的以下重要产品。

表6-5 重要的氧化产品

醇类	醛类	酮类	酸类	酸酐和酯	环氧化物	有机过氧化物	有机腈	二烯烃
乙二醇 丙三醇 环已醇	甲醛 乙醛 丙烯醛	丙酮 甲乙酮 环已酮	乙酸(醋酸) 丙烯酸 甲基丙烯酸 己二酸 对苯二甲酸 高级脂肪酸	醋酐 苯酐 顺丁烯二酸酐 均苯四酸二酐 醋酸乙烯酯 丙烯酸酯	环氧乙烷 环氧丙烷	过氧化氢异丙苯 过氧化氢乙苯 过氧化氢异丁烷	丙烯腈 甲基丙烯腈 苯二腈	丁二烯

表6-6 催化自氧化反应的重要产品和生产条件

原料	主要氧化产品	催化剂	反应条件
丁烷	醋酸和甲乙酮	醋酸钴	167℃左右，6MPa，醋酸作溶剂
轻油	醋酸	醋酸钴或环烷酸钴	147~177℃左右，5MPa,
高级烷烃	高级脂肪酸	高锰酸钾	117℃左右
高级烷烃	高级醇	硼酸	167℃左右
环已烷	环已醇和环已酮	环烷酸钴	147~157℃左右
环已烷	已二酸	环烷酸钴，促进剂乙醛	90℃，醋酸作溶剂
甲苯	苯甲酸	环烷酸钴	147~157℃，303kPa
对二甲苯	对苯二甲酸	醋酸钴、促进剂乙醛	117℃左右，3MPa，醋酸作溶剂
乙苯	过氧化氢乙苯		147℃左右
异丙苯	过氧化氢异丙苯		107℃左右
乙醛	醋酸、醋酸酐		45~67℃，152~505 kPa，醋酸乙酯作溶剂
异丁烷	过氧化氢异丁烷		107~127℃，0.5~3MPa

① 催化自氧化反应机理：

链的引发 $RH+O_2 \xrightarrow{k_i} R\cdot+\cdot HO_2$

链的传递 $R\cdot + O_2 \xrightarrow{k_i} ROO\cdot$

$$ROO\cdot + RH \xrightarrow{k_2} R\cdot + ROOH$$

链的终止 $R\cdot + R\cdot \xrightarrow{k_3} R—R$

上述三个步骤决定性步骤是链的引发过程，需要克服很大的活化能。

② 催化剂和氧化促进剂：常使用的催化剂是过渡金属的水溶性或油溶性的有机盐，常用的是醋酸钴、丁酸钴、环烷酸钴、醋酸锰等。一般钴盐的催化效率较好。从实践效果看这类催化剂的作用是：

a. 加速链的引发，缩短或消除反应的诱导期。

b. 加速 ROOH 的分解，促进氧化产物醇、醛、酮、酸的生成。

催化剂的加入方式通常是先将二价钴盐(或锰盐)转化为有机盐(醋酸盐、丁酸盐、环烷酸盐)，并溶于溶剂(通常是醋酸)中，然后加入反应系统。催化剂用量一般小于1%。

有些烃类或有机物的自氧化反应在上述催化剂作用下，反应诱导期仍然很长，例如环己烷氧化制己二酸时，如果仅用醋酸钴作为催化剂，当反应温度 90℃时诱导期需 7h 左右。

在上述情况下为了缩短反应诱导期，或加快某一步的氧化反应速率，就需同时加入氧化促进剂。工业上常用的氧化促进剂有两类，一类是有机含氧化合物，如三聚乙醛、乙醛或甲乙酮等。在催化剂和氧化促进剂同时使用时反应可在较低温度下顺利进行，而获得高收率的目的氧化产物。

如：

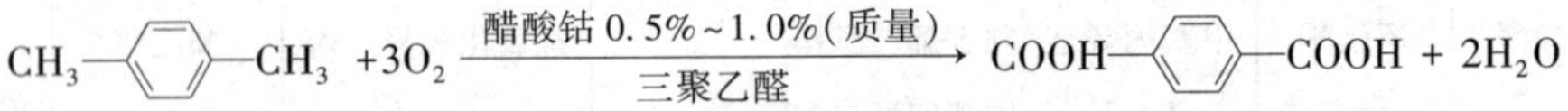

反应条件：120~125℃，3MPa，溶剂为醋酸，对苯二甲酸收率大于 99%。

三聚乙醛是比乙醛或甲乙酮更有效的促进剂。氧化促进剂的加入量视具体反应而定。例如环己烷氧化制己二酸时只需加入少量乙醛，就能有效缩短反应诱导期，而二甲苯氧化时三聚乙醛的加入量与原料的摩尔比接近于 1(以乙醛计)。

另一类氧化促进剂是溴化物，常用的有溴化铵、四溴乙烷、四溴化碳等。溴自由基有强烈的吸氢作用而引发自由基的生成。但用溴化物作促进剂往往需要较高的反应温度和压力，对设备的腐蚀性较严重，产物精制也较困难。同时要注意在大多数的情况下，原料中的水和硫化物能消耗自由基，是反应的阻化剂。

(2)络合催化氧化。络合催化氧化所使用的催化剂是过渡金属的络合物，最主要的是 Pd 络合物。络合催化氧化过程中，催化剂的过渡金属中心原子与反应物分子构成配位键使其活化，并在配位上进行反应。例如乙烯在 $PdCl_2-CuCl_2-HCl$ 水溶液中直接氧化制乙醛的反应。

① 乙烯与氯化钯在水溶液中反应：

$$C_2H_4 + PdCl_2 + H_2O \longrightarrow CH_3CHO + Pd\downarrow + 2HCl$$

② $CuCl_2$ 或 $FeCl_3$ 将 Pd 氧化为 Pd^{2+}，反应速率很快：

$$2CuCl_2 + Pd \longrightarrow PdCl_2 + 2CuCl$$

③ CuCl 在酸性溶液中被氧气氧化为 $CuCl_2$：

$$2CuCl + 2HCl + 0.5O_2 \longrightarrow 2CuCl_2 + H_2O$$

该反应在 1959 年实现了工业化称为瓦克(Wacker)法，该方法以 $PdCl_2-CuCl_2-HCl$ 水溶液为催化剂，具有很高的选择性，总反应式为：

$$C_2H_4+0.5O_2 \xrightarrow[\text{水溶液}]{PdCl_2—CuCl_2—HCl} CH_3CHO$$

烯烃在钯盐存在下的络合催化氧化不仅能在水溶液中进行，也可在非水溶液体系中进行。例如：

a. 乙烯和醋酸在钯盐催化下，乙酰氧基化生产醋酸乙烯：

$$CH_2═CH_2+CH_3COOH+0.5O_2 \xrightarrow[110\sim130℃，3\sim4MPa]{PdCl_2—CuCl_2—LiOAc} CH_2═CHOCOCH_3+H_2O$$

b. 乙烯在 $PdCl_2$-$LiNO_3$-$LiCl_2$ 催化剂作用下，在醋酸溶液中氧化生产乙二醇单酯，水解可得乙二醇：

$$CH_2═CH_2+CH_3COOH+0.5O_2 \xrightarrow[80℃，3MPa]{PdCl_2-LiNO_3-LiCl_2} HOCH_2CH_2OCOCH_3$$

$$HOCH_2CH_2OCOCH_3+H_2O \longrightarrow HOCH_2CH_2OH+CH_3COOH$$

c. 乙烯在 $PdCl_2$-$CuCl_2$-LiCl-LiOAc 催化剂存在下，进行羰化氧化合成丙烯酸：

$$CH_2═CH_2+CO+0.5O_2 \xrightarrow[140℃，7.5MPa，醋酸]{PdCl_2-CuCl_2-LiCi-LiOAc} CH_2═CHCOOH$$

d. 以 $PdCl_2$ 为催化剂，在高极性溶剂中乙烯直接进行氧氯化反应一步合成氯乙烯

$$CH_2═CH_2+PdCl_2 \xrightarrow[100℃，2.1MPa]{高极性溶剂} CH_2═CHCl+Pd\downarrow+2HCl$$

析出的金属钯用氧化剂再氧化循环使用。

e. 乙烯和苯在 $Pd(OAc)_2$-$Cu(OAc)_2$- NaOAc 催化剂下，在醋酸介质中氧化偶联生产苯乙烯：

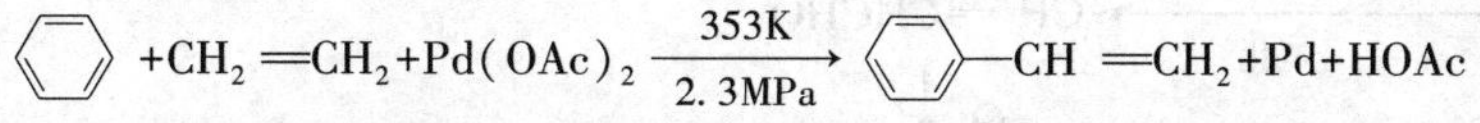

2. 气固相催化氧化

气固相催化氧化是烃类和氧气在固体催化剂表面进行化学反应的过程，这类反应可在固定床或流化床反应器中完成。重要的气固相催化氧化反应有六种。

(1)烷烃的催化氧化：正丁烷气相催化氧化生产顺丁烯二酸酐。

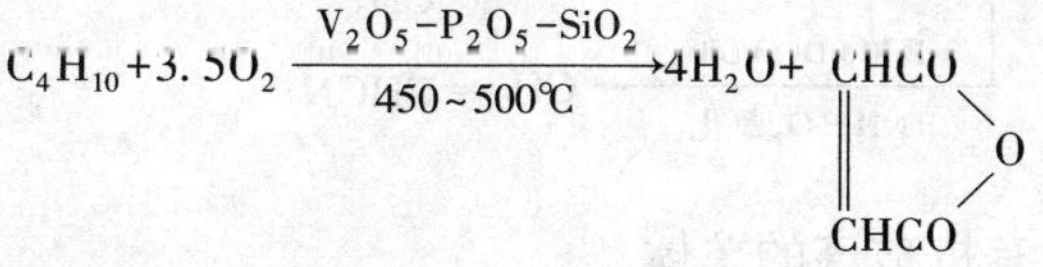

主要副反应是深度氧化生产 CO_2 和 CO。

顺丁烯二酸酐主要用于生产不饱和聚酯、1，4-丁二醇、四氢呋喃、增塑剂和杀虫剂等。

(2)烯烃的直接环氧化：乙烯环氧化制取环氧乙烷。

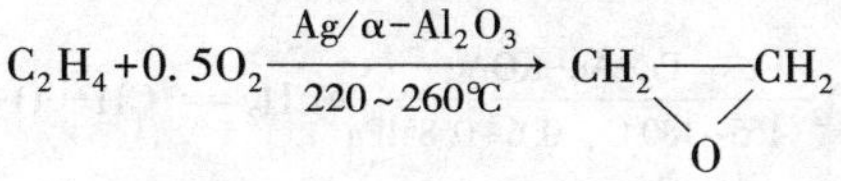

(3)丙烯基氧化反应：含有三个碳原子以上的单烯烃，如丙烯、正丁烯等，α-碳原子上的 C—H 间的解离能比一般 C—H 的小，具有高的反应活性。这类烯烃在催化剂上有氧存在时，易发生 α- C—H 的断裂从而在 α-碳上达到选择性氧化的目的。由于这类氧化反应，都经历烯丙基[$CH_2═CH^+═CH_2$]的中间状态，所以通常烯丙基氧化反应。由于原料的种类和催化剂的不同，可生产不同的氧化产物：α-β 不饱和醛，α-β 不饱和酮，α-β 不饱和酸和酸

酐，α-β 不饱和腈化物和二烯烃等。这类氧化物仍保留着双键结构，而且就有共轭体系的特性，易聚合也能与其他不饱和化合物共聚，生产多种重要的高分子化合物(合成纤维、塑料、合成橡胶、涂料等)，在有机化工的单体生产中占有重要的地位，其主要的工业应用，简单表示如下：

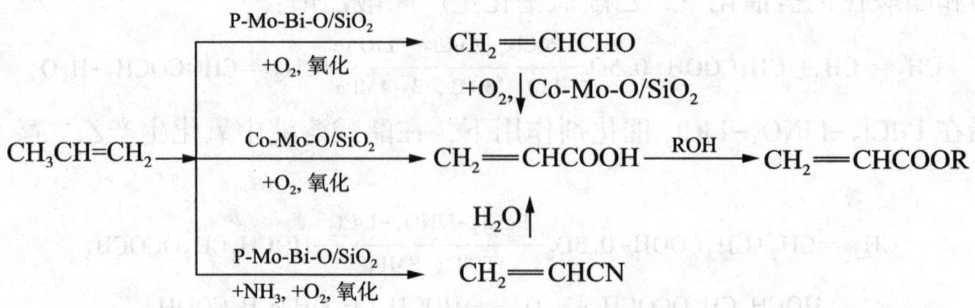

丙烯醛主要用于生产丙烯酸，也可作为合成甘油和药物的中间体；丙烯酸酯化可以获得丙烯酸酯，广泛用于涂料、织物上光剂，皮革上光剂等。

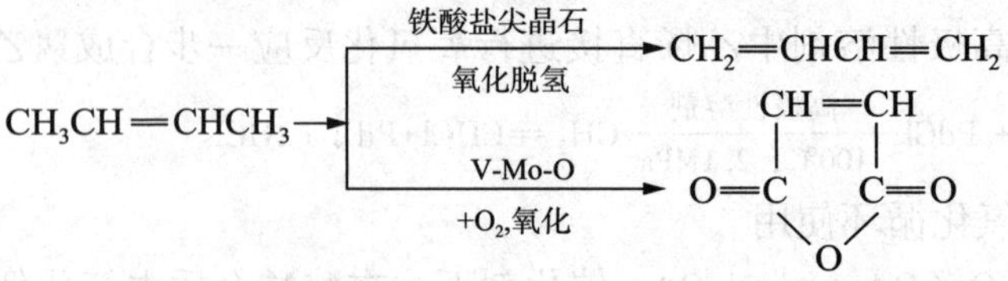

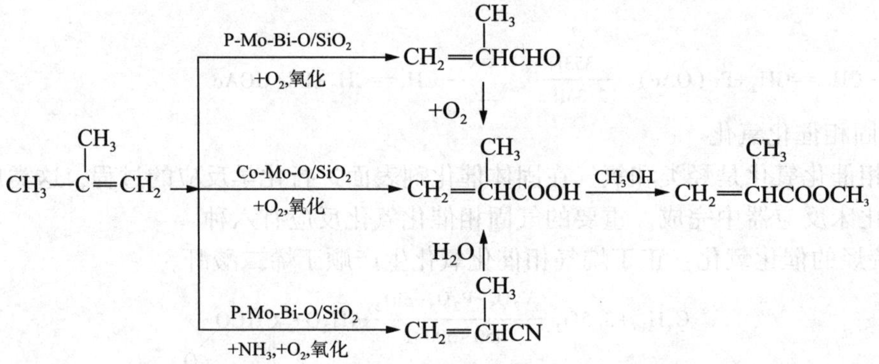

α-甲基丙烯酸甲酯是有机玻璃的单体。

(4)烯烃的乙酰基氧化反应：在钯催化剂存在下，烯烃或二烯烃与醋酸和氧反应能在烯烃分子中直接引进一个乙酰氧基 $-O-\overset{O}{\overset{\|}{C}}-CH_3$ 生产不饱和的醋酸酯。例如：

① $CH_2=CH_2+CH_3COOH+0.5O_2 \xrightarrow[165\sim180^\circ C,\ 0.6\sim0.8MPa]{Pd-Au-KOAc} CH_2=CH-O-\overset{O}{\overset{\|}{C}}-CH_3+H_2O$

② $CH_3CH_2=CH_2+CH_3COOH+0.5O_2 \xrightarrow{Pd\text{ 催化剂}} CH_3CH_2=CH-O-\overset{O}{\overset{\|}{C}}-CH_3+H_2O$

③ $CH_2=CHCH=CH_2+CH_3COOH+0.5O_2 \xrightarrow{Pd\text{ 催化剂}} CH_3\overset{O}{\overset{\|}{C}}O\ CH_2CH=CHCH_2O\overset{O}{\overset{\|}{C}}CH_3$

这类反应主要用于乙烯乙酰氧基化制备醋酸乙烯。聚醋酸乙烯被广泛应用作水溶性涂料和黏结剂，它对金属、瓷器、木材、纸张等有优良的黏结力。醋酸乙烯也是合成纤维维尼龙的重要单体，醋酸乙烯与氯乙烯、乙烯等的共聚物有特殊性能，可作涂料和防腐剂。

(5)芳烃的催化氧化：在适宜催化剂作用下，常见的芳烃的催化氧化有如下几种：

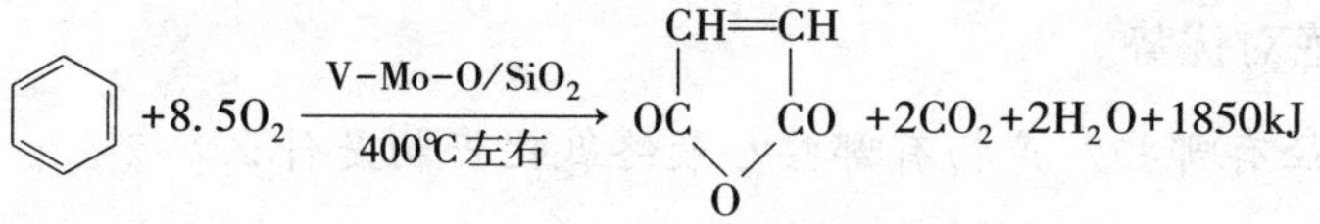

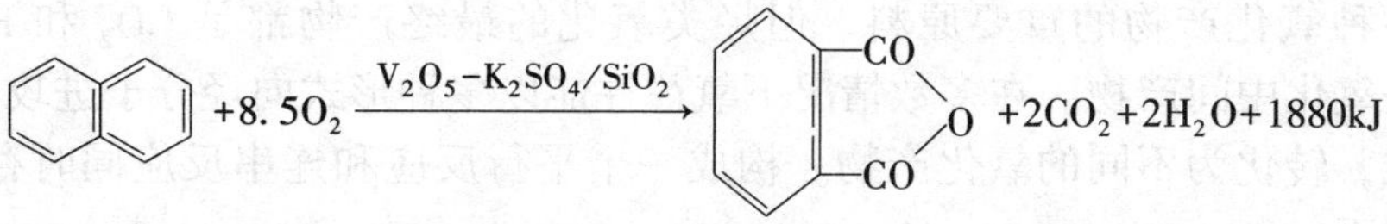

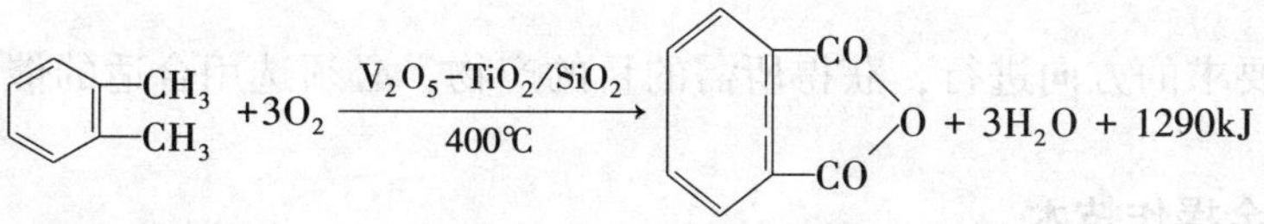

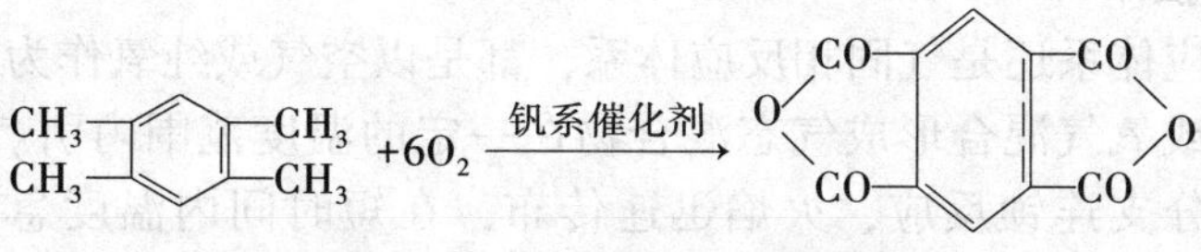

均苯四酸二酐

芳烃氧化所生产的产物虽都是结晶固体，但都具有较高的挥发性能升华，故可用气固相固定床反应器。邻苯二甲酸酐是增塑剂的重要原料，也广泛应用于制造醇酸树脂、聚酯树脂，又是染料工业的重要中间体。

均苯四酸二酐是生产高绝缘性能漆的重要原料。

(6)醇的氧化：醇氧化可应用于生产相应的醛和酮，其中最重要的是甲醇氧化制甲醛。

$$CH_3OH+O_2 \xrightarrow[600\sim630℃]{电解银} HCHO+H_2O+H_2$$

$$或\ CH_3OH+O_2 \xrightarrow[450℃左右]{Fe-Mo-O} HCHO+H_2O+H_2$$

甲醛是热固性酚醛树脂的重要单体，又可用于合成聚甲醛、季戊四醇、环六四甲基四胺等产品的原料。

乙醇氧化可得乙醛：

$$CH_3CH_2OH+O_2 \xrightarrow[450℃左右]{银催化剂} CH_3CHO+H_2O+H_2$$

(二)氧化过程的一些共同特点

1. 氧化剂

要在烃类和其他有机化合物分子中引入氧，可采用的氧化剂有多种，其中价格低廉容易获得的是空气或纯氧，以气态氧作氧化剂，来源丰富，无腐蚀性，但氧化较弱，故以气态氧为氧化剂时必须采用氧化剂，有的还需采用高温。以空气为氧化剂是容易获得，但动力消耗大，排放废气量大。以纯氧为氧化剂时，排放废气量少，反应设备体积小，但需配备空分装置。

2. 强放热反应

氧化反应是强放热反应，尤其是完全氧化反应，释放的热量要比部分氧化反应大 8～10 倍。故在反应过程中反应热的移走是很关键的问题。如反应热不能及时移走，将会使反应温度急剧上升，结果必然导致大量完全氧化反应发生，选择性显著下降，致使反应温度无法控制，甚至发生爆炸。

3. 热力学上都很有利

烃类和其他有机化合物氧化反应的 $\Delta_r G^\ominus$ 都有很大的负值，在热力学上都很有利，尤其是完全氧化反应，在热力学上占绝对优势。

查一查　丙烯氧化的途径有哪些？产物有哪些？最终氧化产物是什么？

4. 氧化途径多

烃类是用于制备各种氧化产物的重要原料。但烃类氧化的最终产物都是 CO_2 和 H_2O，而所需的目的产物都是氧化中间产物。在多数情况下氧往往能以多种形式向烃分子进攻，使其以不同途径经受氧化，转化为不同的氧化产物。构成一个平行反应和连串反应同时存在，相互竞争的复杂反应体系。

要使反应尽可能朝着所要求的方向进行，获得所需的目的产物，必须选用合适的催化剂和反应条件，关键是催化剂。

(三)催化氧化反应的安全操作技术

催化氧化过程不论是气液相反应体系还是气固相反应体系，都是以空气或纯氧作为氧化剂，可燃的烃或其他有机物与空气或氧气混合形成气态混合物在一定的温度范围内引燃(明火、高温或静电火花等)就会发生分支连锁反应，火焰迅速传布，在短时间内温度急剧升高，压力也会剧增引起爆炸。此浓度范围称为爆炸极限，一般以体积浓度表示，是由试验方法求得。部分烃类和可燃有机物与氧或空气气态混合物的爆炸极限可在有关手册上查到。但要注意爆炸极限浓度是与试验条件(温度、压力、引燃方式)等有关，与气体混合物的组成也有关。特别是惰性介质的加入能提高氧的极限浓度，有利于安全生产。

(四)催化氧化的反应设备

1. 气液相反应器

液相自氧化反应具有如下特征：是气液相反应，氧的传递过程对氧化反应速率起着重要的作用；反应时有大量热量放出；介质往往具有强腐蚀性；原料、中间产物、甚至产物与空气或氧形成爆炸混合物，具有爆炸危险。故采用的反应器必须是能提供充分的氧接触表面；能有效地移走反应热；设备材料必须耐腐蚀；并需有安全装置，同时返混程度要满足具体的反应要求。工业上常用的是鼓泡塔式反应器，气体分布装置一般采用多孔分布板或多孔管。去除反应热的方式可以在反应器内设置冷却盘管或采用外循环冷却器，图 6-26 是常见的两种鼓泡塔反应器。反应器的安全装置采用防爆膜或安全阀。反应器材料需用 Mo2Ti 钢。

2. 气固相反应器

气固相催化氧化反应都是强放热反应，而且都伴随着完全氧化副反应的发生温度高，完全氧化反应有不同程度加速，放热更为剧烈，故采用的氧化反应器型式必须能及时移走反应热和控制适宜反应温度，避免局部过热。工业上常用的有两种：列管式固定床反应器和流化床反应器。

(1)列管式固定床反应器：

① 列管式固定床反应器的结构。列管式固定床反应器的外壳为钢制圆筒，考虑到受热膨胀常设有膨胀圈。反应管按正三角形排列，管数需视生产能力而定，可自数百根至万根以上。管内填装催化剂，管间走载热体。为了减少管中催化床层的径向温差，一般采用小管

径，常用的为 ϕ25mm～ϕ30mm 的无缝钢管，但采用小管径，管子数目要相应增多，使反应器造价昂贵。近年来倾向于采用较大管径（ϕ38mm～ϕ42mm），同时相应增加管的长度，以增大气体流速，强化传热效率。但反应管长度增加，气体通过催化床层的阻力增大，动力消耗增加，为了降低床层阻力，常采用球形催化剂。反应温度是籍插在反应管中的热电偶来测量。为了能测到不同截面和高度的温度，需选择不同位置的管子数根，将热电偶插在不同高度。反应器的上下部都设有分布板，使气流分布均匀。

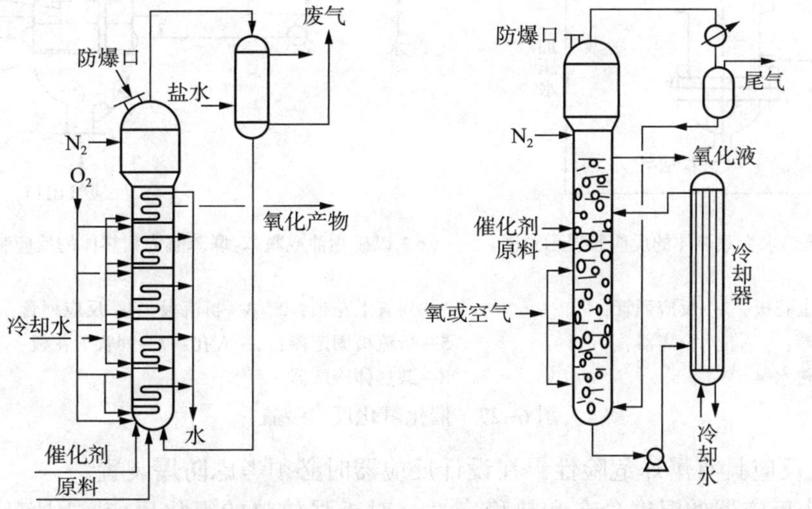

（a）内冷却式分段鼓泡反应器　　（b）具有外循环冷却器的鼓泡反应器

图 6-26　常见的两种鼓泡塔反应器

载热体在管间流动或汽化以移走反应热。对于这类强放热反应，合理地选择载热体和载热体的温度控制方案，是保持氧化反应能稳定进行的关键。载热体的温度与反应温度的温差宜小，但又必须移走反应过程释放出的大量热量，这就要求有大的传热面和大的传热系数。反应温度不同所用载热体也不同，一般反应温度在 240℃以下宜采用加压热水作载热体，反应温度在 250～300℃可采用挥发性低的矿物油或联苯-联苯醚混合物等有机载热体，反应温度在 300℃以上则需用熔盐作载热体，熔盐的组成为 KNO_3 53%、NaOH 7%、$NaNO_2$ 40%（质量，熔点 142℃）。

图 6-27（a）为以加压热水作载热体的反应装置。乙烯氧化制环氧乙烷，乙烯乙酰氧基化制醋酸乙烯都可采用这样的反应装置。以加压热水作载热体，主要借水的汽化以移走反应热，传热效率高，有利于催化床层温度控制，提高反应的选择性。加压热水的进出口温差一般只有 2℃左右，利用反应热直接产生高压（或中压）水蒸气移走反应热。但反应器的外壳要承受较高的压力，故设备投资费用较大。图 6-27（b）所示是经过改进后的乙烯氧化制环氧乙烷反应器的结构示意图。该反应器在上下封头的内腔都呈喇叭状，这一结构可以减少进入反应器的含氧混合气在进口处的返混从而造成乙烯的燃烧，并使气体更分布均匀。同时也可使反应后的物料迅速离开高温区，以避免反应物料离开催化床层后发生燃烧（通常称为尾烧）。图 6-27（b）是用有机载热体带走反应热的反应装置，反应器外设置载热体冷却器，利用载热体移出的反应热副产中压蒸汽。以熔盐作载热体也可采用类似图 6-28 的反应装置，只是因熔盐熔点高，需要考虑保温。

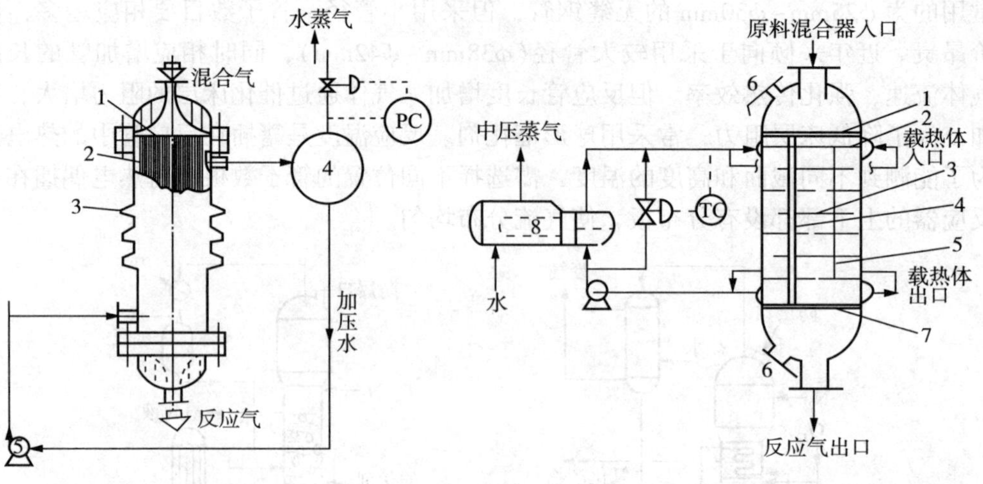

（a）以加压热水为载热体的反应装置示意图

1—列管上花板；2—反应列管；
3—膨胀圈；4—气水分离器；
5—加压热水泵

（b）以矿物油或联苯-联苯醚为载热体的反应装置示意图

1—列管上花板；2、3—折流板；4—反应列管；
5—折流板固定棒；6—人孔；7—列管下花板；
8—载热体冷却器

图 6-27　催化氧化反应装置

由于氧化反应具有爆炸危险性，在设计反应器时必须考虑防爆装置。

② 固定床反应器的温度分布和热稳定性：对于强放热的氧化反应，固定床反应器径向和轴向都有温差，如果催化剂的导热性能良好，而气体流速较快，则径向温度可较小。轴向温度分布取决于管内的放热速率和管外的移热速率沿轴向的数值大小的改变。实践表明放热反应过程中，固定床反应器在轴向存在一个热点温度，热点温度之前放热速率大于移热速率；热点温度之后放热速率小于移热速率。如果放热速率大于移热速率较大，还会导致飞温现象，烧毁催化剂和反应器，或导致反应爆炸。

要消除热点或飞温现象，工业上采取的措施有：

a. 在原料中添加少量抑制剂，使催化剂活性降低。

b. 在原料气入口的反应管上部装填已老化的催化剂，或在催化剂中混装惰性载体以稀释催化剂。从而降低放热的速率。

c. 采取分段冷却法改变除热速率，达到放热速率和移热速率的平衡。

③ 列管式固定床反应器的优缺点：列管式固定床反应器的优点是催化剂磨损少，流体在管内接近活塞流，推动力大，催化剂的生产能力较高。故有的氧化反应是采用固定床反应器。例如苯氧化制顺酐，邻二甲苯氧化制邻苯二甲酸酐等。乙烯环氧化制环氧乙烷用的是银催化剂，由于受到催化剂性能的限制，也只能采用这类反应器。这类反应器也有缺点：a. 反应器结构复杂，合金钢材消耗大；b. 传热差需要大的传热面，反应温度不易控制，热稳定性较差；c. 沿轴向温差较大，且有热点出现，径向也有温差；d. 催化剂装卸很不方便，在装催化剂时每根管子催化剂层的阻力要相同很费工时。如阻力不同就会造成各管间气体流量分布不均匀，致使停留时间不一样，影响反应质量；e. 原料气必须充分混合后再进入反应器，故原料气的组成严格受到爆炸极限的限制，且对混合过程的要求也高，尤其是以纯氧为氧化剂的反应过程，有时为了安全需加入水蒸气作稀释剂。

（2）流化床反应器：

① 流化床反应的结构。图 6-28 是两种流化床反应器结构示意图，用于丙烯氨氧化生产丙烯腈或其他气固相催化氧化过程，例如萘氧化制邻苯二甲酸酐、正丁烷或正丁烯氧化制顺丁烯二酸酐等。

采用流化床反应器，氧化剂空气和原料气可以分别进料，如图 6-28(a)所示，也可以混合后进料，如图 6-28(b)所示。分别进料较安全，原料混合气的配比可不受爆炸极限的限制，例如丁烯氧化制顺丁烯二酸酐，丁烯与空气混合物的爆炸下限为 1.6%(体积)，如混合后进料，考虑到安全，丁烯的浓度只能控制在低于 1.5%。如采用分别进料方式，丁烯的浓度就可以高于爆炸下限。又如丙烯氨氧化制丙烯腈，选用图 6-28(a)所示流化床反应器，空气和丙烯-氨分别进料，不仅比较安全，且因不需要用水蒸气作稀释，对催化剂、对后处理过程减少含氧污水的排放量都有好处。现在工业上都采用这种形式的反应器。空气经分布板自床的底部进入催化床层使催化剂流态化，并把吸附在催化剂表面的还原性物质解吸下来，使催化剂保持高的氧化状态。丙烯和氨的混合气经过分配管，在离空气分布板一定距离处进入床层，在床层中与空气会合发生氨氧化反应。

流化床的中部是反应段，是关键部分，内放一定粒度的催化剂，并设置有一定传热面的 U 形或直形冷却管。在反应段可以除冷却管外不设置任何破碎气泡的构件，如图 6-28(a)所示，也可以设置一定数量的导向挡板或挡网，如图 6-28(b)所示。设置这些构件有利于破碎大气泡，改善气固相之间的接触，减少返混，从而提高流化质量。但设置内部构件也带来了下列这些缺点：

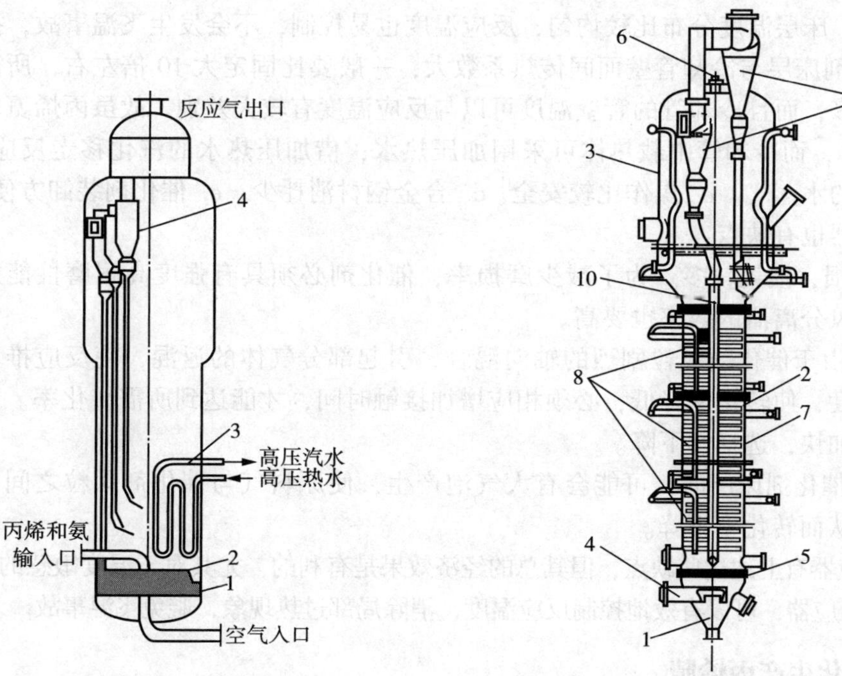

（a）流化床反应器　　（b）流化床反应器

1—空气分配板；2—原料气分配管；3—U 形冷却管；4—旋风分离器

1—锥形体；2—反应段；3—扩大段；4—进料管；5—分布板；6—防爆孔；7—导向挡板；8—冷却管；9—旋风分离器；10—料腿

图 6-28　两种流化床反应器

a. 限制了催化剂的轴向混合，使床层温差增大；

b. 使反应器的结构复杂；

c. 由于催化剂不断与挡板或挡网碰撞，磨损率增加。

图 6-28(a)所示为内部无构件的流化床反应器，垂直的冷却管也可起到破裂大气泡，提高流化质量的作用。使用这种类型的反应器，一般是采用细粒度催化剂和较低操作线速，以获得较好的流化质量。催化剂中必定要有一定比例的对提高流化质量很有影响的良好粒度。例如丙烯氨氧化制丙烯腈，采用这种类型流化床反应器，其催化剂的粒度分布大致如下：

0~44μm 占 25%~45%(质量)，44~88μm 占 30%~60%(质量)，88μm 以上占 15%~30%(质量)。

小于 44μm 的催化剂颗粒对提高流化质量很有影响，称为良好组分。如果在反应过程中这些细颗粒催化剂被反应气流带走，使催化剂的粒度分布发生变化，导致流化质量下降，故在反应器内需设置有破碎催化剂的喷嘴，必要时可使用。

反应器上部是扩大段，在扩大段由于床径扩大，气体流速减慢，有利于为气流夹带的催化剂的沉降。为了进一步回收催化剂，设置有二至三级旋风分离器一组或数组(也可设置催化剂过滤管)。由旋风分离装置捕集回收的催化剂，通过下降管回至反应器。在扩大段一般不设置冷却器，如氧化反应在此继续进行，就会发生超温燃烧现象，故反应气体产物中氧的残余浓度不宜过高。

② 流化床反应器的优缺点：

流化床反应器的优点：a. 固体催化剂颗粒与气体之间接触面大，且因为气流强烈搅动，气固间传热速率快，床层温度分布比较均匀，反应温度也易控制，不会发生飞温事故，操作稳定性较好。b. 化剂床层与冷却管壁面间传热系数大，一般要比固定大 10 倍左右，所需传热面比固定床小得多，而且冷却管的管壁温度可以与反应温度有较大差别。故虽丙烯氨氧化的反应温度为 440℃，而冷却管中载热体可采用加压热水，借加压热水的汽化移走反应热，同时产生一定压力的水蒸气。c. 操作比较安全。d. 合金钢材消耗少。e. 催化剂装卸方便。

但流化床反应器也有缺点：

a. 催化剂易磨损，损耗较多。为了减少磨损率，催化剂必须具有强度高耐磨性能好等良好机械性能，旋风分离器的效率也要高。

b. 在流化床内由于催化剂颗粒剧烈的轴向混合，引起部分气体的返混，使反应推动力减小，影响反应速度，使转化率降低，必须相应增加接触时间，才能达到所需转化率。返混也会使连串副反应加快，选择性下降。

c. 当气体通过催化剂床层时，可能会有大气泡产生，使原料气与催化剂颗粒之间接触不良，传质恶化，从而转化率下降。

虽然流化床反应器有上述这些缺点，但其总的经济效果是有利的，尤其对于温度敏感的氧化反应。采用流化床反应器，可以有效地控制反应温度，消除局部过热现象，避免飞温事故。

二、丙烯氨氧化生产丙烯腈

丙烯腈是有机化学工业的重要产品。相对分子质量 53.6，沸点 77.3 ℃，凝点-83.6 ℃，闪点 0℃，自燃点 481℃，相对密度为 d_4^{20}0.806。丙烯腈在室温和常压下是具有刺激性臭味的无色液体，有毒，在空气中的爆炸极限为 3.05%~17.0%。能溶于许多有机溶剂，与水部分互溶，丙烯腈在水中溶解度为 7.3%(质量)，水在丙烯腈中溶解度 3.1%(质量)，与水形成最低共沸物，沸点71℃。在丙烯腈分子中有双键和氰基存在，性质活泼、易聚合，也易与其他不饱和化合物共聚，是三大合成材料的重要单体。其用途见图 6-29 所示。

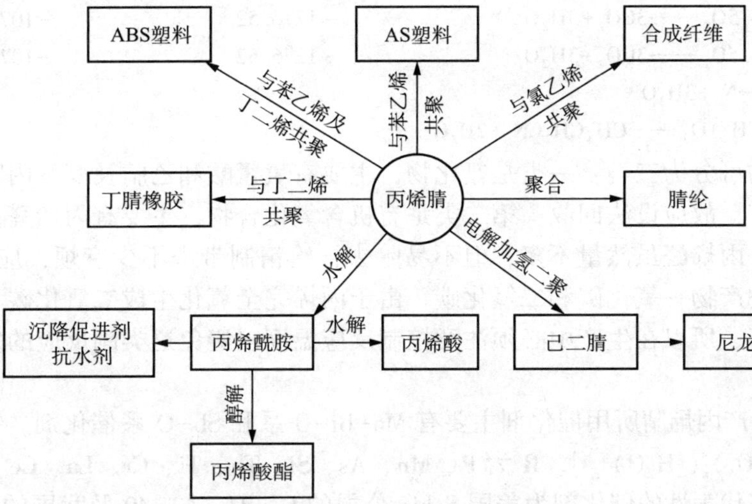

图 6-29　丙烯腈的主要用途

丙烯腈主要用于生产聚丙烯腈纤维、ABS 树脂等工程塑料和丁腈橡胶。经过二聚、加氢制得的己二腈是聚酰胺单体己二胺的原料。丙烯腈用途分配为：合成纤维约占 40%~60%，树脂和橡胶约占 15%~28%。

生产丙烯腈的方法有环氧乙烷法、乙炔氢氰酸法和丙烯氨氧化法。由于环氧乙烷法和乙炔氢氰酸法在技术经济上落后于丙烯氨氧化法，所以目前丙烯氨氧化法是丙烯腈生产的主要路线。该法以丙烯、氨和空气在流化床反应器中反应生成丙烯腈，并副产乙腈和氢氰酸。近年催化剂的新进展已使丙烯腈产率提高了 20%。BP、旭化成、首诺和杜邦公司均拥有该技术专利权。BOC 公司开发了生产丙烯腈的 Petrox 工艺，该工艺可提高产率 20%，减少 CO_2 排放 50%，降低投资费用 20%，减少操作费用 10%~20%。现正开发的丙烷氨氧化新工艺可比丙烯路线生产成本降低 30%。BP 公司已在美国得州绿湖建有验证装置。日本三菱化学和 BOC 公司也在日本水岛试验丙烷氨氧化工艺。日本旭化成公司开发的丙烷制丙烯腈工艺，将丙烷、氨和氧气在装填专用催化剂的管式反应器中反应，其催化剂在二氧化硅上负载 20%~60%的 Mo、V、Nb 或 Sn 金属，反应中采用惰性气体进行稀释，温度 415 ℃，压力 0.1 MPa。当丙烷转化率为 90%时，丙烯腈选择性为 70%，丙烯腈总收率约为 60%。

（一）生产原理

1. 丙烯氨氧化生产丙烯腈的主副反应

丙烯氨氧化生产丙烯腈的主副反应如下（反应温度为 460 ℃）。

	$\Delta_r G_{700K}$/(kJ/mol)	$\Delta_r H_{298K}$/(kJ/mol)
主反应：		
$CH_2{=}CHCH_3 + NH_3 + 1.5O_2 \longrightarrow CH_2{=}CHCN + 3H_2O$	-569.67	-514.8
副反应：		
$CH_2{=}CHCH_3 + 1.5NH_3 + 1.5O_2 \longrightarrow 1.5CH_3CN + 3H_2O$	-595.71	-543.8
$CH_2{=}CHCH_3 + 3NH_3 + 3O_2 \longrightarrow 3HCN + 6H_2O$	-1144.78	-942.0
$CH_2{=}CHCH_3 + O_2 \longrightarrow CH_2{=}CHCHO + H_2O$	-338.71	-353.3
$CH_2{=}CHCH_3 + 1.5O_2 \longrightarrow CH_2{=}CHCOOH + H_2O$	-550.12	-613.4

$CH_2=CHCH_3+O_2 \longrightarrow CH_3CHO+HCHO$	-298.46(298K)	-294.1
$CH_2=CHCH_3+0.5O_2 \longrightarrow CH_3COCH_3$	-215.66(298K)	-237.3
$CH_2=CHCH_3+3O_2 \longrightarrow 3CO+3H_2O$	-1276.52	-1077.3
$CH_2=CHCH_3+4.5O_2 \longrightarrow 3CO_2+3H_2O$	-1276.52	-1077.3
$CH_2=CHCH_3+4.5O_2 \longrightarrow 3CO_2+3H_2O$	-1276.52	-1077.3
$2NH_3+1.5O_2 \longrightarrow N_2+3H_2O$		
$CH_2=CHCH_3+NH_3+O_2 \longrightarrow CH_3CH_2CN+2H_2O$		

副反应的产物可分为三类：一类是氰化物，主要有氢氰酸和乙腈及少量丙腈，其中乙腈和氢氰酸用途较广，故应设法回收。第二类是有机含氧化合物，主要有丙烯醛及少量丙酮和其他含氧化合物。丙烯醛虽然量不多，但不易除去，给精制带来不少麻烦，应该尽量减少。第三类是深度氧化产物一氧化碳和二氧化碳。由于丙烯完全氧化生成二氧化碳和水的反应热是主反应的 3 倍多，所以在生产中必须注意控制反应温度以避免这类副反应的发生。

2. 催化剂

丙烯氨氧化生产丙烯腈所用催化剂主要有 Mo-Bi-O 系和 Sb-O 系催化剂。钼系催化剂的结构为$[RO_4(H_2XO_4)_n(H_2O)_n]$。R 为 P、Mn、As、Si、Th、Ti、Cr、La、Ce 等；X 为 Mo、W、Mn、V 等。其代表性的催化剂为美国 Sohio 公司的 C- 41、C- 49 及我国的MB-82、MB-86。其中 C-49 催化剂组分为 P 0.5、Mo12、Bi1、Fe3、Ni2.5、Co 4.5、K0.1。一般认为 Mo、Bi 为催化剂的活性组分，其余为助催化剂。P_2O_5 是较典型的助催化剂，加入微量后可使催化剂的活性提高。催化剂中加入钾可降低催化剂表面酸度，从而提高催化剂活性及选择性，其他组分的引入与氧化催化剂的性能相似。锑系催化剂的活性组分为 Sb、Fe，为克服催化剂易还原劣化的缺点可向催化剂中添加 V、Mo、W 等元素。为提高催化剂的选择性，可添加电负性大的元素，如 B、P、Te 等元素。为消除催化剂表面的 Sb_2O_4 不均匀的白晶粒，可添加 Mg、Al 等元素。典型锑系催化剂的组分为 Sb 25、Fe10、Te19、Si30。

各类催化剂载体与反应器形式有关，使用流化床时对催化剂强度及耐磨性能要求甚高，一般用粗孔微球形硅胶载体。采用固定床时载体的导热性能显得很重要，一般采用低比表面积没有微孔结构的惰性物质作载体，如刚玉、碳化硅等。

丙烯氨氧化的动力学方程为：

$$r=kc_A$$

式中 r——丙烯氨氧化的反应速度；

c_A——丙烯浓度；

k——反应速度常数，其值为 $2\times10^5\exp(-1600/RT)$，当催化剂磷的质量分数为 0.5% 时为 $8\times10^5\exp(-18500/RT)$。

(二) 工艺条件

1. 原料配比

(1) 丙烯与氨配比：由于丙烯既可以氧化生产丙烯醛，也可以氨氧化成丙烯腈，两者都属于烯丙基氧化反应。故氨比的控制对这两个产物的生成有直接影响。若氨用量过少，则有较多的丙烯醛生成；但用量过多，既增加氨的消耗，又要增加中和用硫酸的消耗。根据催化剂的性能不同，一般控制氨比为(1∶1.05)~1.1，氨略为过量。

(2) 丙烯与空气配比：丙烯氨氧化以空气作氧化剂，理论用量是 $n_{丙烯}:n_{空气}=1:7.3$，实际生产过程中要求空气适当过量。一是因为副反应要消耗氧，二是由于尾气中要有过量氧存在以防止催化剂被还原失去活性。但空气太多也会带来如下问题：丙烯浓度下降，降低了反应器的生产能力；反应产物离开床层后继续深度氧化，选择性下降；增加动力消耗；产物浓度下降，增加回收困难，故空气用量也有一适宜值。另外，空气用量也与催化剂性能有关，一般控制在 $n_{丙烯}:n_{空气}=1:(9.5\sim12)$。

2. 反应温度

反应温度是丙烯氨氧化合成丙烯腈的重要指标。它对反应产物的收率，催化剂的选择性及寿命、安全生产均有影响。选择适宜的反应温度，可达到理想的反应效果，否则会降低丙烯腈收率及选择性，使副产物增加。图 6-30 为丙烯在 Mo-Bi-O 系催化剂上氨氧化温度对主副反应产物收率的影响，可以看出图上有一极大值。在此丙烯腈的适宜合成温度在 450℃，一般控制在 470℃，而 C- 41 活性较高，适宜温度为 440 ℃左右。

3. 反应压力

加压操作使反应物浓度增加，反应速度加快，同时还能提供反应器的生产能力。但实验结果表明，反应压力增加，选择性下降，丙烯腈的收率降低。因此，生产中一般不采用加压操作，反应器中的压力只是为了克服后续设备的阻力，所以通常压力为 55 kPa(表压)。

4. 接触时间

丙烯氨氧化过程的主要副反应均为平行副反应，接触时间对丙烯转化率和丙烯腈收率的影响见图 6-31。由图 6-31 可知，丙烯腈收率随接触时间增长而增加，而主要副产物增加不大，这对生产是有利的。因此，可以适当利用增加接触时间的方法提高丙烯腈收率。但过长的接触时间会导致原料气的投入量下降，影响反应器的生产能力。另外，反应物、产物长时间处在高温下，容易发生热分解及深度氧化生成二氧化碳。目前，生产装置控制接触时间在 5~7s 范围内。

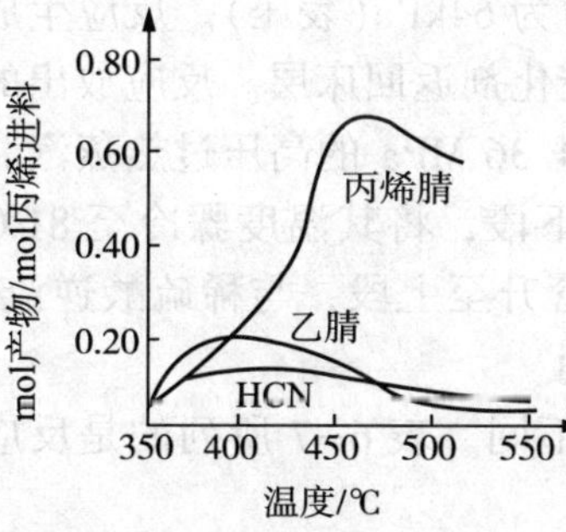

图 6-30　反应温度与个产物收率的关系

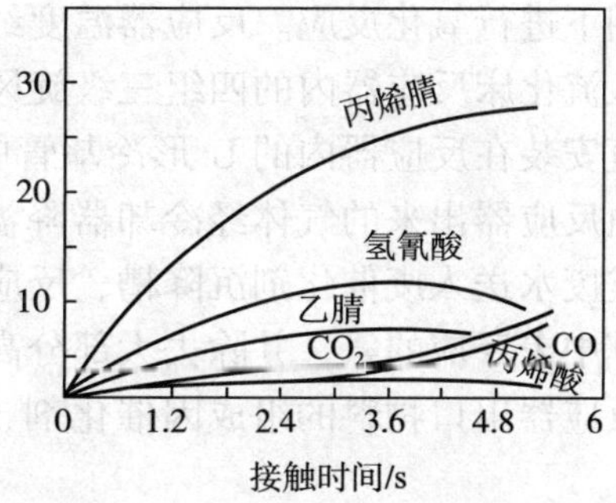

图 6-31　接触时间对主副反应收率的影响

(三)工艺流程

丙烯氨氧化生产丙烯腈的工艺过程见图 6-32 所示。

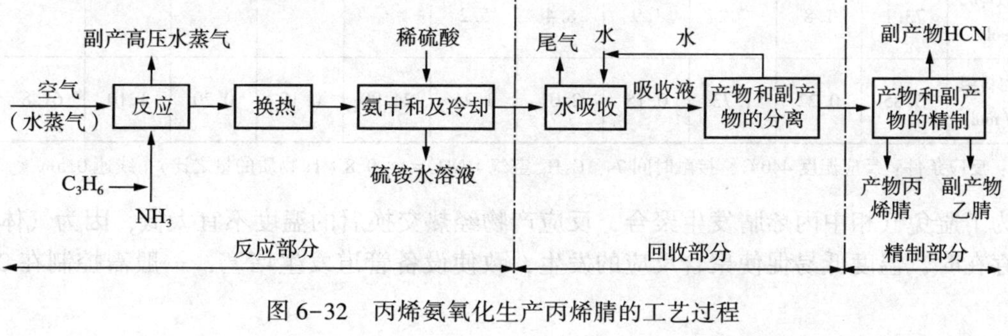

图 6-32　丙烯氨氧化生产丙烯腈的工艺过程

丙烯氨氧化法生产丙烯腈的流程主要由反应、回收及精制三部分组成。工艺流程如图6–33所示。

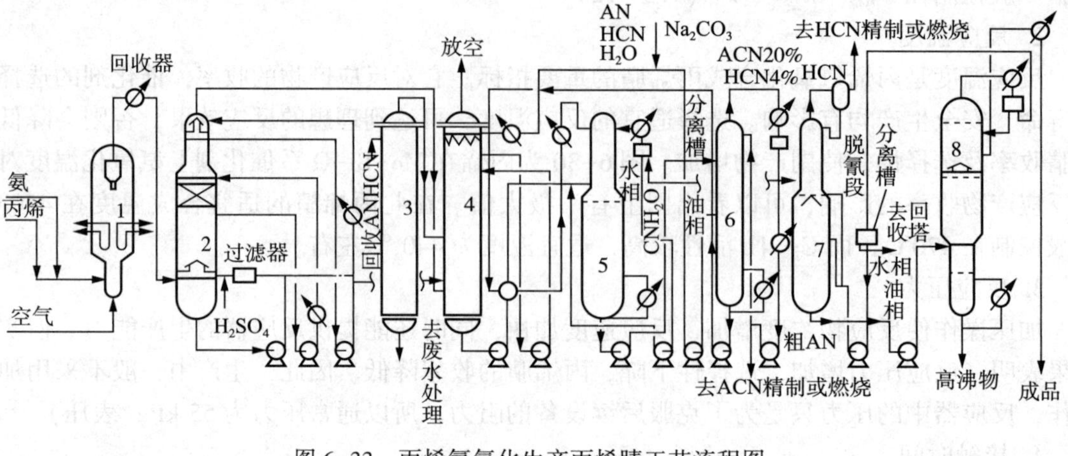

图 6–33　丙烯氨氧化生产丙烯腈工艺流程图

1—流化床反应器；2—急冷塔；3—废水塔；4—吸收塔；5—萃取塔，6—乙腈解吸塔；7—脱氰塔；8—成品塔

1. 反应

液态丙烯经蒸发和过热后成为66℃的气态过热丙烯，与蒸发、过热到相同温度的气态氨以1∶1.15（物质的量之比）混合后，通过丙烯、氨分布器进入流化床反应器1，并与空气接触。空气经空气过滤器除去灰尘和杂质后，用透平压缩机加压至150kPa（表压），经换热器预热至300℃，从流化床底部经空气分布板进入流化床反应器与丙烯、氨相混合，在催化剂作用下进行氧化反应。反应器温度约为400~510℃，压力为64kPa（表压）。反应生成的气体进入流化床反应器内的四组三级旋风分离器，分离出的催化剂返回床层。反应放出的热量由垂直安装在反应器内的U形冷却管中的水移出，并副产4.36 MPa的高压过热蒸汽。

由反应器出来的气体经冷却器降温后送入急冷塔2的下段，将其温度骤冷至81℃。急冷塔釜废水送入废催化剂沉降槽，反应气经下段通过升气管升至上段，与稀硫酸逆流接触，中和其中未反应的氨，并除去大部分高沸物及吹出的催化剂。

反应器出口物料的组成因催化剂、反应条件的不同而不同。表6–7所列的是反应结果举例。

表 6–7　丙烯氨氧化反应结果举例

项目	反应产物和副产物							未反应物质			惰性物质	
	丙烯腈	乙腈	HCN	丙烯醛	CO_2	CO	H_2O	C_3H_6	NH_3	O_2	N_2	C_3H_8
各物收率/%(mol)	73.1	1.8	7.2	1.9	8.4	5.2						
反应物料组成/%(mol)	5.85	0.22	1.73	0.15	2.01	1.25	24.90	0.19	0.20	1.10	61.8	0.6

注：反应条件：反应温度440℃，接触时间7s，C_3H_6 空气：NH_3＝1∶9.8∶1（物质的量之比），线速0.5m/s。

为了避免气相中丙烯腈发生聚合，反应产物经热交换后的温度不宜太低，因为气体中有NH_3存在时，温度低易促使聚合反应的发生，致使设备管道发生堵塞，一般需控制在250℃左右。

除去 NH_3 的方法是用浓度为1.5%(质量)的稀硫酸中和，中和过程也是反应物料的冷却过程，故氨中和塔也称急冷塔。稀硫酸具有强烈的腐蚀性，在急冷塔中循环的液体pH值控制在5.5~6.0，pH值太小酸腐蚀严重，pH值太大会引起聚合和加成反应。

2. 回收

急冷塔底液送至废水塔3回收其中的丙烯腈、乙腈和氢氰酸。急冷塔上段料液送至吸收塔4底部。

反应气体离开急冷塔后进入吸收塔4底部，在塔中用水逆流吸收，回收丙烯腈和其他有机反应产物。在吸收塔中CO、CO_2、N_2 及未反应的 O_2 和烃类由塔顶排入大气。

吸收液进入萃取塔5，水作为萃取剂，采用萃取精馏的方法将粗丙烯腈与乙腈分离。萃取塔顶丙烯腈、氢氰酸、水蒸气进入塔冷凝器冷凝冷却至40℃，之后进入回收塔分层器中分成有机层和水层，有机层送去精制，水层返回萃取塔。含有乙腈、水及少量氢氰酸的气相由萃取塔侧线抽出，送入乙腈解吸塔6塔釜。在乙腈解吸塔中，乙腈水及氢氰酸从塔顶采出，经塔顶冷凝器冷至41℃。冷却后部分作为塔顶回流，其余送至乙腈精制系统。从乙腈解吸塔第十块塔板放出的水加纯碱中和后，送吸收塔作为吸收水用。分离槽出来的油层进入脱氰塔7进行脱水和脱氢氰酸，塔顶蒸出高浓度氢氰酸，经冷却后送至氢氰酸精馏塔。主副产物的有关物料性质见表6-8。

表6-8　主副产物的有关物料性质

项　　目	丙烯腈	乙腈	氢氰酸	丙烯醛
沸点/℃	77.3	81.6	25.7	52.7
熔点/℃	-83.6	-41	-13.2	-8.7
共沸组成(质量比)	丙烯腈/水=88/12	乙腈/水=84/16		丙烯醛/水=97.4/2.6
共沸点/℃	71	76		52.4
在水中的溶解度/%(质量)	7.35(25℃)	互溶	互溶	20.8
水中该物中的溶解度/%(质量)	3.1(25℃)	互溶	互溶	6.8

3. 精制

由脱氰塔釜出来的丙烯腈含丙烯腈90%左右，送至成品塔8精制，从塔顶蒸出丙酮等轻组分，塔釜为含有丙烯腈的高沸物。产品丙烯腈从第25块塔板气相出料，冷凝后去成品中间槽。该工艺特点是单程转化率高，不需要未反应原料的分离和循环。催化剂采用第三代改进剂C-41。丙烯腈收率高于85%，生产1t丙烯腈可回收0.1 t以上的HCN副产物。

成品丙烯腈的纯度为含丙烯腈>99.5%(质量)，水分约0.25%~0.45%，乙腈含量低于300μg/g，丙酮含量低于100μg/g，丙烯醛小于15μg/g，氢氰酸小于5μg/g。

回收和精制部分所处理的物料丙烯腈、氢氰酸、丙烯醛等都易自聚，故处理这些物料时必须加入少量阻聚剂，防止气相HCN聚合的阻聚剂是 SO_2，液相阻聚剂是醋酸。防止丙烯腈聚合的阻聚剂是苯二酚等。由于氢氰酸、乙腈、丙烯腈的毒性很大，故在生产过程中必须做好安全防护。

4. 主要经济技术指标

在C-41催化剂上的主要经济技术指标见表6-9。

表 6-9　氨氧化法生产丙烯腈的主要经济技术指标

原料单耗/1000kg 丙烯腈	公用工程/1000kg 丙烯腈	原料单耗/1000kg 丙烯腈	公用工程/1000kg 丙烯腈
丙烯(100%)1180kg	电 600kW·h	硫酸 52 kg	循环冷却水 765~880m^3
液氨(100%)520kg	高压蒸汽 3200 kg		纯水 3300 kg
	中压蒸汽 1800 kg		工业水 17~30t

(四)副产品的综合利用

想一想　丙烯腈生产过程主要从哪些方面采用哪些节能措施?

丙烯氨氧化生产丙烯腈，得到的副产物主要是氢氰酸和乙腈。

1. 氢氰酸的利用

氢氰酸是无色的液体，剧毒，具弱酸性，化学性质活泼。含水的氢氰酸更不稳定，易聚合，并有较多热量放出，可能会导致爆炸。氢氰酸的主要用途：

(1)生产氰化钠；(2)生产甲基丙氰醇，制备有机玻璃单体 α-甲基丙烯酸甲酯。

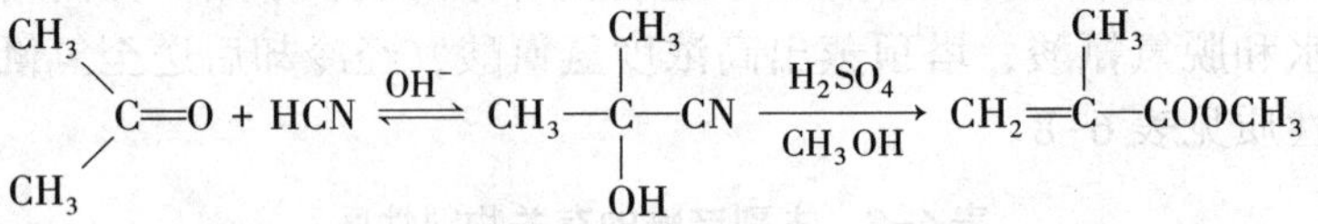

(3)制备硫氰酸钠，与丁二烯反应生产已二腈(生产尼龙 66 的中间体)。

做一做　查阅文献，写出生产尼龙 66 的生产原理。

2. 乙腈的利用

乙腈主要用于萃取剂，从 C_4 馏分中提取丁二烯。乙腈加氢可得乙胺，作为农药、医药等原料。

做一做　查阅文献，写出 C_4 馏分中提取丁二烯工艺流程。

(五)含氰废气和废水的处理

由于氰化物剧毒，故含氧废气和废水都需经过处理才能排放，以防污染环境。

在丙烯腈生产装置中，吸收塔含氰废气排出，在急冷塔和乙腈解吸塔有含氰废水排放，均需处理。

1. 废气处理

催化燃烧法是近年来对含有低浓度可燃性有毒有机物的废气的重要处理方法。该法是将需处理的废气和空气通过负载型金属催化剂，使废气中含有的可燃有毒有机物在较低温度下发生完全氧化反应转化为 CO_2、H_2O、N_2 等无毒物质而排出。由于燃烧后的气体温度升高，可将此高温气体送入废气透平，利用其热能使其转变为电能作为动力使用。该法在丙烯腈生产装置中已有采用。

2. 含氰废水处理

(1)水量少而 HCN 和有机腈化合物含量高的废水(例如急冷塔排出的废水)，一般是经过滤除去固体杂质后可采用燃烧法处理，以空气作氧化剂，将废水直接喷入(或用碱水处理后再喷入)燃烧炉，用中压水蒸气雾化并加入辅助燃料，进行热降解处理。

(2)当废水量较大，氰化物(包括有机腈化物)含量较低时，则可用生化方法处理。最常用的方法是曝气池活性污泥法。活性污泥是微生物植物群、动物群和吸附的有机物质、无机物质的总称。这些微生物以污水中的有机污染物为食物，在酶的催化作用下，有足够氧供给的条件下能将这些有毒和耗氧的有机物质氧化，分解为无毒或毒性较低不再耗氧的物质(主要是二氧化碳和水)而除去。污水和空气连续不断地进入爆气池并和活性污泥充分混合，使污水中所含的有机物在活性污泥作用下被氧化除去。为了使微生物能顺利成长，还需加入一定数量的氮、磷和微量的无机盐类，作为微生物的营养。采用曝气池处理丙烯腈生产废水的主要缺点是在曝气过程中易挥发的氧化物会随空气逸至大气，造成二次污染。目前广泛采用生物转盘法处理，质量浓度为50~60 mg/ L 的丙烯腈污水处理后，CN^-的脱除率可达99%，且不会造成二次污染。

第三节　碳四系列主要产品

碳四馏分是石油化工生产过程中的重要副产物，其中含有许多重要的有机化工单体，如丁烯、丁二烯等，极具综合利用价值。碳四馏分来自石油加工的许多环节，如常减压蒸馏、热裂化、催化裂化、催化重整、焦化、烃类热裂解等。不同的生产加工原料、不同的生产加工过程，碳四馏分的组成不尽相同。其中催化裂化所得液态烃中的碳四馏分约占60%；催化裂化碳四烃的收率为装置进料量的6%~8%；烃类裂解过程碳四烃的产量约为乙烯产量的2%~30%不等。表6-10是催化裂化碳四馏分和烃类热裂解碳四馏分的典型组成。

表6-10　碳四馏分典型组成

催化裂化				烃类中度裂解			
组成	含量/%(质量)	组成	含量/%(质量)	组成	含量/%(质量)	组成	含量/%(质量)
碳三烃	0.3	丁二烯	<0.4	碳三烃	0.3	1，3-丁二烯	37.0
正丁烷	11.0	碳五烃	0.2	正丁烷	5.2	1，2-丁二烯	0.15
异丁烷	35.6			异丁烷	1.3	甲基乙炔	0.07
1-丁烯	13.0			1-丁烯	16	乙烯基乙炔	0.3
顺-2-丁烯	10.0			顺-2-丁烯	5.3	乙基乙炔	0.1
反-2-丁烯	14.0			反-2-丁烯	6.5	碳五烃	0.5
异丁烯	15.5			异丁烯	27.2		

碳四馏分在基本有机化工中的应用见图6-34所示。

从表6-11中可以看出，烃类裂解碳四馏分中含有大量的1，3-丁二烯，它是碳四馏分中最具价值的化工单体，是合成橡胶和合成ABS树脂的原料。然而要从碳四馏分中分离出丁二烯却是不易，因为碳四馏分中组分多，各组分相对挥发度非常接近，用普通精馏的方法分离显然有困难，通常采用反应精馏和萃取精馏的方法分离出其中的丁二烯，同时联产甲基叔丁基醚(MTBE)。合成甲基叔丁基醚对原料纯度要求低，碳四馏分中异丁烯含量5%~60%均可。

一、反应精馏生产甲基叔丁基醚(MTBE)和萃取精馏法提取丁二烯

(一)甲基叔丁基醚的生产

甲基叔丁基醚（MTBE），结构式$CH_3OC(CH_3)_3$，沸点55.2℃，溶点-109℃，闪点-10℃，密度740.6 kg/ m^3(20℃)，外观是无色液体，具有醚样气味，爆炸极限(体积分数)

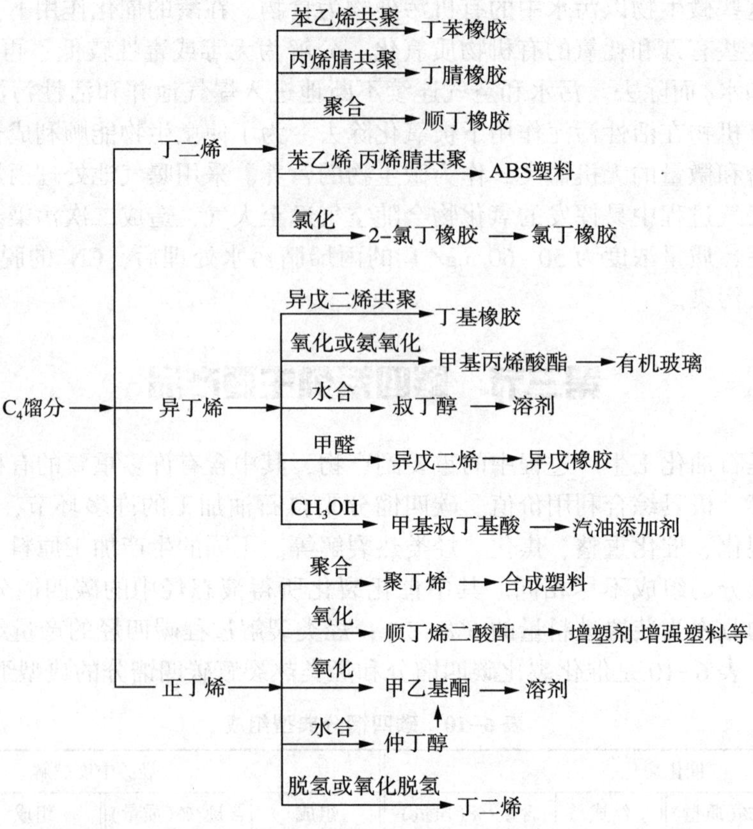

图 6-34　碳四系列主要产品

为 1.6%~15.1%，研究法辛烷值(RON) 117，马达法辛烷值(MON) 101，与水互溶。MTBE 是一种优良的高辛烷值汽油添加剂和抗爆剂，它可以任意比与汽油混溶。并且其水溶性极低，调合时不会发生浑浊现象，这是甲醇和乙醇等辛烷值改进剂所不及的，同时 MTBE 具有良好的化学稳定性、物理稳定性和低毒性，便于储存和运输。

MTBE 裂解可以制得高纯度异丁烯。MTBE 还可以作为反应溶剂、萃取剂等。

1. 反应原理

主反应：异丁烯与甲醇在强酸性大孔离子交换树脂催化剂存在下发生以下反应：

$$(CH_3)_2C{=}CH_2 + CH_3OH \xrightleftharpoons{H^+} CH_3OC(CH_3)_3 + 36.48\ kJ/mol$$

副反应主要：异丁烯二聚生成二异丁烯，原料中水分与异丁烯反应生成叔丁醇，甲醇缩合反应生成二甲醚等。反应式如下：

$$2CH_3{-}\overset{\overset{\large CH_3}{|}}{C}{=}CH_2 \longrightarrow CH_3{-}\underset{\underset{\large CH_3}{|}}{\overset{\overset{\large CH_3}{|}}{C}}{-}CH_2{-}\overset{\overset{\large CH_3}{|}}{C}{=}CH_2$$

$$2CH_3{-}\overset{\overset{\large CH_3}{|}}{C}{=}CH_2 + H_2O \longrightarrow (CH_3)_3COH$$

$$2CH_2OH \longrightarrow (CH_3)_2O + H_2O$$

异丁烯和甲醇生成 MTBE 的反应平衡常数可用下式表示：

$$\lg K = 1937.4/\left[T - 3.7456 - 1.4117\left(\frac{T}{298} - \frac{298}{T} - 1\right)\right]$$

式中 K——平衡常数；

T——反应温度，K。

由于该反应选择性较好，副反应可忽略不计，所以可用下式计算平衡转化率：

$$x=(V-\sqrt{V^2-4UV})/2U$$

式中 $U=K+1$；$V=K(a+1)+(a+b+1)$；

a——甲醇与异丁烯的摩尔分数；

b——碳四原料中非异丁烯组分与异丁烯的摩尔分数。

2. 甲基叔丁基醚的工艺条件

影响甲基叔丁基醚生产的因素主要有反应温度、甲醇与异丁烯的摩尔比等。

(1)反应温度。甲醇与异丁烯反应生成甲基叔丁基醚的反应为放热反应，温度增高不利于醚的生成，平衡常数 K 值降低，反应向异丁烯平衡转化率减少的方向移动，平衡转化率减少，反应后碳四中的异丁烯质量分数增大。所以从热力学的角度看，低温对该反应有利。

但由动力学方程可以看出，在反应初始条件下，甲基叔丁基醚浓度近似为零，因而反应仅向生成甲基叔丁基醚的方向进行。反应温度越低，反应速度越慢，达到平衡的时间越长，故温度过低对反应不利。

通常在工业生产中为提高设备生产能力，甲基叔丁基醚的生产不能在40℃以下操作。40℃时碳四中异丁烯仍有1.94%不能转化。从工艺角度考虑为提高原料利用率，一般要求碳四中异丁烯必须低于0.5%。由此可知只用一段反应显然是不能满足要求的，而异丁烯浓度较低时很容易达到上述指标。所以在工业生产中，首先将生成的甲基叔丁基醚分离，然后进行二次反应。因此，要使分离后碳四中异丁烯质量分数小于0.15%，采用一步反应工艺过程是无法实现的，需经两步反应、两步分离。

(2)甲醇与异丁烯的摩尔比。

图6-35为甲醇与异丁烯的摩尔比对甲基叔丁基醚及二异丁烯选择性的关系。由图6-35可知，甲醇与异丁烯的摩尔比越高，二异丁烯选择性下降，甲基叔丁基醚的选择性上升。另外，由平衡转化率表达式可见，甲醇与异丁烯的摩尔比上升，异丁烯的平衡转化率也增加，故提高甲醇与异丁烯的摩尔比是有利的。但是，甲醇与异丁烯的摩尔比太高，将使反应生成物的甲醇浓度增加，从而增加分离、回收系统的操作费用。通常甲醇与异丁烯之比以(1.1~1.2)∶1较好。

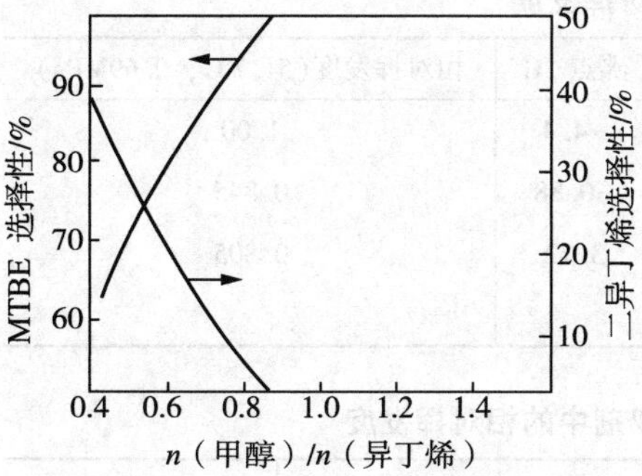

图6-35 甲醇与异丁烯的摩尔比与甲基叔丁基醚及二异丁烯选择性的关系

(3)催化剂。一般采用磺酸型二乙烯苯交联的聚苯乙烯结构的大网孔强酸性离子交换树脂为催化剂，常用树脂的工业牌号有 Amberlyst 15、Dowex 50、Nalcite HCR 等。

3. 甲基叔丁基醚的生产工艺流程

甲基叔丁基醚的生产工艺流程简单，一般包括催化合成、MTBE 回收、提纯和剩余 C_4 中甲醇回收三个部分。工业化装置很多，该工艺是美国 CR&L 公司开发成功的，不仅投资少，而且水、电、汽的消耗仅为非催化工艺的60%。几乎国内所有碳四装置都有 MTBE 工艺。

甲醇和含异丁烯的 C_4 馏分经预热送至反应部分。

反应器为固定床列管式反应器，管外用水冷却，反应温度 50～60 ℃。反应产物中含有 MTBE、未反应异丁烯、甲醇、不起反应的正丁烯、丁烷，还有极少量副产物(二异丁烯、叔丁醇）。反应物进入催化精馏塔提纯，塔操作压力约为 0.6 MPa。塔顶蒸出剩余碳四烃，并携带共沸组分甲醇(甲醇质量分数约2%)。催化精馏塔塔釜为甲基叔丁基醚成品，如图6-36 所示，经与进料换热后送入储罐，塔顶剩余 C_4 烃送入水洗塔回收甲醇。水洗塔釜甲醇水溶液进入甲醇回收塔，回收塔顶蒸出的甲醇循环回反应器。回收塔釜的水返回至水洗塔顶部作洗涤水，水作闭路循环。水洗后的 C_4 尾气中甲醇质量分数可降至10μg/g 以下。该流程使用预反应器和催化精馏反应两段反应，以含 50%异丁烯的碳四馏分为原料，异丁烯转化率在 99%以上，成品甲基叔丁基醚收率大于 99%。

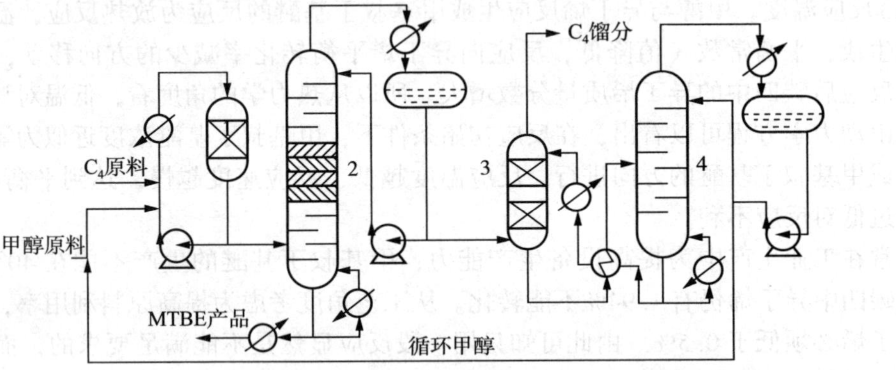

图 6-36 MTBE 催化精馏工艺流程

1—预反应器；2—催化精馏塔；3—水洗塔；4—甲醇回收塔

(二)碳四馏分萃取丁二烯

C_4 馏分经过与甲醇反应后除去了异丁烯，余下的 C_4 烃还含有相对挥发度与丁二烯接近的其他组分，它们的沸点和相对挥发度见表 6-11。

由表 6-12 可以看出，碳四馏分中各组分的相对挥发度非常接近，不利于普通精馏分离出其中的丁二烯，所以工业上常用萃取精馏的方法提取其中的丁二烯，如果选择乙腈作为萃取剂，则各组分相对挥发度明显增大，有利于提取丁二烯。以乙腈为萃取剂时，碳四馏分中各组分相对挥发度见表 6-12。

表 6-11 主要 C_4 烃的沸点及相对挥发度

组分	沸点/℃	相对挥发度(51.7℃，0.69MPa)	组分	沸点/℃	相对挥发度(51.7℃，0.69MPa)
正丁烷	-0.5	0.886	1，3-丁二烯	-4.4	1.00
异丁烷	-11.75	1.18	反-2-丁烯	-0.88	0.845
1-丁烯	-6.26	1.015	顺-2-丁烯	3.72	0.805
异丁烯	-6.9	1.03			

表 6-12 碳四馏分的部分组成及在不同萃取剂中的相对挥发度

组分	正丁烷	异丁烷	异丁烯	1-丁烯	反-2-丁烯	顺-2-丁烯	丁二烯	丙炔	丁炔	乙烯基乙炔
以含水 10%的乙腈水溶液为萃取剂(Xs=0.8)	3.11	4.35	1.89	1.89	1.58	1.37	1.00	1.05	0.462	0.379

1. 萃取精馏的基本原理

萃取精馏是向被分离组分中加入第三组分，且该组分与被分离组分中至少一种组分形成非理想溶液，溶解于萃取剂中，由于萃取剂沸点高于被分离组分，其结果易溶组分随萃取剂由塔釜采出，溶解度小的组分从塔顶逸出，从而实现组分分离的目的。

对于碳四馏分加入某些极性溶剂后，碳四馏分中各组分相对挥发度的变化规律为：烷烃>单烯烃>二烯烃>炔烃。而在萃取剂中溶解度的变化规律与相对挥发度变化规律相反。

2. 萃取精馏的影响因素

(1)萃取剂的浓度。在萃取精馏过程中，精馏塔的萃取剂浓度基本维持一个恒定的浓度值。如果浓度增大，选择性明显提高，分离越容易进行。但是过大的萃取剂恒定浓度将导致设备与操作费用增加，经济效果变差。

(2)萃取剂的物理性质。萃取剂性质对萃取精馏过程有很大的影响，首先所选萃取剂的溶解度和选择性要大。萃取剂的沸点低，可以在较低的温度下操作，降低能量消耗，但塔顶馏出物中萃取剂夹带量增加，导致萃取剂回收费用的增加。所以通常选择沸点较高的萃取剂。萃取剂的黏度大会降低塔板效率和增加输送能耗。

(3)萃取剂含水量。萃取剂中含水量对分离选择性有较大影响，萃取剂中适量的水可提高组分间的相对挥发度，使萃取剂的选择性大大提高，水含量增加，降低萃取剂溶液的沸点，使操作温度降低，减小操作过程中的蒸汽消耗，避免二烯烃聚合。但萃取剂中含水量太高，会导致萃取剂溶解能量降低，甚至在塔中出现分层现象，萃取剂用量也需增加，经济性变差。以乙腈为萃取剂时，加水量以8%~12%为宜。

3. 乙腈法碳四馏分萃取丁二烯工艺流程

乙腈法碳四馏分萃取丁二烯工艺流程见图6-37。由裂解气分离工序送来的碳四馏分首先送进碳三塔1、碳五塔2，将碳三、碳五脱除，以保证丁二烯萃取精馏塔3平稳操作。丁二烯萃取精馏塔分为两段，共120块塔板，塔顶压力为0.45MPa，塔顶温度为46℃，塔釜温度114℃。碳四馏分由塔中部进入，乙腈由塔顶加入。经萃取精馏分离后，塔顶蒸出的丁烷、丁烯馏分进入丁烷、丁烯水洗塔7水洗，塔釜排出的含丁二烯及少量炔烃的乙腈溶液，进入丁二烯蒸出塔4；在该塔中丁二烯、炔烃从乙腈中蒸出，并送进炔烃萃取精馏塔5。其塔釜排出的乙腈经冷却后供丁二烯萃取精馏塔循环使用，塔顶为乙烯基乙炔(含量在300μg/L以下)。

炔烃萃取精馏塔5的腈烃比为3~4，回流比为2~4，由于丁二烯、炔烃、丁烯在液相时几乎全溶于乙腈，且相对挥发度大，所以塔板数较少。经萃取精馏后塔顶丁二烯送丁二烯水洗塔8，脱除丁二烯中微量的乙腈，塔釜排出的乙腈与炔烃一起送入炔烃蒸出塔6。为防止乙烯基乙炔爆炸，炔烃蒸出塔顶的炔烃馏分必须间断地或连续地用丁烷、丁烯馏分进行稀释，使乙烯基乙炔的含量低于30%(摩尔)。炔烃蒸出塔釜排出的乙腈返回炔烃蒸出塔6循环使用，塔顶排放的炔烃送出用作燃料。

经水洗塔8后的丁二烯送脱轻组分塔10，脱除丙炔和少量水分，塔釜丁二烯中的丙炔小于5μL/L，水分小于10μg/g。为保证丙炔含量不超标，塔顶产品丙炔允许伴随60%左右的丁二烯。丙炔挥发性大，不易冷凝。当塔顶气体冷却冷凝至一定温度后，含丙炔的未凝气体以气相排出。对脱轻组分塔来说，当釜压为0.45MPa、温度为50℃左右时，回流量为进料量的1.5倍，塔板为60块左右，即可保证塔釜产品质量。

脱除轻组分的丁二烯送脱重组分塔 11，脱除顺-2-丁烯、1，2-丁二烯、2-丁炔、二聚物乙腈及碳五等重组分。其塔釜丁二烯含量不超过 5%(质)，塔顶蒸汽经过冷凝后即为成品丁二烯。成品丁二烯纯度为 99.6%(体)以上，乙腈小于 10μg/g，总炔烃小于 50μg/g。为了保证丁二烯质量要求，脱重组分塔采用 85 块塔板，回流比为 4.5，塔顶压力为 0.4MPa 左右。

乙腈回收塔 9 釜排出的水经冷却后，送水洗塔循环使用；塔顶的乙腈与水共沸物，返回萃取精馏塔系统。另外部分乙腈送去净化再生，以除去其中所积累的杂质，如盐、二聚物和多聚物等。

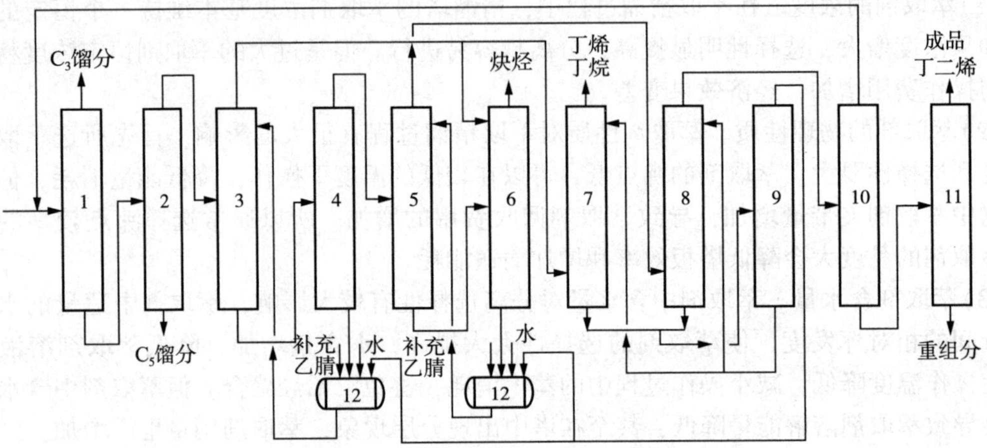

图 6-37　乙腈法萃取丁二烯工艺流程图

1—脱 C_3 塔；2—脱 C_5 塔；3—丁二烯萃取精馏塔；4—丁二烯蒸出塔；5—炔烃萃取精馏塔；6—炔烃蒸出塔；7—丁烷、丁烯水洗塔；8—丁二烯水洗塔；9—乙腈回收塔；10—脱轻组分塔；11—脱重组分塔；12—乙腈中间储槽

二、丁烯氧化脱氢生产丁二烯

丁二烯的工业产品主要是 1，3-丁二烯、$CH_2=CH-CH=CH_2$，在室温和常压下为无色略带大蒜味的气体。相对分子质量为 54.088，凝点为-108.9℃，沸点为-4.41℃，闪点<-17.8℃，有毒，在空气中爆炸极限为 2.0%~11.5%。能溶于苯、乙醚、氯仿、汽油、丙酮、糠醛、无水乙腈、二甲基乙酰胺、二甲基酰胺和 *N*-甲基吡咯烷酮等许多有机溶剂，微溶于水和醇。其异构体 1，2-丁二烯，$CH_2=C=CH_2CH_3$，对聚合反应不利，无重要工业用途。

丁二烯是重要的聚合物单体，能与多种化合物共聚制造各种合成橡胶和合成树脂。丁二烯每年消耗量中约有 90%以上用于合成丁苯橡胶、顺丁橡胶、丁腈橡胶、氯丁橡胶和 ABS 树脂等，少量用于生产环丁砜、1，4-丁二醇、己二腈、己二胺、丁二烯低聚物及农药克菌丹等。

丁二烯的工业生产方法有碳四馏分分离和合成法(包括丁烷脱氢、丁烯脱氢、丁烯氧化脱氢等)。目前世界各国除美国外，丁二烯几乎全部直接来自烃类裂解制乙烯时副产的碳四馏分。美国的丁二烯大约一半来源于丁烷、丁烯脱氢，一半直接来源于裂解的碳四馏分。

(1)碳四馏分分离。在一些用粗汽油或重石油馏分进行蒸汽裂解制取乙烯的国家里，都含有可以经济地分离出丁二烯的碳四馏分。在一般高深度裂解的产物中，碳四馏分质量分数约 9%。在碳四馏分中丁二烯的质量分数为 45%~50%。工业上均采用萃取精馏的方法，在馏分中加入丙酮、糠醛、乙腈、二甲基乙酰胺等增加丁二烯与其他碳四烃的相对挥发度，通过精馏分离得到丁二烯。

(2)丁烷脱氢。天然气和碳四馏分中分离得到的丁烷可脱氢制取1，3-丁二烯。正丁烷脱氢反应同时伴随裂解和产物二次反应，因此选择高性能的催化剂就很重要。目前工业上应用较多的是胡德利法，该法在650℃、15kPa和绝热条件下，使丁烷一步脱氢生成为丁二烯。催化剂为浸渍了18%~20%氧化铬的活性氧化铝，每反应4~10 min进行一次催化剂再生。因减压操作，催化剂再生十分麻烦，设备条件要求苛刻。反应过程实际是丁烷和丁烯混合脱氢，反应气体分出丁二烯后进行循环，并与新鲜的丁烷混合进行反应。以丁烷计的单程收率为28%，选择性为55%~60%。

(3)丁烯脱氢。在催化剂作用下将丁烯脱氢为丁二烯是该法的基本过程，操作温度650℃，转化率27%。在原料丁烯中加入大量的水蒸气以降低烯分压，有利于在脱氢平衡下的反应。此法所用催化剂寿命较长，丁二烯的选择性达到90%，但水蒸气用量大，20世纪60年代以后被丁烯氧化脱氢法取代。

(4)丁烯氧化脱氢法。丁烯氧化脱氢法是采用铁尖晶石催化剂，丁烯的转化率可达78%~80%，丁二烯的选择性达92%~95%。因其转化率和选择性都很高，所以被广泛采用，我国丁烯制丁二烯的生产工艺均用此法。

(5)列别捷夫法。它以乙醇为原料，用$MgO-SiO_2$为催化剂，在400℃一步将乙醇脱氢和脱水。这个方法只对那些没有石油化工基础，但能够用发酵法酒精取得廉价乙醇的国家才有价值。

(一)丁烯氧化脱氢制丁二烯的生产原理

1. 丁烯氧化脱氢的化学反应

主反应：

$$C_4H_8+0.5O_2 \longrightarrow CH_2=CH-CH=CH_2+H_2O+125.4\ kJ/mol$$

副反应：

① 氧化降解生成醛、酮、酸等含氧化合物；

② 完全氧化生成一氧化碳、二氧化碳；

③ 氧直接加入分子中生成呋喃、丁烯醛、丁酮等；

④ 氧化脱氢二聚芳构化生成芳烃；

⑤ 丁烯双键位移反应，即正丁烯的三种异构体以相当快的速度进行异构化反应。

丁烯氧化脱氢的反应过程见图6-38。

2. 烯氧化脱氢的热力学分析

丁烯氧化脱氢反应平衡常数与温度的关系式为：

$$\lg K_p=\frac{13740}{T}+2.14\lg T+0.829$$

上式表明在任何温度下平衡常数都很大，因此丁烯氧化脱氢反应，在热力学上是很有利的，可接近完全转化。

3. 丁烯氧化脱氢的催化剂和动力学

丁烯氧化脱氢的催化剂主要有下列几类：

(1)钼酸铋系催化剂：如Mo-Bi-P-O、Mo-Bi-Fe-P-O、Mo-Bi-P-Fe-Co-Ni-K-O等。

(2)混合氧化物系催化剂：如锡-锑氧化物、锡-磷氧化物、铁-锑氧化物等，其中锡-锑氧化物催化剂最常用。

(3)尖晶石型铁系催化剂：该类催化剂一定要由 Zn^{2+} 或 Mg^{2+} 与 Fe^{3+} 和 Cr^{3+} 组成 Zn-$CrFeO_4$ 或 Mg-$CrFeO_4$的尖晶石结构才有活性。各类催化剂的性能见表 6-13。

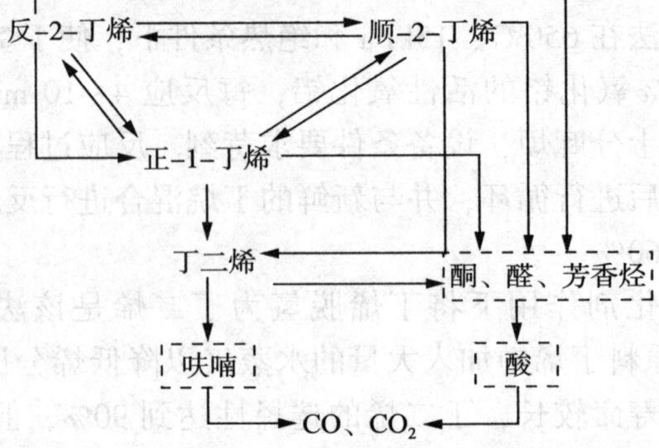

图 6-38　丁烯氧化脱氢的反应过程

从表 6-13 中可看出，铁系催化剂在收率、选择性、转化率方面优于钼系催化剂，所以目前多用铁系催化剂。采用铁系催化剂的动力学方程式为：

表 6-13　丁烯催化氧化脱氢反应催化剂性能举例

类型	催化剂	温度/ ℃	转化率/ %	选择性/ %	收率/ %	含氧化合物的质量分数/%
钼酸铋系催化剂	Mo-Bi-P	480	63~68	77~78	53	8. 4
尖晶石催化剂	H-198	360	68~70	90	61~63	
	B-02	330~550	67. 5~70. 3	90~92	62~68	0. 65~0. 8
	F-84-13	370~380	76~78	91. 2~92. 8	69~72	0. 83

$$r=kp_{a}^{0.9}p_{O_2}^{0.1}$$

式中　r——生成丁烯的反应速度，kPa/s；

k——反应速度常数，s^{-1}；

p_a——丁烯的分压，kPa；

p_{O_2}——氧气的分压，kPa。

由此可看出丁烯氧化脱氢的反应速度与水蒸气的分压无关，而与丁烯分压的 0. 9 次方和氧气分压的 0. 1 次方成正比。

(二)丁烯氧化脱氢制丁二烯的生产工艺条件

影响丁二烯生产的因素主要有反应温度、丁烯空速、氧烯比、水烯比及反应压力。

1. 反应温度

表 6-14 表示采用 H-198 铁系尖晶石型催化剂在流化床反应器中，反应温度对丁烯氧化脱氢反应的影响。由表 6-14 可看出，温度在一定范围内丁烯转化率与丁二烯收率逐渐增加，而一氧化碳与二氧化碳收率之和略有提高，丁二烯选择性无明显变化。反应温度过高会导致丁烯深度氧化反应加剧，深度氧化产物明显增多，不利于产物丁二烯的生成。温度过低丁二烯的收率随之下降，反应速度减慢。因此，必须选择适宜的反应温度。H-198 催化剂常使用流化床反应器，反应温度一般控制在 360~380℃，而 B-02 催化剂常使用固定床二段

绝热反应器，反应温度一般为 320~380 ℃，出口温度为 510~580 ℃，二段入口温度335~370℃，出口温度为 550~570℃。

表 6-14　反应温度对丁烯氧化脱氢的影响(摩尔分数/%)

温度/℃	压力/MPa	丁烯空速/h^{-1}	水烯比	氧烯比	丁二烯收率/%	丁烯转化率/%	丁二烯选择性/%	$CO+CO_2$ 生成率/%
360	0.5	300	11	0.72	65.71	69.81	94.13	4.09
365	0.5	300	11	0.72	69.37	73.85	93.93	4.48
370	0.5	300	11	0.72	70.83	75.38	93.96	4.54
375	0.5	300	11	0.72	72.33	75.77	94.22	4.43
380	0.5	300	11	0.72	71.71	75.12	94.21	4.40

2. 反应压力

由反应动力学方程可见，增加压力能加快反应速度，恒定操作空速下使丁烯转化率增加。同时，从化学反应方程式知，生成一氧化碳及二氧化碳的反应为摩尔数增加的反应，压力增大有利于提高深度氧化反应的转化率，最终会导致反应选择性下降，丁烯消耗增加。同时压力增大，反应温度升高，加剧了副反应的进行，造成恶性循环。因此，压力的选择应综合考虑。表 6-15 表示了反应压力对丁烯氧化脱氢的影响，由数据对比可知 0.5 MPa 是适宜的操作压力。

表 6-15　反应压力对丁烯氧化脱氢的影响

压力/MPa	丁烯转化率/%	丁二烯选择性/%	丁二烯收率/%	$CO+CO_2$ 生成率/%
0.5	75.17	93.38	70.07	5.04
0.6	73.43	93.44	68.61	4.82
0.7	73.01	93.41	68.40	4.61
0.8	72.83	93.48	68.08	4.51

注：温度为 370 ℃，丁烯空速为 300 h^{-1}，水烯比为 11，氧烯比为 0.72。

3. 丁烯空速的影响

丁烯空速的大小表明催化剂活性的高低。由表 6-16 可知，空速由 250h^{-1}增加到 350h^{-1}时，丁烯的转化率、丁二烯的收率及 $CO+CO_2$ 的收率均下降，而丁烯的选择性稍有上升。因此，提高空速反应效果良好，但空速过大则会使转化率、收率有所下降。采用流化床反应器，空速与反应器的流化质量有直接关系，空速增加，催化剂带出增多。空速低流化不均匀，造成局部过热，催化剂失活，选择性下降，副反应增多。考虑以上几方面的影响，流化床反应器空速通常选择 200~270 h^{-1}，固定床反应器空速为 210~250 h^{-1}较为适宜。

4. 氧烯摩尔比的影响

表 6-17 为氧烯比对反应的影响。由表 6-17 可知氧烯比增大，丁二烯收率上升，$CO+CO_2$ 的收率也明显增加，丁二烯选择性下降。但氧烯比过高会导致深度氧化副反应加剧，并使生成气中未反应的氧量增加，在加压条件下易生成过氧化物而引起爆炸。氧烯比小将促使催化剂中晶格氧下降，使催化剂的活性降低，从而降低转化率和选择性，同时缺氧还会使催化剂表面上积炭加快，寿命缩短。通常流化床反应器氧烯比为 0.65~0.75，固定床反应器为 0.70~0.72 较适宜。

表 6-16 丁烯空速对丁烯氧化脱氢的影响

丁烯空速/ h^{-1}	丁烯转化率/%	丁二烯选择性/%	丁二烯收率/%	$CO + CO_2$ 生成率/%
250	77.47	93.88	72.73	1.74
280	76.62	93.89	71.94	4.68
300	74.92	93.67	70.18	4.74
320	74.63	93.78	69.99	4.63
350	74.02	94.11	69.66	4.35

注：温度为 370 ℃，操作压力为 0.5MPa，水烯比为 11，氧烯比为 0.72。

表 6-17 氧烯比对丁烯氧化脱氢的影响

氧烯比/mol	丁烯转化率/%	丁二烯选择性/%	丁二烯收率/%	$CO + CO_2$ 生成率/%
0.60	61.60	94.23	63.70	4.00
0.65	74.06	93.88	69.53	4.53
0.70	75.04	93.67	70.29	4.76
0.75	77.58	93.35	72.73	4.86
0.80	78.65	93.13	73.26	5.41

注：温度为 370 ℃，操作压力为 0.5/MPa，水烯比为 11，丁烯空速为 $300h^{-1}$。

5. 水烯摩尔比的影响

水蒸气作为稀释剂和热载体，具有调节反应物及产物分压带出反应热，避免催化剂过热的功效。此外，水蒸气还可以参与水煤气反应，消除催化剂表面积炭以延长使用寿命。水蒸气对反应的影响见表 6-18。由表可知水烯比在 9~13 之间，丁烯转化率、丁二烯收率选择性均有提高，而含氧化合物质量分数下降。在生产中流化床反应器控制在 9~12 之间，固定床反应器控制在 12~13 之间。

(三) 丁烯氧化脱氢制丁二烯的工艺流程

在考虑丁烯催化氧化脱氢制丁二烯的流程时，应注意该反应是强放热反应，为维持反应温度必须及时移去反应热；该反应产物沸点低，在酸存在下易自聚；副产物类型多，其中不饱和的含氧化合物在一定压力、温度条件下易自聚，而且酸可加速自聚的速度；副产物大部分溶于水，因此可用水作溶剂使丁烯及丁二烯与副产物分离。根据上述特点典型丁烯氧化脱氢制丁二烯的流程如图 6-39 所示。

表 6-18 水烯比对丁烯氧化脱氢的影响

水烯比/mol	丁烯转化率/%	丁二烯选择性/%	丁二烯收率/%	$CO+CO_2$ 生成率/ %
9	70.98	93.01	63.02	4.96
10	72.74	93.24	67.82	4.92
11	74.90	93.48	70.02	4.88
12	75.32	94.00	70.80	4.52
13	75.66	94.22	71.29	4.38

注：温度为 370℃，操作压力为 0.5/MPa，氧烯比为 0.72，丁烯空速为 $300h^{-1}$。

纯度为 98%以上的丁烯馏分，预热蒸发后与水蒸气以 11∶1、氧烯比 0.7 在混合器中混合后进入流化床反应器，在催化剂作用下进行氧化脱氢反应。反应温度为 370℃左右，反应压力为0.18 MPa。反应器内设置一定数目的直管，借加热水的汽化移走反应热，并副产蒸汽。反应气体的组成主要是丁二烯、未反应的丁烯及N_2、CO、CO_2和其他含氧有机物等。反应气在反应器顶部经旋风分离器除去夹带的催化剂后进入废热锅炉，回收部分热量。然后进入水冷塔，用水直接喷淋冷却，并洗去有机酸等可溶性杂质，水循环使用，塔顶引出的气体经过滤脱除其中的水分后由压缩机升压至1.1 MPa左右。压缩过程中分离出来的凝液进入闪蒸器，闪蒸后返回水冷塔。升压的气体进入洗醛塔，用水洗涤除去其中醛、酮含氧化合物，塔底醛水送至蒸醛塔，蒸出醛等含氧化合物，因量很少就作为废液烧掉，塔底水循环使用。来自洗醛塔顶的气体进入油吸收塔，与吸收剂C_6油逆流接触，塔顶为未被吸收的产物（N_2、CO、CO_2、O_2）。富含丁烯、丁二烯的吸收油从塔底引出进入解吸塔，在解吸塔侧线采出粗丁二烯待进一步精制，塔底得解吸后的吸收油返回系统循环使用。粗丁二烯经萃取、精馏等过程可得99%丁二烯产品。

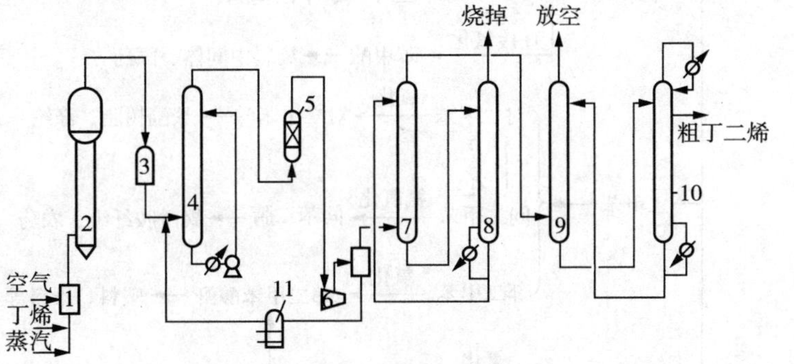

图6-39　流化床丁烯氧化脱氢制丁二烯流程

1—混合器；2—流化床反应器；3—废热锅炉；4—水冷塔；5—过滤器；6—压缩机；7—洗醛塔；8—蒸醛塔；9—吸收塔；10—解吸塔；11—闪蒸器

第四节　芳烃系列主要产品

芳烃是重要的化工原料，其中以苯、甲苯、二甲苯、乙苯、异丙苯、十二烷基苯和萘等尤为重要。广泛用于合成树脂、合成纤维和合成橡胶工业。例如，聚苯乙烯、酚醛树脂、醇酸树脂、聚氨酯、聚酯、聚醚、聚酰胺和丁苯橡胶等重要合成材料的生产中都需要芳烃作为原料。另外芳烃也是合成洗涤剂以及农药、医药、染料、香料、助剂、专用化学品等工业的重要原料(各种芳烃的具体用途见图6-40所示)。因此芳烃生产的发展对国民经济的发展，人们生活的提高和国防的巩固都有着重要的作用。

一、芳烃的来源

目前工业上芳烃主要来自煤高温干馏副产粗苯和煤焦油；烃类裂解制乙烯副产裂解汽油和催化重整产物重质汽油三个途径。现在世界芳烃总产量的90%以上来自石油。

(一)从炼焦副产粗苯及煤焦油中获取芳烃

粗苯占焦化产品的1.5%左右，经加氢精制处理除去不饱和烃、噻吩等杂质后，再经精馏分离可得到苯、甲苯和二甲苯。其中苯含量占50%～70%。煤焦油经分馏得到轻油、酚油、萘油、蒽油等馏分。

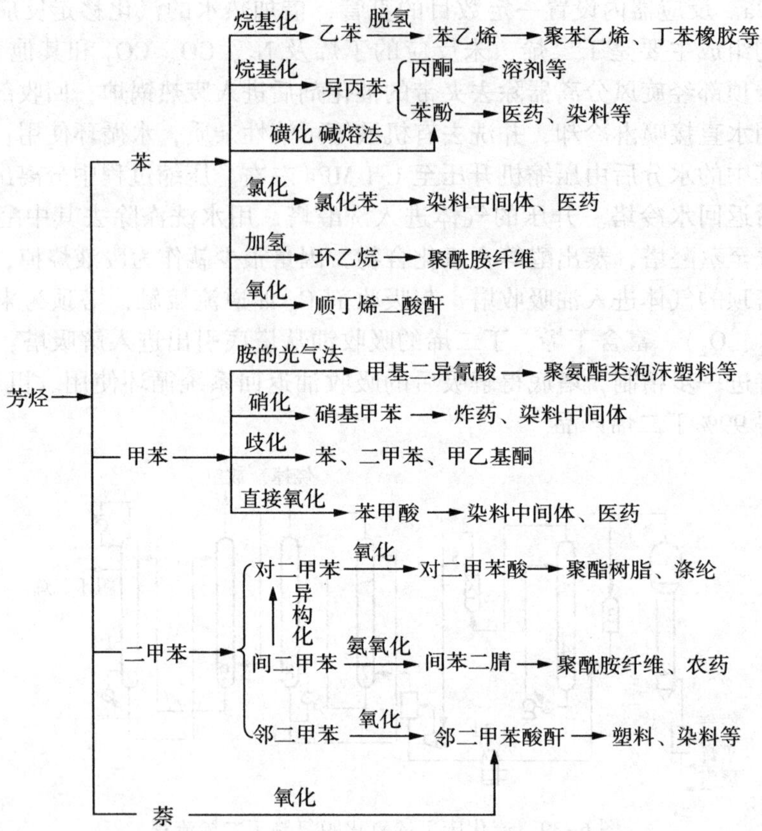

图 6-40　芳烃系列主要产品

(二)从裂解汽油中获取芳烃

裂解汽油中除含有 50%~70%左右的芳烃外，还含有 20%左右的单烯烃、双烯烃和烯基芳烃(如苯乙烯)以及微量的硫、氮、氧、氯等元素。由于裂解原料的不同，裂解汽油的收率和组成也不同。表 6-19 是以柴油为原料的裂解汽油组成示例。

从裂解汽油中获取芳烃的工艺包括两部分。

1. 裂解汽油加氢精制

由于裂解汽油中含有二烯烃等易聚合的不饱和烃和硫化物、氮化物等有害杂质，在分离芳烃前必须先进行预处理。通常采用二段选择性加氢法，第一段是低温液相加氢，使双烯烃加氢成为单烯烃，苯乙烯加氢成为乙苯；第二段是高温气相加氢，使单烯烃加氢成为饱和烃，硫化物、氮化物等杂质加氢裂解为相应的烃和 H_2S、NH_3 等被除去。其示意流程图如图 6-41 所示。

表 6-19　裂解汽油的组成示例(以柴油为裂解原料)

组成/%(质量) 烃类	C_4	C_5	C_6	C_7	C_8	C_9^+	合计
双烯烃	0.2	11.76	3.96	2.49	1.52	3.06	22.99
单烯烃	0.2	3.40	0.89	0.68	0.41	6.41	11.99
饱和烃	0.1	0.34	0.73	0.61	0.33	1.15	3.26
芳烃			31.17	18.31	11.23	1.05	61.76
合计	0.5	15.50	36.75	22.09	13.49	11.69	100.00

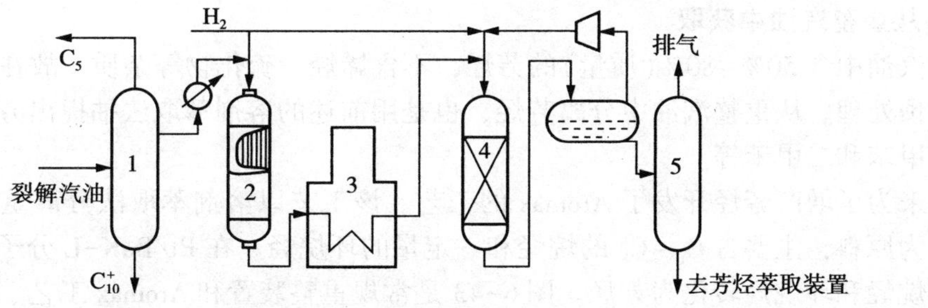

图 6-41　裂解汽油相对加氢示意图

1—初馏塔；2—一段加氢反应器；3—加热炉；4—二段加氢反应器；5—稳定塔

经预热的裂解汽油先进入初馏塔，脱去 C_5 和 C_{10} 馏分后，进入一段液相列管式固定床反应器进行加氢反应，催化剂为 Pd/Al_2O_3，反应温度 80～130℃，反应压力为 5.57MPa，液空速为 $3h^{-1}$。反应热由循环于管间的锅炉给水所带走，一段加氢后的产物经加热炉升温至 280～300℃，进入绝热式气固相固定床反应器，以 $Co-Mo-S/Al_2O_3$ 为催化剂，反应温度 285～395℃，反应压力为 4.05MPa，液空速为 $1.5h^{-1}$。经两段加氢处理后的裂解汽油经稳定塔分出气体后送芳烃抽提装置。

2. 芳烃的萃取分离

由于裂解汽油中苯系芳烃与相近碳原子数的非芳烃沸点相差很小，不能用普通精馏法分离，通常采用液-液萃取法（也称抽提法）进行分离。可用的萃取剂有环丁砜、*N*-甲基吡咯烷酮、二甲基亚砜和乙二醇等。

以环丁砜为溶剂的萃取分离流程如图 6-42 所示。萃取塔是转盘塔或筛板塔，经加氢处理的裂解汽油，由塔的中部进入，溶剂环丁砜由塔的上部加入[溶剂与原料油的用量比为 2∶1（质量）]。由于原料油的密度较溶剂小，故在萃取塔内原料油上浮溶剂下沉形成逆向流动接触。上浮的抽余油，即非芳烃自塔顶流出。萃取了芳烃的溶剂称抽提油，由塔釜引出进入汽提塔。塔顶蒸出轻质非芳烃（其中还含有少量芳），冷凝后流入萃取塔下部；塔釜液送入溶剂回收塔。使溶剂和芳烃分离，塔顶蒸出芳烃，经冷凝和脱水后，先用白土处理以除去其中溶解的痕量烯烃，然后进行精馏分离，获得高纯度的苯、甲苯和二甲苯。自回收塔釜出来的，脱去芳烃的贫溶剂送往萃取塔再用。萃取塔顶出来的抽余油，用水洗去溶在油中的环丁砜后作其他用。含环丁砜的洗涤水回到溶剂回收塔，回收其中的环丁砜。

查一查　转盘萃取精馏塔的结构和工作原理。

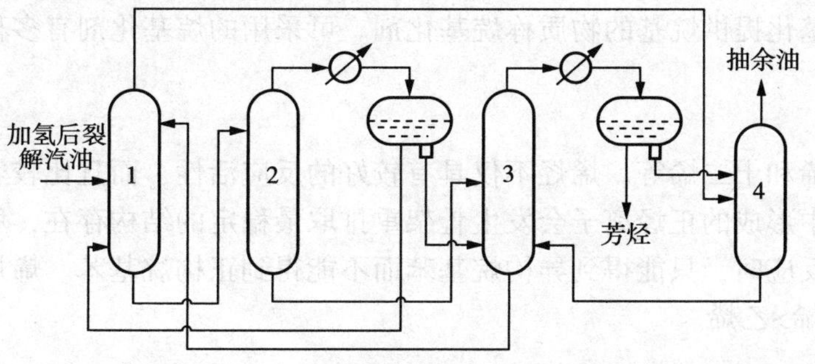

图 6-42　环丁砜萃取分离芳烃流程

1—萃取塔；2—汽提塔；3—溶剂回收塔；4—水洗塔

本法芳烃回收率：苯为99.9%、甲苯为99.0%和二甲苯为96%。

(三)从重整汽油中获取

重整汽油中含50%~80%(质量)的芳烃，不含烯烃、硫化物等杂质，故在分离芳烃前不必经加氢预处理。从重整汽油中分离芳烃，也是用前述的溶剂萃取法抽提出芳烃，再经精馏获得苯、甲苯和二甲苯等。

近年来为了增产芳烃开发了Aromax的工艺。该工艺以溶剂萃取法分离重整汽油后所得的抽余油为原料，主要含C_6~C_8的烷烃和一定量的环烷烃。在Pt/BaK-L分子筛催化剂的作用下，使烷烃和环烷烃转化为芳烃。图6-43是常规重整装置和Aromax工艺、芳烃回收系统相结合的增产芳烃的简单示意过程。

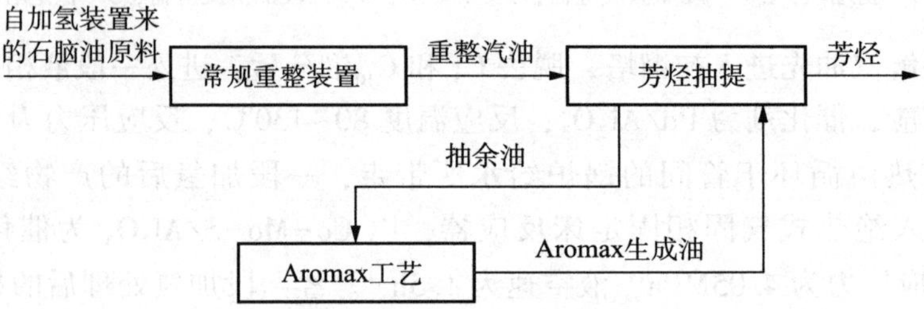

图6-43　生产更多芳烃的重整联合装置

另外为了更好地综合利用石油液化气和油田伴生气，将其转化为价值更高的芳烃是当今十分活跃的研究课题，其中由C_3和C_4烃类为原料，经脱氢、齐聚和脱氢环化等一系列过程而转化为苯、甲苯、二甲苯等芳烃的Cyclar工艺最受重视。该法是以改性的分子筛为催化剂，在接近常压和500℃的条件进行芳构化。由于所得芳烃产品中非芳烃含量小于1000μg/g，故不需抽提可直接用精馏法分离出苯、甲苯和芳烃。

二、苯烷基化反应生产乙苯

芳烃的烷基化又称烃化，是芳烃分子中苯环上的一个或几个氢被烷基所取代而生成烷基芳烃的反应。

这类反应在工业中主要应用于生产乙苯、异丙苯和十二烷基苯等的生产，它们都是重要的有机化工原料。乙苯主要用于脱氢制三大合成材料的重要单体苯乙烯；异丙苯主要用于生产苯酚、丙酮。十二烷基苯主要用于生产合成洗涤剂。在芳烃的烷基化反应中以苯的烷基化最为重要。

(一)烷基化剂

能为烃的烷基化提供烷基的物质称烷基化剂。可采用的烷基化剂有多种，工业上常用的有如下两种。

1. 烯烃

如乙烯、丙烯和十二烯等。烯烃不仅具有较好的反应活性，而且比较容易得到。由于烯烃在烷基化过程中形成的正烃离子会发生骨架重排取最稳定的结构存在，所以乙烯以上烯烃与苯进行烷基化反应时，只能得到异构烷基苯而不能得到正构烷基苯。烯烃的活泼顺序为异丁烯>正丁烯>丙烯>乙烯。

2. 卤代烷烃

卤代烷烃也是一种活泼的烷基化剂，其反应活性与其分子结构有关。活性顺序为：叔卤烷>仲卤烷>伯卤烷；碘代烷烃>溴代烷烃>氯代烷烃>氟代烷烃。碘代烷烃虽然活性大，但易分解，一般不采用。工业上是用氯代烷烃，如氯乙烷、氯代十二烷等。

此外醇类、酯类、醚类等也可作为烷基化剂。

(二)苯乙基化反应的化学过程

1. 主反应

气相反应时热效应：$\Delta_r H^\ominus = -106.6\text{kJ/mol}$；

液相反应时热效应：$\Delta_r H^\ominus = -114.5\text{kJ/mol}$。

苯的烷基化反应是反应热效应甚大的放热反应。上述主反应气液相反应过程的平衡常数和温度的关系为：

气相反应时，$\lg K_p = \dfrac{5460}{T} - 6.56$

液相反应时，$\lg K_p = \dfrac{5944}{T} - 7.3$

可见在较宽阔的温度范围内，苯的烷基化反应在热力学上都是很有利的。只有当温度高时才有较明显的逆反应发生。

2. 副反应

(1)多乙基苯的生成。苯的烷基化反应并不只停止在生成一元烷基取代物阶段，生成的乙基苯还会继续发生烷基化反应生成二乙基苯和多乙基苯。

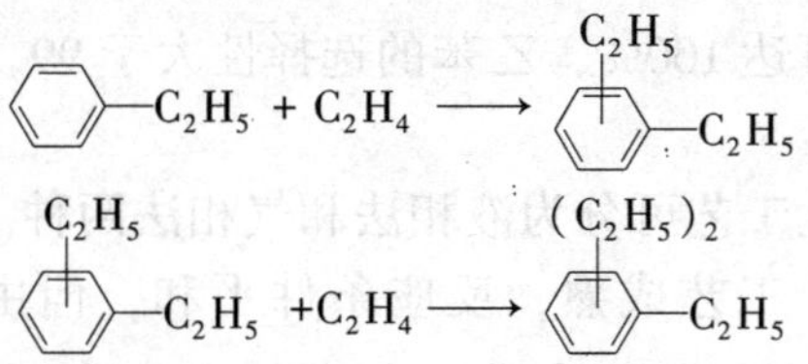

这些反应在热力学上都是有利的。随着苯环上烷基取代数目的增加，一方面芳烃的碱性随之增加，使烷基化速度随之加快；另一方面空间的位阻效应也增加，使进一步烷基化速度减慢。故烷基苯的继续烷基化速度是加快还是减慢，需视两个效应何者为主而定。为了提高乙基苯的收率，必须选择适宜的催化剂和反应条件，其中最重要的是控制原料苯和乙烯的用量比，以减少二乙基苯和多乙基苯的生成。

(2)异构化反应。根据苯环上取代反应的定位规律，乙基苯进一步烷基化时，第二个乙基应优先进入邻位和对位，但因生成的二乙基苯易发生乙基的异构转位，故得到的是邻、间、对三种异构体。当反应条件较激烈时(如温度较高、时间较长、催化剂活性和浓度较高等)异构化反应愈易发生。例如，用 $AlCl_3$ 络合物为催化剂时，异构化反应的速度就很快，所生成的二乙基苯主要是间位二乙基苯。而用 BF_3、H_2SO_4、$FeCl_3$ 和 $ZnCl_2$ 等为催化剂时，在低温和低浓度溶液中反应时，主要得到邻、对位二乙基苯。

(3)烷基转移(反烃化)反应。在苯不足量时有利于二乙基苯和多乙基苯的生成；在苯过量时有利于多乙基苯向乙基苯的转化。故在生产中可利用这一反应，将副产物多乙基苯循环使用，使其与过量的苯发生烷基转移反应而转化为乙基苯，以增加乙苯的总收率。

如：

烷基转移反应多发生于液相烃化反应过程中。

(4)芳烃缩合和烯烃的聚合反应。生成高沸点的焦油和焦炭。

综上所述苯的烷基化过程，由于同时还有其他各种芳烃转化反应的发生。所以产物是单烷基苯和各种二烷基苯、多烷基苯异构体组成的复杂混合物。

(三)催化剂

工业上已用于苯烷基化工艺的酸性催化剂主要有下面几类。

1. 酸性卤化物的络合物

如 $AlCl_3$、$AlBr_3$、BF_3、$ZnCl_2$、$FeCl_3$ 等的络合物，它们的活性次序为 $AlBr_3>AlCl_3>FeCl_3>BF_3>ZnCl_2$。工业上常用的是 $AlCl_3$ 络合物。

纯的无水 $AlCl_3$ 无催化活性，必须有助催化剂 HCl 或 RCl 同时存在，使其转化为 $HAlCl_4$ 或 R $AlCl_4$ 络合物，工业生产上使用的催化络合物是将无水 $AlCl_3$ 溶于苯中，并同时通入 HCI(或加入少量水，使少量 $AlCl_3$ 水解产生 HCl)配制而成 $C_6H_6\cdot H^+AlCl_4^-$ 的复合体。该复合体是红棕色液体，$C_6H_6\cdot H^+AlCl_4^-$ 不稳定，活性甚高，可使反应在100℃左右进行，还具有使多乙基苯与苯发生烷基转移的作用。但其呈强酸性、对设备、管道具有强腐蚀性。

2. $BF_3/\gamma-Al_2O_3$

这类催化剂活性较好，并对多乙基苯的烷基转移也具有催化活性。用于乙苯生产时还可用稀乙烯为原料，乙烯的转化率接近100%，但有强腐蚀性和毒性。

3. ZSM-5 分子筛催化剂

这类催化剂的活性和选择性均较好。用于乙苯生产时，可用15%~20%低浓度的乙烯作为烷基化剂，乙烯的转化率可达100%，乙苯的选择性大于99.5%。

(四)乙苯的生产方法

按反应状态分类，烷基化工艺可分为液相法和气相法两种。

液相烷基化法历史悠久，工艺成熟，反应条件平和，但由于 HCl 易挥发而污染环境，同时对设备腐蚀性也较大。

气相烷基化法中的 $BF_3/\gamma-Al_2O_3$法因强腐蚀性和毒性而逐渐被淘汰。现在国内外多采用 ZSM-5 分子筛催化工艺，如图6-44所示。

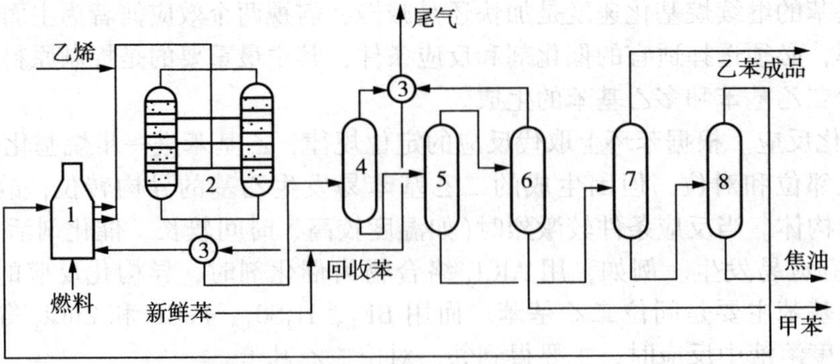

图6-44　气相烷基化生产乙苯的工艺流程

1—加热炉；2—反应器；3—换热器；4—初馏塔；5—苯回收塔；6—苯、甲苯塔；7—乙苯塔；8—多乙苯塔

新鲜苯和回收苯与反应产物换热后进入加热炉，气化并预热至400~420℃。先与已加热气化的循环二乙苯混合，再与原料乙烯混合后进入烷基化反应器各床层，各床层的温升控制

在70℃以下。由上一床层进入下一床层的反应物流经补加苯和乙烯骤冷至进料温度，使每层反应床的反应温度相接近。典型的操作条件为：温度370~425℃，压力1.37~2.74MPa，质量空速3~5kg乙烯/kg催化剂·h。烷基化产物由反应器底部引出，经换热后进入初馏塔，蒸出的轻组分及少量苯，经换热后至尾气排出系统作燃料，塔釜物料进入苯回收塔，在该塔内将物料分割成两部分，塔顶蒸出苯和甲苯，进入苯、甲苯塔；塔釜物料进入乙苯塔。在苯、甲苯塔分离得到回收的苯循环使用、甲苯作为副产品引出。在乙苯塔塔顶蒸出乙苯成品送储罐区；塔底馏分送入多乙苯塔。多乙苯塔在减压下操作，塔顶蒸出二乙苯、返回烷基化反应器；塔釜引出多乙苯残液送入储槽。

该法的主要优点有：无腐蚀无污染，反应器可用低铝合金钢制造，尾气及蒸馏残渣可作燃料；乙苯收率高，以ZSM-5为催化剂时乙苯收率达98%，以HZSM-5为催化剂Si/Al=67，$\alpha=120$时乙苯收率达99.3%；能耗低，烷基化反应温度高有利于热量的回收，完善的废热回收系统使装置的能耗少；催化剂价廉，寿命两年以上，每千克乙苯耗用的催化剂较传统三氯化铝法价廉10~20倍；装置投资较低、生产成本低，装置不需特殊合金设备和管线等。

但该法由于催化剂表面积焦，活性下降较快，需频繁进行烧焦再生。

三、乙苯脱氢生产苯乙烯

(一)苯乙烯

苯乙烯系无色至黄色的油状液体，具有高折射性和特殊芳香气味。易燃，难溶于水，溶于乙醇和乙醚等有机溶剂。沸点146 ℃，密度0.9039~0.9058 g/ cm^3，折光率1.5438。暴露于空气中会逐渐发生氧化，使颜色加深。在常温条件下会发生自聚，不能长期存放。

苯乙烯最重要的用途是作为合成橡胶和塑料的单体，以生产丁苯橡胶、聚苯乙烯、泡沫聚苯乙烯。也用于与其他单体共聚制造多种用途不同的工程塑料，如与丙烯腈、丁二烯共聚制得ABS树脂，广泛用于家用电器和工业仪表上。苯乙烯-丙烯腈共聚物(SAN)是耐冲击、色泽鲜艳的树脂。苯乙烯-丁二烯-苯乙烯嵌段共聚物(SBS)是热塑性橡胶，广泛用作聚氯乙烯、聚丙烯的改性剂等。此外，苯乙烯还广泛用于制药、涂料、纺织等工业。

工业生产苯乙烯的方法有：

(1)乙苯催化脱氢法：乙苯在催化剂作用下，于550~600 ℃时脱氢生成苯乙烯。本节将重点介绍此法。

(2)乙苯和丙烯的共氧化法：乙苯先氧化制得过氧化氢乙苯，经与丙烯反应生成甲基苄醇再脱水生成苯乙烯。此法的特点是每生产1t苯乙烯，同时副产0.4t环氧丙烷。它既不需要脱氢法的高温，也可避免氯醇法生产环氧丙烷造成的污染问题。缺点是反应复杂，副产物多，工艺流程长，乙苯单耗较脱氢法高。

(二)乙苯催化脱氢制苯乙烯的原理

乙苯脱氧的主反应为：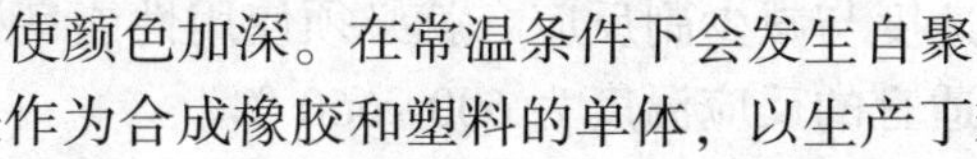

在乙苯脱氢生成苯乙烯的同时，还伴随发生如下一些副反应，裂解反应和加氢裂解反应；在水蒸气存在下，还可发生水蒸气的转化反应；乙苯高温下生碳反应；产物苯乙烯还可能发生聚合，生成聚苯乙烯和二苯乙烯衍生物等，反应如下：

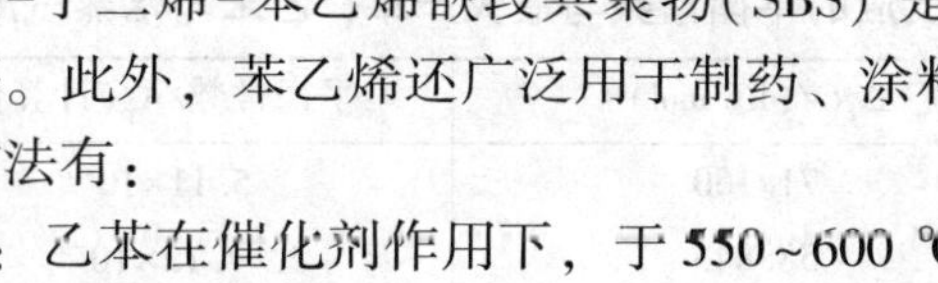

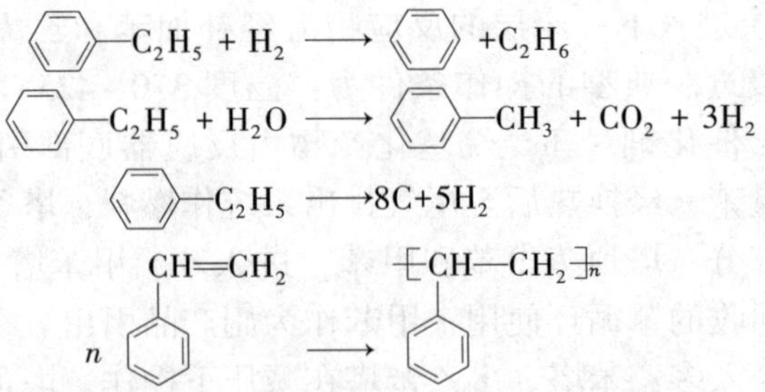

(三) 乙苯催化脱氢制苯乙烯的工艺条件

影响乙苯脱氢反应的因素主要有反应温度、反应压力、水蒸气用量、原料纯度和催化剂等。

(1)反应温度。乙苯脱氢是强吸热反应，1mol 乙苯脱去1mol 氢需要吸收 117kJ/mol 的热量，而且低温时平衡常数很小。从平衡常数与温度的关系看：

$$\left[\frac{d\ln K_p}{dT}\right]_p = \frac{\Delta_r H}{T^2} \qquad \Delta_r H>0$$

所以平衡常数随温度的升高而增大，故升温对脱氢反应有利。但是，由于烃类物质在高温下不稳定，容易发生许多副反应，甚至分解成碳和氢，所以脱氢宜在较低温度下进行。但是，低温不仅反应速度很慢，而且平衡产率也很低。乙苯脱氢反应的平衡常数和最大产率见表 6-20。

由表 6-20 可知温度升高，最大产率增大，反应速度也加快。但是温度太高，苯乙烯的产率虽然提高了，而苯乙烯进一步脱氢、裂解、结焦和聚合等副反应也会增加。既要获取最大的产率，还要提高反应速度与减少副反应，就必须使用性能良好的催化剂。例如，采用以氧化铁为主的催化剂，其适宜的反应温度为 600~660 ℃。

(2)反应压力。乙苯脱氢反应是体积增大的反应，降低压力对反应有利，其平衡转化率随反应压力的降低而升高。反应温度、压力对乙苯脱氢平衡转化率的影响见表 6-21。

表 6-20 乙苯脱氢反应的平衡常数与最大产率(乙苯与水蒸气摩尔比为 1∶9)

温度/K	$\Delta_r G$/(kJ/mol)	平衡常数/K_p(计算值)	最大产率/%
400	71.150	5.11×10^{-10}	
500	58.843	7.12×10^{-7}	
600	46.127	9.65×10^{-6}	
700	33.260	3.30×10^{-3}	7.63
800	20.327	4.71×10^{-2}	10.4
900	7.327	3.75×10^{-1}	89
1000	−5.787	2.0	95.7
1100	−18.871	7.87	98.8

表 6-21 温度和压力对乙苯脱氢平衡转化率的影响

0.1 MPa 下反应温度/℃	0.01 MPa 下反应温度/℃	转化率/%
565	450	30
595	475	40
620	530	50
645	500	60
675	560	70

从表 6-22 可看出，当压力从 0.1 MPa 减到 0.01 MPa 时，达到相同的平衡转化率所需的温度约降低 100 ℃。

(3)水蒸气用量。乙苯脱氢反应在高温减压下进行，可在较低反应温度获得较高的平衡转化率。但在工业生产中，在高温减压下操作是不安全的，因此，必须采取其他措施。通常降低物料分压的方法有两种：一是采用减压操作，二是采用惰性气体作稀释剂。工业上常采用的稀释剂是水蒸气。水蒸气作稀释剂具有许多优点：与产物易分离；热容量大；不仅提高了脱氢的平衡转化率，而且消除催化剂表面上的结焦。水蒸气添加量对乙苯转化率的影响见表 6-22。

由表 6-22 可知，乙苯转化率随水蒸气用量增大而提高。当水蒸气与乙苯的摩尔比增加到一定程度时，乙苯转化率提高不显著，而能量消耗增加幅度大。故在工业生产中乙苯与水蒸气质量之比一般为 1：(1.2~2.6)。

表 6-22　水蒸气用量与乙苯转化率的关系

反应温度/℃	转化率/%		
	n(水蒸气)：n(乙苯)		
	0	16	18
580	0.35	0.76	0.77
600	0.41	0.82	0.83
620	0.48	0.86	0.87
640	0.55	0.90	0.90

(4)原料纯度。如果原料乙苯中二乙苯含量较多，二乙苯脱氢后就会生成二乙烯基苯，容易在分离与精制过程中生成聚合物，堵塞设备管道影响生产。所以为了保证生产正常进行，要求原料乙苯中二乙苯的质量分数<0.04%。另外，为了保证催化剂的活性和寿命，要求原料乙苯中乙炔的体积分数≤10μL/L、硫的体积分数(以 H_2S 计) ≤2μL/L、氯的质量分数(以 HCl 计) ≤2μL/L、水的体积分数≤10μL/L。

(5)催化剂。乙苯脱氢制苯乙烯主要采用两种催化剂，即氧化锌系和氧化铁系。这两种催化剂均是多组分固体催化剂。目前工业上广泛采用氧化铁系催化剂，即 $Fe_2O_3-Cr_2O_3-K_2CO_3$。这类催化剂是以氧化铁为主催化剂，添加钙或钾的化合物为助催化剂(如碳酸钾)，用氧化铬作稳定剂，以增加催化剂的热稳定性。此催化剂的特点是活性良好，寿命较长，在水蒸气存在下可自行再生，所以连续操作周期长。但这类催化剂在还原气氛中脱氢，选择性下降很快，并有较多焦炭生成。这可能是由于存在以下平衡：

$$FeO \underset{H_2}{\overset{H_2O}{\rightleftharpoons}} Fe_3O_4 \underset{H_2}{\overset{H_2O}{\rightleftharpoons}} Fe_2O_3$$

脱氢反应有氢生成，反应过程中使氧化铁还原为低价态，甚至被还原为金属铁，金属铁能催化乙苯完全分解。为了防止氧化铁被过度还原，要求脱氢反应必须在适当氧化气氛中进行。水蒸气是氧化性气体，在大量水蒸气存在下，可以阻止氧化铁被过度还原，而获得较高的选择性。

(四)乙苯催化脱氢制苯乙烯的工艺流程

乙苯催化脱氢是吸热反应，反应在高温下进行，因此脱氢过程中必须在高温条件下向反应系统供给大量的热量。由于供热方式不同，采用的反应器形式不同，工艺流程的组织也不同。

乙苯脱氢生产苯乙烯可采用两种不同供热方式的反应器：一种是外加热列管式等温反应器；另一种是绝热式反应器。国内两种反应器都有应用，目前大型新建生产装置均采用绝热式反应器。采用这两种不同型式反应器的工艺流程，主要差别是水蒸气用量不同，热量的供给和回收利用不同。

(1)外加热列管式反应器的工艺流程：以烟道气为载热体，反应器放在炉内，由高温烟道气将反应所需的热量传给反应系统，这种形式的反应器称为外加热列管式反应器。外加热列管式反应器的工艺流程由乙苯脱氢和脱氢液的分离及苯乙烯的精制两部分组成。此法由于能耗较高，单台反应器生产能力低等缺陷现已很少使用。

(2)绝热式反应器的脱氢流程：热量由过热水蒸气直接带入反应系统，反应器内物料不与外界环境发生热交换，这种供热方式的反应器称为绝热式反应器。绝热式反应器的工艺流程，水蒸气的用量，要比外加热管式反应器高 1 倍左右。因此反应产物余热的合理利用和水蒸气冷凝水的循环使用，对节约能量和减少污水排放、保护环境都有重要的意义。图 6-45 所示流程是采用多段绝热反应器、中间加过热蒸汽的脱氢流程。乙苯经过蒸发器 4，乙苯过热器 3 与绝热式反应器出来的脱氢产物换热汽化，然后与过热蒸汽炉 1 来的温度为 720℃的过热蒸汽混合后，温度约为 640℃，自反应器的上部进入反应器 2，同时在反应器的中部和下部通入两路过热水蒸气。反应后的物料温度约为 600℃，经乙苯过热器、蒸发器，利用其中一部分热量后进入废热锅炉 5，利用其余热产生 $5\times10^5\sim6\times10^5$ Pa 压力的水蒸气，这部分水蒸气由蒸汽透平直接送至水蒸气过热炉作稀释蒸汽用。从废热锅炉出来的反应物料进入急冷器 6 直接喷水急冷以防止苯乙烯自聚，进入气液分离器 7，分为气液两相，液相冷凝液进油水分离器 10 分离为烃相和水相。将烃相(粗苯乙烯) 送至经加阻聚剂后去精馏部分精制；水相一部分作为急冷水，其余进入水蒸气汽提塔 12 回收有机物，汽提塔塔釜的水经分子筛过滤器处理后返回蒸发器产生稀释蒸汽。

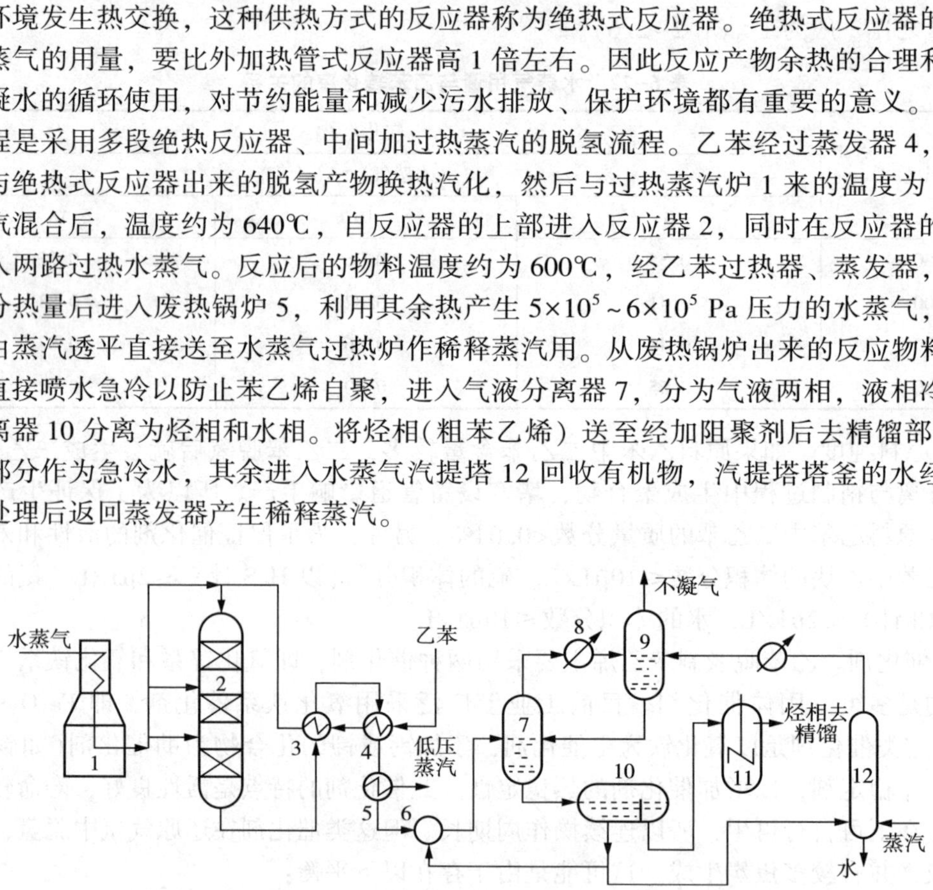

图 6-45　绝热式的反应器乙苯脱氢工艺流程

1—水蒸气过热炉；2—绝热式反应器；3—乙苯过热器；4—乙苯蒸发器；5—废热锅炉；6—直接急冷器；7，9—气液分离器；8—冷凝冷却器；10—烃水分离器；11—阻聚剂加配槽；12—汽提塔

(五) 脱氢液的分离和苯乙烯的精制

由于乙苯脱氢反应同时伴随着裂解、氢解和聚合等副反应，并且无法实现 100%转化率，故脱氢液除含有产物苯乙烯外，还有尚未反应的乙苯和副产物苯、甲苯及少量焦油。表 6-23 是三段绝热反应过程粗苯乙烯的组成。

表 6-23　三段绝热反应过程粗苯乙烯的组成

组分	苯乙烯	乙苯	苯	甲苯	焦油
沸点/℃	145.2	136.2	80.1	110.6	
组成/%(质量)	80.9	14.66	0.88	3.15	少量

脱氢产物粗苯乙烯可用精馏方法分离，其中乙苯与苯乙烯分离是生产中的关键，由于两者的沸点接近，分离时要求的塔板数较多(工业上实际采用的塔板数为75块)。苯乙烯在较高温度下易自聚，它的聚合速度随着温度的升高而加快。为了减少聚合反应的发生，除加阻聚剂外塔釜温度应控制在90℃以下。由于乙苯、苯乙烯沸点较高，而且苯乙烯易于聚合，所以乙苯蒸出塔和苯乙烯精馏塔都需在减压下操作。同时加入一定量的高效无硫阻聚剂，如二硝基苯酚、叔丁基邻苯二酚等，使苯乙烯自聚物的生成量减少到最低。

粗苯乙烯的分离和精制流程见图6-46所示。粗苯乙烯先进入乙苯蒸出塔1，将未反应的乙苯、副产物苯、甲苯与苯乙烯分离。塔顶蒸出的乙苯、苯、甲苯经冷凝后部分回流，其余送入苯、甲苯回收塔2，将乙苯与苯、甲苯分离，塔釜乙苯循环脱氢。塔顶分出的苯、甲苯进入苯、甲苯分离塔3将苯和甲苯分离。乙苯蒸出塔釜液主要是苯乙烯及少量焦油，送入苯乙烯精馏塔4，塔顶蒸出聚合级成品苯乙烯，纯度为99.6%(质量)。塔釜液为焦油，尚含有苯乙烯，可以进一步回收。

(六)苯乙烯的储存

苯乙烯单体对污染物很敏感，受污染后影响它的颜色和聚合性能。放置苯乙烯单体的储槽应无铁锈和潮气，因为潮湿的铁锈与阻聚剂会发生作用，使苯乙烯变色，并且使它有加速聚合的危险。为了防止苯乙烯的聚合，阻聚剂的含量应保持在5~10μg/g，苯乙烯单体在常温下聚合速度甚慢，随着温度升高聚合速度加快，聚合时有热量放出，故一旦发生聚合，聚合速度就自然加速。但此过程发生在大量单体中时，反应就变得无法控制。故苯乙烯应储存于干净清洁的储槽中必须加阻聚剂，环境温度不宜高，保质期也不宜过长。

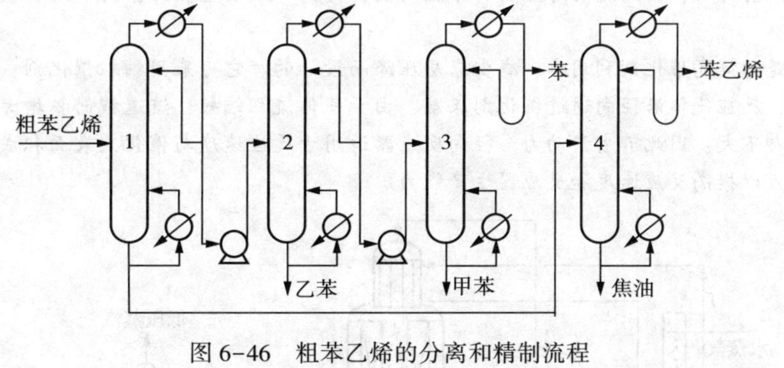

图 6-46　粗苯乙烯的分离和精制流程

1—乙苯蒸出塔；2—苯、甲苯回收塔；3—苯、甲苯分离塔；4—苯乙烯精馏塔

知识链接

大型乙苯脱氢轴径向反应器的研究与开发

我国是世界上苯乙烯需求增长最快的国家，2004年9月底国内自行开发工艺技术的20×10^4t/a苯乙烯装置建成投产，这套装置采用了多项新技术，是我国科研部门在乙苯/苯乙烯生产工艺研究开发方面的重大突破。

这套国产乙苯/苯乙烯装置采用的多项国内首次使用的新技术有：

①自行开发的 21×10^4t/a 乙苯分子筛烷基化工艺技术；

②国内研制的新型 GS 系列乙苯脱氢催化剂；

③针对不同的原料特点选用改进的烷基化催化剂和烷基转移催化剂(乙苯单元)；

④国内开发的 14×10^4t/a 苯乙烯负压绝热脱氢反应工艺技术；

⑤利用 ASPEN 和 PROⅡ两种软件进行模拟计算，对工艺流程、生产过程进行优化；

⑥先进的低温回收技术；

⑦国内自行研制的部分关键设备，如蒸汽过热炉、废热回收换热器、轴径向脱氢反应器、高效物料急冷器等。这些技术的采用都是经过充分论证和实验的，代表了国内最先进水平，与世界水平接近。

国内乙苯负压脱氢工艺的研究和催化剂的研制已接近和达到国际先进水平，开发低阻力的反应器成为我国苯乙烯工业的关键。乙苯脱氢轴径向反应器是一种新颖的催化反应器，即集气管和分气管有一高度差，以使床层的顶部造成轴径向二维流动，这种结构有效地利用了反应器内部空间。但是催化剂封的设置将导致床层流场异常复杂，为了确保工业反应器的设计可靠，保证反应器中的流体流动符合径向流动的特性是十分重要的。

目前在我国大型苯乙烯装置中采用二段负压脱氢流程，如图 6-47 所示来自乙苯过热器的乙苯气与来自加热炉 B 室的工艺蒸汽从底部进入第 1 脱氢反应器，经过混合器均匀混合后进入轴径向床，反应后产物气离开第 1 脱氢反应器，进入中间换热器。进入中间换热器的产物气与来自加热炉 A 室的过热蒸汽间接换热。出自第 1 反应器的反应物料被加热后进入第 2 脱氢反应器的轴径向床；过热蒸汽降温后进入加热炉 B 室。产物气再进入乙苯过热器，经废锅回收热量，再经空冷或水冷后进行分离。上述工艺中，第 1 脱氢反应器和第 2 脱氢反应器均采用轴径向反应器。在第 1 脱氢反应器中流体从分流流道进入床层，床层顶部流体从径向流动逐渐转为轴径向二维流动、轴向流动而从顶部离开催化床，床层下部流体基本沿径向穿过催化床进入集流流道；在第 2 脱氢反应器中流体分别经分流流道和顶部催化剂封进入床层，顶部流动从轴向流动逐渐转为径向流动而进入集流流道，床层下部流体沿径向穿过床层进入集流流道。

乙苯脱氢轴径向反应器是一种催化床上部采用催化剂自封结构的新颖径向反应器，其催化床中的流体流动是复杂的二维流动。大型乙苯脱氢轴径向反应器径向段主要以径向流动为主，在催化剂封区以轴向、径向二维流动为主；催化剂封高是影响流场的主要因素，对于向心流动催化剂封高与径向厚度比 δ 在 0.7 为界，对于离心流动时，此值为 1.1，δ 小于此值，是以轴向流动为主，径向流动为次的二维流动区；δ 大于此值，是轴向流动为次，径向流动为主的二维流动区；与离心流动型相比，向心流动型轴径向床有明显的限流作用。

径向反应器是为提高催化剂利用率、减少床层压降而设计的。它可采用细粒催化剂，催化剂呈圆环柱状堆积在床层中，反应气体沿径向通过催化剂床层，由于气体流程缩短，流道截面积增大，虽使用较细颗粒催化剂而压降却不大，因此节省了动力。径向反应器适用于反应速度与催化剂表面积成正比的反应，细粒催化剂的使用可以提高反应速度和反应器生产能力。

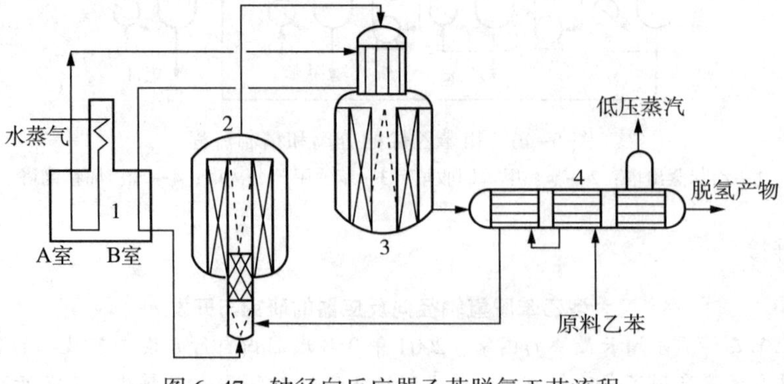

图 6-47　轴径向反应器乙苯脱氢工艺流程

1—蒸汽过热炉；2—第 1 反应器；3—第 2 反应器；4—换热器

通过使用设计合理的径向反应器，操作过程采用负压操作，提高了反应的转化率和选择性，也减少了过热蒸汽的使用量，更有利于节能。

习题与练习

一、填空题

1. 乙烯氧氯化生产氯乙烯工业上采用在极性溶剂存在下的液相反应，溶剂为________；常用的催化剂为________。

2. 二氯乙烷裂解是体积________的反应，提高压力对反应平衡________，但在实际生产中常采用________操作。

3. 目前二氯乙烷裂解在工业生产中，由于采用的压力不同有三种工艺，分别是________、________和________。

4. 乙烯氧氯法生产氯乙烯的反应器为________，缺点是________损耗量大，单程转化率________。

5. 三步氧氯化法的三步分别为________、________和________。

6. 丙烯氨氧化生产丙烯腈的原料有________、________和________；产量最大的副产物是________。

7. 工业上用于丙烯氨氧化反应的催化剂主要有两大类，一类是____________________；另一类是____________。

8. 丙烯氨氧化的反应装置多采用流化床反应器，按其外形和作用分为三个部分即________、________、________。

9. 丙烯生产丙烯腈时，氨比小于理论值1∶1时，有较多的副产物________生成，氨的用量应至少等于________。

10. 丙烯腈生产中常用的是磷钼酸铋、磷钨酸铋—硅胶催化剂，其中________是主催化剂，________是助催化剂

11. 甲基叔丁基醚的主要用途是________________，另外，合成的MBTE很容易裂解得到高纯度的________。

12. 甲基叔丁基醚的结构式为________；顺酐的结构式为________。

13. 生产甲基叔丁基醚的反应器采用________反应器，采用________作冷却剂。

14. 目前工业上芳烃主要来自________________；____________________和____________________三个途径。现在世界芳烃总产量的90%以上来自石油。

15. 由于裂解汽油中苯系芳烃与相近碳原子数的非芳烃沸点相差很小，不能用普通精馏法分离。通常采用________法进行分离。

16. 乙苯脱氢是________反应，所以升温对反应________。

17. 苯乙烯又名________，系________的油状液体。

18. 乙苯脱氢生产苯乙烯采用两种不同供热方式的反应器。一种是________________，另一种是________________。

二、选择题

1. 就用途而言，乙烯最大的消费是(　　)。

A. 合成洗涤剂　　B. 塑料工业　　C. 医药　　D. 染料

2. 三步氧氯化法的三步所用反应器分别是(　　)。

A. 鼓泡塔反应器、管式炉、流化床反应器

B. 流化床反应器、管式炉、鼓泡塔反应器

C. 鼓泡塔反应器、流化床反应器、管式炉

D. 管式炉、鼓泡塔反应器、流化床反应器

3. 丙烯腈是三大合成的重要单体，目前主要用它生产(　　)。

A. 丁腈橡胶　B. ABS 树脂　C. 聚丙烯腈纤维　D. 丙烯酸

4. 丙烯氨氧化生产丙烯腈是体积缩小的反应，生产上一般采用(　　)操作。

A. 常压　B. 减压　C. 加压　D. 不一定

5. 丙烯氨氧化生产丙烯腈的工业流程中，吸收塔塔釜得到的丙烯腈水溶液中含有多种副产物，其中(　　)的分离最困难。

A. 乙腈　B. 氢氰酸　C. 丙烯醛　D. 丙腈

6. 甲基叔丁基醚的主要用途是用作(　　)。

A. 制备丁腈橡胶　B. 制备异戊橡胶

C. 制备工程塑料　D. 汽油高辛烷值添加剂

7. 在生产甲基叔丁基醚的过程中，提高醇烯比，反应的选择性及异丁烯的平衡转化率的变化情况为(　　)。

A. 选择性增加、平衡转化率下降　B. 选择性下降、平衡转化率下降

C. 选择性增加、平衡转化率增加　D. 选择性下降、平衡转化率增加

8. 乙苯主要用于(　　)。

A. 生产苯乙酮　B. 医药工业　C. 生产苯乙烯　D. 用作溶剂

9. 苯烷基化生产乙苯常用的催化剂为(　　)。

A. 酸性卤化物类　B. 质子酸类　C. 杂多酸类　D. 分子筛类

10. 目前(　　)是生产苯乙烯占世界总生产能力的 90%，是生产苯乙烯的主要方法。

A. 乙苯和丙烯共氧化法　B. 环氧丙烷法

C. 乙苯脱氢　D. 苯和乙烯烷基化法

11. 乙苯脱氢反应中水蒸气用量加大时，乙苯转化率(　　)。

A. 增大　B. 减小　C. 不变　D. 不一定

三、判断题

1. 乙烯直接氯化反应可以在气相中进行，但不可以在溶剂中进行。(　　)

2. 纯丙烯腈在光的作用下就能自行聚合。(　　)

3. 丙烯氨氧化生成丙烯腈时，HCN 为最大副产物。(　　)

4. 温度是影响丙烯腈生产的因素，当温度低于 350℃时几乎不生成丙烯腈。(　　)

5. 丙烯氨氧化反应是气固相催化反应，反应是在催化剂的表面进行的。(　　)

6. 丙烯生产丙烯腈是体积缩小的反应，提高压力可增大反应的平衡转化率。所以生产中常采用加压操作。(　　)

7. 酸性物质均可作为合成 MTBE 的催化剂。(　　)

8. 由碳四中的异丁烯合成得到的 MTBE，可很容易裂解得到高纯度的异丁烯。(　　)

9. 乙苯分子的侧链在一定条件下可以从相邻的两个碳原子上脱去 1 个氢而形成 C ═C 双键，会生成苯乙烯。(　　)

10. 乙苯脱氢反应是吸热反应，提高温度对反应有利。(　　)

四、名词解释

1. 平衡氧氯化法
2. 气液相催化氧化
3. 萃取精馏
4. 氧烯比、水烯比

五、简答题

1. 叙述乙烯三步氧氯化法生产氯乙烯的反应原理，并写出各步的反应方程式。
2. 写出二氯乙烷裂解的主、副反应方程式。
3. 二氯乙烷裂解是体积增大的反应，提高压力对反应平衡不利，但生产中为什么采用加压操作？
4. 写出丙烯氨氧化生产丙烯腈反应过程中的主副反应方程式，并分析其特点。
5. 试分析和确定丙烯氨氧化生产丙烯腈的原料配比。
6. 试分析如何选择丙烯氨氧化生产丙烯腈操作温度。
7. 写出由碳四馏分生产甲基叔丁基醚的主、副反应方程式。
8. 分析反应温度对生产 MTBE 的影响。
9. 写出乙苯脱氢生产苯乙烯的主、副反应方程式。
10. 分析如何选择乙苯脱氢生产苯乙烯的操作温度。
11. 乙苯脱氢生产苯乙烯时为什么要加入水蒸气？

第七章　高分子材料生产技术

✲目标要求：

了解高分子化工的基本概念及高聚物的命名；
掌握高聚物的聚合原理、工业实施方法及工业生产过程；
了解塑料和合成树脂的关系；
掌握聚乙烯、聚氯乙烯和聚苯乙烯的生产工艺；
掌握各典型合成橡胶和合成纤维的生产工艺。

✲能力要求：

能够分析如何选择三大合成材料的生产工艺；
能够画出三大合成材料各生产过程的工艺流程图。

大到国民经济，小到日常生活都与高分子材料息息相关，可称为高分子化合物时代。高分子材料在二战前后得到了迅速发展，到上世纪末光是塑料在体积上就明显超过了钢铁。材料我们可以分为无机材料和有机高分子材料，而有机高分子材料可以如下分类(图7-1)。

生活中接触的棉、毛、蚕丝和蛋白质等都是天然高分子材料。合成高分子材料主要包括合成塑料、合成橡胶和合成纤维三大类，三者产量占全部合成高聚物产量的90%以上，称为三大合成材料。

- 有机高分子材料
  - 天然高分子材料
    - 淀粉
    - 纤维素
    - 蛋白质
    - 天然橡胶
  - 合成高分子材料
    - 合成塑料
    - 合成橡胶
    - 合成纤维
    - 合成黏合剂
    - 合成涂料
    - 新型合成高分子材料
    - ……

图 7-1　有机高分子材料分类

人们还可以通过各种手段，用物理的或化学的方法，或者使高分子与其他物质相互作用后产生物理或化学变化，从而使高分子化合物成为能完成特殊功能的功能高分子材料。物理功能高分子材料如导电高分子、高分子半导体、光导电高分子、压电及热电高分子、磁性高分子、光功能高分子、液晶高分子和信息高分子材料等。化学功能高分子材料如反应性高分子、离子交换树脂、高分子分离膜、高分子催化剂、高分子试剂及人工脏器等。生物功能和医用高分子材料，如生物高分子、模拟器、高分子药物及人工骨材料等。

第一节　基础知识

一、常用概念

1. 高分子

高分子是由成千上万个原子通过共价键连接而成的相对分子质量高于 10^4 的长链大分子。

(1)小分子：相对分子质量通常不上千，通常称为低分子化合物，简称小分子。

如：烃、醇、醛、羧酸、酯、葡萄糖、蔗糖等

(2)高分子：相对分子质量达几万甚至几千万，通常称为高分子化合物，简称高分子。

如：淀粉、纤维素、蛋白质、聚乙烯、聚氯乙烯、酚醛树脂等。

2. 高聚物

由众多高分子链所组成的化合物称为高分子化合物，简称高聚物或聚合物。同一种高分子化合物在实质上，是由许多链节结构相同而聚合度不同的高分子所组成的混合物。因此高分子化合物的相对分子质量不是一个固定值，表 7-1 所列是一个范围，计算过程只能取平均相对分子质量。聚合物的相对分子质量一般达 10^4~10^6。

表 7-1　一些常用高聚物的相对分子质量

塑　料		橡　胶		纤　维	
低压聚乙烯	(6~30)万	天然橡胶	(20~40)万	尼龙-66	(1.2~1.8)万
聚氯乙烯	(5~15)万	丁苯橡胶	(15~20)万	涤纶	(1.8~2.3)万
聚苯乙烯	(10~30)万	顺丁橡胶	(25~30)万	维尼纶	(6~7.5)万
聚碳酸酯	(2~8)万	氯丁橡胶	(10~12)万	腈纶	(5~8)万

3. 单体

用于合成高聚物的低分子原料称为单体。如生产聚乙烯的原料是乙烯，所以乙烯称为聚乙烯的单体。

4. 结构单元、重复单元(或链节)、聚合度

结构单元即高分子链中的基本结构；重复单元(或链节)是高分子链中重复出现的结构。每个高分子化合物中链节的重复次数叫聚合度(n)，n 越大，相对分子质量越大。

例如：聚氯乙烯是由氯乙烯单体形成的，结构单元和重复单元相同。

$$nCH_2{=}\underset{\displaystyle Cl}{\underset{|}{CH}} \longrightarrow \left[CH_2{-}\underset{\displaystyle Cl}{\underset{|}{CH}} \right]_n$$

结构单元

重复单元

聚己二酰己二胺是由己二酸和己二胺单体形成的，有两种结构单元，结构单元与重复单元不同。

$$n\mathrm{HOOC—(CH_2)_4—COOH}+n\mathrm{H_2N—(CH_2)_6—NH_2} \longrightarrow$$
$$\mathrm{\{CO—(CH_2)_4—CO—NH—(CH_2)_6—NH\}}_n+2n\mathrm{H_2O}$$

←结构单元A→←结构单元B→

←重复单元（或链节）→

二、高聚物的命名与分类

(一)高聚物的命名

高聚物的命名方法很多，也比较复杂，但主要有系统命名法和通俗命名法，而系统命名法比较复杂，所以生产中更多采用通俗命名法。现就重点介绍通俗命名法。

1. 按高聚物的单体命名

以单体或假想单体名称为基础，前面冠以聚字，就成为高聚物的名称。如：聚氯乙烯，单体是氯乙烯；聚乙烯，单体是乙烯；聚苯乙烯，单体是苯乙烯；聚乙烯醇，假想单体是乙烯醇。

2. 按高聚物化学结构命名

聚己二酰己二胺：

$$n\mathrm{NH_2—(CH_2)_6—NH_2}+n\mathrm{HOOC—(CH_2)_4—COOH} \longrightarrow \mathrm{\{NH—(CH_2)_6—NHCO—(CH_2)_4—CO\}}_n+2n\mathrm{H_2O}$$

3. 习惯名称和商品名称

习惯名称和商品名称因为简单而易采用。如在这种命名中将聚酰胺称为尼龙，聚酯称为涤纶。

尼龙后的数字代表单体的碳数，第一个数字表示二元胺的碳原子数，第二个或以后的数字则代表二元酸的碳原子数。例如尼龙-610就是己二胺、癸二酸的聚合物。

常见高聚物的命名见表7-2。

表7-2 常见高聚物的命名

高聚物名称	习惯或商品名	缩写代号	高聚物名称	习惯或商品名	缩写代号
聚乙烯	高密度聚乙烯或低压聚乙烯	HDPE	聚乙烯醇缩甲醛	维尼纶①	PVFM
	低密度聚乙烯或高压聚乙烯	LDPE	聚甲基丙烯酸甲酯	有机玻璃	PMMA
聚丙烯	丙纶①	PP	酚醛树脂	电木	PF
聚氯乙烯	氯纶①	PVC	聚氯丁二烯	氯丁橡胶	PCP
聚丙烯腈	腈纶①	PAN	环氧树脂	万能胶	EP
聚四氟乙烯	塑料王	PTFE	硝化纤维	赛璐珞	NC
聚己二酰己二胺	尼龙-66①	PA-66	丙烯腈-丁二烯-苯	ABS树脂	ABS
聚对苯二甲酸乙二醇酯	涤纶①	PET	乙烯共聚物		

①指高聚物用于纤维时的商品名称。

(二)高聚物的分类

1. 按性能和用途分类

根据高分子材料的性能和用途可以分为塑料、橡胶、纤维、黏合剂、油漆、涂料、离子交换树脂等。

2. 按聚合物分子主链分类

按聚合物分子主链，可分为三类：

(1)碳链聚合物：主链完全由碳原子构成，如聚乙烯、聚丙烯、聚苯乙烯、聚丁二烯等。它们在聚合物中占很大比例，是主要的通用聚合物，系塑料工业和橡胶工业的基础，见表 7-3。

表 7-3　碳链高聚物

高聚物结构	高聚物名称	缩写代号
$\left[CH_2-CH_2\right]_n$	聚乙烯	PE
$\left[CH_2-CH(CH_3)\right]_n$	聚丙烯	PP
$\left[CH_2-C(CH_3)_2\right]_n$	聚异丁烯	PIB
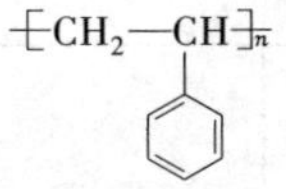	聚苯乙烯	PS
$\left[CH_2-CH(Cl)\right]_n$	聚氯乙烯	PVC

高聚物结构	高聚物名称	缩写代号
$\left[CH_2-CCl_2\right]_n$	聚偏二氯乙烯	PVDC
$\left[CF_2-CF_2\right]_n$	聚四氟乙烯	PTFE
$\left[CF_2-CF(Cl)\right]_n$	聚三氟氯乙烯	PCTFE
$\left[CH_2-CH(COOH)\right]_n$	聚丙烯酸	PAA
$\left[CH_2-CH(CONH_2)\right]_n$	聚丙烯酰胺	PAM
$\left[CH_2-CH(COOCH_3)\right]_n$	聚丙烯酸甲酯	PMA

(2)杂链聚合物：主链除碳原子外尚有氧、硫、氮等杂原子，如聚醚、聚酯、聚酰胺、聚氨酯和聚砜，它们主要用作工程塑料和合成纤维。

(3)元素有机聚合物：主链主要由硅、硼、铝和氧、氮、硫、磷等原子组成，侧链一般为有机基团如甲基、乙烯基和苯基等，如有机硅树脂(即聚硅氧烷)。它们主要用作耐油、耐高温和耐燃等特种材料。主链和侧链均由碳以外原子构成的聚合物称为无机聚合物，如聚二硫化硅。杂链和元素有机高聚物见表 7-4。

表 7-4　杂链和元素有机高聚物

高聚物名称	重复结构单元	单体结构	英文缩写
聚甲醛	$-CH_2-O-$	$CH_2=O$	POM
聚环氧乙烷	$-CH_2-CH_2-O-$	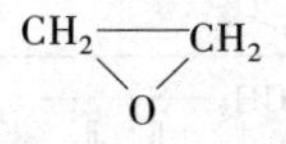	PEOX
聚环氧丙烷	$-CH_2-CH(CH_3)-O-$	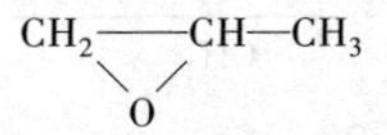	PPOX
聚 2，6-二甲基苯醚	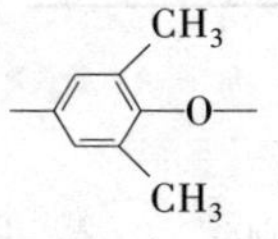	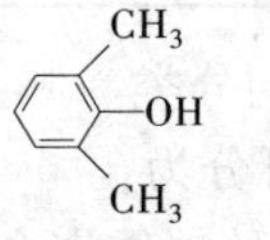	PPO

续表

高聚物名称	重复结构单元	单体结构	英文缩写
聚对苯二甲酸乙二醇酯	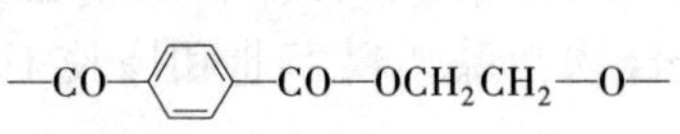	 HO—CH_2—CH_2—OH	PET
环氧树脂	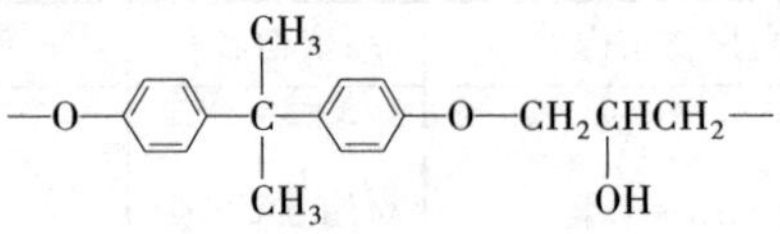	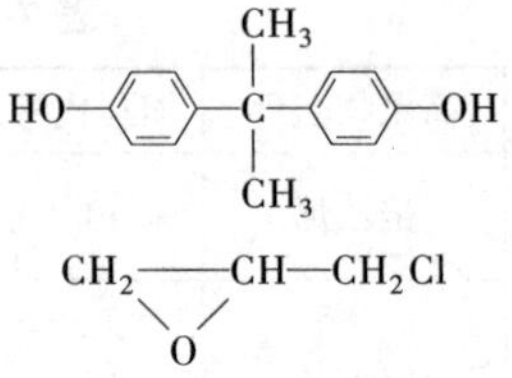	EP
聚碳酸酯	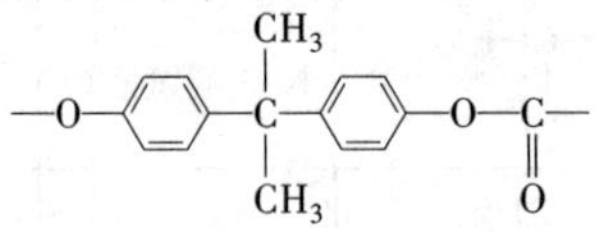	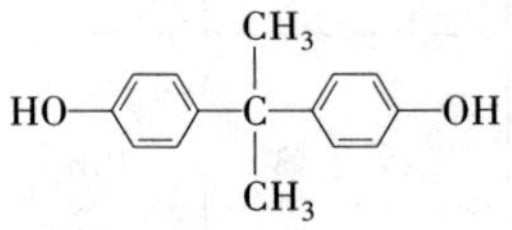 $COCl_2$	PC
聚苯砜	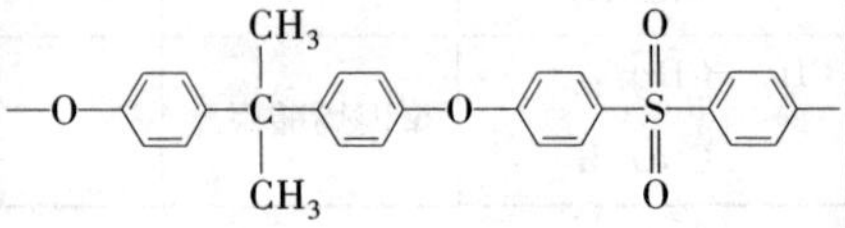	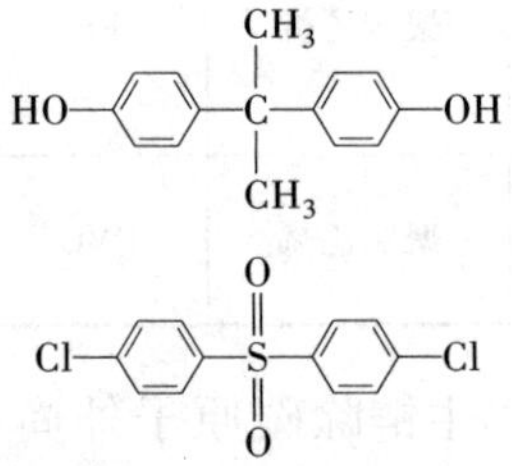	PASU
尼龙-6	—NH(CH_2)$_5$CO—	$H_2N(CH_2)_5COOH$	PA-6
尼龙-66	—NH(CH_2)$_6$NH—CO(CH_2)$_4$CO—	$H_2N(CH_2)_6NH_2$ $HOOC(CH_2)_4COOH$	PA-66
聚氨酯	—O(CH_2)$_2$O—CONH(CH_2)$_6$NHCO—	$HO(CH_2)_2OH$ $ONC(CH_2)_6CNO$	PU
聚脲	—NH(CH_2)$_6$NH—CONH(CH_2)$_6$NHCO—	$H_2N(CH_2)_6NH_2$ $ONC(CH_2)_6CNO$	PUA
酚醛树脂	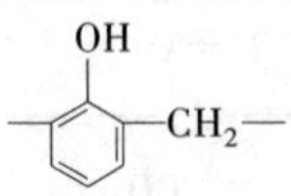	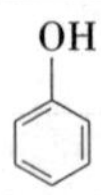 H_2C—O	PF
聚硫橡胶	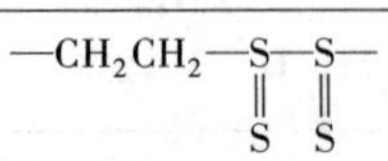	$ClCH_2CH_2Cl$ Na_2S_4	PSR
硅橡胶	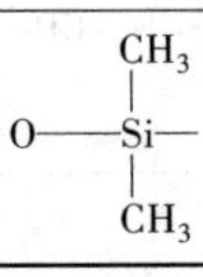	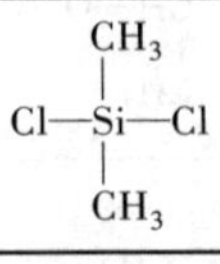	

3. 按聚合物分子结构分类

按聚合物分子结构可分为：

(1)均聚物、只有一种单体聚合所得的聚合物称为均聚物。

(2)共聚物。共聚物是由两种单体通过加成聚合形成的聚合物。若为两种单体共聚的，称为二元共聚，两种以上单体共聚的，称为多元共聚。采用不同的聚合方法，有以下几种结构：

无规共聚物，单体分子以不规则的方式沿着高分子链分布排列，聚合物可为线型聚合物或支化聚合物。其结构形式如下：

$$\sim\sim M_1M_1M_2M_1M_2M_2M_2M_1M_1M_2M_2 \sim\sim$$

交替共聚物以规则的方式交替排列。其结构形式如下：

$$\sim\sim M_1M_2M_1M_2M_1M_2M_1M_2M_1 \sim\sim$$

嵌段共聚物具有一段均聚物连接在另一段均聚物上嵌段结构的共聚物。

其结构形式如下：

$$\sim\sim M_1M_1M_1M_1M_1M_1M_2M_2M_2M_2M_1M_1M_1M_1 \sim\sim$$

接枝共聚物以一种单体单元构成主链，另一种单体单元构成支链，其结构形式如下：

$$\sim\sim M_2M_2M_2 \sim\sim$$
$$|$$
$$\sim\sim M_1M_1M_1M_1M_1M_1M_1M_1M_1M_1 \sim\sim$$
$$|$$
$$M_2M_2M_2 \sim\sim$$

4. 按组成高聚物的高分子链几何形状分类

主要分为线型结构和体型结构，线型结构又分为不带支链(如：聚乙烯)和带支链(如：聚氯乙烯)两种，如图 7-2 所示。

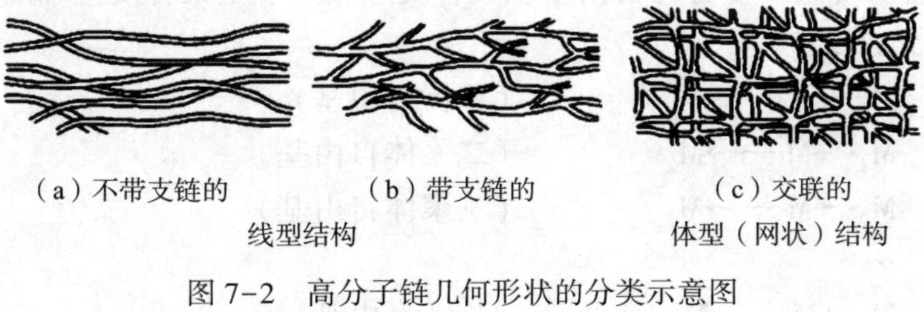

（a）不带支链的　（b）带支链的　（c）交联的

线型结构　体型（网状）结构

图 7-2　高分子链几何形状的分类示意图

不同的结构决定了高聚物性质的不同，如链状结构的高分子材料(如聚乙烯塑料)具有热塑性，即加热时会熔化，冷却后变成固体，加热后又可以熔化，所以可以反复加工多次使用。而网状结构的高分子材料(如电木)则具有热固性，即一经加工成型后就不会受热熔化。表 7-5 列举了几种高聚物的分类原则及特性。

表 7-5　高聚物分类原则及特性

分类原则	类别	举例及特性
按聚合物来源	天然聚合物	如天然橡胶、纤维素、蛋白质
	人造聚合物	经人工改性的天然聚合物，如硝酸纤维、醋酸纤维(人造丝)
	合成聚合物	完全由低分子物质合成的，如聚氯乙烯、聚酰胺等
按生成聚合物的化学反应	加聚物	由加成反应聚合得到的，如聚乙烯等
	缩聚物	由缩合反应聚合得到的，如酚醛树脂
按聚合物的性质	塑料	有固定形状、热稳定性与机械强度，如工程塑料等
	橡胶	具有高弹性，可做弹性材料与密封材料，如丁苯橡胶
	纤维	单丝强度高，可做纺织材料

续表

分类原则	类别	举例及特性
按聚合物的热行为	热塑性聚合物	线型结构加热后仍不变
	热固性聚合物	线型结构加热后变体型
按聚合物分子的结构	碳链聚合物	主链完全由碳原子构成，如聚乙烯等
	杂链聚合物	主链除碳原子外，尚有氧、硫、氮等杂原子，如聚醚等
	元素有机聚合物	主链主要由硅、硼、铝和氧、氮、硫、磷等原子组成，如有机硅树脂(即聚硅氧烷)

三、聚合反应机理

由低分子单体形成高聚物的化学反应叫聚合反应。按照聚合反应机理的不同，可将高聚物的形成反应分为连锁聚合反应和逐步聚合反应两大类型。

(一)连锁聚合反应

连锁聚合反应是单体经引发形成活性种，瞬间即与单体连锁聚合形成高聚物的化学反应。连锁聚合反应的特点是瞬间形成相对分子质量很大的高分子，此后相对分子质量随时间变化不大；只有活性种进攻的单体分子参加聚合反应，单体转化率随时间逐渐增加；反应连锁进行，中间产物一般不能单独存在和分离出来；连锁聚合反应是不可逆反应。根据活性种的不同，连锁聚合反应进一步分为自由基型聚合反应、离子型聚合反应和配位聚合反应。

1. 自由基型聚合反应

链引发　$M \longrightarrow M_1\cdot$　(单体自由基)

链增长　$M_1\cdot + M \longrightarrow M_2\cdot$　(二聚体自由基)

$M_2\cdot + M \longrightarrow M_3\cdot$　(三聚体自由基)

…

$M_{n-1}\cdot + M \longrightarrow M_n\cdot$　(长链自由基)

链终止　$M_n\cdot \longrightarrow M_n$　(大分子)

链转移　$M_n\cdot + XP \longrightarrow M_nX + P\cdot$　(链转移剂自由基)

$P\cdot + M \longrightarrow PM\cdot$

(1)链引发：链引发是在引发剂等作用下使单体分子活化成单体自由基的过程。引发剂引发由下列两步组成。

第一步是引发剂I分解为初级自由基R·。

$$I \longrightarrow 2R\cdot$$

第二步是初级自由基打开烯类单体的π键，形成单体自由基活性种。

$$R\cdot + M \longrightarrow RM\cdot$$

第一步反应是吸热反应，反应活化能高，反应速度慢。第二步是放热反应，活化能低，反应速度快。因此，第一步反应是链引发反应的控制步骤，也是总反应的控制步骤。所以引发剂的选择是自由基聚合的关键。

工业上常用的引发剂有热分解型引发剂和氧化还原型引发剂两种。

①热分解型引发剂。这类引发剂在加热时分解为初级自由基。常用的有过氧化物和偶氮双腈类引发剂，如过氧化二苯甲酰(BPO)：

$$C_6H_5\overset{\overset{\large O}{\|}}{C}-O-O-\overset{\overset{\large O}{\|}}{C}-C_6H_5 \longrightarrow 2C_6H_5\overset{\overset{\large O}{\|}}{C}-O\cdot \longrightarrow 2C_6H_5\cdot + CO_2$$

偶氮二异丁腈(AIBN)：

$$(CH_3)_2\underset{\underset{CN}{|}}{C}-N{=}N-\underset{\underset{CN}{|}}{C}(CH_3)_2 \longrightarrow 2(CH_3)_2\underset{\underset{CN}{|}}{C}\cdot + N_2$$

②氧化还原引发体系。一般引发剂需在高温下才能分解为初级自由基，若在过氧化物引发剂中加入亚铁盐、亚硫酸盐或硫代硫酸盐等还原剂，构成氧化还原体系，就能在较低温度下产生初级自由基。如：

$$HO-OH+Fe^{2+} \longrightarrow HO\cdot+OH^-+Fe^{3+}$$

引发剂的选择主要是根据聚合方法、聚合温度以及引发剂的分解速度常数、分解活化能和半衰期进行的。

(2)链增长：链增长是单体自由基活性种与单体连锁聚合形成高分子活性链的过程。链增长是放热反应，且增长速度较快，可以在很短的时间内形成长链自由基。

(3)链终止：链终止是高分子活性链失去活性，停止增长，成为高分子链的过程。

链终止的方式主要有：

①双基偶合终止。两个长链自由基相互作用，生成稳定大分子。如

$$\sim\sim CH_2\underset{\underset{X}{|}}{CH}\cdot + \cdot\underset{\underset{X}{|}}{CH}CH_2\sim\sim \longrightarrow \sim\sim CH_2\underset{\underset{X}{|}}{CH}-\underset{\underset{X}{|}}{CH}CH_2\sim\sim$$

双基偶合终止时，产物的聚合度为两个活性链结构单元数之和。

②双基歧化终止。两个长链自由基相互作用，通过氢原子转移，都失去活性的链终止反应。如：

$$\sim\sim CH_2\underset{\underset{X}{|}}{CH}\cdot + \cdot\underset{\underset{X}{|}}{CH}CH_2\sim\sim \longrightarrow \sim\sim CH_2\underset{\underset{X}{|}}{CH_2} + \underset{\underset{X}{|}}{CH}{=}CH\sim\sim$$

双基歧化终止时，产物的聚合度与原来结构单元数相同。

2. 离子型聚合反应

离子型聚合反应是单体经阳离子或阴离子引发形成单体阳离子或单体阴离子活性种，再与单体连锁聚合形成高聚物的化学反应。

离子型聚合一般也由链引发、链增长、链终止、链转移等基元反应组成。

(1)阳离子型聚合反应：带有推电子取代基的烯类单体，大都可以进行阳离子聚合反应。由于推电子取代基一方面使双键电子云向β-碳原子移动，导致β-碳原子带有一定的电负性，有利于引发剂形成的阳离子活性种进攻；另一方面使形成的单体活性种的α-碳阳离子电子云分散而更稳定。如：

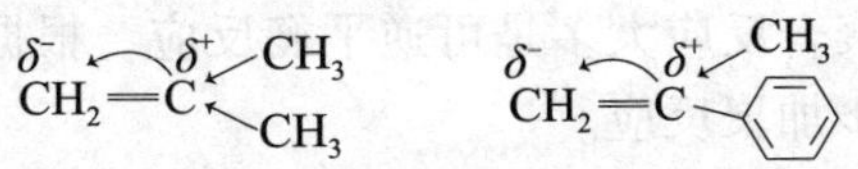

下面是异丁烯为单体被阳离子活性种进攻后的情况：

$$[BF_3OH^-]^-H^+ + CH_2{=}C(CH_3)_2 \longrightarrow HCH_2-\overset{\overset{CH_3}{|}}{\underset{\underset{CH_3}{|}}{C^+}}\ (BF_3OH)^-$$

(2)阴离子型聚合反应：带有吸电子取代基的烯类，大都可以进行阴离子聚合反应。由于吸电子取代基能使双键电子云密度减少，有利于阴离子进攻，又可使形成的阴离子活性种电子云分散而更稳定。如：

阴离子型离子聚合反应的链引发过程有两种方式，一是催化剂中的负离子与单体反应形成阴碳离子活性中心。二是碱金属把原子外层电子直接或间接转移给单体，使单体成为自由基阴离子：

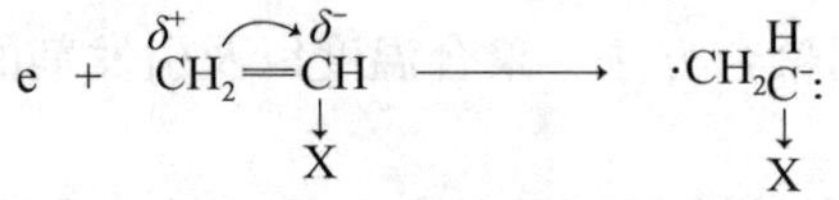

引发阶段形成的活性阴离子继续与单体加成，形成活性增长链。

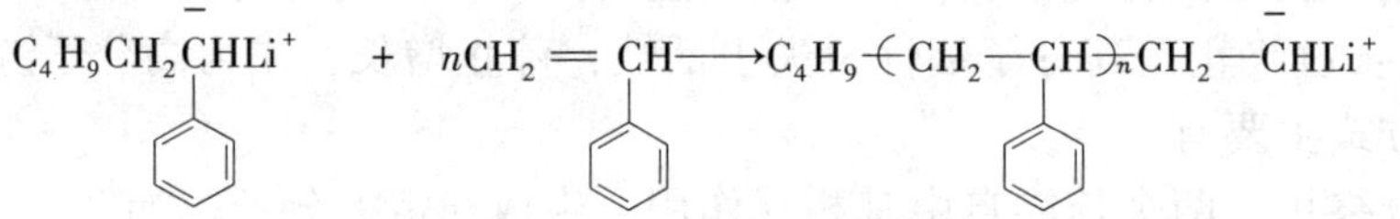

阴离子聚合中的一个重要的特征是在适当的条件下可以不发生链转移或链终止反应。因此，链增长反应中的活性链直至单体完全耗尽仍可保持活性，这种聚合物链阴离子称为活性聚合物。当重新加入单体时，又可开始聚合，聚合物相对分子质量继续增加。

(3)配位离子聚合：配位聚合反应也是离子聚合反应的一种类型，它是单体经配位聚合引发剂的作用形成阴离子配位活性种，再连锁定向插入单体聚合形成高聚物的化学反应。

配位聚合采用齐格勒-纳塔引发剂，单体和引发剂进行配位络合，可认为是由单体与引发剂先发生络合，然后单体插入到活性链与催化剂之间，使活性链增长。

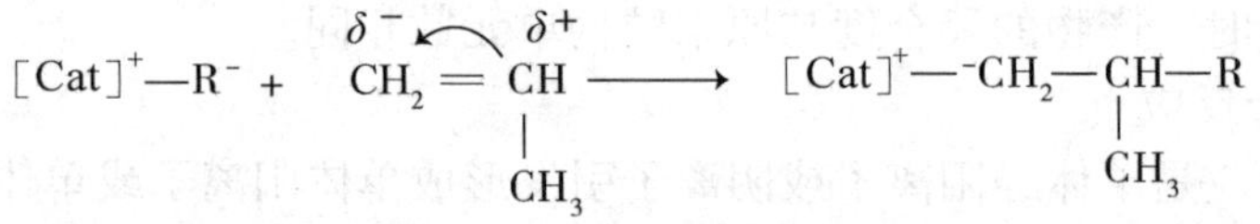

工业生产中乙烯采用配位离子聚合得到的是高密度聚乙烯，丙烯得到的是间同立构聚丙烯。

(二)逐步聚合反应

逐步聚合反应是单体之间很快反应形成二聚体、三聚体，再逐步形成高聚物的化学反应。与连锁聚合不同，逐步聚合的基本特征是聚合度随时间逐步增长，而转化率在聚合初期即可达到很高，因此表现出与连锁聚合完全不同的规律。反应逐步进行，每步反应产物都可单独存在和分离出来；逐步聚合反应大多是可逆平衡反应。根据单体的不同，逐步聚合反应可进一步分为缩聚反应和逐步加聚反应。

1. 缩聚反应

缩聚反应是最常见的逐步聚合反应。聚酰胺、聚酯、聚碳酸酯、酚醛树脂、脲醛树脂、醇酸树脂等均为重要的缩聚产物。许多特殊结构的聚合物也都是通过缩聚反应制得的。

在缩聚反应中，无特定的活性种，带不同官能团的任何分子间都能相互反应，因而不存在链引发、链增长、链终止等基元反应。

反应开始单体很快消失，转化率很高，单体分子间很快形成二聚体、三聚体：

$$aAa+bBb \rightleftharpoons aABb+ab$$

$$aABb+aAa \rightleftharpoons aABAa+ab$$

或

$$bBb+aABb \rightleftharpoons bBABb+ab$$

形成聚合物的同时，析出小分子物质，这是缩聚反应的特点。由于有低分子的析出，使缩聚物结构单元要比单体少若干个原子，同时造成产物的相对分子质量不是单体相对分子质量的整数倍。

接着二聚体、三聚体相互反应、自身反应或与剩余单体反应，逐步缩聚形成低聚物，以后的缩聚反应则在低聚物间进行，缩聚反应就这样逐步进行下去，相对分子质量随时间逐步增加，每步反应产物都可单独存在和分离出来。缩聚反应的特点：

(1)缩聚反应的单体往往是具有双官能团(如—OH、—COOH、—NH_2、—X 及活泼氢原子等)或多官能团的小分子；

(2)缩聚反应生成聚合物的同时，还有小分子副产物(如 H_2O、NH_3、HCl 等)生成；

(3)所得聚合物链节的化学组成与单体的化学组成不同。

缩聚物结构式要在方括号外侧写出链节余下的端基原子或原子团(这与连锁聚合不同，连锁聚合的产物端基不确定，通常用横线"—"表示。)如：

$$\underset{\text{端基原子团}}{H—O—}\left[\overset{O}{\overset{\|}{C}}—(CH_2)_4—\overset{O}{\overset{\|}{C}}—O(CH_2)_2O\right]_n\underset{\text{端基原子}}{—H}$$

2. 逐步加聚反应

逐步加聚反应是单体分子通过逐步加成，在分子间形成共价键高聚物的反应。最主要的逐步加聚反应是氢转移逐步加聚反应。其突出特点是通过氢原子的转移逐步加聚形成高聚物而不析出低分子的副产物，故加聚物的相对分子质量是单体相对分子质量的整数倍。

聚氨酯的合成反应是典型的加成聚合，例如二异氰酸酯与二元醇合成线型聚氨酯的反应。

$$nO═C═N—R—N═C═O+nHOR'OH \longrightarrow$$

$$OCN—R—NHCO\lfloor OR'OCONHRNHCO \rfloor_{n-1}OR'OH$$

下面用表 7-6 对连锁聚合与逐步聚合的主要特点再做一下比较。

表 7-6　连锁聚合与逐步聚合的比较

比较项目	连锁聚合方法	逐步聚合方法
链增长方式	链增长主要通过自由基或离子形成的活性中心与单体之间的反应来实现	链增长主要通过功能基之间的反应来实现
相对分子质量与时间关系	一旦引发，聚合物分子链增长的速率极快，约 10^{-6}～10^{-1}s 即可，聚合物的相对分子质量与时间无关	聚合物分子链增长的速率缓慢，聚合物的相对分子质量随时间增加而增加，聚合时间有时需要几小时甚至几天
反应体系组成	反应体系中活性中心的浓度极小，因此体系中主要包括反应生成的聚合物与未反应的单体	反应体系中单体的功能基都有相近的反应活性，因此体系中主要由正在增长的链组成
单体转化率	反应体系中单体的转化率随时间的增加而增大	反应体系中单体很快转化为低聚物，转化率与时间无关

四、聚合反应的工业实施方法

(一)连锁聚合反应的工业实施方法

连锁聚合反应的工业实施方法通常分为本体聚合、溶液聚合、悬浮聚合和乳液聚合四种。这四种聚合方法主要用于自由基型聚合，其中有些方法也可用于离子型聚合和配位聚合。下面以自由基聚合反应为例，自由基聚合反应的实施方法主要有本体聚合、溶液聚合、悬浮聚合、乳液聚合。

1. 本体聚合

单体本身只加入少量引发剂或直接在热、光、辐射能作用下进行聚合的方法称为本体聚合。

本体聚合的优点是产品纯度高，尤其适用于制板材、型材等透明制品，聚合设备简单。缺点是聚合物体系黏度高，聚合反应热不易导出，温度难以控制，产物的相对分子质量分布宽。为此，工业上多采用两段聚合工艺：第一段是预聚合，在较低温度下预聚合，转化率控制在10%~30%，体系黏度较低，散热较容易；第二段是后聚合，更换聚合设备，分步提高聚合温度，使单体转化率>90%。

本体聚合根据聚合产物是否溶于单体可分为两类：一是均相聚合，聚合产物可溶于单体，如苯乙烯、MMA等；二是非均相聚合(沉淀聚合)，聚合产物不溶于单体，如乙烯、聚氯乙烯等，在聚合过程中聚合产物不断从聚合体系中析出，产品多为白色不透明颗粒。在沉淀聚合中，由于聚合产物不断析出，体系黏度不会明显增加，但不管是均相聚合还是沉淀聚合，都会导致自动加速作用。

工业生产上采用的本体聚合有：聚甲基丙烯酸甲酯(有机玻璃)、聚苯乙烯、聚氯乙烯、高压聚乙烯、聚丙烯、聚对苯二甲酸乙二酯，见表7-7。

表7-7　本体聚合工业生产举例

聚合物	过程要点
聚甲基丙烯酸甲酯(有机玻璃板)	第一阶段预聚至转化率为10%左右的黏稠浆液，然后浇模分段开温聚合，最后脱膜成板材
聚苯乙烯	第一阶段于80~85℃预聚　至转化率为33%~35%，然后流入聚合塔，温度从100℃递增至220℃聚合，最后熔体挤塑造粒
聚氯乙烯	第一阶段预聚至转化率为7%~11%，形成颗粒骨架，第二阶段继续沉淀聚合(既聚合物不溶于单体体系)，最后粉状出料
聚乙烯	选用管式或釜式反应器，连续聚合，控制单程转化率约15%~20%，最后熔体挤塑造粒

2. 溶液聚合

单体溶于适当溶剂中。经引发剂引发的聚合方法称为溶液聚合。溶剂一般为有机溶剂，也可以是水。如果形成的聚合物溶于溶剂，则聚合反应为均相反应，这是典型的溶液聚合；如果形成的聚合物不溶于溶剂，则聚合反应为非均相反应，称为沉淀聚合，或称为淤浆聚合。

溶液聚合有如下优点：一是溶剂作为稀释剂和传热介质，既可降低聚合体系黏度，便于进行连续化生产，又有利于散热和控制聚合温度；二是通过溶剂的链转移反应，可调节高聚物的相对分子质量，使相对分子质量分布均匀。

溶液聚合的缺点是单体浓度低，聚合速度较慢；由于溶剂的链转移，高聚物相对分子质量较低；溶剂回收、分离费用高。

工业上应用主要有：聚醋酸乙烯酯、丙烯腈共聚物、聚丙烯酰胺、聚丙烯酸酯类、聚丙烯、顺丁橡胶、乙丙橡胶、聚酰胺等，见表7-8。

表7-8　溶液聚合工业生产举例

单体	溶剂	引发剂	聚合温度/℃	聚合液用途
丙烯腈加丙烯酸甲酯	二甲苯甲酰胺或硫氰化钠水溶液	偶氮二异丁腈	70~80	纺织液
醋酸乙烯酯	甲醇	偶氮二异丁腈	50	进一步醇解成聚乙烯醇
丙烯酸酯类	醋酸乙烯酯或芳烃	过氧化二苯甲酰	回流	涂料
丙烯酰胺	水		回流	涂料，胶黏剂

3. 悬浮聚合

单体在搅拌和悬浮剂(或分散剂)作用下，分散成单体液滴，悬浮在水中进行的聚合过程。体系一般由水、单体，引发剂及悬浮剂等组成。分散过程见图7-3所示。

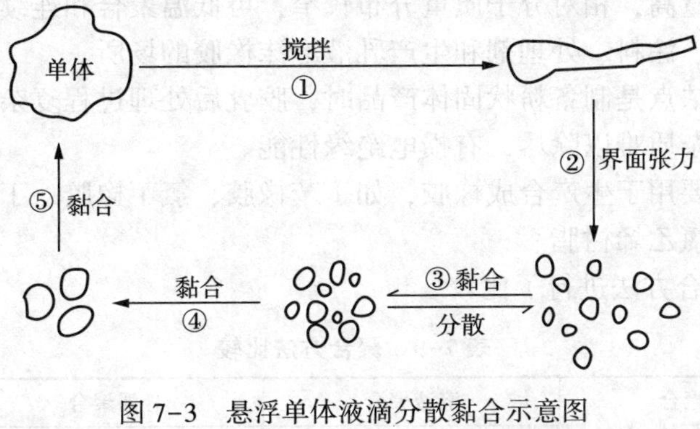

图7-3　悬浮单体液滴分散黏合示意图

溶有引发剂的单体分散成小液滴，悬浮在水中引发聚合。在悬浮聚合体系中，单体不溶或微溶于水，引发剂只溶于单体，水是连续相，单体为分散相，是非均相聚合反应。单体液滴中的聚合过程相当于本体聚合，聚合物极细，而且容易过滤、洗涤加工。

在悬浮聚合过程不溶于水的单体依靠强力搅拌的剪切力作用形成小液滴分散于水中，单体液滴与水之间的界面张力使液滴呈圆珠状，但它们相互碰撞又可以重新凝聚，即分散和凝聚是一个可逆过程。为了阻止单体液珠在碰撞时不再凝聚，必须加入分散剂，分散剂在单体液珠周围形成一层保护膜或吸附在单体液珠表面，在单体液珠碰撞时起隔离作用，从而阻止或延缓单体液珠的凝聚。一般采用的悬浮剂有：

(1)水溶性有机高聚物，如天然的有明胶、淀粉、甲基纤维素、羧甲基纤维素，合成的有聚乙烯醇及其衍生物、聚丙烯酸盐等非离子型表面活性物质，当其溶于水后部分吸附在液滴表面形成液膜保护层，防止液滴之间的粘连与合并。

(2)不溶于水的无机盐，如碳酸镁、碳酸钙、硫酸钡、高岭土等，当其分散并悬浮于水中时，能以机械的隔离作用阻止单体液滴的聚集。

悬浮聚合有如下优点：一是聚合体系黏度低，聚合热容易经水介质通过聚合釜壁由夹套冷却水带走，散热和温度控制比本体聚合、溶液聚合容易得多；二是产品相对分子质量分布比较稳定，产品相对分子质量比溶液聚合大，杂质含量比乳液聚合少；三是后处理工序比溶液聚合、乳液聚合简单，生产成本低，粒状树脂可直接加工。

悬浮聚合的缺点是产品中附有少量的悬浮剂残留物，要生产透明和电绝缘性能高的产品，需将残留的悬浮剂除尽。

悬浮聚合广泛用于自由基型聚合，如聚氯乙烯、聚苯乙烯、聚甲基丙烯酸甲酯及共聚物等工业生产。

4. 乳液聚合

在机械剧烈搅拌或超声波振动下借助于乳化剂的作用，使单体分散在水中呈乳状液而进行聚合过程。乳液聚合体系至少由单体、引发剂、乳化剂和水四个组分构成。

乳化剂的作用主要是降低界面张力，在液滴表面形成保护层和单体的增溶作用。乳化剂分子含有亲水基团和亲油基团。按照亲水基团的性质可以分为阴离子型乳化剂、阳离子型乳化剂、非离子型乳化剂和两性乳化剂四类。乳液聚合中使用最多的是阴离子型乳化剂，阳离子型乳化剂多在酸性介质中使用，乳液聚合一般较少使用，非离子型乳化剂一般用作辅助乳化剂。

乳液聚合的主要优点是水作为分散介质，容易散热、价廉安全；乳液稳定，聚合速度快，产品相对分子质量高，相对分子质量分布较窄，可低温聚合和连续操作；特别适合于直接应用胶乳作黏合剂、涂料、处理剂和生产乳液泡沫橡胶的场所。

乳液聚合的主要缺点是制备粉状固体产品时，胶乳后处理过程复杂，成本比悬浮聚合法高，产品中留有较多杂质难以除尽，有损电绝缘性能。

乳液聚合方法主要用于生产合成橡胶，如丁苯橡胶、氯丁橡胶、丁腈橡胶。也可生产乳液状聚合物如糊状聚氯乙烯树脂。

表 7-9 对四种聚合方法进行了比较。

表 7-9　聚合方法比较

项目	本体聚合	溶液聚合	悬浮聚合	乳液聚合
配方主要成分	单体 引发剂	单体 引发剂 溶剂	单体 引发剂 水 分散剂	单体 水溶性引发剂 水 乳化剂
聚合场所	本体内	溶液内	液滴内	胶束和乳胶粒内
聚合特征	遵循自由基聚合一般机理，提高速率往往使分子量降低	伴有向溶剂的链转移反应，一般分子量较低，速率也较低	与本体聚合相同	能同时提高聚合速率和分子量
生产特征	热不易散出，主要是间歇生产，设备简单，宜制板材料和型材，分子量调节难	散热容易，可连续生产，不宜制成干燥粉状或粒状树脂，分子量调节容易	散热容易，间歇生产，须经分离、洗涤、干燥等工序，分子量调节难	散热容易，可连续生产，制成固体树脂时须经凝聚、洗涤、干燥等工序，分子量易调节

续表

项目	本体聚合	溶液聚合	悬浮聚合	乳液聚合
产物特征	聚合物纯净，易与生产透明、浅色制品，分子量分布宽	一般聚合液直接使用，分子量分布窄，分子量较低	比较纯净，可能留有少量分散剂，直接得到粒状产物，利于成型，分子量分布宽	聚合物留有少量乳化剂及其他助剂，用于对电性能要求不高的场合，乳液也可直接使用，分子量分布窄

(二)逐步聚合反应的工业实施方法

逐步聚合反应工业实施方法主要有熔融缩聚、溶液缩聚、固相缩聚、界面缩聚和乳液缩聚等。

1. 熔融聚合

聚合体系中只加单体和少量的催化剂，不加入任何溶剂，聚合过程中原料单体和生成的聚合物均处于熔融状态。优点是产品后处理容易，设备简单，可连续生产。缺点是要求严格控制功能基等摩尔比，对原料纯度要求高。需高真空，对设备要求高。

主要用于平衡缩聚反应，如聚酯、聚酰胺等的生产。

2. 溶液聚合

单体是在溶液中进行聚合反应的一种实施方法。其溶剂可以是单一的，也可以是几种溶剂混合，分为高温溶液聚合和低温溶液(<100℃)聚合。高温溶液聚合采用高沸点溶剂，多用于平衡逐步聚合反应。低温溶液聚合一般适于高活性单体，如二元酰氯、异氰酸酯与二元醇、二元胺等的反应。由于在低温下进行，逆反应不明显。

溶液聚合的优点是传热性好，反应可平稳进行；无需高真空，反应设备较简单；所得聚合物溶液可以直接制成清漆、成膜材料或纺丝。缺点是需除去溶剂时，后处理复杂；工艺过程比熔融缩聚复杂，所以一般能用熔融缩聚的都不用溶液缩聚进行生产。

溶液缩聚广泛用于涂料、胶黏剂等的制备，特别适于相对分子质量高且难熔的耐热聚合物，如聚酰亚胺、聚苯醚、聚芳香酰胺等。

3. 界面缩聚

界面缩聚是将两种单体分别溶于两种不互溶的溶剂中，再将这两种溶液倒在一起，在两液相的界面上进行缩聚反应，聚合产物不溶于溶剂，在界面析出。界面缩聚的特点：

(1)界面缩聚是一种不平衡缩聚反应。小分子副产物可被溶剂中某一物质所消耗吸收；

(2)界面缩聚反应速率受单体扩散速率控制；

(3)单体为高反应性，聚合物在界面迅速生成，其相对分子质量与总的反应程度无关；

(4)对单体纯度与功能基等摩尔比要求不严；

(5)反应温度低，可避免因高温而导致的副反应，有利于高熔点耐热聚合物的合成。

界面缩聚由于需采用高活性单体，且溶剂消耗量大，设备利用率低，因此虽然有许多优点，但工业上实际应用并不多，主要是实验室或小规模合成聚酰胺、聚脲等及其他耐高温的缩聚物。

4. 固态缩聚

指单体或预聚体在固态条件下的缩聚反应，其特点：

(1)适用反应温度范围窄，一般比单体熔点低 15~30℃；

(2)一般采用 AB 型单体，先制成两种单体的盐，再进行固相缩聚；

(3)反应慢，表观活化能大，完成反应需数十小时；

(4)聚合产物相对分子质量分布比熔融聚合产物宽。

此方法主要用于制备相对分子质量大、纯度高的聚合物，特别适合单体熔点很高或超过熔点容易分解的缩聚物以及耐高温缩聚物和无机缩聚物。

五、工业生产过程

以链式聚合为例，高分子化合物的生产过程大致包括如下部分：

1. 原材料的精制

聚合所用的单体和溶剂要求有很高的纯度，一般单体纯度要求99%以上。杂质的存在将会使聚合物的相对分子质量降低，有时也影响了聚合物的色泽。为了防止单体在聚合前的自聚，通常加入阻聚剂。典型的阻聚剂有羟基苯醌和叔丁基邻苯二酚。

2. 引发剂的配制

在自由基聚合反应中使用引发剂，常用的引发剂有过氧化物、偶氮化合物和过硫酸盐等。在离子聚合反应中用催化剂，常用的催化剂是烷基金属化合物(如烷基铝)，金属卤化物(如 $TiCl_4$、$TiCl_3$)，以及路易斯酸。

3. 聚合过程

聚合反应是高分子生产过程的关键。高分子的分子结构、性能、相对分子质量及其分布、支链与交联结构等与聚合物系的配方、工艺操作条件有关。因此要严格控制反应物系的组成，包括单体、共聚单体、反应介质或溶剂、引发或催化剂体系、相对分子质量调节剂等。同时控制物料的加料方式及速度。

4. 分离过程

聚合后的物料中，大多数情况中含有未反应的单体、反应介质，因此需要进行分离，以提纯聚合物。对于有毒的单体，分离尤为重要。

分离方法与聚合反应所得的物料的形态有关，一般本体聚合和熔融缩聚所得的聚合物不需要进行分离。其他方法所得聚合物可通过闪蒸、热水洗涤、用醇破坏催化剂等方法。

5. 聚合物的后处理

后处理主要脱除分离过程后聚合物中的水分或有机溶剂，一般采用干燥方法，得到干燥的合成树脂或合成橡胶。

对于粉状的合成树脂，由于不能直接用作塑料成型原料，还需要添加填料、增塑剂、稳定剂、润滑剂、着色剂、防静电剂及增强材料等组分，经混炼、造粒制得粒状原料，然后包装出厂。

6. 回收过程

在溶液聚合方法中，应用有机溶剂进行离子聚合或配位聚合反应，因此回收过程主要是将聚合过程中所用的有机溶剂进行回收，以能循环使用。

第二节 合成树脂和塑料

一、概述

(一)合成树脂与塑料关系

合成树脂是指由单体合成所得高聚物的总称。一般是无定形的透明或半透明的固体或半固体，按来源分为天然树脂和合成树脂。合成树脂是制造塑料、合成纤维、合成橡胶、黏合剂、涂料、离子交换树脂等产品的主要原料。什么是树脂呢？先举出些实际的东西来说吧，拉胡琴用的松香，这就是一种树脂。松香是从赤松、油松等树皮分泌出的乳液里提炼出来的，这是一种天然树脂。还有常见的桃胶、虫胶、琥珀等也都是天然树脂。这些天然树脂是一种受热软化、冷却变硬的高分子化合物。后来人们把具有受热软化、冷却变硬这种特性的高分子化合物都称为树脂。近年来人们主要以石油、天然气、炼油厂气等为原料，通过化学方法，合成一种性能比天然树脂更优异的高分子聚合物，这就被人们说成是合成树脂。

塑料是以合成树脂为基本原料，在一定条件下(如温度、压力等)塑制成的一定形状的材料，这种材料能够在常温下保持形状不变。有的塑料制品除了主要成分是树脂外，还加入一定量的增塑剂、稳定剂、润滑剂、色料等。

(二)塑料的分类

(1)根据塑料受热后表现出来的共性，可分成热塑性塑料和热固性塑料两大类。

①热塑性塑料。

所谓热塑性塑料，即它在受热时就会变软，甚至成为可流动的黏稠物，这时可将其塑制成一定形状的制品，冷却时保持塑形变硬。如果再加热又可变软，并可改变原来塑形为另一种塑形，如此可反复进行多次。具有这种特性的塑料就叫热塑性塑料。制成热塑性塑料的合成树脂有聚氯乙烯、聚乙烯、聚丙烯、聚苯乙烯、聚碳酸酯、聚甲醛等。

②热固性塑料。

所谓热固性塑料它在受热初期变软，具有可塑性，可制成各种形状的制品。继续加热就硬化定形，再加热也不会变软和改变它的形状。例如灯头或电插座等电木制品，就是这类塑料制成的，这些东西就不能通过回收再加利用。制取热固性塑料的合成树脂有：酚醛树脂、环氧树脂、氨基树脂、聚氨酯等。

(2) 根据塑料使用范围的不同可分为通用塑料、工程塑料、一般塑料和特种塑料几类。

①通用塑料。通用塑料是指产量大，价格低，性能多样化，应用面广，主要用于生产日用品或一般工农业用材料。例如：聚乙烯、聚丙烯、聚苯乙烯、聚氯乙烯、酚醛塑料、氨基塑料。

②工程塑料。工程塑料是指产量不大，成本较高，具有优良的机械强度及耐热、耐磨、耐化学腐蚀等特性，可用于结构材料。如聚酰胺、聚碳酸酯、ABS树脂、聚甲醛、氯化聚醚、聚砜、聚酯等。

③一般塑料。指用量不大，应用范围不广，性能一般的一类塑料。常见品种有聚甲基丙烯酸甲酯 、聚氨酯、氟塑料类及氯化聚醚等。

④特种塑料。指具有独特性能、价格高、产量少、应用范围窄的一类塑料。主要包括耐热塑料、阻隔塑料及导电塑料等，常见品种有聚苯硫醚、聚砜、聚酰亚胺、聚苯胺及乙烯与乙烯醇共聚物等。

当前热塑性塑料约占60%，而聚乙烯、聚氯乙烯、聚苯乙烯和聚丙烯等四种产品占热塑性塑料的80%以上。所以本节选择前三个重要的热塑性产品，进行介绍。

二、聚乙烯的生产

聚乙烯是由乙烯单体经自由基聚合或配位聚合而获得的聚合物，缩写代号为PE 。聚乙烯是合成树脂中用量最大的品种，具有良好的机械性能和化学稳定性，广泛用于工业、农业、医药、卫生和日常生活用品等。中国现已成为世界最大的 PE 消费国，占全球市场 23% 的份额。目前我国 PE 的消费构成为：塑料薄膜约占 22%，位居首位；其次是塑料包装箱及容器，约占 21%；另外丝、绳及编织袋约占 19%，塑料管材料约占 14%，再生制品约占 11%，塑料型材约占 10%，农膜约占 3%。预计到 2016 年我国 PE 消费量可达到 24.7Mt，具体数据见表 7-10。

按照聚乙烯的结构性能可以分为高密度聚乙烯(HDPE)、低密度聚乙烯(LDPE)、超高相对分子质量聚乙烯(UHMWPE)、线性低密度聚乙烯(LLDPE)和茂金属聚乙烯，此外，还有改性品种如乙烯-醋酸乙烯酯(EVA)和氯化聚乙烯(CPE)等。主要用途见表 7-10。

表 7-10　聚乙烯的用途

用途	所占树脂的比例	制品
薄膜类制品	LDPE 的 50%	用于食品、日用品、蔬菜、收缩、自粘、垃圾等轻质包装膜，地膜、棚膜、保鲜膜等
	HDPE 的 10%	重包装膜、撕裂膜、背心袋等
	LLDPE 的 70%	包装膜、垃圾袋、保鲜膜、超薄地膜等
注塑制品	HDPE 的 30% LDPE 的 10% LLDPE 的 10%	日用品如：盆、筒、篓、盒等，周转箱，瓦楞箱，暖瓶壳，杯、台、玩具等
中空制品	以 HDPE 为主	用于装食品油、酒类、汽油及化学试剂等液体的包装筒，中空玩具
管材类制品	以 HDPE 为主	给水、输气、灌溉、穿线、吸管、笔芯用的管材，化妆品、药品、鞋油、牙膏等用的管材
丝类制品	圆丝用 HDPE	渔网、缆绳、工业滤网、民用纱窗等
	扁丝用 HDPE 和 LLDPE	纺织袋、布、撕裂膜
电缆制品	以 LDPE 为主	电缆绝缘和保护材料
其他制品	HDPE、LLDPE	打包带
	LDPE	型材

目前世界上拥有聚乙烯技术的公司很多，拥有 LDPE 技术的有 7 家，LLDPE 和全密度技术的企业有 10 家，HDPE 技术的企业有 12 家。按照聚乙烯生产压力高低可以分为高压法聚乙烯、中压法聚乙烯和低压法聚乙烯三种方法。聚乙烯的三种生产方法虽然各有长短，但至今仍然并存。见表 7-11。

从技术发展情况看，高压法生产 LDPE 是 PE 树脂生产中技术最成熟的方法，釜式法和管式法工艺技术均已成熟，目前这两种生产工艺技术并存。发达国家普遍采用管式法生产工艺。

(一)乙烯高压聚合生产工艺

乙烯高压聚合以微量氧或有机过氧化物为引发剂，将乙烯压缩到 147.1~245.22MPa 高压下，在 150~290℃的条件下，乙烯经自由基聚合反应转变为聚乙烯的聚合方法。若以氧为引发剂时，聚合时乙烯先被氧化为过氧化物，而后分解为自由基再与乙烯聚合生成聚乙烯，为了防止气体在高压下发生爆炸，必须严格控制氧用量为乙烯量的 0.003%~0.007%之内。以有机过氧化物为引发剂时，将有机过氧化物溶解于液体石蜡中，配制成引发剂溶液使用。

乙烯高压聚合是工业上采用自由基型气相本体聚合的最典型方法，还是工业上生产聚乙烯的第一种方法，至今仍然是生产低密度聚乙烯的主要方法。

表 7-11　聚乙烯三种生产方法的比较

比较项目		高压法	中压法	低压法
操作条件	聚合压力/MPa	98.1~245.2	2~7	<2
	聚合温度/℃	150~330	125~150	60
	引发剂	微量氧或有机过氧化物	金属氧化物	齐格勒-纳塔引发剂
转化率/%		16~27	接近 100	接近 100
反应机理		自由基型	配位离子型	配位离子型
实施方法		气相本体聚合	液相悬浮聚合	液相悬浮聚合
工艺流程		简单	复杂	复杂
结构性能	大分子支化程度	高	介于两者之间	大分子排列整齐
	相对密度	低(0.910~0.925)	居中(0.926~0.940)	高(0.941~0.970)
	纯度	高	基本与低压法相同	产品含有引发剂残基
	热变形温度/℃	50℃，较软	基本与低压法相同	78℃，较硬
建设投资		高	低	低
操作费用		低	高	高

1. 聚合原理

乙烯在高温高压下按自由基聚合反应机理进行聚合。由于反应温度高，容易发生向大分子的链转移反应，产物为带有较多长支链和短支链的线型大分子。同时由于支链较多，造成高压法聚乙烯的产物的结晶度低，密度较小，故高压聚乙烯称为低密度聚乙烯。

2. 主要工艺条件

(1)乙烯纯度。聚合级乙烯气体的规格要求，纯度不低于99.9%。

纯度低，聚合缓慢，杂质多，产物相对分子质量低。其中特别严格控制对乙烯聚合有害的乙炔和一氧化碳的含量，因为它们能参与聚合反应，若乙炔参加聚合则会产生交联或因分子中存在双键而降低产物的抗氧能力；一氧化碳进入高聚物的分子中也会降低产物的抗氧化能力，并将降低其介电性能。

(2)聚合温度。取决于引发剂种类，以氧为引发剂温度控制在230℃以上，以有机过氧化物为引发剂时，温度控制在150℃左右。

升高温度链增长速率与链转移速率都增加，因此总的聚合速度加快。但是链转移活化能高于链增长，所以升高温度对链转移有利，链转移速率加快会造成聚乙烯大分子的短支链和长支链增多，使产品的密度下降。

(3)聚合压力。108~245MPa，高低依据聚乙烯生产牌号确定。压力愈大产物相对分子质量愈大。因为压力提高，实质是增加了乙烯的浓度，即增加了自由基或活性增长链与乙烯分子的碰撞机会，所以增加压力聚乙烯的产率和平均相对分子质量都增加。

3. 乙烯高压聚合生产工艺流程

现在工业采用的乙烯高压聚合反应器可以分为釜式反应器和管式反应器两种，现以釜式反应器为例说明乙烯高压聚合生产工艺流程，如图 7-4 所示。主要生产过程分为压缩、聚合、分离和掺和四个工段。

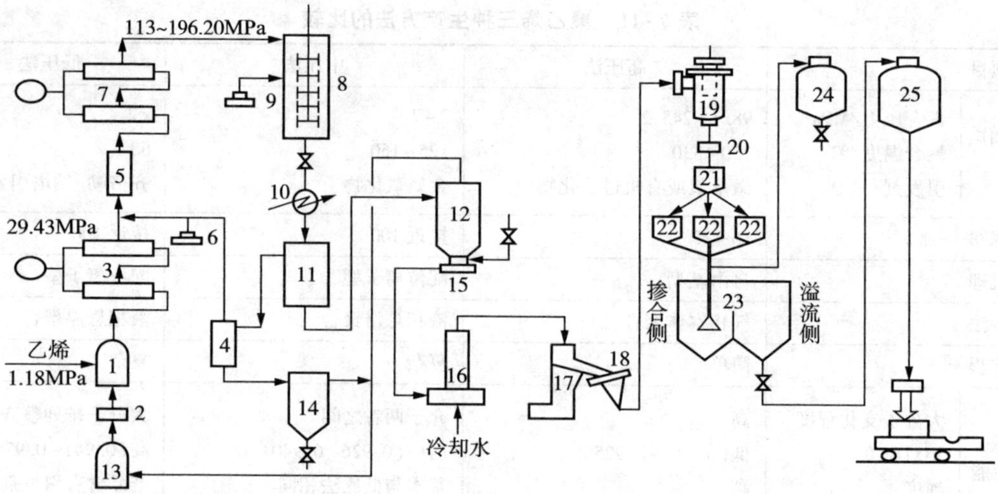

图 7-4　高压聚乙烯生产工艺流程图

1—乙烯接收器；2—辅助压缩机；3—一次压缩机；4—低聚物分离器；5—气体混合器；6—调节剂注入泵；7—二次压缩机；8—聚合釜；9—引发剂泵；10—产物冷却器；11—高压分离器；12—低压分离器；13—乙烯接收器；14—低聚物分液器；15—齿轮泵；16—切粒机；17—脱水储槽；18—振动筛；19—旋风分离器；20—磁力分离器；21—缓冲器；22—中间储斗；23—掺合器；24—等外品储槽；25—合格品储槽

来自于总管的压力为 1. 18MPa 的聚合级乙烯进入接收器 1，与来自辅助压缩机 2 的循环乙烯气混合。经一次压缩机 3 加压到 290. 43MPa，再与来自于低聚物分离器 4 的返回乙烯一起进入混合器 5，由泵 6 注入调节剂丙烯或丙烷。气体物料经二次压缩机 7 加压到 113~196. 20MPa(具体压力根据聚乙烯牌号确定)，然后进入聚合釜 8，同时，由泵 9 连续向反应器内注入微量配制好的引发剂溶液，使乙烯进行高压聚合。大部分反应热由离开反应器的物料带走，反应器夹套冷却只能除去部分热量。

从聚合釜出来的聚乙烯与未反应的乙烯经反应器底部减压阀减压进入冷却器 10，冷却至一定温度后进入高压分离器 11，减压至 24. 53~29. 43MPa，分离出来的大部分未反应的乙烯与低聚物。经过低聚物分离器 4，分离出低聚物后，乙烯返回混合器 5 循环使用；低聚物在低聚物分液器 14 中回收夹带的乙烯后排出。由高压分离器 11 出来的聚乙烯物料(含少量未反应的乙烯)，在低压分离器 12 中减压至 49. 1kPa，其中分离出来的残余乙烯进入乙烯接收器 13。在低压分离器底部加入抗氧剂、抗静电剂等后，与熔融状态的聚乙烯一起经挤压齿轮泵 15 送至切粒机 16 进行水下切粒。切成的粒子和冷却水一起到脱水储槽 17 脱水，再经振动筛 18 过筛后，料粒用气流送到溶合工段。

用气流送来的料粒首先经过旋风分离器 19，通过气固分离后颗粒器 20 以除去夹带的金属粒子，然后进入缓冲器 21。缓冲器中料粒经过自动磅秤和三通换向阀进入三个中间储槽 22 中的一个，取样分析合格产品进入掺合器 23 中进行气动掺合；不合格产品送至等外品储槽 24 进行掺和或储存包装。

掺和均匀后的合格产品——聚乙烯颗粒用气流送至合格品储槽 25 储存，然后用磅秤称量，装袋后送入成品仓库。

高压法生产聚乙烯的流程比较简单，产品性能良好，用途广泛，但对设备和自动控制要求较高。

埃克森美孚公司采用高压自由基工艺生产 LDPE 均聚物和 EVA(乙烯醋酸乙烯)共聚物。

采用大规模管式反应器(产能0.13~0.35Mt/a)和搅拌釜式反应器(产能约0.1Mt/a)。管式反应器操作压力高达300MPa，釜式反应器低于200MPa。这种工艺已有23套高压法反应器投运，产能为1.7Mt/a，生产均聚物和各种共聚物。目前我国燕山的0.2Mt/aLDPE装置即采用该公司的管式法技术。

(二)乙烯中压聚合工艺

1. 聚合原理

采用中压法生产聚乙烯有两条路线，一条路线是乙烯单体，以烷烃为溶剂，以 Cr_2O_3-Al_2O_3-SiO_2 引发剂，在150℃和4.91MPa下聚合；第二条路线是乙烯单体，以脂肪烃或芳烃为溶剂，以 MoO_3-Al_2O_3 或氧化镍-活性炭为引发剂，在200~260℃、6.87MPa下聚合，聚合机理为配位离子型聚合。

2. 主要工艺条件

(1)温度。一是引发剂活化温度，引发剂的活化温度越高，所得聚乙烯的相对分子质量越低。适宜的引发剂活化温度为550℃左右。二是聚合反应的温度，聚合温度越高，聚乙烯相对分子质量越低，一般采用150℃。

(2)聚合压力。聚乙烯的相对分子质量随压力的升高而增加，一般采用4.91MPa。

3. 乙烯中压法聚合工艺流程

以铬为引发剂的乙烯中压法聚合工艺中最普遍采用的是浆液法，此外，还有固定床、移动床、沸腾床法等。

浆液法是将固相引发剂分散于反应介质制成悬浮液，乙烯开始聚合时生成的聚乙烯大部分分散在反应介质中，由于反应物料呈浆液状故称为浆液聚合。这种方法得到的聚乙烯相对分子质量可达40600以上。其工艺流程如图7-5所示。

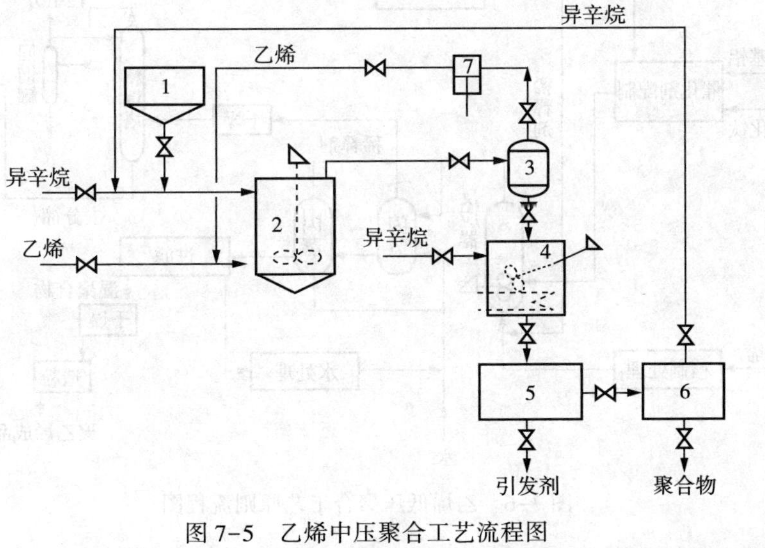

图7-5　乙烯中压聚合工艺流程图

1—引发剂储槽；2—反应器；3—气液分离器；4—溶解槽；5—固体分离器；6—分离器；7—压缩机

配制好(溶剂量的0.2%~0.6%)的铬引发剂悬浮液由引发剂贮槽1与原料乙烯先后进入带有搅拌器的反应器2中，在3.43MPa、100℃下，进行反应。反应后生成的浆液送入气液分离器3，分离出来的未反应乙烯再经过压缩机7压缩后循环使用；分离后的浆液送入具有搅拌器和加热器的溶解槽4中，在搅拌下进行加热，使物料高于反应温度约14℃，并保持适当压力，加热后，聚乙烯溶解于异辛烷中，必须时可以用异辛烷稀释，然后加入固体分离器5，用过滤或离心的方法在高温和一定压力下，将引发剂与聚乙烯异辛烷溶解分离。将分离出来的引发剂回收后循环使用或再生后使用。将脱除引发剂的聚乙烯异辛烷溶液在分离器6中进行蒸馏，蒸馏出溶剂后即得聚乙烯；或者将溶液冷却至20℃以下，使聚乙烯沉淀析出，经过滤得聚乙烯。分离后的溶剂循环使用。

(三)乙烯低压聚合工艺

1. 聚合机理

乙烯的低压聚合，是以烷基铝和 $TiCl_4$ 或 $TiCl_3$ 组成的络合物为引发剂，于常压、60~75℃下聚合成高密度聚乙烯的方法。其聚合机理为配位阴离子聚合机理，该聚合反应不发生向大分子链转移的反应，因而所得大分子基本无支链，所以可以得到高结晶度的线型聚乙烯树脂。

2. 乙烯低压聚合工艺条件

(1)聚合温度。络合引发剂的效能较高，即使在较低的温度下也可使聚合反应顺利进行。一般取60~75℃。聚合温度主要对引发剂的活性及聚乙烯的特性黏度、产率有影响。

(2)聚合压力。压力增加使乙烯在溶剂中吸收速率增加，所以聚合速率增大。但所得产物的相对分子质量与压力无关。原因是当聚合速率随单体浓度增加时，向单体转移的速率也增加。所以聚乙烯的相对分子质量变化不在。生产中一般采用在0~981kPa之间。

3. 乙烯低压聚合工艺流程

低压法生产聚乙烯的工艺过程包括：引发剂的配制、聚合、高聚物的分离、净化与干燥、溶剂回收等。其原则流程如图7-6所示。

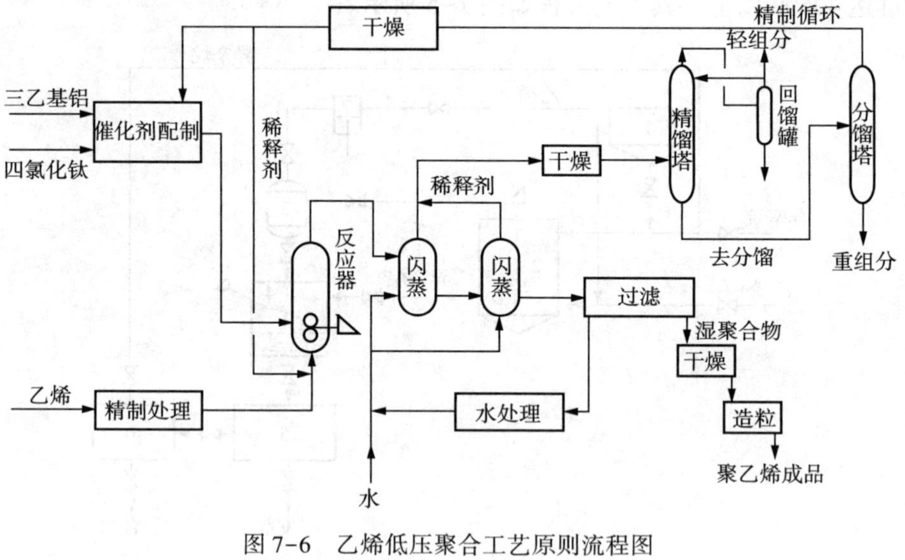

图7-6 乙烯低压聚合工艺原则流程图

(1)引发剂的配制。络合引发剂是在专用的配制罐中进行配制，$Al(C_2H_5)_3$ 和 $TiCl_4$ 的用量比为1∶(1~1.2)，用烃类溶剂，在一定温度和时间内配成一定浓度的引发剂悬浮液，然后送入聚合反应器。

(2)乙烯的聚合。用于低压聚合的乙烯要经过精制，应不含水、氧、二氧化碳、醇、醛及含硫化合物等杂质，所用溶剂(稀释剂)也应不含有害杂质。

聚合设备为带搅拌的釜式反应器，精制后的乙烯、溶剂、引发剂等连续加入聚合釜中。

聚合釜内压力为0~981kPa、聚合温度为60~75℃，夹套内通冷却水，以保持聚合反应的温度。反应后的物料自聚合釜中流出，进入闪蒸汽化器使溶剂汽化，同时加水或醇破坏引发剂。

(3)高聚物的分离、净化和干燥。反应产物除去溶剂后，经过滤、洗涤、干燥即可得聚乙烯产品。

(4)溶剂回收。闪蒸后的溶剂经过干燥、精馏脱除其中的轻、重组分后再循环使用。

为了使聚乙烯产品种类更齐全，产品更具市场竞争力，聚乙烯工艺方法的选择宜考虑采用能生产全密度聚乙烯装置(LLDPE/ HDPE) 的气相法工艺技术。世界主要工艺有巴塞尔公司的气相法 Spherilene 工艺、BP 公司的气相法 Innovene 工艺和联碳公司低压气相法 Unipol 工艺。Spherilene 工艺自 1992 年推向市场以来，现已拥有生产能力 2.06Mt/a。气相法 Innovene 工艺可生产 LLDPE、MDPE 和 HDPE 产品，中国独山子石化公司 LLDPE/HDPE 装置的二次扩建采用了 Innovene 工艺，从 12×10^4t/a 扩增到 20×10^4t/a，赛科建的 60×10^4t/a 聚乙烯也采用该技术。Univation 技术公司用低压、气相 UnipolPE 工艺生产 LLDPE 和 HDPE，采用浆液催化剂和气相法结合流化床反应器。目前在全球 25 个国家，有超过 100 条投产或正在建设的 Unipol 工艺的聚乙烯生产线。目前国内采用该技术的装置较多。乙烯低压聚合工艺原则流程见图 7-6 所示。

三、聚氯乙烯的生产

聚氯乙烯是由氯乙烯单体经自由基聚合而成的聚合物，缩写代号为 PVC。PVC 是最早实现工业化的树脂品种之一，在 20 世纪 60 年代以前是产量最大的树脂品种，20 世纪 60 年代后退居第二位仅次于聚乙烯。近年来由于 PVC 合成原料丰富、合成路线的改进、树脂中氯乙烯单体含量的降低，价格低廉，在化学建材等应用领域中的用量日益扩大，其需求量增加很快，地位逐渐加强。

按相对分子质量的大小可以将 PVC 分为通用型和高聚合度两类。通用型 PVC 的平均聚合度为 500~1500，高聚合度型的平均聚合度大于 1700。常用的是第一种类型，以聚氯乙烯树脂为基础的塑料具有良好的绝缘性和耐腐蚀性等特点，可用来制造薄膜、导线和电缆的绝缘层、人造革、软管、硬管、化工设备及隔音绝热的泡沫塑料，因此聚氯乙烯在工农业生产的日常生活中获得了广泛的应用，见表 7-12。

树脂按形态可以分为粉状和糊状两种。粉状常用于生产压延和挤出制品，糊状树脂常用于人造革、壁纸、儿童玩具及乳胶手套等。

按树脂结构不同可以分为紧密型和疏松型两种，其中疏松型呈棉花团状，可以大量吸收增塑剂，常用于软制品的生产；紧密型呈乒乓球状，吸收增塑剂能力低，主要用于硬制品的生产。

1. 聚合原理

氯乙烯的聚合属于自由基聚合反应。聚合时采用的引发剂为油溶性的偶氮类、有机过氧化物类和氧化-还原引发体系。反应迅速，同时放出大量的反应热。链增长的方式为头-尾相连。

氯乙烯聚合过程的两个主要特点：

(1)在本体聚合和乳液聚合中因有凝胶效应而产生自动加速，其主要原因是氯乙烯聚合物或增长链不溶于氯乙烯单体之中所造成。

表 7-12 聚氯乙烯的用途

类别		具体应用
硬质聚氯乙烯	管材	上水管、下水管、输气管、输液管、穿线管
	型材	门、窗、装饰板、木线、家具、楼梯扶手
	板材	可分为瓦楞板、密实板、发泡板等，用于壁板、天花板、百叶窗、地板、装饰材料，家具材料、化工防腐储槽等
	片材	吸塑制品如包装盒等
	丝类	纱窗、蚊帐、绳索
	瓶类	食品、药品及化妆品等用的包装材料
	注塑制品	管件、阀门、办公用品罩壳及电器壳体等
软质聚氯乙烯	薄膜	农用大棚膜、包装膜、日用装饰膜、雨衣膜、本皮膜
	电缆	中、低压绝缘和护套电缆料
	鞋类	雨鞋、凉鞋及布鞋的鞋底、鞋面材料
	革类	人造革、地板革及壁纸
	其他	软透明管、唱片及垫片

(2)增长链容易向单体发生链转移，因为氯乙烯单体和氯乙烯自由基都很活泼，事实表明氯乙烯对其增长链的转移比链转移剂二氯乙烷要快 10 倍，而且链转移速率随温度的升高而加快，聚氯乙烯的平均相对分子质量则随温度的升高而降低。

2. 聚合方法

目前工业上采用的氯乙烯聚合方法有四种：

(1)悬浮聚合。悬浮聚合成本低、产品质量好、用途广、适于大规模生产，是目前各国生产聚氯乙烯的最主要的方法，在我国占 90%以上。

(2)本体聚合。氯乙烯聚合成聚氯乙烯后，因不溶于单体而呈粉末状析出。因此本体聚合为非均相体系，本体聚合工艺有一段法及两段法，目前主要采用两段法。在第一段液相的单体在引发剂作用下聚合形成种子，转化率为 8%~12%，作为第二段聚合时聚合物沉淀的核心。然后在第二段单体、种子、引发剂进一步聚合，当转化率达 70%~80%后得到粉状产品。

(3)乳液聚合。乳液聚合适用于生产人造革，各种乳胶涂料和糊状树脂等。

(4)溶液聚合。溶液聚合仅用作涂料等特种用途，产量不大。氯乙烯聚合实施方法可以采用本体聚合、悬浮聚合、乳液聚合和溶液聚合。其中氯乙烯的溶液聚合因生产成本高，除特殊涂料生产使用外，应用较少。

氯乙烯聚合实施方法的选择要根据产品的用途、劳动强度、成本高低等进行合理选择。

3. 氯乙烯悬浮聚合工艺条件

(1)工艺配方(质量份)：

去离子水	100	氯乙烯	50~70
悬浮剂(聚乙烯醇)	0.05~0.5	引发剂(过氧化二碳酸二异丙酯)	0.02~0.3
缓冲剂(磷酸氢二钠)	0~0.1	消泡剂(邻苯二甲酸二酯)	0~0.002

(2)主要工艺参数：

聚合温度	50~58℃(依 PVC 型号而定)
聚合压力	初始 0.687~0.981MPa
	结束 0.294~0.196MPa

聚合时间　　8～12h

转化率　　90%

4. 工艺流程

氯乙烯悬浮聚合的典型工艺流程如图 7-7 所示。

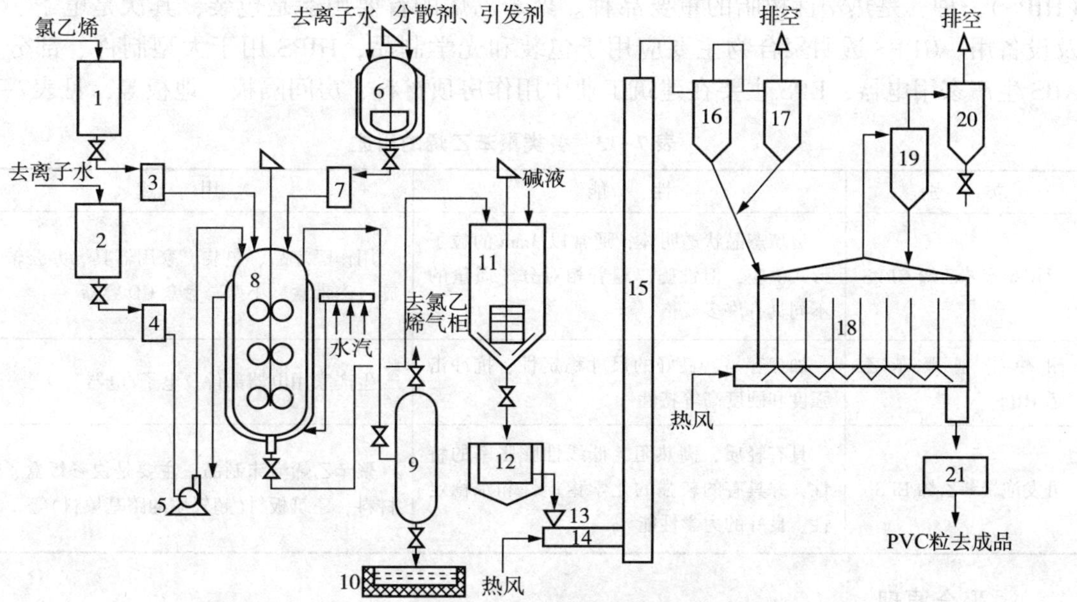

图 7-7　氯乙烯悬浮聚合工艺流程简图

1—氯乙烯计量罐；2—去离子水计量罐；3、4、7—过滤器；5—多级水泵；6—配制釜；8—聚合釜；9—泡沫捕集器；10—沉降池；11—碱处理釜；12—离心机；13—料斗；14—螺旋输送器；15—气流干燥管；16、17、19、20—旋风分离器；18—沸腾床干燥器；21—振动筛

悬浮聚合的过程是先将去离子水用泵打入聚合釜中，启动搅拌器，依次将分散剂溶液、引发剂及其他助剂加入聚合釜内。然后对聚合釜进行试压，试压合格后用氮气置换釜内空气。单体由计量罐经过滤器加入聚合釜内，向聚合釜夹套内通入蒸汽和热水，当聚合釜内温度升高至聚合温度（50～58℃）后，改通冷却水，控制聚合温度不超过规定温度的±0.5℃。当转化率达 60%～70%有自加速现象发生，反应加快，放热现象激烈，应加大冷却水量。待釜内压力从最高 0.687～0.981MPa 降到 0.294～0.196MPa 时，可泄压出料，使聚合物膨胀。因为聚氯乙烯粒的疏松程度与泄压膨胀的压力有关，所以要根据不同要求控制泄压压力。

未聚合的氯乙烯单体经泡沫捕集器排入氯乙烯气柜，循环使用。被氯乙烯气体带出的少量树脂在泡沫捕集器捕集下来，流至沉降池中，作为次品处理。

聚合物悬浮液送碱处理釜，用浓度为 36%～42%的 NaOH 溶液处理，加入量为悬浮液的 0.05%～0.2%，用蒸汽直接加热至 70～80℃维持 1.5～2.0h，然后用氮气进行吹气降温至 65℃以下时，再送去过滤和洗涤。

在卧式刮刀自动离心机或螺旋沉降式离心机中，先进行过滤，再用 70～80℃热水洗涤二次。脱水后的树脂具有一定含水量，经螺旋输送器送入气流干燥管，以 140～150℃热风为载体进行第一段干燥，出口树脂含水量小于 4%；再送入以 120℃热风为载体的沸腾床干燥器中进行第二段干燥，得到含水量小于 0.3%的聚氯乙烯树脂，再经筛分、包装后入库。

四、聚苯乙烯的生产

聚苯乙烯是由苯乙烯单体经自由基缩聚反应合成的聚合物，缩写代号为 PS。

聚苯乙烯(PS)可分为通用聚苯乙烯(GPPS)、发泡聚苯乙烯(EPS)和高抗冲聚苯乙烯(HIPS)三种，是热塑性树脂的重要品种。聚苯乙烯的首要用途是包装，其次是电子、电器及设备用。GPPS 透明聚合物主要应用于包装和光学制品，HIPS 用于大型制件、部分替代 ABS 生产家用电器，EPS 主要在建筑工业中用作房顶材料、房间隔板、地板等，见表7-13。

表 7-13　各类聚苯乙烯的用途

类　别	性　能	用　途
通用型聚苯乙烯 GPPS	玻璃态晶状透明体，通常以 3mm 的粒子形式供应，但性脆，随着相对分子质量的不同具有许多规格	用作医疗品、包装、家用器具、办公辅助设施、磁带盒、小型磁盘盒 CD 容器
耐冲击型聚苯乙烯 HIPS	加工容易、良好的尺寸稳定性、抗冲击强度和硬度高等特性	生产家用电器部件及电子/电器
可发泡聚苯乙烯 EPS	具有轻质、高热阻、低线性膨胀率的特性，并具有的较强的化学稳定性和水稳定性、良好的力学性能	聚苯乙烯泡沫制品，主要是快餐饭盒、包装材料、建筑板材(超轻质的路基填料)等

1. 聚合原理

苯乙烯既可作给电子体，又可作受电子体，其聚合过程可有四种不同的机理，自由基聚合、阴离子聚合、阳离子聚合及配位聚合。苯乙烯聚合的几种机理有其各自的特点，自由基引发、增长和终止过程是同时发生的，因此可以得到较宽的相对分子质量分布，多种终止途径使其端基具有多样性，而且聚合物相对分子质量对反应物进料的要求不高；阴离子聚合机理的链引发、增长和终止是相继发生的，聚合物相对分子质量分布较窄，控制链终止步骤可以控制聚合物链的端基结构，但是要求聚合反应中的进料必须净化；由于苯乙烯基碳正离子不稳定使分子链很快终止，因此阳离子聚合机理很难生产高分子质量的聚合物，而且阳离子聚合反应的进料也必须进行净化；Ziegler-Natta 配位聚合中使用的金属化合物能够使聚合反应按立构有关的方式进行。因此能够生产高熔点高结晶性有关立构 PS，但聚合反应中进料必须进行净化。工业生产中主要采用自由基聚合，其原因一是对进料单体的要求不高，二是引发剂对聚合物性能的影响很小，从而不必从聚合物中将残留的引发剂脱除。

PS 树脂的自由基聚合反应可以加入引发剂，也可以通过单体的热引发进行聚合。热引发仅通过加热(100℃以上)就可以进行，聚合反应一般分为链引发、链增长及链终止三个阶段，聚合反应转化率一般为 70%~85%。随着苯乙烯的转化率提高，聚合温度可由 100℃升至 220℃。聚合反应也可用引发剂引发聚合，在引发剂(如过氧化苯甲酰)存在下聚合反应会更迅速。由于苯乙烯聚合反应是大量的放热反应，因此良好的混合和有效的除热措施极其重要。

自由基的数量和反应温度对链转移和链终止的速度有影响，因此控制引发剂的注入量、注入速度以及聚合反应温度等反应条件，即可以实现对链长(相对分子质量)的控制。在反应温度保持恒定的条件下增加引发剂的浓度，则大批聚合物链被引发、终止，导致平均相对分子质量降低。相反如果提高反应温度，而自由基供给保持恒定，则聚合物链不断增长，聚合速度和平均相对分子质量随之增加。一般注塑级及挤出级的相对分子质量约为(16~18)×10^4，相对分子质量分布系数为2~4，相对分子质量最高可达40×10^4。在确定的反应温度范围内，引发剂体系的选择必须适应聚合速度、停留时间、相对分子质量分布以及残余单体含量的要求。

2. 聚合方法

工业上聚苯乙烯的生产主要采用两种生产工艺：本体法及悬浮法。本体聚合法最单纯、最经济、产量高、三废量最少、产品杂质含量最低、透明度最佳等优点，所以本体法是最主要的生产方法，目前世界上85%以上的PS是采用连续本体法工艺生产的。世界生产GPPS和HIPS均采用连续本体聚合法，见图7-8和图7-9。

图7-8　GPPS生产流程框图

高抗冲聚苯乙烯采用苯乙烯与橡胶进行接枝共聚的方法生产，得到的产品由分散的橡胶相及连续PS相组成，橡胶的引入使PS的韧性和抗冲击性能提高。

图7-9　HIPS生产流程框图

悬浮法是第二种聚苯乙烯基本生产工艺，悬浮法工艺的装置规模一般小于本体法工艺，间歇操作、牌号切换时清洗时间很短。对于某些高耐热和高相对分子质量牌号的产品只能用间歇悬浮聚合工艺生产，但在相同的生产能力下采用连续本体法的工厂固定资产投资及生产成本比悬浮法低，因此对于大多数PS牌号来说用本体法生产更为经济。目前悬浮法一般已经被本体法代替，主要用于生产EPS。悬浮法生产EPS又分为一步法和二步法。图7-10表示的一步法生产流程框图。

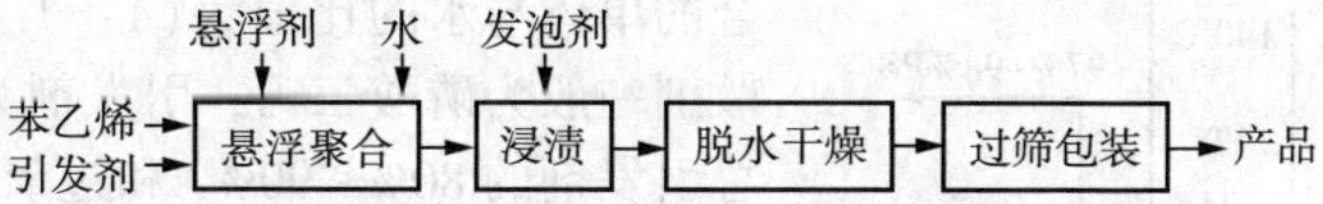

图7-10　一步法生产EPS工艺流程框图

一步法工艺聚合和浸渍在同一生产过程中完成，因此工艺简单，流程较短，投资费用低。原理是在悬浮聚合PS珠粒中加入发泡剂低沸点烃，在加温和加压条件下渗透到PS珠粒中使其溶胀，冷却后存在珠粒中，制成EPS珠料产品。

二步法工艺又称后浸渍法。将苯乙烯单体聚合所得的PS珠料经过筛分，再重新加水、悬浮剂、发泡剂和其他助剂，于聚合釜中加热浸渍得EPS珠粒，具有产品质量高、能耗低等优点。但二步法工艺生产流程较长，投资费用较高，且生产过程能耗大，产品成本高。一步法虽有缺点，但与二步法比较仍是利多弊少，特别是在经济上占有极大优势，故生产EPS较为普遍地应用一步浸渍法。

3. 本体聚合生产工艺

用于苯乙烯本体聚合的反应器有塔式、釜式、槽式和管式等，一般采用两个或更多反应器串联。先在预聚釜中使10%~50%的苯乙烯聚合，然后在后面的反应器中使其他单体全部聚合。最早的本体聚合是由两个釜和一个塔串联组成，如图 7-11 所示。

预聚釜是带搅拌的铝质釜，内部有传热盘管。搅拌速度为 300～360r/min，温度保持在 80℃，釜中物料停留时间为 60～70h。由预聚釜出来的混合物转化率为 30%～35%。然后物料进入高 6m、内径 0.8m 的内衬不锈钢的钢塔中。塔的内部分为六个尺寸基本相同的区域，用夹套、内部盘管和外部加热控制温度，每个区域的温度如图 7-11 所示。最后转化率为 95% 的 200℃反应产物经挤出和切粒得到聚苯乙烯产品。

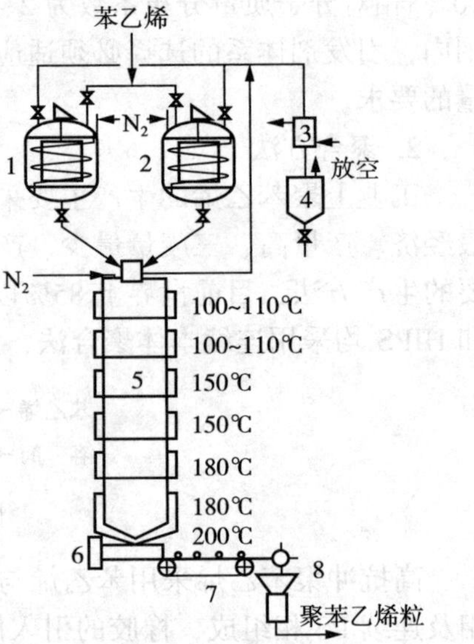

图 7-11　最早苯乙烯本体聚合装置简图
1、2—预聚釜；3—冷凝器；4—分离器；
5—塔式反应器；6—挤出机；7—输送带；
8—切粒机

该装置热效率较低，由于塔中无搅拌，反应温度不均一，物料返混现象还时有发生，加之装置无脱除挥发物质的设备，结果所得聚苯乙烯不仅性质差，且含有单体和低聚物高达 3%～4%。所以对该工艺流程进行了改进，如图 7-12 所示。

改进后预聚釜温度控制在 115～120℃，物料停留时间 4～5h。转化率约为 50%的物料进入改进后的塔式反应器中，塔顶温度保持 140℃，塔底为 200℃。物料在塔中的停留时间为 3～4h，出口产物含聚苯乙烯 97%～98%。从该塔顶可以蒸出部分苯乙烯，有助于维持塔温。蒸出的苯乙烯经冷凝，循环至预聚釜重复使用。

随着苯乙烯本体聚合工艺的不断改造，还出现了五釜串联、三釜一管串联、一立一卧串联等生产工艺。

4. 悬浮聚合生产工艺

苯乙烯悬浮聚合分为低温悬浮聚合和高温悬浮聚合两种。

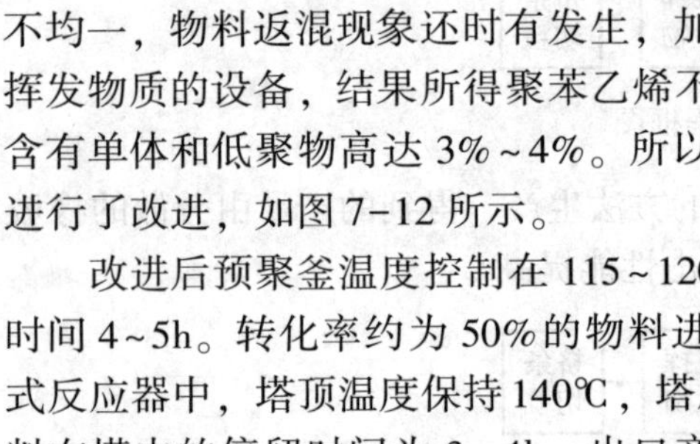

图 7-12　改进后的苯乙烯本体聚合生产流程示意图

(1) 苯乙烯低温悬浮聚合。苯乙烯低温悬浮聚合的单体与水的比值为(1∶1.4)～(1∶1.6)，分散剂一般为磷酸三钙，引发剂为过氧化苯甲酰(占总引发剂的 80%～90%)和过氧化叔丁基苯甲酸酯(占总引发剂的 10%～20%)复合型引发剂，水为去离子水。单体的纯度在 99.5%以上，各种杂质如甲苯、乙苯、甲基苯乙烯、二乙烯基苯等要控制在规定指标之内，尤其有二乙烯苯存在时，还会使聚合产物呈凝胶状，表面粗糙而不透明，熔融指数可能下降为零，致使产品无法使用，因此更要严格控制。含阻聚剂的单体在聚合前，可以用 5%NaOH 洗涤 3～4 次，再用水洗涤至中性。另外，聚合温度对聚合影响较大，一般是温度越高，反应速度越快。聚合转化率一般控制在 90%左右。典型的苯乙烯低温悬浮聚合工艺流程如图 7-13 所示。

向聚合釜内加入单体、水、分散剂、引发剂及内部润滑剂(石蜡)、离型剂(硬脂酸盐)等。为了控制聚合产物的相对分子质量大小、相对分子质量分布情况和转化率，聚合时先升温到 90℃，反应 6h。然后再升温到 110℃和 135℃两个阶段进行聚合，共约 2～3h。釜内压力为 0.3MPa，聚合后降温到 60℃，得到聚苯乙烯悬浮液。不包括升温和清釜，聚合时间约为 8~9h。然后将此悬浮液送入中和槽用 HCl 中和。后经洗涤、离心分离，得含水量为2%~3%的聚苯乙烯珠粒。最后经 80℃热气流干燥，得含水量为 0.05%的聚苯乙烯树脂，再用空气输送至成品储槽，经挤出切粒，包装成袋。一般聚苯乙烯相对分子质量可达 20×10^4，宜作发泡聚苯乙烯的材料。

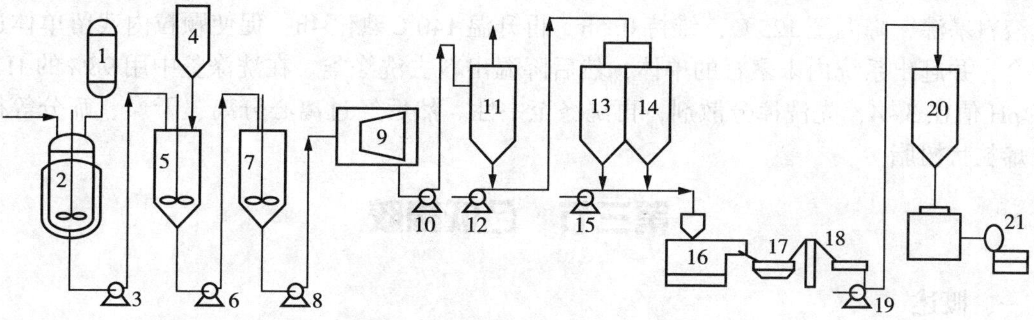

图 7-13　低温悬浮聚合工艺流程

1—配制釜；2—聚合釜；3、6、8—输送泵；4—配碱槽；5—中和槽；7—浆料槽；9—脱水器；10、12、15、19—风机；11—干燥器；13、14—中间储槽；16—挤出机；17—冷却；18—切粒；20—制品储槽；21—包装

(2)苯乙烯高温悬浮聚合。苯乙烯高温悬浮聚合采用 $MgCO_3$(也可以在聚合釜中直接用 Na_2CO_3 与 $MgSO_4$ 制备)为主分散剂，以苯乙烯-顺丁烯二酸酐共聚物为助分散剂。其典型工艺流程如图 7-14 所示。

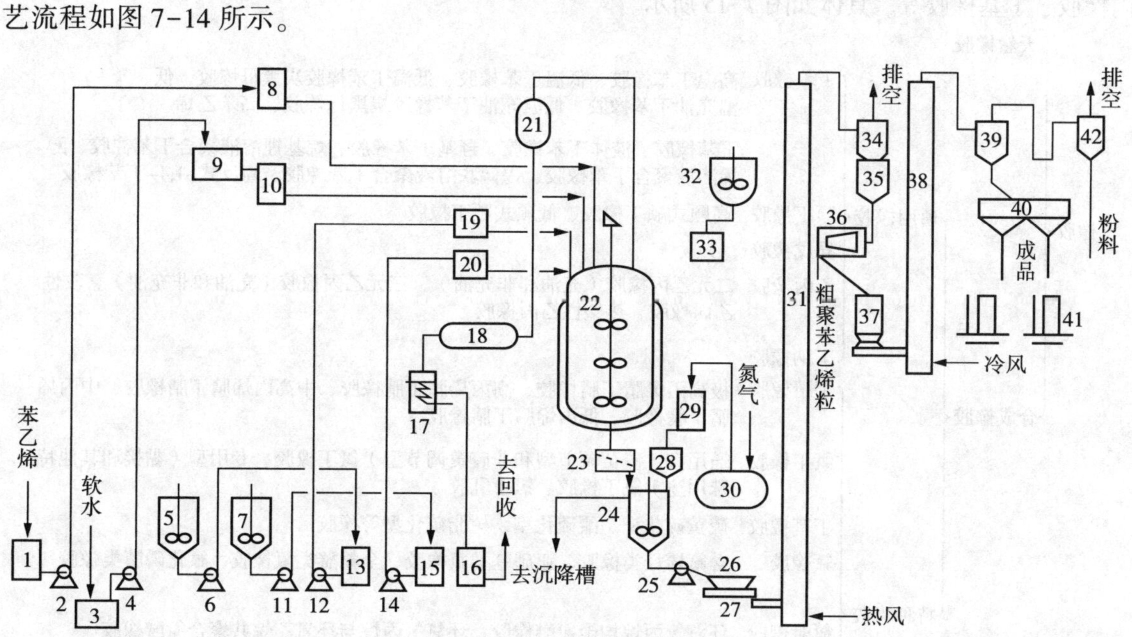

图 7-14　高温悬浮聚合工艺流程

1—苯乙烯储槽；2、4、6、11、12、14—输送泵；3—软水池；5—碳酸钠溶解釜；7—硫酸镁溶解釜；8—苯乙烯计量槽；9—软水高位槽；10—软水计量槽；13—碳酸钠储槽；15—硫酸镁储槽；16—回收苯乙烯储槽；17—油水分离器；18—回收单体冷却器；19—碳酸钠计量槽；20—硫酸镁计量槽；21—回收单体冷凝器；22—聚合釜；23—过滤器；24—洗涤釜；25—离心机；26—湿物料中间仓；27—螺旋输送器；28—硫酸计量槽；29—硫酸高位槽；30—硫酸储槽；31—气流干燥管；32—助分散剂溶解釜；33—铝桶；34、39、42—旋风分离器；35、37、40—料仓；36—圆筛；38—冷风气升管；41—磅秤

在聚合釜中加入预热至60℃的水及16%的Na_2CO_3，升温至78℃，再投入$MgSO_4$，搅拌0.5h，并同时通入过热蒸汽以排走空气。然后封闭全部出口，降温至75℃，使之产生2.7×10^4Pa的负压。将溶有2，6-叔丁基对甲酚的苯乙烯加入釜中，启动搅拌，升温至90℃，通N_2至0.15MPa，以防止高温下釜内剧烈翻腾。然后升温至150℃，釜内压力为0.6MPa，搅拌2h。这时聚苯乙烯颗粒已硬，再升温至155℃，釜内压力为0.7~0.75MPa，维持2h。为防止液料暴沸，降温至125℃，维持0.5h。再升温140℃熟化4h，促使颗粒内残留单体进一步聚合，并赶出系统内未聚合的单体，然后降温出料去洗涤釜。在洗涤釜中用98%的H_2SO_4维持pH值在3~4，先洗掉分散剂，再洗涤至中性。然后经过离心分离、干燥、筛分等得聚苯乙烯粒状树脂。

第三节　合成橡胶

一、概述

橡胶是一种高分子弹性体，它在外力作用下能发生较大的形变，当外力解除后，又能迅速恢复其原来形状。从橡胶的来源可以分为天然橡胶和合成橡胶两大类，天然橡胶是由顺式-1，4-异戊二烯链节组成的高聚物，故天然橡胶又称为顺式-1，4-聚异戊二烯。天然橡胶的平均聚合度约5000，相对分子质量分布较宽；合成橡胶是人工合成的类似天然橡胶的高分子弹性体，根据用途不同，可分为通用橡胶和特种橡胶两类。常用的通用橡胶有丁苯橡胶、顺丁橡胶、异戊橡胶、乙丙橡胶、丁基橡胶等。具体如图7-15所示。

- 橡胶
  - 天然橡胶
  - 合成橡胶
    - 通用橡胶
      - 丁苯橡胶　高温丁苯橡胶、低温丁苯橡胶、低温丁苯橡胶炭黑母炼胶、低温充油丁苯橡胶、低温充油丁苯橡胶炭黑母炼胶、高苯乙烯丁苯橡胶、液体丁苯橡胶、羟基丁苯橡胶、烷基锂溶液聚合丁苯橡胶、醇烯溶液聚合丁苯橡胶、锡偶联溶液聚合丁苯橡胶、高反式-1,4-丁苯橡胶
      - 顺丁橡胶　高顺式顺丁橡胶、低顺式顺丁橡胶
      - 异戊橡胶
      - 乙丙橡胶　二元乙丙橡胶（充油和非充油）、三元乙丙橡胶（充油和非充油）、改性乙丙橡胶、热塑性乙丙橡胶
      - 丁钠橡胶
    - 特种橡胶
      - 丁腈橡胶　极高丙烯腈丁腈橡胶、高丙烯腈丁腈橡胶、中高丙烯腈丁腈橡胶、中丙烯腈丁腈橡胶、低丙烯腈丁腈橡胶
      - 氯丁橡胶　通用型（硫黄调节型和非硫黄调节型）氯丁橡胶、专用型（黏接和其他特殊用途）氯丁橡胶、氯丁乳胶
      - 丁基橡胶　硫黄硫化型、醌硫化型、树脂硫化型等橡胶
      - 氟橡胶　含氟烯烃类橡胶、亚硝基类氟橡胶、全氟醚类氟橡胶、氟化磷腈类橡胶
      - 氯醚橡胶　环氧氯丙烷均聚氯醚橡胶、环氧氯丙烷与环氧乙烷共聚合氯醚橡胶
      - 硅橡胶　热硫化型硅橡胶、室温硫化型硅橡胶、加成反应型硅橡胶
      - 聚氨酯橡胶　浇注型聚氨酯橡胶、混炼型聚氨酯橡胶、热塑性聚氨酯橡胶
      - 聚硫橡胶　液态、固态聚硫橡胶、聚硫橡胶乳胶
      - 丙烯酸酯橡胶　含氯多胺交联型、不含氯多胺交联型、自交联型、羧酸铵盐交联型、皂交联型

图7-15　橡胶的分类

未经硫化的橡胶其大分子是线型或支链型结构，因其制品强度很低、弹性小、遇冷变硬、遇热变软、遇溶剂溶解等，使得制品无使用价值。所以橡胶制品必须经过硫化形成网状或体型结构才有实用价值。对橡胶进行适当的硫化，既可以保持橡胶的高弹性，又可以使橡胶具有一定的强度。同时为了增加制品的硬度、强度、耐磨性和抗撕裂性，在加工过程中加入惰性填料(如氧化锌、黏土、白垩、重晶石等)和增强填料(如炭黑)等。

通用橡胶中产量排前三名的是丁苯橡胶、顺丁橡胶及异戊橡胶，所以本节主要向大家介绍这三种橡胶的生产技术。

二、丁苯橡胶的生产

丁苯橡胶是由1，3-丁二烯与苯乙烯共聚而得的高聚物，缩写代号为SBR，是一种综合性能较好和消耗量最大的通用橡胶，其产量居合成橡胶第一位。丁苯橡胶的耐磨性、耐热性、耐油性和耐老化性较好。与天然橡胶混溶性好，因此与天然橡胶混用，以改善其性能。丁苯橡胶是目前应用最大的通用橡胶，主要用于制备各种轮胎及工业橡胶制品。绝大多数丁苯橡胶用于轮胎工业，其次是汽车零件、工业制品、电线和电缆包皮、胶管和胶鞋等。其品种有低温丁苯橡胶、高温丁苯橡胶、低温丁苯橡胶炭黑母炼胶、低温充油丁苯橡胶、高苯乙烯丁苯橡胶、液体丁苯橡胶等。下面重点介绍低温丁苯橡胶的生产技术。

(一)丁苯橡胶的聚合原理

丁二烯与苯乙烯在乳液中按自由基聚合反应机理进行聚合反应。其反应式与产物结构式为：

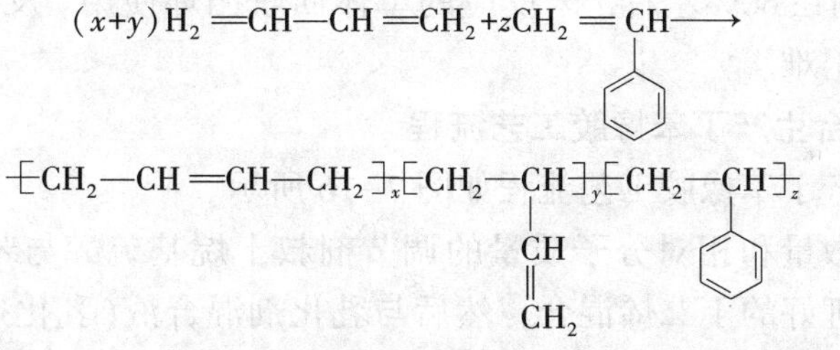

在典型的低温乳液聚合共聚物大分子链中顺式约占9.5%，反式约占55%，乙烯基约占12%。

(二)低温乳液聚合生产丁苯橡胶的工艺条件

1. 典型配方

典型低温乳液聚合生产丁苯橡胶配方及工艺条件见表7-14。

2. 工艺条件

(1)单体纯度。丁二烯的纯度>99%。对于由丁烷、丁烯氧化脱氢制得的丁二烯中丁烯含量<1.5%，硫化物<0.01%，羧基化合物<0.006%；对于石油裂解得到的丁二烯中炔烃的含量<0.002%，以防止交联增加丁苯橡胶的门尼黏度。阻聚剂低于0.001%时对聚合没有明显影响，当高于0.1%时，要用浓度为10%~15%的NaOH溶液于30℃进行洗涤除去。苯乙烯的纯度>99%，并且不含二乙烯基苯。

(2)聚合温度。温度与聚合采用的引发剂体系有关。低温乳液聚合生产丁苯橡胶采用氧化-还原引发体系，可以在5℃或更低温度下(-18~-10℃)进行，同时链转移少，产物中低聚物和支链少，反式结构可达70%左右。低温乳液聚合所得到的丁苯橡胶又称为冷丁苯橡胶。低温下聚合的产物比高温下聚合的产物的性能好。

表 7-14　典型低温乳液聚合生产丁苯橡胶配方及工艺条件

原料及辅助材料				配方Ⅰ	配方Ⅱ
单体			丁二烯	70	72
			苯乙烯	30	28
相对分子质量调节剂			叔十二烷基硫醇	0.20	0.16
介质			水	200	195
乳化剂			歧化松香酸钠	4.5	4.62
			烷基芳基磺酸钠	0.15	—
引发剂体系	过氧化物		过氧化氢对盖烷	0.08	0.06~0.12
	活化剂	还原剂	硫酸亚铁	0.05	0.01
			雕白粉	0.15	0.04~0.10
		螯合剂	EDTA	0.035	0.01~0.025
缓冲剂			磷酸钠	0.08	0.24~0.45
反应条件			聚合温度/℃	5	5
			转化率/%	60	60
			聚合时间/h	7~12	7~10

(3)转化率与聚合时间。为了防止高转化率下发生的支化、交联反应，一般控制转化率为60%~70%，多控制在60%左右，未反应的单体回收循环使用。反应时间控制在7~12h，反应过快会造成传热困难。

(三)低温乳液聚合生产丁苯橡胶工艺流程

低温乳液聚合生产丁苯橡胶工艺流程如图7-16所示。

用计量泵将规定数量和相对分子质量的调节剂叔十烷基硫醇与苯乙烯在管路中混合溶解。再在管路中与处理好的丁二烯混合，然后与乳化剂混合液(乳化剂、去离子水、脱氧剂等)等在管路中混合后进入冷却器，冷却至10℃。再与活化剂溶液(还原剂、螯合剂等)混合，从第一个釜的底部进入聚合系统，氧化剂则从第一个釜的底部直接进入。聚合系统由8~12台聚合釜组成，采用串联操作方式。当聚合到规定转化率后，在终止釜前加入终止剂终止反应，聚合反应的终点主要根据门尼黏度和单体转化率来控制。转化率虽然是根据取样测定固体含量来计算的，但一般控制在60%左右；而门尼黏度是根据产品指标要求实际取样测定来确定的。生产中当所测定的门尼黏度达到规定指标而转化率未达要求时，也要加终止剂终止反应，以确保产物门尼黏度合格。

从终止釜流出的胶液进入缓冲罐，后经过两个不同真空度的闪蒸器回收未反应的丁二烯。第一个闪蒸器的操作条件是22~28℃，压力0.04MPa，在第一个闪蒸器中蒸出大部分丁二烯；再在第二个闪蒸器中(温度27℃，压力0.03MPa)蒸出残存的丁二烯，回收的丁二烯经压缩液化，再冷凝除去惰性气体后循环使用。脱除丁二烯的乳胶进入苯乙烯汽提塔上部，塔底用0.1MPa的蒸汽直接加热，塔顶压力为12.9kPa，塔顶温度50℃，苯乙烯与水蒸气由塔顶出来，经冷凝后水和苯乙烯分开，苯乙烯循环使用。塔底得到含胶20%左右的胶乳，苯乙烯含量<0.1%。经减压脱出苯乙烯的塔底胶乳进入混合槽，在此与

规定数量的防老剂乳液进行混合，必要时加入充油乳液，经搅拌混合均匀后送入后处理工段。

混合好的乳胶用泵送到絮凝器槽中，加入24%～26%食盐水进行破乳而形成浆状物，然后与浓度0.5%的稀硫酸混合后连续流入胶粒化槽，在剧烈搅拌下生成胶粒，溢流到转化槽以完成乳化剂转化为游离酸的过程，操作温度均为55℃左右。

从转化槽中溢流出来的胶粒和清浆液经振动筛进行过滤分离后，湿胶粒进入洗涤槽，用清浆液和清水洗涤，操作温度为40～60℃。洗涤后的胶粒再经真空旋转过滤器脱除一部分水分，使胶粒含水低于20%，然后进入湿粉碎机粉碎成5～50mm的胶粒，用空气输送器送到干燥箱中进行干燥。

干燥箱为双层履带式，分为若干干燥室分别控制加热温度，最高为90℃，出口处为70℃。履带为多孔的不锈钢板制成，为防止胶粒黏结，可以在进料端喷淋硅油溶液，胶粒在上层履带的终端被刮刀刮下，落入第二层履带继续通过干燥室干燥。干燥至含水<0.1%。然后经称量、压块、检测金属后包装，得成品丁苯橡胶。

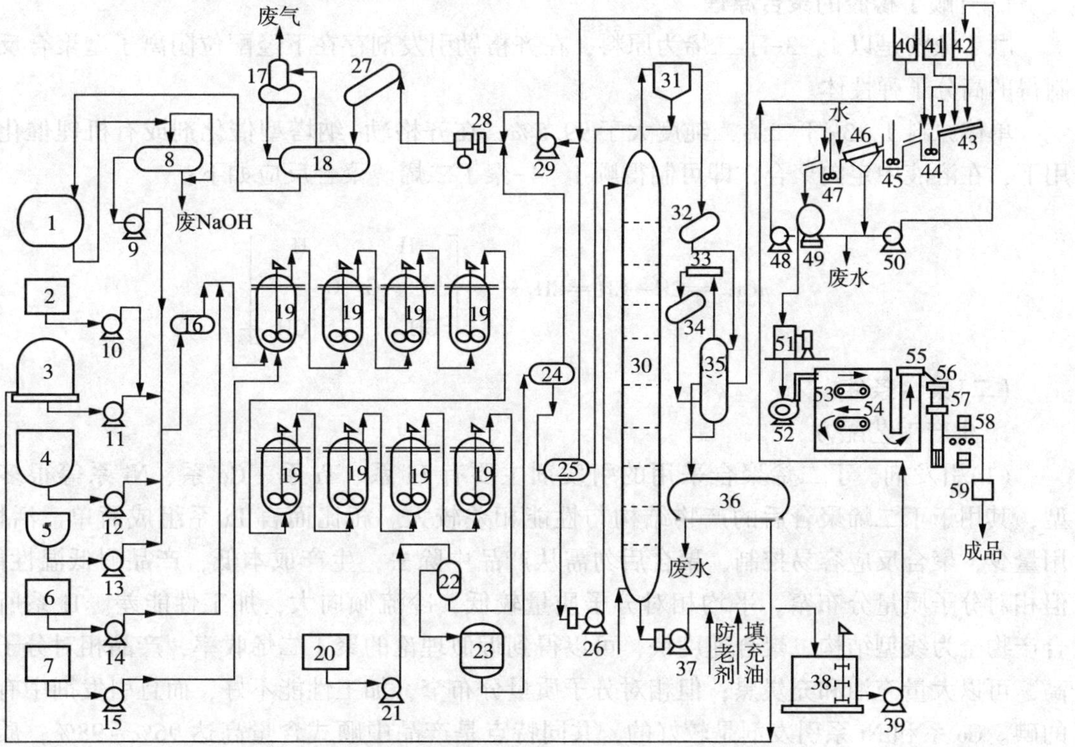

图7-16　乳液聚合生产丁苯橡胶工艺流程

1—丁二烯原料罐；2—调节剂槽；3—苯乙烯储罐；4—乳化剂槽；5—去离子水储槽；6—活化剂槽；7—过氧化物储罐；8、9、10、11、12、13、14、15、21、39、48、49—输送泵；16—冷却器；17—洗气罐；18—丁二烯储罐；19—聚合釜；20—终止剂储罐；22—终止釜；23—缓冲罐；24、25—闪蒸器；26、37—胶液泵；27、32、34—冷凝器；28—压缩机；29—真空泵；30—苯乙烯汽提塔；31—气体分离器；33—喷射泵；35—升压器；36—苯乙烯罐；38—混合槽；40—硫酸储槽；41—食盐水储罐；42—清浆液储槽；43—絮凝槽；44—胶粒化槽；45—转化槽；46—筛子；47—再胶浆化槽；50—真空旋转过滤器；51—粉碎机；52—鼓风机；53—空气输送带；54—干燥机；55—输送器；56—自动计量器；57—成型机；58—金属检测器；59—包装机

三、顺丁橡胶的生产

顺丁橡胶是以13-丁二烯为单体，经配位聚合而得到的高顺式聚丁二烯高分子弹性体。缩写代号为BR，是世界上仅次于丁苯橡胶的通用合成橡胶。

顺丁橡胶工业生产新技术是中国科学院兰州化学物理所、长春应化所、山西煤化所与常州炼油厂和有关设计单位共同开发的，于1972年初在北京燕山石化公司建立了第一套万吨级生产装置。

顺丁橡胶是一种通用橡胶，其特点是分子链规整，有突出的耐磨性和高弹性，耐低温、耐老化性能好，动态负荷下发热小，但冷流性大，黏着性和抗撕性差。顺丁橡胶可与天然橡胶及其他合成橡胶混合使用，彼此取长补短。适于制造汽车轮胎和耐寒橡胶制品。所以成为世界第二大合成橡胶产品。顺丁橡胶主要用于制造轮胎中的胎面胶和胎侧胶，约占80%以上；其他有自行车外胎、鞋底、输送带覆盖胶、电线绝缘胶料、胶管、体育用品(高尔夫球)、胶布、腻子、涂漆、漆布等。

(一)顺丁橡胶的聚合原理

顺丁橡胶是以1，3-丁二烯为原料，在齐格勒引发剂存在下经配位阴离子型聚合反应而制得的高分子弹性体。

单体原料1，3-丁二烯，纯度大于99.5%，在齐格勒-纳塔型催化剂或有机锂催化剂作用下，在溶液中定向聚合，即可制得顺1，4-聚丁二烯。聚合反应如下：

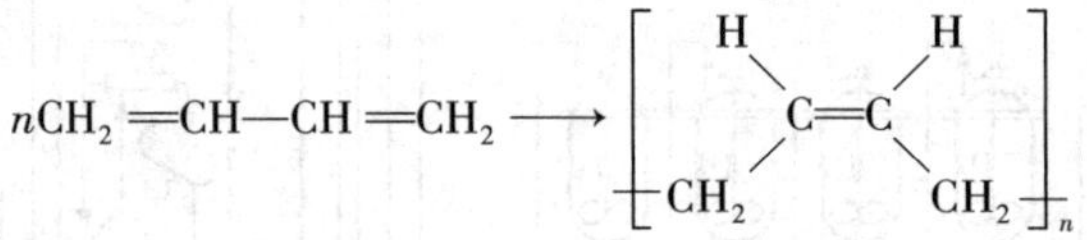

(二)聚合条件

1. 生产工艺配方

(1)引发剂。丁二烯聚合采用的引发剂主要有Li系、Ti系、Co系、Ni系等很多种类型，其用于丁二烯聚合后的产物结构与性能相差较大。相比而言Li系组成简单，活性高、用量少，聚合反应容易控制，聚合后勿需从产品中除去，生产成本低，产品耐低温性能好，但相对分子质量分布窄，平均相对分子质量较低，冷流倾向大，加工性能差。Ti系所得聚合产物全为线型结构，聚合速度快，可以得到近似理论的聚丁二烯收率，产品相对分子质量高，可以大量充油和充炭黑；但相对分子质量分布窄，加工性能不好，而且引发剂中有较贵的碘。Co系和Ni系引发剂是较好的，共同特点是产品中顺式含量高达96%~98%，质量均匀，相对分子质量分布较宽，易于加工，冷流倾向小，橡胶物理性能较好。但两者相比，Ni系引发剂可以提高单体浓度和聚合温度，产品质量不受影响；而Co系无此性质，并且Co系引发剂还有使聚丁二烯支化度高的缺点。所以国内采用最多的引发剂体系是Ni系。典型的Ni系引发剂中的主引发剂是环烷酸镍，助引发剂是三异丁基铝，第三组分是三氟化硼乙醚络合物。

(2)溶剂。溶剂不同对单体、引发剂、聚合产物等的溶解能力不同，造成聚合体系的黏度不同，对传热、搅拌、回收、生产能力等均有影响。可用的溶剂有苯、甲苯、甲苯-庚烷、溶剂油等。生产中多采用溶剂油(简称C_6油或抽余油)，其要求是馏程60~90℃，碘值

<0.2g/100g，水值<20mg/kg。

(3)其他。生产中还要加入终止剂，常用的是乙醇。纯度95%，含水5%，恒沸点78.2℃，相对密度0.81。另外也要加入防老剂如2，6-二叔丁基-4-甲基苯酚(简称264)。熔点69~71℃，游离甲酚<0.04%，灰分<0.03%，油溶性合格。

以上各组分的生产配方如下：

丁油浓度	12~15g/mL	镍/丁	$\leqslant 2.0\times10^{-5}$
铝/丁	$\leqslant 1.0\times10^{-4}$	硼/丁	$\leqslant 2.0\times10^{-4}$
铝/硼	>0.25	醇/铝	6
铝/镍	3~8	防老剂/丁	0.79%~1.0%

2. 工艺条件

(1)单体浓度。原则上看增加单体浓度是可以提高聚合反应速度，但综合看单体浓度与聚合产物的门尼黏度、胶液浓度、胶液黏度等有直接关系。门尼黏度是生产控制的主要指标，一般控制在(45~50)±5℃左右。胶液浓度决定着胶液黏度，同时也影响搅拌和传热。一般生产中控制胶液黏度为10Pa·S左右，过大时造成搅拌和传热都有一定难度。如门尼黏度为50的普通聚丁二烯，允许的胶液浓度为14%，这时对应的胶液黏度为10Pa·S左右，对应的单体浓度为10%~15%；门尼黏度为20时，允许单体浓度为20%左右。

(2)引发剂的陈化方式。在引发剂各组分投入量确定的情况下，陈化方式对引发剂的活性有很大影响。生产中采用过的方式主要有三元陈化(Ni、B、Al分别配制成溶液，再按一定次序加入)、双二元陈化(将Al组分分成一半，分别与Ni、B组分混合陈化)、稀硼单加(将Ni、Al组分混合陈化，B组分配制成溶液后直接加入聚合釜)等方式，其中应用最多的是后一种方式。

(3)溶剂的选择。单就常用溶剂的溶解能力看，甲苯的溶解能力最好，是聚丁二烯的良溶剂，而溶剂油比较差。但从工程角度看，降低搅拌功率，便于移出聚合热，总希望体系黏度低一些有利。而体系的黏度与聚合物在溶剂中溶解状态有关，溶解越好，大分子在溶剂中就越伸展，大分子运动时受到的阻力也就越大，因此黏度就大。各方面综合考虑，生产中常选择溶剂油为溶剂。

(4)聚合温度控制。由于丁二烯聚合反应的反应热为1381.38kJ/kg，如不及时排除将会影响产物的质量，甚至造成生产事故。采用的控制温度方法有采用传热面积大的聚合釜(高径比大)，除夹套外可以安装内冷管。生产中还常采用在釜顶充冷油来带走反应热。

(5)工艺条件。聚合温度是首釜<95℃，末釜<100℃；聚合压力<0.45MPa；转化率>85%；收率>95%；每吨胶消耗丁二烯1.045t。

(三)溶液聚合生产顺丁橡胶工艺

溶液聚合生产顺丁橡胶工艺过程包括原料精制、引发剂配制、聚合、回收、凝聚、后处理等工序。其工艺流程如图7-17所示。

聚合级丁二烯由泵经流量控制与由泵经流量控制送来的溶液油在文氏管中混合后，再经丁油预热(冷)器进行预热(冷)后，与分别由计量泵送出Ni组分、Al组分经经文氏管混合后的混合物混合，连续送入聚合釜首釜底入口。B组分由计量泵送出与稀释油在文氏管中混合后直接送入聚合釜首釜底入口。聚合釜为不锈钢制并装有双螺带式搅拌器。

物料在首釜反应一定时间后，从釜顶出来进入第二釜、第三釜等连续进行聚合反应，当检测达到规定门尼黏度后，进入终止釜用乙醇破坏引发剂使反应终止。

从终止釜出来的胶液经过滤器进入胶液罐，回收部分未反应的单体送单体回收罐区，再经精制处理循环使用；并将胶液混配成优级品的门尼黏度，然后经胶液泵送入凝集釜，用0.9MPa水蒸气在搅拌下于热水中进行凝集。从凝集釜顶出来的单体和水蒸气经冷凝器冷凝，入油水分离罐分离出溶剂油和少量单体送回收精制后循环使用；水经液面调节阀控制排出，经二次净化处理排入地沟。从凝集釜底出来的胶粒与循环热水颗粒泵送入缓冲罐，再经1号振动筛分离出胶料去洗胶罐。在洗胶罐中用40~60℃热水对胶粒进行洗涤，洗涤后的胶粒经2号振动筛分离后，含水量约为40%~60%的胶粒送入挤压机挤压脱水。经挤压脱水后，胶粒含水量为8%~15%。将其切成细条形，并进入膨胀干燥机加热、加压，达到膨胀和内蒸，进一步除去所含的大部分水分，再送入水平红外干燥箱中干燥，使胶条的含水量降到0.75%以下。干燥合格的胶条经提升机送入自动称量秤，按每块25kg进行压块，并用塑料薄膜包好，装袋封口入库。

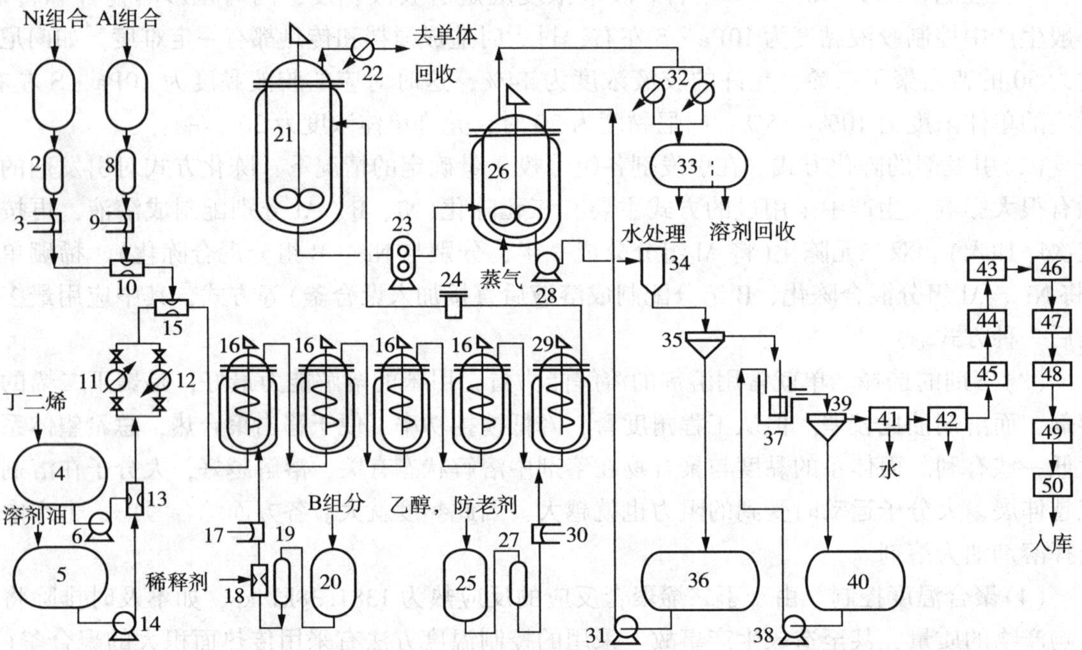

图7-17　顺丁橡胶生产工艺流程

1—Ni组分罐；2、8、19、27—计量罐；3、9、17、30—隔膜计量泵；4—丁二烯储罐；5—溶剂油储罐；6，14—油泵；7—Al组分罐；10、13、15、18—文氏管混合器；11—丁油预冷器；12—丁油预热器；16—聚合釜；20—B组分罐；21—胶液罐；22、32—冷凝器；23—胶液泵；24—过滤器；25—终止剂、防老剂罐；26—凝集釜；28—颗粒泵；29—终止釜；31、38—热水泵；33—油水分离罐；34—缓冲罐；35—1号振动筛；36—循环热水罐；37—洗胶罐；39—2号振动筛；40—洗胶水罐；41—挤压机；42—膨化干燥机；43—水平振动给料筛；44—提升机；45—干燥箱；46—自动秤；47—压块机；48—薄膜机；49—包装机；50—缝纫机

四、异戊橡胶的生产

以异戊二烯单体在催化剂作用下，经溶液聚合而成的顺式-聚-1，4-异戊二烯，简称异戊橡胶，缩写代号为IR。由于其分子结构和性能类似天然橡胶，是天然橡胶最好的代用品，

故有合成天然橡胶之称。异戊橡胶是世界上仅次于丁苯橡胶、顺丁橡胶而居于第三位的合成橡胶，这是一种综合性能最好的通用橡胶。但是我国多年来一直没有异戊橡胶工业化生产装置，直到 2010 年国内第一套自主研发的 1.5×10^4t/a 异戊橡胶工业化装置在茂名顺利投产，才填补了国内空白。

异戊橡胶主要用于作轮胎的胎面胶、胎体胶和胎侧胶，以及胶鞋、胶带、胶黏剂、工艺橡胶制品、浸渍橡胶制品及医疗、食品用橡胶制品等。

根据聚异戊二烯橡胶中异戊二烯单元结构的不同，可分为高顺式-1，4-聚异戊二烯橡胶、反式-1，4-聚异戊二烯橡胶、顺式-3，4-聚异戊二烯橡胶和 1，2-聚异戊二烯橡胶四种异构体，但实现工业化的仅前两种。在顺式-1，4-聚异戊二烯橡胶中，按其顺式-1，4-结构含量又可细分为高顺式聚异戊二烯橡胶和中顺式聚异戊二烯橡胶。

(一)聚合原理

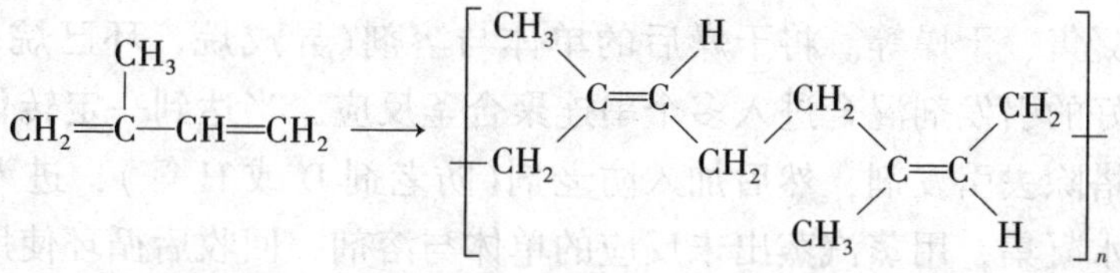

该聚合反应属于配位聚合，用于生产异戊橡胶的引发剂体系主要有齐格勒引发剂中的 Ti 系($TiCl_4$ 和 AlR_3)、Li 系(LiC_4H_9)和有机酸稀土盐三元引发体系。

1. 钛系催化剂

用钛系催化剂、以己烷或丁烷为溶剂合成的异戊橡胶称钛系 IR，钛胶为高顺式 IR，含量为 96%~97%，主要有俄罗斯的雅罗斯拉夫工艺和美国的固特异工艺。俄罗斯的雅罗斯拉夫工艺：俄罗斯 IR 产品产品牌号为 CKH-3。聚合催化剂为 $TiCl_4$-$Al(iBu)_3$(四氯化钛-三异丁基铝)，齐格勒系催化剂。列宁格勒合成橡胶研究院拥有制造该催化剂的专利技术。美国的固特异工艺采用齐格勒-纳塔催化剂，以己烷或丁烷作溶剂的连续溶液聚合流程。工艺包括：催化剂(四氯化钛-三烷基铝或四氯化钛-聚亚胺基铝烷)制备、聚合、脱除催化剂残渣、脱水干燥及包装成型，所得产品顺-1，4 含量>95%。

2. 锂系催化剂

用烷基锂(RLi，R 为烷基)做催化剂，环己烷或己烷作溶剂合成的 IR 称锂系异戊橡胶。美国壳牌公司于 1962 年采用固特异的专利技术实现工业化，所得 IR 顺-1，4 含量为92%~93%。该工艺催化剂用量少，转化率高，故流程中可省去单体回收和脱除催化剂残渣工序。目前采用该技术的只有美国的 Kraton 聚合物公司。

3. 稀土催化剂

以稀土元素为基础的催化剂合成 IR 技术，稀土 IR 顺式含量一般为 94%~95%，该技术最早由我国开发成功，80 年代前苏联实现工业化。目前国际上最先进的 IR 生产技术都采用稀土催化剂体系，各国都致力于开发新型稀土催化剂和稀土催化剂合成 IR 技术，一致致力于开发高顺式结构、窄相对分子质量分布为特征的新型稀土异戊橡胶，经过多年努力取得了一些进展，但依然存在一些问题，如顺式结构偏低，胶液黏度偏高，门尼黏度偏低等问题。近些年我国在稀土催化剂的配制方面取得突破，先后成功开发出钛系和稀土催化剂体系的 IR 合成技术，成功合成出顺式结构高于 96%(核磁测定)的稀土 IR。

采用自主研发的高效稀土催化剂体系以及自主设计的聚合装置，聚合工艺为溶液聚合，采用预混合工艺提高催化剂效率，降低催化剂消耗，聚合过程不通冷却水，降低了能耗，同时优化了管道设计及输送系统，解决了胶液输送难题，成功合成出高顺式-1，4 异戊橡胶。还开发出了具有自主知识产权的稀土 IR 工业生产技术，这一技术采用稀土催化剂溶液聚合生产 IR，产品性能超过目前从俄罗斯大量进口的 CKH-3。

(二)工艺条件

采用钛系催化剂合成 IR 要严格控制 $n(\mathrm{Al})/n(\mathrm{Ti})$ 比值(0.9~1.0)，单体质量分数 12%~20%，在较低温度(0~40℃)聚合 2~4h，转化率可达 70%~90%。

异戊橡胶生产工艺：因为目前 Ti 系应用较多，所以以 Ti 系引发剂引发生产异戊橡胶为例进行介绍。该生产工艺过程与顺丁橡胶类似，采用连续溶液聚合流程，如图 7-18 所示。主要包括原料精制、溶液聚合、胶液分离、干燥及溶剂和单体回收。

聚异戊二烯的生产过程与顺丁橡胶的生产过程有许多相同之处，如单体浓度控制、传热、反应终止、凝集、干燥等。将干燥后的单体与溶剂(异戊烷、环己烷、苯、甲苯等)混合后，再与配制好的引发剂混合进入多个串连聚合釜反应，当达到一定转化率和门尼黏度时进入引发剂洗涤塔除去引发剂，然后加入防老剂(防老剂 D 或 H 等)，进入混胶罐混合，再送入凝集釜用热水凝集，用蒸汽蒸出未反应的单体与溶剂，回收后循环使用。在此过程中为防止凝结成块而向水中加入少量氧化锌等分散剂。凝集后从水中分离出胶粒，通过热风干燥机或挤压脱水，再经膨胀干燥等后压块、包装即得成品。

在异戊橡胶生产过程中需要注意主要问题是不同引发剂体系其操作条件不同。Ti 系引发剂的组分配比以 Al/Ti=1∶1 时最佳，并且配制温度越低，引发剂活性越大。引发剂在溶剂中的溶解状态对聚合过程中凝胶的产生有很大影响，如以脂肪烃类为溶剂 Ti 系引发剂就属于非均相体系，凝胶含量可达 20%~30%；以芳烃为溶剂凝胶含量较低，结构比较疏松。凝胶的产生对传热、物料输送等造成影响。

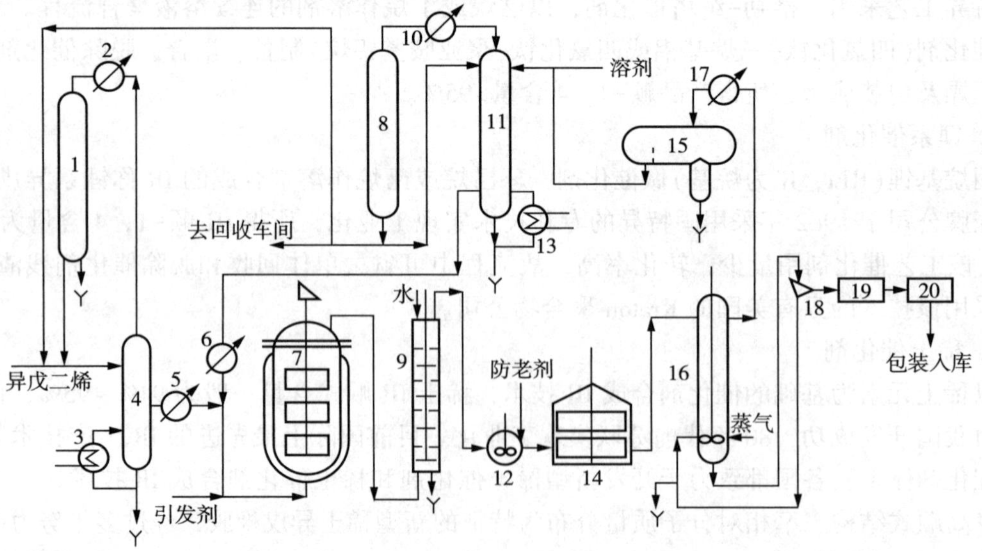

图 7-18　聚异戊二烯橡胶生产工艺流程

1、8—脱水塔；2、5、6、10、17—冷凝器；3、13—再沸器；4—干燥塔；
7—聚合釜；9—引发剂洗涤塔；11—精馏塔；12—混合器；14—混胶罐；15—油水分离罐；
16—凝集釜；18—脱水筛；19—干燥器；20—压块包装

第四节　合成纤维

一、概述

纤维是指柔韧、纤细，具有相当长度、强度、弹性和吸湿性的丝状物，大多数是不溶于水的有机高分子化合物，少数是无机物。根据来源可以分为天然纤维和化学纤维两大类，具体如图 7-19 所示。

化学纤维除合成纤维外，还有以自然界的纤维(如木材、棉短绒)或蛋白质(大豆、花生等)为原料，经化学处理与机械加工而制得的人造纤维(或称再生纤维)，如纤维素纤维(黏胶纤维、铜氨纤维、醋酸纤维及再生蛋白质纤维)。

合成纤维是以石油、煤、天然气等作为原料，经过化学合成与机械加工制得的纤维。合成纤维品种甚多，主要有聚酯纤维(涤纶)、聚酰胺纤维(绵纶)和聚丙烯腈纤维(腈纶)三大类，其产量约占合成纤维总量的90%。此外还有聚乙烯醇纤维，如聚乙烯醇缩甲醛纤维(维尼纶)；含氯纤维，如聚氯乙烯纤维，过氯乙烯纤维(氯纶)；聚烯烃纤维，如聚乙烯纤维和聚丙烯纤维；具有特种性能的纤维，如聚氨酯弹性纤维，耐高温的碳纤维等。只有具备形成纤维的必要性能：可塑性、延展性、弹性、韧性、高强度等的高聚物，才能制成纤维。这类高聚物叫作成纤高聚物。

- 纤维
  - 天然纤维—棉花、亚麻、羊毛、蚕丝等
  - 化学纤维
    - 再生纤维
      - 纤维素纤维
        - 胶黏纤维
        - 铜氨纤维
        - 醋酸纤维
      - 蛋白质纤维——牛乳、大豆、花生、玉米等蛋白纤维
    - 合成纤维
      - 锦纶系列——聚酰胺-6、聚酰胺-66、聚酰胺-1010等纤维
      - 涤纶系列——聚对苯二甲酸乙二醇酯、共聚酯等纤维
      - 腈纶系列——聚丙烯腈纤维、氯乙烯-丙烯腈共聚纤维等
      - 聚乙烯醇系列——聚乙烯醇缩甲醛纤维（维尼纶）及共聚纤维
      - 聚烯烃纤维——聚乙烯纤维、聚丙烯纤维（丙纶）等
      - 含氯纤维——聚氯乙烯、过氯乙烯及共聚纤维
      - 耐高温纤维——聚四氟乙烯纤维、碳纤维、石墨纤维等
      - 其他纤维——聚氨酯弹性纤维、聚甲醛纤维等

图 7-19　纤维的分类

合成纤维生产一般由制取单体、聚合、纺丝、后处理等工序组成。本节主要向大家介绍世界三大合成纤维，即聚酯纤维、聚酰胺纤维和聚丙烯腈纤维的生产技术。

二、聚酯纤维的生产

聚酯纤维由有机二元酸和二元醇缩聚而成的聚酯经纺丝所得的合成纤维，其大分子主链

含有($-\underset{\underset{\displaystyle O}{\|}}{C}-O-$)酯基。聚酯纤维的品种很多，目前的主要品种有聚对苯二甲酸乙二醇酯(PET)、聚对苯二甲酸丁二醇酯(PBT)、聚对苯二甲酸丙二醇酯(PTT)、聚萘二甲酸乙二醇酯(PEN)等高分子化合物以及某些共聚酯系列。以对苯二甲酸(PTA)和乙二醇(EG)为原料缩聚而成的聚对苯二甲酸乙二醇酯是世界上第一个实现工业化和广泛得到应用的聚酯产品，也是目前世界上产量最高、用量最大、用途最广泛的合成纤维，我国的商品名称为涤纶，俗称的确良，缩写代号为 PET。

由于聚酯纤维弹性好，织物易洗易干，保形性好，是理想的纺织纤维，可纯纺或与其他纤维混纺制作各种服装及针织品，同时在工业上也可作轮胎帘子线、运输带等。

PET 之所以可用来作为纤维使用，主要是它的大分子结构呈线型分子链，链中的单体单元排列规整，聚合物结晶性能较好，强度高，便于拉伸和抽丝。这完全是由 PET 的大分子结构所决定。合成 PET 的两种单体分子结构具有高度的对称性，因此，在形成大分子的过程中可使其沿着大分子的主链两侧整齐排列，表现出高度的几何规整性。PET 分子链上的苯环结构，又使该大分子的刚性增加，结晶性好。在热运动状态下，由于单键内旋而产生分子在空间的各种不同形态称为构象。PET 大分子因为含有很多 C—C 单键，会产生无数的构象。但是为了满足紧密堆砌的要求，只能采取一种位能最低的构象。对 PET 而言完全伸直的平面锯齿形结构是能量最低的构象。在 PET 重复单元中含有柔性较大的—CH_2—CH_2—链节和空间位阻较大、移动困难的苯环。由于酯基和苯环间形成一个共轭体系，所以当大分子链围绕这个刚性基团自由旋转时，柔性链段不能单独转动，只能和苯环作为一个共同的整体一起运动。这就是 PET 大分子链在一定条件下表现出很大刚性的原因。这也是 PET 的一个重要特征，使涤纶纤维断裂伸长较低，织物较为挺括。PET 的大分子链具有较高的立体结构规整性，主链中不含不对称碳原子，苯环又几乎排列在同一平面上，使大分子能紧密聚集，具有良好的结晶性能。将 PET 熔体迅速冷却可得无定形的聚合物，外观上看是透明的。无定形的聚酯中顺式结构占多数，但将 PET 熔体缓慢冷却可得到排列有序的结晶状态，外观上看为乳白色，结晶的聚酯中反式结构占多数。

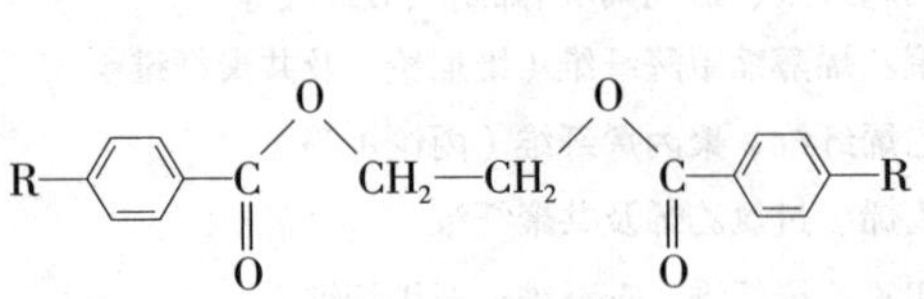

顺式

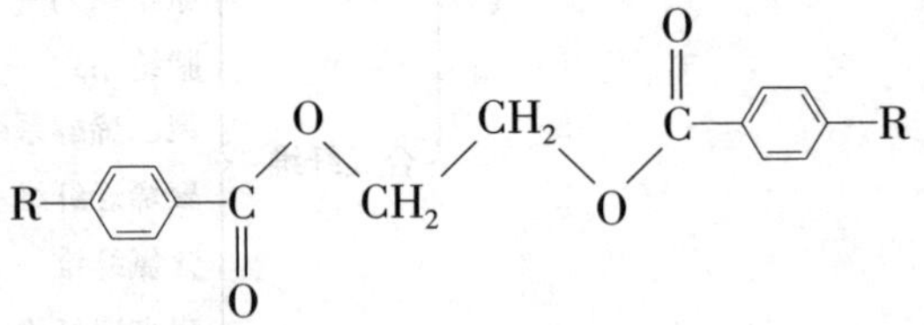

反式

(一)生产方法

聚酯生产都是先合成中间体-对苯二甲酸双羟乙酯，然后中间体再进行缩聚生产聚酯。按所用中间体的生产路线分，主要有三种生产方法：酯交换法、直接酯化法、环氧乙烷法。

1. 酯交换法(DMT 法)

这是最早(1953 年)实现工业化的聚酯路线，是将对苯二甲酸二甲酯与乙醇按 1∶2.5(摩尔比)比例混合，在醋酸锌、醋酸锰和醋酸钴催化剂的作用下发生酯交换反应，生成对苯二甲酸双羟乙酯。

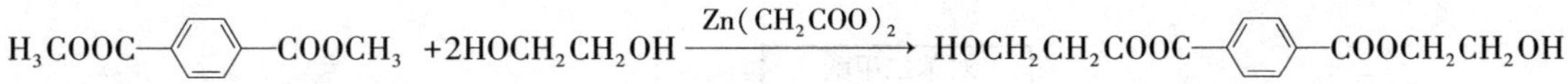

对苯二甲酸双羟乙酯

由于酯交换法的生产复杂，需要甲醇的回收装置，而且投资大，现在新建的装置基本上已经很少用酯交换的工艺路线，而以前的装置也慢慢地淘汰了。

2. 直接酯化法(PTA 法)

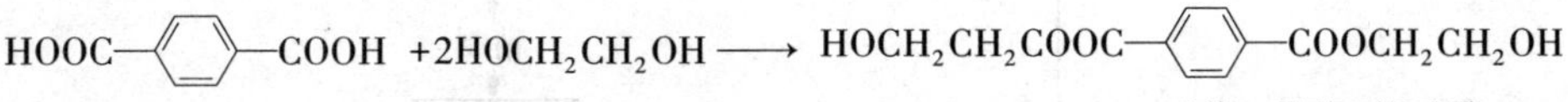

对苯二甲酸双羟乙酯

由于直接酯化(PTA)法较酯交换(DMT)法和环氧乙烷(EO)法优点更多(原料消耗低，EG 回收系统较小，不副产甲醇，生产较安全，流程短，工程投资低，公用工程消耗及生产成本较低，反应速度平缓，生产控制比较稳定)等，目前世界 PET 总生产能力中大多采用直接酯化法。

3. 环氧乙烷法(EO 法)

该路线是 1973 年开始工业化生产的。其反应如下：

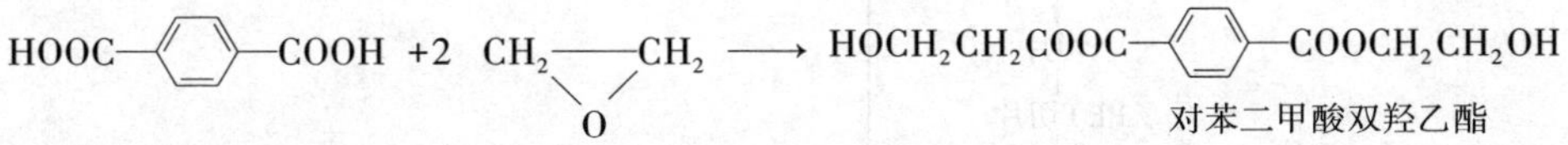

对苯二甲酸双羟乙酯

用 PTA 与环氧乙烷(EO)直接酯化，连续缩聚成 PET。日本过去曾用此法进行过生产，但由于此法具有易爆，易燃、有毒等缺点，目前已淘汰。

图 7-20 是聚酯纤维三种路线的生产路线框图。

20 世纪 60 年代初 PET 的生产以间歇法为主，20 世纪 60 年代后西欧各国、日本继美国之后，也成功地开发出了连续化生产技术，由于连续化工艺较间歇法工艺优越，产量大、质量好、可直接纺丝、产品成本低，所以得到迅速发展，目前已成为 PET 生产的主流。70 年代以后建的 PET 装置，规模大的都采用连续化工艺。进入 80 年代以后新建的 PET 装置即以直接酯化法的连续化为主。

(二)反应原理

1. 酯化反应机理

对苯二甲酸(PTA)和乙二醇(EG)的酯化反应可在 PTA 的氢离子(H^+)自催化作用下进行，自催化的反应机理是原料 PTA 羧基解离的 H^+ 自催化和 EG 进行亲和酯化反应。其实酯化反应和缩聚反应在整个生产反应过程中都同时存在，在反应刚开始时，反应条件有利于酯化反应的进行。酯化反应为可逆反应，为了向正反应方向进行，必须及时除去生成的水。另外 EG 与 PTA 的配比也有一定的影响，当 EG 过量时会发生 EG 之间、EG 与 BHET 之间的醚化反应。在实际生产过程中，酯化反应生成的 BHET 经本体聚合生成二聚体、三聚体等，在反应结束时反应物料大部分为 BHET 的四聚体和五聚体。在酯化反应过程中，也有缩聚反应、水解反应(酯化反应的逆反应)、醇解反应、生成醚的副反应等。

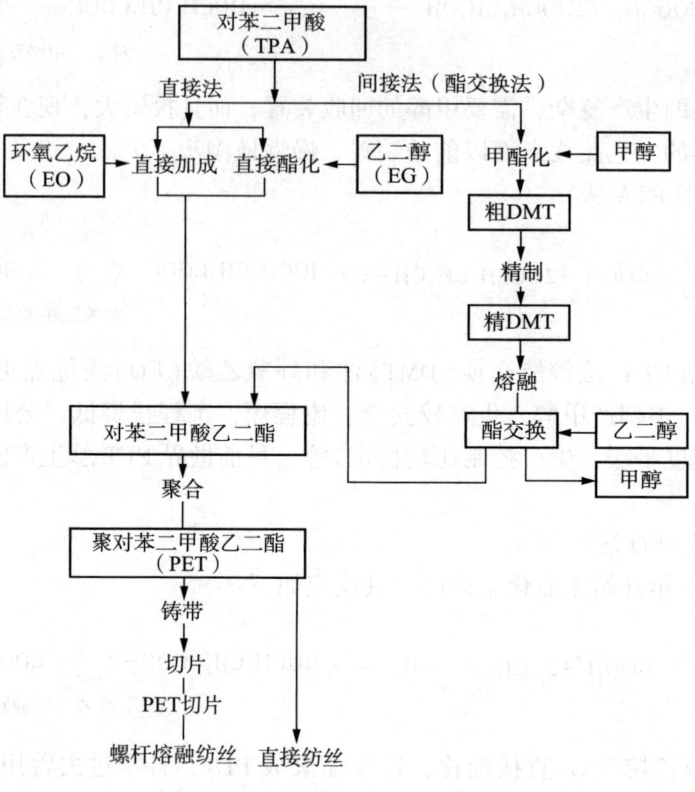

图 7-20　聚酯纤维的生产路线框图

2. 缩聚反应机理

用精制后的对苯二甲酸双羟乙酯或它与苯甲酸混合的反应物进行缩聚反应，分离出乙二醇后即得聚对苯二甲酸乙二醇酯，其反应如下：

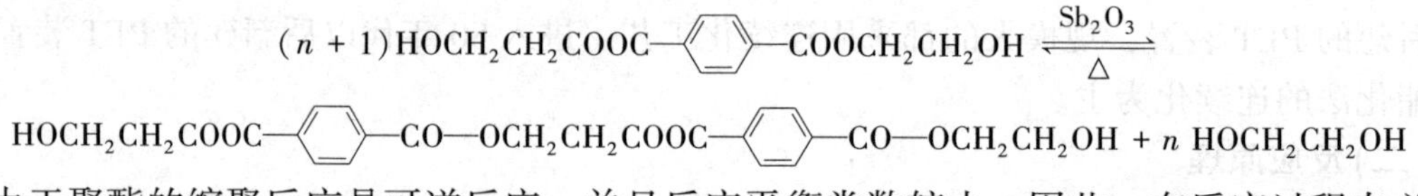

由于聚酯的缩聚反应是可逆反应，并且反应平衡常数较小，因此，在反应过程中必须尽快除去反应生成的EG，否则，将会影响缩聚反应速率和聚合度。缩聚阶段主要是一个链增长的过程，这一阶段伴随着高分子聚合物的生成，同时也释放出许多相对分子质量的EG及其他化合物。为了确保缩聚反应顺利进行，得到优质的聚酯产品，必须把这些反应所产生的小分子物质迅速分离出反应系统。因此，缩聚反应通常是在相对较高的温度、高真空的条件下进行的。

3. 催化剂

缩聚催化剂有锑、钛、锡、锗等四个体系。

锑系催化剂是目前聚酯生产中广泛采用的一类催化剂，其中主要是三氧化二锑（Sb_2O_3）和三酸锑［$Sb(OAC)_3$］。锑系催化剂催化活性较高，对副反应的促进作用也较小。但是，它有两个严重的缺点，一是三价锑在缩聚时可被还原物质（如分解产物乙醛、稳定剂亚磷酸等）还原产生金属锑，从而使聚酯聚合物带有灰雾色；二是具有毒性，特别对肝脏有不良的影响。

锗系催化剂(如锗酸钠、二氧化锗)可以得到白度高、灰分含量低和透明的 PET。有人用七锗酸钠作催化剂合成 PET，发现并证明了在该催化下不会产生附加的副反应，用它所合成的 PET 制作 X 光片基、胶卷等相当理想，目前已用于工业生产。不过锗系催化剂催化活性不如锑系催化剂，所得 PET 中醚键含量较多，熔点较低。而且锗系催化剂价格较贵，作为纤维聚酯的催化剂没有明显优点。

锡系催化剂缩聚活性高，但是所得聚酯的端羧基量较大，软化点也较低，易带黄色，而且容易生成凝胶产物。为了克服上述缺点，近年来推出了如邻苯二甲酸二丁基锡催化剂等可以克服异物的生成。

钛系催化剂缩聚是很有前途的催化剂，因为它催化活性特性高，所得的 PET 特性黏度可达 0.83，而同样条件下锑系催化剂制得的 PET 产品特性黏度为 0.62。但是，由于钛系催化剂促进副反应也较明显，所以，得到的聚酯热稳定性差，色泽发黄。因此，至今还不能用于工业化生产。

(三)工艺条件

1. PTA 和 EG 的摩尔比

从酯化反应看 PTA 和 EG 完成酯化反应时所需的摩尔比为 1∶2(PTA∶EG)。但从最终产物的结构来看，PTA 和 EG 合成整个反应时所需的摩尔比为 1∶1，所以 PTA 与 EG 的投料摩尔比设计时应考虑解决这一对矛盾。从副反应的角度来看，体系中 EG 含量越高，醚化反应的速度也越快，产品中 DEG 的含量也愈高。因此，要求反应过程中 PTA 与 EG 的配比接近 1 最好，不过体系中的 EG 含量降低，酯化反应的速度自会减慢。

实际上半酯化反应进行到一定程度之后，缩聚反应也将同时发生，两者不可能同时分开。酯化反应生成的 BHET 在缩聚时又将释放 EG 分子，可以补偿部分酯化反应所需的 EG。从这一点上来说，PTA 与 EG 的配料摩尔比可以接近于 1∶1。考虑到生产过程中的 EG 损耗，在实际的浆料配制中，PTA 与 EG 的摩尔比往往控制在 1∶(1~1.2)之间。并且在酯化反应中随水蒸气一起蒸发出来的 EG 经分离后重新返回到酯化釜中，可以使酯化釜内的 PTA 与 EG 摩尔比人约保持在(1∶1.7)~1.8 左右。

2. 反应温度

对于吸热反应温度升高，反应速度增加。但是温度升高时，许多副反应的速度也会随之增加。从热力学可知，PTA 与 EG 的缩聚反应是微放热反应，反应平衡常数随温度升高而减小，即温度较低时更有利于平衡向生成产物的方向移动。由于这种影响不是十分明显，所以生产上则对动力学上考虑得多一些，即温度升高能加快反应速度。聚酯生产过程中的反应有一个特点，就是在尚未到达平衡以前的任何阶段，由低温所得的聚酯相对分子质量总是比由高温状态下得到的相对分子质量低；而当反应达到平衡以后，情况又恰恰相反，即由低温所得产物相对分子质量总是比由高温状态下所得的相对分子质量要高，这就为反应温度的选择提供了依据。在酯化反应中温度的选择主要考虑主反应和副反应的速度问题，既要加快酯化反应，又要抑制醚化反应。所以不管其酯化过程是二段还是三段，反应温度都控制在 258~272℃的范围。根据熔融缩聚反应的特点，即反应温度一般高于最终产物熔点 10~20℃，同时考虑到反应体系物料的流动性和小分子副产物的顺利排出，一般将温度控制在 270~285℃之间。

3. 反应压力

一般酯化反应过程都采用正压或常压操作，这是根据下列理由决定的：

(1)在酯化反应的温度下，EG 将全部蒸发形成蒸气，为保证酯化釜中有足够的 EG 含量，必须有足够的压力，以提高 EG 的沸点，减少 EG 的蒸发，加速酯化反应。

(2)为了及时将酯化反应所产生的水分除去，反应压力不能太高。否则酯化反应的逆反应(水解反应)将增加。

(3)酯化反应压力控制太高时，反应物料中 EG 含量太高，醚化反应大大增加。

预聚反应中除了考虑缩聚反应外，还需要照顾到酯化反应。而且在预缩聚反应初期，由于体系物料黏度较低，且有较多的 EG 蒸发，预缩聚釜的真空度就不宜控制得太高。否则，会使 EG 大量抽吸出来外，还将使 PTA 单体和低聚物也抽入真空系统，造成管线或设备的堵塞。

最终缩聚反应中，则主要是提高相对分子质量为目的，尽可能地控制较高的真空度。为了及时排出小分子产物，还采用特殊搅拌，提高温度等手段来配合完成缩聚反应。但是，正常生产中除了采取较高的真空操作外，还要求真空度相当稳定，尤其不能大幅度的真空起落。否则，在缩聚反应的气相物料中会夹带部分低聚物而恶化真空系统。

4. 停留时间

停留时间是聚酯生产过程的一个重要参数，是影响聚酯产品酯化率和聚合度的主要因素之一。停留时间除与反应釜中的流态有关外，还与反应釜的液位有关，液位越高停留时间越长。所以，工艺上经常用调解反应釜液位的方法来调节停留时间。

(1)酯化反应的停留时间。根据不同的化学反应和反应器类型，从理论上可以通过计算来确定反应达到一定转化率所需的时间。但对于酯化反应，涉及到固相 PTA 溶解所需的时间，但酯化过程的清晰点的时间又很难确定，所以，这个过程所花费的时间和均相反应所需的时间就无法确定，实际生产中则主要是根据经验的总结，以物料在反应釜中的平均停留时间来控制整个反应的总时间。停留时间短，则酯化产物的酯化率就低，影响缩聚反应顺利进行，但停留时间太长，不仅会使酯化过度，而且产品中 DEG 含量也会明显上升。

(2)缩聚反应的停留时间。缩聚停留时间与真空度、温度和催化剂浓度等相关，当这些因素不变时，主要取决于物料平衡产量和相对分子质量。停留时间太短，除产品相对分子质量达不到要求外，相对分子质量分布也不均匀，影响聚合物质量，若停留时间太长，相对分子质量虽高，但产量低，且过长的停留时间会使副反应增加，反而致使聚合物相对分子质量下降，产品色泽也会变坏。

(3)催化剂及其浓度。虽然在反应初期有许多金属离子具有三价锑相近的催化活性，但是，随着缩聚反应的进行，它们对提高反应速率的作用较之锑大大降低。因为锑离子的催化剂活性与体系中的羧基(COOH)含量无关，而与羟基浓度成反比。所以，锑化合物的催化效果随着聚合度的增加而提高。因此，在连续法缩聚中广泛使用锑系催化剂，其中最常见的是三醋酸锑和二氧化锑。

虽然在聚酯生产中使用的催化剂一般都是缩聚反应的催化剂，但在最初的原料配比中就将催化剂加入，这并不是说它们在酯化过程中作为酯化催化剂，而是在酯化过程中也可以作为其中少量的缩聚反应的催化剂，而且催化剂的提早加入，可以使其充分溶解在物料中，使其分散均匀，防止局部的过催化。另一方面，在缩聚反应中加入溶解有催化剂的 EG 溶液时，会引起系统 EG 过量，增加真空系统的负担。催化剂的用量应有足够的浓度才能达到明显提高反应速率的作用，但是，浓度过高则会加快副反应速度。而且，过量的锑金属离子存在于产品中也会影响其产品质量，如增加灰分等。

(四)工艺流程

如前所述新建装置多以直接酯化法的连续化生产工艺为主，所以下面主要介绍直接酯化聚酯生产工艺流程。PTA 法连续工艺主要有德国吉玛(Zimmer)公司、美国杜邦公司、瑞士伊文达(Inventa)公司和日本钟纺(Konebo)公司等几家技术。

PTA 法合成聚酯过程包括酯化和缩聚两个阶段，每个阶段根据反应程度的不同，可以采用 1~3 个反应器。根据反应器数量的不同，可以将合成工艺分为三釜流程和五釜流程。杜邦技术采用三釜流程，即酯化釜、预缩聚釜和终缩聚釜；而吉玛、钟纺和伊文达技术均采用五釜流程，即第一酯化釜、第二酯化釜、第一预缩聚釜、第二预缩聚釜和终缩聚釜。五釜流程每个阶段的反应较均匀，副产物少；三釜流程的反应均匀性稍逊色，但流程短，可减少设备和管道的数量。从发展上看三釜流程更有前程。三釜流程与五釜流程的缩聚工艺条件基本相似，但酯化工艺条件差别较大。五釜流程采用较低酯化温度和较低操作压力；而三釜流程则采用较高的 EG/PTA 摩尔比和较高的酯化温度，目的是强化反应条件，加快反应速度，缩短反应时间。五釜流程的总反应时间约为 6~10h；而三釜流程为 3. 5~4. 0h。

图 7-21 是一个五釜流程的示意图。精对苯二甲酸(PTA)和乙二醇(EG)及添加剂(ADD)一起加入混合缸中进行混合，浆料配制为间隙式，每隔几小时配一批料。

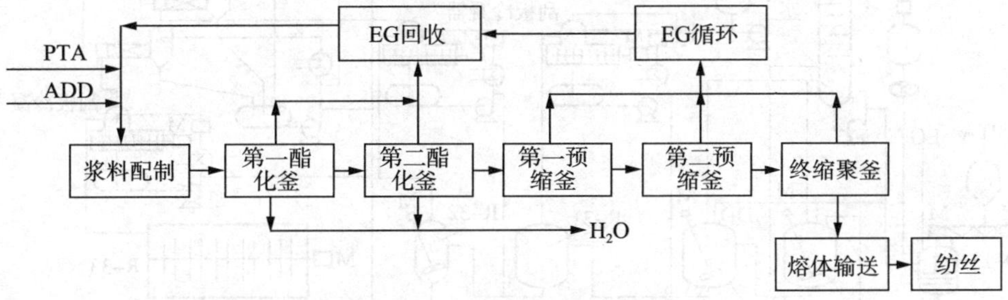

图 7-21　聚酯五釜流程的示意

配制好的浆料进入第一酯化反应釜，开始反应时 PTA 颗粒悬浮于 EG 之中，酯化反应为多相反应，反应速率取决于 PTA 颗粒在反应物中的溶解速度，酯化反应速率较低。PTA 的溶解速度是随着酯化产物(即对苯二甲酸乙二醇酯及其低聚体)含量的增加而增加，当达到清晰点之后，PTA 完全被溶解于体系中，反应呈均相反应，反应速率取决于 PTA 与 EG 的反应速率，且与反应物中的 PTA 与 EG 浓度有关，反应速率较高。酯化反应速率在清晰点处达到最大值，而在清晰点之前与之后，都下降很快。第一台酯化反应器的出口酯化率已达 92%左右，完成了酯化工作的绝大部分。因此，它是酯化工作段的主要反应器。酯化段的剩余工作，由第二酯化反应器来完成，如前所述其对应的酯化反应速率将很低，从而导致反应器体积增加。

聚酯的缩聚反应一般分为预缩聚和终缩聚两段。预缩聚是指特性黏度小于 0. 3dl/g 的缩聚反应前段，当特性黏度小于 0. 1dl/g 时，由于此时酯化反应仍占一定比例，且处于此种黏度时缩聚生成的 EG 完全可借助搅拌作用提供其蒸发机会。再者，此时反应物之聚合度尚小，分子链不长，所以停留时间的分布要求尚不很严格。特性黏度在 0.1~0.3dl/g 时为过渡阶段，此时反应动力学与脱除 EG(传质)的作用均重要。而且在本阶段反应物之聚合度已较高，分子链已较长，故对时间分布要求严格。

所谓终缩聚指反应物特性黏度高于 0.3dl/g 的部分。由于聚酯的缩聚反应是一平衡可逆反应，而且反应平衡常数较小(平均约为 4.90)，因此，在反应过程中必须尽快地去除在反应过程中生成的 EG，否则将会影响缩聚反应速率和聚合度，这与酯化反应中要求迅速去除反应生成的水是相同的。但是，随着缩聚反应的深化进行，反应物的黏度不断提高，要想去除反应生成的 EG 难度也会越来越大。特别是在终缩聚阶段，由于反应物黏度已很高，EG 的脱除愈加困难，必须采用特殊手段。

最后反应生成的熔体经终缩出料泵打入注带头进行注带、切粒、干燥、脉冲输送到料仓。聚酯纤维是通过熔融纺丝法生产的，一般是将聚酯树脂切片经过真空干燥(真空度 266.6~666.5Pa，温度 140~150℃，时间 10~20h)，除去吸附的微量水分，并使树脂由无定型变为结晶形后，在惰性气体的保护下加热成熔体。再在一定压力下定量压出喷丝孔，冷却后形成纤维，再经拉伸、卷曲、切断等工序成为一定规格的可纺短纤维；或在拉伸后进行加捻、定型等后处理工序，成为符合各项指标的长纤维。图 7-22 是典型的吉玛工艺流程图。

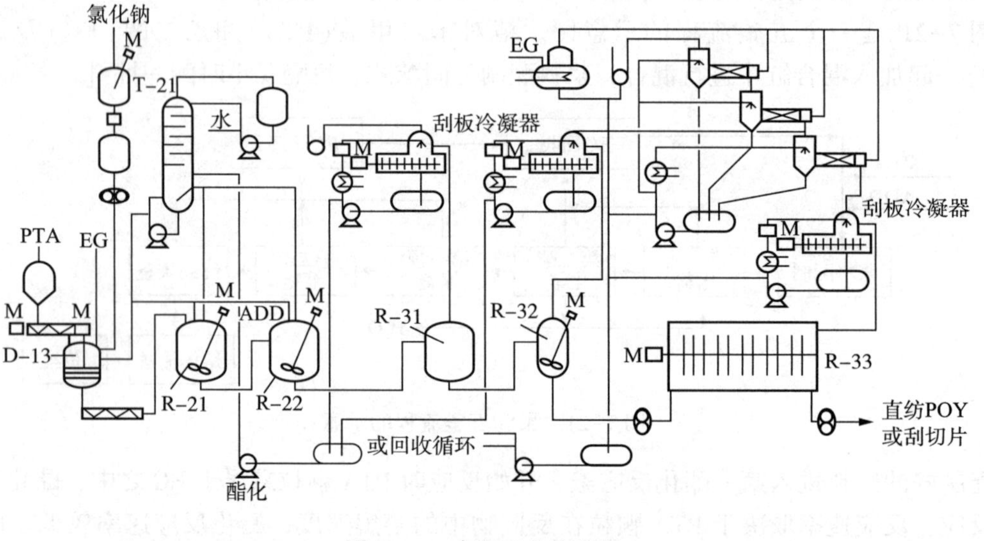

图 7-22　吉玛工艺流程图

D-13—浆料制备器；R-21—第一酯化反应釜；R-22—第二酯化反应釜；R-31—第一预缩聚反应釜；R-32—第二预缩聚反应釜；R-33—终缩聚反应釜；T-21—EG(乙二醇)回收塔

三、聚酰胺-66(锦纶-66)的生产

在分子的主链上含有重复的酰胺基 $\left[\underset{\underset{O}{\|}}{C}-NH \right]$ 的称为聚酰胺，商品名为锦纶，亦称尼龙，缩写代号为 PA。根据其聚合所用原料分为：

(1)由二元酸和二元胺聚合而成，一般称为聚酰胺 mn，其中 m 为二元胺的碳原子数，n 为二元酸的碳原子数。例如聚酰胺 66(或称尼龙-66)，系由己二胺和己二酸所生产；聚酰胺

610，系由二胺和癸二酸所生产。此外尚有聚酰胺 612、聚酰胺 1010 等。

(2)由 ω-氨基酸缩聚或由内酰胺开环聚合而成，一般称为聚酰胺 n，用以表示氨基酸的碳原子数。例如聚酰胺 6 是由己内酰胺生产的。

聚酰胺纤维具有耐磨性好，耐疲劳强度和断裂强度高，抗冲击负荷性能优异，以及与橡胶的附着力好等突出优点。因此，聚酰胺纤维广泛用作衣料和轮胎帘子线。聚酰胺纤维产量仅于聚酯纤维居第二位，其中最重要的产品为聚酰胺 66 和聚酰胺 6。PA-66 和 PA-6 的产量约占聚酰胺的 90%以上，我国 PA-66 的产量约占 60%，PA-6 约占 40%。

聚酰胺-66 是最早实现工业生产的聚酰胺品种，也是产量最大的聚酰胺。所以下面主要介绍聚酰胺 66 的生产技术。

(一)聚合原理

聚己二酰己二胺(聚酰胺 66，PA-66)由己二酸和己二胺缩聚制得。为了保证获得相对分子质量足够高的聚合体，要求在缩聚反应时己二胺和己二酸有相等的摩尔比，因为任何一种组分过量都会使由酸或氨端基构成的链增长终止。为此，在工业生产聚己二酰己二胺时，先使己二酸和己二胺生成聚酰胺 66 盐(PA-66 盐)，然后用这种盐作为中间体进行缩聚制取聚己二酰己二胺。

1. 聚酰胺 66 盐的制备

$$HOOC(CH_2)_4COOH+NH_2(CH_2)_6NH_2 \longrightarrow {}^+H_3N(CH_2)_6NH_2 \cdot HOOC(CH_2)_4COO^-$$

PA-66 盐通常用己二酸的 20%甲醇溶液和己二胺的 50%甲醇溶液中和制得，因为此反应是放热反应，所以温度要严格控制，采用甲醇回流除去中和热。一般温度控制在 60~70℃，不断搅拌使之中和成盐。控制 pH 值为 6.7~7.0，进行冷却、结晶，离心分离。析出的 PA-66 盐用甲醇洗净，滤去洗涤液，干燥后即得精制 PA-66 盐。固体 PA-66 盐为白色结晶粉末，熔点为 192.5℃，含水量<0.5%。

2. 聚酰胺 66 盐缩聚反应

$$n[{}^+H_3N(CH_2)_6NH_2 \cdot HOOC(CH_2)_4COO^-] \longrightarrow H\!\left[HN(CH_2)_6NHOC(CH_2)_4CO\right]_nOH+(2n-1)H_2O$$

(二)工艺条件

1. 单体摩尔比

生产上采用等摩尔比的中性 PA-66 盐进行缩聚。另外，PA-66 盐的熔融温度为 192.5℃，己二胺在常压下的沸点为 196℃，开始进行缩聚反应的温度为 210℃，如果在常压下缩聚，己二胺会受热分解并大量挥发，破坏己二胺和己二酸的等摩尔比。为此，生产上采用将 PA-66 盐水溶液在高压下进行缩聚，利用溶解水在高温蒸发时所产生的蒸气高压，使己二胺的沸点升高，从而防止己二胺的挥发。

2. 反应压力

高压下预缩聚，即先使 PA-66 盐在一定压力下初步缩聚成具有一定黏度的预聚体(聚合度在 20 左右)，压力一般控制在 1.47~1.96MPa。

真空下后缩聚(待 PA-66 盐中的己二胺和己二酸在预缩聚中形成酰胺键后)，以排除水分，提高产物的相对分子质量。

3. 反应温度

缩聚初期反应温度为 210~215℃，中期为 250~260℃，后期为 285℃。升高温度可以提高反应速度，但反应初期为防止己二胺的挥发，温度不能太高。随着缩聚反应的不断进行，游离的己二胺逐渐消失，体系的黏度不断增大。提高温度可以降低聚合体黏度，有利于排除水分，提高聚合物相对分子质量。

4. 体系中的水分

因为缩聚反应有小分子的水生成，所以缩聚反应后期排除水分有利于提高聚合度。

5. 添加剂

包括相对分子质量稳定剂(醋酸或己二酸)，光、热稳定剂(锰盐、铜盐、卤化物)等。

(三)工艺流程

聚酰胺-66 的生产工艺可以分为间歇溶液缩聚法和连续溶液缩聚法两种。图 7-22 是连续溶液缩聚法生产聚酰胺-66 的生产工艺流程。

如图 7-23 所示，将制备好的 63%的 PA-66 盐水溶液和相对分子质量调节剂乙酸和己二酸等，一起加入静态混合器中混合后，送入蒸发反应器，在温度 232℃、压力 1.8MPa 下，保压 3h。然后将物料送入管式反应器，温度从 230℃升高到 285℃，压力从 1.7MPa 逐步降至 0.28MPa 左右，反应 3h。再将物料送入后反应器进行后缩聚反应。制得的聚合物经挤压铸带、切粒、干燥，得聚酰胺-66 树脂。该树脂可以作为纺丝或工程塑料的原料。

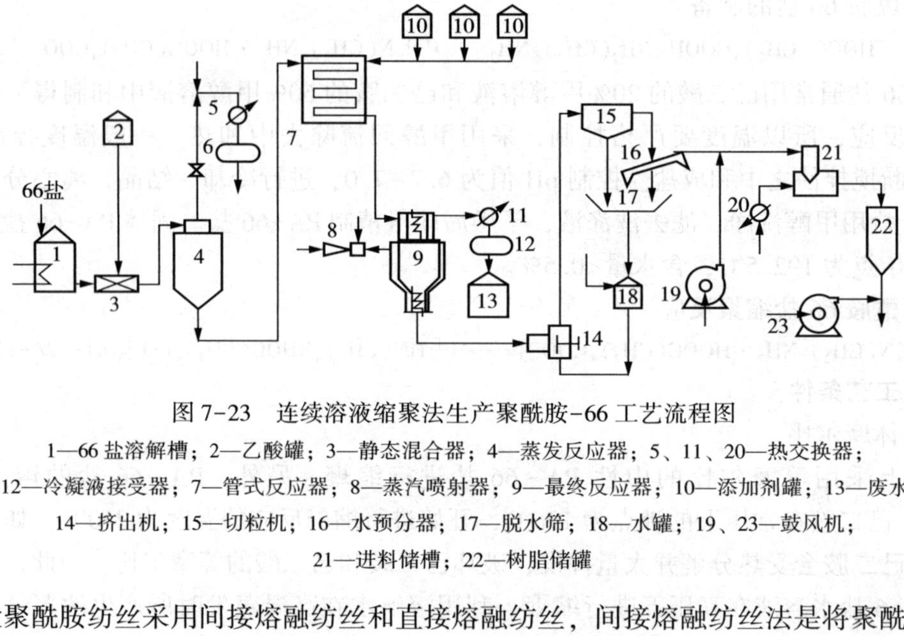

图 7-23　连续溶液缩聚法生产聚酰胺-66 工艺流程图

1—66 盐溶解槽；2—乙酸罐；3—静态混合器；4—蒸发反应器；5、11、20—热交换器；6、12—冷凝液接受器；7—管式反应器；8—蒸汽喷射器；9—最终反应器；10—添加剂罐；13—废水罐；14—挤出机；15—切粒机；16—水预分器；17—脱水筛；18—水罐；19、23—鼓风机；21—进料储槽；22—树脂储罐

一般聚酰胺纺丝采用间接熔融纺丝和直接熔融纺丝，间接熔融纺丝法是将聚酰胺切成片状颗粒，再进行纺丝，即切片熔融纺丝，普遍采用的设备是螺杆挤出机。直接纺丝法即为熔体直接纺丝，该法具有省去铸带、切片、萃取、熔融等工序和设备，缩短生产周期，提高劳动生产率，成本低等优点。

熔融纺丝主要包括纺丝和纤维的后加工两个基本操作过程。纺丝过程包括熔体制备、熔体从喷丝孔挤出、丝条拉伸、冷却固化及丝条上油和卷绕等。聚酰胺长丝的后加工包括初捻、拉伸、后加捻、热定型及络丝等工序。短纤维的后加工包括集束、拉伸、卷曲、切断、洗涤、上油、干燥和调湿等工序。

四、聚丙烯腈纤维的生产

聚丙烯腈纤维是指由丙烯腈含量占85%以上和其他第二、第三单体的共聚物纺制而成的纤维。由于纯丙烯腈单体的聚合物性能较差，不能用作纤维，所以一般是由丙烯腈与其他单体共聚以改善其性能，当聚合物中丙烯腈含量大于85%，其余单体含量小于15%的共聚物，因其性能与聚丙烯腈相近，仍称为聚丙烯腈，而共聚物中丙烯腈含量在35%~85%之间的称为改性聚丙烯腈。聚丙烯腈在国内的商品名为腈纶，缩写代号为PAN。因其性质类似羊毛，故有合成羊毛之称。聚丙烯腈纤维的性能优良，用途广泛，原料来源丰富，为世界三大合成纤维之一。由于聚丙烯腈纤具有优良的耐光、耐气候性，所以除做衣裳及毛毯之外，最适宜作室外织物，如帐篷、苫布等。

(一)生产方法

丙烯腈可以进行本体聚合，乳液聚合和溶液聚合，实际生产大多采用溶液聚合。根据所用溶剂的不同，可分为均相溶液聚合和非均相溶液聚合。均相溶液聚合所得的聚合液可直接用于纺丝，故又称腈纶生产的一步法。非均相溶液聚合所得聚合物不断地呈絮状沉淀析出，经分离后用合适的溶剂溶解，以制成纺丝原液，此法称为腈纶生产的两步法。

(1)溶液聚合法，又称一步法。是指单体溶于某一溶剂中进行聚合，而生成的聚合物也溶于该溶剂中的聚合方法。聚合结束后聚合液可直接纺丝，所以又称为一步法。其优点在于反应热容易控制，产品均一，可以连续聚合连续纺丝。但溶剂对聚合有一定的影响，同时还要有溶剂回收工序。

(2)水相沉淀聚合法，又称二步法。水相沉淀法是用水作为介质，采用水溶性引发剂引发聚合，所得聚合物不溶于水相而沉淀出来，由于在纺丝前还要进行聚合物的溶解工序，所以称为二步法。其优点在于反应温度低，产品色泽洁白，可以得到相对分子质量分布窄的产品，聚合速度快，转化率高，无溶剂回收工序等。缺点是在纺丝前要进行聚合物的溶解工序。

对比均相溶液聚合和水相沉淀聚合聚丙烯腈共聚物，两种生产工艺都有其可取之处，虽然水相沉淀聚合多了一道溶解工艺，但因其所得腈纶纤维质量较好，所以水相沉淀聚合聚丙烯腈共聚物的生产工艺更可行，更适合在工业中操作，目前世界上腈纶生产多采用水相沉淀聚合。

(二)聚丙烯腈纤维的生产原理

世界各国生产的聚丙烯腈纤维大多由三元共聚物制得，其中丙烯腈占88%~95%；第二单体用量为4%~10%，第三单体为0.3%~2.0%。加入第二单体的作用是降低聚丙烯腈的结晶性，增加纤维的柔软性。加入第三单体的目的是引入一定数量的亲染料基团，改善纤维的染色性。第三单体为离子型单体，可分为两大类：一类是对阳离子染料有亲和力，含有羧基或磺酸基团的单体，如丙烯磺酸钠、甲基丙烯磺酸钠、甲叉丁二酸(衣康酸)、甲基丙烯苯磺酸钠等；另一类是对酸性染料有亲和力，含有氨基、酰胺基、吡啶基等的单体，如乙烯吡啶、2-甲基-5-乙烯吡啶等。为了便于控制，最好选择第二单体和第三单体的竞聚率都接近于1。

聚合原理属于自由基共聚合反应，丙烯腈聚合通常使用下列三类引发剂：偶氮类引发剂，主要是偶氮二异丁腈，偶氮二异庚腈；有机过氧化物类，如辛酰过氧化物，十二酰过氧化物；氧化还原体系类，氧化剂如过硫酸盐、硫酸盐、过氧化氢，还原剂如氧化铜、亚硫酸盐、亚硫酸氰钠。

选用了丙烯腈和丙烯酸甲酯进行溶液聚合，以硫氰酸钠水溶液为溶剂，以偶氮二异丁腈（AIBN）为引发剂聚合聚丙烯腈的合成原理为：

$$n\,CH_2{=}\underset{\displaystyle CN}{\underset{|}{CH}} \xrightarrow{\text{引发剂}} \left[CH_2-\underset{\displaystyle CN}{\underset{|}{CH}}\right]_n$$

（三）以丙烯腈为主的共聚物生产工艺条件

1. 溶液聚合生产工艺

以硫氰酸钠水溶液为溶剂，丙烯腈作主单体的三元共聚物的配方及工艺条件见表 7-15 所示。

表 7-15　以硫氰酸钠水溶液为溶剂，丙烯腈溶液聚合的配方及工艺条件

组　分	质量分数	聚合工艺条件	数值
丙烯腈	91.7	聚合反应温度/℃	76~80
丙烯酸甲酯	7	聚合反应时间/h	1.2~1.5
衣康酸	1.3	高转化率控制范围/%	70~75
偶氮二异丁腈	0.75	高转化率时聚合物浓度/%	11.9~12.75
异丙醇（分子量调节剂）	1~3	低转化率控制范围/%	50~55
二氧化硫脲（浅色剂）	0.75	低转化率时聚合物浓度/%	10~11
硫氰酸钠水溶液（浓度 51%~52%）	80~80.5	搅拌速度/（r/min）	50~80

2. 连续水相沉淀聚合生产工艺条件

聚合采用的条件是氧化剂与还原剂的比例为 0.1~1.0，引发剂的用量为单体质量的 0.1%~4%，pH 值维持在 2~3.5 之间，聚合温度 35~55℃，反应时间 1~2h，高聚物产率 80%~85%。为了降低表面张力以便相对分子质量稳定，一般要向反应混合物中加入硫醇及其他物质。

（四）工艺流程

1. 溶液聚合生产工艺流程

生产工艺流程如图 7-24 所示。

将第三单体衣康酸与 4%的 NaOH 配成 13.5%的衣康酸钠溶液，并与偶氰二异丁腈、二氧化硫脲混合后，送入混合器与丙烯腈、丙烯酸甲酯进行混合，调节 pH 值为 4~5。混合好的物料与异丙醇一起经过滤器过滤，通过热交换器控制进料温度后，进入聚合釜，并根据工艺条件进行聚合。聚合后的浆液在两个脱单体塔内真空脱单体，真空度为 0.091MPa。从混合器抽出一部分混合液冷却至 9℃送入喷淋冷凝器作为喷淋液使用，由两个脱单体塔出来的混合蒸气被喷淋液冷却成液体，一起返回到混合器循环使用。蒸气被冷凝成液体，体积减小而形成真空。聚合物中最终单体含量小于 0.2%，可以直接送去纺丝。

2. 连续水相沉淀聚合生产工艺流程

以丙烯腈为主共聚物的连续水相沉淀聚合生产工艺如图 7-25 所示。其主要优点是可以采用水溶性氧化-还原引发体系引发，使聚合在 30~50℃之间甚至更低温度下进行，所得产物色泽较白，反应热容易移出，便于控制聚合温度，产物相对分子质量分布较窄，聚合速度快，粒子大小均一，聚合转化率比较高，聚合物含水率低，浆液好处理，对纺丝溶剂——硫氰酸钠浓水溶液纯度的要求低于一步法，回收工序简单。

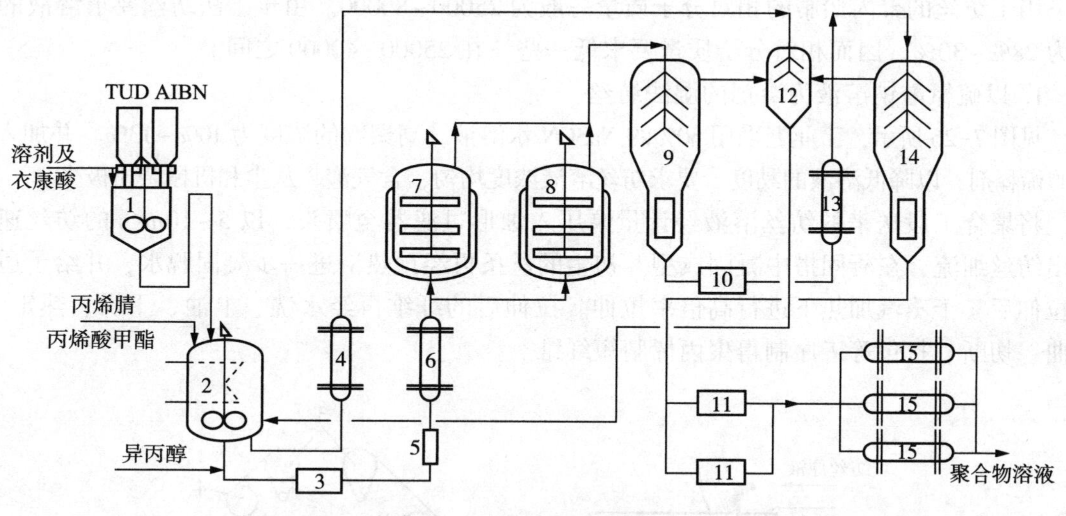

图 7-24　以丙烯腈为主的共聚物溶液聚合生产工艺流程图

1—搅和器；2—混合器；3、10、11—过滤器；4、6—热交换器；5—计量器；7、8—聚合釜；9、14—脱单体塔；12—加热器；13—喷水冷凝器；15—冷凝器

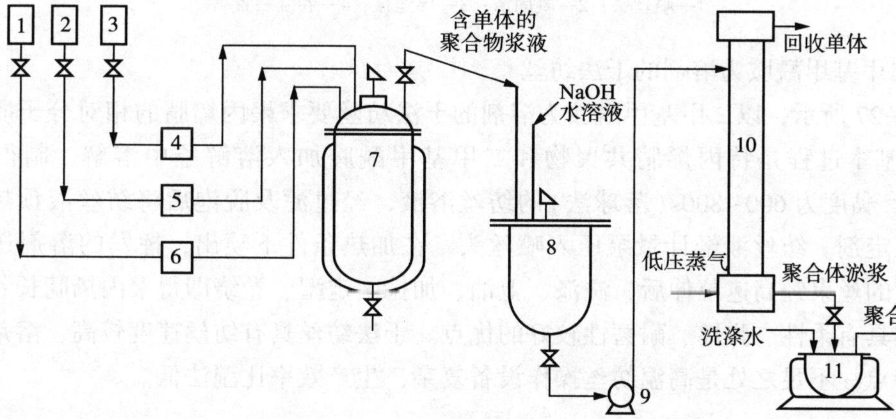

图 7-25　连续水相沉淀聚合生产工艺流程示意图

1—丙烯腈、丙烯酸甲酯计量槽；2—引发剂水溶液计量槽；3—第三单体计量槽；4、5、6—计量泵；7—聚合釜；8—碱终止釜；9—淤浆泵；10—脱单体塔；11—离心机

将储槽 2 中的水、引发剂、表面强力调节剂等用计量泵 5 连续送入聚合釜。同时由计量泵 4 和 6 连续加入第一、第二和第三单体（单体总量为水量的 15%～40%，其中丙烯腈占 85%以上），调节好 pH 值。反应物料在聚合釜中停留一定时间以确保转化率为 70%～80%。从聚合釜出来的含单体的高聚物淤浆流入终止釜，用 NaOH 水溶液改变高聚物淤浆的 pH 值使反应终止。再将高聚物淤浆送至脱单体塔，用低压蒸汽在减压下除去未反应的单体，单体回收后可以循环使用。脱除单体的高聚物淤浆经离心脱水、洗涤、干燥即得聚丙烯腈共聚物。

(五)丙烯腈共聚物的纺丝

由于丙烯腈共聚物受热时不熔融，所以只能采用溶液纺丝法——干法及湿法纺丝。其中干法纺丝主要生产长丝，湿法主要生产短丝。

用于纺丝的聚丙烯腈的相对分子质量一般为25000~80000。由于干法纺丝要求溶液的浓度为28%~30%，因而相对分子质量要求低一些，在25000~40000之间。

1. 以硫氰酸钠溶液为溶剂的湿法纺丝

见图7-26所示，工业上采用50%的NaSCN水溶液，高聚物的浓度为10%~13%。并加入适当的稀释剂，以降低溶液的黏度。要求纺丝溶液浓度均匀，含气泡、灰尘和机械杂质极少。

将聚合工段送来的纺丝溶液经计量泵压入烛形过滤器至喷头，以5~10m/s的纺丝速度喷出纺丝细流，在凝固搭中凝固成型。初生的丝条再经预热浴进一步凝固脱水，并给予适当的拉伸后，于蒸汽加热下进行高倍率拉伸。拉伸后的纤维再经水洗、上油、干燥、热定型、卷曲、切断、打包等工序制得聚丙烯腈短纤维。

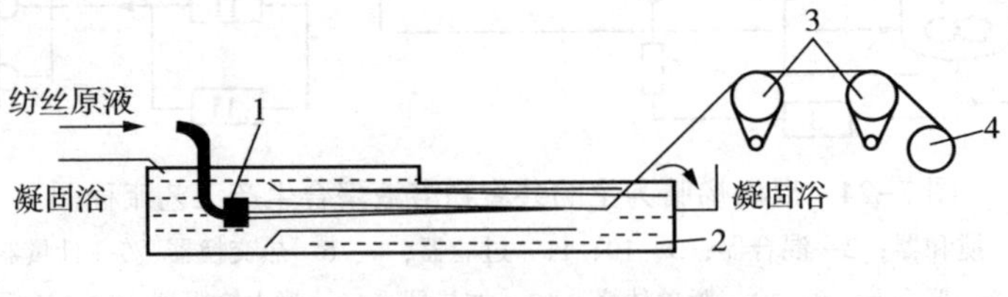

图7-26　聚丙烯腈湿法纺丝工艺流程

1—喷丝头；2—凝固浴；3—导丝盘；4—卷绕装置

2. 以二甲基甲酰胺为溶剂的干法纺丝

见图7-27所示，以二甲基甲酰胺为溶剂的干法纺丝要求聚丙烯腈的相对分子质量不大于50000。基本过程是特丙烯腈共聚物和二甲基甲酰胺加入溶解釜中溶解，制得浓度为26%~30%、黏度为600~800s(落球法)的纺丝溶液，经过滤及脱泡后将纺丝液预热，并加入还原性稳定剂。纺丝液经计量泵压入喷丝头，在加热条件下喷出，挥发的溶剂送回收装置，凝固后的丝束经高速拉伸后，洗涤、上油、加捻、定型、卷绕即得聚丙烯腈长丝。干法制得的纤维具有柔性、弹性、耐磨性较好的优点。干法纺丝具有纺丝速度较高，溶剂回收过程简单的特点。不足之处是高温纺丝操作设备复杂，生产效率比湿法低。

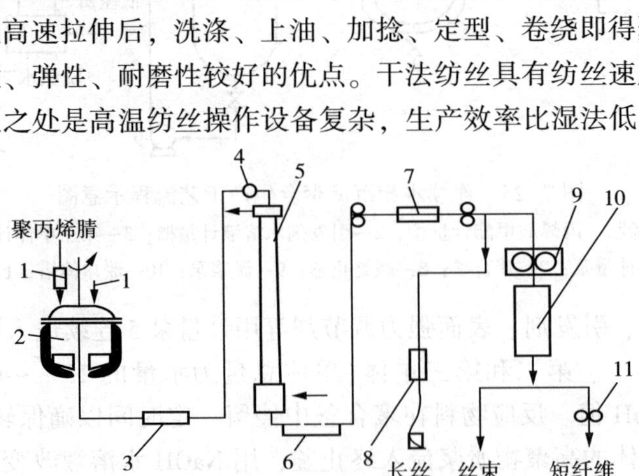

图7-27　聚丙烯腈干法纺丝工艺流程图

1—储槽；2—溶解釜；3—过滤器；4—计量泵；5—纺丝甬道；6—洗涤槽；7—拉伸浴槽；8—干燥热定型(长丝)；9—卷曲机；10—干燥热定型(丝束)；11—切断机

采用混合纺丝和复合纺丝可以改善聚丙烯腈纤维的性能，混合纺丝是将两种成纤高聚物混在一起纺丝，这样可以改进单体纤维的性能，如改善染色性能、收缩比、疏水性、手感和耐热性等。但混合纺丝时应注意两种高聚物的相容性和它们在同一溶剂中的溶解能力等。复合纺丝是两种不同的丙烯腈共聚物溶液从双入口的喷丝头同时喷出，可以得到一种紧密结在一起的复合纤维，这种纤维具有类似羊毛般稳定的卷曲度和双层结构的复合丝的特点，染色性能也较好。

近年来为了适应某些特殊用途的需要，通过化学和物理改性的方法，使 PAN 纤维具有某些特殊的性能或功能，制成不少新的改性纤维，例如具有永久性立体卷曲的复合纤维和具有多孔结构的高吸水纤维；还有阻燃纤维、抗静电纤维、高收缩纤维、染色性和耐热性良好的纤维。

习题与练习

一、填空题

1. 合成高分子材料主要包括________、________和________三大类，三者产量占全部合成高聚物产量的90%以上，称为________。

2. 工业上常用的引发剂有______型引发剂和________型引发剂两种。

3. 连锁聚合反应的工业实施方法通常分为________、________、________和________四种。

4. 在悬浮聚合过程不溶于水的单体依靠强力搅拌的________作用形成小液滴分散于水中，单体液滴与水之间的界面张力使液滴呈________状，但它们相互碰撞又可以重新凝聚。

5. 聚乙烯是由________单体经________聚合或________聚合而获得的聚合物，缩写代号为________。

6. 乙烯的低压聚合，是以________和________或________组成的络合物为引发剂，于常压、60~75℃下聚合成高密度聚乙烯的方法。

7. 氯乙烯的聚合属于自由基聚合反应。聚合时采用的引发剂为油溶性的__________类、__________类和__________引发体系。

8. 世界通用的七大基本胶种是：________、________、________、________、________、________、________。

9. 丁二烯聚合采用的引发剂主要有________系、________系、________系等很多种类型，其用于丁二烯聚合后的产物结构与性能相差较大。

10. 溶液聚合生产顺丁橡胶工艺过程包括______、________、________、________、________、________等工序。

二、选择题

1. 下列不属于高分子的是(　　)。

A. 蛋白质　　B. 葡萄糖　　C. 淀粉　　D. 纤维素

2. 下面哪项不属于本体聚合的优点(　　)。

A. 产品纯度高　　B. 聚合设备简单

C. 聚合物体系黏度低　　D. 以上均是

3. (　　)合成树脂中用量最大的品种，具有良好的机械性能和化学稳定性，广泛用于工业、农业、医药、卫生和日常生活用品等。

A. PE　　B. PVC　　C. PP　　D. ABS

4. 以铬为引发剂的乙烯中压法聚合工艺中最普遍采用的是(　　)。

A. 固定床法　　B. 移动床法

C. 沸腾床法　　D. 浆液法

5. 苯乙烯高温悬浮聚合采用(　　)为主分散剂，以苯乙烯-顺丁烯二酸酐共聚物为助分散剂。

A. $MgSO_4$　　B. $CaCO_3$

C. $MgCO_3$　　D. Na_2CO_3

6. (　　)是一种综合性能较好和消耗量最大的通用橡胶，其产量居合成橡胶第一位。

A. 丁苯橡胶　　B. 丁腈橡胶

C. 丁基橡胶　　D. 异戊橡胶

7. 合成纤维的原料不包括(　　)。

A. 煤　　B. 石油

C. 天然气　　D. 农副产品

8. (　　)广泛用作衣料和轮胎帘子线，产量仅位居第二位。

A. 聚酰胺纤维　　B. 聚酯纤维

C. 天然纤维　　D. 聚烯烃纤维

三、判断题

1. 相对分子质量通常不上百，通常称为低分子化合物，简称小分子。(　　)

2. 连锁聚合反应的特点是瞬间形成相对分子质量很大的高分子，反应连锁进行，中间产物一般不能单独存在和分离出来。(　　)

3. 聚苯硫醚属于工程塑料。(　　)

4. 压力增加使乙烯在溶剂中吸收速率增加，所以聚合速率增大，所得产物的相对分子质量也增大。(　　)

5. 为了使聚乙烯产品种类更齐全，产品更具市场竞争力，聚乙烯工艺方法的选择宜考虑采用能生产全密度聚乙烯装置的气相法工艺技术。(　　)

6. 目前世界上85%以上的PS是采用连续本体法工艺生产的。(　　)

7. 顺丁橡胶是一种通用橡胶，其特点是分子链规整，有突出的耐磨性和高弹性，耐低温、耐老化性能好，动态负荷下发热小，但冷流性小，黏着性和抗撕性差。(　　)

8. 由于异戊橡胶分子结构和性能类似天然橡胶，是天然橡胶最好的代用品，故有“合成天然橡胶”之称。(　　)

9. 由于纯丙烯腈单体的聚合物性能较差，所以不能用作纤维。(　　)

10. 生产聚丙烯腈纤维加入第二单体的目的是引入一定数量的亲染料基团，改善纤维的染色性。(　　)

四、名词解释

1. 高聚物

2. 热塑性塑料

五、简答题

1. 简述连锁聚合反应的工业实施方法。
2. 界面聚合有哪些特点？
3. 简述乙烯高压聚合及低压聚合原理。
4. 单体浓度对顺丁橡胶的生产有何影响？

第三篇　天然气化工

天然气一般是指蕴藏在地层内，由低相对分子质量烷烃组成的可燃性混合气体。天然气主要是由有机质经生物化学作用分解而成，常与石油共存于地下岩石缝隙和空洞中，或以溶解状态存在于地下水中。天然气由钻井开采获得，由管道输送至用户。

石油和天然气作为一次能源与煤炭一起成为主要能源，与此同时以石油和天然气为原料的化学工业也迅猛发展起来。与石油不同的是天然气的成分主要是低相对分子质量的烷烃，因此，有别于石油加工的天然气化工也在发展中逐步成为一个体系并得以完善。

第八章　天然气的分离与净化技术

✲目标要求：

了解天然气采出气的预分离流程和分类方法；

掌握天然气脱水的目的和方法；

掌握天然气脱出硫和硫黄回收的方法和工艺。

✲能力要求：

具有初步的对天然气开采气进行预处理的能力；

具有分析和处理化工生产常见问题的初步能力。

天然气的组成和化学加工方法参见第一章中的介绍，从气井出来的天然气中含有很多不稳定和不利于化工利用的组分，它们不仅会影响后续加工利用，而且其中的不稳定组分还会影响天然气的输送。因此，天然气从气井出来后，必须先进行分离和净化。

第一节　天然气采出气的预分离

从气井采出的天然气在出来时带有一部分液体和固体杂质，如凝析油、凝析水或地层水、岩屑粉尘等。这些杂质不仅磨蚀阻塞设备和管线，降低输送效率，还会造成脱硫塔溶液污染和液泛。因此，采出气在井场和集气站必须进行分离处理。采出气的分离主要采用重力分离和旋风分离两种方法。

一、重力分离

重力分离通常用于分离含液量较多、液体或固体颗粒较大的天然气，以及对净化要求不高的采气井口、集气站的天然气初级分离。重力分离可除去 10～30μm 及以上直径的颗粒，而且受气体压力和流量波动的影响较小。重力分离的主要设备是重力分离器。

重力分离器工作原理：

重力分离器按放置方式可分为立式和卧式两种，其工作过程可分为 4 段(见图 8-1)。

(1)分离段：含有液滴和固体粒子的天然气进入分离器后，由于离心力作用(立式)或气流方向急剧改变的作用(卧式)，大量的液滴和固体颗粒从天然气中初步分离出来。

(2)沉降段：仍悬浮在天然气中的较小液滴和固体颗粒在此段由于气速的减小，在自身重力的作用下从气流中沉降下来。为增强沉降分离效果，在沉降段内还加有叶片式导流板等构件，以缩短小液滴和固体粒子的沉降距离。

(3)除雾段：天然气中尚未除去的雾状液滴和固体微粒在此段中用捕雾器进一步除去。捕雾器一般有两种结构：

①折流板式捕雾器：由多层折流板交错叠放构成。携带雾液微粒的天然气进入捕雾器时被迫折流，由于惯性作用，一部分液滴和微粒被湿润的折流板吸附。随着气体流向的不断折回，雾滴和微粒不断被吸附。直至离开此段，天然气中的雾滴和微粒已基本除尽(捕集率约为95%)。被吸附的雾滴和微粒在折流板上累积到一定程度后，沿板面成大滴流下，汇集到储液段中。

②网状捕雾器：由金属丝编织成网状结构，做成圆盘型，按一定的堆密度堆集在除雾段内。丝网捕雾段内的自由截面较大，气体很容易通过，因此，该段阻力降较折流板式小。气体在通过网层时，其中的雾滴和微粒与丝网相碰，并在丝网交织处凝结成大滴下落到储液段。丝网捕雾器捕雾效果一般较折流板好，可达98%以上的除雾率。

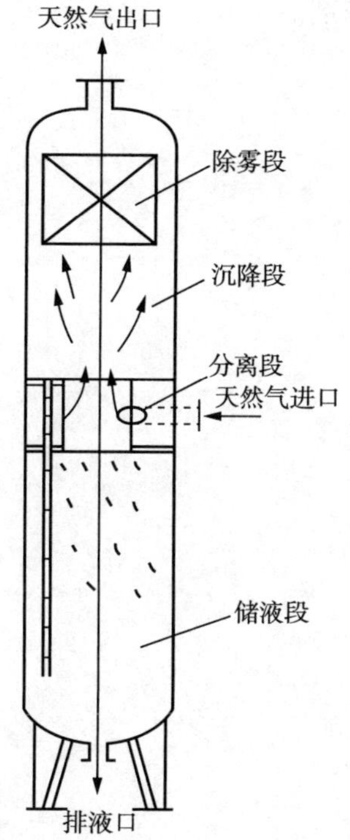

图 8-1　重力分离器工作原理示意

(4)储液段：前三部分分离出的液体和夹带的固体粒子通过不同渠道流入此段。该段除应有足够的容积外，还应设置液位计和自动排液装置。

查一查　旋风分离器的分离效果与哪些因素有关。

二、旋风分离

矿井的采出气也可采用旋风分离器进行旋风分离。

旋风分离器的工作原理：天然气气流从切线方向进入旋风分离器后做高速回旋运动，气体中的液滴和固体颗粒由于其质量较大，所产生的离心力也大，因而被抛向器壁，在重力作用下沿器壁向下移动，直到底部排污口排出。质量较轻的气体则在内圈形成旋风，在风压的作用下由顶部气管排出。其工作原理如图 8-2 所示。

三、天然气开采预分离流程

采出气的分离一般都设在单井井场或多井集气站，分离掉天然气中的液相和固相杂质后，输去净化厂进一步处理。分离出的烃可进一步回收利用，水可用于回注或制盐。

常用的分离工艺一般有常温分离流程和低温分离流程两种。在常温分离流程中，天然气自气井采出后，经针形阀节流、加热、降压后进入分离器，分离烃类凝析液、水和机械杂质，然后通过计量进入集气输气干线。

对含凝析油较多的天然气，广泛采用的是低温分离流程。低温的获取一般采用节流方式，必要时也辅以人工冷源。低温分离流程中，为防止结冰发生，通常需加入甘醇作为防冻剂。

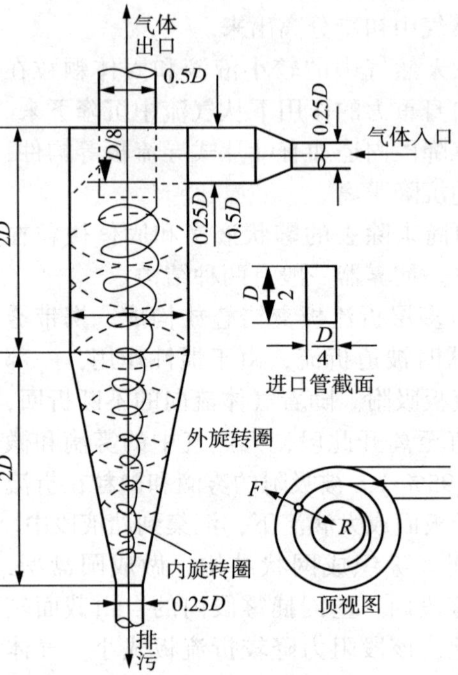

图 8-2　旋风分离器的原理示意图

图 8-3 为单井集气的常温分离流程。对含硫较多的天然气，为减轻硫对系统的腐蚀，需向气井注入缓蚀剂。不含硫的气井不设缓蚀剂注入罐；不产凝析油的气井不设油计量罐和油罐；常温分离流程中的水加热套是为防止产生天然气水化物而设置的，通常需把天然气加热到 30℃以上才能避免水化物的产生。

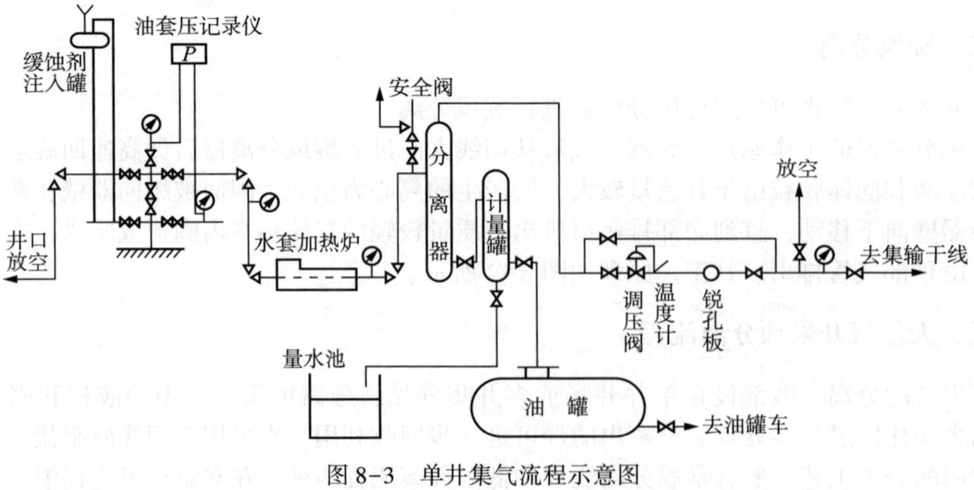

图 8-3　单井集气流程示意图

第二节　天然气的脱水

天然气经分离除去液滴和固体杂质后，其中仍含有相当数量的水蒸气。当输气管道压力和环境温度变化时，这些水蒸气可能会从天然气中析出，形成液态水、冰或天然气的固体水化物，从而引起输气阻力增加，输气能力减小，甚至堵塞阀门和管线，影响供气平稳。此外，液态水的存在还会加速酸性组分对管壁、阀件的腐蚀，缩短其使用寿命。因此，在一般情况下，天然气必须经脱水处理，达到规定含水标准后，才能进入输气干线。

天然气的含水量一般用两种指标来表示，一是绝对含水量，另一个则是露点温度。绝对含水量是指单位标准体积天然气中所含水分的质量(mg/m^3)；露点温度则是指在一定压力条件下，天然气中的水蒸气开始凝结时的温度(℃)。

可用于天然气工业的脱水方法有很多种，选择哪种方法应根据天然气的具体情况而定。目前常用的方法有溶剂吸收法、固体吸附法、直接冷却法和化学反应法。由于直接冷却法和化学反应法的操作费用较高，因此，在一般情况下不常使用这两种方法，使用更多的还是溶剂吸收法和固体吸附法。

一、溶剂吸收法

溶剂吸收法是目前天然气工业中使用较普遍的脱水方法。溶剂吸收的关键是脱水吸收剂的选择，首先，必须要有高的脱水性；其次具有化学稳定性和热稳定性，容易再生，蒸气压低，黏度小，对烃类气体溶解度小，发泡和乳化倾向小，并且无腐蚀性，同时廉价易得。

天然气的脱水深度一般用露点降表示，露点降就是指脱水装置操作温度与脱水后干气露点温度之差，用来评价脱水剂的脱水效率。

溶剂吸收法脱水目前常用的脱水剂为甘醇和金属氯化物溶液两大类，其中常用的为二甘醇、三甘醇和氯化钙，其主要性能见表 8-1。

二甘醇和三甘醇是甘醇脱水工艺中使用最多的两种脱水剂。由于三甘醇的热稳定性比二甘醇好，吸水容量及露点降也比二甘醇高，因此，三甘醇的使用较二甘醇更广泛，特别是需要较大露点降时更是这样。但是，由于三甘醇溶液黏度较大，吸收塔的操作温度不宜低于 10℃。

甘醇脱水工艺从功能上讲分为两大部分，即吸收和再生两部分。在吸收部分 脱水剂甘醇(贫液) 由塔顶进入吸收塔，与塔底通入的含水天然气逆流接触；甘醇吸收水分成富液从塔底流出，脱掉水的天然气从塔顶放出，经雾沫分离成干气出系统。吸水后的甘醇富液在再生部分进行甘醇和水的分离，常用的分离方法主要有蒸馏和汽提两种。脱水后的甘醇贫液再返回吸收使用。

甘醇脱水工艺流程根据天然气的情况不同而有一些差异，但都由吸收和再生两部分构成，其主要设备都是吸收塔和再生塔。图 8-4 是处理量较大的天然气三甘醇脱水流程，再生部分中的闪蒸罐是用来脱除三甘醇中溶解的烃类物质，储罐中吹入惰性气体的目的也主要是为了带走烃类蒸气。

表 8-1　不同脱水剂的比较

脱水溶剂优点	优点	缺点	适用范围
氯化钙水溶液	①投资与操作费用低，不燃烧 ②在更换新溶液前可无人值守	①吸水容量小，不能重复使用 ②露点降小，且不稳定 ③更换新溶液时劳动强度大 ④有废弃溶液处理问题。	边远地区小流量、露点降要求较小的天然气脱水
二甘醇水溶液	①浓溶液不会凝固 ②吸水容量大 ③在一般温度下，对含 H_2S，CO_2，O_2 的天然气也比较稳定	①蒸气压比三甘醇高，蒸发损失较大 ②理论热分解温度较低（164.4 ℃），再生损失较大 ③露点降比三甘醇溶液的小 ④投资及操作费用比三甘醇溶液高	集中处理站内大流量、露点降要求较大的天然气脱水
三甘醇水溶液	①浓溶液不会凝固 ②吸水容量大 ③在一般温度下，对含 H_2S、CO_2、O_2 的天然气也比较稳定； ④理论热分解温度较高（206.7 ℃），再生损失较小 ⑤露点降可达 40 ℃，甚至更高 ⑥蒸汽压比二甘醇低，蒸发损失较小 ⑦投资及操作费用比二甘醇溶液低	①投资及操作费用 $CaCl_2$ 水溶液法高 ②当有液烃存在时，再生过程易起泡，有时需要加入消泡剂	集中处理站内大流量、露点降要求较大的天然气脱水

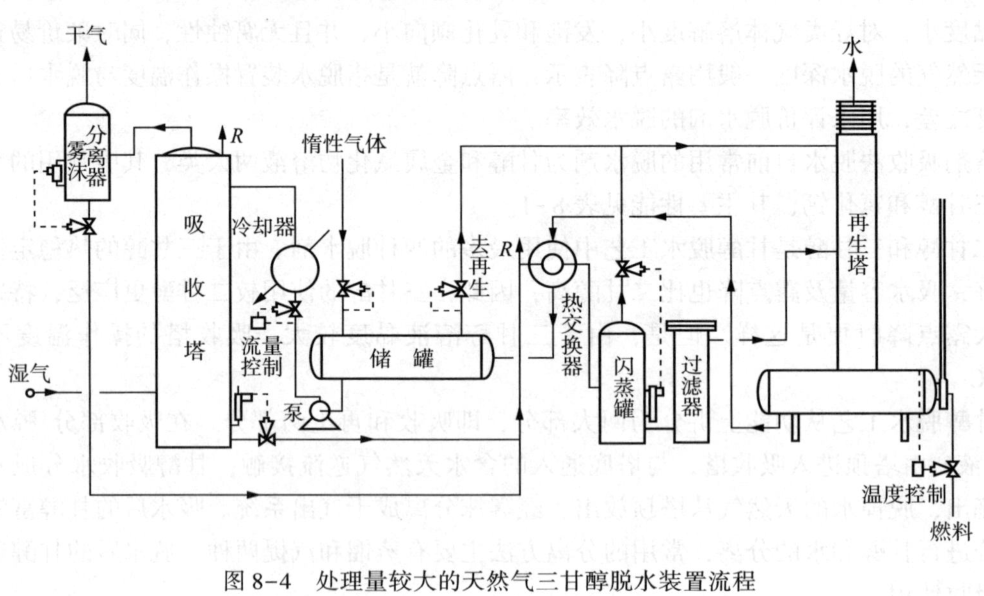

图 8-4　处理量较大的天然气三甘醇脱水装置流程

二、固体吸附法

1. 吸附过程和常用吸附剂

流体在流经多孔固体粒子时，其中的某些组分分子被固体内孔表面所吸着的过程称为吸附过程。吸附是固体表面作用力的结果，根据表面力的性质可将吸附过程分为物理吸附和化学吸附两大类。

物理吸附主要由范德华(Van de Waals)力或色散力所引起，气体的吸附类似于其凝聚，一般无选择性，过程可逆，吸附热小。吸附作用可以是单分子层，也可以是多分子层吸附。吸附所需的活化能小，所以吸附速度快，比较容易达到平衡。

化学吸附主要由吸附剂表面剩余成键力和吸附质之间的作用所致，类似于化学反应，有明显的选择性，多数过程不可逆，吸附热大。化学吸附为单分子层吸附，吸附所需活化能大，所以吸附速度慢，在低温下不易达到平衡。

由于化学吸附多数情况下是不可逆的，吸附剂再生困难，因此在天然气固体吸附法脱水工艺中多采用物理吸附方法。当然物理吸附和化学吸附相互并不排斥，在同一体系内可能同时或相继出现两种类型的吸附。

用固体吸附法脱除天然气中的水分，得到的干气露点可低于-50℃，操作状态和过程对进料气的温度、压力和流量的变化不敏感，工艺简单，操作方便，对小流量气体脱水操作成本较低。但该方法也有它的不足，如气压降大，吸附剂易中毒和破碎，能耗高，一次性投资费用大。因此，固体吸附法一般适合于中小气流量的天然气脱水。

(1)吸附的基本过程：天然气的固体吸附脱水装置多采用固定床吸附塔。塔内吸附床一般分为三段，见图8-5(a)。上段为饱和吸附层，气体从塔顶进入后，其中的水分在此段被大量吸附；中段为吸附传质层，在饱和段未被吸附尽的水分在此段被进一步吸附，其吸附程度呈一分布带；下段则吸附量极微，称为未吸附段，用来保证出塔气能达到规定的脱水要求。图8-5(b)为吸附剂床和在出床层气体中被吸附物质浓度随时间的变化关系。

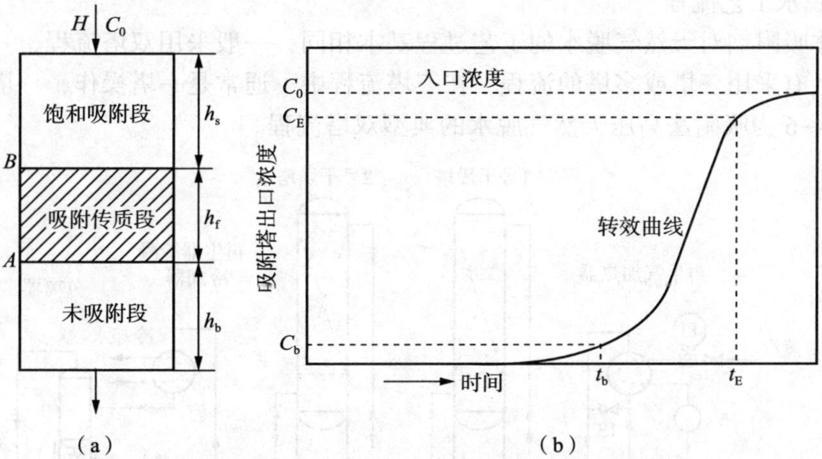

图8-5 吸附剂床和在出床层气体中被吸附物质浓度随时间的变化

在吸附操作过程中，饱和吸附段和吸附传质段的下边界会逐步下移。当吸附传质段的下边界移至床层下端时未吸附段消失，出口气中的水分将迅速增加，此一时刻称为吸附过程的转效点(t_B)。通常到此时就不能再继续使用，需对吸附床进行再生。若继续操作饱和吸附段的下边界移至床层下端，则称床层到达饱和点(t_E)。

查一查 如何实现连续的吸附-脱附过程。

(2)常用脱水吸附剂：对天然气脱水的固体吸附剂，通常要求具有以下性能：

①吸附表面积大，一般要求500~800 m^2/g；

②对应脱除物具有吸附活性；

③有较高的传质速率；

④能简便经济地再生；

⑤使用寿命长，使用中活性保持良好；

⑥孔隙率高，气体阻力小；

⑦吸水前后都具有较高的机械强度；

⑧吸附和再生过程中，体积无明显变化；

⑨堆密度高，无腐蚀性，无毒性，化学惰性，价格合理。

天然气吸附脱水中常用的固体吸附剂及其主要性能见表 8-2。

表 8-2　常用吸附剂的主要物理特性

吸　附　剂	硅胶 Davidson 03	活性氧化铝 Alcoa（F-200）	硅石球（H1 R 型硅胶） Kali-chemie	分子筛 Zeochem
孔径/nm	19	1.5	2~2.5	0.3、0.4、0.5、0.8、1
堆密度/（kg/m³）	720	705~770	640~785	690~750
比热容/[kJ/(kg·K)]	0.921	1.005	1.047	0.963
最低露点/℃	-96~-56	-96~-50	-96~-50	-185~-73
设计吸附容量/%	4~20	11~15	12~15	8~16
再生温度/℃	150~260	175~260	150~230	220~290
吸附热/(kJ/kg)	2980	2890	2790	4790

2. 吸附脱水工艺流程

不同固体吸附剂对天然气脱水的工艺过程基本相同，一般采用双塔流程，一塔脱水时另一塔再生。也有采用三塔或多塔的流程，在三塔流程中，通常是一塔操作，一塔再生，另一塔冷却。图 8-6 为吸附法高压天然气脱水的典型双塔流程。

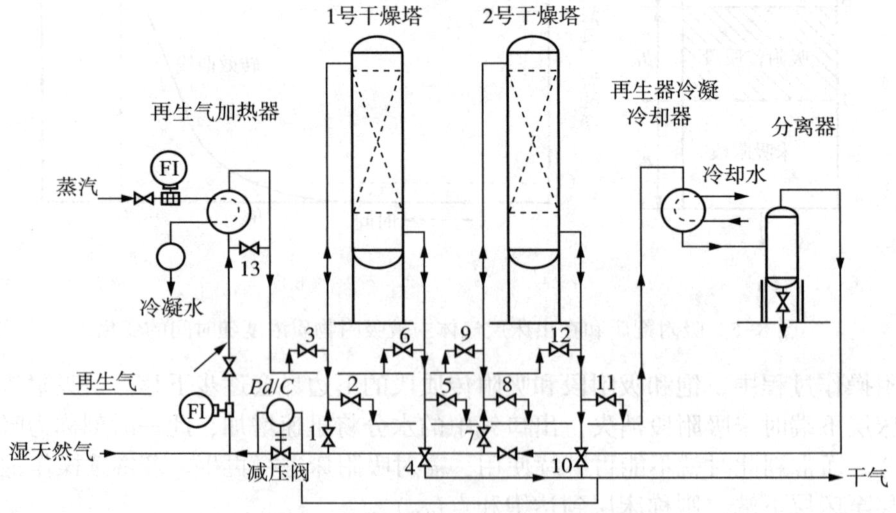

图 8-6　典型高压天然气吸附脱水流程图

近年来发展起来的同时脱除水汽和含硫化合物工艺过程，采用抗酸性分子筛作吸附剂，在脱水的同时可以脱除硫化氢、硫醇等含硫化合物。当天然气中含有 CO_2 时，也会被一并脱除。典型的工艺流程为 EFCO 流程（图 8-7）。

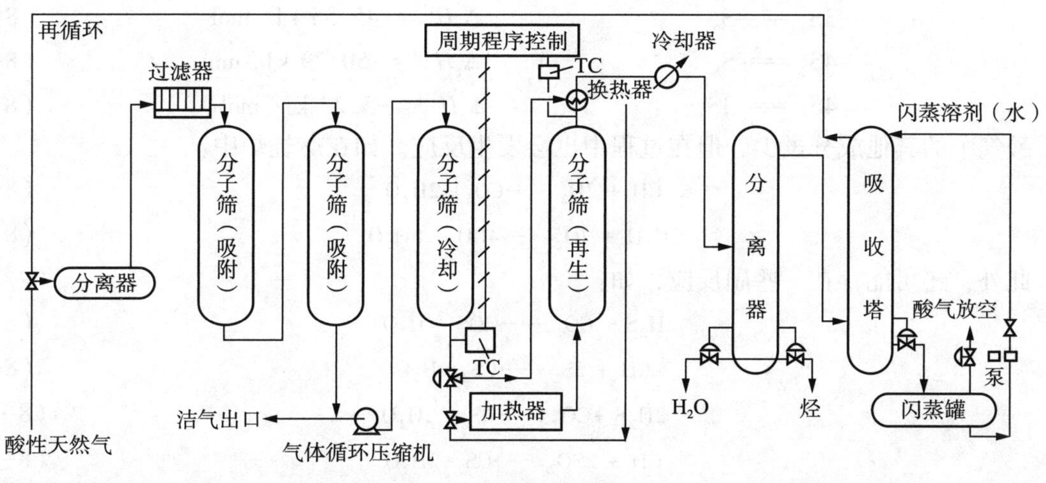

图 8-7 EFCO 过程流程图

脱除水分同时回收重烃组分，该过程使用的吸附装置与一般脱水过程相同，但操作周期要缩短。为保证充分的再生冷却时间，通常采用三塔或三塔以上的吸附装置。再生气出来后用冷凝器将重烃类物质和水一起冷凝，在油水分离器中回收重质烃。

第三节 天然气的脱硫和硫黄回收

一、天然气脱硫

天然气的脱硫方法可采用三种方式：化学吸收法、物理吸收法和直接氧化法。脱硫工艺将放到合成氨工艺过程中加以介绍，常用的脱硫方法见表 8-3。

二、硫黄的回收

自脱硫装置出来的含硫气体，通常称为酸性气体，是回收高纯度硫黄的极好原料，回收的硫黄纯度可达 99.95%(干基)以上。酸性气体回收硫黄普遍采用的方法是克劳斯(Claus)法，即氧化催化法。尽管工艺流程几经改进，但基本工艺原理仍是氧化催化。

1. 硫黄回收的化学原理

脱硫出来的酸性气体中主要成分是 H_2S 气体，其他组分含量相对较少。因此回收过程中，在燃烧炉和转化器中所发生的主要反应：

$$H_2S + 1.5O_2 \longrightarrow H_2O + SO_2 \qquad \Delta_r H^\ominus = -519.16\ \text{kJ/mol} \tag{8-1}$$

$$2H_2S + SO_2 \rightarrow 2H_2O + \frac{x}{3}S_x \tag{8-2}$$

$$x = 2 \qquad \Delta_r H^\ominus = +51.71\ \text{kJ/mol}$$

$$x = 6 \qquad \Delta_r H^\ominus = -84.99\ \text{kJ/mol}$$

$$x = 8 \qquad \Delta_r H^\ominus = -100.65\ \text{kJ/mol}$$

由于单质硫存在多种聚集形态，特别是硫蒸气中，聚集形态更多。硫的聚集形态受温度影响较大，如硫蒸气在常温沸点下主要是 S_6、S_7 和 S_8，温度升高时 S_2 随之增加，当温度达到 900℃时，基本上是 S_2 形态，到 1700 ℃时则开始离解成单原子硫。

$$3S_2 \rightleftharpoons S_6 \qquad \Delta_r H^\ominus = -45.55\ kJ/mol \tag{8-3}$$

$$4S_2 \rightleftharpoons S_8 \qquad \Delta_r H^\ominus = -50.79\ kJ/mol \tag{8-4}$$

$$4S_6 \rightleftharpoons 3S_8 \qquad \Delta_r H^\ominus = -5.23\ kJ/mol \tag{8-5}$$

酸气中的其他成分虽少，但在过程中也会发生反应。如在燃烧炉中：

$$CH_4 + 2O_2 \longrightarrow CO_2 + 2H_2O \tag{8-6}$$

$$2C_2H_6 + 7O_2 \longrightarrow 4CO_2 + 6H_2O \tag{8-7}$$

此外，还可能存在一些副反应，如：

$$H_2S + CO_2 \longrightarrow COS + H_2O \tag{8-8}$$

$$CH_4 + 2S_2 \longrightarrow CS_2 + H_2O \tag{8-9}$$

$$2H_2S + CO_2 \longrightarrow CS_2 + 2H_2O \tag{8-10}$$

$$CH_4 + 2SO_2 \longrightarrow CS_2 + 2H_2O \tag{8-11}$$

反应(8-1)取决于燃烧炉的空气供给量，反应(8-2)～反应(8-5)则受操作压力和温度的控制处于不同的平衡状态。

表 8-3　合成氨原料气脱硫的方法概况

	方法	脱硫剂(催化剂)	脱硫条件(硫容)	再生方法	脱硫程度
湿法	砷碱法	As_2O_3 和 Na_2CO_3 溶液	常压，38～42℃，CO_2 浓度为 15%以下，pH 为 7.5～8	鼓空气	～100mg/m³（净制气）
	改良砷碱（GV）法	As_2O_3 和 As_2O_5 的 Na_2CO_3 的溶液	常温～150℃，常压～7.5MPa，CO_2 高低均可，（气体中 H_2S 为 4～5g/m³）	鼓空气	＜2mg/m³
	蒽醌二磺酸钠(ADA)法	Na_2CO_3，ADA($NaVO_3$，酒石酸钾，钠)	常压～2MPa，15～45℃气体中 H_2S 为 3～5g/m³	鼓空气	10～20mg/m³
	氨水催化法	氨水（对苯二酚）－乙醇胺(MEA)	常温常压，pH 为 8.8（气体中 H_2S 小于 0.5g/m³）； 常压～2MPa，25～40℃	鼓空气	50～100mg/m³ 2～10mg/m³
	萘醌法	Na_2CO_3（1，4－萘醌）	常温常压，pH 为 8.4（气体中 H_2S 小于 0.1g/m³）	鼓空气	～30mg/m³
	乙醇胺法	二乙醇胺（DEA）的 15%水溶液	适用于低 CO_2(1.6%以下)高 H_2S 气体	加热到 105℃	
	二异丙醇胺法	二异丙醇胺(ADIP) 15%～30%水溶液	40℃以下，常压～2.5MPa	加热	＜10mg/m³
	环丁砜法	环丁砜＋乙醇胺	加压(～4MPa)，常温	加热(127℃)	＜5mg/m³
干法	分子筛法	分子筛	常压～4MPa，20～90℃	蒸汽再生	0.4mg/m³
	锰矿法	锰矿还原成 MnO	常压，400℃，可脱有机硫	不回收	＜3mg/m³
	活性炭法	活性炭	20～50℃，常压～3MPa，活性炭吸附 H_2S 并使分解	多硫化铵液浸取	1mg/m³
	氧化锌法	ZnO	250～400℃，常压或加压常与钴钼加氢配合，可脱有机硫(15%～30%)	不可回收	0.5～1mg/m³
	氢氧化铁法	褐铁矿氧化铁屑	常压～2MPa，常温［不再生时，0.50kg/kg 活性氧化铁；再生时 2.5kg］，脱有机硫，用 400℃	加水，露于空气再生或不再生	1～2mg/m³

2. 硫黄回收过程催化剂

硫黄回收催化剂的活性组分是活性氧化铝，它依靠分布在表面上的大量活性中心吸附 H_2S 和 SO_2，使之反应生成单质硫。

活性氧化铝由氧化铝水合物热脱水生成，氧化铝的水合物按含水量分为三水水合物和一水水合物。三水水合物，又称氢氧化铝，分子式可写为 $Al_2O_3 \cdot 3H_2O$ 或 $Al(OH)_3$，其主要结构类型有 α-三水铝石、β_1-三水铝石和 β_2-三水铝石。一水水合物，分子式可写为 $Al_2O_3 \cdot H_2O$，主要结构类型有一水硬铝石、一水软铝石和假一水软铝石。在 600 ℃以下对这些水合铝石脱水，就可得到活性氧化铝，若脱水温度高于 600 ℃，则会逐渐生成高温氧化铝，失去活性。

目前硫黄回收中使用较多的是铝土矿型催化剂，它的主要成分是氧化铝水合物，以及少量 Fe_2O_3，SiO_2，TiO_2 等。氧化铝水合物中既有三水水合物，也有一水水合物，三水水合物含量高者，其催化活性较好。用铝土矿作催化剂时，将其制成块状或条状，以降低床层阻力。铝土矿催化剂的热脱水活化温度为 400~500℃。

直接用活性氧化铝作催化剂，可以获得更高的硫磺回收率。但由于活性氧化铝的制作费用高，所以价格较贵，将导致回收硫黄的成本增加。

硫黄回收催化剂在使用中，若温度控制不当，会引起结构转型降低活性。此外，使用过程中由于吸附作用，表面会粘上单质硫、析炭、焦油等，还可能生成硫酸铝。因此，催化剂在使用一定时期后，应进行活化再生，恢复活性。若活性恢复不能达到要求，就需更换新的催化剂。

3. 硫黄回收工艺的影响因素

克劳斯法回收硫黄的影响因素很多，其主要的有以下几个：

(1)转化器级数和操作温度。由于转化反应是一个可逆反应，反应平衡关系受转化器级数和操作温度的影响很大。从理论上讲，由于每级转化后都要冷凝分硫，降低产物含量，因此，级数越多收率越高。但实际上当残留 H_2S 和 SO_2 很少时，增加转化级数并不能提高收率多少，工业上多采用二级或三级转化。

转化反应是放热反应，根据热力学原理，降低转化温度有利于硫的生成，但温度接近硫蒸气的饱和露点时，操作将是危险的，稍有不慎则会导致硫蒸气凝结到催化剂表面，使催化活性降低。

(2)配风比。配风比就是进入燃烧炉的空气与酸性气体的体积比。当酸性气体中的可燃组分确定时，可按化学反应式的理论需氧量计算其配风比。若酸性气体中除 H_2S 外的可燃组分体积分数低时，可假定为完全燃烧计算配风量。若体积分数较高时，则应考虑不完全燃烧的可能性，配风量的计算要做适当的调整。

配风量的不足或过剩都将对硫的收率产生严重影响。以单流法为例，若配风量过大，不能生成足够的 SO_2，使 H_2S 过剩造成损失；若配风量不足，则会导致过多的 SO_2 生成，形成 H_2S 不足而造成过剩的 SO_2 损失。由于酸性气体供给中的 H_2S 不能保持恒定，因此，为保证操作过程中的 $n(H_2S)/n(SO_2)=2$，必须根据酸性气中 H_2S 的体积分数来随时调节空气配给量。

(3)有机硫损失。酸性气体中本身就含有一些不能燃烧的有机硫组分，如 COS 和 CS_2，在燃烧炉中副反应也要产生一定的 COS 和 CS_2。这两种组分都十分稳定，最后随尾气排出系统，造成硫的损失。

由于 COS 和 CS_2 在 371℃时，可在克劳斯反应催化剂作用下发生水解：

$$COS + H_2O \rightleftharpoons H_2S + CO_2 \quad (8-12)$$

$$CS_2 + 2H_2O \rightleftharpoons 2H_2S + CO_2 \quad (8-13)$$

因此，转化反应时可将一级转化器的操作温度控制在 371℃左右，以促使 COS 和 CS_2 的水解，提高有机硫的回收率。但是，由于操作温度的提高，一级转化器的转化率将下降，因而需增加一级转化器来弥补。

(4)转化气的冷凝和液硫雾滴的捕集。末级转化气冷凝器的出口气温度和硫雾捕集器的捕集能力是决定硫蒸气损失和夹带硫损失的关键。末级冷凝器出口气温度应尽可能低，一般控制在 127℃左右。液硫雾滴的捕集器安装在末级冷凝器之后，一般采用立式，内装不锈钢丝网或拉西环，气速控制为 1. 5~4. 1 m/ s，捕集率可达 97. 5%。

4. 硫黄回收工艺流程。工业上使用的氧化催化法硫黄回收工艺有两种普遍使用的流程：单流法和分流法。对含 H_2S 较少的酸性气体，则采用阿莫科(Amoco)工艺流程。

(1)单流法工艺流程。当酸性气体中的 H_2S 高于 25%时，通常应选择单流法工艺来回收硫黄。在单流法中所有酸性气体全部进入燃烧炉，按要求严格配给空气，使酸性气体中的全部烃类完全燃烧，H_2S 只反应 1/3，以便生成的 SO_2 与剩下的 2/3 H_2S 反应生成单质硫。燃烧炉内温度一般为 1100~1600 ℃，此时约 60%~70%的 H_2S 转化成单质硫。由于温度高炉内副反应复杂，会有少量 COS 和 CS_2 生成。

从燃烧炉出来的含硫蒸气的高温气体，经废热锅炉回收热能之后，经冷凝分硫进入一级转化器。转化反应是放热反应，一级转化后的气体经二级冷凝分硫后再送入二级转化器中。二级转化器中通常装活性较高的催化剂，以期获得较高的转化率。由于是放热反应，降低转化温度有利于硫的生成，但转化器温度不能太低，以防止蒸气硫凝析出来造成催化剂堵塞。

为提高收率三级冷凝器出口气温应尽可能低，同时再用一捕集器分离气相中的夹带液硫。回收硫后的尾气通常要处理后才能排放。单流法硫收率可达 95%，单流法工艺流程如图 8-8 所示。

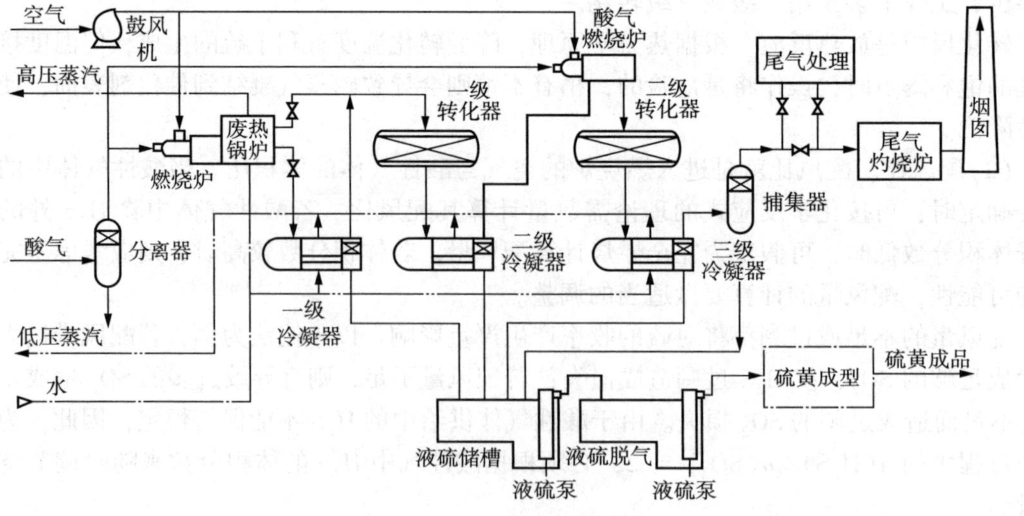

图 8-8 单流法工艺流程图

(2)分流法工艺流程。当酸性气体中的 H_2S 不足 25%时，采用单流法工艺燃烧时难以稳定，所以一般应选择分流法工艺流程(见图 8-9)。分流法的硫收率比单流法低，一般仅达 92%左右。

在分流法中只让 1/3 的酸性气体进入燃烧炉，严格按要求配给空气量，使全部烃类完全燃烧，其中的 H_2S 全反应生成 SO_2，剩余氧为零。从燃烧炉出来的含 SO_2 的高温气体在废热锅炉回收热量后，与另外 2/3 的酸气汇合，进入一级转化器，之后与单流法相同。

由于有 2/3 的酸性气体不经过燃烧炉，因此，分流法要求气体中不得含有重烃类化合物和其他有机物，以免引起催化剂的结炭和结焦，影响成品硫的质量。

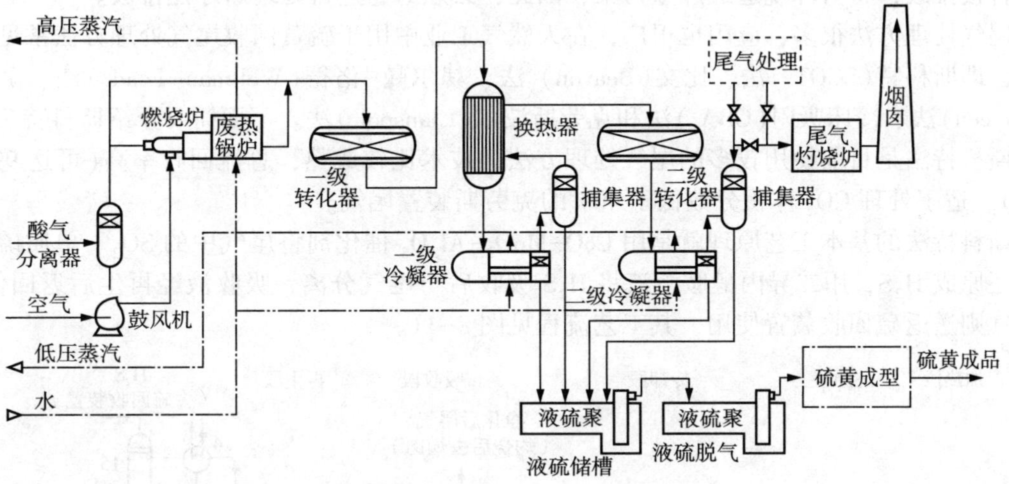

图 8-9　分流法工艺流程图

(3)阿莫科法工艺流程。如果酸性气体中 H_2S 体积分数太低，低于 15%，则无法用分流法进行回收，只能选择阿莫科法回收工艺(见图 8-10)。

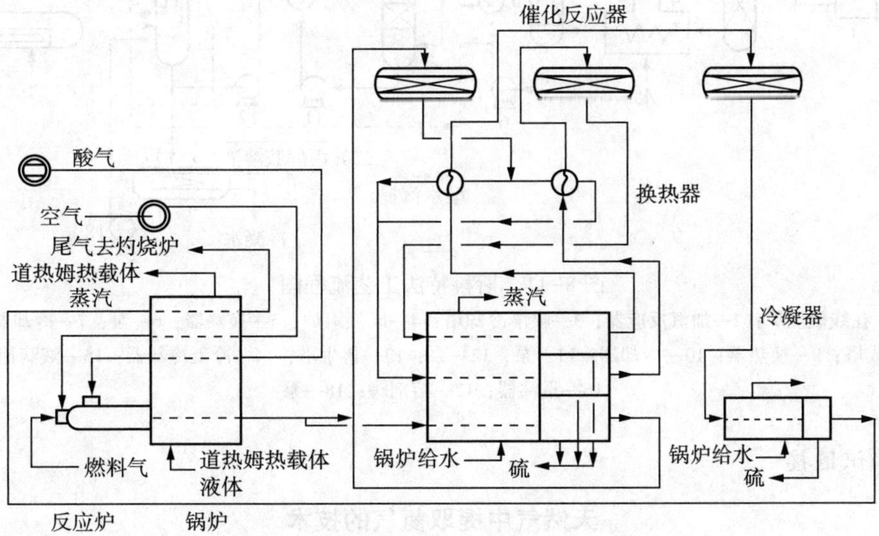

图 8-10　阿莫科法硫黄回收工艺流程图

在阿莫科法中，酸性气体和空气先与一种热载体道热姆(Dowtherm)的蒸汽换热，升温后才进入一个特殊设计的燃烧炉燃烧。燃烧炉内通入部分燃料气，以维持稳定的酸气火焰。

气体从道热姆锅炉出来后，后续的操作与单流法和分流法相同。

由于酸性气体中 H_2S 体积分数较低，因此，阿莫科法的硫回收率一般都不高，约 90%。

查一查 硫黄的工业用途。

三、硫黄回收尾气的处理

用克劳斯法回收硫黄时，其硫的回收率为 93%~97%，尾气中仍有 3%~7%的含硫化合物。这部分含硫化合物主要是 H_2S、SO_2、COS 和 CS_2，以及未冷下来的硫蒸气。如果将此尾气直接排放，将对环境造成严重污染，因此，必须对它进行处理后才能排放。

尾气处理方法很多，应用也很广，在天然气工业中用于硫黄回收尾气处理方法常见的有六种，即斯科特(SCOT)法、比文(Beavon) 法、魏尔曼-洛德(Wellman-Load)法、萨弗林(Sulfr een)法、冷床吸附(CBA)法和克劳斯波尔(Clauspol)法。下面简要介绍斯科特法。

斯科特法是目前使用较多的尾气处理方法，技术比较成熟，总硫回收率高(可达 99. 8%以上)，适于处理 CO_2 体积分数低于 40%的克劳斯装置尾气。

斯科特法的基本工艺原理就是用 $CoO-MoO_3-Al_2O_3$ 催化剂将尾气中的 SO_2、单质硫和有机硫还原成 H_2S，用二异丙醇胺溶液将 H_2S 吸收后与尾气分离，吸收液经再生后返回使用，再生气则送返硫回收装置使用，其工艺流程见图 8-11。

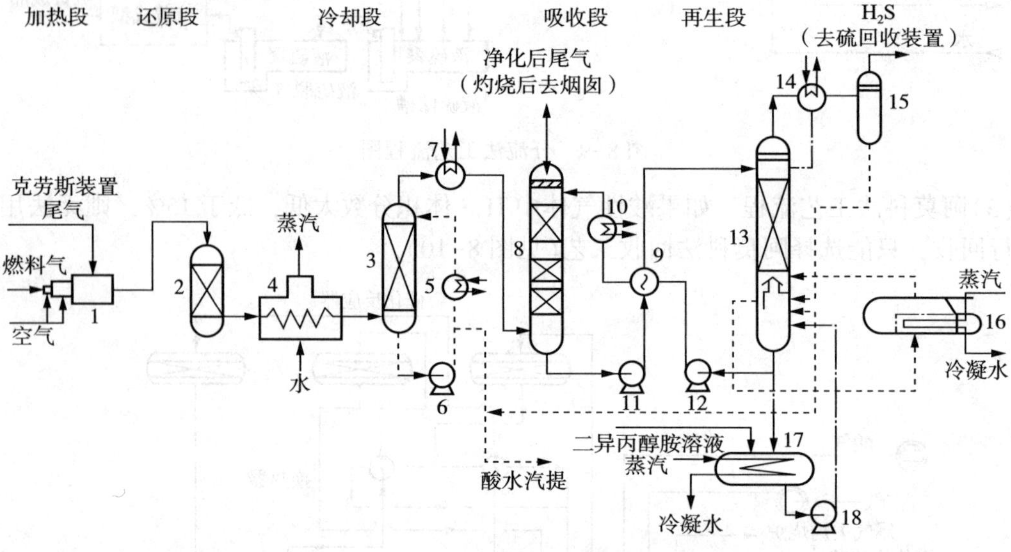

图 8-11 斯科特法工艺流程图

1—在线燃烧炉；2—加氢反应器；3—喷淋冷却塔；4—废热锅炉；5—换热器；6—泵；7—冷却器；8—吸收塔；9—换热器；10—冷却器；11—泵；12—泵；13—再生塔；14—冷凝冷却器；15—液滴捕集器；16—重沸器；17—溶剂罐；18—泵

知识链接

天然气中提取氦气的技术

氦气，是一种稀有气体，化学式为 He，无色无味，化学性质不活泼，一般状态下很难和其他物质发生反应。中国是一个氦气十分贫乏的国家，每年需要大量进口氦气，随着国民经济的发展对氦气的需求大量增加和国外对中国氦气供应的制约，氦气的获取已经上升到国家战略的层面。

氦气的用途非常广泛，可作为火箭液体燃料的压送剂和增压剂，可用作冶炼及焊接时的保护气体，还可以用于核反应堆冷却等。那么，氦气是如何生产制备的呢？

一、氦气的制备方法

目前，氦气的制备方法有四种。

(1) 天然气分离法：工业上，主要以含有氦的天然气为原料，反复进行液化分馏，然后利用活性炭吸附提纯，得到纯氦。

(2) 合成氨法：在合成氨工艺中，尾气经分离提纯可得氦。

(3) 空气法：从液态空气中用分馏法从氖氦混合气中提取出。

(4) 铀矿石法：将含氦的铀矿石经过焙烧，分离出气体，再经过化学方法，除去水蒸气、氢气和二氧化碳等杂质提纯出氦。

二、天然气提取氦气的方法

氦在自然界中主要存在于天然气体或放射性矿石中。在地球的大气层中，氦的浓度十分低，只有1/52000。在地球上的放射性矿物中所含有的氦是 α 衰变的产物。氦在某些天然气中含量在经济上值得提取，最高可以含 7%，所以目前绝大多数的氦气都是通过天然气提取的，特别是高纯氦。

天然气提取氦的方法有以下 5 种。

1. 扩散法

扩散法利用氦的高热扩散率从天然气中浓缩和提取氦。所使用的扩散元件通常为石英玻璃毛细管，壁厚为 0.025~0.127mm，内径与壁厚之比为 3~7，工作温度为 400~500℃，工作压力根据具体工作条件为几十至几百兆帕。通过石英玻璃毛细管扩散提取的氦纯度相当高，但由于所使用的石英玻璃毛细管非常薄，制造非常不方便，并且操作必须在高温和相当高的压差下进行，因此扩散定律的使用中仍然存在许多限制。

2. 膜渗透法

随着膜材料的发展，膜渗透技术在氦萃取中显示出越来越好的应用前景。不同的气体对膜具有一定的渗透性，不同气体的渗透性不同，因此天然气中的氦可以通过渗透提取。工业应用的渗透膜应具有以下特点：渗透常数大，可以确保性能并减少所需的膜面积；大的分离系数简化了工艺；良好的化学、机械和热稳定性，可以保持长期性能。膜材料对天然气组分渗透的选择性可用分离因子表示。

3. 吸附法

这种方法是根据天然气中各组分在固体吸附剂表面上吸附能力的差异而将其中的氦气分离出来。限于吸附剂的吸附容量，吸附法一般适用于杂质含量小于10的粗氦精制中。近年来发展起来的变压吸附(PSA)即属于此类改进型。

4. 吸收法

吸收方法选择合适的吸收溶剂。在某些条件下，沸点高于氦的天然气中的剩余组分可以被清洗、吸收和去除，以提取氦。使用的吸收性溶剂包括液体氟碳化合物、液体石蜡等。

5. 低温冷凝法

本方法是目前各国从天然气中提取氦气广泛采用的方法。通常由气源预处理净化、粗氦提取及氦气精制等工序构成。

我国的地层天然气中的含氦量十分有限，达不到开采氦气资源的合理浓度，所以在以往的天然气开采过程中，均将这部分资源忽视了。随着国家新能源政策的推广，液化天然气作为清洁能源应用得越来越多，液化天然气的生产和使用量就越来越大。这样，地层天然气经过液化后生产成液化天然气，而在所剩余作为废气排放的不凝气体中的氦气含量就骤然升高了，对于这部分气体进行分离净化，从而生产出高纯氦气，其经济效益和社会效益十分巨大。

从天然气液化后的不凝气体中提取氦气的纯化装置为高压循环风机、循环气体流量计量和控制装置、催化脱氢反应器、水冷却和分水器形成的闭环系统；催化脱氢反应器的入口设有原料气入口管道，在原料气入口管道上设有氢气分析仪和流量计。在原料气入口管道与催化脱氢反应器入口的交汇处，设有精确控制加氧系统，在氦气出口的管道上设有氢、氧分析仪。

目前，国内外尚无成熟的用于液化天然气不凝气体中氦气回收分离净化的技术和方法。现有技术中处理高浓度的氢气时，需要用多级加氧的方式，逐级将氢气反应掉，由于需要控制反应温度，每一级的加氧量不能超过2.5%，参与反应的氢气也只有5%。

习题与练习

一、填空题

1. 从气井采出的天然气在井场和集气站必须进行分离处理，采出气的分离主要采用________和________两种方法。

2. 对含凝析油较多的天然气，广泛采用的是____________________流程。低温的获取一般采用________方式，必要时也辅以________。

3. 天然气的含水量一般用两种指标来表示，一是绝________，另一个则是________。

4. 天然气的脱硫方法可采用三种方式：________、________和________。

5. 硫黄回收催化剂的活性组分是_______________，它依靠分布在表面上的大量活性中心吸附________和________，使之反应生成单质硫。

6. 工业上使用的氧化催化法硫黄回收工艺有两种普遍使用的流程：____________和____________。

二、选择题

1. 对含硫较多的天然气，为减轻硫对系统的腐蚀，需向气井注入(　　)。

A. 阻聚剂　　B. 防腐剂　　C. 缓蚀剂　　D. 表面活性剂

2. 下列哪种方法不能用于天然气的工业脱水(　　)。

A. 固体吸附法　　B. 深冷结晶　　C. 溶剂吸收法　　D. 化学反应法

3. 化学吸附主要由吸附剂表面剩余成键力和吸附质之间的作用所致，类似于化学反应，有明的选择性，多数过程(　　)。

A. 不可逆，吸附热大　　B. 不可逆，吸附热小

C. 可逆，吸附热大　　D. 可逆，吸附热小

4. 自脱硫装置出来的含硫气体，通常称为酸性气体，是回收高纯度硫黄的极好原料，回收的硫黄纯度可达(　　)以上。

A. 99.5%　　B. 99.85%　　C. 99.95%　　D. 99.99%

三、判断题

1. 重力分离通常用于分离含液量较多、液体或固体颗粒较小的天然气，以及对净化要

求不高的采气井口、集气站的天然气初级分离。(   )

2. 二甘醇和三甘醇是甘醇脱水工艺中使用最多的两种脱水剂。由于二甘醇的热稳定性比三甘醇好，吸水容量及露点降也比三甘醇高，因此，二甘醇的使用较三甘醇更广泛。(   )

3. 在吸附操作过程中，饱和吸附段和吸附传质段的下边界会逐步下移。(   )

4. 在分流法中，只让1/3的酸性气体进入燃烧炉，严格按要求配给空气量，使全部烃类完全燃烧，其中的H_2S全反应生成SO_2，剩余氧为零。(   )

5. 萨弗林法是目前使用较多的尾气处理方法，技术比较成熟，总硫回收率高(可达99.8%以上)，适于处理CO_2体积分数低于40%的克劳斯装置尾气。(   )

四、名词解释

配风比

五、简答题

1. 简述旋风分离器的工作原理。

2. 简述天然气固体吸附脱水的基本过程。

3. 硫黄回收工艺的影响因素有哪些?

第九章　天然气的化工利用——合成氨技术

✲**知识目标：**

了解合成氨工业的发展状况和在国民经济中的地位和作用；
掌握合成氨过程的原理和工艺流程；
掌握合成氨过程参数控制依据。

✲**能力目标：**

能通过生产影响因素分析调节生产调节和指标；
具有适应合成氨生产岗位生产操作的初步能力。

天然气化工的内容已发展得相当丰富，包括天然气中硫黄的回收，天然气中提取氦气，天然气制炭黑，天然气转化合成甲醇、合成氨，天然气制乙炔，天然气氯化有机溶剂，天然气的硝化、氨氧化等工艺过程。这里我们主要介绍以天然气为原料生产合成气以及合成氨的工艺过程。

第一节　合成氨概述

一、合成氨在国民经济中的作用和发展概况

氮是蛋白质的基本元素，没有氮就没有生命。空气中虽然有大量的氮(约 79%)，但呈游离状态，必须先将它转变为氮的化合物才能被动植物吸收。将空气中的氮转变为氮化合物的过程称为固定氮，20 世纪初所提出的合成氨法，就是固定空气中氮的一种方法。

氨是生产硫酸铵、硝酸铵、碳酸氢铵、氯化铵、尿素等化学肥料的主要原料，也是生产硝酸、染料、炸药、医药、有机原料、塑料、合成纤维、石油化工产品等工业产品的重要原料。因此，合成氨是无机化工的代表，在国民经济中占有十分重要的地位。目前我国氨的生产能力位居世界首位，已掌握了以煤、天然气、液态烃、重质烃等气固液多种原料生产合成氨的技术，形成我国特有的煤、石油、天然气原料并存和大、中、小生产规模并存的合成氨生产格局。

二、合成氨生产的典型流程

氨是由氮气和氢气在高温高压下催化反应合成的，因此合成氨首先必须制备合格的氢、氮原料气，合成氨生产的原料气过程就包括下述三个步骤。

(1)造气，即制备含有氢、氮和一氧化碳的粗原料气。

(2)净化，无论选择什么原料，用什么方法造气，都必须对粗原料气进行净化处理，以除去氢、氮以外的杂质。

(3)压缩和合成，将纯净的氢、氮混合气压缩到高压，在铁催化剂与高温条件下合成为氨。

各种原料制氨的典型流程如下。

1. 以焦炭(无烟煤)为原料的流程

以焦炭或煤为原料合成氨的流程是采用间歇的固定层气化法生产半水煤气，经过脱硫、变换、压缩、脱除一氧化碳和二氧化碳等净化后，获得合格的氮氢混合气，并在催化剂及适当的温度、压力下合成氨。我国有丰富的煤炭资源，是合成氨的好原料，这种方法一般在中小型合成氨厂使用。

以焦炭或煤为原料合成氨的原则流程如图 9-1 所示。

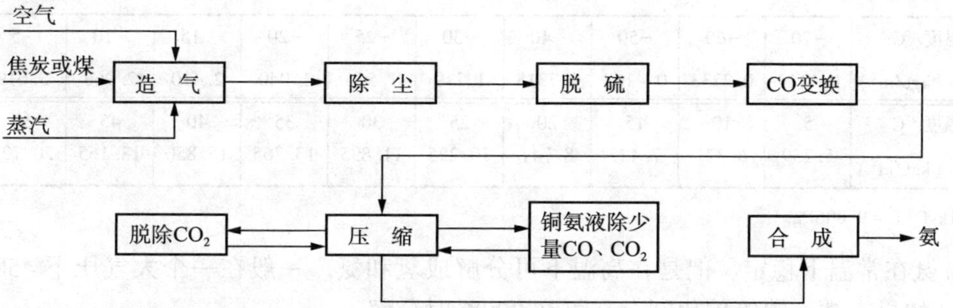

图 9-1　以焦炭或煤为原料制造合成氨的原则流程

2. 以天然气为原料的流程

以天然气为原料的合成氨流程采用加压蒸汽转化法生产半水煤气，经变换、脱除二氧化碳和甲烷化，以获得合格的氮氢混合气，然后在催化剂及适当的温度、压力下合成氨，这是我国目前大型合成氨厂普遍采用的流程。该流程热利用率和自动化程度高，生产成本较低。以天然气为原料合成氨的原则流程如图 9-2 所示。

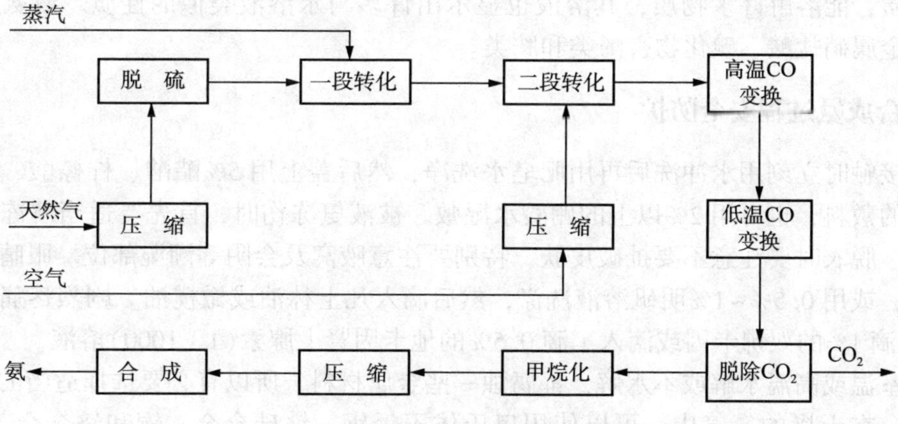

图 9-2　以天然气为原料合成氨的原则流程

除以上两种典型流程外，还有焦炉气深度冷冻法、以重油为原料加压部分氧化法、以轻油为原料等制氨流程。

查一查　以重质油为原料合成氨的工艺流程，并说明其特点。

三、氨的性质

氨分子式 NH_3，在标准状态下是无色气体，比空气轻，具有特殊的刺激性臭味。环境中最高允许浓度 25mg/m^3。

氨的理化性质如下：

(1)氨的相对分子质量为 17.031，标准状态下沸点为-33.35℃，临界温度为 132.4℃，临界压力为 1127kPa，临界比容为 4.130L/kg，标准状态下凝固温度为-77.7℃。

(2)氨的饱和温度和饱和压力见表 9-1。

表 9-1　氨的饱和温度和饱和压力对照表

饱和温度/℃	-70	-60	-50	-40	-30	-25	-20	-15	-10	-5	0
饱和压力/(kgf/m^2)	0.1114	0.2233	0.4168	0.7318	1.219	1.546	1.940	2.410	2.966	3.619	4.379
饱和温度/℃	5	10	15	20	25	30	35	40	45	50	
饱和压力/(kgf/m^2)	5.259	6.271	7.427	8.741	10.225	11.895	13.765	15.850	18.165	20.727	

注：1kgf/m^2=9.806Pa。

(3)氨在常温下稳定，但是在高温下可分解成氢和氮。一般在一个大气压下 450~500℃时分解，如果有铁、镍等催化剂存在可在 300℃时分解。

(4)在空气中可燃，但一般难以着火，如果连续接触火源就燃烧，有时也能引起爆炸。如果有油脂或其他可燃物质，则更容易着火。在氧中燃烧时发出黄色火焰，并生成氮和水。

$$4NH_3+3O_2 \longrightarrow 2N_2+6H_2O$$

(5)氨在一氧化二氮中也能发生爆炸，爆炸浓度极限为 2.2%~72%。

(6)氨微溶于甲醇、乙醇、二氯甲烷和乙醚。

(7)液氨的蒸发潜热仅次于水而很大，0℃时的蒸发潜热为 74.196kJ/mol，因此具有类似水的性质，能溶解许多物质，其溶液也显示出许多与水溶液类似的性质。液氨能溶解铵盐，各种金属硝盐酸、碘化物、酚类和胺类。

四、合成氨过程安全防护

皮肤接触时立刻用水冲洗后再用肥皂水洗净，然后盖上用 5%醋酸、柠檬酸、酒石酸或盐酸浸湿的敷料，也可用 2%以上的硼酸水湿敷。被液氨冻伤时，首先要适当解冻后脱下冻结的衣服。脱衣时要注意不要扯破皮肤，特别要注意腋窝及会阴等潮湿部位。眼睛受伤时先用水清洗，或用 0.5%~1%明矾溶液洗涤，然后滴入凡士林油或橄榄油。剧烈疼痛时可滴入大约 1~2 滴 1%的奴佛卡因或滴入 1 滴 0.5%的地卡因肾上腺素(1∶1000)溶液。

氨在室温或高温水解或不水解，都腐蚀一些金属材料，所以有必要选择适当的材料制作储存设备。在干燥的氨气中，可以使用奥氏体不锈钢，铁硅合金、铜和锌合金、镁合金、镍、梦乃尔、耐蚀镍基合金、银和银合金、钽。但是在潮湿的氨气中不能使用铜和铜锌合金、镍、蒙乃尔、银和银合金，可以使用碳钢。可以使用聚四氟乙烯、聚三氟氯化乙烯聚合体，聚乙烯、天然橡胶、丁腈橡胶、氯丁橡胶、海帕伦、丁基橡胶、硅橡胶和氧化橡胶。

着火时首先要关闭钢瓶阀门，止住气体流出。灭火可用雾状水、二氧化碳、泡沫和干粉灭火剂。

当出现氨泄露时，用湿草席等盖在泄露处或漏出来的氨液上，然后从远处用水管冲洗。气体大量喷出时，在远处用喷射雾状水吸收。液体附着物要用大量水冲洗或用含盐酸的水中和。

废气要用水吸收后盐酸中和，也可用大量水稀释排入下水道。中和剂除盐酸外硫酸和其他酸也可以。

五、氨的用途

氨在国民经济中占有重要地位。现在约有80%的氨用来制造化学肥料，其余作为生产其他化工产品的原料。除液氨可直接作为肥料外，农业上使用的氮肥，例如尿素、硝酸铵、磷酸铵、硫酸铵、氯化铵、氨水以及各种含氮混合肥和复合肥，都是以氨为原料的。

氨在工业上主要用来制造炸药和各种化学纤维及塑料。从氨可以制得硝酸，进而再制造硝酸铵、硝化甘油、三硝基甲苯和硝基纤维素等。在化纤和塑料工业中，则以氨、硝酸和尿素等作为氮源，生产己内酰胺、尼龙6单体、己二胺、人造丝、丙烯腈、酚醛树脂和脲醛树脂等产品。

氨的其他工业用途也十分广泛，例如，用作制冰、空调、冷藏等系统的制冷剂，在冶金工业中用来提炼矿石中的铜、镍等金属，在医药和生物化学方面用作生产磺胺类药物、维生素、蛋氨酸和其他氨基酸等。

第二节　合成气的生产

合成气的生产方法主要有烃类水蒸气转化法，重质油转化法，煤的气化等方法。这里主要介绍天然气的水蒸气转化法。

天然气的主要成分均可用 C_nH_m 来表示。它在高温下与蒸汽作用生成以 H_2 和 CO 为主要组分的粗原料气，其反应为：

$$C_nH_m+nH_2O(g)\rightleftharpoons nCO+\left(n+\frac{m}{2}\right)H_2 \quad (\Delta H>0) \tag{9-1}$$

但气态原料烃一般是各种烃的混合物，除甲烷以外还有其他高级烷烃。在蒸汽转化过程中这些高级烷烃进行如下反应：

$$C_nH_{2n+2}+\frac{(n-1)}{2}H_2O(g)\rightleftharpoons\frac{(3n-1)}{4}CH_4+\frac{(n-1)}{4}CO_2 \tag{9-2}$$

该反应为强吸热反应，而且应在高温条件下发生，工业生产中必须供给热量才能使其进行。天然气的主要成分是甲烷，以甲烷为原料生产合成气的工艺过程如下：

一、甲烷蒸汽转化反应原理

甲烷蒸汽转化反应为一复杂的反应系统，可能发生的反应如下。

主反应：

$$CH_4+H_2O\rightleftharpoons CO+3H_2 \qquad \Delta_rH^\ominus=205.76kJ/mol \tag{9-3}$$

$$CO+H_2O\rightleftharpoons CO_2+H_2 \qquad \Delta_rH^\ominus=-41.17kJ/mol \tag{9-4}$$

副反应：

$$CH_4\rightleftharpoons C+2H_2 \qquad \Delta_rH^\ominus=74.48kJ/mol \tag{9-5}$$

在上述的反应系统达平衡时，应根据独立反应的概念来决定平衡组成。一般说来独立反应数等于反应系统中所有的物质数减去形成这些物质的元素数。这里共有 CH_4、H_2O、H_2、CO、CO_2 及 C(炭黑)六种物质而由 C、H、O 三种元素构成，故独立反应数为6-3=3，即甲烷水蒸气转化系统只有三个独立反应。

主反应是我们所希望的，而副反应既消耗原料，析出的炭黑又沉积在催化剂表面，使催化剂失活。现在的问题是怎样来促进主反应和设法抑制副反应，这就需要用热力学观点讨论反应进行的程度以及从动力学角度考虑反应的速率。

二、甲烷蒸汽转化反应热力学

1. 化学平衡常数

反应式(9-3)和反应式(9-4)均为可逆反应。前者吸热，热效应随温度的增加而增大；后者放热，热效应随温度的增加而减少。这两个反应的平衡常数分别为：

$$K_{p1}=\frac{p_{CO}\cdot p_{H_2}^3}{p_{CH_4}\cdot p_{H_2O}} \tag{9-6}$$

$$K_{p2}=\frac{p_{CO_2}\cdot p_{H_2}}{p_{CO}\cdot p_{H_2O}} \tag{9-7}$$

式中，p_{CH_4}、p_{H_2O}、p_{CO}、p_{CO_2}、p_{H_2}为系统处于平衡状态时甲烷、水蒸气、一氧化碳、二氧化碳和氢等组分的分压，MPa。

烃类蒸汽转化是在加压和高温下进行的，但压力不太高，3~4 MPa，可以只考虑温度对平衡的影响。K_{p1}与K_{p2}与温度的关系可用下式分别计算：

$$\ln K_{p1}=\frac{-23829.4}{T}+3.3066\ln T-2.2104\times10^{-3}T-1.2881\times10^{-6}T^2+1.2099\times10^{-10}T^3+3.2538 \tag{9-8}$$

$$\ln K_{p2}=\frac{5041.4}{T}-0.15867\ln T+1.8073\times10^{-3}T-4.8864\times10^{-7}T^2+5.9995\times10^{-11}T^3-4.9919 \tag{9-9}$$

式中，T为温度，K。

从反应过程的热力学分析可以确定，甲烷的水蒸气转化反应总体是一个吸热反应，升高温度有利于反应的发生，并且高温时的平衡常数比低温时大。

2. 平衡组成的计算

根据反应平衡常数可以计算出平衡或条件下气体的组成。若进料气中只含甲烷和水蒸气，且水蒸气和甲烷的摩尔比为m，操作压力为p，MPa；以 1kmol 甲烷为计算基准，x为甲烷蒸汽转化反应式(9-6)中转化的甲烷量，kmol；y为变换反应式(9-7)转化的一氧化碳的量，kmol；则平衡常数与浓度的关系如下：

$$K_{p1}=\left[\frac{(x-y)(3x+y)^3}{(1-x)(m-x-y)}\right]\left(\frac{p}{1+m+2x}\right)^2 \tag{9-10}$$

$$K_{p2}=\left[\frac{y(3x+y)^3}{(x-y)(m-x-y)}\right] \tag{9-11}$$

给定温度后可根据式(9-8)和式(9-9)计算出K_{p1}与K_{p2}，式(9-10)和式(9-11)两个方程有x、y两个未知数，利用上式可求得平衡条件下的组成。

3. 影响甲烷蒸汽转化平衡组成的因素

影响甲烷蒸汽转化平衡组成的因素有温度、压力和水碳比(原料气中水蒸气对甲烷的摩尔比)，影响关系如图 9-3 所示。温度对甲烷的转化有重要作用，例如 3 MPa 压力下，当原

料气中 n_{H_2O}：$n_{CH_4}=3$ 时，在 700 ℃，平衡时甲烷的体积分数为 24%，在 800℃时就达到 7%。水碳比也是影响转化的重要因素，要得到较高的甲烷转化率，宜选用较高的水碳比，但过高的水碳比明显降低设备的生产能力，并增加能耗。加压对甲烷的转化不利，但因为转化反应是体积增大的反应，加压转化只需压缩甲烷，水蒸气从锅炉引出时本身具有压力，这样就比压缩转化后的气体节省了很多能量。

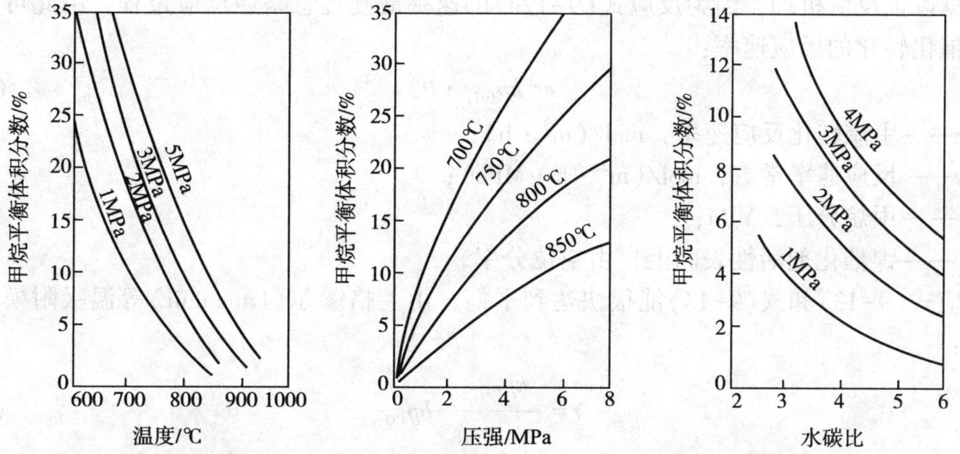

（a）温度的影响(水碳比=3)　（b）压强的影响(水碳比=3)　（c）水碳比的影响(800℃)

图 9-3　影响甲烷蒸汽转化平衡组成的因素

总之，从热力学角度分析，甲烷蒸汽转化反应尽可能在高温、高水碳比以及低压下进行。

但是，即使在相当高的温度下，反应速率仍很缓慢，因此就需要催化剂来加快反应。

三、甲烷水蒸气转化反应动力学

由于甲烷蒸汽转化过程比较复杂，迄今还没有一个公认的甲烷水蒸气转化反应的动力学方程式。但从已发表的 10 多种表达式不同的动力学方程来看，反应过程中使用的催化剂不同，其动力学表达形式亦不同，但甲烷的反应级数为一级这点是一致的。

1. 反应机理

当反应过程使用镍催化剂时，一般认为在镍催化剂的表面，甲烷转化的速率比甲烷分解的速率快得多，中间产物中不会有碳生成。波德罗夫等人结合他们的实验数据提出以下催化剂表面吸附反应机理：在镍催化剂表面甲烷和水蒸气解离成次甲基和原子态氧，在催化剂表面被吸附并互相作用，最后生成 CO、CO_2 和 H_2。

$$CH_4+\sigma \rightleftharpoons CH_2\sigma+H_2 \tag{9-12a}$$

$$CH_2\sigma+H_2O \rightleftharpoons CO\sigma+2H_2 \tag{9-12b}$$

$$CO\sigma \rightleftharpoons \sigma+CO \tag{9-13}$$

$$H_2O(g)+\sigma \rightleftharpoons O\sigma+H_2 \tag{9-14}$$

$$CO+O\sigma \rightleftharpoons CO_2+\sigma \tag{9-15}$$

式中　σ ——镍催化剂表面的活性中心。

由于催化剂在反应前后质和量都不变，整理以上反应机理式得式(9-16a)和式(9-16b)：

$$CH_4+H_2O(g) \rightleftharpoons CO+3H_2$$

$$CO+H_2O(g) \rightleftharpoons CO_2+H_2 \qquad (9\text{-}16a)$$

总反应为：

$$CH_4+2H_2O(g) \rightleftharpoons CO_2+4H_2 \qquad (9\text{-}16b)$$

2. 动力学方程式

根据以上反应机理，因为反应式(9-12a)的速率最慢且忽略逆反应过程，由此可写出甲烷蒸汽催化转化的反应速率：

$$r=kp_{CH_4} \cdot \theta_v \qquad (9\text{-}17)$$

式中 r——甲烷转化反应速率，mol/(m³·h)；

k——反应速率常数，mol/(m³·h·MPa)；

p_{CH_4}——甲烷分压，MPa；

θ_v——镍催化剂活性表面上自由空位分率。

反应式(9-13)和式(9-14)能很快达到平衡，由兰格缪尔(Langmuir)等温吸附模型可以推导出：

$$r=\frac{kp_{CH_4}}{1+a\dfrac{p_{H_2O}}{p_{H_2}}}+bp_{CO} \qquad (9\text{-}18)$$

以镍箔为催化剂时，式(9-18)中的常数值如下：

700℃时，$a=0.5$，$b=1.0$；800℃时，$a=0.5$，$b=2.0$；900℃时，$a=0.2$，$b=0$。

式(9-18)仅是十多种动力学表达式之一。

同任何气固相催化反应过程一样，在进行化学反应的同时，还存在着传质、传热过程。其中气体扩散快慢对甲烷蒸汽转化反应速率也是有影响的。

3. 扩散作用对甲烷蒸汽转化反应的影响

对于甲烷蒸汽转化这种气固催化反应，气体的扩散速度对反应速率有显著的影响。经研究发现在工业反应条件下，外扩散的影响较小，而内扩散有显著影响。图9-4表明随着催化剂粒度增大，反应速率和催化剂内表面利用率明显降低，这也表明了内扩散所起的作用。因此，工业生产中采用较小的催化剂颗粒，或将催化剂制成环状或带沟的圆柱状都将会提高转化反应的速率。

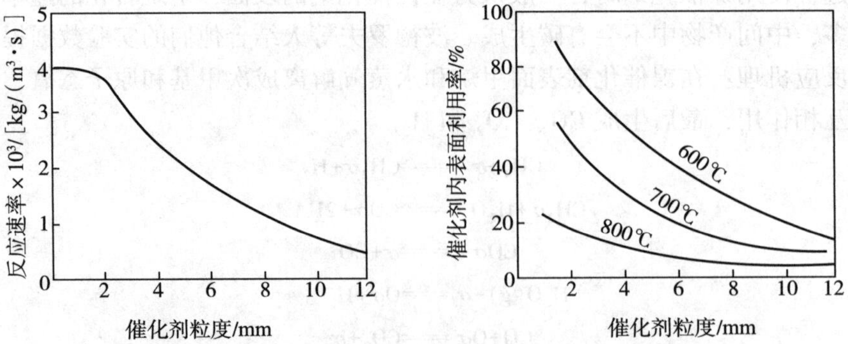

（a）催化剂粒度对反应速率的影响　（b）催化剂的表面利用率

图9-4 甲烷蒸汽转化对催化剂粒度的影响

四、过程析炭及处理

在工业生产中特别要注意，在转化反应的同时可能会有如下析炭反应发生。

$$CH_4 \rightleftharpoons C+2H_2 \qquad \Delta_r H^{\ominus}=74.48\text{kJ/mol} \qquad (9-5)$$

$$2CO \rightleftharpoons CO_2+C \qquad \Delta_r H^{\ominus}=-172.47\text{kJ/mol} \qquad (9-19)$$

$$CO+H_2 \rightleftharpoons H_2O+C \qquad \Delta_r H^{\ominus}=-131.34\text{kJ/mol} \qquad (9-20)$$

这些副反应生成炭黑会覆盖在催化剂表面堵塞微孔，使甲烷转化率下降，出口气体中残余甲烷增多，同时使局部反应区产生过热而缩短反应管使用寿命，甚至还会使催化剂粉碎而增大床层阻力。

从热力学分析可知，反应式(9-5)为吸热、体积增加的可逆反应，反应式(9-19)和反应式(9-20)为放热、体积缩小的可逆反应，因此温度和压力对上述反应的析炭有不同影响。为控制析炭，主要通过增加水蒸气用量以调整气体组成和选择适当的温度、压力来解决。

动力学研究表明，上述三个反应都是可逆反应，在转化过程中是否有炭析出，还取决于炭的沉积(正反应)速率和脱除(逆反应)速率。从炭的沉积速率看，CO 歧化反应式(9-19)生炭速率最快；从炭的脱除速率看，对于高活性催化剂，碳与水蒸气的反应[即反应式(9-20)的逆反应]速率最快，且碳与二氧化碳作用[即反应式(9-19)的逆反应]的反应速率比其正反应速率快 10 倍左右。因此，从动力学分析可知，只有用低活性催化剂时才存在析炭问题。

防止析炭的主要措施是适当提高水蒸气用量，选择适宜的催化剂并保持活性良好，控制含烃原料的预热温度不要太高等。生产中出现析炭的部位常在距离反应管进口 30% ~40% 的一段，这是由于该段甲烷浓度和温度都较高，析碳反应速率大于脱除炭速率，因而有炭析出。由于炭沉积在催化剂表面，有碍甲烷蒸汽转化反应进行，因而在管壁会出现高温区，称为 热带。可通过观察管壁颜色，或由反应管阻力变化加以判断。若已有析炭可采取提高水蒸气用量、降压、减量的办法将其除去。当析炭较重时，可停止送原料气，保留蒸汽，提高床层温度，利用反应式(9-20)的逆反应除炭。也可采用空气与蒸汽的混合物烧炭。

在工业生产中要防止烃转化过程有炭黑析出，因为炭黑覆盖在催化剂表面，会堵塞微孔，降低催化剂活性；或影响传热，使一段转化炉管壁局部过热而缩短使用寿命；甚至还会使催化剂粉碎而增大床层阻力，影响生产能力。所以，转化过程析炭是生产上不希望的。

五、气态烃类蒸汽转化催化剂

烃类蒸汽转化是吸热可逆反应，高温对反应有利。但即使在 1000℃ 的温度下反应速率也很慢，必须用催化剂来加快反应。

烃类蒸汽转化催化剂要求耐高温性能好、活性高、强度好、抗析炭性能优。从技术经济上综合考虑，目前工业转化催化剂都采用镍催化剂，镍是其唯一的活性组分。在制备好的镍催化剂中，镍是以 NiO 状态存在，体积分数以 4%~30% 为宜，一般镍含量高的催化剂活性也高。为使镍晶体尽量分散、达到较大的比表面积及阻止镍晶体的熔结，常用 Al_2O_3、MgO、CaO 等作为载体，这些组分同时还有助催化作用，可进一步改善催化剂的性能。制备好的镍催化剂中镍通常以 NiO 的形式存在，没有催化活性，使用前必须进行还原。工业生产中，常用的还原剂有氢气加水蒸气或甲烷加水蒸气。加入水蒸气是为了提高还原气流的气速，促使气流分布均匀，同时抑制烃类的裂解。为保证还原彻底，还原温度以高一些为好，一般控制在高于转化的温度。已还原的活性镍催化剂在设备停车或开炉检查时，为防止被氧化剂(水蒸气或氧气)迅速氧化而放热熔结，应当有控制地让其缓慢降温和氧化。

还原的活性镍催化剂对硫、卤素和砷等毒物很敏感。硫对镍的中毒属于可逆的暂时性中毒，已中毒的催化剂，只要使原料中含硫量降到规定的标准以下，催化剂的活性就可以完全恢复。硫对镍催化剂的毒害作用如图 9-5 所示。卤素也是镍催化剂的有害毒物，其作用与硫相似，也是属于可逆性中毒。但砷中毒属不可逆的永久性中毒，在砷中毒严重时必须更换催化剂。通常要求原料气中硫、卤素和砷的质量分数必须小于 0.5μg/g。

六、甲烷蒸汽转化的生产方式

1. 甲烷蒸汽转化的二段转化

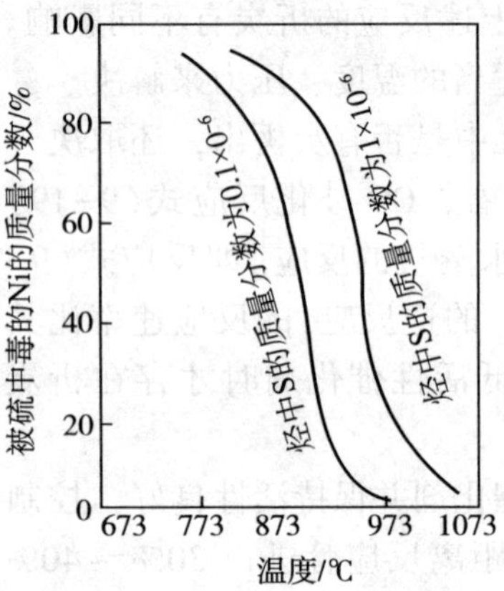

图 9-5　硫对镍催化剂的毒害作用

甲烷蒸汽转化常在加压下进行，一般要求转化气中甲烷少于0.5%。要使甲烷有高的转化率，需采用较高的转化温度，通常在 1000℃以上，而目前耐热合金钢管还只能达到 800~900℃。因此甲烷蒸汽转化时，生产上采用二段转化。一段转化炉温度在 600~800℃，二段转化炉温度在 1000~1200℃。从一段转化炉出来的转化气掺和一些加压空气后进入装有催化剂的二段转化炉，配入空气使带入的氮在最终转化气中达到 $n_{(CO+H_2)} : n_{(N_2)} = 3\sim3.1$ 的要求，在二段转化炉中发生的是部分氧化反应。由于氢与氧之间有极快的反应速度，首先发生的是氢气与氧气的燃烧反应，使氧气在催化剂床上的空间就差不多全部被氢气消耗，反应释放出的热量迅速提高炉内的转化温度，使温度高达 1200 ℃以上。随即在催化剂床层进行甲烷和一氧化碳与蒸汽的转化反应。二段转化炉相当于绝热反应器，总过程是自热平衡的。二段转化炉内的温度、压力对转化气中残余甲烷含量的影响如图 9-6 所示。由于二段转化炉中反应温度超过 1000 ℃，即使在稍高的转化压力下，甲烷也可转化得相当完全。

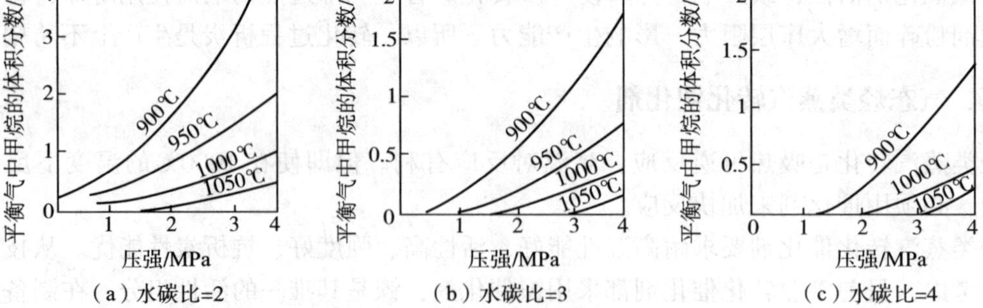

图 9-6　甲烷蒸汽转化时二段转化的影响因素

2. 甲烷蒸汽转化的工艺条件

工艺条件对转化反应及平衡组成有明显的影响。在原料一定的条件下，平衡组成主要由温度、压力和水碳比决定，反应速度还受催化剂的影响。此外，空间速度决定反应时间，从而影响到转化气的实际组成。

(1)压力：升高压力对体积增加的甲烷转化反应不利，平衡转化率随压力的升高而降低。但工业生产上，转化反应一般都在3~4 MPa的加压条件下进行，其原因主要是：

①烃类蒸汽转化是体积增加的反应，而气体压缩功是与体积成正比的，因此压缩原料气要比压缩转化气节省压缩功；

②由于转化是在过量水蒸气条件下进行，经CO变换冷却后可回收原料气大量余热。其中水蒸气冷凝热占很大比重。压力愈高，水蒸气分压也愈高，其冷凝温度也愈高，利用价值和热效率也较高；

③由于蒸汽转化加压后，变换、脱碳到氢氮混合气压缩机以前的全部设备的操作压力都随之提高，可减小设备体积，降低设备投资费用；

④加压情况下可提高转化反应和变换反应的速率，减少催化剂用量和反应器体积。

(2)温度：一般来说升高温度能加快反应速度，有利于甲烷转化反应(吸热)。但工业生产上操作温度还应考虑生产过程的要求、催化剂的特征和转化炉材料的耐热能力等。

提高一段转化炉的反应温度，可以降低一段转化气中的剩余甲烷体积分数。但因受转化反应管材料耐热性能的限制，一段转化炉出口温度不能过高，否则将大大缩短炉管的使用寿命。目前一般使用HK-40高镍铬离心浇铸合金钢管，使用温度限制在700~800℃。

二段炉出口温度不受金属材料限制，主要依据转化气中的残余甲烷体积分数设计。如果要求二段炉出口气体中甲烷的体积分数小于0.5%，出口温度应在1000 ℃左右。

工业生产表明，一、二段转化炉出口温度都比出口气体组成相对应的平衡温度高，出口温度与平衡温度之差称为平衡温距，即：

$$\Delta T = T - T_e \tag{9-21}$$

式中 T——实际出口温度，K；

T_e——与出口气体组成相对应的平衡温度，K。

平衡温距与催化剂活性和操作条件有关，其值愈低说明催化剂的活性愈好。工业设计中，一、二段转化炉平衡温距通常分别为10~15℃和15~30℃。

(3)原料配料中的水碳比：增大原料气中的水碳比，对转化反应和变换反应均有利，且防止析炭副反应的发生。但蒸汽耗量加大，增大了气流总量和热负荷。过高的水碳比，不仅不经济，而且使炉管的工作条件(热流密度和流体阻力)恶化。工业上比较适宜的水碳比为3~4，并视其他条件和转化条件而定。

(4)空间速度：空间速度表示催化剂处理原料气的能力。催化剂活性高，反应速度快，空速可以大些。气态烃类催化转化的空间速度有以下几种表示方式：

①原料气空速：以干气或湿气为基准，每立方米催化剂每小时通过的含烃原料的标准立方米数。

②碳空速：以碳数为基准，将含烃原料中所有烃类的碳数都折算为甲烷的碳数，即每立方米催化剂每小时通过甲烷的标准立方米数。

③理论氢空速：假设含烃原料全部转化为氢，理论氢空速是指每立方米催化剂每小时通过理论氢的体积，以标准状态下之值表示。

在保证出口转化率达到要求的情况下，提高空速可以增大产量，但同时也会增大流体阻力和炉管的热负荷。因此，空速的确定应综合考虑各种因素。图9-7、图9-8给出了一、二段转化炉空速与压力的关系。

一般说来，一段转化炉不同炉型采用的空速有很大差异。二段转化炉为保证转化气中残余甲烷含量在催化剂使用的后期仍能符合要求，空速应该选择低一些。

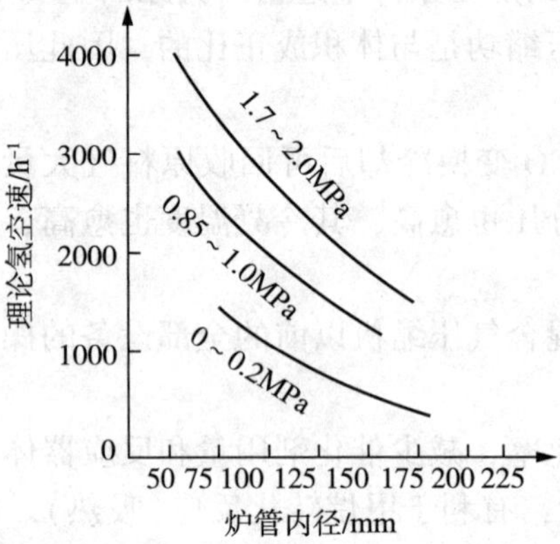

图 9-7　一段转化炉空速与压力的关系图

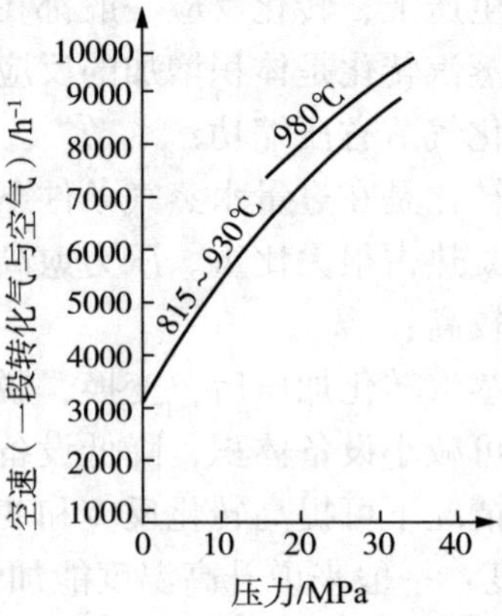

图 9-8　二段转化炉空速与压力的关系

3. 工艺流程

目前采用的甲烷蒸汽转化法有美国凯洛格法、英国帝国化学公司 ICI 法、丹麦托普索法等。除一段转化炉和烧嘴结构不同外，其余均大同小异，包括一、二段转化炉，原料预热和余热回收。现在以凯洛格法流程为例做介绍，其流程图如图 9-9 所示。

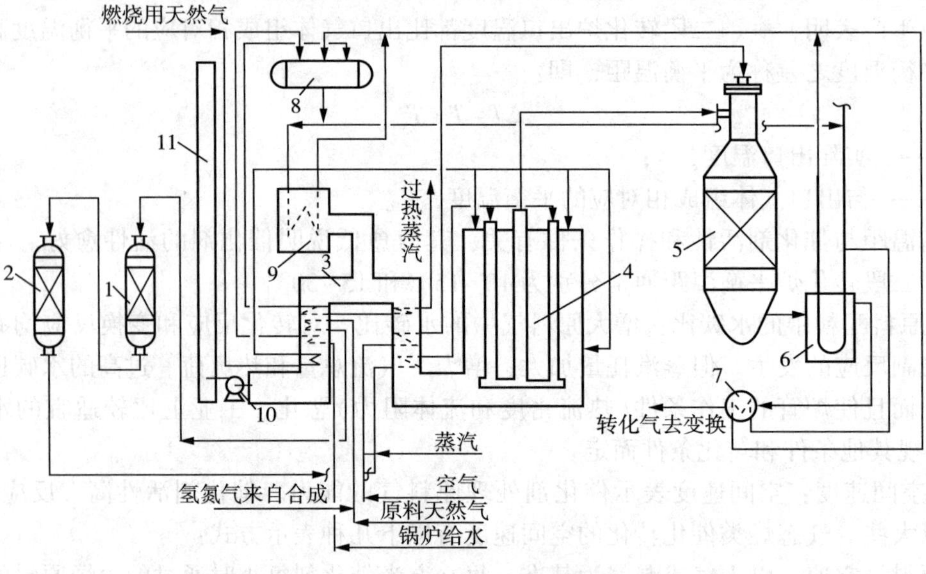

图 9-9　天然气蒸汽转化工艺流程

1—钴钼加氢反应器；2—氧化锌脱硫罐；3—对流段；4—辐射段(一段炉)；5—二段转化炉；6—第一废热锅炉；7—第二废热锅炉；8—汽包；9—辅助锅炉；10—排风机；11—烟囱

天然气经脱硫后硫的质量分数小于 0.5μg/g，然后在压力 3.6 MPa、温度 380 ℃左右配入中压蒸汽，达到一定的水碳比(约 3.5)，进入一段转化炉的对流段预热到 500~520 ℃，然后送到一段转化炉的辐射段顶部，分配进入各反应管，从上而下流经催化剂层。转化管直径一般为 80~150 mm，加热段长度为 6~12 m。气体在转化管内进行蒸汽转化反应，从各转化管出来的气体由底部汇集到集气管，再沿集气管中间的上升管上升，温度升到 850~860℃时送去二段转化炉。

空气经过加压到 3.3~3.5 MPa，配入少量水蒸气，并在一段转化炉的对流段预热到 450 ℃

左右，进入二段炉顶部与一段转化气汇合并燃烧，使温度升至1200℃左右，再通过催化剂层，出二段炉的气体温度约1000 ℃，压力为3.0 MPa，残余甲烷体积分数在0.3%左右。

从二段炉出来的转化气依次送入2台串联的废热锅炉以回收热量，产生蒸汽。从第二废热锅炉出来的气体温度约为370 ℃ 送往变换工序。燃烧天然气从辐射段顶部喷嘴喷入并燃烧，烟道气的流动方向自上而下，与管内的气体流向一致。离开辐射段的烟道气温度在1000 ℃以上。进入对流段后，依次流过混合原料气、空气、蒸汽、原料天然气、锅炉水和燃烧天然气各个盘管，温度降到250 ℃时，用排风机排往大气。

为了平衡全厂蒸汽用量而设置的一台辅助锅炉，也是以天然气为燃料，烟道气在一段炉对流段的中央位置加入，因此与一段炉共用一半对流段、一台排风机和一个烟囱。辅助锅炉和几台废热锅炉共用一个汽包，产生10.5 MPa的高压蒸汽。

4. 主要设备

(1)一段转化炉：一段转化炉是烃类蒸汽转化的关键设备，其基本结构由包括有若干根反应管与烧嘴、炉膛的辐射段以及回收热量的对流段组成。由于反应管长期处于高温、高压和气体腐蚀的条件下，需采用耐热的合金钢管，因此造价昂贵。整个转化炉的投资约占全厂的30%，而反应管的投资则为转化炉的一半。工业上使用的一段转化炉有多种形式，例如侧壁烧嘴一段转化炉(图9-10排管式转化炉)、顶部烧嘴方箱转化炉、梯台炉和圆筒炉等。它们的结构形式不同，但工作原理基本一致，反应管竖排在炉膛内，管内装催化剂，含烃气体和水蒸气的混合物由炉顶进入自上而下进行反应。管外炉膛设有烧嘴，燃烧产生的热量以辐射方式传给管壁。

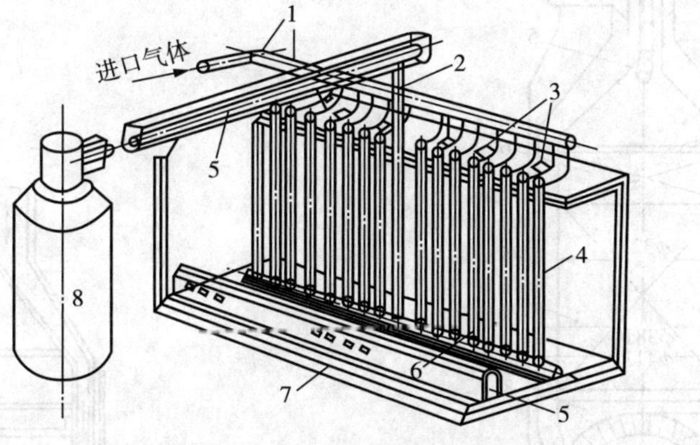

图9-10 凯洛格排管式转化炉

1—进气总管；2—升气管；3—顶部烧嘴；4—炉管；5—烟道气出口；6—下集气管；7—耐火砖炉体；8—二段转化炉

一台大型天然气转化炉具有多达400多根以上的反应管，管子分列几排，每排并联几十根管子，由总管、支管、分气管(又叫猪尾管)和集气管把它们联结起来，形成一个整体。反应管很长，但直径较小，这样有利于传热。常见反应管的内径为71~122 mm，总长10~12 m。烧嘴的结构形式也多，根据炉子的形式和要求的不同，可以采用大容量烧嘴或小容量烧嘴。大烧嘴燃烧发热量大，需用个数少，一般3~4根反应管配一个烧嘴。小烧嘴能力小，需用个数多，一根反应管需配备2~3个烧嘴。大烧嘴一般带有较长火焰的火炬烧嘴，而小烧嘴多为无焰板式或碗式烧嘴。

在对流段烟道内设有几组盘管。烟道气与原料等被加热介质按照一定的顺序在各组盘管中换热。各组换热器的排列次序取决于被加热物料的温度要求。如果安排合理，系统的有效能利用最好，热回收效果佳。

(2)二段转化炉 二段转化炉是在1000℃以上高温下把残余的甲烷进一步转化，它是合成氨生产中温度最高的催化反应过程。另外，在这一段里加入空气燃烧一部分转化气，可能会出现转化气和空气混合不均匀导致超温的现象，温度有时高达2000 ℃，因此要求二段转化炉有相应结构，以免温度过高烧熔催化剂(镍熔点1455 ℃)和毁坏衬里。二段转化炉为立式圆筒状，壳体材质是碳钢，内衬耐火材料，炉外有水夹套。

一段转化气从顶部的侧壁进入炉内，空气从炉顶直接进入空气分布器。空气分布器为夹层式[图9-11(b)]由不锈钢制成，外面喷镀有抗高温材料。空气先通过夹层，从内层底部的中心孔进到里层，再由喷头上的3排50个小管喷出，空气流过夹层对喷头表面和小管有冷却作用。空气从小管喷出后，立即与一段转化气混合燃烧，温度高达1200℃，然后高温气体自上而下经过催化剂床层，甲烷在此与水蒸气反应。为了避免燃烧区的火焰直接冲击催化剂，在床层之上铺上一层六角形耐火砖，其耐火温度可高达1870℃，中间的37块砖无孔，其余每块砖上开有9.5 mm小孔9个，炉外的水夹套是为了防止外壳超温。除这种办法外还可以在壳体外刷变色油漆，当耐火衬里被破坏时，温度升到一定程度颜色发生相应改变，即说明炉内该处衬里已失效，以便及时采取相应的措施。

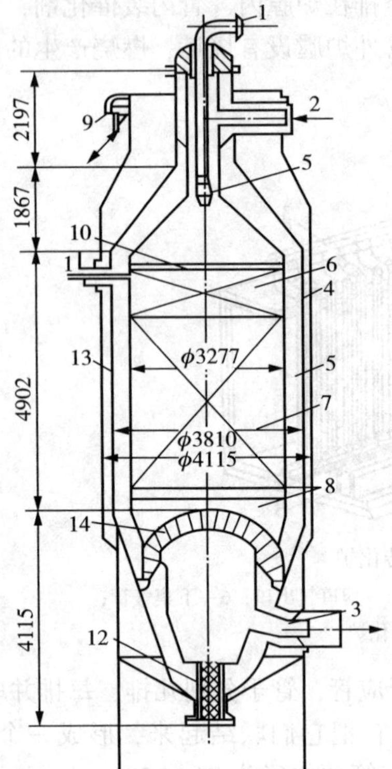

(a)凯洛格型二段转化炉

1—空气、蒸汽入口；2—一段转化气；3—二段转化气；
4—壳体；5—耐火材料衬里；6—耐高温的铬基催化剂；
7—转化催化剂；8—耐火球；9—夹套溢流水；10—六角形砖；
11—温度计套管；12—人孔；13—水夹套；14—拱形砌

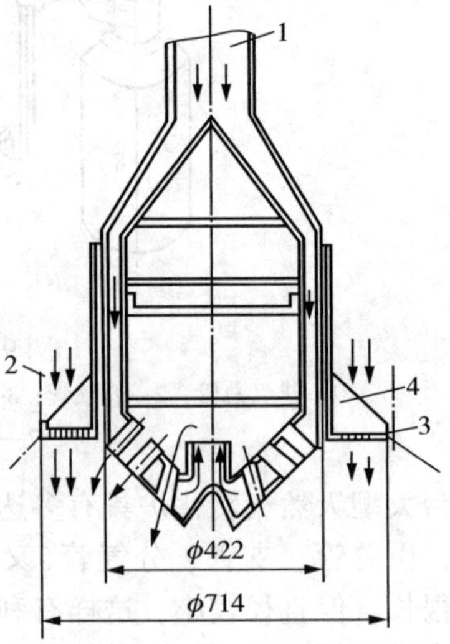

(b)夹层式空气分布器

1—空气、蒸汽入口；2—一段转化气；
3—多孔形环板；4—筋板

图9-11 甲烷二段转化炉结构示意图

第三节　原料气的净化

无论用何种方法生产出的原料气，都含有一定数量的二氧化碳、一氧化碳、硫化物等对合成反应不利的成分，在进入合成塔之前都必须除去。

一、原料气的脱硫

原料气中的硫化物主要是硫化氢，其次是有机硫。它们的存在能够使各种催化剂中毒，且腐蚀管道设备，所以在进一步加工之前，必须先进行脱硫。

随着科学技术的发展，脱硫的方法日益增多，但根据脱硫剂的物理形态，可分为干法脱硫和湿法脱硫两种，而干法脱硫和湿法脱硫又可分为若干类，见表 8-3。

(一)干法脱硫

干法脱硫是用固体吸收剂吸收原料气中的硫化物，一般只有当原料气中硫化氢质量浓度不高，标准状态下在 $3\sim5\ g/m^3$ 才适用。常用的干法脱硫有氧化锌脱硫法、钴-钼加氢脱硫法等。

1. 氧化锌法脱硫

以氧化锌为脱硫剂的干法脱硫是近代合成氨厂广泛采用的精细脱硫的方法，可脱除无机硫和有机硫，脱硫反应为：

$$ZnO+H_2S \rightleftharpoons ZnS+H_2O \tag{9-22}$$

$$ZnO+C_2H_5SH \rightleftharpoons ZnS+C_2H_5OH \tag{9-23}$$

$$ZnO+C_2H_5SH \rightleftharpoons ZnS+C_2H_4+H_2O \tag{9-24}$$

有氢存在时，有些有机硫化物先转化成硫化氢，再被氧化锌吸收，其反应为：

$$CS_2+4H_2 \rightleftharpoons 2H_2S+CH_4 \tag{9-25}$$

$$COS+H_2 \rightleftharpoons H_2S+CO \tag{9-26}$$

但氧化锌对噻吩()的转化能力很差。

氧化锌与硫化氢反应的平衡常数

$$K_p=\frac{p_{H_2O}}{p_{H_2S}} \tag{9-27}$$

不同温度下的平衡常数见表 9-2。

表 9-2　不同温度下用 ZnO 脱除 H_2S 的平衡常数

温度/℃	200	300	400	500
K_p	2×10^8	6.25×10^6	5.55×10^5	1.15×10^5

由平衡常数可知在通常情况下脱硫相当完全。有机硫的脱除可认为是氧化锌对某些有机硫化合物的热分解有催化作用，使之分解为碳氢化合物和硫化氢，硫化氢再被吸收。多数有机硫化物在 400℃以下就发生热分解，氧化锌工业脱硫的温度在 200~450℃范围内选择，脱无机硫温度控制在 200℃左右，脱有机硫温度则在 350~450℃范围内。

工业上使用的氧化锌脱硫剂都做成与催化剂一样的多孔结构，脱硫的反应是在氧化锌的微孔内表面上进行的。除了温度、空速等操作条件影响脱硫效率外，氧化锌颗粒的大小、形状和内部孔结构也影响脱硫效率。颗粒的孔容积越大，内表面愈发达，脱硫的效果就愈好。

氧化锌脱硫用硫容(每 kg 氧化锌脱硫剂能吸收 H_2S 的 kg 数)来表示其脱硫性能的好坏，硫容值越大则氧化锌脱硫的本领就越强。通常氧化锌脱硫的硫容平均为 0.15～0.20 kg(S)/kg(ZnO)，最高达 0.3 kg(S)/kg(ZnO)。硫容与温度的关系如图 9-12 所示。氧化锌脱硫后出口气体的含硫量小于 $1mg/m^3$。使用过的氧化锌不可再生，因此适用于脱微量硫。当原料气中硫含量较高时，氧化锌脱硫法常与湿法脱硫或其他干法脱硫(如活性炭脱硫)配合使用。

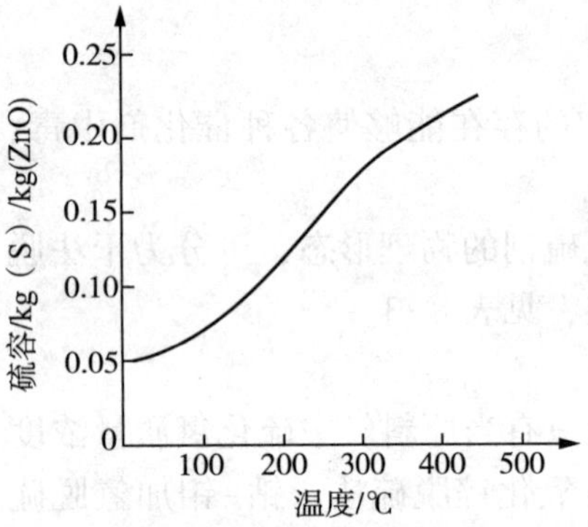

图 9-12 氧化锌脱硫剂的硫容量

(空速为 $700h^{-1}$，进口 H_2S 为 $50mg/m^3$，出口 $H_2S<1mg/m^3$)

2. 钴-钼加氢脱硫法

钴-钼加氢脱硫法是脱除含氢原料中有机硫十分有效的预处理措施。钴-钼加氢催化剂几乎可使天然气、石脑油原料中的有机硫全部转化成硫化氢，再用氧化锌吸收可把总硫脱除到 $200mg/m^3$ 以下。在有机硫转化的同时，也能使烯烃加氢转变为饱和的烷烃，从而减少下一工序蒸汽转化催化剂析炭的可能性。

钴-钼加氢催化剂是以氧化铝为载体，由氧化钴和氧化钼所组成，钴-钼催化剂要经硫化后才能呈现活性。硫化后活性组分主要是 MoS_2，其次是 Co_9S_8。通常认为 MoS_2 提供催化活性，而 Co_9S_8 主要是保持 MoS_2 具有活性的微晶结构，以阻止产生 MoS_2 活性衰退的微晶集聚过程。使用过程中当催化剂表面积累胶质或结炭而导致催化活性下降时，可以通蒸汽再生，或通入含少量空气的氮(氧的体积分数为 1%～1.5%)，在 500～550℃的温度下将积炭燃烧而再生。

钴-钼加氢催化剂上，有机硫发生加氢的分解反应为：

$$RCH_2SH+H_2 \rightleftharpoons RCH_3+H_2S \tag{9-28}$$

$$RCH_2SCH_2R'+2H_2 \rightleftharpoons RCH_3+R'CH_3+H_2S \tag{9-29}$$

$$RCH_2S-SCH_2R'+3H_2 \rightleftharpoons RCH_3+R'CH_3+2H_2S \tag{9-30}$$

有机硫加氢分解反应是放热反应，平衡常数值随温度的升高而降低。工业生产上操作温度在 340～400℃范围内，平衡常数值还很大，在此条件下有机硫的加氢分解实际上是完全的。钴-钼加氢的工艺条件根据原料烃性质、净化度要求以及催化剂的型号来决定。操作温度在 340～400℃之间，操作压力则按不同型号催化剂而异。加氢所需的氢量一般维持反应后气体中有 5%～6%的氢气；入口空间速度气态烃为 500～1500 h^{-1}，液态烃为 0.5～6 h^{-1}。

干法脱硫的优点是既能脱除有机硫，又能脱除无机硫，而且可以把硫脱至极低的程度($1mg/m^3$ 以下)。其缺点是脱硫剂或不能再生，或再生非常困难；而且干法脱硫设备庞大，占地很多。因此不适用于脱除大量无机硫，只有天然气、油田气、炼油厂气等含硫较低时才采用干法脱硫。

(二)湿法脱硫

当需要脱除大量无机硫时，采用湿法脱硫有明显的优点。首先是脱硫剂是便于输送的液体物料；其次脱硫剂可以再生并能回收富有价值的化工原料硫黄，从而构成一个连续脱硫的循环系统。因此当原料气中含硫量较高时，根据工艺要求采用湿法一次脱硫，或湿法粗脱串联干法精脱；以达到工艺上和经济上都合理的目的。

湿法脱硫方法很多，根据脱硫过程的特点可分为化学吸收法、物理吸收法和化学-物理综合吸收法三类。化学吸收法是以弱碱性吸收剂吸收原料气中的硫化氢，吸收液(富液)在温度升高和压力降低时分解而释放出硫化氢，解吸的吸收液(贫液)循环。这类方法有一乙醇胺法、二异丙醇胺法等。物理吸收法是用溶剂选择性地溶解原料气中的硫化氢，吸收液在压力降低时释放出硫化氢，溶剂可再循环利用，如聚乙二醇二甲醚法等。化学-物理综合吸收法就是将化学物理两种吸收法结合起来，如环丁砜法等。改良的蒽醌二磺酸钠(Anthraguione Disulphonic Acid，简写 ADA) 法为化学吸收，又称改良 ADA 法，在湿法脱硫中运用最为普遍。该法是在早期 ADA 法溶液中添加适量的偏钒酸钠作载氧剂、酒石酸钠及少量三氯化铁和乙二胺四乙酸(EDTA) 做活化剂，脱硫效果和经济效益大大改善。改良的 ADA 脱硫法，在脱硫塔中用 pH 值为 8.5~9.2 的稀碱溶液吸收硫化氢并生成硫氢化物：

$$Na_2CO_3 + H_2S \rightleftharpoons NaHS + NaHCO_3 \quad (9-31)$$

液相中的硫氢化物进一步与偏钒酸钠反应，生成还原性焦性偏钒酸盐，并析出单质硫。

$$2NaHS + 4NaVO_3 + H_2O \rightleftharpoons Na_2V_4O_9 + 4NaOH + 2S \quad (9-32)$$

还原性焦性偏钒酸钠接着与氧化态 ADA 反应，生成还原态的 ADA 和偏钒酸盐。

$$Na_2V_4O_9 + 2ADA(\text{氧化态}) + 2NaOH + H_2O \rightleftharpoons 4NaVO_3 + 2ADA(\text{还原态}) \quad (9-33)$$

还原态的 ADA 被空气中的氧氧化成氧化态的 ADA，其后溶液循环使用。

$$2ADA(\text{还原态}) + O_2 \rightleftharpoons 2ADA(\text{氧化态}) + H_2O \quad (9-34)$$

当气体中含有二氧化碳、氰化氢和氧时，还会与碱发生副反应，生成 NaCNS 和 Na_2SO_4 等，其反应如下：

$$2NaHS + 2O_2 \rightleftharpoons Na_2S_2O_3 + H_2O \quad (9-35)$$

$$Na_2CO_3 + CO_2 + H_2O \rightleftharpoons 2NaHCO_3 \quad (9-36)$$

$$Na_2CO_3 + 2HCN \rightleftharpoons 2NaCN + CO_2 + H_2O \quad (9-37)$$

$$NaCN + S \rightleftharpoons NaCNS \quad (9-38)$$

$$2NaCNS + 5O_2 \rightleftharpoons Na_2SO_4 + 2CO_2 + SO_2 + N_2 \quad (9-39)$$

所以一定要防止硫以硫氢化钠形式进入再生塔，以免影响 ADA 的再生。生成 NaCNS 和 Na_2SO_4 也消耗了碱，对循环脱硫过程不利。因此当溶液中 NaCNS 和 Na_2SO_4 积累到一定程度后，必须引出一部分溶液，补充相应数量的新鲜溶液，以保持正常生产。改良 ADA 法的主要操作条件有：

(1)溶液的 pH 值：溶液的 pH 值对气体净制程度有很大影响，如图 9-13 所示。提高溶液的碱度，气体中的硫化氢的净化程度也提高。当 pH 值达到 8.8 时，吸收已基本完全；pH 值再提高，吸收液中硫化合物转化成硫代硫酸钠的量增大。吸收液是循环利用的，硫代硫酸钠的积累，降低了碳酸钠和偏钒酸钠的溶解度，也影响硫的回收，通常 pH 值以 8.5~9.2 为宜。

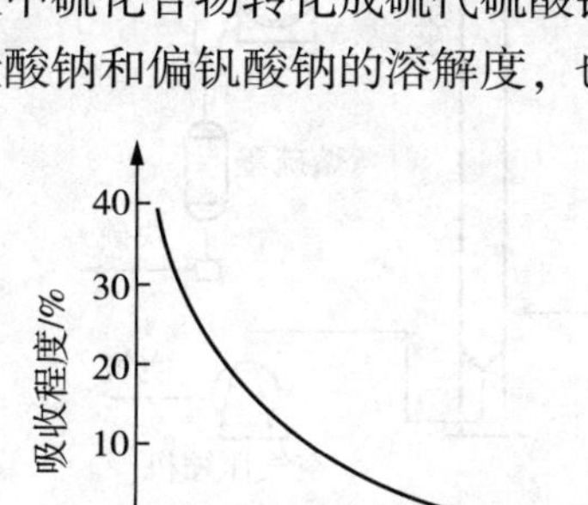

(a) pH值对吸收程度的影响

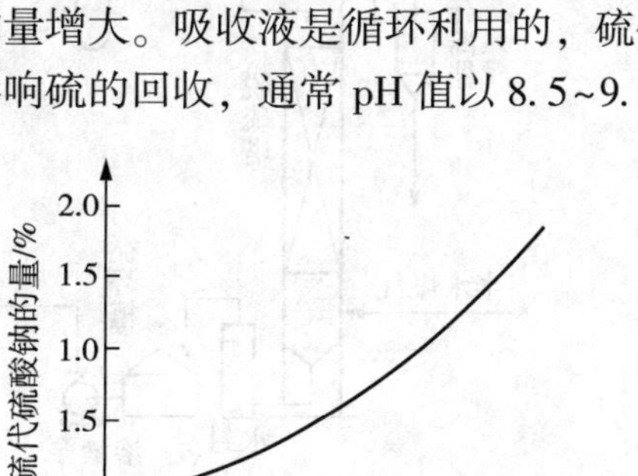

(b) pH值对生成硫代硫酸钠的影响

图 9-13　脱硫时 pH 值的影响

(2)钒酸盐含量的影响：溶液中偏钒酸钠与硫氰化物的反应是相当快的，一般 5min 即可完成。为防止硫化氢局部过量生成钒-氧-硫的黑色沉淀，应使偏钒酸钠量比理论值稍大，且使溶液 ADA 含量必须等于或大于偏钒酸含量的 1.69 倍，工业上实际采用 2 倍左右。

(3)温度：温度对脱硫的影响如图 9-14 所示。过高的温度促使大量的硫代硫酸钠副反应发生，低的吸收温度则使吸收和再生速度变慢，生成的单质硫粒径也只有 0.5~5μm 而不易分离，生产中常维持溶液的吸收温度在 40~50℃。

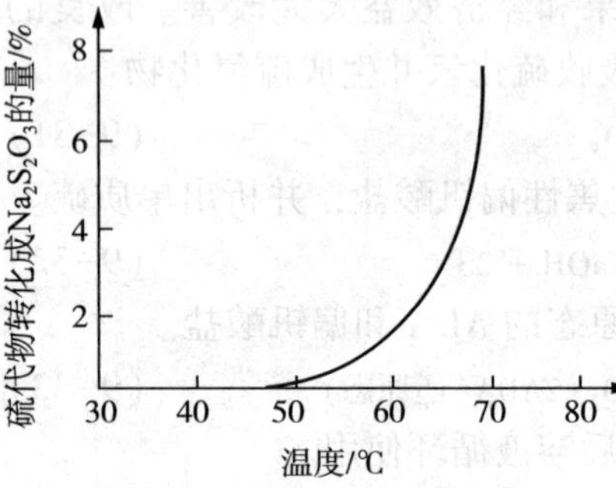

图 9-14　脱硫时温度的影响

(4)压力：用改良 ADA 法脱硫时，一般在加压和常压下进行，吸收压力的大小取决于原料气本身的压力或脱硫工序在合成氨流程中的部位。加压可提高设备的生产强度，减少设备容积，提高气体的净化度。但吸收压力过高，氧在溶液中的溶解度增大，会加快副反应的速度。

(5)再生空气用量和再生时间：再生空气量除满足氧化还原态 ADA 的需要外，还应使硫呈泡沫状悬浮在溶液表面上，以便溢流回收。标准状态下一般再生塔空气量控制在 $80 \sim 120 m^3/(m^2 \cdot h)$ 为宜。溶液在再生塔中停留时间一般为 30~40 min，不宜太长，否则会大大增加再生器容积。改良 ADA 法的工艺流程如图 9-15 所示。

含有硫化氢的原料气从脱硫塔底部进入，与塔顶喷淋下的溶液逆流接触，气体中的硫化氢被溶液吸收而脱除，从脱硫塔顶出来送往下一工序。吸收硫化氢后的溶液从脱硫塔底部引出，经循环槽用泵打入再生塔进行再生，空气由塔顶排出，析出的硫泡沫由塔顶的扩大部分上部溢流入硫泡沫槽，用真空过滤机分离出硫黄，滤液返回循环槽（图中未示出）。氧化后的溶液再由再生塔顶部扩大部分的下部出口引出，经液位调节器进入脱硫塔循环使用。

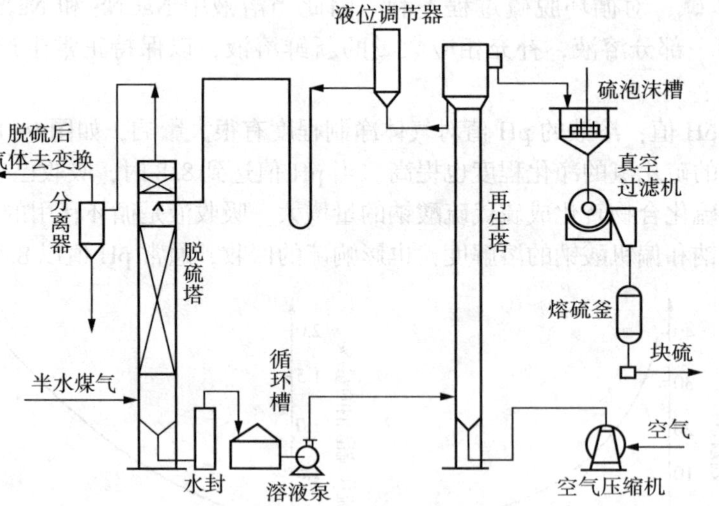

图 9-15　改良 ADA 法的工艺流程简图

二、一氧化碳变换

用不同燃料制得的合成原料气，均含有一定量的一氧化碳。一般固体燃料气化制得的水煤气中一氧化碳的体积分数为35%~37%，半水煤气中一氧化碳的体积分数为25%~34%，天然气蒸汽转化制得的转化气中一氧化碳的体积分数较低，一般为12%~14%。一氧化碳不是合成氨生产所需要的直接原料，而且在一定条件下还会与合成氨的铁系催化剂发生反应，导致催化剂失活。因此，在原料气进入合成塔之前，必须将一氧化碳清除。清除一氧化碳分两步进行，首先进行变换反应：

$$CO + H_2O(g) \rightleftharpoons CO_2 + H_2 \tag{9-40}$$

这样既能把大部分一氧化碳变为易于清除的二氧化碳，而且又制得了等量的氢，所消耗的只是廉价的水蒸气。因此，一氧化碳变换既是原料气的净化过程，又是原料气制造的继续。少量残余的一氧化碳再通过其他净化法如甲烷化加以脱除。

工业中一氧化碳变换均在有催化剂的条件下进行。20世纪60年代以前，主要采用以Fe_2O_3为主体的催化剂，使用温度为350~550℃。由于一氧化碳变换反应为可逆放热反应，受操作温度的限制，气体经变换后仍有3%左右的一氧化碳。20世纪60年代以来，由于脱硫技术的发展，使得在更低温度下使用活性高而抗毒性差的CuO催化剂成为可能，CuO催化剂的操作温度在200~280℃之间，该温度下残余一氧化碳可降至0.3%左右。

为了区别上述两种温度范围的变换过程，将前者称为中温变换(或高温变换)，而后者称为低温变换。所用催化剂分别称为中变(或高变)催化剂及低变催化剂。

(一)变换反应热力学

1. 热效应

式(9-40)是一个放热的可逆反应，反应的热效应视H_2O的状态而定，通常都以水蒸气为准。

变换反应的标准反应热 $\Delta_r H^\ominus = -41.19$kJ/mol，放热反应放出的热量随温度的升高而降低，不同温度下的反应热可用式(9-41)计算：

$$\Delta H = \Delta_r H^\ominus + \int_{298}^{T} \Delta c_p \mathrm{d}T \tag{9-41}$$

式(9-41)计算得到不同温度下的反应热见表9-3。

表9-3 变换反应的热效应

温度/℃	25	200	250	300	350	400	450	500	550
$(-\Delta_1 H)$/(kJ/mol)	41.19	40.07	39.67	39.25	38.78	38.32	37.86	37.30	36.82

2. 变换反应化学平衡

一氧化碳和水蒸气的变换反应为放热反应，平衡常数随温度升高而降低。根据式(9-40)平衡常数可表示为：

$$K_p = \frac{p_{CO_2} p_{H_2}}{p_{CO} p_{H_2O}} \tag{9-42}$$

式中p_{CO}、p_{H_2O}、p_{CO_2}，p_{H_2}分别为系统处于反应平衡时CO、H_2O、CO_2和H_2等组分的分压，在压力不太高时，可以不考虑压力对平衡及反应热效应的影响。平衡常数与温度的关系为：

$$\ln K_p = \frac{5025.163}{T} - 0.0936\ln T + 1.4555\times10^{-3} T - 2.4887\times10^{-7} T^2 - 5.2894 \tag{9-43}$$

这样，可以计算出各种温度下不同煤气成分经变换反应后的平衡组成。

现以1 mol原料气为基准，用y_a、y_b、y_c和y_d分别代表初始气体中的CO、H_2O、CO_2

和 H_2 的摩尔分数，x 为变换反应的平衡转化率(或变换率)。当反应达到平衡时，各组分的平衡组成见表 9-4：

表 9-4 变换过程中平衡组成及平衡分压

组分	CO	H_2O	CO_2	H_2	合计
反应前物质的摩尔分数	y_a	y_b	y_c	y_d	1
平衡组成	$y_a(1-x)$	$y_b-y_a x$	$y_c+y_a x$	$y_d+y_a x$	1
平衡分压	$[y_a(1-x)]p$	$[y_b-y_a x]p$	$[y_c+y_a x]p$	$[y_d+y_a x]p$	p

$$K_p=\frac{P_{CO_2}P_{H_2}}{P_{CO}P_{H_2O}}=\frac{(y_c+y_a x)(y_d+y_a x)}{(y_a-y_a x)(y_b-y_a x)} \tag{9-44}$$

通常生产中测量的是不含水蒸气的气体组成，称为干基组成。上述包含了水蒸气的气体组成，则称为湿基组成。在干基组成和湿基组成之间可通过汽气比，即 1 mol 干原料气体中水蒸气的摩尔数进行换算。如测得原料气的干基含量并已知汽气比，即可求得一氧化碳变换率 x。温度越低，水碳比越大，平衡变换率越高。变换率越高，反应后变换气中一氧化碳残余量越少。

(二)变换反应动力学

在有关一氧化碳变换反应动力学的研究工作中，由于使用催化剂的性能、型号的差异以及实验条件不同，整理出来的变换动力学方程式各异。在工艺计算中，较常用的动力学方程式有三类：

1. 一级反应

以 CO 摩尔分数变化率表示反应过程瞬时反应速率为：

$$(-r_{CO})=k_0 y_a \tag{9-45}$$

式中 y_a——CO 的瞬时含量，摩尔分数；

k_0—— 反应速率常数，1/(m³cat·h)；

$(-r_{CO})$——CO 的消耗速率，以单位体积催化剂单位时间 CO 的摩尔分数，1/(m³ cat·h)。

其等温积分式为：

$$\ln y_a-\ln y_a^*=k_0 V_{cat} t \tag{9-46}$$

式中 y_a^*——平衡时 CO 的含量，摩尔分数；

V_{cat}——催化剂的体积，m³；

t——反应时间，h。

2. 二级反应

以 CO 摩尔分数表示的瞬时反应速率为：

$$(-r_{CO})=k_0(y_a y_b-\frac{y_c y_d}{K_p}) \tag{9-47}$$

式中 y_a、y_b、y_c 和 y_d——CO、H_2O、CO_2 和 H_2 的瞬时含量，摩尔分数；

K_p——变换反应平衡常数。

对国外 G-3A 型中变催化剂，$k_0=\exp(15.99-4900/T)$；国产中变催化剂，B104 型(即 $C_{4\sim2}$)，$k=\exp(17.94-6300/T)$；B106 型(C_6) $k=\exp(17.88-5920/T)$；B109 型(C_9) $k=\exp(16.70-4940/T)$。

对低变催化剂，G-66 型 $k=\exp(15.92-3917/T)$；G- 66B 型 $k=\exp(12.88-1856/T)$。

对于变换反应，一般认为内扩散的影响不能忽略。内表面利用率不仅与催化剂的尺寸、结构以及反应活性有关，而且与操作温度和压力等因素有关。通过计算发现对同一尺寸的催化剂，在相同压力下提高操作温度，则一氧化碳扩散速度也相应增加，但在催化剂内表面上反应的速度常数增加更为迅速。总的结果是催化剂颗粒直径增加，内表面利用率降低。在相同的温度和压力下，小颗粒的催化剂具有较高的内表面利用率，这主要是因为催化剂的尺寸越小，毛细孔的长度越短，内扩散阻力越小的缘故。对同一尺寸的中变催化剂，在温度相同时提高压力，反应速度会增大，而一氧化碳有效扩散系数又显著减小，故内表面利用率降低。

(三)催化剂

1. 中变催化剂

只有在催化剂存在时，一氧化碳变换反应速度才能达到工业生产的要求。目前广泛应用的中变催化剂是以 Fe_2O_3 为主体，以 Cr_2O_3 为主要添加物的多成分铁-铬系催化剂。

近年来随着重油部分氧化法的发展，所制得的原料气含硫量高，又逐渐开始采用耐高硫的钴-钼系变换催化剂。国产中变催化剂的性能见表 9-5。

表 9-5　国产铁-铬系中变催化剂的性能

型号(旧型号)		B104(C_{4-2})	B106(C_6)	B109(C_9)	B110(C_{10})
成分		Fe_2O_3、MgO，Cr_2O_3 少量 K_2O	Fe_2O_3、Cr_2O_3、MgO， SO_3 含量<0.7%	Fe_2O_3、Cr_2O_3、K_2O、 SO_4^{2-} 含量≈0.18%	Fe_2O_3、Cr_2O_3、K_2O $\omega(S)<0.06\%$
规格/mm		圆柱体，7×(5~15)	圆柱体，9×(7~9)	圆柱体，9×(7~9)	片剂，5×5
堆积密度/(kg/L)		1.0	1.4~1.5	1.5	1.6
400℃还原后比表面积/(m^2/g)		30~40	40~45	>70	55
400℃还原后孔隙率/%		40~50	~50	~75	~60
使用温度范围/℃ (最佳活性温度)		380~550 (450~500)	360~520 (375~450)	300~530 (350~450)	300~530 (350~450)
操作条件	进口气体温度/℃	>380	>360	300~350	350~380
	n_{H_2O}/n_{CO}(摩尔比)	3~5	3~4	2.5~3.5	原料中气中 CO 体积分数为 13% 时为 3.5~3.7
	常压下干气空速/h^{-1}	300~400	300~500	300~500、800~1500 (1MPa 以上)	原料气中 CO 体积分数为 13%时为2000~3000 (3~4MPa)
	H_2S 允许量/(g/m^3)	<0.3	<0.1	<0.05	

铁铬系催化剂中 Fe_2O_3 含量一般为 80%~90%，Cr_2O_3 为 7%~11%，并含有 K_2O(K_2CO_3)、MgO 及 Al_2O_3 等成分。在催化剂的各种添加物中，以 Cr_2O_3 最为重要，它的主要作用是将活性组分 Fe_2O_3 分散，使之具有更细的微孔结构和较大的比表面积，防止 Fe_3O_4 的结晶成长，使催化剂耐热性能提高，延长使用寿命，提高催化剂的机械强度，抑制析炭副反应等。添加 K_2CO_3 也能提高催化剂的活性，单独添加极少量的 K_2CO_3 就有一定促进效果，如同时添加 Cr_2O_3 和 K_2CO_3 则效果更佳。添加 MgO 及 Al_2O_3 虽不能提高催化剂的活性，但可增加催化剂的耐热性，而且 MgO 还具有良好的抗硫化氢的能力。铁铬系催化剂中，Fe_2O_3

对一氧化碳变换反应无催化作用，需要还原成 Fe_3O_4 才具有活性。在生产中通常用含氢或 CO 的气体进行还原，其反应如下：

$$3Fe_2O_3 + CO \rightleftharpoons 2Fe_3O_4 + CO_2 \tag{9-48}$$

$$3Fe_2O_3 + H_2 \rightleftharpoons 3Fe_3O_4 + H_2O \tag{9-49}$$

近年来开发的中变钴-钼催化剂，以氧化铝为载体，有效组分为氧化钴(3%~3.5%)和三氧化钼(10%~15%)，并加入少量碱金属氧化物。在使用前用含硫化氢的气体硫化，实际起催化剂作用的是硫化钴和硫化钼。钴-钼催化剂不受硫化物的毒害，它的活性温度比铁铬催化剂低，在250~400℃就可使用，机械强度大于铁铬催化剂，不会将硫化氢还原成单质硫，从而不致于黏附堵塞设备。使用方法比铁铬催化剂简单，铁铬催化剂在使用前要经过仔细还原，还原条件明显影响催化剂的活性、机械强度和使用寿命。

2. 低变催化剂

目前工业上应用的低变催化剂以氧化铜为主体，还原后的活性组分是细小的铜结晶，在操作温度下极易烧结，比表面积小，从而催化剂活性下降，寿命缩短。为此在催化剂中加入氧化锌和氧化铝，使微晶铜有效地被分隔开来不致长大，从而提高了催化剂的活性和热稳定性。低变催化剂中 CuO 含量为 15.3%~31.2%，ZnO 含量为 32%~62.2%，Al_2O_3 含量为 30%~40.5%。

使用低变催化剂前，需用氢或一氧化碳将其还原成具有活性的微晶铜，其反应如下：

$$CuO + H_2 \rightleftharpoons Cu + H_2O(g) \tag{9-50}$$

$$CuO + CO \rightleftharpoons Cu + CO_2 \tag{9-51}$$

氧化铜还原是强烈的放热反应，因此必须严格控制还原条件，将催化层温度控制在230℃以下。硫化物和氯化物是低变催化剂的主要毒物，硫化物使低变催化剂永久性中毒。催化剂中硫的质量分数为0.1%时变换率下降10%；硫的质量分数为1.1%时，变换率下降80%。硫化物除了来自原料气以外，还可能来自中变催化剂，所以在中变催化剂进行还原时，应注意“放硫”完全，以免低变催化剂中毒。在一些装置中，于低变催化剂上部装入ZnO作为防硫保护层。氯化物对低变催化剂的作用较硫化物大5~10倍，它能破坏催化剂结构造成永久性中毒。氯化物主要来源于水蒸气或变换炉冷激用的冷凝水。为了保护催化剂，要求蒸气中氯的体积分数低于0.03μL/L。

(四)变换过程工艺条件

1. 温度

变换反应是可逆的放热反应，因此存在最佳反应温度。在原始气体组成和催化剂一定的条件下，变换反应(9-39)正逆两向的反应速度均随温度的升高而增加，而平衡常数则随温度的增高而减少。在低温阶段反应远离平衡时，增加温度使变换过程总速度增加；当温度增至某一值时，反应速度达到最大；超过这一温度后，由于平衡的限制和逆反应的影响，增加温度总的反应速度反而下降，对应最大反应速度时的温度称为在该条件下的最佳反应温度。随着反应的进行气体组成随时都在变化，每一瞬时组成都对应着一个最佳温度。过程之初一氧化碳变换率低，最佳温度高；随着反应的进行，变换率逐渐增加，最佳温度逐渐下降，形成一定的最佳温度分布。把不同变换率下的各最佳点连接成曲线，称为最佳温度分布曲线。如果变换按最佳温度分布曲线进行，则整个过程的反应速度最大，在相同的生产力下所需催化剂用量最少。最佳温度 T_{opt} 与平衡温度 T_e 的关系为：

$$T_{opt}=\frac{T_e}{1+\frac{RT_e}{E_2-E_1}\ln\frac{E_2}{E_1}} \tag{9-52}$$

不同变换率 x 时的最佳温度 T_{opt} 如图 9-16 所示。这是一个两段绝热反应、段间间接换热的 $T-x$ 操作状况图。EF、GH 分别为一、二段绝热反应操作线，FG 为段间间接换热降温线，绝热操作线方程可由热量衡算导出。如采用平均温度时的反应热（$-\Delta H_r$）和平均热容 C_p 计算，可得出：

$$T-T_{opt}=\frac{y_a(-\Delta H_r)}{C_p}(x-x_0)=\lambda(x-x_0) \tag{9-53}$$

式中，λ 称为绝热温升。

显然，绝热反应分段越多，则操作越接近最佳反应温度曲线，但流程越复杂。根据原料气中的 CO 的体积分数，一般多将催化剂床层分为一段、二段或多段，段间进行冷却。冷却的方式有两种：一是间接换热式，用原料气或饱和状态水进行间接换热；二是直接冷激式，用原料气或冷凝水直接加入反应系统进行降温。

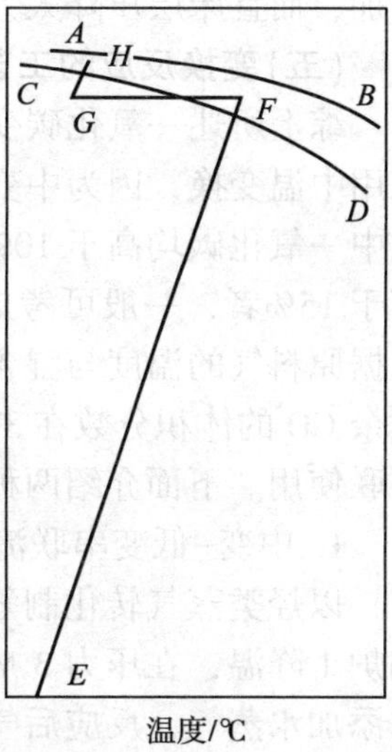

图 9-16　CO 变换过程的 $T-x$ 图

AB—平衡温度线；
CD—适宜温度线；
E—进入第一段催化剂层的状态；
F—离开第一段催化剂层的状态；
G—进入第二段催化剂层的状态；
H—离开第二段催化剂层的状态；
FG—中间冷却过程

2. 压力

压力对变换反应的平衡几乎没有影响，但提高压力将使析炭等副反应易于发生，所以单就平衡而言，加压并无好处。但从动力学角度分析，加压可提高反应速度，因为变换催化剂在加压下比常压下活性更高（如图 9-17 所示）。另外，由于干原料气体积小于干变换气体积，所以先压缩原料气再进行变换的动力消耗比先变换后压缩变换气的动力消耗低。加压变换设备体积小，布置紧凑。加压变换过程的湿变换气中水蒸气冷凝温度高，有利于热能回收。一般小型氨厂操作压力为 0.7~1.2MPa，中型氨厂为 1.2~1.8MPa，以煤为原料，纯氧气氧化的大型氨厂压力可达 5.2MPa，以烃类为原料的大型合成氨厂压力为 3.0MPa。

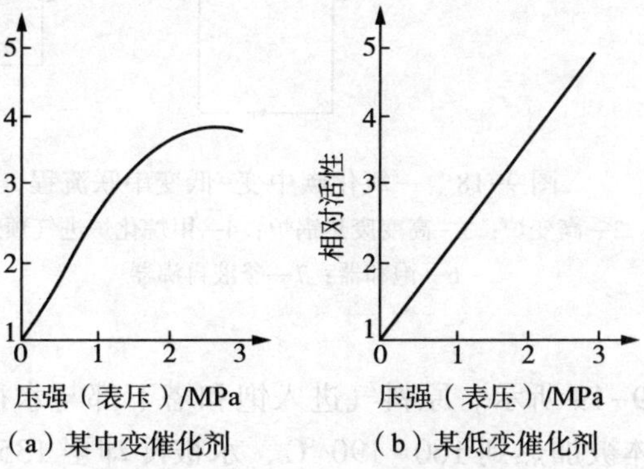

图 9-17　加压下催化剂的活性

3. 水蒸气比例

水蒸气比例是指水蒸气与原料气中一氧化碳的摩尔比或蒸气与干原料气的摩尔比。增加水蒸气用量，一氧化碳平衡变换率提高，反应速度加快，可阻止催化剂还原，避免析炭及生成甲烷的副反应。同时可使原料气中一氧化碳体积分数下降，绝热温升 λ 减小，所以改变水蒸气用量是调节床层温度的重要手段。但是水蒸气用量也不宜过高，否则不仅蒸气消耗量增加，而且床层压降太大，反应温度难以维持。中变水蒸气比例一般为 3~5。

(五)变换反应的工艺流程

综上所述一氧化碳变换工艺的流程安排应作如下考虑。若一氧化碳体积分数较高，则应采用中温变换，因为中变催化剂操作温度范围较宽，而且价廉、寿命长，大多数合成氨原料气中一氧化碳均高于 10%，故都先可通过中变除去大部分一氧化碳。对一氧化碳体积分数高于 15%者，一般可考虑适当分段，段间进行冷却降温，尽量靠近最适宜温度操作。其次根据原料气的温度与湿含量情况，则考虑适当预热和增湿，合理利用余热。如允许变换气中残余 CO 的体积分数在 3%左右，则只采用中变即可。如要求在 0. 3%左右，则将中变和低变串联使用。下面介绍两种典型的变换工艺流程。

1. 中变-低变串联流程

以烃类蒸气转化制氢为例(如图 9-18 所示)，CO 的体积分数为 13%~15%的原料经废热锅炉 1 降温，在压力 3 MPa、温度 370 ℃下进入高变炉 2，因原料气中湿含量较高，一般不需添加水蒸气，反应后气体中一氧化碳降至 3%左右，温度 425~440 ℃，通过高变废热锅炉 3 冷却到 330 ℃。高变气继续进入甲烷化炉进气预热器 4，温度降至 220℃后进入低变炉 5，出炉温度 240 ℃左右，残余一氧化碳的体积分数降至 0. 3%~0. 5%。低变气还可进一步回收余热，气体离开变换系统后进入二氧化碳吸收塔。

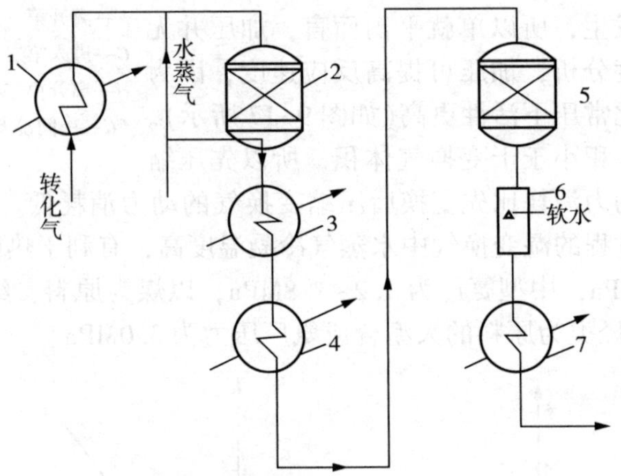

图 9-18　一氧化碳中变-低变串联流程

1—废热锅炉；2—高变炉；3—高变废热锅炉；4—甲烷化炉进气预热器；5—低变炉；6—饱和器；7—釜液再沸器

2. 多段变换流程

多段变换流程如图 9-19 所示。原料气进入饱和塔下部与水循环泵打开并经水加热器加热的热水逆流接触，气体被加热到 160~190 ℃，水被冷却至 135~150 ℃。然后气体由塔预逸出，在管道内与外供的高压蒸气混合后经换热器和中间换热器加热至 400℃左右进入变换炉一段。这里约有 80%的一氧化碳被变换成氢，反应热使气体温度升至 520℃左右，引出到中间换热器降温至 420℃后，进入变换炉二段。此时，气体中一氧化碳体积分数降至 3. 5%

以下，温度约 430 ℃，由炉底部逸出，依次经换热器、水加热器、热水塔降温至 160 ℃后，送下一工段处理。

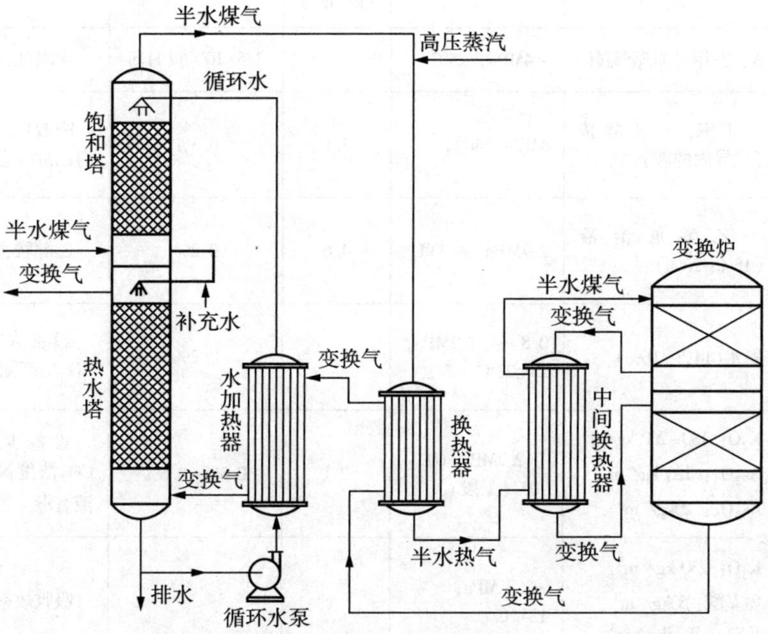

图 9-19 多段变换流程

三、二氧化碳的脱除

经变换后的气体中含有较多的二氧化碳，如不将其清除，在合成氨生产时二氧化碳会使合成氨催化剂中毒。此外，回收的二氧化碳还是制造尿素、纯碱、碳酸氢铵的重要原料，习惯上把脱除和回收二氧化碳的过程称为脱碳。像脱硫一样二氧化碳的脱除有多种方法，应根据原料气的组成、净制要求、前后工序关系、生产规模、环境安全等因素综合考虑，这些方法的概况列于表 9-6。

表 9-6 变换气脱二氧化碳的方法

方法	吸收剂	吸收条件	耗气量/(kg/m^3)	吸收效率	备注
加压水法	水	1.2~3MPa，常温		出口 CO_2 为 1%	简单，但净化度不高，耗能多，回收率低
碳酸丙烯酯法	碳酸丙烯酯	1.2~3MPa，常温		0.8%~1%或更低，可脱 H_2S	操作费用比水洗降低 40%~50%，不需外热，设备少，CO_2 纯度高，脱部分有机硫
低温甲醇法	甲醇	2.8MPa，~40℃		10×10^{-6}，并可脱 H_2S、HCN 等	能耗少，溶剂吸收能力强，但流程复杂，溶剂损耗大，设备多
聚乙二醇二甲醚法	聚乙二醇二甲醚二异丙醇胺	~2.8MPa，~40℃		0.1%	腐蚀性小，溶液稳定，溶剂成本高

续表

方法	吸收剂	吸收条件	耗气量/(kg/m^3)	吸收效率	备注
甲基吡咯烷酮法	*N*，2-甲基吡咯烷酮	~4MPa，25℃		3.5×10^{-5}脱H_2S	无腐蚀，溶剂成本高
环丁砜法	环丁砜，一乙醇胺(二异丙醇胺)，水	4MPa，40℃	3.1	0.3%	吸收能力强，蒸汽耗量低，但乙醇胺会变质
乙醇胺法	一乙醇胺溶液(15%~20%)	2.7MPa，~43℃	4.6	0.2%	乙醇胺会降解
氨水法	氨水(14%~16%)	0.8 ~ 1.2MPa，25~28℃		0.2%	设备大，有腐蚀，能利用CO_2生产固体肥料
含砷热钾碱(GV)法	K_2O：180~200 kg/m^3 As_2O_3：120 kg/m^3 As_2O_5：20kg/m^3	~2.7MPa 60 ~ 70℃(上段)	2.1	0.3%~0.6%	设备少，吸收率高，回收CO_2浓度高，但耗蒸汽，吸收液有毒
氨基乙酸法	K_2O：250 kg/m^3 氨基酸：50kg/m^3 V_2O_5：2~3kg/m^3	~2.7 MPa，124 ℃			吸收效率较高，无毒
二乙醇热钾碱法	K_2CO_3浓度25%，二乙醇胺的质量分数为3%~6% V_2O_5浓度0.2%~0.6%	~2.7 MPa，60 ~70 ℃(上段)	1.7~2.1	0.2%	吸收容量略低于含砷热钾碱法，对碳钢有腐蚀
有机胺硼酸盐热钾碱法	$\omega(K_2CO_3)=25\%$，有机硼酸盐的质量分数为5%，$\omega(V_2O_5)=0.5\%$	~2.7 MPa，80 ℃(上段)	2	0.1%	二乙醇胺热钾碱法的改进
碱液吸收法	NaOH(约50kg/m^3)	对$(1.0\sim2.0)\times10^{-4}$ CO_2在加压下常温吸收		5×10^{-6}	中小厂和老厂对气体的最后净制

由表9-6可以看出脱除二氧化碳的方法很多，一般采用溶液吸收法。根据吸收剂性能不同，主要可分为两大类。

一类是物理吸收法，利用二氧化碳能溶解于水或有机溶剂这一性质完成的。吸收后的溶液可以有效地用减压闪蒸使大部分二氧化碳解吸。另一类是化学吸收法，利用二氧化碳具有酸性特性可与碱性化合物进行反应而实现。化学吸收法中，靠减压闪蒸解吸的二氧化碳很有限，通常都需热法再生。还有一些方法介于这两类方法之间，兼有这两类方法的一些特点，称为物理-化学吸收法。

(一)苯菲尔法脱碳

1. 原理

二乙醇胺催化热钾碱法脱除CO_2称为苯菲尔法脱碳。碳酸钾水溶液呈强碱性，吸收CO_2

的化学反应式为：

$$K_2CO_3 + H_2O + CO_2 \rightleftharpoons 2KHCO_3 \tag{9-54}$$

碳酸钾溶液吸收 CO_2 后，K_2CO_3 转变为 $KHCO_3$，溶液的 pH 值减小，吸收能力下降。需要将溶液再生，释放出 CO_2，使溶液恢复吸收能力。再生反应为：

$$2KHCO_3 \overset{\triangle}{\rightleftharpoons} K_2CO_3 + H_2O + CO_2 \tag{9-55}$$

2. 影响因素

(1)温度：升高温度可以提高其反应速度以及增加 $KHCO_3$ 的溶解度，吸收在较高温度(105~130℃)下进行，故称热碳酸钾法。同时在此温度范围内，吸收温度与再生温度基本相同，可节省吸收液再生时所消耗的热量，但在此温度下吸收 CO_2 的速度仍然太慢，且吸收液对设备腐蚀亦很严重。

加热有利于碳酸氢钾的分解，为了使 CO_2 从溶液中充分解吸出来，一般将溶液加热至沸点，使大量的水蒸气逸出，有利于降低气相中 CO_2 的分压，起到气提作用。

(2)压力：提高压力对吸收过程有利；脱碳后气体的净化度与 K_2CO_3 水溶液中 CO_2 的平衡分压有关。溶液 CO_2 的平衡分压愈高，达到平衡后气体中残余的 CO_2 愈高，气体的净化度就愈低。此外，K_2CO_3 水溶液中 CO_2 的平衡分压还与 K_2CO_3 溶液的浓度、溶液中 K_2CO_3 转变成 $KHCO_3$ 的转化率以及吸收时的温度有关，温度升高则 CO_2 的平衡分压增大。图 5-20 为 CO_2 在苯菲尔脱碳溶液上的平衡分压。

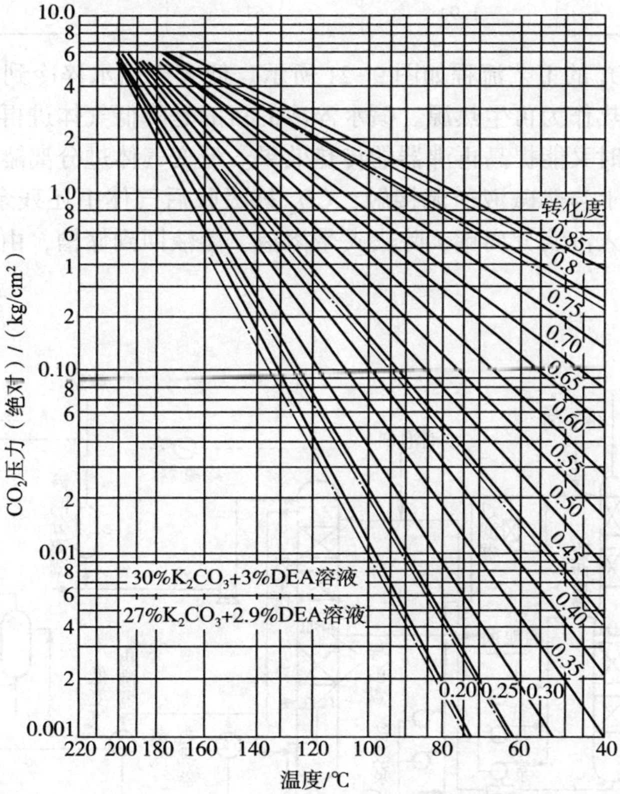

图 9-20 苯菲尔脱碳溶液上 CO_2 的平衡分压

再生时压力越低对再生的效果越好。但为了简化流程和便于将解吸出的 CO_2 送到后序工段，其压力一般高于大气压约 0.015MPa，而再生温度为该压力下溶液的沸点温度。再生温度和再生压力与溶液的组成有关。

一般吸收压力多为2.7~2.8MPa，再生解吸压力为0.12~0.14 MPa。

(3)吸收剂配比及浓度：实际操作过程中，考虑到在高温下高浓度碳酸钾溶液对设备的腐蚀以及在低温下易析出结晶的特点，通常在吸收时，采用碳酸钾的质量分数约为25%~30%。

K_2CO_3的溶液中加入少量活化剂，如二乙醇胺[$CH_2CH(OH)_2NH_2$，简称DEA]可以改变吸收反应历程，从而大大加快吸收CO_2的速度，同时还可降低液面上CO_2的平衡分压，使脱碳气的净化度提高。表9-7列出了DEA对碳酸钾溶液平衡分压和吸收系数的影响。活化剂DEA的质量分数为2.5%~5%。这种加入了DEA的碳酸钾溶液在吸收脱除CO_2的同时，还能除去原料气中的H_2S等酸性组分。

溶液中一般还需加入偏钒酸钾(KVO_3)或V_2O_5为缓蚀剂，让其与铁作用，在设备表面形成一层氧化铁保护膜，使设备免受热钾碱溶液和CO_2的腐蚀。溶液中KVO_3的质量分数为0.6%~0.9%，并要求溶液中五价钒的质量分数为总钒的20%以上。此外溶液中还需加入微量的有机硅酮类、聚醚类以及高级醇类等有机化合物作为抑制发泡的消泡剂。

表9-7 DEA对碳酸钾溶液平衡分压和吸收系数的影响

DEA的质量分数/%	0	1	2	3
相对吸收系数	0.413		0.692	1.00
相对二氧化碳分压	1.94	1.61		1.00

苯菲尔法脱除CO_2的工艺流程如图9-21所示。低变气用水淬冷到露点，进入低变气再沸器，放出大量冷凝热作为再生热源。喷水淬冷的目的是降低气体进再沸器的温度，减少壳侧热碱液的腐蚀，同时又能提高再沸器的传热效果。低变气体进分离罐分出冷凝水，然后入吸收塔底部，从下而上与热碱液逆流接触，CO_2被吸收后气体中还残余约1.0mg/g的CO_2。从塔顶出来的气体进入液滴分离罐，除去夹带溶液，溶液回到储槽，由液滴分离罐出口的气体到下一工段甲烷化。

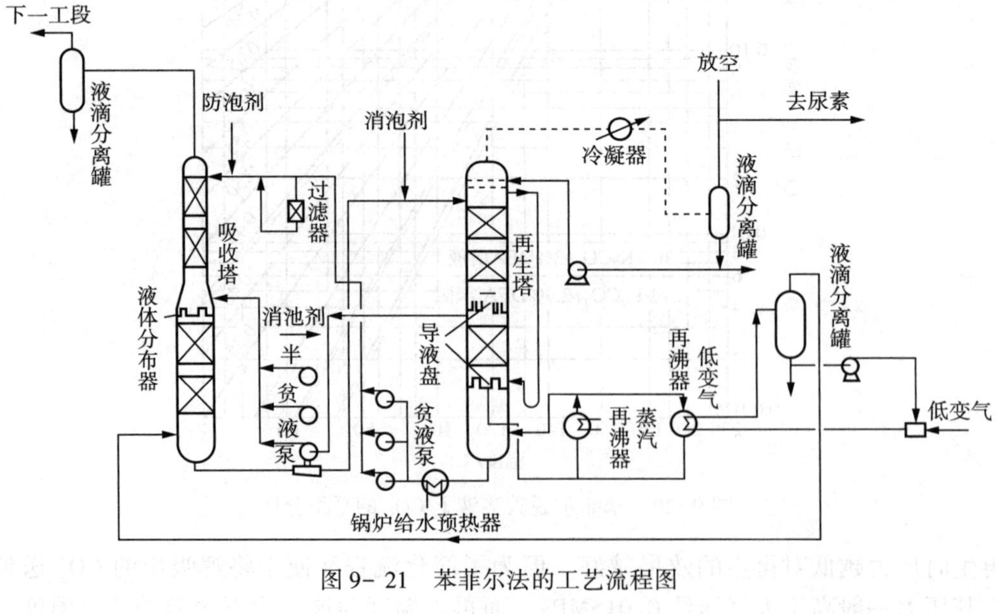

图9-21 苯菲尔法的工艺流程图

目前大型氨厂苯菲尔脱碳工序普遍采用两段吸收、两段再生流程。吸收塔有两个进液口，从塔中部进入的是来自再生塔中部的半贫液，贫液由再生塔底部流出，经锅炉给水预热器，进入吸收塔顶部，自上而下再与半贫液汇合。一部分贫液进吸收塔前，先入过滤器除去杂质，以防止起泡。入过滤器的液量约占贫液总量的1/10。吸收塔底部的富液利用本身的压力到再生塔顶部，由于吸收塔压力很高，所以富液可以驱动一台水力透平回收能量。富液经水力透平减压，在再生塔顶就闪蒸出一些CO_2。吸收液自上而下与热气体(水蒸气与CO_2的混合物)逆流接触，溶解的CO_2不断放出。半贫液从再生塔中抽出，入吸收塔中部。小部分溶液(约占总量1/4)再进一步再生，最后流入变换气再沸器和蒸汽再沸器，保持沸腾状态，使溶液中CO_2脱到规定范围，返回再生塔底部。贫液经锅炉给水预热器被锅炉给水冷却送吸收塔顶。由再生塔出来的CO_2经洗涤后入冷凝器冷却，并进液滴分离罐分出冷凝水后送往氨加工车间。在吸收塔顶部、中部和再生塔顶部设有消泡剂注入口，根据需要加入。

(二)低温甲醇洗涤法

低温甲醇洗涤工艺是20世纪50年代由德国鲁奇(Lurgi)公司和林德(Linde)公司联合开发的一种原料气净化方法。20世纪60年代后，随着以渣油和煤为原料的大型合成氨装置的出现和发展，低温甲醇洗涤技术在制氨工业中得到广泛的应用。

1. 生产工艺原理

从变换工序来的变换气中除含有氢气、氮气外，约含有44.7%的CO_2和少量的H_2S与COS等硫化物，还含有CO、CH_4、Ar以及饱和的水分等。含氧化合物与含硫化合物是氨合成触媒的毒物，同时CO_2又是生产尿素、食用二氧化碳等的原料，而一氧化碳、硫化物又可进一步回收利用，需要对它们分别脱除回收。

采用低温甲醇洗涤法分别脱除变换气中的CO_2、H_2S、COS，将脱除掉的合格CO_2送尿素，同时将再生出的H_2S送催化氧化硫回收系统。低温甲醇洗是一种物理吸收法，低温、高压下在吸收塔中完成甲醇对CO_2、H_2S、COS的吸收，吸收了CO_2、H_2S、COS的甲醇溶液(称为无硫富甲醇和含硫富甲醇)分别经过节流降压(少量的H_2和CO在吸收过程中也被吸收，经节流降压闪蒸后得以回收)，释放出CO_2，再在热态下将CO_2、H_2S从甲醇溶液中完全再生出来，得到完全再生的甲醇(称为贫甲醇)循环使用。系统需要的冷量来自氨制冷机以及吸收了CO_2和H_2S的高压甲醇溶液的节流膨胀(即CO_2的解吸)和各水冷器。

2. 工艺特点

(1)低温甲醇洗涤法可以脱除气体中的多种组分。在-70~-30℃的低温下，甲醇可以同时溶解气体中的H_2S、COS、CS_2、RSH、C_4H_4S、CO_2、HCN、NH_3、NO以及石蜡烃、芳香烃、粗汽油等组分，并可同时使气体脱水彻底干燥，所吸收的有用组分可以在甲醇再生过程中回收。

低温甲醇洗涤法中，H_2S、COS和CO_2等酸性气体的吸收，吸收后溶剂的再生以及H_2、CO等溶解度低的有用气体的解吸回收，其基础就是各种气体在甲醇中有不同的溶解度。

低温对气体的吸收是很有利的。当温度从20℃降到-40℃时，CO_2的溶解度约增加6倍，吸收剂的用量大约也可减少6倍。另一方面H_2、CO、CH_4等有用气体的溶解度在温度降低时都变化较小。

低温下，例如-50~-40℃时，H_2S的溶解度差不多比CO_2大6倍，这样就有可能选择性地从原料气中先脱除H_2S，而在溶液再生时先解吸回收CO_2。此外低温下H_2S、COS及CO_2在甲醇中的溶解度与H_2、CO相比，至少要大100倍，与CH_4相比约大50倍。因此，如果低温甲醇洗装置是按脱除 CO_2 的要求设计的，则所有溶解度和 CO_2 相当或溶解度比 CO_2 大的气体，例如 C_2H_2、COS、H_2S、NH_3 等以及其他硫化物都将一起脱除，而 H_2 等有用气体则损失很少。

(2)气体的净化度很高。净化气中总硫含量可脱到 $0.1cm^3/m^3$ 以下，CO_2 可净化到 $10cm^3/m^3$ 以下。低温甲醇洗涤法适用于对硫含量有严格要求的化工生产。

(3)可选择性地脱除原料气中的 H_2S 和 CO_2，并分别加以回收。由于低温时 H_2S、COS 和 CO_2 在甲醇中的溶解度都很大，所以吸收剂的循环量较小，动力消耗较低，特别是当原料气的压力和待脱除的气体组分含量比较高时更为明显。另一方面，在低温下 H_2 和 CH_4 等在甲醇中的溶解度较低，甲醇的蒸气压也很小，这就使有用气体和溶剂的损失保持在较低水平。

(4)甲醇的热稳定性和化学稳定性好。甲醇不会被有机硫、氰化物等组分所降解，在生产操作中甲醇不起泡，纯甲醇对设备和管道也不腐蚀，因此，设备与管道大部分可以用碳钢或耐低温的低合金钢。甲醇的黏度不大，在-30℃时甲醇的黏度与常温水的黏度相当，因此，在低温下对传递过程有利。此外，甲醇还比较便宜容易获得。

(5)甲醇的吸收能力大(约是水的100倍，本菲尔化学溶剂的10倍)，且价廉易得。

低温甲醇洗也存在缺点，主要是工艺流程长，特别是再生过程比较复杂。甲醇的毒性大，当人吸入10mL时就会双目失明，吸入30mL时就会致命。在空气中甲醇的允许含量为 $50mg/m^3$。因此，设备制造和管道安装的质量要求严格，操作应谨慎小心，严防泄漏等事故的发生，还应有安全措施。

3. 典型工艺流程及其分析

低温甲醇洗是一种技术先进和较为经济的净化方法，典型的低温甲醇洗工艺流程如图5-22所示，该流程由五个塔构成，即 CO_2 吸收塔(C_1)、CO_2 解吸塔(C_2)、H_2S 浓缩塔(C_3)、甲醇热再生塔(C_4)和甲醇-水分离塔(C_5)。根据原料气组成及净化度要求的不同，低温甲醇洗工艺流程变换形式多种多样，但是都是在典型的低温甲醇洗工艺流程基础上新开发设计的。

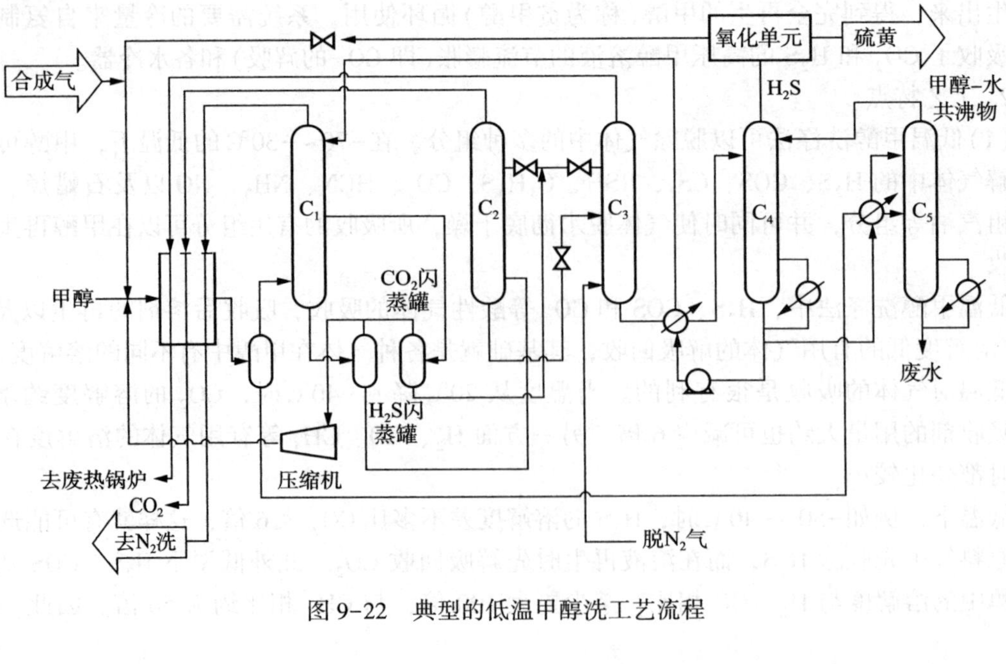

图9-22　典型的低温甲醇洗工艺流程

流程配置的基本原则，甲醇洗工艺流程的配置主要应考虑以下问题。

(1)保证净化气的净化指标。为此，精洗段贫液要充分再生，要有必要的冷源使贫液冷却至所要求的低温，要有足够的溶液循环量以及必要的塔板数，吸收过程中放出的吸收热要及时移出。

(2)保证脱硫段的脱硫指标。充分利用甲醇对 H_2S 和 CO_2 吸收选择性的差别，先用一部分饱和有 CO_2 的甲醇富液将 H_2S 脱除干净，洗涤溶液量分配合理。

(3)保证吸收后的甲醇富液充分再生。溶液的再生主要有三种方法：

① 减压闪蒸解吸，这是最经济的方法。减压过程中温度降低。气体解吸的量及其组成与压力、温度、溶液的组成有关，由气液平衡决定。减压闪蒸再生受压力的限制，不能很彻底。

② 气提再生，用一惰性气体进行气提，对难以解吸 H_2S 等气体可以采用该方法。气提的效果与尾气的组成受气提气量、温度和压力的影响。

③ 热再生，溶液在热再生塔的再沸器中用蒸汽加热至沸腾，用甲醇的蒸气气提，这种方法再生彻底，但耗用蒸汽。三种再生方法应合理配合，注意 H_2 等有用气体的回收，减少甲醇的损失并节省能耗。

(4)要保证所回收的 CO_2 产品纯度。CO_2 产品的纯度应高于98.5%，以满足尿素生产或下游工序对 CO_2 的要求。硫化物的含量应低于0.1mg/m^3，H_2 与甲醇的含量也不应超过规定指标。为此，CO_2 解吸塔的操作条件要控制合理。

(5)溶液热再生时放出的 H_2S 气体要满足下游工序的要求(例如硫回收系统)，H_2S 含量符合规定指标。

(6)实现能量的合理利用。吸收时溶液要求低温、加压，吸收中由于吸收温度会升高，而解吸中由于解吸热温度又会降低，注意冷量的合理利用，保证必要的冷源实现低温吸收的要求。换热网络匹配合理，总体上应达到投资费用与操作费用最省。

(7)保持系统中水分含量低于规定指标。甲醇水蒸馏塔的分离能力以及吸收塔前分离器的气液分离能力足够，防止甲醇中水分含量增大而影响吸收效果。

(8)排放物要符合规定指标。尾气中的硫化物含量与排放水中的甲醇含量不能超过排放标准。

四、少量一氧化碳的脱除

经过变换气脱碳原料气中还含有少量的一氧化碳。一氧化碳的存在会使合成氨催化剂暂时中毒，因此应在进入合成塔之前脱除，使一氧化碳的质量分数降到规定的10μg/g以下。脱除变换气中残余一氧化碳的方法有铜氨液洗涤法、甲烷化法和液氮洗涤法等。

铜氨液洗涤法是用亚铜盐的溶液在高压和低温下洗涤原料气以吸收一氧化碳，吸收液在减压升温下再生，再生的铜氨液循环使用，再生时释放出的一氧化碳作为再生气回收。通常把铜氨液吸收一氧化碳的操作称为铜洗，净化后的气体称为铜洗气或精炼气。铜氨液洗涤适用于中温变换后一氧化碳含量相对较高的转化气，我国以无烟煤或焦炭为原料的合成氨厂多采用铜洗流程。

甲烷法是20世纪60年代开发的方法，它是在一定的温度和催化剂存在时，使原料气中的一氧化碳与氢作用而生成甲烷。这种方法流程简单，不消耗化学品，催化剂寿命达2~5年，但甲烷化法消耗原料气中的氢。生成的甲烷虽然对合成氨催化剂无害，可它在合成反应中是惰性气体，降低了反应气中有效组分的浓度，因此此法只适用于低温变换后残余一氧化碳少的转化气。

液氮洗涤法是用液氮在1.8~2.5MPa和-190℃左右的条件下洗涤转化气。液氮洗涤时一氧化碳和甲烷等冷凝入液氮中，吸收后的液氮经过分馏，一氧化碳馏分予以回收，液氮循环使用。液氮洗涤可以同时脱除一氧化碳和甲烷，气体净制程度较高，但需空气分离装置。此法主要用在焦炉气分离以及重油部分氧化、煤富氧气化的制氨流程中。通常把液氮洗涤一氧化碳称为氮洗。下面介绍甲烷化脱除一氧化碳的工艺。

甲烷化法脱一氧化碳是使一氧化碳加氢生成甲烷，其反应如下：

$$CO + 3H_2 \rightleftharpoons CH_4 + H_2O \tag{9-56}$$

在脱除CO的同时，CO_2也进行加氢，其反应如下：

$$CO_2 + 4H_2 \rightleftharpoons CH_4 + 2H_2O \tag{9-57}$$

在某种条件下，还会有以下副反应发生：

$$2CO \rightleftharpoons C + CO_2 \tag{9-58}$$

$$Ni + 4CO \rightleftharpoons Ni(CO)_4 \tag{9-59}$$

CO与CO_2甲烷化反应的平衡常数见表9-8。由于甲烷化反应是强烈的放热反应，低温有利于正反应，平衡常数较高。在200~400℃范围内，CO和CO_2都趋向于生成甲烷，而在大于600℃的范围，则反应(9-56)和反应(9-57)的逆反应易于进行。

表9-8　甲烷化反应的平衡常数

温度/℃	$K_p = \frac{p_{CH_4} p_{H_2O}}{p_{CO} p_{H_2}^3}$	$K_p = \frac{p_{CH_4} p_{H_2O}^2}{p_{CO_2} p_{H_2}^4}$
200	2.05×10^{15}	9.06×10^{12}
250	1.07×10^{13}	1.27×10^{11}
300	1.46×10^{11}	3.70×10^{9}
350	3.80×10^{9}	1.85×10^{8}
400	1.66×10^{8}	1.36×10^{7}
500	9.65×10^{5}	2.05×10^{5}

工业反应温度为300~400℃时，因K_p值极大和氢分压高，一氧化碳可认为是全部转化。需要注意的是甲烷化反应是强烈的放热反应，在绝热条件下造成反应物系温度的显著升高。在氢氮混合气中，1%反应物反应时造成的绝热温升见表9-9。

表9-9　1%组分反应的绝热温升

反应物	CO	CO_2	O_2
绝热温升/℃	72	60	165

原料气中CO和CO_2含量的波动会引起炉温大幅度的变化，应适当控制以免催化剂超温。

在甲烷化反应中CO歧化反应(9-57)和羰基镍生成反应(9-58)，实际生产中是不会出现的。

因为甲烷化工业反应温度在300~400℃，在这个范围内CO的分解速度很慢。而羰基镍的反应，温度越低、压力愈高对其生成越有利。通过计算发现在300~400℃，羰基镍的平衡含量极少。

甲烷化反应的动力学研究得出，包括扩散在内的宏观反应速率常数 k 随温度变化的关系见表 9-11（以 280 ℃的 k= 1.00 计）：

表 9-11　甲烷化反应的动力学常数 k 随温度 T 的变化关系

T/℃	280	300	320	340	360	380	400	420
k（相对值）	1.00	1.28	1.63	2.04	2.50	3.05	3.64	4.34

k 随温度上升而增大，但并不剧烈，可以推测扩散对过程起重要作用。此外，在催化剂上反应速率随操作压力的增大而提高，其关系如图 9-23 所示，但增长值并不大。

我国目前使用的甲烷化催化剂是镍催化剂。以镍为主要活性成分，以氧化铝为载体，镍以 NiO 形式存在。使用前先以氢气或脱碳后的原料气还原，其反应式如下：

$$NiO + H_2 \rightleftharpoons Ni + H_2O \tag{9-60}$$

$$NiO + CO \rightleftharpoons Ni + CO_2 \tag{9-61}$$

虽然这些还原反应热效应不大，但催化剂一经还原就有活性。用原料气还原时，为了避免床层温升过高，必须尽可能控制碳氧化物体积分数在 1%以下。还原后的镍催化剂会自燃，要防止与氧化性气体接触。当前面工序出现事故，有高浓度的碳氧化合物进入甲烷化反应器时，床层温度会迅速上升，这时应立即切断原料气。还原后的催化剂不能用含有 CO 的气体升温，以防止低温时生成羰基镍。

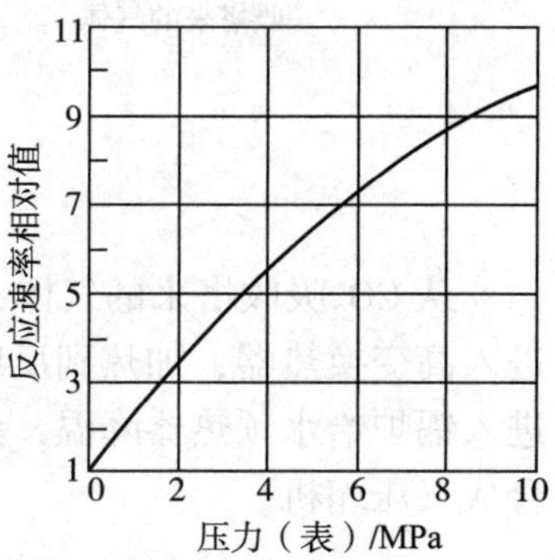

图 9-23　操作压力对甲烷化催化剂活性的影响

除羰基镍为甲烷化催化剂的毒物以外，硫、砷和卤素也能使它中毒，即使这些元素微量也会大大降低催化剂的活性和寿命。硫对甲烷化催化剂的危害比对甲烷转化催化剂大得多，因其操作温度较低，用无硫气体继续操作也不会使催化剂活性恢复，而对转化催化剂就不然。因此，硫对甲烷化催化剂的危害是累积的。气体含 0.1mg/m^3 的硫可使催化剂的寿命从 5 年缩短到 1 年。催化剂吸收 0.5%的硫，活性几乎全部丧失。硫吸附量与活性的关系见表 9-12。

表 9-12　甲烷化催化剂中硫吸附量与活性的关系

催化剂吸附硫的质量分数/%	0.1	0.15~0.2	0.3~0.4	0.5
活性（新催化剂为 100%）/%	80	50	20~30	< 10

对砷来讲吸附量达到 0.1%时，催化剂活性可丧失。在用低温变换的净化流程中，一般不会有硫进入甲烷化反应器，但脱碳系统采用砜胺法、砷碱法时必须小心操作，以免把这些含有硫和砷的溶液带入。在采用这些方法脱除 CO_2 时，为了防止中毒也可在催化剂床层前加氧化锌作保护剂。

由于前面工序对原料气严格的精制和进口气体中碳氧化物量的限制，在正常情况下不会发生甲烷化催化剂的中毒和烧结，而且催化剂本身强度较高，催化剂的寿命可达 3~5 年。取出或者准备再用时，催化剂应该有控制地用预先氧化的方法钝化，其反应式如下：

$$Ni + \frac{1}{2}O_2 \rightleftharpoons NiO \tag{9-62}$$

在甲烷化的反应过程中，因考虑到催化剂的升温活化和气体中 CO、CO_2 的变化，还需采用其他热源，所以甲烷化有两种流程。一种是基本上用甲烷化后的气体来预热甲烷化前的气体，不足量由高变气给出少量热量补充；另一种是完全利用外来热源(高变气或其他)。现介绍后一种流程，如图9-24所示。

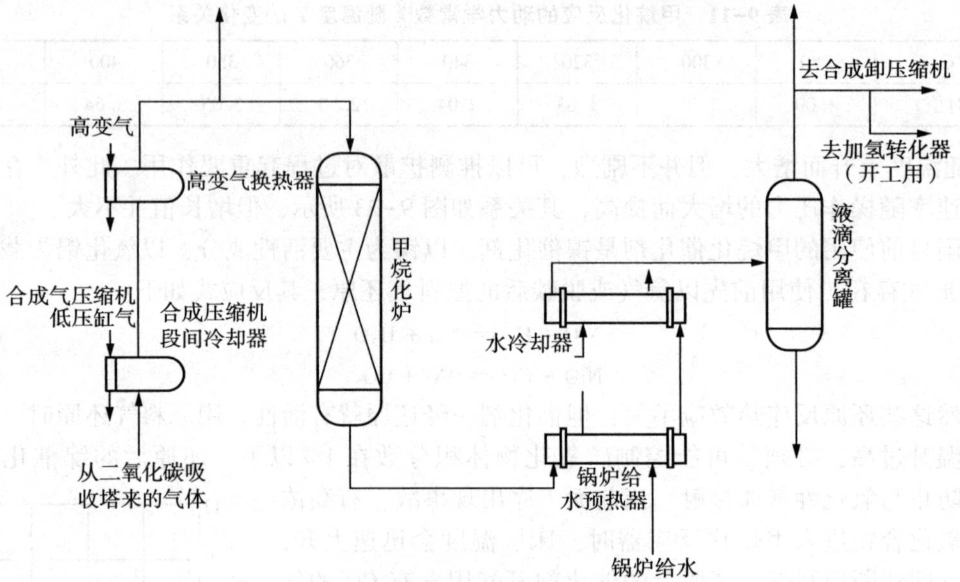

图9-24　甲烷化法精制原料气流程

从CO_2吸收塔来的气体，进入合成压缩机低压缸出口换热器，并预热到所需温度，然后进入高变换热器，加热到反应所需的温度，进入甲烷化炉。反应后的气体温度升高后，首先进入锅炉给水预热器降温，然后进入水冷却器冷却。气体进入液滴分离罐，分出水分后送往合成气压缩机。

第四节　氨合成

氨的合成是整个合成氨生产的核心部分。在较高的温度、压力和活性催化剂存在下，经过精制的氢、氮混合原料气直接反应生成氨。由于受化学平衡及操作条件的限制，反应后气体混合物中氨含量不高，一般只有10%~20%，必须将氨从混合物中分离出来，才能制得产品氨。未反应的气体除少数为排放惰性气体而放空外，其余均循环使用。

一、氨合成反应的热力学基础

(一)化学平衡

由氢气和氮气合成氨的反应如下：

$$1.5H_2+0.5N_2 \rightleftharpoons NH_3 \qquad \Delta_r H^{\ominus}=-46.22\text{kJ/mol} \tag{9-63}$$

此反应具有可逆、放热和体积缩小的特点。根据这些特点可选择适当的操作条件，促使平衡向着合成氨的方向移动。高压下反应平衡常数应以逸度表示：

$$K_f=\frac{f_{NH_3}}{f_{H_2}^{1.5}f_{H_2}^{0.5}}=\frac{\hat{\varphi}_{NH_3}p_{NH_3}}{\hat{\varphi}_{H_2}^{1.5}p_{H_2}^{1.5}\hat{\varphi}_{N_2}^{0.5}p_{N_2}^{0.5}}=K_\varphi K_p \tag{9-64}$$

式中 K_f——逸度表示的平衡常数；

$\hat{\varphi}_i$——混合气体中 i 组分的逸度系数；

K_φ——逸度系数平衡常数；

K_p——以压力表示的平衡常数。

K_f 是温度、压力和组成都有关，在氢氮比为 3 时，K_f 与温度、压力的关系见表5-13。表中列出的数据表明，温度越高平衡常数越低；压力增大，平衡常数增加不大。也就是说平衡常数的大小虽与温度、压力(高压) 都有关系，但在一定的压力范围内和确定的温度下，平衡常数随压力的变化不显著；而在压力相同的条件下，平衡常数随温度变化较显著。

表 9-13 实验测得氨合成反应的平衡常数

压强/MPa	温度/℃					
	400		450		500	
	K_φ	K_p	K_φ	K_p	K_φ	K_p
0.1	1	0.127	1	0.0655	1	0.0377
10	0.907	0.135	0.929	0.0711	0.994	0.0399
30			0.757	0.0869	0.773	0.0492
60			0.512	0.128	0.578	0.0554
100			0.285	0.230	0.387	0.0972

在 1.0~100 MPa 的范围内，氨合成反应的平衡常数随温度变化的经验关系式为：

$$\lg K_p=\frac{2074.8}{T}-2.4943\lg T-BT+1.854\times10^{-7}T^2-I \tag{9-65}$$

式中 T——温度，K；

B、I——经验系数，与压力有关，见表 9-14。

表 9-14 系数 B、I 与压力的关系

p/MPa	B	I	p/MPa	B	I
0.9807	0	1.933	29.421	1.256×10^{-4}	2.206
2.942	3.4×10^{-5}	2.201	58.842	1.0856×10^{-3}	3.059
4.904	1.256×10^{-4}	2.090	98.07	2.6883×10^{-3}	4.473
9.807	1.256×10^{-4}	2.113			

在已知温度、压力条件下，可计算出平衡常数值和平衡氨摩尔分数。

(二) 平衡氨摩尔分数

平衡氨摩尔分数是在一定的温度、压力和氢氮比等条件下，反应达到平衡时，氨在气体混合物中的摩尔分数。平衡氨摩尔分数即反应的理论最大产量，通过计算可以找出实际产量与理论产量的差距，为指导生产和选择最佳工艺条件提供理论依据。

设反应初始时氢氮比为 r，系统有惰性介质(CH_4+Ar)，平衡时 NH_3 的摩尔分数为 y，惰性介质的摩尔分数为 y_i，系统操作压力为 p。混合气体中 N_2，H_2，NH_3 和惰性气体的摩尔分数和平衡分压见表 9-15。

表 9-15　合成氨过程中平衡组成及平衡分压

组分	H_2	N_2	NH_3	惰性介质	合计
平衡组成 y_i	$\frac{(1-y-y_i)}{r+1}$	$\frac{r(1-y-y_i)}{r+1}$	y	y_i	1
平衡分压 p_i	$\frac{(1-y-y_i)P}{r+1}$	$\frac{r(1-y-y_i)p}{r+1}$	y_p	$y_i p$	p

根据公式(9-65)得 $K_f=K_\varphi K_p=K_\varphi K_y P$，即 $K_y=\frac{K_p}{P}$

所以
$$K_p=\frac{y}{(1-y-y_i)^2}\frac{(r+1)^2}{r^{1.5}}p \tag{9-66}$$

如果温度、压力已知，即可计算出平衡氨摩尔分数。表 9-16 列出了不同温度、压力时平衡氨摩尔分数的数据。数据表明压力一定时，平衡氨摩尔分数随着反应温度的升高而下降；温度一定时，平衡氨摩尔分数随着反应压力的增加而增大。所以从热力学观点来看，合成氨的反应宜在高压、低温下进行。

表 9-16　氢氮比 $r=3$ 时不同温度和压力下平衡氨摩尔分数

温度/ ℃	压强/ MPa							
	10.0	15.0	20.0	30.0	32.0	40.0	60.0	80.0
360	35.10	43.35	49.62	58.91	60.43	65.72	75.32	81.80
400	25.37	32.83	38.82	48.18	49.76	55.39	66.17	73.94
440	17.92	24.17	29.46	38.18	39.70	45.26	56.43	65.03
480	12.55	17.51	21.91	29.52	30.90	36.03	46.85	55.67
520	8.82	12.62	16.13	22.48	23.66	28.14	38.03	46.55
600	4.53	6.70	8.80	12.84	13.63	16.72	24.04	30.92

(三)影响平衡氨摩尔分数的因素

从式(9-65)不难看出，影响平衡氨摩尔分数的因素有总压 p、平衡常数 K_p(温度)、氢氮比 r 和惰性气体含量 y_i。其中，温度(平衡常数)和压力对平衡氨摩尔分数的影响在表 9-16做了计算讨论，这里不再重复，本节主要讨论氢氮比和惰性气体体积分数对平衡氨摩尔分数的影响。

1. 氢氮比的影响

公式(9-66)表明平衡氨摩尔分数与 r 有关，当温度、压力一定时 K_p 为定值。若惰性气体的体积分数为已知，则式(9-66)变形为：

$$\frac{y}{(1-y-y_i)^2}=\frac{r^{1.5}}{(r+1)^2}\cdot\frac{K_p}{p} \tag{9-67}$$

要确定在某一个 r 时，平衡氨摩尔分数有一个最大值。使平衡氨摩尔分数为最大值的条件为：

$$\frac{\partial}{\partial r}\left[\frac{r^{1.5}}{(r+1)^2}\right]=0 \tag{9-68}$$

即：$\frac{1.5r^{0.5}(r+1)^2-2r^{1.5}(r+1)}{(r+1)^4}=0$

解得：$r=3$，即当氢氮比等于反应计量比时，平衡氨摩尔分数最大。在实际生产中，平衡氨摩尔分数最大时的氢氮比为2.9~3.0。

2. 惰性气体体积分数的影响

习惯上把不参与反应的气体（CH_4、Ar 等）称为惰性气体，它对平衡氨摩尔分数有明显影响。因为 y_i 相对较小，可以将式(9-67) 左侧近似转化为：

$$\frac{y}{(1-y-y_i)^2} \approx \frac{y}{[1-y_i-y(1-y_i)]^2} = \frac{y}{[(1-y_i)(1-y)]^2}$$

则有：

$$\frac{y}{(1-y)^2} = \frac{r^{1.5}}{(r+1)^2} \frac{K_p}{p} (1-y_i)^2 \tag{9-69}$$

当 $r=3$ 时，$\frac{y}{(1-y)^2} = 0.325 \frac{K_p}{p}(1-y_i)^2$

上式表明平衡氨摩尔分数随着惰性气体体积分数的增加而减少。在氨合成反应中，由于惰性气体不参与反应，在循环过程中愈积愈多，对提高平衡氨摩尔分数极为不利。因此，在生产中往往要被迫放空一部分循环气体，使惰性气体含量保持一稳定值。放空气量可从物料衡算中求出，参见第二章第三节物料衡算。

综上所述，提高平衡氨摩尔分数的途径为降低温度、提高压力、保持氢氮比为 $r=3$ 左右，并减少惰性气体含量。

（四）合成氨反应热的计算

化学反应释放出来的热能是能量的重要来源之一，需要充分加以利用。研究化学反应的热量问题，在化工设计和化工生产中具有重要的意义。如 CO 的变换反应，反应放出大量的热量。对小型合成氨厂来说，放出的热量可以用来生产1/6以上的合成氨。为此，首先要求准确地计算出变换反应放出的热量，然后根据放出热量的多少设计制造热交换设备。化学反应热效应数据是化工设计的重要依据，对合成氨反应来说，由纯氢、氮完全转化为氨的反应热 ΔH 可用以下经验公式计算：

$$(-\Delta H) = 38313.3 + \left(23.2543 + \frac{35867.1}{T} + \frac{1.96147\times10^{10}}{T^3}\right)p + 22.3718T + 1.05646\times10^{-3}T^2 - 7.08351\times10^{-5}T^3 \tag{9-70}$$

式中　T——温度，K；

p——压力（表），MPa；

ΔH——反应热效应，J/ mol。

二、氨合成反应的动力学基础

前面主要从热力学角度讨论了影响平衡氨摩尔分数的因素。然而在实际生产中，不仅要求有较高的产率或转化率，还要求有较高的速度，以提高单位时间内的产量。对氨合成反应来说，若无催化剂存在，即使在几百个大气压和几百度的温度下进行反应，其速度也极其缓慢。在实际生产中，为了提高氨合成反应的速度，必须在催化剂存在的条件下进行反应。为此，应首先了解在有催化剂存在的条件下，氨合成反应的机理，进而研究其速度方程。

（一）催化剂

长期以来，人们对氨合成反应的催化剂做了大量的研究工作，发现对氨合成反应具有活性的一系列金属中，以铁为主体，并添加有促进剂的铁系催化剂，价廉易得，活性良好，使用寿命长，因而铁系催化剂获得广泛的应用。

1. 催化剂的化学成分和作用

目前，大多数铁系催化剂都是用经过精选的天然磁铁矿通过熔融法制得，其活性组分为金属铁。未还原前为 FeO 和 Fe_2O_3，其中 FeO 的质量分数为 24%~38%，$n_{Fe^{2+}}/n_{Fe^{3+}}$约为 0.5，一般在 0.47~0.57 之间，成分可视为 Fe_3O_4，具有尖晶结构。作为促进剂的成分有 Al_2O_3、K_2O、CaO、MgO 和 SiO_2等多种。

加入 Al_2O_3 的作用：它能与氧化铁生成 $FeAl_2O_4$(或 FeO · Al_2O_3）晶体，其晶体结构与 Fe_2O_3 · FeO 相同。当催化剂被氢氮混合气还原时，氧化铁被还原为 α 型纯铁，而 Al_2O_3 不被还原，它环绕在 α-Fe 晶粒的周围，防止活性铁的微晶在还原及使用过程中进一步长大。这样 α-Fe 的晶粒间就出现了空隙，形成纵横交错的微型孔道结构，大大增加了催化剂的表面积，提高了活性。

加入 MgO 的作用：与 Al_2O_3 有相似之处。在还原过程中 MgO 也能防止活性铁的微晶进一步长大，但其主要作用是增强催化剂对硫化物的抗毒能力，并保护催化剂在高温下不致因晶体破坏而降低活性，故可延长催化剂寿命。

加入 CaO 的作用：降低熔融物的熔点和黏度，并使 Al_2O_3 易于分散在 FeO · Fe_2O_3 中，还可提高催化剂的热稳定性。

加入 K_2O 的作用：促使催化剂的金属电子逸出功的降低。因为氮被吸附在催化剂表面，形成偶极子时，电子偏向于氮。电子逸出功的降低有助于氮的活性吸附，从而使催化剂的活性提高。实践证明只有在加入 Al_2O_3 的同时再加入 K_2O 才能提高催化剂的活性。

SiO_2 成分：一般是磁铁矿的杂质，具有中和 K_2O、CaO 等碱性组分的作用，此外还具有提高催化剂抗水毒害和耐烧结的作用。

通常制成的催化剂为黑色不规则颗粒，有金属光泽，堆积密度约为 2.5~3.0g/cm³，空隙率约为 40%~50%。催化剂还原后 FeO · Fe_2O_3 晶体被还原成细小的 α-Fe 晶体，它们疏松地处在氧化铝的骨架上。还原前后表观容积并无显著改变，因此，除去氧后的催化剂便成为多孔的海绵状结构。催化剂的颗粒密度与纯铁的密度 7.86 g/cm³相比要小得多，这说明孔隙率是很大的。一般孔呈不规则树枝状，还原态催化剂的内表面积约为 4~16 m²/ g。国内外氨合成催化剂的一般性能见表 9-17。

2. 催化剂的还原与使用

合成氨催化剂的活性不仅与化学组成有关，在很大程度上还取决于制备方法和还原条件。

催化剂还原的反应式为：$FeO \cdot Fe_2O_3 + 4H_2 \rightleftharpoons 3Fe + 4H_2O(g)$　　(9-71)

确定还原条件的原则一方面是使 FeO · Fe_2O_3 充分还原为 α-Fe，另一方面是还原生成的铁结晶不因重结晶而长大，以保证有最大的比表面积和更多的活性中心。为此，宜选取合适的还原温度、压力、空速和还原气组成。

(1)温度：还原温度的控制对催化剂活性影响很大。只有达到一定温度，还原反应才开始进行。提高还原温度能加快还原反应的速度，缩短还原时间；但催化剂还原过程也是纯铁结晶组成的过程，要求 α-Fe 晶体越细越好。还原温度过高会导致 α-Fe 晶体的长大，从而减小催化剂表面积，使活性降低。实际还原温度一般不超过正常使用温度。

(2)压力：降低还原气体中的 p_{H_2O}/p_{H_2} 有利于还原，为此还原气中氢含量宜尽可能高，水汽含量尽可能低。尤其是水汽含量的高低对催化剂活性影响很大，水蒸气的存在可以使已还原的催化剂反复氧化，造成晶粒变粗，活性下降。为此要及时除去还原生成的水分，同时尽量采用高空速以保持还原气中的低水汽含量。还原压力较低为宜，但仍要维持一定的还原空速($10000\ h^{-1}$以上)。

表 9-17 氨合成催化剂的一般性能

国别	型号	组成	外形	还原前堆密度/(kg/L)	推荐使用温度/℃	主要性能
中国	A106	Fe_3O_4、Al_2O_3、K_2O、CeO	不规则颗粒	2.9	400~520	380℃还原已不明显,550℃耐热20h,活性不变
	A109	Fe_2O_4、Al_2O_3、K_2O、CaO、MgO、SiO_2	不规则颗粒	2.7~2.8	380~500 活性优于 A106	还原温度比 A106 低 20~30℃,525℃耐热 20h,活性不变
	A110 A110-5Q	Fe_3O_4、Al_2O_3、K_2O、CaO、MgO、BaO、SiO_2	不规则颗粒 球形	2.7~2.8	380~490 低温活性优于 A109	还原温度比 A106 低 20~30℃,500℃耐热 20h,活性不变,抗毒能力强
	A201	Fe_3O_4、Al_2O_3、Co_3O_4、K_2O、CaO	不规则颗粒	2.6~2.9	360~490	易还原,低温活性高,比 A110 活性提高 10%,短期 500℃活性不变
	A301	FeO、Al_2O_3、K_2O、CaO	不规则颗粒	3.0~3.3	320~500	低温、低压、高活性,还原温度 280~300℃,极易还原
丹麦	KMⅠ	Fe_3O_4、Al_2O_3、K_2O、CaO、MgO、SiO_2	不规则颗粒	2.5~2.9	380~550	390℃还原明显,耐热及抗毒性较好,耐热温度 550℃
	KMⅡ	Fe_3O_4、Al_2O_3、K_2O、CaO、MgO、SiO_2	不规则颗粒	2.5~2.9	360~480	370℃还原明显,耐热及抗毒性较 KMI 略强
	KMR	KM 预还原型	不规则颗粒	1.9~2.2	—	全部性能与相应的 KM 型催化剂相同,在空气中 100℃稳定,烧不坏
英国	IC135-4	Fe_3O_4、Al_2O_3、K_2O、CaO、MgO、SiO_2	不规则颗粒	2.6~2.9	350~530	温度超过 530℃,活性下降
美国	C73-1	Fe_3O_4、Al_2O_3、K_2O、CaO、SiO_2	不规则颗粒	2.88	370~540	570℃以下活性稳定
	C73-2.03	Fe_3O_4、Al_2O_3、Co_3O_4、K_2O、CaO	不规则颗粒	2.88	360~500	500℃以下活性稳定

工业上还原过程多在氨合成塔内进行,还原温度借外热(如电加热器)维持,并严格按规定的温度-时间曲线进行。一般温度升至 300 ℃左右开始出水,以后升温与维持温度出水交替进行。最后还原温度在 500~520℃视催化剂类型而定。催化剂的还原也可在塔外进行,即催化剂的预还原。采用预还原催化剂不仅可以缩短合成塔的升温还原时间,而且也避免了在合成塔内不适宜的还原条件对催化剂活性的损害,使催化剂得以在最佳条件下进行还原,有利于提高催化剂的活性,为强化生产开辟了新的途径。还原后的活性铁,遇到空气后会发生强烈的氧化燃烧以致使催化剂烧结失去活性。为此,预还原后的催化剂必须进行钝化操作,即在 100~140 ℃下,用含少量氧的气体缓慢加以氧化,使催化剂表面形成氧化铁保护膜。使用预还原催化剂的氨合成塔,只需稍加还原即可投入生产操作。

在催化剂使用过程中,能使催化剂中毒的物质有氧及氧的化合物(O_2、CO_2、H_2O 等)、硫及硫的化合物(H_2S、SO_2 等)、磷及磷的化合物(PH_3)、砷及砷的化合物(AsH_3)以及润滑油、铜氨液等。硫、磷、砷及其化合物的中毒作用是不可逆的。氧及氧化合是可逆毒物,中毒是暂时性的,一旦气体成分得以改善,催化剂的活性是可以恢复的。气体中夹带的油类或高级烃类在催化剂上裂解析炭,起到堵塞毛孔、遮盖活性中心的作用,后果介于可逆与不可逆中毒之间。

另外，润滑油中的硫分同样可引起催化剂中毒。采用铜洗净化操作的合成氨系统，若将铜氨液带入合成塔中，则催化剂表面被覆盖也会造成催化剂活性降低，在生产中应予以十分注意。为此，原料气送往合成系统之前应充分清除各类毒物，以保证原料气的纯度。

此外，氨合成塔停车时降温速度不能太快，以免催化剂粉碎，卸出催化剂前一般进行钝化操作。

(二)反应机理与动力学方程

对氨合成反应的机理，已经研究了几十年，提出过许多不同的观点。目前普遍采用的观点是，气相中氢和氮分子首先扩散到催化剂表面，并被催化剂的活性表面所吸附，氮分子离解为氮原子，氮原子与催化剂进行化学反应，生成某中间产物，然后逐步地生成 NH、NH_2、NH_3，最后氨分子从催化剂表面脱附再扩散到气相中。在这些步骤中氮在催化剂表面上的活性吸附是氨合成反应中最慢的控制步骤。因为根据大量的实验结果，发现氮在铁催化剂上的吸附速度，在数值上很接近氨的合成速度，这可作为确定氮的活性吸附为控制步骤的一个依据。根据这一观点，导出了氨合成反应的速度方程：

$$r_{NH_3}=k_1p_{N_2}\left(\frac{p_{H_2}^3}{p_{NH_3}^2}\right)^{\alpha}-k_2\left(\frac{p_{NH_3}^2}{p_{H_2}^3}\right)^{1-\alpha} \tag{9-72}$$

式中　r_{NH_3}——NH_3 的生成速率，$mol/m^3\cdot s$；

k_1、k_2——正逆向反应速率常数；

p_i——i 组分的分压，i 组分指的是 N_2、H_2、NH_3；

α——由实验测定的常数，与催化剂的性质及反应条件有关，通常 $0<\alpha<1$。对以铁为主的氨合成催化剂而言，$\alpha=0.5$。

(三)影响反应速度的因素

1. 空间速度

合成氨的原料气是循环使用的，当操作压力及进合成塔气体组成一定时，对于既定结构的氨合成塔，可采用增加空速，以提高合成塔单位时间的产量。若已知空间速度和合成塔进、出口氨摩尔分数，则可由下面两个式子计算合成塔的产氨速度 r 和催化剂生产强度 G：

$$r=F_2x_2-F_2x_1=\frac{F_1(x_2-x_1)}{1+x_2}=\frac{F_2(x_2-x_1)}{1+x_1} \tag{9-73}$$

$$G=\frac{17S_{v1}(x_2-x_1)}{22.4(1+x_2)}=\frac{17s_{v2}(x_2-x_1)}{22.4(1+x_1)} \tag{9-74}$$

式中　F_1、F_2——为进、出塔气体摩尔流量，kmol/h；

x_1、x_2——为进、出塔气体的氨摩尔分数；

S_{v1}、s_{v2}——为进出塔气体的空间速度，h^{-1}；

r——合成塔产氨速率，kmol/h；

G——催化剂生产强度，$kg/(m^3\cdot h)$。

由式(9-73)可知，在其他条件一定时，增大空速能提高催化剂生产强度。但加大空速系统阻力增大，循环功耗增加，氨分离所需的冷冻负荷也增大。同时，当单位循环气量的产氨量减少，所获得的反应热相应减少。当单位循环气的反应热降到一定程度时，合成塔就难以维持自热。操作压力为 30MPa 的中压法合成氨，一般空速在 $20000\sim30000h^{-1}$之间。大型合成氨厂为了充分利用反应热，降低功耗并延长催化剂使用寿命，通常采用较低的空速。如操作压力 15 MPa 的轴向冷激式合成塔，空速为 10000 h^{-1}。

2. 温度

合成氨是一个可逆的放热反应，反应速度并不是随温度的升高而单调地增大。实际情况是在较低的温度范围内，随着温度的升高，反应速度相应地增大，当温度继续升高到某一值时，反应速度达到最大值，再继续升高温度，反应速度逐渐变小，如图2-2(b)所示。因此，要想得到最高的反应速度，并不是温度愈高愈好，而是有一个最适宜温度(T_{opt})，可由公式(9-49)获得。在一定的压力下，氨摩尔分数提高，相应的平衡温度与最适宜温度下降(由图9-16可知)。惰性气体体积分数增高，则氨摩尔分数下降，对应于一定氨摩尔分数的平衡温度下降。氮氢比对最适宜温度的变化规律与对平衡温度的影响相同，压力改变时，最适宜温度也相应改变。气体组成越高，平衡温度与最适宜温度越高。事实上一定系统的平衡温度与最适宜温度有相应的变化关系，压力、气体组成都不影响 T_{opt} 与 T_e 之间的相对关系，只要催化剂的活性不变，E_1 和 E_2 一定，则 T_{opt} 与 T_e 之间的相对关系就不会改变。由式(9-49)催化剂活性高时(性能良好或使用初期)，E_1 和 E_2 都较低，由于二者差值不变，E_2/E_1 比值增大，则 T_e 与 T_{opt} 差值增大，最适宜温度下降；反之，活性差时(性能差、衰老或中毒)最适宜温度上升。

从理论上看，合成氨的反应按最适宜温度曲线进行时催化剂用量最少，合成效率最高。但在反应初期，合成氨反应速度很高，故实现最适宜温度不是主要问题，而实际上受种种条件的限制不可能做到这一点。例如，氨合成塔进气中氨含量为4%($P=30$ MPa，$y_i=0.12$)，T_{opt} 已超过600 ℃，也就是说催化剂床层入口温度应高于600 ℃，而后床层轴向温度逐渐下降。此外，温度分布递降的反应器在工艺实施上也不尽合理，它不能利用反应热使反应过程自然进行，需额外加高温热源预热反应气体以保证入口的温度。所以，在床层的前半段不可能按最适宜温度操作。在床层的后半段，氨含量已经比较高，反应温度依最适宜温度曲线操作是可能的。

氨合成反应温度一般控制在400~500℃之间(依催化剂类型而定)。催化剂床层的进口温度比较低，大于或等于催化剂使用温度的下限，依靠反应热床层温度迅速提高，而后温度再逐渐降低。床层中温度最高点称为热点，不应超过催化剂的使用温度。到生产后期催化剂活性已下降，操作温度应适度提高。

3. 压力

增大压力氢氮气的分压也相应增加，这样也必然增加它们相互碰撞的机会，导致净反应速度大大增加，从合成氨的动力学方程式(9-71)可以进一步理解压力对反应速度的影响。增大体系的压力时，对速度方程中的反应速度常数 k_1、k_2 一般影响不大。但从各组分的分压来考虑，提高压力各组分的分压相应增大。从速度方程不难看出，提高压力将使正反应速度增大，而逆反应速度减小，其结果是净反应速度增大。例如，在500 ℃、氢氮比为3、空间速度为30000 h^{-1} 条件下，当压力从20 MPa增加到60 MPa时，氨体积分数将由14%增加到28%，即提高了1倍。

4. 氢氮混合气体的组成

气体组成的选择也是影响反应速度的一个重要因素。从化学平衡的角度来看，氢氮比应为3；但从动力学的角度来看，氨合成反应的机理为氮的活性吸附所控制。所以，在氨的体积分数远离平衡时，与氮的浓度有关，即在氨的浓度较低时，可以适当地提高氢氮混合气中氮的浓度(分压)。当氨体积分数接近平衡值时，最适宜的氢氮混合比趋近于3，但生产实践中控制进合成塔的氢氮比略低于3。

三、氨的合成

氨合成的主要任务是将脱硫、变换、净化后送来的合格的氢氮混合气，在高温、高压及有催化剂存在的条件下直接合成氨。

(一)最佳工艺条件的选择

在前面我们已经讨论了氨合成反应的热力学和动力学条件。在此基础上将综合选择合成氨的最佳工艺条件，主要包括压力、温度、空速、气体组成等。

1. 压力

工业上合成氨的各种工艺流程，一般都以压力的高低来分类。高压法压力为 70~100MPa，温度为 550~650℃；中压法压力范围高者可达 40~60 MPa，低者也有 15~20MPa，一般采用 30 MPa 左右，温度为 450~550 ℃；低压法压力为 10 MPa，温度为 400~450℃。我国中型合成氨厂一般采用中压法进行氨的合成，压力一般采用 32 MPa 左右。但从当前节省能源的观点出发，有向降低压力方向发展的趋势，如从国外引进的 30×10^4t 大型合成氨厂压力为 15 MPa。

从化学平衡和化学反应速度两方面考虑，提高操作压力可以提高生产能力，而且压力高时氨的分离流程可以简化。如高压下分离氨只需水冷却就足够，设备较为紧凑，占地面积也较小。但是压力高对设备材质、加工制造要求均高。同时高压下反应温度一般较高，催化剂使用寿命缩短。生产上选择压力的主要依据是能源消耗、原料费用、设备技术、技术投资在内的综合费用，也就是说主要取决于技术经济效果。

2. 温度

实际生产中，希望合成塔催化剂层中的温度分布尽可能接近最适宜温度曲线。由于催化剂只有在一定的温度条件下才具有较高的活性，还要使最适宜温度在催化剂的活性温度范围内。如果温度过高，会使催化剂过早地失去活性；而温度过低，达不到活性温度，催化剂起不到加速反应的作用。不同的催化剂有不同的活性温度。同一种催化剂在不同的使用时期，其活性温度也有所不同。对 A6 型催化剂而言，催化剂在使用初期活性较高，反应温度可以控制低一点(480℃)，使用中期活性下降，温度控制在最适宜温度(500℃)；使用后期因活性较差，温度可以控制高一点(520℃)。

在生产中控制最适宜温度是指控制热点温度，热点温度就是在反应过程中催化剂层中温度最高的那一点。下面以双套管并流式催化剂筐为例分析，如图 9-25 所示。

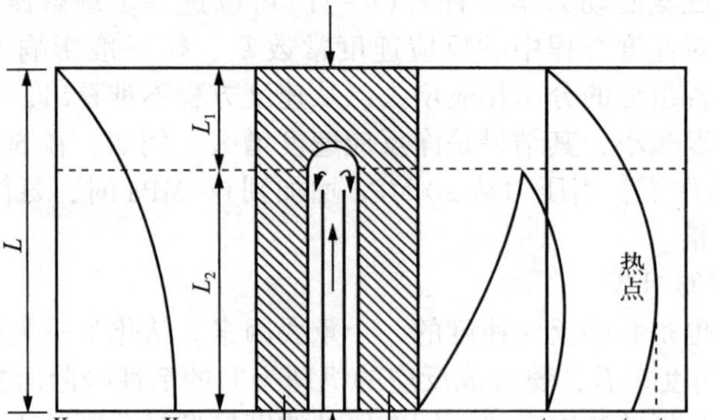

图 9-25　催化剂层不同高度的温度分布和氨体积分数的变化

L_1—绝热层高度；L_2—冷却层高度；L—催化剂高度；Y_{NH_3}—进口氨体积分数；

$Y_{NH_3,o}$—出口氨体积分数；t_1—催化剂层进口温度；t_2—出口温度；$t_热$—热点温度设气体进入催化剂层时的温度和氨体积分数分别为 t_1 和 Y_{NH_3}。要求 t_1 大于或等于催化剂使用温度的下限。反应初期，因远离平衡态，氨合成反应速度较快放热多，为使温度迅速升至最适宜温度，这一段不设冷却管冷却(即图中 L_1 那一段)故称绝热层。在 L_1 一段氨的浓度也迅速增加。

随着温度升高到一定程度，温度上升的速度逐渐缓慢，而且反应后的气体与双套管内的冷气相遇，反应热开始逐步移走。当温度达到最高点后，由于移走的热量超过反应所放出的热量，温度就随催化剂床层深度的增加而降低。在催化剂层中温度最高的那一点即为热点。

从较理想的情况来看，希望从 $t_1 \sim t$ 热这一段进行得快一些，从 $t_{热} \sim t_2$(气体出催化剂层的温度)则尽可能沿着最适宜温度线进行。

3. 空间速度

空间速度的大小意味着处理量的大小，在一定的温度、压力下，增大气体空速，就加快了气体通过催化剂的速度，气体与催化剂接触时间缩短，在确定的条件下，出塔气体中氨体积分数要降低。每个空间速度有一个最适宜温度和氨体积分数，见表 9-18。

表 9-18　不同空间速度时 NH_3 体积分数与温度的关系

温度/℃ 氨体积分数/% 空速/h^{-1}	425	450	475	500	525
15000	14.5	19.6	21.6	23.0	19.3
30000	11.7	14.6	17.7	18.2	16.7
45000	9.4	12.7	15.2	16.5	15.7
60000	8.0	11.2	13.3	14.6	14.6

压强为 30MPa 的中压法合成氨，空间速度选择 20000~30000h^{-1}之间，氨净值(出塔与进塔氨体积分数之差)为 10%~15%。因合成氨是循环流程，空速可以提高，空速大处理的气量大。虽然氨净值有所降低但能增加产量，但空速过大，氨分离不完全，增大设备负荷和动力消耗。

关于氢氮比和惰性气体体积分数对氨体积分数的影响在前面已讨论过。实际生产控制进塔氢氮比略低于 3，循环气中惰性气体体积分数应根据操作压强、催化剂活性等条件而定。若以增产为主，惰性气体可控制低一点，约 10%~14%。若以降低原料成本为主时，可控制略高一点，约 16%~20%。

(二)氨的分离及合成流程

1. 氨分离的方法

(1)冷凝法：冷凝法是冷却含氨混合气，使其中大部分氨冷凝与不凝气分开。加压下气相中饱和氨含量随温度降低、压力增高而减少。若不计惰性组分对氨热力学性质的影响，饱和氨含量可由下式计算：

$$\lg y = 4.1856 + \frac{1.9060}{\sqrt{p}} - \frac{1099.5}{T}$$

式中　y——气相中平衡氨含量,%；

p——混合气体压力，MPa；

T——温度，K。

若考虑到其他气体组分对气相氨平衡含量的影响，其值可在有关手册中查取。如操作压力在45MPa以上，用水冷却即能使氨冷凝。操作压力在20~30 MPa时，水冷仅能分出部分氨，气相中尚含氨7%~9%，需进一步以液氨为冷冻剂冷却到0℃以下，才能使气相中氨体积分数降至2%~4%，含氨混合气的冷却是在水冷却器和氨冷却器中实现的。冷冻用的液氨由冷冻循环供给，或为液氨产品的一部分。液氨在氨分离器中与气体分开，减压送入储槽，储槽压力一般为1.6~1.8 MPa。液氨冷凝过程中，部分氮氢气及惰性气体溶解其中，溶解气大部分在液氨储槽中减压释放出来，称之为储槽气或弛放气。气体在液氨中的溶解度，可按亨利定律近似计算。

(2)水吸收法：氨在水中有很大的溶解度，与溶液成平衡的气相氨分压很小，因而用水吸收法分离氨效果良好。但气相亦为水蒸气饱和，为防止催化剂中毒，循环气需严格脱除水分后进入合成塔，水吸收法得到的产品是浓氨水。从浓氨水制取液氨须经过氨水蒸馏和气氨冷凝，消耗一定的能量，工业上采用此法者较少，近年来利用有机溶剂吸收氨的研究有所进展，它的优点是制取液氨时能耗少。

2. 合成氨流程

工业上氨的合成有多种流程，但总的包括以下基本步骤：

(1)压缩：净制的氢氮混合气由压缩机压缩到合成的压强；

(2)净制：原料气经过最终净制；

(3)升温和反应：净化的原料气升温并合成；

(4)分离：出口气体经冷冻系统分离出液氨，剩下的氢氮混合气用循环压缩机升压后重新导往合成；

(5)弛放：弛放部分循环气以维持气体中惰性气含量在规定值以下。

图9-26是一种比较先进的凯洛格合成氨流程。新鲜气在离心压缩机15的第一缸中压缩，经新鲜气甲烷化换热器1、水冷却器2及氨冷却器3逐步冷却到8℃。除去水分后，新鲜气进入压缩机第二缸继续压缩并与循环气在缸内混合，压力升到15.5 MPa，温度为69℃，经过水冷却器5，气体温度降至38℃。然后气体分为两路，一路约50%的气体经过两级串联的氨冷器6和7，气体冷却至10℃。另一路气体与高压氨分离器12来的-23℃的气体在冷热换热器9内换热，降温至-9℃，而来自高压氨分离器的冷气体则升温到24℃。

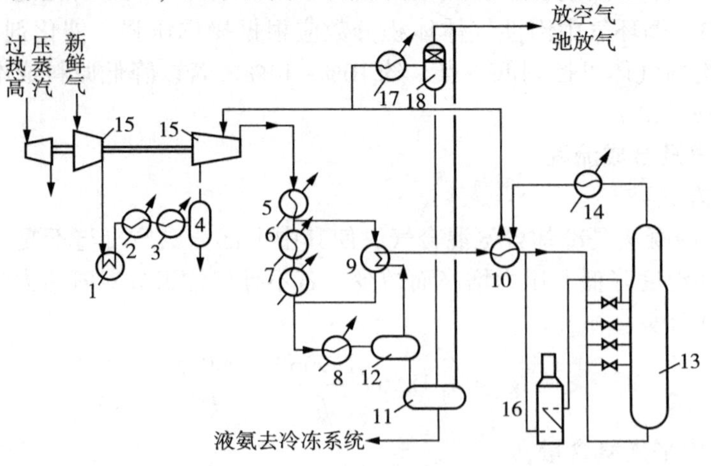

图9-26 凯洛格氨合成工艺

1—新鲜气甲烷化换热器；2，5—水冷却器；3，6，7，8—氨冷却器；4—冷凝液分离器；9—冷热换热器；10—热热换热器；11—低压氨分离器；12—高压氨分离器；13—氨合成塔；14—锅炉给水预热器；15—离心压缩机；16—开工加热炉；17—放空气氨冷器；18—放空气分离器

气体汇合后温度为-4℃。再经过氨冷却器8将气体进一步冷却到-23℃，然后送往高压氨分离器12。分离液氨后含氨2%的循环气经冷热换热器9和热热换热器10预热141℃进入轴向冷激式氨合成塔13。高压氨分离器12中的液氨经减压后进入低压氨分离器11，液氨送去冷冻系统，从低压氨分离器内闪蒸出的弛放气与回收氨后的放空气一起送普里森氢回收系统。

该流程具有以下特点：采用离心式压缩机并回收合成氨的反应热预热锅炉给水；采用三级氨冷、三级闪蒸将三种不同压力的氨蒸气分别返回离心式氨压缩机相应的压缩级中，这比全部氨气一次压缩至高压、冷凝后一次蒸发到同样压力的冷冻系数大，功耗少；放空管线位于压缩机循环段之前，此处惰性气体含量最高，但氨含量也最高，由于放空气回收氨，故对氨损失影响不大；氨冷凝在压缩机循环段之后，能够进一步清除气体中夹带的密封油、二氧化碳等杂质，缺点是循环功耗较大。

图9-27是另一种合成氨的典型流程，称为托普索流程。与凯洛格流程比较，它在压缩机循环段前冷凝分离氨，循环功耗较低，但操作压力较高，仅采用二级氨冷。采用径向合成塔，系统压力减小，由于压力较高，对离心压缩机的要求提高。新鲜气经过三缸式离心机加压，每缸后均有水冷却器及分离器，以冷却加压后的气体并分出冷凝水，然后新鲜气与经过第一氨冷器的循环气混合通过第二氨冷器7，温度降低到0℃左右进入氨分离器8分出液氨，从氨分离器出来的气体中氨的体积分数约为3.6%，通过冷热换热器5升温至30℃，进入离心压缩机第三缸所带循环段补充压力，而后经预热进入径向冷激式氨合成塔1。出塔气体通过锅炉给水预热器2及各种换热器(3、4、5、6等)温度降至10℃左右与新鲜气混合，从而完成循环。

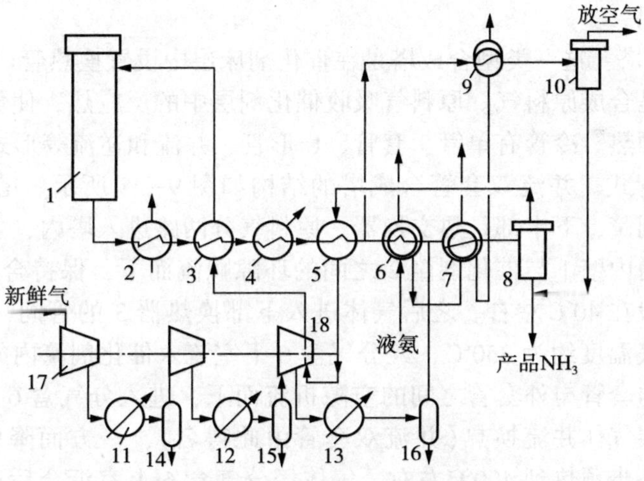

图9-27　托普索氨合成工艺流程

1—氨合成塔；2—锅炉给水预热器；3—热热交换器；5—冷热换热器；4、11、12、13—水冷却器；6—第一氨冷器；7—第二氨冷器；9—放空气氨冷；10、8—氨分离器；14、15、16—分离器；17—离心式压缩机；18—压缩机循环段

3. 氨合成塔

(1)结构特点及基本要求：合成塔是氨合成过程的关键设备，随着技术的发展，合成塔的结构尺寸逐步大型化。并且对合成塔的性能，特别是运转的可靠性，提出了更严格的要求。总地说来合成塔应满足以下要求：

①在正常操作条件下，反应维持自热；塔的结构要有利于升温、还原，保证催化剂有较

大的生产强度。

②催化剂床层温度分布合理，充分利用催化剂的活性。

③气流在催化剂床层内分布均匀，塔的压降小。

④换热器传热强度大、体积小、高压容器空间利用率(催化剂体积/合成塔总容积)高。

⑤生产稳定，调节灵活，具有较大的操作弹性。

⑥结构简单可靠，各部件的连接与保温合理，内件在塔内有自由伸缩的余地以减少热应力。

在实施上述要求时有时是矛盾的，合成塔设计就在于分清主次妥善解决这些矛盾。为了结构合理，便于加工和检修方便等因素，合成塔分为筒体(外筒)和内件两部分。内件置入外筒之内，包括催化剂筐(触媒筐)、热交换器和电加热器三部分构成。大型氨合成塔的内件一般不设电加热器，而由塔外加热炉供热。进入合成塔的气体先经过内件与外筒之间的环隙，内件外面设有保温层，以减少向外筒的散热。因而外筒承受高压(操作压力与大气压力之差)，但不承受高温，可用普通低合金钢或优质低碳钢制成，在正常情况下，寿命可达四五十年以上。内件虽在 500 ℃左右的高温下操作，但只承受环隙气流与内件气流的压差，一般仅 1.0~2.0 MPa，从而可降低对材质的要求，一般内件可用合金钢制作。某些外筒内径在 500 mm 左右的合成塔，采用含碳量在 0.015%以下的微碳纯铁内件材料，也可满足生产上的要求。内件寿命比外件短，一般为 6~10 年。合成塔大致分为连续换热式、多段间接换热式和多段冷激式三种塔型，目前常用的主要有冷管式和冷激式。前者属于连续换热式，后者属于多段冷激式。近年来将传统的塔内气流轴向流动改为径向流动以减小压力降，降低循环功耗而普遍受到了重视。

(2)冷管式合成塔：这一类型合成塔是在催化剂床层中设置换热管(冷管)，管外是催化剂层，管内流过的是合成原料气。原料气吸收催化剂层中的反应热，使催化剂层维持在要求的温度，气体则被预热。冷管有单管、套管、U 形管、并流和逆流等形式。我国常用的是并流三套管和并流单管式。并流双套管合成塔的结构如图 9-28 所示。塔内部分分成两个区域，上半区是催化剂筐，下半部是热交换器。原料气分两路进入塔内，主路从合成塔的上侧进入，沿合成塔外筒内壁 1 与催化剂筐 2 之间的环隙顺流而下，保持合成塔筒体不致过热，筒体内壁上温度一般在 40℃左右。之后气体进入下部换热器 3 的管间，与走管内的气体换热，换热后的净制气温度约为 350℃，经分气盒 6 下室流入催化剂筐内的冷却套管 4 的内管上升到顶部，再由内套管与外套管之间的空隙折流而下，进入分气盒 6 上室。在此过程中，混合气体与催化剂层气体并流换热(并流双套管由此得名)，一方面降低催化剂层的温度，另一方面使本身进一步预热到 400℃左右。气体经分气盒 6 上室汇合后进入中心管 8，中心管内设电加热器 7 以备催化剂升温还原时补加热量。氢氮混合气在催化剂层中，在高温高压下进行合成，反应后的气体进入下部换热器 3 的管内，将热量传给管外的进塔气体，然后从塔底导出。有少部分原料气作为副线，从合成塔下部进入，通过热交换器中央的冷气管直接与换热原料气汇合。必要时调节副线冷气量，可调节合成的温度。

并流三套管是由并流双套管演变而来，除催化剂筐的换热套管略有不同外，其他结构基本相同。三套管换热器(图 9-28)的每支换热管由三根套管组成，内冷管与内衬管的末端焊住，使内冷管与内衬管间形成一层不流动的滞气层。气体通过内管时并不显著换热，直到气体从内冷管与外冷管的缝隙下流时才通过外冷管壁与催化剂层换热，其流向与气体通过催化剂层的方向相同，之后气体由中心管上升后分散与催化剂床层接触。催化剂层上端是一绝热反应层(此处无冷却套管)，反应物升温很快，而后才与套管内的冷气换热。这时反应距平衡远，反应速度快，释放能量多；而换热器套管中的冷气温度较低，传热温差大，换热量多，使催化剂层温度不致过高。在催化剂床层下端，已有相当数量的氨生成，反应速率变慢，释出热量少，而冷气温度又已升高，传热温差减小，使传热与反应释放热量相适应。出催化剂床层的合成气再进入塔下部的热交换器，换热后送去冷却分氨。

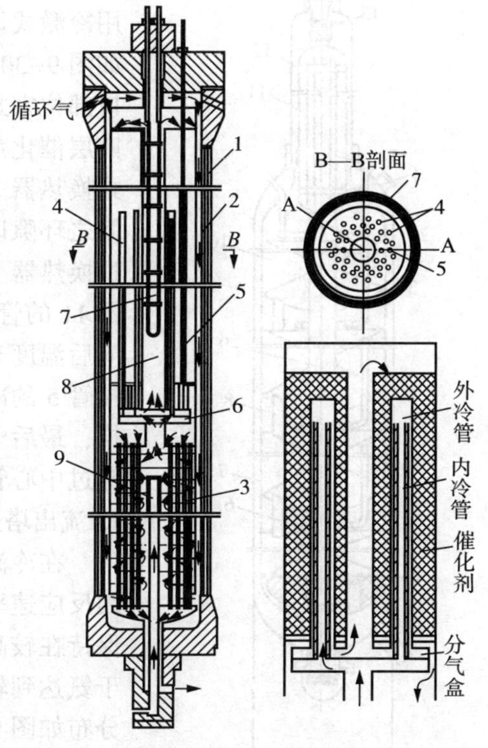

图 9-28　合成塔

1—外筒；2—催化剂；3—热交换器；4—冷却套管；5—热电偶管；6—分气盒；7—电加热器；8—中心管；9—冷气管

并流三套管合成塔的催化剂床层的温度和氨体积分数的变化如图 9-29 所示，其温度变化比双套管更趋近最适宜温度，虽然因套管体积稍大而使催化剂装填量减少，但氨产量还是提高了 5%~10%。另外，并流三套管还具有操作稳定、适应性强、结构可靠等优点；其缺点是结构复杂，冷管与分气盒占据较多的空间，催化剂还原时床层下部受冷管传热的影响升温困难，还原不易彻底。

另有一种具有并流三套管优点的冷管式合成塔是单管并流式，以单管代替三套管，以几根直径较大的开气管代替三套管中几十根双层冷管，取消了与三套管相适应的分气盒，从而使结构简化，提高了塔的容积系数，因而应用较为广泛。

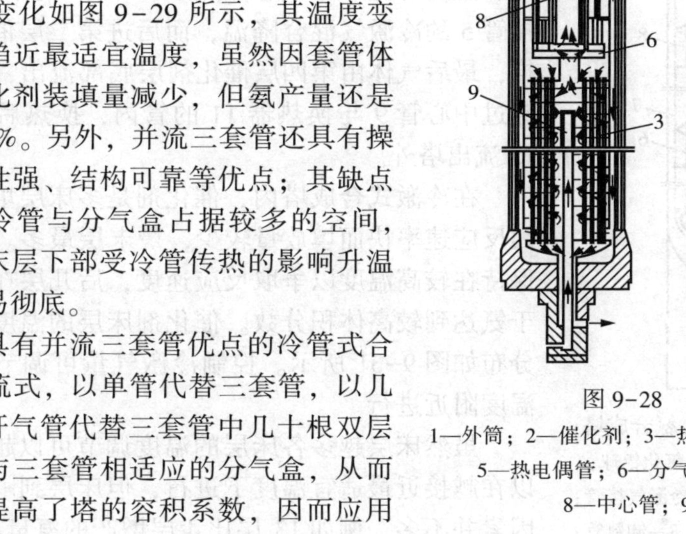

（a）床层的温度　　（b）气体通过床层时氨体积分数的变化

图 9-29　三套管合成塔催化剂床层的温度变化和产物分布

（压力 30MPa、空速 25700h^{-1}、冷管 32 根）

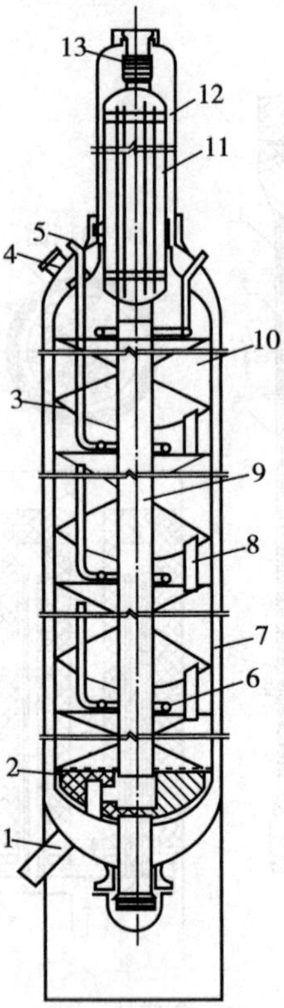

图 9-30　轴向冷激式氨合成塔

1—塔底封头接管；2—氧化铝球；3—筛板；4—人孔；5—冷激气接管；6—冷激管；7—下筒体；8—卸料管；9—中心管；10—催化剂筐；11—换热器；12—上筒体；13—波纹连接管

(3)冷激式合成塔：日产千吨以上的大型合成塔均采用冷激式设计。日产千吨的凯洛格四层轴向冷激式合成塔如图 9-30 所示。该塔外筒形状为上小下大的瓶式，在缩口部位密封，以便解决大塔径造成的密封困难。内件包括四层催化剂、层间气体混合装置(冷激管和挡板)以及列管式换热器。气体由塔底封头接管进入塔内，向上流经内外筒之环隙以冷却外筒。气体穿过催化剂筐缩口部分向上流过换热器 11 与上筒体 12 的环形空间，折流向下穿过换热器 11 的管间，被加热到 400℃左右入第一层催化剂，经反应后温度升至 500℃左右，在第一、二层间反应气与来自接管 5 的冷激气混合降温，而后进第二层催化剂。依此类推，最后气体由第四层催化剂层底部流出，而后折流向上穿过中心管 9 与换热器 11 的管内，换热后经波纹连接管 13 流出塔外。

在冷激式合成塔内，催化剂是多床层填放的，第一层因反应速率快而填放量较少，最末层最多。第一层催化剂保持在较高温度以争取反应速度，后几层在较低温度有利于氨达到较高体积分数。催化剂床层的温度和氨体积分数分布如图 9-31 所示。控制冷激气量可调节合成在最适宜温度附近进行。

虽然床层越多各床层的温度调节可以越灵敏，过程可以在越接近最适宜温度下进行，但床层到一定程度后有利因素并不多，例如 13 层比 4 层增产的氨量不到 1%，但结构变得极为复杂。工业冷激塔的催化剂层数，在操作压强为 15~17.5 MPa 时，常设计为 4 层；17.5~22MPa 时，为 3 层；20 MPa 以上，为 2~3 层。

与冷管式合成塔相比，冷激式合成塔有如下主要优点：

① 结构简单，没有复杂的内冷装置，安装检修方便，也不需高大厂房和吊车。

② 催化剂均匀填放(有冷管时造成不匀)，温度和气体分布均匀，并可选用多种活性温度范围的催化剂。

③ 用冷激气量控制温度，调节灵活，操作平稳，可接近最适宜温度生产。

④ 床层通气截面大，气流阻力小。

同时冷激式合成塔也有缺点，冷激气在汇合前未参与反应，反应物和产物相互起稀释作用，返混程度增大，同样产量时比冷管塔用催化剂多，生产强度较低；换热器要求较大换热面积；冷激气要求纯度高。

上述各种塔中的气流方向是轴向的(自下而上或自上而下)。塔中的催化剂层有相当高度，如小型的 25 内径的塔中，催化剂筐的内径和填充高度分别为 375mm 和 2180mm，高径比约为 10，气流阻力很大。强化氨合成塔生产能力主要从两方面考虑：增大空间速度和提高净氨值。增大空间速度的同时还要求床层气流阻力不过大；提高净氨值则应使床层温度分布均匀并接近最适宜值，并且希望采用小粒度催化剂，而小粒度催化剂又会增大气流阻力。

因此，轴向合成塔产量的提高受到一定限制。

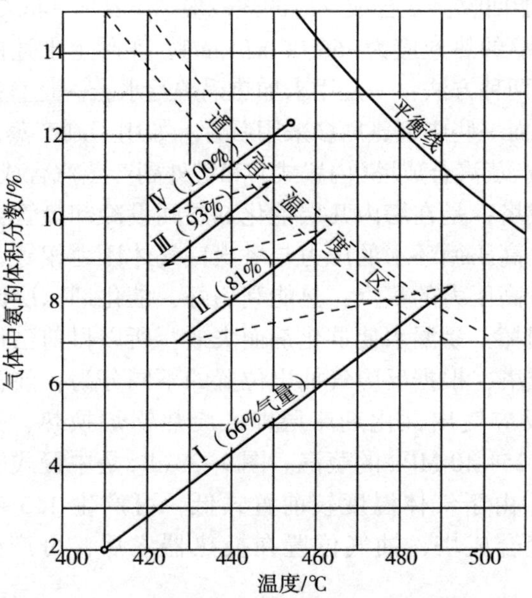

图 9-31　冷激式合成塔催化剂床层的温度分布

（凯洛格型，4 层，14MPa，入口惰气为 13.6%，旧催化剂）

近年来又研发和设计了径向固定床合成塔，如图9-32所示。原料气经换热后径向地由内向外(或从外向内) 从中心管经催化剂床层向筒体与催化剂筐的缝隙处流动。

径向合成塔主要有以下特点：

① 气体通过催化剂床层的路径很短，通气截面积大，气流速度慢，气流阻力只有轴向的 10%~30%，从而可以提高空速，增大塔的生产能力。

② 可采用小粒度(如 1.6~2.6mm)催化剂，减少内扩散的影响，提高内表面利用率，从而提高净氨值。

③ 有利于催化剂的均匀还原，得到活性良好的催化剂(当催化剂在塔中)。

④ 降低了压强降，可适应离心压缩机使用的要求，降低动力消耗。

在径向塔内气体通过催化剂层时的流速是变化的，催化剂并不能被充分利用。由于气体流动的通道短，要求气流分布设计得均匀，因此，径向塔不适用于小型塔。

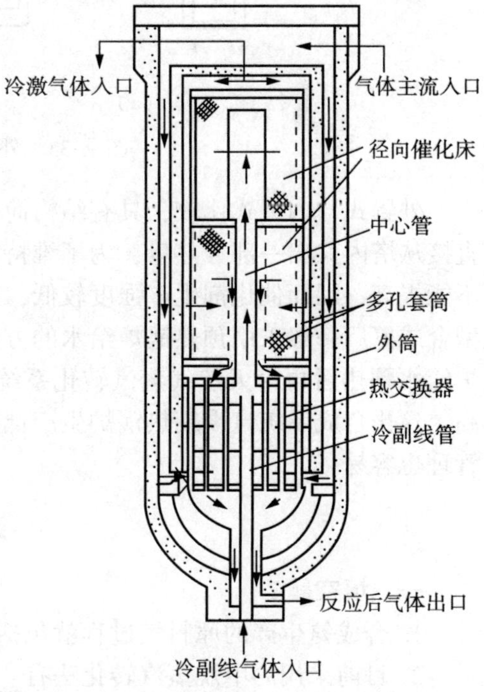

图 9-32　径向合成塔简图

随着生产规模的扩大，合成氨厂自 20 世纪 60 年代中期以来，开始采用卧式氨合成塔，它不再需要高大厂房框架和大型起重安装设备，对基础没有特殊要求，并且像径向塔那样，有阻力降小的优点。卧式塔适用于大型厂，尤其是日产 1500 t 以上的氨合成厂。

(4)氨合成过程的热能回收：氨合成反应的热效应 $\Delta_r = H^{\ominus} = -46.22$kJ/mol，如产品为液氨，还有氨的冷凝热则生成液氨的热效应为-66.06 kJ/ mol，实际上上述能量并不能全部利用。为了回收热能通常采用以下两种方法：一是用来加热锅炉给水，一是直接利用余热副产蒸汽。目前大型氨厂多采用前者，而一些中型氨厂多采用后者。如用于副产蒸汽，按废热锅炉安装的位置又可分为两类：塔内副产蒸汽合成塔(内置式)和塔外副产蒸汽合成塔(外置式)。

内置式副产蒸汽合成塔，是在塔内几层催化剂层间设冷却盘管，高压循环水作载热体在锅炉与盘管间自然环流，高压循环水的压力与塔出口气体压力相等。此类塔型直接从催化剂床层取出热量，能产生较高压力的蒸汽，热能利用好，催化剂床层调温方便、稳定。但塔的结构复杂，冷却盘管易损坏，易漏水使催化剂而失效，所以目前已很少采用。

外置式副产蒸汽合成塔，根据反应气抽出位置的不同分为：前置式副产蒸汽合成塔，抽气位置在换热器之前，反应气出催化剂床层即入废热锅炉换热，然后回换热器，如图 9-33(a)所示，此法可产生 25~40 MPa 的蒸汽。图 9-33(b)是中置式副产蒸汽合成塔，抽气位置在Ⅰ、Ⅱ换热器之间，由于气体温度较前置式低，可产生 1.3~1.5MPa 的蒸汽。图 9-33(c)是后置式副产蒸汽合成塔，抽气位置在换热器之后，可产生 0.4 MPa 左右的低压蒸汽。

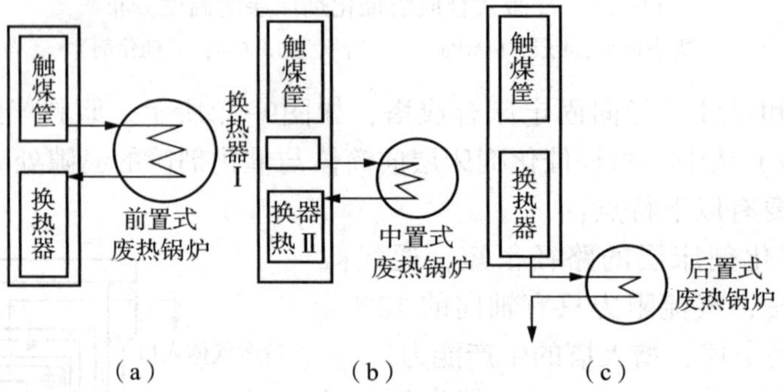

图 9-33　外置式副产蒸汽合成塔示意图

外置式与内置式比较，具有结构简单，附属设备少，制造检修方便等优点。但外置式塔直接从塔内移出一部分热量，为了维持自热，塔内换热器传热面积大(后置式除外)，空速不能提高，因而催化剂生产强度较低，此外对材质的耐高温、耐腐蚀性能的要求亦较高。大型合成氨厂一般采用预热锅炉给水的方法回收热能。此法与后置式废热锅炉相似，优点是锅炉给水预热后再由天然气蒸汽转化系统的高温废热产生 10MPa 的蒸汽，高压蒸汽使用价值高，这比合成系统自设废热锅炉生产低压蒸汽合理，并且设备简单，对材质要求较低，操作管理也容易。

习题与练习

一、填空题

1. 合成氨生产的原料气过程就包括________、________和______________三个步骤。

2. 目前采用的甲烷蒸汽转化法有________、________、________等。

3. 原料气中的硫化物主要是________，其次是________。它们的存在能够使各种催化剂中毒，且腐蚀管道设备，所以在进一步加工之前，必须先进行脱除。

4. 钴-钼加氢催化剂是以________为载体，由________和________所组成。钴-钼催化剂要经________后才能呈现活性。

5. 只有在催化剂存在时，一氧化碳变换反应速度才能达到工业生产的要求。目前广泛应用的中变催化剂是以________为主体，以________为主要添加物的多成分铁-铬系催化剂。

6. 脱除变换气中残余一氧化碳的方法有：________、________和________法等。

7. 工业上还原过程多在氨________内进行，还原温度借________维持，并严格按规定的________曲线进行。

8. 氨合成的主要任务是将________、________、________后送来的合格的氢氮混合气，在________、________及有催化剂存在的条件下直接合成氨。

9. 在冷激式合成塔内，催化剂是____________填放的，第一层因反应速率快而填放量____________，最末层____________。

10. 外置式副产蒸汽合成塔，根据反应气抽出位置的不同分为：__________、__________和__________三种。

二、选择题

1. 以(　　)原料合成氨的流程是采用间歇的固定层气化法生产半水煤气，经过脱硫、变换、压缩、脱除一氧化碳和二氧化碳等净化后，获得合格的氮氢混合气。

A. 焦炭或煤　　B. 天然气　　C. 轻油　　D. 重质油

2. 下列哪项不是气态烃类催化转化的空间速度的表示方式(　　)。

A. 原料气空速　　B. 碳空速　　C. 蒸汽空速　　D. 理论氢空速

3. 当需要脱除大量无机硫时，采用(　　)脱硫有明显的优点。

A. 氧化锌法　　B. 钴-钼加氢脱硫法　　C. 干法　　D. 湿法

4. (　　)具有操作稳定、适应性强、结构可靠等优点。缺点是结构复杂，冷管与分气盒占据较多的空间，催化剂还原时床层下部受冷管传热的影响升温困难，还原不易彻底。

A. 并流单管　　B. 并流双套管　　C. 并流三套管　　D. 以上均不正确

5. 下列哪项不属于径向固定床合成塔的特点(　　)。

A. 气体通过催化剂床层的路径很短，通气截面积大，气流速度慢

B. 可采用大粒度(如1.6~2.6mm)催化剂，减少内扩散的影响，提高净氨值

C. 有利于催化剂的均匀还原，得到活性良好的催化剂

D. 降低了压强降，可适应离心压缩机使用的要求，降低动力消耗。

三、判断题

1. 氨在常温下稳定，但是在高温下可分解成氢和氮。一般在一个大气压下450~500℃时分解，如果有铁、镍等催化剂存在，可在300℃时分解。(　　)

2. 提高一段转化炉的反应温度，可以提高一段转化气中的剩余甲烷体积分数。(　　)

3. 干法脱硫是用固体吸收剂吸收原料气中的硫化物，一般在原料气中硫化氢质量浓度偏高时适用。(　　)

4. 碳酸钾溶液吸收 CO_2 后，K_2CO_3 转变为 $KHCO_3$，溶液的 pH 值增大，吸收能力下降。(　　)

5. 还原温度过高会导致 α-Fe 晶体的长大，从而减小催化剂表面积，使活性降低。实际

还原温度一般不超过正常使用温度。(　　)

6. 生产上选择压力的主要依据是能源消耗、原料费用、设备技术、技术投资在内的综合费用，也就是说主要取决于技术经济效果。(　　)

7. 大型氨合成塔的内件一般不设电加热器，而由塔外加热炉供热。外筒承受高压，但不承受高温，可用普通低合金钢或优质低碳钢制成。(　　)

8. 冷激式氨合成塔床层通气截面大，气流阻力也较大。(　　)

9. 从化学平衡和化学反应速度两方面考虑，提高操作压力可以提高合成氨的生产能力。(　　)

四、名词解释

1. 低温甲醇洗

2. 湿法脱硫和干法脱硫

五、简答题

1. 在甲烷水蒸气转化制合成气过程中，析炭主要发生在哪些部位？如何防止？

2. 升高压力对体积增加的甲烷转化反应不利，但工业上仍采用加压操作，为什么？

3. 简述在苯菲尔法脱碳过程中压力的影响。

4. 简述低温甲醇洗工艺的特点。

第四篇　精细化工

精细化工是生产精细化学品的工业，是现代化学工业的重要组成部分，是发展高新技术的重要基础，也是衡量一个国家的科学技术发展水平和综合实力的重要标志之一。因此，世界各国都把精细化工作为化学工业优先发展的重点行业之一。精细化工产品是化学工业中用来与基本化工产品相区分的一个专用术语。近几十年来化学工业精细化已成为发达国家科技和生产发展的一个重要特征。

精细化学品广泛应用于国民经济各行各业中，起到提高质量、节能、降耗、增加产量、改善和提高人民生活等重要作用，是当今世界各国竞相发展的重点和热点，也是我国近年来作为调整我国大中型企业产品结构的重要措施。同时，精细化学品的化学结构与其特殊性能之间的关系规律，也已被应用到许多高新技术领域中，如激光技术、信息记录与显示、能量转换与储存、生物活性材料、医药与农药等。

第十章　精细化工单元过程

✽目标要求：

了解精细化工的概念、范畴和产品分类；
了解精细化工的特点和发展状况；
熟悉精细化工的单元过程；
掌握磺化技术、硝化技术、酰化技术、烷基化技术等在精细化学工业中的应用；
掌握磺化、硝化、酰化、烷基化反应原理及反应条件；
掌握磺化、硝化、酰化、烷基化反应器形式和分离方法。

✽能力要求：

具有初步的精细化学品岗位的操作能力；
能正确选定相关精细化学品生产过程工艺参数。

由于精细化工范围广，覆盖面大，更新快等特点，因此若以产品分类分别加以研究讨论，是十分困难的。鉴于精细化工涉及脂肪族、芳香族和杂环化合物等大类，因此我们这里先讨论各种单元过程的基本原理，例如以有机合成反应为中心，研究磺化、硝化、卤化、还原、氨基化、烷基化、酰化、氧化、水解、酯化和缩合等化学反应，在前面的有些章节中我们已经讨论了氧化、氯化、烷基化、加氢还原等反应单元技术，这些化学单元过程，对开发精细化工产品具有重要作用。由于篇幅所限，以下只讨论化学单元过程中的另外一些，其余的可参阅有关专著。

第一节 概 述

一、精细化工的定义

精细化工产品又称精细化学品，是化学工业用来与通用化工产品或大宗化学品相区分的一个专用术语。前者指一些具有特定应用性能的、合成工艺中步骤繁多、反应复杂、产量小而产值高的产品，例如农药、黏合剂等；后者指一些应用范围广泛、生产中化工技术要求高、产量大的产品，例如石油化工中的合成橡胶、合成树脂及合成纤维等三大合成材料等。

随着科学的进步，逐步达到能够利用合成与复配的方法获得在应用性能上可以代替甚至超过天然物质的产品时，精细化学工业才开始出现。

精细化学工业通常简称为精细化工，是生产精细化学品工业的通称。由于社会生产水平及人类生活水平的提高，化学工业产品结构的变化以及开发新技术的要求，精细化工产品愈来愈受到重视，其产值比重逐年上升、生产精细化工产品的行业现已成为化学工业中的一个独立分支。

精细化学品一词在国外沿用已久、欧美国家大多将我国和日本所称的精细化学品分为精细化学品和专用化学品。其依据侧重于从产品的功能性来区分，销售量小的化学型产品称为精细化学品，销售量小的功能型产品称为专用化学品。也就是说精细化学品是按其分子组成(即作为化合物)来销售的小批量产品，强调的是产品的规模和纯度。专用化学品也是小批量产品，但却是根据它们的功能来销售的，强调的是其功能。

二、精细化工的范畴及其产品分类

世界各国对精细化工范畴的规定是有差别的。纵观世界主要工业国家关于精细化学品的范围的界定虽然有些不同，但并无多大差别，只是划分的范围宽窄不同而已。随着科学技术的不断发展，一些新兴的精细化工行业正在不断出现且行业划分越来越细。2005 年日本《精细化工年鉴》中共分为 51 个行业类别，即医药、农药、合成染料、有机颜料、涂料、黏合剂、香料、化妆品、盥洗品、表面活性剂、合成洗涤剂、肥皂、印刷用油墨、塑料增塑剂，其他塑料添加剂、橡胶添加剂、成像材料、电子用化学品与电子材料、饲料添加剂、催化剂、合成沸石、试剂、油品添加剂、润滑剂、保健食品、金属表面处理剂、食品添加剂、混凝土外加剂、水处理剂、工业杀菌防霉剂、芳香除臭剂、造纸用化学品、纤维用化学品、溶剂与中间体、皮革用化学品、油田用化学品、汽车用化学品、炭黑、脂肪酸及其衍生物、稀有气体、稀有金属、精细陶瓷、无机纤维、储氢合金、非晶态合金、火药与推进剂、酶、生物技术、功能高分子材料等。

为了统一管理、分类精细化工产品，加快调整产品结构，发展精细化工，并作为今后规划和统计的依据，我国化学工业部对精细化工产品的分类作了暂行规定，把精细化工产品分为 11 大类、这种分类主要是考虑了化学工业部所属精细化工行业的情况，今后能不断地补充和修改。

具体分类如下：

(1)农药；

(2)染料；

(3)涂料；

(4)颜料；

(5)试剂和高纯物；

(6)信息用化学品(包括感光材料、磁性材料等能接受电磁波的化学品)；

(7)食品和饲料添加剂；

(8)黏合剂；

(9)催化剂和各种助剂；

(10)化学药品(原料药)和日用化学品；

(11)功能性高分子材料。

其中催化剂和各种助剂一项又包括以下内容：

①催化剂：分为炼油用、石油化工用、有机化工用、合成氨用、硫酸用、环保用和其他用途的催化剂；

②印染助剂：含柔软剂、匀染剂、分散剂、抗静电剂、纤维用阻燃剂等；

③塑料助剂：含增塑剂、稳定剂、发泡剂、阻燃剂；

④橡胶助剂：含促进剂、防老剂、再生胶活化剂等；

⑤水处理剂：食水质稳定剂、缓蚀剂、软水剂、杀菌灭藻剂、絮凝剂等；

⑥纤维抽丝用油剂：涤纶长丝用、涤纶短丝用、锦纶用、腈纶用、丙纶用、维尼纶用、玻璃丝用油剂等；

⑦有机抽提剂：吡咯烷酮系列、脂肪烃系列、乙腈系列、糠醛系列等；

⑧高分子聚合物添加剂：含引发剂、阻聚剂、终止剂、调节剂、活化剂等；

⑨表面活性剂：除家用洗涤剂以外的阳性、阴性、中性和非离子型表面活性剂；

⑩皮革助剂：含合成鞣剂、涂饰剂、加脂剂、光亮剂、软皮油等；

⑪农药用助剂：含乳化剂、增效剂等；

⑫油田化学品：含原油降凝剂和破乳剂、钻井液添加剂、油层改造工作液助剂、地层流体流动性改进剂等；

⑬混凝土用添加剂：含减水剂、防水剂、脱模剂、泡沫剂(加气混凝土用)、嵌缝油膏等；

⑭机械、冶金用助剂：含防锈剂、清洗剂、电镀用助剂、各种焊接用助剂、渗碳剂、汽车等机动车用防冻剂等；

⑮油品用添加剂：含防水、增黏、耐高温等各类添加剂、汽油抗震、液压传动、变压器油和刹车油添加剂等；

⑯炭黑(橡胶制品补强剂)：分高耐磨、半补强、色素炭黑、乙炔炭黑等；

⑰吸附剂：稀土分子筛系列、氧化铝系列、天然沸石系列、二氧化硅系列、活性白土系列等；

⑱电子工业专用化学品(不包括光刻胶、掺杂物、MOS试剂等高纯物和高纯气体)：含显像管用碳酸钾、氮化物、助焊剂、石墨乳等；

⑲纸张添加剂：含增白剂、补强剂、防水剂、填充剂等；

⑳其他助剂：如玻璃防霉剂、乳胶凝固剂。

三、精细化工的特点

1. 多品种、小批量

每种精细化工产品部有其一定的应用范围，以满足工业和社会的不同需要。从精细化工的范畴和分类可以看出，精细化学品必然具有多品种的特点。由于产品应用面窄，针对性强，特别是专用品和特殊配方的产品，往往是一种类型的产品可有多种牌号，因而使新品种和新剂型不断出现，日新月异，因此多品种这一点实际上是精细化工的一个重要特征。以表面活性剂为例，众所周知，表面活性剂的基本作用是改变不同两相间的界面张力。根据这一点就可以利用其所具有的润湿、洗净、浸渗、乳化、分散、增溶、起泡、消泡、凝聚、平滑、柔软、减摩、杀菌、抗静电、防锈和匀染等界面性能，做成多种多样的洗净剂、渗透剂、扩散剂、起泡剂、消泡剂、乳化剂、破乳剂、分散剂、杀菌剂、湿润剂、柔软剂、抗静电剂、抑制剂、防锈剂、防结块剂、防雾剂、脱皮剂、增溶剂、精炼剂等，并将它们用于国民经济各部门中。例如，纺织、石油、轻工、印染、造纸、皮革、食品、化纤、化工、冶金、煤炭、建筑、采矿、医药、农业等部门。这些产品的品种多，产量小。例如，国外农用活性剂的品种就有5000多种，且每年仍以增加100多个新品种的速度扩增其生产品种。再如化妆品国外生产已达37类，法国仅头发专用化妆品类就多达2000种牌号。

精细化工产品一般都有一定的寿命，通常是起初处于萌芽期，其销售量较少；此后进入成长期，而在成长前期销售量增长较快，到了后期增长变慢；然后达到饱和期，其销售量不再增加长；最后进入衰退期，逐渐被新产品所取代，因此不断开发新品种、新剂型、新配方和提高开发新品种的创新能力，是当前国际上精细化工发展的趋势。

2. 技术密集度高

精细化工是综合性较强的技术密集型产业。要生产一个优质的精细化工产品，除了化学合成以外，还必须考虑如何使其商品化，这就要求多门学科知识的互相配合及综合运用。就精细化学品的合成而言。除了步骤多，工序长，影响收率及质量的因素很多，而每一生产步骤(包括后处理)都涉及生产控制和质量鉴定，因此，要想获得高质量、高收率、且性能稳定的产品、就需要掌握先进的技术和对生产过程和产品质量进行科学管理。不仅如此，同类精细化学品之间的相互竞争也是十分激烈的。为了提高产品竞争力，必须坚持不懈地开展科学研究，注意采用新技术、新工艺和新设备，及时掌握国内外情报，搞好信息储存。

因此，一个精细化学品的研究开发，要从市场调查、原料开发、产品合成、产品应用、市场开发以及技术服务等方面全面考虑和实施，这需要解决一系列的技术课题，渗透着多方面的技术、知识、经验和手段。从另一个方面讲，精细化工产品的技术开发成功率是比较低的，特别是医药和生物用药，随着对药效和安全性的越来越严格的要求，造成了新品种开发的时间延长、费用大，其结果必然造成高度的技术垄断。从目前统计，开发一种新药约需5~10年，其耗资可达2000万美元。如果按化学工业的各个部门来统计，医药上的研究开发投资最高，可达年销售额的14%；对一般精细化工产品来说，研究开发投资占年销售额的6%~7%则属正常现象。而精细化工产品的开发成功率都很低，如印染剂的专利技术开发中，成功率仅为0.1%~0.2%。

技术密集还表现在情报密集、信息量大而快。由于精细化学品常根据市场需求用户不断提出应用上的新要求改进工艺过程，或是对原化学结构进行修饰，或是修改更新配方和设计，其结果必然产生新产品或新牌号。另一方面大量的基础研究工作产生的新化学品，也需要不断地寻找新的用途。为此必须建立各种数据库和专家系统，进行计算机仿真模拟和设计。因此，精细化工生产技术保密性强，专利垄断性强，世界各精细化工公司通过自已的技术开发部拥有的技术进行生产，在国际市场上进行激烈地竞争。

精细化学品的研究开发，关键在于创新。根据市场需要，提出新思维，进行分子设计，采用新颖化工技术优化合成工艺。早在20世纪80年代初，ICI公司的C. suekling博士就提出研究与开发(R&D)与生产和贸易构成三维体系。衡量化学工业水平的标志，除了生产和贸易外，主要是它的R&D水平。就技术密集度而言化学工业是高技术密集指数工业，精细化工又是化学工业中的高技术密集指数工业。机械制造工业的技术密集度指数为100，化学工业为248，精细化工中的医药和涂料分别为340和279。

3. 综合性生产流程与多功能生产装置

尽管精细化学品种类繁多，但合成所涉及的单元反应，不外乎卤化、磺化、硝化、烷基化、酯化、氧化、还原等；所用化工单元操作，多为蒸馏、浓缩、脱色、结晶、干燥等组合，尤其是同类产品的生产。为适应多品种、小批量的生产特点，可将若干单元反应、若干化工单元操作，按照最合理方案组合，并采用计算机控制，使装置具有生产多个产品的功能，而生产流程具有一定的综合性，从而改变单一产品、单一流程、单一装置的不足。

例如，综合生产流程和多功能生产装置，设有自动清洗及确认清洗效果的装置，可用同一套装置生产同类产品多个品种。英国ICI公司的一个子公司，1973年以一套装备、三台计算机生产当时的74个偶氮染料的50个品种，年产量3.5kt。采用同一套装备，生产工艺流程不同的多种产品，是精细化工装备的重大进展。如日本化药的无管路化工厂、多用途装备系统，如图10-1所示。

4. 大量采用复配技术

针对各种专门用途的需要，单一组分的化合物往往难于达到使用要求，必须加入其他组分，以提高其功能性和应用性，于是大量采用复配技术必然成为精细化工的又一个重要特点。在精细化工中，采用复配技术所得到的产品，具有改性、增效和扩大应用范围等功效和特点，因此复配技术是精细化学品生产中的重要技术。例如，化妆品是由油脂、乳化剂、保湿剂、香料、色素、添加剂等复配而成，具有清洁、修饰、美容、保健等多种功能，若配方不同，其功能和应用对象自然不同。化妆品随着人民生活水平的提高发展极为迅速，五花八门，琳琅满目，全世界化妆品的销售总额超过400亿美元。

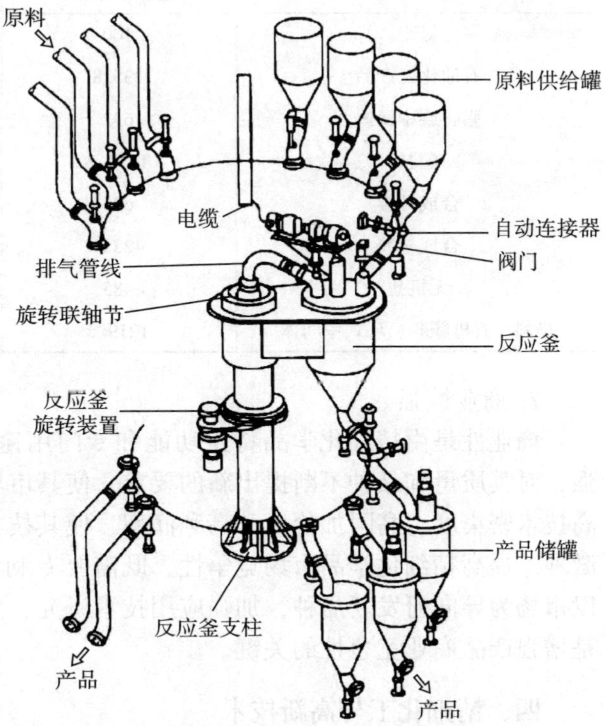

图10-1　多用途装备系统及无管路化工厂示意图

水处理剂广泛用于石油化工、化纤、化肥、钢铁冶金、火力发电设备的工业水处理，既能有效防止设备的腐蚀和结垢、延长设备的使用寿命和检修周期，又可节省淡水资源。社会、经济、环境效益显著。水处理剂通常是由阻垢分散剂、缓蚀剂、软水剂、杀菌灭藻剂等复配组成，显然不同水质的工业用水，其水处理剂的配方也应不同。

5. 具有特定的功能

精细化学品都具有特定的功能。这种功能主要表现为物理性能、化学作用和生物活性。如物理性能系指耐高温、高强、超硬、绝缘、半导、导体、超导、磁性、吸音、吸热等，有的同时伴有化学作用。表现为某种特定物理效应的，如热电、热敏、压电、光电、声光、激光、磁光等。研究这些特性，导致一系列新型材料应运而生，如光学功能材料、磁性材料、形状记忆材料、精细陶瓷材料、梯度功能材料、智能材料等。这些新型材料在航空航天技术、信息技术、激光技术、新能源技术、海洋技术、生物工程技术等方面具有重要的应用。

6. 附加值高

附加价值是指在产品的产值中扣除原材料、税金、设备和厂房的折旧费后，剩余部分的价值。它包括利润、人工劳动、动力消耗以及技术开发等费用，所以称为附加价值。附加价值不等于利润，因为某种产品加工深度大，则工人劳动及动力消耗也大，技术开发的费用也会增加。而利润则有各种因素的影响，例如是否是一种垄断技术，市场的需求量如何等。附加价值高可以反映出产品加工中，所需的劳动、技术利用情况以及利润是否高等。此外，产品的质量是否能达到要求也很重要，这些都是高利润不可忽视的因素。

表 10-1 列出了化学工业各行业的附加价值指数。

表 10-1　化学工业各行业的附加价值指数(行业附加值/氮肥附加值)

化工行业	附加价值指数	化工行业	附加价值指数
氮肥	100	医药制剂	4078
石油化工产品	335.8	农药	310.6
脂肪族中间体	632	涂料	732.4
塑料	1213.2	油墨	95.7
合成纤维	606	无机颜料	218.7
合成橡胶	423.8	表面活性剂	143.3
无机盐	485	感光材料	589.4
染料、有机颜料、环式中间体	1219.2	香料	79

7. 商业性强

商业性是由精细化学品特定功能和专门用途决定的。消费者对精细化学品的选择性很强，对其质量和品种不断提出新的要求，使其市场寿命较短、更新换代很快。精细化学品的高技术密集度、高附加价值和高利润率，使其技术保密性、专利垄断性较强，导致产品竞争激烈。提高精细化学品市场竞争性，既需要专利法的保护，更需要产品质量作保证。因此，以市场为导向研发新品种，加强应用技术研究、推广和服务，不断开拓市场，提高市场信誉是增强产品商业竞争性的关键。

四、精细化工与高新技术

当代高科学技术领域的研究开发是精细化工发展的战略目标。所谓高科技领域是指当代科学、技术和工程的前沿，对社会经济的发展具有重要的战略意义，从政治意识看是影响力，从经济发展看是生产力，从军事安全看是威慑力，从社会进步看是推动力。精细化工是当代高科技领域中不可缺少的重要组成部分，精细化工与电子信息技术、航空航天技术、自动化技术、生物技术、新能源技术、新材料技术和海洋开发技术等密切相关。

20 世纪人们合成和分离了 3285 万种新化合物，新药物、新材料的合成技术大幅度提高，典型的单元操作日趋成熟，这主要归属于精细化工的长足发展和贡献。21 世纪科技界三大技术，即纳米技术、信息技术和生物技术，实际上都与精细化工紧密相关。可见精细化工还将继续在社会发展中发挥其核心作用，并被新兴的信息、生命、新材料、能源、航天等高科技产业赋予新时代的内容和特征。

1. 精细化工与微电子和信息技术

信息技术是现代社会文明的三大支柱之一，精细化工的发展为微电子信息技术奠定了坚实的基础。例如，近年来国外生产的大型电子计算机，已大部分采用金属氧化物半导体大规模集成电路作为主存储器。同时薄膜多层结构已大量用于集成电路，而电子陶瓷薄膜作为衬底和封装材料是实现多层结构的支柱。GaAs 作为电子计算机逻辑元件的材料，被认为是最有希望的材料。同时，制造集成电路块时，需要为之提供各种超纯试剂、高纯气体、光刻胶等精细化学品。例如，聚酰亚胺可用于三维化集成电路的制作。

精细化工产品可以用于大规模和超大规模集成电路的制备，在声光记录、传输和转换等方面也有重要应用，例如，电子封装材料、各种焊剂和基板材料；光存储材料和垂直磁性记录材料，传感器用的光、电、磁、声、力以及对气氛有敏感性的材料，如精细陶瓷材料、成像材料、光导纤维、液晶和电致变色材料等。

2. 精细化工与空间技术

当代航天工业和空间技术发展很快，它们体现着一个国家的综合实力，各国竞争十分激烈。而航天所用的运载火箭、航天飞机、人造卫星、宇宙飞船、空间中继站以及通信、导航、遥测遥控等设备的功能材料、电子化学品、结构胶黏剂、高纯物质、高能燃料等部属于特种精细化学品。例如、航天运载火箭发动机的喷嘴温度高达 2800℃，可产生强大的推动力。喷嘴材料要求耐高温、耐高冲击和耐腐蚀，用石墨和 SiC 陶瓷可以满足喷嘴材料的要求。火箭的绝热材料可用石墨和 Al_2O_3、CrO_2、SiC 陶瓷制作。航天飞机由太空重返大气层时，机体各部分均处在超高温状态，机体的防护层采用碳纤维增强复合材料，并在 Al_2O_3-SiC-Si 的粉末中进行热处理，使其表面形成 SiC 保护层，再添入 SiO_2 提高防护层的抗氧化性。又如，空间技术所用结构胶黏剂一般常采用聚酰亚胺胶、聚苯并咪唑胶、聚喹噁啉胶、聚氨酯胶、有机硅胶以及特种无机胶黏剂。

3. 精细化工与纳米科学技术

纳米科学技术是用单个原子、分子制造物质的科学技术。纳米科技是以许多现代先进科学技术为基础的科学技术，是现代科学(混沌物理、量子力学、介观物理、分子生物学等)和现代技术(计算机技术、微电子和扫描隧道显微镜技术、核分析技术等)结合的产物。纳米科学技术又引发了一系列新的科学技术，如纳米电子学、纳米材料学、纳米机械学等。纳米科学技术被认为是世纪之交出现的一项高科技，有关专家认为其将有可能迅速改变物质资料的生产方式，从而导致社会发生巨大变革。欧美各国十分重视纳米技术，有关国家将其列入政府关键技术、战略技术，投入大量人力物力进行研发。我国也相当重视纳米技术，并取得了多项高水平的研究成果，有些方面已达到国际先进水平。

纳米材料由纳米粒子组成，纳米粒子一般是指尺寸为 1~100nm 的粒子，处在原子族和宏观物体交界的过渡区域，是一种介观系统，它具有表面效应、量子尺寸效应、体积效应和宏观量子隧道效应。

精细化工和当代纳米科学技术密切相关。首先有些传统的精细化工技术可以应用于纳米技术，例如制备纳米粒子可以采用精细化工的传统技术方法，即真空冷凝法、物理粉碎法、机械球磨法、气相沉积法、沉淀法、溶胶凝胶法、微乳液法、水热合成法等方法。另一方面，纳米材料在精细化工方面也得到了一定的应用，如胶黏剂和密封胶、涂料、橡胶、塑料、纤维、有机玻璃、固体废弃物处理等方面。由于纳米过于奇特的性质，纳米材料在精细化工方面的应用也将使精细化工发生巨大的变革。

4. 精细化工与生物技术

生物技术被认为是21世纪的革新技术，而精细化工可以实现生物技术工业化。生物技术研究的任务主要是解决直接与人类生活和生存有关的重大问题，如粮食、能源、资源、健康和环境等。生物技术与化学工业密切相关，它的突破与发展，对世界经济发展和社会发展产生了巨大影响。生物技术固然先进，但也有一些难以处理的化学工程问题。例如，生化反应产物往往组分多而复杂；产物在料液中的含量很低；生物物质易变性，对热、某些酶和机械剪切力等都很敏感，很容易引起分解变异；许多生物物质或生化体系的性质与 pH 值的变化有很大的关系，很容易引起变性、失活、离解或降低回收率和产物纯度；而且生物物质混合液中，物理化学性质不一，情况十分复杂，其中有些生物大分子呈胶粒状悬浮物质，很难用常规的沉降、过滤等办法进行分离纯化。所有这些问题会使分离和纯化工艺过程变得十分复杂，使设备庞大，生产费用上升，因而成为需要投入大量研究力量的突出问题。

5. 精细化工与新能源技术

精细化工与能源技术的关系十分密切。例如，太阳能电池材料是新能源材料研究的热点，IBM公司研制的多层复合太阳能电池其光电转换效率可达40%。氢能是人类未来的理想能源，资源丰富、干净、无污染、应用范围广。而光解水所用的高效催化剂和各种储氢材料，固体氧化物燃料电池(SOFC)所用的固体电解质薄膜和阴极材料，质子交换膜燃料电池(PEMFC)用的有机质子交换膜等，都是目前研究的热点项目。精细化工与新能源技术相互促进、相互发展。

五、精细化学单元过程与精细化学品

以有机合成反应为中心，精细化学单元过程包括磺化、硝化、卤化、还原、氨基化、烷基化、酰化、氧化、水解、酯化和缩合等化学反应，可以合成表面活性剂、香料香精、化妆品、食品添加剂、饲料添加剂、胶黏剂、涂料、功能高分子和智能材料、电子信息化学品、医药、农药、功能助剂和合成助剂、油田化学品、染料、水处理化学品、皮革化学品、造纸化学品、印刷油墨等51类精细化学品，上百万种产品。这里从化学反应单元过程角度加以简述，并介绍其中一些产品的合成工艺。

第二节　磺化技术

磺化反应是指在有机化合物分子中引入磺酸基($—SO_3H$)、磺酸盐基(如$—SO_3Na$)或磺酰卤基($—SO_2X$)的化学反应。引入磺酰卤基的化学反应又称卤磺化反应。这些基团可以和碳原子相连接，生成C—S键，得到磺酸化合物；也可以和氮原子相连接，生成N—S键，得到N-磺酸盐(氨基磺酸盐)。这里主要讨论它们和芳环碳原子相连的化学反应。例如：

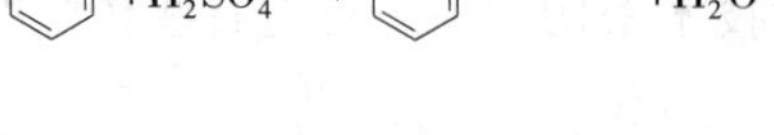

磺化反应在精细化学品及中间体合成中具有重要的意义。磺化产物中最重要的是阴离子表面活性剂(如洗涤剂、乳化剂、渗透剂、润滑剂、分散剂等)、离子交换树脂等。许多芳磺酸衍生物本身就是染料、医药、农药等，或是这些行业的重要中间体，在有机合成中占有十分重要的地位。

一、磺化反应的作用

1. 桥梁作用

芳环的磺化是精细有机合成中一类极为重要的反应，在几乎所有的芳环和杂环化合物上都可进行。由于芳环上的磺酸基比较容易与其他原子或基团进行交换，使磺酸基进一步转变为羟基、氯基、氨基或氰基等基团，从而可制取一系列有机合成中间体或精细化学品。如硝基化合物、酚类、苯磺酰氯、苯磺酰胺等。如果这些化合物不容易直接制得时，即可通过磺化反应而间接制得。因此，磺化被广泛地用于中间体和精细化学品的制备。

2. 定位作用

磺化反应为典型的可逆反应，当磺化产物与稀硫酸共热时，磺酸基即被水解掉。所以可根据合成反应的需要(如为使某步反应易于进行或保持有机物分子中某一特定位置)，利用磺化反应先在芳环上暂时引入磺酸基，制成芳磺酸，待完成特定反应之后(如在芳环引入其他取代基)，最后经水解脱去起定位基作用的磺酸基。

在精细化学品特别是药物合成中，磺化-脱磺化反应是制备苯系衍生物邻或对位异构体纯品的有效方法。例如，抗高血压药地巴唑中间体邻硝基苯胺的合成，磺酸基的定位作用有效阻碍了对位副产物的生成，使邻位主产物收率大幅提高。

3. 结构修饰作用

向有机分子中引入磺基后所得到的磺酸化合物或硫酸烷酯化合物具有水溶性、纤维亲和力、酸性、乳化、湿润和发泡等特性，磺酸基(—SO_3H)是强极性基团，磺酸化合物或硫酸烷酯化合物等可被广泛用于合成表面活性剂、水溶性染料、食用香料、离子交换树脂及某些药物。

二、磺化剂

常用磺化剂有浓硫酸(或发烟硫酸)、氯磺酸($HOSO_2Cl$)、三氧化硫和磺酰氯等。硫酸是最温和的磺化剂，用于大多数芳香族化合物的磺化；氯磺酸是较剧烈的磺化剂，常用于有机精细化学品合成中间体的制备；三氧化硫是最强的磺化剂，但常伴有副产物砜的生成。

三、磺化反应历程

磺化反应所用的磺化剂有 SO_3、硫酸、发烟硫酸和氯磺酸等。在浓硫酸和发烟硫酸中可能存在 SO_3、$H_2S_2O_7$ 和 $H_3SO_4^+$ 等亲电质点，三种亲电试剂其活性顺序为 $SO_3 > H_2S_2O_7 > H_3SO_4^+$，而选择性顺序正好相反。三种亲电试剂实际上都是 SO_3 的溶剂化形式，芳烃磺化是亲电取代反应，若磺化剂生成亲电试剂如下：

$$2H_2SO_4 \rightleftharpoons SO_3 + H_3^+O + HSO_4^-$$

则反应历程为：

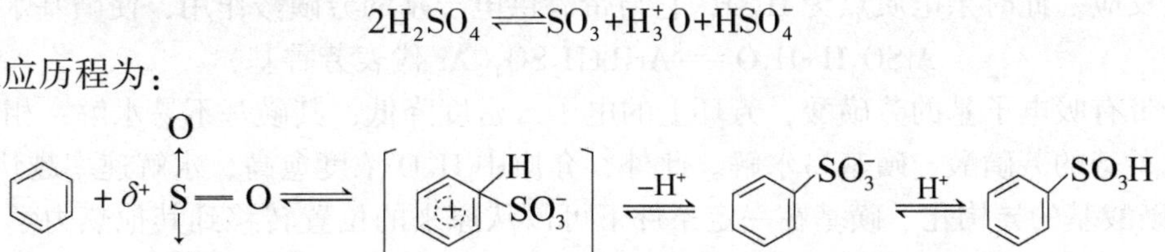

四、磺化反应的主要影响因素

1. 被磺化物结构及性质

被磺化物的结构、性质对磺化的难易程度有着很大影响。通常饱和烷烃的磺化较芳烃的磺化困难得多；而芳烃磺化时若其芳环上带有供电子基，磺化反应较易进行。相反若存在吸电子基，则反应速率减慢，磺化困难。另外，芳烃环上取代基的体积大小对磺化反应也有较大影响，环上取代基的体积越大，磺化速率就越慢。

2. 磺化剂的浓度及用量

(1)磺化剂浓度。磺化剂的浓度对磺化反应速率具有显著的影响。如用硫酸做磺剂，每引入1mol的磺酸基，同时生成1mol的水。随着磺化反应的进行，硫酸的浓度逐渐下降，其磺化能力和反应速率也大为降低。当硫酸的浓度降到一定程度时，磺化反应实际上已经停止。此时的硫酸称为废酸，将废酸的浓度折算成 SO_3 的质量分数称为 π 值。显然不同的磺化过程，π 值是不同的。容易磺化的物质其 π 值较小，而难磺化的物质的 π 值较大。表10-2给出了各种芳烃磺化时的 π 值。

表10-2　各种芳烃磺化时的 π 值

芳烃	π 值	H_2SO_4/%(质量)	芳烃	π 值	H_2SO_4/%(质量)
苯	64	78.4	萘二磺酸(160℃)	52	63.7
萘(60℃)	56	68.5	萘三磺酸(160℃)	79.8	97.1
蒽	43	53	硝基苯	82	100.1

(2)磺化剂用量。当磺化剂起始浓度确定后，可利用下式计算出磺化剂用量：

$$x=\frac{80(100-\pi)n}{\alpha-\pi}$$

式中　x——原料酸(磺化剂)的用量，kg/kmol 被磺化物；

α——原料酸(磺化剂)起始浓度，用 SO_3 质量分数表示；

n——被磺化物分子上引入的磺酸基数。

由上式可以看出，当用 SO_3 作磺化剂对有机化合物进行磺化时，其用量为80kg/kmol被磺化物，即相当于理论量；当采用硫酸或发烟硫酸作磺化剂时，其起始浓度降低，磺化剂用量则增加，当降低到接近于 π 时，磺化剂的用量将增加到无穷大。利用 π 值的概念，只能定性地说明磺化剂的起始浓度对磺化剂用量的影响。实际上对于具体的磺化过程，所用硫酸的浓度及用量以及磺化温度和时间，都是通过大量最优化实验而综合确定的。

3. 磺酸基的水解与异构化

(1)磺酸基的水解。芳磺酸在一定温度下于含水的酸性介质中可发生脱磺水解反应，即磺化的逆反应。此时亲电质点为 H_3^+O，它与带有供电子基的芳磺酸作用，使磺基水解。

$$ArSO_3H+H_2O \rightleftharpoons ArH+H_2SO_4\text{(Ar 代表芳香基)}$$

对于带有吸电子基的芳磺酸，芳环上的电子云密度降低，其磺基不易水解；相反，对于带有供电子基的芳磺酸，磺基易水解。此外，介质中 H_3^+O 浓度愈高，水解速率越快。

(2)磺酸基的异构化。磺基在一定条件下可以从原来的位置转移到其他热力学更稳定的位置上去，这种现象称为磺基的异构化。

由于磺化-水解-再磺化和磺基异构化的共同作用，使芳烃衍生物最终的磺化产物含有邻、间、对位的各种异构体。随着温度的变化、磺化剂种类、浓度及用量的不同，各种异构体的比例也不同，尤其是温度对其影响更大。表 10-3 列出了用浓硫酸对甲苯磺化时，反应温度和原料配比对异构产物分布的影响。

表 10-3　浓硫酸对甲苯磺化时，反应温度和原料配比对异构产物分布的影响

反应温度/℃	硫酸含量/%(mol)	甲苯/硫酸/mol	异构体分布/%			反应温度/℃	硫酸含量/%(mol)	甲苯/硫酸/mol	异构体分布/%		
			对位	间位	邻位				对位	间位	邻位
0	96	1∶2	56.4	4.1	39.5	75	96	1∶6.4	72.8	7.0	20.2
0	96	1∶6	53.8	4.3	41.9	100	94	1∶8	76.0	7.6	16.2
35	96	1∶2	66.9	3.9	29.2	100	94	1∶41.5	78.5	6.2	15.3
35	96	1∶6	61.4	5.3	33.3	100	94	1∶6	72.5	10.1	17.4
75	96	1∶1	75.4	6.3	19.3						

4. 磺化温度和时间

磺化反应是可逆反应，正确选择温度与时间，对于保证反应速率和产物组成有十分重要的影响。通常反应温度较低时反应速率慢，反应时间长；温度高时反应速率快而时间短，但易引起多磺化、氧化、生成砜和树脂物等副产物。温度还能影响磺酸基引入芳环的位置，见表 10-2，对于甲苯磺化过程，采用低温反应时，则主要为邻、对位磺化产物，随着温度升高，则间位产物比例升高，邻位产物比例则明显下降，对位产物比例也下降。

此外用硫酸磺化时，当到达反应终点后不应延长反应时间，否则将促使磺化产物发生水解反应，若采用高温反应，则更有利于水解反应的进行。

在醇类硫酸化时，烯烃和碳基化合物的生成量随温度升高而增多，这些副产物将会影响表面活性剂的质量。抑制副反应的一项措施就是反应温度不宜过高，一般为 20~40℃。

5. 添加剂

磺化过程中加入少量添加剂，对反应常有明显的影响，主要表现在如下几个方面。

(1)抑制副反应。磺化时的主要副反应是多磺化、氧化及不希望有的异构化和砜的生成。当磺化剂的浓度和温度都比较高时，有利于砜的生成。

$$ArSO_3H+2H_2SO_4 \rightleftharpoons ArSO_2^++H_3^+O+2HSO_4^-$$

$$ArSO_2^++ArH \longrightarrow ArSO_2Ar+H^+$$

在磺化液中加入无水硫酸钠可以抑制砜的生成，这是因为硫酸钠在酸性介质中能解离产生 HSO_4^-，使平衡向左移动。加入乙酸钠与苯磺酸钠也有同样作用。

(2)改变定位。蒽醌在使用发烟硫酸磺化时，加入汞盐与不加汞盐分别得到 α-蒽醌磺酸和 β-蒽醌磺酸。此外钯、铊和铑等也对蒽醌磺化有很好的 α 定位效应。又如萘的高温磺化，要提高 β 萘磺酸的含量达 95%以上，可加入 10%左右的硫酸钠或 S-苄基硫脲。

(3)使反应变易。催化剂的加入有时可以降低反应温度，提高收率和加速反应。

6. 搅拌

在磺化反应中，磺化剂与被磺化物(或磺化产物)组成的磺化液通常都很黏稠，良好的搅拌可以加速有机物在酸相中的溶解，提高传热、传质效率，防止局部过热，提高反应速率，有利于反应的进行。

五、磺化过程

磺化反应是典型的可逆反应，若不对磺化反应进行干预，任其自由进行，磺化产物的收率是很低的。除此之外被磺化物、磺化剂、加料次序、反应温度、反应时间、溶剂、搅拌等都会对磺化反应过程产生明显影响，尤其以磺化剂影响最甚。所以欲得良好收率的磺化产物，必须依据所使用磺化剂的不同，采取与其相适应的磺化方法和过程。现将在工业生产中使用较多的磺化方法介绍如下。

(一)过量硫酸磺化法

此法是采用过量的硫酸或发烟硫酸作磺化剂，被磺化物在其中进行磺化称为过量硫酸磺化法，生产上也称为液相磺化。硫酸在体系中起到磺化剂、溶剂及脱水剂作用。过量硫酸磺化法适用范围广，但硫酸过量较多，副产酸性废液多，而且生产能力较低，环境污染大。

就反应过程而言有连续操作法和间歇操作法，连续操作法常采用多釜串联操作。多个磺化反应釜以阶梯形式排列串联而成，各釜之间有一定位差并均配有强烈搅拌装置。被磺化物通过定量泵或流量计从第一个反应釜底部进料，溢流至第二反应釜底部，依次溢流至最后一个反应釜。磺化剂则按一定比例从各个反应釜底部经分布器分布后进入。通常进入第一反应釜的磺化剂量比第二反应釜大，这样可使大部分转化发生在介质黏度相对较低的第一反应釜，有利于总的传质和传热。多釜串联操作的反应釜数目多，则物料返混少、物料在各釜停留时间短、副反应少，但数目太多则给生产操作带来不便。工业生产中一般控制在3~5个。每个反应釜内部装有导流筒和强烈搅拌(如高速涡轮搅拌器)，以使物料剧烈翻动，反应釜外有夹套，内设兼超导流筒作用的盘管冷却。这些措施大大提高了反应釜的传质和传热效果，保证了磺化反应的平稳进行。

间歇操作法加料次序取决于原料的性质、反应温度以及引入磺基的位置和数目。若被磺化物在磺化温度下呈液态，常常是先将磺化物加入釜中，然后升温，在反应温度下将磺化剂徐徐加入，这样可避免生成较多的二磺化物。如果被磺化物在反应温度下呈固态，则先将磺化剂加入釜中，然后在低温下加入固体被磺化物，待其溶解后再缓慢升温反应。

当制备多磺酸时，常采用分段加酸法。即在不同的时间和不同的温度条件下，加入不同浓度的磺化剂。目的是使每一个磺化阶段都能选择最适宜的磺化剂浓度和磺化温度，以使磺酸基进入预定位置。

加料之后通常需要升温并保持一定的时间，直到物料的总酸度降至规定数值。磺化终点可根据磺化产物的性质来判断，如试样能否完全溶于碳酸钠溶液、清水或食盐水中。

过量硫酸磺化法多数情况下可采用碳钢或铸铁的反应釜，但要求废酸的质量分数应在70%以上，此种含量的硫酸对碳钢或铸铁的腐蚀并不十分明显。若对产品质量有更高要求，则可采用含钼不锈钢材料制作反应釜。磺化反应釜需配有搅拌器，以促进物料迅速溶解和反应均匀，常用的是锚式或复合式搅拌器(上部为锚式或涡轮式和下部为桨式或推进搅拌器组合而成)。搅拌器型式的选择主要取决于磺化液的黏度。高温磺化时物料的黏度相对较低，对搅拌要求不高，搅拌器选型余地大；低温磺化时物料比较黏稠，需采用低速大功率的锚式搅拌器。

磺化是放热反应，但反应后期因反应速率较慢而需要加热保温，一般可用夹套进行冷却或加热。

用浓硫酸作磺化剂进行磺化，不能得到理论产率。比如用浓硫酸来磺化苯，反应温度即使高达200℃，苯磺酸的产率也只有78%。

(二)三氧化硫磺化法

该法具有反应迅速；磺化剂用量接近于理论用量，磺化剂利用率高达90%以上，反应无水生成，无大量废酸，三废少、绿色环保，经济合理等优点。但由于三氧化硫非常活泼，应注意防止或减少发生多磺化、砜的生成、氧化、树脂化等副反应。常用于脂肪酸、烯烃和烷基苯的磺化。工业上采用的磺化方法主要有液态三氧化硫磺化法，三氧化硫-溶剂磺化法和三氧化硫-空气混合物磺化法。

(1)液态三氧化硫磺化法。用液态三氧化硫磺化时反应激烈，只适用于稳定的、不活泼的芳烃采用此法磺化，生成的磺酸在反应温度下必须是液态，而且黏度不大。例如硝基苯采用此法磺化制取间硝基苯磺酸。

(2)三氧化硫溶剂磺化法。此法采用溶于溶剂的三氧化硫作磺化剂，对固态被磺化物或磺化产物进行磺化，反应过程温和，容易控制。例如萘的低温二磺化制萘-1，5-二磺酸。

(3)三氧化硫-空气混合物磺化法。以含 SO_3 4%~8%的混合气进行磺化，典型的例子为十二烷基苯的磺化，也可应用于其他阴离子表面活性剂的生产。

当采用三氧化硫磺化法磺化时，三氧化硫的物理、化学性质决定了在生产和使用过程中应注意的如下一些问题。

SO_3 反应活性高，反应激烈，副反应多，特别是使用纯 SO_3 磺化时，为避免剧烈的反应，工业上常用干燥的空气稀释 SO_3，以降低其浓度。对于容易磺化的苯、甲苯等有机物，可加入磷酸或羧酸以抑制砜的生成。

用 SO_3 作磺化剂，反应热效应显著，瞬时放热量大，易造成局部过热而使物料焦化。由于有机物的转化率高，所得磺酸黏度大。为防止局部过热，抑制副反应，避免物料焦化，必须保持良好的换热条件，及时移除反应热。此外，还要适当控制转化率或磺化在溶剂中进行，以免磺化产物黏度过大。

SO_3 不仅是活泼的磺化剂，而且是氧化剂。使用时必须注意安全，特别是使用纯净的 SO_3。要注意控制温度和加料秩序，防止发生爆炸事故。

(三)共沸除水磺化法

共沸除水磺化法是将过量的过热芳烃蒸气通入较高温度的浓硫酸中进行磺化，利用苯-水共沸的原理，由过量的芳烃将反应生成的水带出磺化反应器，以保持磺化剂的浓度始终在 π 值以下，使其得到充分利用。因为此法利用芳烃蒸气进行磺化，工业上简称为气相化，克服了采用过量硫酸法用酸量大、废酸多、磺化剂利用效率低的缺点，但仅适用于苯、甲苯等沸点较低的芳烃的磺化。

苯共沸除水磺化法生产苯磺酸可以采用塔式、釜式串联或塔釜组合式的连续法，也可采用间歇磺化法，所采用的磺化设备也为铸铁或铸钢制成，带有夹套。

例如苯用此法生产苯磺酸工艺过程为：向磺化釜中加入92.5%硫酸，预热至90~120℃，将过量的酸汽化及过热至150℃苯蒸气连续鼓泡进入磺化釜内，利用反应热自动升温至180~190℃，在160~170℃保温。反应生成的水与未反应的过量苯形成共沸蒸气一起蒸出，以保持磺化剂的浓度不致下降，使硫酸的利用率可达91%。从磺化釜逸出的苯蒸气和水蒸气经冷凝分离后，经干燥又可循环使用。当磺化液中游离硫酸的含量下降到3%~4%时应停止反应，此时，磺化液中含苯磺酸88.5%~91.5%，苯二磺酸1%，砜约1%。若继续通苯将生成大量的二苯砜。所用硫酸浓度也不宜过高，一般为92%~93%，否则，起始反应速率过快，温度较难控制，容易生成多磺酸和砜类副产物。通入的苯量约为理论量的6~8倍。

(四)氯磺酸磺化法

氯磺酸的磺化能力仅次于SO_3比硫酸强，是一种强磺化剂。在适宜的条件下和有机物几乎可以定量反应，副反应少，产品纯度高。副产氯化氢可在负压下排出，用水吸收制成盐酸。但是氯磺酸的价格较高，其应用受到一定限制。

用氯磺酸磺化时可选择不同的氯磺酸用量，制得所要求的芳磺酸或芳酰氯。一般方法是把有机物缓慢地加入到氯磺酸中，加料顺序颠倒则会产生较多的副产物——砜。对于固体有机物有时则需使用溶剂，常用的溶剂有硝基苯、邻硝基乙苯、邻二氯苯、二氯乙烷、四氯乙烷、四氯乙烯等。

1. 制取芳磺酸

用等物质的量或稍过量的氯磺酸磺化时，所得产物是芳磺酸。例如：

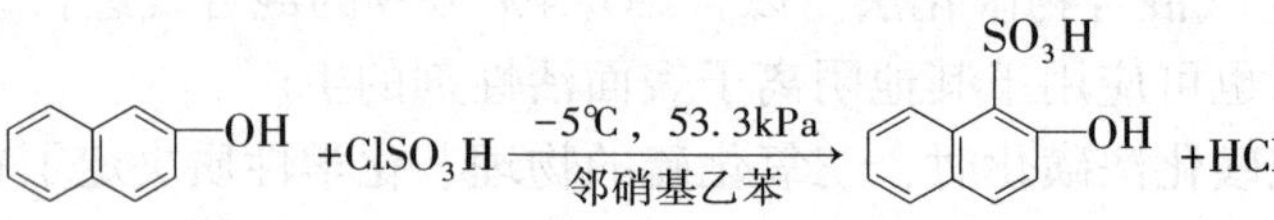

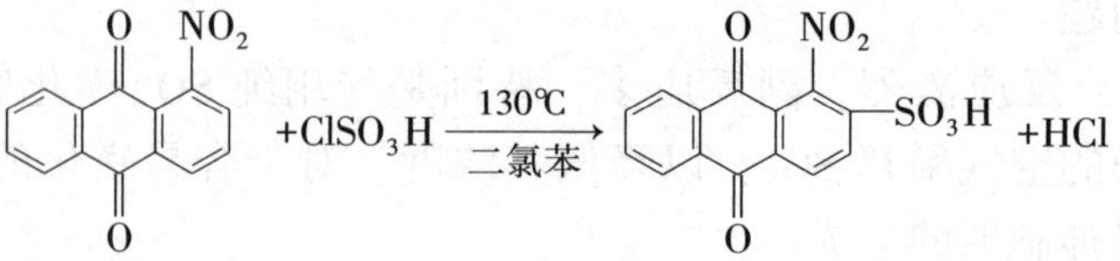

2. 制取芳磺酰氯

用过量很多的氯磺酸磺化，所得产物是芳磺酰氯。

$$ArH+ClSO_3H \longrightarrow ArSO_3H+HCl$$

$$ArSO_3H+ClSO_3H \rightleftharpoons ArSO_2Cl+H_2SO_4$$

后一反应是可逆的，所以制芳磺酰氯要用过量的氯磺酸，一般为1∶(4~5)(摩尔比)。过量的氯磺酸还可以使反应物保持良好的流动性，有时也加入适量的添加剂以除去硫酸。

芳磺酰氯一般不溶于水，在冷水中分解较慢，温度较高时容易水解。因此，只要将氯磺化物倒入冰水中，芳磺酰氯即可析出。然后迅速分出液层或滤出固体产物，再用冰水洗去酸性物质以防水解。对于不易水解的芳磺酰氯(如2，4，5-三氯苯磺酰氯)也可以用热水洗涤。

应当指出，生产中使用的工业规格氯磺酸是由含92%的$HOSO_2Cl$及8%的H_2SO_4组成，遇水立即水解为硫酸和氯化氢，并且放出大量热，极易引起冲釜和爆炸等生产事故。

$$HOSO_2Cl+H_2O \longrightarrow H_2SO_4+HCl\uparrow$$

因此，在储运和使用时必须采取相应措施，同时在使用和生产时，原料、溶剂和反应器均须干燥无水，严格按生产工艺规程和岗位安全操作法进行生产，确保安全生产。

(五)烘焙磺化法

烘焙磺化法适用于芳伯胺(如苯胺、对甲苯胺)的磺化，反应得到的产物主要是对氨基苯磺酸，若对位已有取代基，则磺基进入氨基的邻位。在芳胺中引入磺酸基可采用高温烘焙磺化法，利用此法可使硫酸的用量接近理论量。在反应中芳胺与硫酸作用生成等摩尔的磺酸和水，水的存在使反应不能进行完全。为了使反应完全，就必须提高反应温度以除去水，所以烘焙法磺化的反应温度一般较高(180～230℃)。烘焙磺化是高温反应，当芳环上带有羟基、甲基、硝基或卤基时不宜用此法，以免反应物发生氧化、焦化或树脂化反应。采用烘焙法磺化的最大优点就是减少磺化反应产生的废水，目前国内的4-氨基甲苯-3-磺酸和对氨基苯磺酸钠等都是用这种方法生产的。

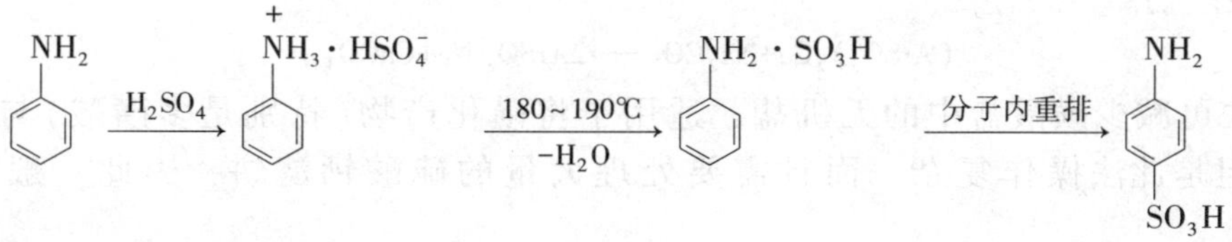

六、磺化产物分离技术

磺化反应完成后的磺化混合液，根据后续工序的要求，一般有两种处理要求：一种是磺化后水分离出磺酸，直接使用磺化液进行硝化和氯化等反应；另一种是需要分离磺化液得到磺化产物(磺酸或磺酸盐)再加以利用。对于后一种要求，因磺化产物存在于反应结束后的磺化液混合物中，若要得到磺化产物，就必须对磺化液混合物进行分离纯化。而磺化产物混合液中除含有磺化产物(磺酸或磺酸盐)外，常还含有过剩的酸(磺化剂)及副产物(多磺化物、异构体或砜等)。要实现磺化产物与硫酸等磺化剂的分离和磺化产物与副产物之间的分离，选择适宜的分离技术方法，对提高收率和保证产品质量至关重要。

通常磺化产物难以用蒸馏等分离技术方法实现分离，但芳磺酸及其相应的钾、钠、钙、镁和钡等磺酸盐都易溶于水，且可以盐析结晶。因此，磺化产物的分离常根据磺酸或磺酸盐在酸性溶液中或无机盐溶液中溶解度的不同来进行，分离的技术方法主要有以下几种。

1. 直接稀释法

在磺化结束后将磺化混合液加入到水中适当稀释，磺酸即可析出。这是因为某些磺酸化合物在中等浓度硫酸(50%～80%)中的溶解度很小，高于或低于此浓度则溶解度剧增。如十二烷基苯磺酸、对硝基氯苯邻磺酸，1，5-蒽醌二磺酸等可用此法分离。

2. 直接盐析法

利用磺酸盐在无机盐溶液中的溶解度不同，向稀释后的磺化液混合物中直接加入氯化钠、硫酸钠或氯化钾，使一些磺酸盐析出。

$$ArSO_3H+NaCl \rightleftharpoons ArSO_3Na\downarrow+HCl$$

上述反应是可逆的，但只要加入适当浓度的盐水并冷却，就可以使平衡移向右方，有效地分离出磺酸盐。直接盐析法被用来分离许多常见的磺酸化合物，如硝基苯磺酸、硝基甲苯磺酸、苯磺酸、苯酚磺酸等。利用不同磺酸的金属盐具有不同溶解度，此法还可分离某些异构磺酸。

采用氯化钾或氯化钠直接盐析分离的缺点是有盐酸生成，对设备有强的腐蚀性。因此，此法的应用受到了限制。

3. 中和盐析法

稀释后的磺化液混合物用亚硫酸钠、氢氧化钠、碳酸钠、氨水或氧化镁进行中和，利用中和生成的硫酸钠、硫酸铵或硫酸镁可以使磺酸以钠盐、铵盐及镁盐形式盐析出来。这种分离方法对设备的腐蚀小，是生产上常用的分离手段。

4. 脱硫酸钙法

当磺化物中含有大量废 H_2SO_4 时，可先把磺化液混合化物稀释后用氢氧化钙的悬浮液进行中和，生成的磺酸钙能溶于水，而硫酸钙则沉淀下来，过滤得到不含无机盐的磺酸钙溶液。将此溶液再用碳酸钠溶液处理，使磺酸钙盐转变为钠盐，生成的碳酸钙经过滤除去，则可得到较纯产物。

$$(ArSO_3)_2Ca+Na_2CO_3 \longrightarrow 2ArSO_3Na+CaCO_3\downarrow$$

此方法可减少磺酸盐中的无机盐，适用于将磺化产物(特别是多磺酸)与过量硫酸的分离。但是此法操作复杂，而且需要处理大量的硫酸钙滤饼，因此一般尽量避免使用。

5. 萃取分离法

萃取分离法是用有机溶剂将磺化产物从磺化液中萃取出来，萃取剂可回收循环利用。这种分离技术方法为芳磺酸的分离和废酸的回收开辟了新途径，是典型的绿色分离技术。

七、磺化反应典型工业过程——用三氧化硫磺化生产十二烷基苯磺酸钠

(一)生产十二烷基苯磺酸钠工艺流程

十二烷基苯磺酸钠是合成洗涤剂工业中产量最大、用途最广的阴离子表面活性剂，它是由直链烷基苯经磺化、中和而得。目前世界上合成的十二烷基苯磺酸钠大多是采用 SO_3 气相薄膜磺化连续生产法。其优点是停留时间短，原料配比精确，热量移除迅速，能耗低和生产能力大。

由于三氧化硫十分活泼，所以必须用干燥空气将三氧化硫气体稀释到最大含量不超过10%，以免反应过于激烈。原料配比为 1mol 十二烷基苯与 1.03mol 含量为 10%的三氧化硫进行反应，也即相当于每一单位体积有机原料通入 800 体积含三氧化硫的反应气，可得到满意的产品。气体在反应器中的停留时间一般小于 0.2s，磺化反应在瞬间即可完成，反应速度受气体扩散速度控制，故进入连续薄膜反应器的气体应保持高流速，以保证气-液接触呈湍流状态。

具体工艺过程如图 10-2 所示，液体三氧化硫经由三氧化硫储罐 1 用比例泵 3 将液态三氧化硫打入到汽化器 2，由汽化器出来的三氧化硫气体与来自鼓风机的干燥空气混合并稀释到规定的浓度，经除雾器 6 后进入薄膜磺化反应器 7；烷基苯由十二烷基苯储罐 9 另一比例泵从储罐送到磺化反应器顶部分配区，使其形成薄膜并沿着反应器壁向下流动，当流动的烷基苯薄膜与含 SO_3 的气体接触时即刻发生磺化反应并流向反应器底部的气-液分离器 8。反应后的磺化气液混合物经气-液分离器分离，分出的尾气经除雾器除去酸雾，再经吸收后放空；分离得到的磺化产物经循环泵、冷却器后部分返回磺化反应器底部，用于磺酸的急冷，部分送至老化罐 11、水解罐 12。磺化产物在老化罐中老化 5～10min，以降低其中的游离硫酸酐和未反应原料的含量，然后进到水解罐中，加入约 0.5%的水以破坏少量残存的硫酸酐，之后再经中和罐中和，即制得十二烷基苯磺酸钠。

目前十二烷基苯进料普遍采用计算机控制技术，其进料系统大部使用质量流量计和变频调速控制的方法，进料平稳、调控方便，无进料脉冲。进料泵一般选用内齿轮泵。对于磺化反应器的配置上，适当放大反应器的尺寸，可明显提高磺化产品的质量，并可用于多品种的生产，产品质量明显提高。

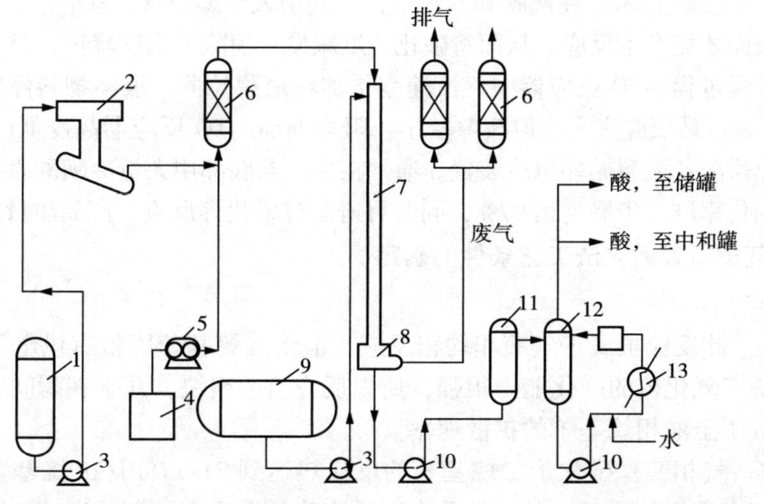

图 10-2　气体 SO_3 气相薄膜磺化连续生产十二烷基苯磺酸工艺流程

1—液体 SO_3 储罐；2—汽化器；3—比例泵；4—空气干燥器；5—鼓风机；6—除沫器；7—薄膜反应器
8—分离器；9—十二烷基苯储槽；10—泵；11—老化罐；12—水解罐；13—换热器

(二)双膜式磺化反应器的结构

双膜式磺化反应器结构如图 10-3 所示，此反应器内两个直立式并备有内、外冷却夹套的不锈钢同心圆筒组成。反应器有效高度 6m，由上至下分为原料分配区、反应区和产物分离区三大区域。双膜反应器的内、外膜均用冷却水冷却，以有效地移除反应热。反应器对内外管同心度和椭圆度要求极高，反应面光洁度要求也接近镜面，制造、加工技术要求极高。

(1)原料分配区。原料分配区也称头部，液相烷基苯经反应器顶部环形分布器的通道和缝隙被均匀分布后，沿内、外两个反应管壁自上而下流动，并形成均匀的内膜和外膜。与此同时气态磺化剂(空气-SO_3 混合物)也被输送进双膜反应器上方，经分布器分配后进入两个同心圆管间的环隙反应区，一同与有机液膜并流下行，气液两相接触而发生反应。

(2)反应区。是指两个同心圆管之间的环隙区，SO_3 与液膜接触并发生反应，因 SO_3 浓度自上而下逐渐降低，上半段反应集中，烷基苯的磺化率逐渐增加，可达 90%，液膜温度常超过 100℃，温度达到峰值后随液膜下降而降低，磺化液的黏度逐渐增大，到反应区底部磺化反应基本完成。反应热由内、外夹套冷却水移除，至出口处液膜温度仅 40℃左右。

(3)产物分离区。产物分离区也称后部，内装螺旋型导向板分离器，将废气与磺酸产物进行分离，分离后的磺酸产品和尾气由不同的出口排出。

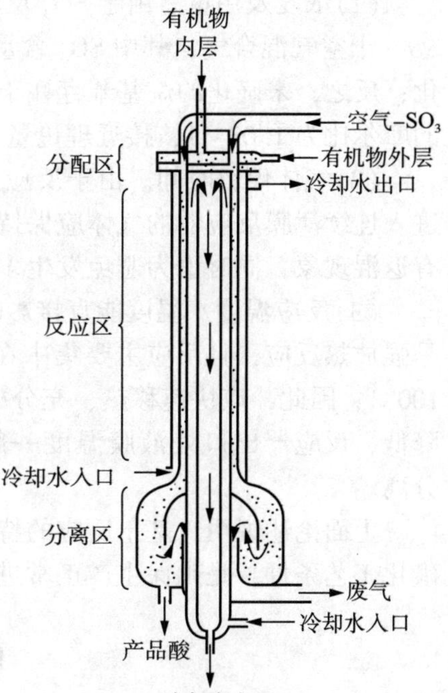

图 10-3　双膜式磺化反应器

现今具有保护风的双膜磺化反应器也已被广泛应用于工业生产中。这种反应器又称 TO 反应器，其主要特点是采用保护风(二次风)技术。在液膜和 SO_3 气体之间引入干燥空气，SO_3 分子要经过保护风逐渐扩散到液膜表面才能发生反应，从而将磺化速度减慢，消除了温度峰值，整个反应段温度分布均匀，接近等温过程。TO 反应器中气流速率增加将液膜拉薄，液体物料停留时间缩短，反应器膜隙较窄，SO_3 易反应完全。但膜隙较小，阻力增加。TO 反应器高度低(2m)，冷却面积相对较小，为此需配备大型循环急冷装置。通常在反应器底部用大量冷磺酸直接进行冷却，吸收尾气，可使磺化率进一步提高达 97%，同时可避免过磺化等反应，产品质量较好。

(三)SO_3 气相薄膜磺化法工艺条件的确定

1. 反应特点

(1)速率快。此反应虽属于气液非均相反应，但十二烷基苯因带有供电子的烷基，活性很高，而磺化剂三氧化硫的磺化能力很强，所以反应速率很快，几乎在瞬间完成，总反应速率取决于气相分子至液相烷基苯的扩散速率。

(2)强放热。气相 SO_3 磺化十二烷基苯的反应热达到 711.75kJ/kg 烷基苯，反应是一个强放热过程，加之反应的瞬间完成，几乎全部反应热是在反应初期放出的。因此，控制反应速率，快速移走反应热是生产的关键。

(3)黏度大。十二烷基苯在 50℃时黏度为 1×10^{-3} Pa·s，而磺化产物的黏度为 1.2Pa·s。由此可见反应系统的黏度是与反应速率相关联的。由于反应几乎在瞬间完成的特点，系统黏度的急剧增加是必然的。黏度增加使传质传热困难，容易产生局部过热，加剧多磺化、生成砜等副反应。

(4)副反应。上述特点使该反应容易引发副反应，反应时间、SO_3 用量等因素稍有变化或控制不当，副产物的种类和数量将会大幅增长。

2. 工艺条件

(1)浓度及用量。由于 SO_3 反应活性很高，为避免反应速率过快和减少副反应，须使用 SO_3-干空气混合气，其中 SO_3 含量一般为 3%~7%(体积分数)。SO_3 稍过量即容易造成多磺化；反之，未磺化的烷基苯存在于产品中影响产品质量。原料配比采用：SO_3 与十二烷基苯的摩尔比为 1.03∶1，接近理论量。

(2)气体停留时间。由于反应几乎在瞬间完成，且反应总速率受气体扩散控制。因此，进入连续薄膜反应器的气体应保持高速(10~40m/s)，以保证气液接触呈湍流状态，几乎没有返混现象，同时也为避免发生多磺化，要求气体在反应器内的停留时间一般应小于 2s。

(3)反应温度。温度能直接影响反应速率、副产物的生成和产品的黏度。由于磺化反应是强放热反应，且反应主要集中在反应区的上半部，磺化率可达 90%，液膜温度一般超过 100℃，因此，应快速移热、充分冷却，严格控制反应温度。温度达到峰值后随液膜下降而降低，反应器出口处液膜温度一般控制在 35~55℃；温度过低磺化物黏度过高，不利于分离。

上面论述说明，基于反应的特点，在工业生产上恰当选用合理的磺化反应器，充分优化磺化工艺条件，是确保生产正常进行和提高产品质量的重要手段。

第三节 硝化技术

硝化是向有机物化合物分子中引入硝基(—NO_2)的化学过程。工业上脂肪族化合物的硝化很少应用，而芳香族硝基化合物及其还原产物(芳胺)是精细有机化工生产合成的重要中间体，所以，向芳环或芳杂环上引入硝基是最重要的硝化反应。

亚硝化是向有机物化合物分子中引入亚硝基(—NO)的化学过程。与硝基化合物比，亚硝基化合物显示不饱和键的性质，可进行缩合、加成、氧化和还原等反应，常用以制备各类精细有机化工中间体。

硝化反应是最普遍和最早实现工业化生产的有机反应之一。在有机精细化工生产中，在芳环上引入硝基的亲电取代硝化技术更为多见，且理论和生产工艺的研究也最多，最为成熟。

一、硝化目的及重要性

硝化反应是极其重要的工业生产技术。作为硝化反应的产物——硝基化合物在染料、溶剂、炸药、香料、医药、农药等许多化工领域中可直接或间接地找到它的应用实例。向有机化合物中引入硝基的目的可归纳为以下几个方面。

(1)转化作用。可将硝基进一步转化成氨基，以制取芳胺，作为制备氨基化合物的重要途径。

(2)活化作用。为促进芳环上的亲核置换反应，常引入强吸电性的硝基以使其他取代基活化，有时硝基本身也可作为离去基团而被亲核基团所置换。

(3)修饰作用。利用硝基的极性使染料的颜色加深，使药物的生理效应显著变异，赋予精细化学品以某些特性。

(4)氧化作用。可制备合成炸药，有的多硝基化合物是烈性炸药，还可用作为氧化剂或溶剂等。

二、硝化反应及分类

在硝化反应中，硝基往往取代有机化合物中的氢原子而生成硝化产物。根据硝基取代位置的不同，可将硝化产物分为下列几种。

(1)硝基化合物。硝化反应时若硝基与有机物分子中的碳原子相连接，则称 C-硝化，所得产物为硝基化合物。

(2)硝胺。硝化反应时若硝基与氮原子相连接，则称 N-硝化，所得产物为硝胺。

(3)硝酸酯。硝化反应时，若硝基与氧原子相连接，则称 O-硝化，所得产物为硝酸酯。

少数情况下硝基也可取代卤基、磺基、酰基和羧基等基团而生成硝化产物。

三、硝化反应的特点

硝化反应的特点可归纳为如下四点。

(1)不可逆：在进行硝化反应的条件下，反应是不可逆的。

(2)强放热：硝化反应速率快，是强放热反应，其放热量约为 126kJ/mol，

(3)非均相：在多数场合下，反应物与硝化剂是不能完全互溶的，常常分为有机层和酸层。

(4)易燃爆：硝化产物易燃、易爆，工艺条件控制严格。

四、硝化反应原理

将硝基引入有机化合物分子中的反应称为硝化反应。通式为：

$$Ar+HNO_3 \longrightarrow ArNO_2+H_2O$$

芳烃的硝化反应符合芳环上亲电取代反应的一般规律。以苯为例其反应历程如下：

$$2HNO_3 \xrightleftharpoons{慢} NO_2^+ + NO_3^- + H_2O$$

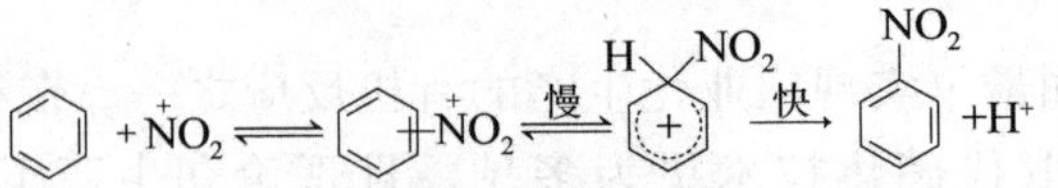

π-配合物　σ-配合物

反应的第一步是硝化剂离解，产生硝酰正离子 NO_2^+；第二步是亲电活泼质点 NO_2^+ 向芳环上电子云密度较高的碳原子进攻，生成 π-配合物，然后转变成 σ-配合物，最后脱除质子得到硝化产物。在浓硝酸或混酸硝化反应过程中，其中转变成 σ-配合物这一步的速率最慢，因而是整个反应的控制步骤。在硝基盐(如 NO_2BF_4 和 NO_2PF_6)硝化中，它们硝化能力比浓硝酸或混酸强得多，控制反应速率的步骤是 π-配合物的生成。在硝化反应中，硝基阳离子(NO_2^+)被认为是参加反应的活泼质点，它由硝化剂离解得到。通常硝化剂离解能力越大(即产生 NO_2^+ 的能力越大)，则硝化能力越强。

五、硝化剂与硝化方法

(一) 硝化剂

硝化剂是能够生成硝酰正离子(NO_2^+)的反应试剂，它是以硝酸或氮的氧化物(N_2O_5、N_2O_4)为主体，与强酸(H_2SO_4、$HClO_4$ 等)、有机溶剂(CH_3CN、CH_3COOH 等)或路易斯酸(BF_3、$FeCl_3$ 等)等物质组成。工业上常用的硝化剂有不同浓度的硝酸、硝酸与硫酸的混合物、硝酸盐和硫酸以及硝酸的乙酐(或乙酸)混合物等。

各种硝化剂均可用 X—NO_2 表示。X—NO_2 离解后均可产生硝酰正离子 NO_2^+。

$$X—NO_2 \longrightarrow NO_2^+ + X^-$$

离解的难易程度取决于 X—NO_2 分子中 X 的吸电子能力，X 吸电子能力越大，形成 NO_2^+ 的倾向亦越大，硝化能力也越强。X 的吸电子能力的大小，可由 X 的共轭酸的酸度表示，见表 10-4。可见硝酸乙酯的硝化能力最弱，硝酰硼氟酸的硝化能力最强。

表 10-4　不同硝化剂的硝化能力和共轭酸的强弱

硝化剂	硝化反应时存在形式	X^-	HX
硝酸乙酯	$C_2H_5ONO_2$	$C_2H_5O^-$	C_2H_5OH
硝酸	$HONO_2$	HO^-	H_2O
硝酸-乙酐	CH_3COONO_2	CH_3COO^-	CH_3COOH
五氧化二氮	$NO_3 \cdot NO_2$	NO_3^-	HNO_3
硝酰氯	NO_2Cl	Cl^-	HCl
硝酸-硫酸	NO_2OH_2	H_2O	H_3^+O
硝酰硼氟酸	NO_2BF	BF_4^-	HBF_4

1. 硝酸

纯硝酸、发烟硝酸及浓硝酸很少离解，主要以分子状态存在，如质量分数为 75%~95% 的硝酸有 99.9%呈分子状态。100%的纯硝酸中有 96%以上呈 HNO_3 分子状态，仅约 3.5%的硝酸呈分子质子转移，离解成硝酰正离子 NO_2^+ 和硝酸根。

硝酸具有氧化性，在硝化反应的同时常有氧化副产物伴生。当硝酸中的水分增加，硝酸的硝化和氧化能力均会下降，但前者降低更多，氧化产物则相对增加。浓硝酸在高温下氧化性特强，所以在实际工作中，应结合被硝化物的结构特点，选择适当浓度的硝酸和其他反应条件进行硝化。

用稀硝酸进行硝化，进攻离子不是 NO_2^+，而是硝酸中痕量亚硝酸解离成的 NO^+。NO^+首先进攻芳环生成亚硝基化合物，进而被硝酸氧化成硝基化合物，同时又产生亚硝酸，实际上亚硝酸起催化作用。

NO^+为弱亲电离子，只有高活性的芳环才能在稀硝酸中进行硝化。如酚类和取代芳胺类可在 5mol/L 稀硝酸中进行硝化反应，主要得到对位产品。

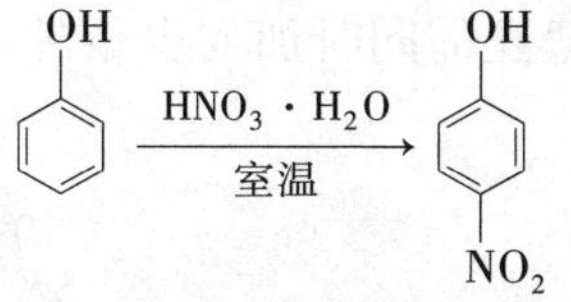

总之对于易被氧化的被硝化物，若硝化活性强，适宜选用稀硝酸[40%(质量%)左右]并在较低温度下反应；若硝化活性差，可采用低温下用发烟硝酸进行硝化。对于不易氧化的被硝化物，可用发烟硝酸在较高温度下进行硝化。用浓硝酸或发烟硝酸时，反应中生成的水使硝酸浓度降低，因此必须增加硝酸的用量，这在经济上是不够合理的，同时还会增加氧化、多硝化等副反应的发生。故生产上单纯用硝酸硝化的例子并不多，除非是反应活性较高的酚、酚醚、芳胺以及稠环芳烃的硝化。

2. 混酸

混酸是浓硝酸或发烟硝酸与浓硫酸按一定比例组成的硝化剂。因硫酸供给质子的能力比硝酸强，从而增加了硝酸的利用率。混酸按下式给出硝化的亲电质点 NO_2^+。

$$HNO_3+2H_2SO_4 \xrightleftharpoons{\text{慢}} NO_2^++H_3O^++2HSO_4^-$$

实验表明，在混酸中硫酸浓度增高，有利于 NO_2^+ 的生成。硫酸浓度在 75%~85%时，NO_2^+ 浓度很低，当硫酸浓度增高至 89%或更高时，硝酸全部离解为 NO_2^+，从而硝化能力增强。参见表 10-5。

表 10-5 由硝酸和硫酸配成混酸中 NO_2^+ 的含量

混酸中 H_2SO_4 的含量/%(mol)	0	10	20	40	60	80	85	90
转化成 NO_2^+ 的 HNO_3/%(mol)	1	5.9	9.8	16.7	28.8	62.5	80	100

与硝酸比较，混酸硝化具有以下优点。

(1)硝化能力强。混酸中的硝酸几乎全部解离成 NO_2^+，反应速率快，收率高。

(2)硝酸利用率高。反应中生成的水被硫酸吸收，硝酸浓度不会明显降低。

(3)氧化性低。硝酸被硫酸稀释后氧化能力减小，不易产生氧化副反应。

(4)对被硝化物溶解性强。

(5)反应温度易控制。硫酸有相当大的比热容，能避免硝化时的局部过热现象，使反应温度易于控制。

(6)反应过程易控制。通过改变硝化剂中各组分的相对含量，可调节硝化能力，以控制硝化反应进行的程度和产品的纯度。

(7)价格低廉，来源方便。

混酸的主要的缺点是酸性太强，极性太大。极性小的有机化合物在混酸中的溶解度较小；一些不耐酸或能与混酸成盐而影响正常硝化的有机化合物，不能用混酸进行硝化。另外，用混酸硝化时，邻、对位选择性不高，产物主要是邻位异构体和对位异构体的混合物，还需进行分离。

用混酸硝化时，硝酸用量近于理论量。单硝化的用量比理论量要多1%~5%，多硝化时硝酸过量10%~20%。混酸中硫酸的浓度大约在86%~90%，腐蚀性降低，可采用铸铁设备操作。因此，混酸是工业生产上的首选硝化剂。

3. 硝酸的乙酐溶液

用硝酸-乙酐做硝化剂时，一般还需同时加入少量的浓硫酸作催化剂，以使乙硝酐质子化，转变成更强的硝化剂。

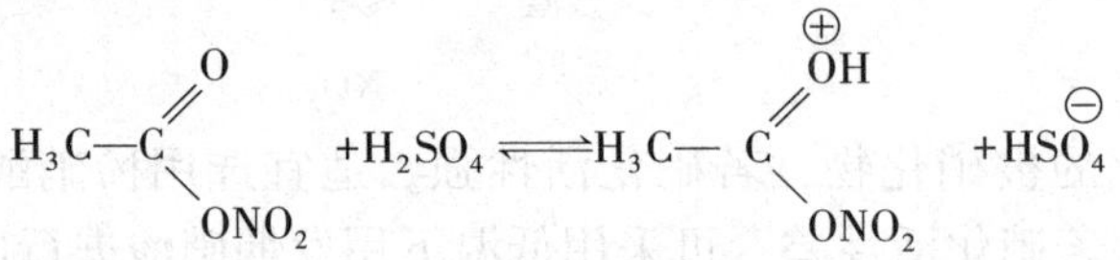

用硝酸-乙酐做硝化剂时，具有如下优点。

(1)硝酸-乙酐构成的硝化剂对被硝化物溶解度大，反应混合物呈均相。

(2)可在无水条件下硝化，防止易水解的作用物水解。

(3)没有氧化作用，可用于易被氧化物的硝化。

(4)与胺类和醚类作用，还可提高邻位/对位产品的比例(与烃类作用无明显影响)。

(5)对强酸不稳定的物质，用该试剂可成功地进行硝化。

(6)吡啶类化合物用该试剂硝化，收效通常较好(若用混酸会因质子化而难于硝化)。

硝酸在乙酐中可以任意比例混溶，常用的是含硝酸10%~30%的乙酐溶液。其配制应在使用前进行，以避免因放置过久产生四硝基甲烷而有爆炸的危险。

$$4(CH_3CO)_2O+4HNO_3 \longrightarrow C(NO_2)_4+7CH_3COOH+CH_4\uparrow$$

此外，硝酸与乙酸、四氯化碳、二氯甲烷或硝基甲烷等有机溶剂形成的溶液也可以做硝化剂。硝酸在这些有机溶剂中能缓慢地产生 NO_2^+，反应比较温和。

总之，硝酸-乙酐这种硝化剂既保留了混酸的优点，又弥补了混酸的不足，克服了缺点。由于硝化能力较强，又可在低温下反应，是一种仅次于硝酸和混酸的较好的硝化剂，广泛用于芳烃、杂环化合物、不饱和烃、胺、醇以及肟等的硝化。但与硝酸和混酸比，乙酐-硝酸价格较贵。

4. 硝酸盐与硫酸

硝酸盐与硫酸作用生成硝酸和硫酸盐，实质上是无水硝酸与硫酸的混酸。

$$MNO_3+H_2SO_4 \longrightarrow HNO_3+MHSO_4$$

常用的硝酸盐有硝酸钠、硝酸钾。硝酸盐与硫酸的配比一般是(0.1~0.4)∶1左右。按这种配比硝酸盐几乎全部生成 NO_2^+，所以最适合于苯甲酸、对氯苯甲酸等难以硝化的芳烃的硝化。

(二)硝化方法

硝化的方法主要有五种：

1. 稀硝酸硝化

稀硝酸硝化常用于含有强的第一类定位基的芳香族化合物，如酚类、酚醚类和某些N-

酸化的芳胺的硝化。反应在不锈钢或搪瓷设备中进行，硝酸约过量10%~65%。

2. 浓硝酸硝化

浓硝酸硝化一般需要用过量许多倍的硝酸，过量的硝酸必须设法回收利用。单用硝酸作硝化剂的主要问题是在反应过程中，硝酸不断被反应生成的水稀释，硝化能力不断下降，直至停止，使硝化作用不完全，硝酸的使用极不经济，所以工业上应用的较少，只用于少数硝基化合物的制备。

3. 均相混酸硝化

当在反应温度下被硝化物或硝化产物是液态时，就需要把被硝化物溶解在大量的浓硫酸中，然后加入硫酸和硝酸的混合物进行硝化。这种方法只需要使用稍微过量的硝酸，产品收率较高，缺点是硫酸用量过大。

4. 非均相混酸硝化

当在反应温度下被硝化物和硝化产物是液态时，常常采用非均相混酸硝化的方法。通过强烈搅拌使有机相被分散到酸相中以完成硝化反应。此法有许多优点，是目前工业上最常用、最重要的方法，也是本章讨论的重点。非均相硝化动力学研究表明，硫酸浓度是影响非均相硝化反应的重要因素，并将其分为缓慢型、快速型和瞬间型三种动力学模型。由于硝化过程中硫酸浓度不断被生成的水稀释，硝酸不断参与反应而消耗，因而对于一个具体的硝化过程而言，不同的硝化阶段可归属于不同的动力学模型。例如，甲苯混酸硝化生产一硝基甲苯采用多釜串联操作时，第一硝化釜酸相中的硫酸、硝酸浓度都比较高，反应受传质控制属瞬间型；而在第二釜中，由于硫酸浓度降低，硝酸含量减少，反应速率受动力学控制属快速型；而第三或第四釜则属缓慢型。

5. 有机溶剂中硝化

对于某些在混酸中易被硝化的化合物，可在乙酐、二氯甲烷或二氯乙烷等介质中用硝酸硝化。这种方法可避免使用大量的硫酸作溶剂，在工业上具有广阔的前景。

六、硝化反应影响因素

影响硝化反应的因素主要有反应物的性质、硝化剂、反应介质、反应温度、催化剂及硝化过程的副反应等，对于非均相硝化反应，搅拌的影响也不容忽略。了解并掌握对反应的影响因素，可有助于控制硝化反应过程，得到满意的反应结果，使工业生产过程安全、顺利进行。

(一)被硝化物性质的影响

硝化反应是芳环上的亲电取代反应，芳烃硝化反应的难易程度与芳环上取代基的性质有密切关系。当芳环上存在给电子基团时，硝化速度较快，在硝化产物中常以邻、对位产物为主；反之，当芳环上连有吸电子基时，硝化速度降低，产物中常以间位异构体为主；然而卤代芳烃例外，引入卤素虽然使芳环钝化，但得到的产品几乎都是邻、对位异构体。当芳环上连接的是—$N^+(CH_3)_3$，或—NO_2 等强吸电子基团时，在相同的条件下，硝化反应速率常数将降低到只有苯硝化速率常数的$10^{-2}\sim10^{-7}$。因此，只要硝化条件控制适宜，不难做到使苯全部一硝化，而仅生成极微量的二硝基苯。单取代苯的硝化反应速率按以下顺序递增。

$$—NO_2<—SO_3H<—COOH<—Cl<—H<—Me<—OMe<—OEt<—OH$$

硝化反应也受取代基闭空间效应的影响，带有位阻较大给电子取代基的芳烃，其邻位硝化比较困难，而对位硝化产物常常占优势。例如，甲苯硝化时邻位与对位产物的比例是

40∶57，而叔丁基苯硝化时，其比例下降为12∶79。

(二)硝化剂的影响

不同的硝化剂具有不同的硝化能力。通常对易于硝化的有机物可选用活性较低的硝化剂，以避免过度硝化和减少副反应的发生，而难于硝化的有机物则宜选用强硝化剂进行硝化。如使用浓硝酸很难硝化苯甲酸，而改用发烟硝酸则可使硝化反应顺利进行。此外，对相同的被硝化剂，若采用不同的硝化剂，常常会得到不同的产物组成。因此在进行硝化反应时，必须合理地选择硝化剂。

混酸硝化时混酸的组成是重要的影响因素，选择混酸时要按以下原则进行。

(1)在硝化设备已定的条件下，确保硝化结束时被硝化物的转化率要高，即产物中未反应的被硝化物量要最少。

(2)反应副产物要最少，如酚类和二硝基物等。

(3)硝酸利用率要高，力争使硝酸过剩量最少，最好在理论用量的2%以内，以减少硝酸损失和废水排放量。

(4)充分发挥硫酸的作用。

(5)间位异构体的生成量要少，以保证产品质量。

(6)对设备的腐蚀性要小。

混酸中硫酸浓度越大，硝化能力越强。例如甲苯-硝化时硫酸浓度每增加1%，反应活化能约下降2.8kJ/mol。对于极难硝化物质，可采用HNO_3-SO_3作硝化剂，以便提高硝化反应速率和大幅度降低硝化废酸量。混酸中硫酸的浓度还影响产物异构体的比例。例如，1，5-萘二磺酸在浓硫酸中硝化，主要生成1-硝基萘-4，8-二磺酸，而在发烟硫酸中硝化，主要生成2-硝基萘-4，8-二磺酸。混酸中加入某些添加剂也能改变产物异构体的比例。如甲苯硝化时向混酸中加入适量磷酸，可增加对位异构体的比例。

生产实践证明，若硫酸的脱水值(D.V.S值)相同，硝化温度近似时混酸中硝酸含量越高，二硝化物生成量越多；用高含水量混酸硝化比低含水量混酸硝化生成的二硝化物量要少，酚类副产物的结果与此相似。

查一查　如何定义D. V. S值，如何以此表征混酸的硝化能力？

(三)硝化温度

温度升高硝化反应的速率加快，作用物和产物在酸中的溶解度增大，溶液的黏度降低，易于扩散；同时硝化剂硝酸、混酸及硝酸-乙酐解离为硝酰离子NO_2^+的量均会增多。这些都有利于硝化反应的进行。但随着反应温度的提高，氧化、断键和多硝化等副反应也增多。因此，必须严格控制反应温度，一般情况下，硝化反应尽可能在较低的温度下进行，按照作用物的活性强度和硝化深度选择适当的反应温度，并采取措施保持所需温度。

对于均相硝化反应，温度直接影响反应速率和生成物异构体的比例。一般易于硝化和易于发生氧化副反应的芳烃(如酚、酚醚等)可采用高温硝化。

对于非均相硝化反应，温度还将影响芳烃在酸相中的物理性能(如溶解度、乳化液黏度、界面张力)和总反应速率等。

温度直接影响生产安全和产品质量。硝化反应是一个强放热反应，混酸硝化时反应生成水稀释硫酸并将放出稀释热，这部分热量约相当于反应热的7.5%～10%。苯的一硝化反应热可达到143kJ/mol。一般芳环一硝化的反应热也有约126kJ/mol。这样大的热量若不及时移走，会发生超温，造成多硝化、氧化等副反应，甚至还会发生硝酸大量分解，产生大量红棕

色 NO_2 气体，使反应釜内压力急剧增大；同时主副反应速率也快速增加，这将继续产生更大量的热量。如此恶性循环使反应失去控制，将导致爆炸等安全生产事故。因此硝化设备中一般都带有夹套、蛇管等大面积换热装置，以严格控制反应温度，确保安全和得到优质产品。所以，选择和控制适宜的硝化温度，对于安全生产、获得优质产品、降低消耗是十分重要的。

（四）搅拌

大多数的硝化过程是非均相体系，良好的搅拌是反应顺利进行和提高传热效率的保证。加强搅拌有利于两相的分散，增大了两相界面的面积，促进了反应物向反应界面的扩散速度和产物离开反应界面的速度，提高了传质和传热效率，加速了硝化反应。当用混酸硝化时，大量反应热和硫酸稀释热的生成，容易产生局部过热现象；此外，硝化剂与有机物分为两层，不利于反应的进行。为了保证硝化反应的顺利进行，必须选择适宜的搅拌转速和良好的搅拌装置。工业上搅拌器的转速是根据硝化釜的容积（$1\sim4m^3$ 或直径 $0.5\sim2m$）大小而定，一般要求是 100~400r/min；对于环式或泵式硝化器，其转数一般为 2000~3000r/min。

搅拌在硝化反应起始阶段尤为重要。特别是在间歇硝化反应的加料阶段，停止搅拌或桨叶脱落，将是非常危险的。因为这时两相快速分层，大量活泼的硝化剂在酸相积累，一旦重新搅拌就会突然发生激烈反应，瞬时放出大量的热，温度可达 600~700℃（苯硝化），导致温度失控，从而造成冲料并发生爆炸的严重安全生产事故。因此，在硝化生产中不仅要十分细心地操作，而且还需要采取必要的安全措施，如在硝化设备上安装自动报警装置，一旦搅拌器停止转动或温度超过规定的范围时，能自动停止加料并报警。

（五）相比与硝酸比

相比是指混酸与被硝化物的质量比，工业上也称酸油比。选择适宜的相比是保证非均相硝化反应顺利进行的保证。相比过大，设备的负荷加大，生产能力下降，废酸量大增；相比过小，反应初期酸浓度过高，反应剧烈，造成温度难以控制，易出现安全生产事故；实际工业生产中，常采用向硝化釜中加入适量上一批废酸（也称为循环酸）的方法来调节相比，以确保反应平稳并减少废酸处理量。

硝酸与被硝化物的摩尔比称为硝酸比。理论上一硝化时的硝酸比应为 1，但是在工业生产中硝酸的用量常常高于理论量，以促使反应进行完全。当硝化剂为混酸时，对于易被硝化的芳烃，硝酸比为 1.01~1.05；而对于难被硝化的芳烃，硝酸比为 1.1~1.2 或更高。由于环境保护的要求日益强烈，硝化比 <1 的绝热硝化法正在逐步取代传统的过量硝酸硝化工艺。

（六）硝化副反应

硝化副反应主要是多硝化、氧化和生成配合物。避免多硝化副反应的主要方法是控制混酸的硝化能力、硝酸比、循环废酸的用量、反应温度和采用低硝酸含量的混酸。

氧化是影响最大的副反应，主要是在芳环上引入羟基，生成酚类化合物。硝化后分离出的粗品硝基物（异构体混合物）必须用稀碱液充分洗涤，应除尽硝基酚类。否则，在粗品硝基物脱水和精馏分离异构体操作时常会有发生爆炸的危险，给安全生产带来安全隐患。特别是硝基苯、硝基甲苯、苯胺、对甲苯胺生产过程要尤为重视。

许多副反应的发生还与反应体系中存在氮的氧化物有关。二氧化氮和亚硝酸的存在是造成芳烃侧链氧化的原因，其他一些副反应也与氮的氧化物有关。因此，生产中应严格控制硝化条件，防止硝酸分解，以阻止或减少副反应的发生。必要时可加入适量的尿素将硝酸分解产生的二氧化氮破坏掉，可以抑制氧化副反应。

$$3N_2O_4+4CO(NH_2)_2 \longrightarrow 8H_2O+4CO_2+7N_2$$

同时，为了使生成的二氧化氮气体能及时排出，硝化反应器应配有良好的排气装置和吸收二氧化氮的装置。另外，硝化反应器必须具有防爆孔以防发生意外。

硝化过程中另一重要副反应是生成一种有色配合物，这种配合物是由烷基苯与亚硝基硫酸和硫酸形成的。其结构式如下：

$$C_6H_5CH_3 \cdot 2ONOSO_3H \cdot 3H_2SO_4$$

由于这种配合物的生成，使硝化过程中尤其是反应后期接近终点时，出现硝化液颜色变深、发黑发暗的现象。其原因往往是硝酸用量不足造成的，故可在45~55℃下及时补加硝酸，则很容易将配合物破坏。但温度若大于65℃，配合物将自动沸腾，使温度上升到85~90℃，此时再补加硝酸也无济于事，最终成为深褐色树脂状物质，易造成管道、阀门堵塞，引发严重的安全生产事故。

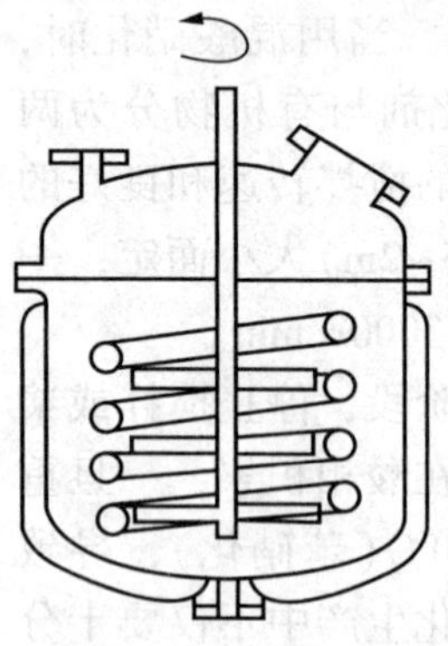

图 10-4 常规釜式反应器

七、硝化反应器

硝化反应器的结构形式很多，有釜式、U形管式和泵式循环连续硝化装置，以及近年发展起来的环形反应器等。环形硝化反应器克服了硝化釜内增加换热面积受限制的缺点，可以设置足够大的换热面积。这就为低温硝化提供了可能，方便了操作，保证了生产安全。此外具有传热好，产品质量高的优点。

硝化反应是非均相液-液反应，需要强制搅拌使两相充分混合。为了增强混合效果，在釜中安装导流筒，或利用釜内紧密排列的蛇管兼起导流筒的作用，蛇管之间必须进行焊接，以免物料在蛇管的缝隙产生短路。

图 10-4 为几种常见的硝化釜结构；图 10-5 为环形硝化器的结构。

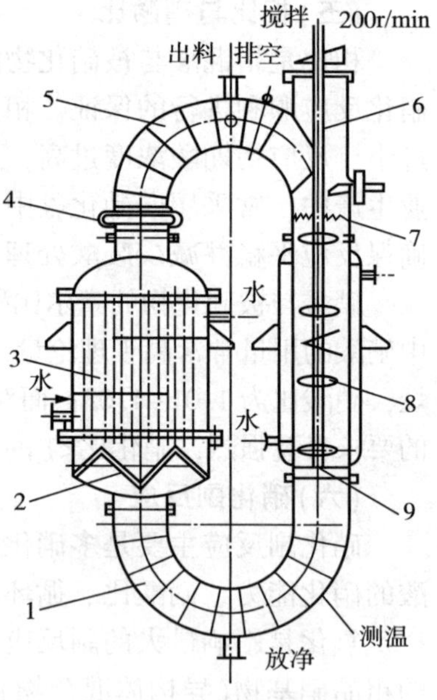

图 10-5 环形硝化器结构

1—下弯管；2—匀流折板；3—换热器；4—伸缩节；5—上弯管；6—搅拌轴；7—弹性支撑；8—搅拌；9—搅拌杆

八、典型工业硝化过程——混酸硝化法生产硝基苯

硝基苯主要用于制取苯胺和聚氨酯泡沫塑料等，早期采用混酸间歇硝化法。随着苯胺需要量的迅速增长，逐步开发了采用混酸硝化的釜式串联、泵-列管串联、塔式、管式等常压冷却连续硝化法和加压绝热连续硝化法。

1. 常压冷却连续硝化法

目前我国广泛采用的釜式串联连续硝化流程，如图10-6所示。其工艺过程为：首先按工艺要求给出的配料比与部分冷的循环废酸连续地加入 1 号硝化釜中，控制反应温度在68~70℃，反应物再经过三个串联的硝化釜，保持温度在65~68℃，停留时间约10~15mm，然后进入连续分离器 3 分离出废酸和酸性硝基苯，废酸进入连续萃取槽 4，用苯萃取废酸中的硝基苯，然后经分离器 5 分离出的萃取苯（也称酸性苯，酸性苯中约有2%~4%的硝基苯），用泵 6 连续地送往 1 号硝化釜，萃取后的废酸用泵 7 送去浓缩成质量分数为 90%~93%或 76%~78%硫酸，套用于配制混酸。酸性硝基苯经水洗器 8、分离器 9、碱洗器 10 和分离器 11 除去所含的废酸和副产的硝基酚，即得到中性硝基苯。

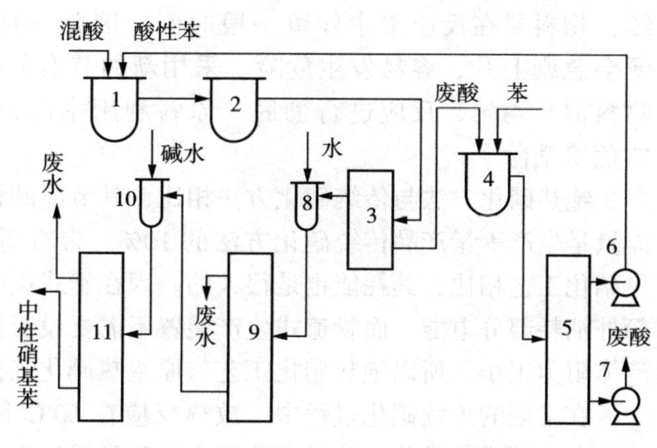

图 10-6 连续硝化过程流程示意图

2. 加压绝热连续硝化法

其要点是将超过理论量 5%~10%的苯和预热到约 90℃的混酸（$HNO_3$5%~8.5%、$H_2SO_4$60%~70%、H_2O>25%）连续地加到四个串联的无冷却装置的硝化釜进行反应，利用反应热升温。物料的出口温度达到 132~136℃，操作压力约 0.44MPa，停留时间约 11.2min。分离出的废酸（硫酸浓度约 65.5%，120℃）进入闪蒸器，在 90℃和 8kPa 下，利用本身热量快速蒸出水分浓缩成 68%~70%硫酸可用于配制混酸，循环使用。有机相经水洗、碱洗，除去其中的硫酸和酚类化合物，再蒸出过量苯即得到工业硝基苯，收率 99.1%，二硝基物质量含量低于 0.05%，其生产流程如图 10-7 所示。

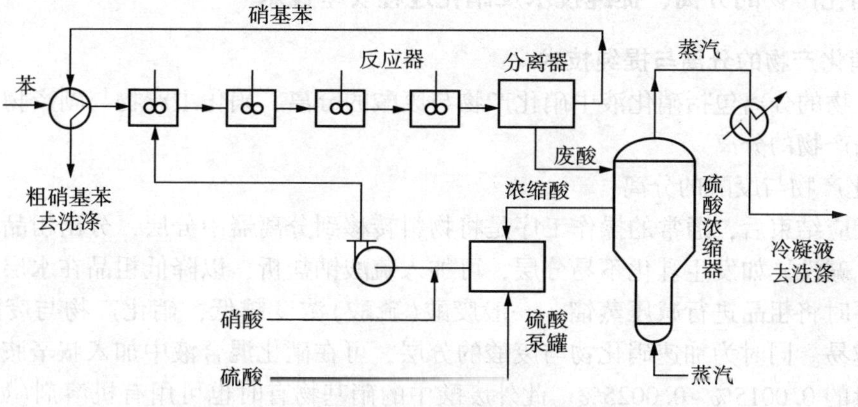

图 10-7 加压绝热连续硝化工艺流程示意图

绝热硝化法突破了硝化反应必须在低温下恒温操作的传统观念，取消冷却装置，充分利用混合热、反应热，使物料进行非等温硝化反应，通过控制混酸组成以确保反应安全、顺利进行，与此同时还可以利用反应热对废酸进行闪蒸，从而大大减少废酸浓缩所需要的热能，并使废酸循环使用。因此被认为是当前最具前途的硝基苯、硝基氯苯生产方法。

传统硝化法采用的是釜式间歇或连续恒温硝化的方法生产，这种工艺的重大缺点是必须耗费大量冷却剂（水）移除反应热，同时又要提供大量热能浓缩废酸，因而能量浪费大，并且由于反应时间长，副产物较多，因而生产能力低，产品质量较差。绝热硝化法突破了反应必须在低温下恒温操作的传统观念，取消冷却装置，节省了大量用以移除反应热的冷却剂，充分利用混合热和反应热来提高反应速率，因而物料停留时间很短，副反应少，并且反应后的稀酸浓缩循环使用，所以绝热硝化法被认为是当前最有前途的一种硝化技术。但传统绝热硝化工艺需要有搅拌装置，同时硝化反应也不连续，物料要在反应釜中停留一段时间。因此一旦搅拌器发生故障，反应器内物料温度便会急剧上升，容易发生危险。采用新的装有静态混合元件的管道式绝热硝化工艺后，物料混合均匀，反应进行彻底，原料利用率高，同时因混合不均而导致温度上升发生的危险消除了。

绝热硝化方法与传统硝化方法相比，其节能的特点是很明显的。有报道绝热硝化法所需能量是生产等量产品传统硝化方法的10%。带有搅拌装置的釜式串联硝化工艺与管道式绝热硝化工艺相比，其耗能也是很大的。因在釜式反应器内要设置搅拌设施，所以在生产时要额外消耗部分电能。而管道式生产装置不需要设置搅拌设备，流体在混合元件间流动受到的流体阻力很小。所以绝热硝化工艺与原绝热硝化工艺相比更节能。

在常规的连续硝化过程中，放热反应在60℃下进行，在新的绝热工艺中，苯在大量的硫酸存在下进行硝化，硫酸吸收反应热和稀释热作为显热使得温度升高，这样反应速率便会得到提高，反应后的产品出口温度仍很高。这样就可以在真空条件下利用闪蒸浓缩废酸，所以能大大减少去除水所需的能量。同样由于反应热在管道中被酸缓慢吸收，传统硝化反应器中的冷却蛇管也就不再需要，釜式串联绝热反应器中的冷却装置也不需要，只要在管道外安装原料预热管线就足以移除反应热了。总地来说在此系统中，设备所用的传热面约只有同样生产能力的常规硝化法的6%，是釜式绝热硝化所用传热面的60%。

九、硝化产物的分离、提纯技术及硝化过程安全技术

(一)硝化产物的分离与提纯技术

硝化产物的分离包括硝化液中硝化产物与废酸的分离、硝化主产物与副产物之间的分离和硝化异构产物的分离。

1. 硝化产物与废酸的分离

硝化反应结束后，通常的操作工序是将物料转移到分离器中分层，分出粗品与废酸，粗品用水洗、碱洗。如发生乳化不易分层，可加入硫酸钠盐析，以降低粗品在水层的溶解度并破乳。必要时将粗品进行减压蒸馏。一般废酸(硫酸)浓度越低，硝化产物与废酸的互溶性越小分离越易。同时为加速硝化物与废酸的分层，可在硝化混合液中加入叔辛胺，其用量为硝化物质量的0.0015%~0.0025%。此外废酸中的硝基物有时也可用有机溶剂(如二氯乙烷、二氯丙烷等)萃取回收，从而实现产物与废酸的分离。

2. 硝化产物中副产物及无机酸的分离

分出废酸后的硝化物中，除含少量无机酸外，还有氧化副产物，主要是酚类。通常采用洗涤法，即采用水洗、碱洗，以除去这些杂质。但需防止乳化，否则硝基酚类难以分离，造成潜在的爆炸危险。其处理措施有搅拌不能太快、加破乳剂。近年来出现了解离萃取法(绿色分离技术)，此法是利用混合磷酸盐($Na_2HPO_4 \cdot 2H_2O$ 64.2g/L，$Na_3PO_3 \cdot 12H_2O$ 21.9g/L)的水溶液处理中性粗硝基物，酚类解离成盐，被萃取到水相中，达到分离的目的。含酚水相可以用苯或甲苯、异丁酮等有机溶剂进行反萃取，重新得到混合磷酸盐循环使用。

3. 硝化异构产物的分离

硝化产物往往是异构混合物，需进行分离提纯。方法通常有两种，即化学法和物理法。

(1)化学法。它是利用各种异构体在某一反应中的不同化学性质而实现分离的。如在制备间二硝基苯时，会同时生成少量的邻、对位异构体。可利用间二硝基苯与亚硫酸钠不反

应，而副产邻、对位异构体则发生亲核置换生成可溶于水的硝基苯磺酸钠的原理来实现分离。

(2)物理法。它是利用各种异构体的沸点和凝点不同，用精馏和结晶相配合的方法将其分离。

(二)废酸的处理

硝化后的废酸除主要成分为73%~75%的硫酸外，还含有小于0.2%的硝基化合物、约0.3%的亚硝酰硫酸($HNOSO_4$)和约0.2%的硝酸。根据不同的硝化产品和硝化方法，废酸的处理可采用以下方法。

(1)将多硝化后的废酸再用于下一批的单硝化反应中。

(2)硝化后部分废酸直接循环套用，其余废酸可用芳烃萃取后浓缩成92.5%~95%硫酸再用于配制混酸。

(3)含微量硝基物的低浓度废酸(30%~50%)直接闪蒸浓缩除去少量水和有机物后用于配酸。

(4)利用萃取、吸附或过热蒸汽吹出等手段来除去废酸中所含氮氧化物、剩余硝酸和有机杂质，然后加氨水制成化肥。

废酸在蒸发浓缩前需脱硝，其方法是加热废酸(硫酸浓度≤75%)至一定温度，使废酸液中的硝酸和亚硝酰硫酸等无机物发生分解，释放出的氧化氮气体再用碱液吸收处理。

(三)硝化反应过程的安全操作技术

硝化反应中应用大量强腐蚀性的硝酸、硫酸和混酸，操作时必须特别小心。要按规定穿戴好防护用品，防止灼伤；硝基化合物有毒性，应避免操作中吸入其蒸气和接触皮肤；要注意通风良好，及时排除氮的氧化物，以免严重伤害呼吸系统。控制反应温度很关键，温度过低，反应速率太慢，延长了反应时间；温度过高，不仅增加了多硝化、氧化等副反应，而且反应过于激烈。当冒出黄烟(NO_2)时，预示将发生危险，可能造成冲料，甚至引起爆炸。

因此规定当反应温度升到高出一定限度时，应立即放料，操作者同时离开岗位。为防止反应中局部过热而产生爆炸，搅拌必须有效，冷却必须充分。硝化反应中若遇有停电、停搅拌、停冷冻和停真空等情况时，应立即停止加料、加热和加酸等操作，以免反应过于激烈而无法控制。硝基化合物一般总在减压下蒸馏，此时不可混入剩余的硝酸，减压系统一定要达到应有的真空度，且蒸馏时绝不可蒸干，因为这时容易爆炸。停止蒸馏时应先将罐内残留物冷却，再停真空。残渣在热的时候放入空气中，也有发生爆炸的危险。此外，在反应中不可将甘油、木屑等易氧化有机物放入反应系统，避免与硝酸剧烈作用引起燃烧。

第四节　烷基化技术

将烃基引入有机化合物分子中的碳、氮、氧等原子上的反应称为烷基化反应，简称烷基化。所引入的烃基可以是烷基、烯基、芳基等。其中以引入烷基(如甲基、乙基、异丙基等)最为重要。广义的烷基化还包括引入具有各种取代基的烃基($—CH_2COOH$、$—CH_2OH$、CH_2Cl、$—CH_2CH_2Cl$ 等)。

一、烷基化反应类型

精细有机合成中的烷基化反应可将不同的烷基引入到结构不同的结构化合物分子中，所得到的烷基化产物种类与数量众多，结构繁简不一。但从反应产物的结构来看，可以分为三种反应。

(1)C-烷基化反应。C-烷基化反应应用最多的是芳环上的氢被烷基取代的C-烷基化，主要指在催化剂作用下向芳环的碳原子上引入烷基，得到取代烷基芳烃的反应。在第八章第四节已有了详细的介绍。

(2)N-烷基化反应。向氨或胺类(脂肪胺、芳香胺)氨基中的氮原子上引入烷基，生成烷基取代胺类(伯胺、仲胺、叔胺、季胺)的反应。如N，N-二甲基苯胺的制备反应。

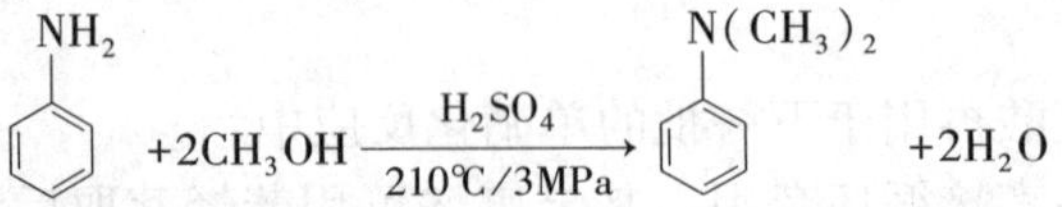

(3)O-烷基化反应。向醇烃基或酚烃基的氧原子上引入烷基，生成醚类化合物的反应。如第八章第三节中介绍的甲基叔丁基醚的生产。

二、烷基化技术的重要性

烷基化反应在精细有机合成中是一类极为重要的反应，其应用广泛，利用C-烷基化合成的苯乙烯、乙苯、异丙苯、十二烷基苯等烃基苯是塑料、医药、溶剂、合成洗涤剂的重要原料。

(1)直链烷基化合物。通过直链烷基化获得的直链烷基苯是精细化工产品的重要中间体，它经过磺化、硝化、烷基化、溴代等反应可生成大量具有现实和潜在的工业价值的产物，其中应用比较广泛的是直链烷基苯磺酸钠(LAB)，因其具有优良的加工性、复配性、使用性、环保安全性及生物降解性等而被应用在合成洗衣粉、表面清洗剂及工业清洗、造纸、合成化学等领域。

(2)非离子型表面活性剂。通过烷基化反应合成的醚类、烷基胺是极为重要的有机合成中间体，有些烷基化产物本身就是药物、燃料、香料、催化剂、表面活性剂等功能产品，如高级脂肪醇能加成环氧乙烷生成高级脂肪醇聚氧乙烯醚型非离子表面活性剂。

$$ROH + n\underset{\diagdown O \diagup}{CH_2 — CH_2} \longrightarrow RO\!\left(CH_2CH_2\right)_n H$$

(3)阳离子表面活性剂。采用卤烷、脂肪醇进行N-烷基化合成的季铵盐是重要的阳离子表面活性剂、相转移催化剂、杀菌剂等。

第五节 酰化技术

酰化指的是有机化合物分子中与碳原子、氮原子、氧原子或硫原子相连的氢被酰基所取代的反应。碳原子上的氢被酰基取代的反应叫做C-酰化，生成的产物是醛、酮或羧酸。氨基氮原子上的氢被酰基取代的反应叫做N-酰化，生成的产物是酰胺。烃基氧原子上的氢被酰基取代的反应叫做O-酰化，生成的产物是酯，因此也叫酯化。酰化反应增加物质的脂溶性，在香料、化妆品、食品添加剂等生产中起到重要作用。

一、C-酰化技术

C-酰化是在芳环上引入酰基，制备芳酮或芳醛的反应过程。该过程主要包括Friedel-Crafts酰基化反应，以及通过某些具有碳正离子活性的中间体对芳烃进行亲电取代反应，然后再分解转化为酰基的间接酰化反应。

（一）C-酰基化剂与催化剂

1. 酰化剂

酰化剂是亲电试剂，离去基团的吸电子能力越强，酰基上的碳原子的部分正电荷越大，酰化能力越强。酰化活性次序为：酰卤>酸酐>羧酸，最常用的酰化剂是酸酐和酰氯。

在脂肪族酰化剂中，其反应活性随烷基碳链的增长而减弱。因此在引入长碳链的酰基时，需要使用活泼的酰氯作酰化剂。在芳香族酰化剂中，由于芳环的共轭效应，使酰基碳原子上的部分正电荷降低，从而使酰化剂的活性降低。在引入芳羧酰基时也要用活泼的芳酰氯作酰化剂。

常用的主要酰化剂有：

（1）羧酸，例如甲酸、乙酸、乙二酸等；

（2）酸酐，例如乙酐、甲乙酐、顺丁烯二酸酐、邻苯二甲酸酐，二氧化碳（碳酸酐）和一氧化碳（甲酸酐）等。

（3）酰氯，例如碳酸二酰氯（光气）、乙酰氯、苯甲酰氯、苯磺酰氯、三聚氰酰氯、三氯化磷（亚磷酸三酰氯）和三氯氧磷（磷酸三酰氯）等。某些酰氯不易制成工业品，可用羧酸和三氯化磷、亚硫酰氯或无水氯化铝在无水介质中作酰化剂。

（4）羧酸酯，例如乙酰乙酸乙酯、氯乙酸乙酯、氯甲酸三氯甲酯（双光气）等。

（5）酰胺，例如尿素、*N*，*N*-二甲基甲酰胺等。

（6）其他，例如乙烯酮、双乙烯酮、二硫化碳等。

2. 催化剂

Friedel-Crafts 酰基化反应常采用的催化剂是 Lewis 酸和质子酸。催化剂的作用是增强酰基上碳原子的正电荷，增强亲电质点的反应能力。

常用催化剂有：

（1）路易斯酸。常用路易斯酸的催化活性次序大致如下。

$$AlBr_3>AlCr_3>GaCl_3>FeCl_3>SbCl_5>ZrCl_4>SnCl_4>BF_3>TiCl_4>ZnCl_2$$

（2）质子酸。其中主要是硫酸、氢氟酸和磷酸或多磷酸，催化活性如下。

$$HF>H_2SO_4>P_2O_5>H_3PO_4\text{、阳离子交换树脂}$$

（二）反应原理

以酰氯作酰化剂、无水氯化铝为催化剂的反应历程为例。

（1）酰氯与无水氯化铝生成正碳离子活性中间体 A、B、C。

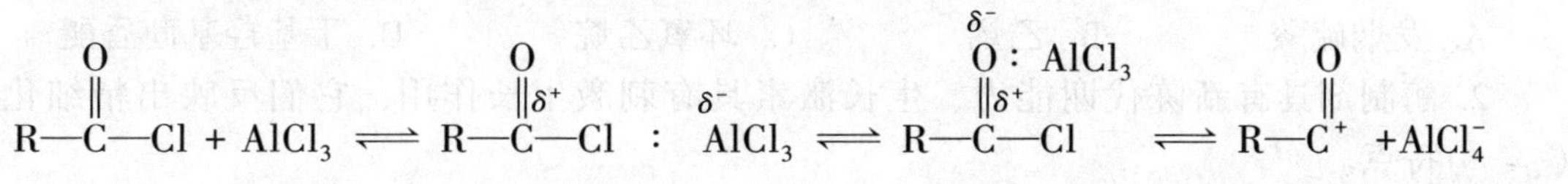

A　B　C

（2）这些活性中间体在溶液中呈平衡状态，进攻芳环的中间体可能是 B 或 C。以 B 为例，B 与芳环作用生成芳酮与氯化铝的配合物。

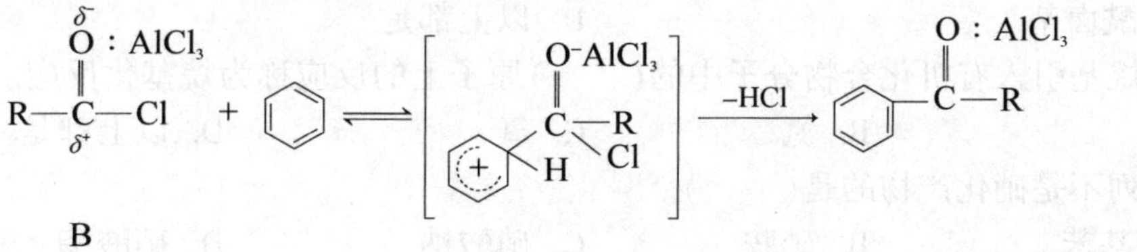

B

(3)芳酮与氯化铝的配合物经水解可得到芳酮。

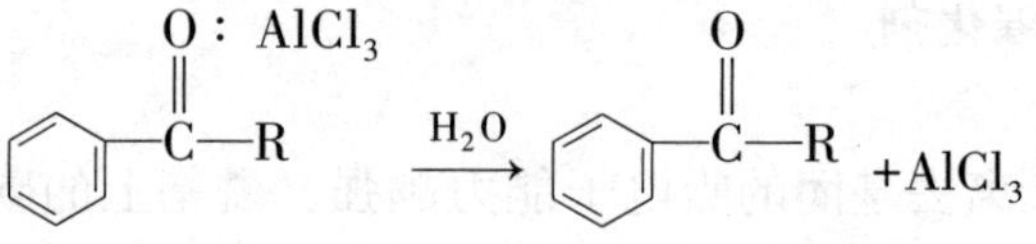

二、N-酰化技术

N-酰化是胺类化合物与酰化剂作用，在氨基的氮原子上引入酰基生成酰胺衍生物的反应。胺类化合物可以是脂肪胺或芳香胺。常用的酰化剂有羧酸、酸酐、酰氯以及羧酸酯等。

氨基等官能团与酰化剂作用可转变为酰胺，引入酰基后可改变原化合物的性质和功能。如染料分子中的氨基酰化前后的色光、染色性能和牢度指标都有所变化。这种酰化是将酰基一直保留在最终产物中，称为永久性酰化。

酰化的另一种作用是提高胺类化合物在化学反应中的稳定性，或使芳香族亲电取代反应发生在氨基的邻、对位，以满足合成工艺的要求。有些氨基物在反应条件下容易被氧化，酰化后可增强抗氧化性。有些芳胺在进行硝化、氯磺化、氧化或部分烷化之前，常常要把氨基进行暂时保护性酰化，反应完成后再将酰基水解掉。

三、O-酰化技术

O-酰化指的是醇或酚分子中的经基氢原子被酰基取代的反应，生成的产物是酯，因此又称为酯化反应。几乎所有用于N-酰化的酰化剂都可用于酯化。

工业上常用羧酸作为酰化剂与醇在催化剂存在下进行酯化反应，也可根据需要采用酸酐、酰氯作为酰化剂，还可以选用酯交换等其他方法制得酯。

低碳链的羧酸酯在涂料工业中是常用的溶剂。某些羧酸酯具有特殊的香味，可用作香料。相对分子质量较高的酯，特别是邻苯二甲酸酯则主要用作增塑剂。其他的用途还包括有树脂、合成润滑油、化妆品、表面活性剂、医药等。

习题与练习

一、选择题

1. 下列属于精细化学品的是(　　)。

A. 发烟硫酸　　B. 乙烯　　C. 环氧乙烷　　D. 丁基羟基茴香醚

2. 酶制剂具有新陈代谢能力、生长激素具有刺激生长作用，它们反映出精细化工的(　　)特点。

A. 多品种、小批量　B. 商业性强　C. 功能性和专用性　D. 技术密集

3. 磺化反应是指在有机化合物分子中引入(　　)基团的化学反应。

A. 磺酸基(—SO_3H)　　B. 磺酸盐基(如—SO_3Na)

C. 磺酰卤基　　D. 以上都是

4. 将烷基引入有机化合物分子中的(　　)原子上的反应称为烷基化反应。

A. 碳　　B. 氮　　C. 氧　　D. 以上都是

5. 下列不是硝化产物的是(　　)。

A. 硝基苯　　B. 硝胺　　C. 硝酸钠　　D. 硝酸酯

6. 硝化反应器的结构形式有(　　)。

A. 釜式　　B. U 形管式　　C. 泵式　　D. 以上都是

二、判断题

1. 磺化反应是亲核取代反应。(　　)

2. 磺化产物可以用蒸馏来分离。(　　)

3. 生产中使用的工业规格氯磺酸是由含 92% 的 $HOSO_2Cl$ 及 8% 的 H_2SO_4 组成，遇水立即水解为硫酸和氯化氢，并且放出大量热，极易引起冲釜和爆炸等生产事故。(　　)

4. 双膜式磺化反应器由两个直立式并备有内、外冷却夹套的不锈钢同心圆筒组成。(　　)

5. 硝化是向有机物化合物分子中引入硝基(—NO)的化学过程。(　　)

6. 硝化反应尽可能在较高的温度下进行。(　　)

7. 硝化产物分离提纯方法通常有两种，即化学法和物理化学法。(　　)

8. 硝化反应中应用大量强腐蚀性的硝酸、硫酸和混酸，操作时必须特别小心。要按规定穿戴好防护用品，防止灼伤。(　　)

9. 硝化反应过程操作时应注意：硝基化合物有毒性，应避免操作中吸入蒸气和接触皮肤；要注意通风良好，及时排除氮的氧化物，以免严重伤害呼吸系统。(　　)

三、填空题

1. 附加价值是指扣除产品产值中的原材料、税金、厂房及设备折旧费后剩余部分的价值，包括________、________、________、________等费用。

2. 磺化产物分离方法有________、________、________、________或________。

3. 常用磺化剂有________、________、________和________。

4. 双膜式磺化反应器由上至下分为________、________和________三大区域。

5. 硝化反应的通式是________。

6. 硝化的方法有________、________、________、________或________。

7. 将________引入有机化合物分子中的________、________、________等原子上的反应称为烷基化反应。

四、名词解释

1. 硝化反应

2. 烷基化反应

3. 酰化反应

五、简答题

1. 我国对精细化学品是如何定义的?

2. 目前我国精细化学品分为哪几类?

3. 精细化工有何特点?

4. 一种精细化学品的开发和生产过程主要包括哪些步骤?

5. 简述精细化工过程开发研究的内容。

6. 简述目前精细化工的发展趋势。

7. 膜式磺化器是三氧化硫连续磺化装置中应用最多的反应装置，具有哪些特点?

8. 磺化反应的主要影响因素有哪些?

9. 工业上采用的磺化方法有哪些?

10. 磺化反应的作用有哪些?
11. 向有机化合物中引入硝基的目的是什么?
12. 硝化产物主要有哪些类型?
13. 硝化反应的特点是什么?
14. 硝化反应的影响因素有哪些?
15. 烷基化反应类型有哪些?
16. 常用的主要酰化剂有哪些?
17. 磺化过程中加入少量添加剂，对反应常有明显的影响，主要表现在哪些方面?

第十一章　常见的精细化学品及用途

✻目标要求：

了解常见的功能和合成助剂的分类和用途；

了解表面活性剂的分子结构特点和物化特性；

了解涂料的分类、作用和用途；

了解功能高分子材料、智能材料的种类、用途和发展前景。

✻能力要求：

具有初步的精细化学品的选用能力；

能在日常工作中合理选择使用精细化学品。

世界各国对精细化学品的范畴和类别的划分是不一致的。随着科学技术的不断发展，一些新兴的精细化工行业正在不断出现且行业划分越来越细。2005 年日本《精细化工年鉴》中将精细化学品共分为 51 个行业类别。我国原化学工业部对精细化工产品的分类作了暂行规定，把精细化工产品分为 11 大类，这种分类主要是考虑了原化学工业部所属精细化工行业的情况，今后能不断地补充和修改。下面简单介绍其中的一些类型。

第一节　功能与合成助剂

近年来我国石油化工、合成材料和精细化工工业有了较大的发展，所需要的配套助剂品种和数量也愈来愈多，助剂的应用已遍及国民经济的各个领域。助剂是精细化工行业中的一大类产品。它能赋予制品以特殊性能，延长使用寿命，扩大应用范围，改善加工效率，加速反应过程，提高产品收率。因此，助剂广泛应用于化学工业，特别是有机合成、塑料、纤维、橡胶等三大合成材料的制造加工，以及石油炼制、纺织、印染、农药、民药、涂料、造纸、食品、皮革等精细化工或相关工业部门。

一、助剂的定义和分类

广义地讲，助剂是泛指某些材料和产品在生产和加工过程中为改进生产工艺和产品的性能而加入的辅助物质。狭义地讲，加工助剂是指那些为改善某些材料的加工性能和最终产品的性能而分散在材料中，对材料结构无明显影响的少量化学物质，助剂亦称添加剂或(专用)化学品。

随着化工行业的发展，加工技术的不断进步和产品用途的日益扩大，助剂的类别和品种也日趋增加，成为一个品目十分繁杂的化工行业。从助剂的化学结构看，既有无机物，又有有机物；既有单一的化合物，又有混合物；既有单体，又有聚合物。因此，助剂的分类是比较复杂的，主要有以下两种分类方法：

1. 按应用对象分类

按应用对象可分为四大类，每一大类中又可根据具体应用对象分成若干小类。

(1)高分子材料助剂包括塑料、橡胶、纤维用助剂。

塑料、纤维用助剂主要包括增塑剂、热稳定剂、光稳定剂、抗氧剂、交联剂和助交联剂、发泡剂、阻燃剂、润滑剂、抗静电剂、防雾剂、固化剂等。

橡胶用助剂主要有硫化剂、硫化促进剂、防老剂、抗臭氧剂、塑解剂、防焦剂、填充剂等。

(2)石油工业用助剂包括原油开采和处理添加剂、石油产品添加剂。原油开采和处理添加剂主要有钻浆添加剂、强化采油添加剂、原油处理添加剂等。

石油产品添加剂主要有燃料、溶剂及其添加剂，润滑油、石蜡、沥青添加剂，油品中的抗氧剂、清净剂、分散剂、降凝剂、防锈添加剂、黏度添加剂等。

(3)纺织染整助剂包括织物纤维的前处理助剂、印染和染料加工用助剂、织物后整理助剂。

织物纤维的前处理助剂主要有净洗剂、渗透剂、浆料、化学纤维油剂、煮炼剂、漂白助剂、乳化剂等。

印染和染料加工用助剂主要有消泡剂、匀染剂、黏合剂、交联剂、增稠剂、促染剂、防染剂、拔染剂、还原剂、乳化剂、助溶剂、荧光增白剂、分散剂等。

织物后整理助剂主要有抗静电整理剂、阻燃整理剂、树脂整理剂、柔软整理剂、防水及涂层整理剂、固色剂、紫外线吸收剂等。

(4)按应用对象分类还包括涂料助剂、医药助剂、农药助剂、食品添加剂、饲料添加剂、水泥添加剂、燃烧助剂等，其有关专著不断问世。

2. 按作用功能分类

按作用功能分类可分为九大类，见表11-1。每一大类中包括若干种类型助剂，这是概括所有应用对象的一种综合性分类方法。

表11-1　助剂按作用功能的分类

作用功能	助剂类型
稳定化助剂	抗氧剂、光稳定剂、热稳定剂、防霉剂、防腐剂、防锈剂
改善机械性能助剂	硫化剂、硫化促进剂、防焦剂、偶联剂、交联剂、补强剂、填充剂、抗冲击剂
改善加工性能助剂	润滑添加剂、脱模剂、塑解剂、软化剂、消泡剂、匀染剂、黏合剂、交联剂、增稠剂、促染剂、防染剂、乳化剂、分散剂、助溶剂
柔软化和轻质化助剂	增塑剂、发泡剂、柔软剂
改进表面性能和外观的助剂	润滑剂、抗静电剂、防雾滴剂、着色剂、固色剂、增白剂、光亮剂、防黏连剂、滑爽剂、净洗剂、渗透剂、漂白助剂、乳化剂、分散剂
难燃性助剂	阻燃剂、不燃剂、填充剂
提高强度、硬度助剂	填充剂、增强剂、补强剂、交联剂、偶联剂
改变味觉助剂	调味剂、酸味剂、鲜味剂、品种改良剂
改进流动和流变性能助剂	降凝剂、黏度指数改进剂、流平剂、增稠剂、流变剂

二、助剂的选择和应用

助剂的使用是一项很复杂的技术，在选择和使用助剂时应注意以下一些基本问题：

1. 助剂与聚合物的配伍性

助剂与聚合物的配伍性是指聚合物和助剂之间的相容性以及在稳定性方面的相互影响。一般而言助剂必须长期稳定、均匀地存在于制品中才能发挥其应有的效能，因此要求聚合物与助剂之间有良好的相容性。

如果相容性不好，助剂就容易析出，析出后不仅失去作用而且影响制品的外观和手感。一般聚合物和助剂的相容性取决于它们结构的相似性，对于无机填充剂，由于它们和聚合物无相容性，因此要求细度小，分散性好。

2. 助剂的耐久性

助剂的损失主要通过挥发、抽出和迁移三条途径。挥发性大小取决于助剂本身的结构；抽出性与助剂在不同介质中的溶解度直接相关；迁移性大小与助剂在不同聚合物中的溶解度有关。因此，选择助剂应结合产品来进行选择。

3. 助剂对加工条件的适应性

某些聚合物的加工条件比较苛刻(如加工温度高、时间长等)，必须考虑助剂对加工条件能否适应。加工条件对助剂的要求最主要的是耐热性，即要求助剂在加工温度下不分解、不易挥发和升华。

4. 助剂必须适应产品的最终用途

助剂的选择常常受到制品最终用途的制约，不同用途的制品对所用助剂的外观、气味、污染性、耐久性、电气性能、热性能、耐候性、毒性等都有一定的要求。

5. 助剂配合中的协同作用和相抗作用

一种合成材料常常要同时使用多种助剂，这些助剂之间彼此会产生一定影响。如果相互增效则起协同作用；如果彼此削弱各种助剂原有的效能，则起相抗作用。助剂配方研究的目的之一就是充分发挥助剂之间的协同作用，得到最佳的效果。

三、常用功能和助剂类型

(一)增塑剂

增塑剂是一种加入到材料中能改进其加工性能(挤出、模塑、热成型性)及物理和机械性能(弹性、伸长率等)的物质，是橡塑加工中极其重要的助剂，通常为高沸点、难挥发的液体或低熔点固体。增塑剂主要用于聚氯乙烯和氯乙烯共聚物，其用量占增塑剂总用量的80%~85%。其他使用增塑剂的还有纤维素酯、聚碳酸酯、丙烯酸树脂、合成胶黏剂等。

目前应用的增塑剂约有500种，将这些品种按化学结构分类可分为苯二甲酸酯、脂肪族二元酸酯、脂肪酸单酯、二元醇脂肪酸酯、磷酸酯、环氧化物、聚酯、含氯化合物以及其他一些用量较少的增塑剂(如苯多酸酯、石油酯)等。此外，还有反应性增塑剂，系指分子中含有反应性的活性基团，是以化学键形式连接在聚合物上的一类增塑剂，主要有(甲基)丙烯酸的多元醇酯、烯丙基酯与不饱和聚酯等。

(二)抗氧剂

抗氧剂是一些很容易与氧作用的物质，将它们加入到合成材料中，使大气中的氧先与它们作用来保护合成材料免受或延迟氧化。在橡胶工业中，抗氧剂也被称为防老剂。

抗氧剂应用范围广，品种繁多，对合成材料的抗氧剂来说，按其功能不同可以分为链终止型抗氧剂和预防型抗氧剂两类。链终止型抗氧剂也称为主抗氧剂；预防型抗氧剂也称为辅助型抗氧剂或过氧化氢分解剂；如果按相对分子质量来分，可以分为低相对分子质量抗氧剂和高相对分子质量抗氧剂；如果按用途分，可以分为塑料抗氧剂、橡胶防老剂以及石油抗氧剂、食品抗氧剂等；但通常抗氧剂是按化学结构进行分类，主要有胺类、酚类、含硫化合物、含磷化合物、有机金属盐类等。

1. 酚类抗氧剂

酚类抗氧剂是所有抗氧剂中不污染、不变色性最好的一类，可分为单酚、双酚和多酚。

单酚抗氧剂 BHT，也称抗氧剂 264(2，6-二叔丁基-4-甲酚)，其抗氧效果好，稳定、安全、易于解决环境污染等问题，广泛用于食品、塑料和合成橡胶，是需求量最大的一种酚类抗氧剂。

2. 胺类抗氧剂

胺类抗氧剂(主要用于橡胶)比酚类抗氧剂更有效，可作链终止剂或过氧化物分解剂，主要种类有对苯二胺型、羟胺或酮胺缩合物、复合型防老剂。其中，对苯二胺型抗氧剂的通式为：

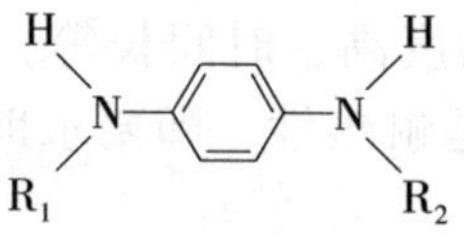

(R、R_2 可为烷基或芳基)

这是一类对橡胶的氧、臭氧老化、曲屈疲劳、热老化等都有着良好的防护作用的抗氧剂。

3. 含磷抗氧剂

塑料用含磷抗氧剂主要是亚磷酸酯类。亚磷酸酯作为氢过氧化物分解剂和自由基捕捉剂在塑料中发挥抗氧作用，是一类主要的辅助抗氧剂，如抗氧剂 168 结构式如下：

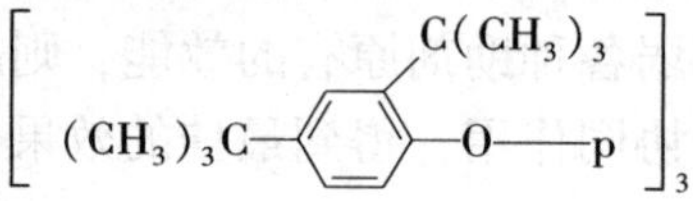

(三)热稳定剂和光稳定剂

1. 热稳定剂

为防止塑料在热和机械剪切力等作用下引起降解而加入的一类物质称热稳定剂。对于耐热性差、容易产生热降解的聚合物，在加工时必须采用添加热稳定剂的方法提高其耐热性，最典型的例子是聚氯乙烯。热稳定剂根据其结构和作用可分为盐基性铅盐(指带有未成盐的一氧化铅的无机酸铅和有机羧酸铅)、脂肪酸皂、有机锡稳定剂、有机辅助稳定剂(主要有环氧化物和亚磷酸酯)、复合稳定剂(以钡、镉、锌、钙等金属的皂类和盐类为主体，以亚磷酸酯等为有机辅助稳定剂和溶剂组成的液体复合稳定剂)等。

有机锡稳定剂的通式为 $R_nSn\ Y_{4-m}$，R 是烷基，如甲基、正丁基、正辛基等；Y 是通过氧原子或硫原子与 Sn 连接的有机基团，如：—OOCR、—OOCCH ═CHCOO—、—SR 等。

2. 光稳定剂

加入高分子材料中能抑制或减缓光氧化过程的物质称光稳定剂或紫外光稳定剂。常用的光稳定剂根据其稳定机理的不同可分为紫外线吸收剂、光屏蔽剂和紫外线猝灭剂、自由基捕获剂等。

紫外线吸收剂是目前应用最广的一类光稳定剂，按其结构可分为水杨酸酯类、二苯甲酮类、苯并三唑类、取代丙烯腈类等，工业上应用最多的是二苯甲酮类、苯并三唑类。

猝灭剂主要是金属络合物，如二价镍络合物等，常和紫外线吸收剂并用，起协同作用。

光屏蔽剂是指能够吸收或反射紫外线的物质，通常多为无机颜料或填料，主要有炭黑、二氧化钛、氧化锌、钡等。

自由基捕获剂是一类具有空间位阻效应的哌啶衍生物类光稳定剂，主要为受阻胺类，其稳定效能上述的光稳定剂高几倍，是目前公认的高效光稳定剂。

(四)硫化体系助剂

将线型高分子转变成体型(三维网状结构)高分子的过程称为交联或硫化，凡能使高分子化合物引起交联的物质就称为交联剂(也称硫化剂)。除某些热塑性橡胶外，天然橡胶与各种合成橡胶几乎都需要进行硫化。某些塑料特别是某些不饱和树脂，也需要进行交联。

橡胶硫化时，一般除硫化剂外，还要加入硫化促进剂和活性剂才能很好地完成硫化，工业上统称为硫化体系用助剂。另外有时为了避免早期硫化(即焦烧)，还要加入防焦剂。

1. 交联剂

交联剂按其作用不同可分为交联引发剂、交联催化剂、交联固化剂等，但通常交联剂按化学结构可分为：

(1)有机过氧化物(主要用于聚烯烃与不饱和聚酯以及天然橡胶、硅橡胶等)，如烷基过氧化物 ROOH、ROOR 等。

(2)胺类：主要是含有两个或两个以上胺基的胺类，如乙二胺、已二胺等，可用作氟橡胶、聚氨酯橡胶的硫化剂以及环氧树脂固化剂。

(3)硫黄及有机硫化物：目前用硫黄作为交联剂使橡胶硫化仍然是橡胶大分子链进行交联的主要方法。有机硫化物在硫化温度下能析出硫，使橡胶进行硫化，故又被称为硫黄给予体。有机硫化物常用的品种有二硫化吗啡琳和脂肪族醚的多硫化物等。

(4)醌类：醌类有机物常用作橡胶硫化剂，特别适用于丁基橡胶，常用的品种有对醌二肟和二苯甲酰对醌二肟等。

(5)树脂类：通常为烷基苯酚甲醛树脂，如对叔丁基苯酚甲醛树脂(相对分子质量 550~750)等是橡胶的有效硫化剂，特别适用于丁基橡胶。

2. 硫化促进剂

在橡胶硫化时可以加快硫化速度、缩短硫化时间、降低硫化温度、减少硫化剂用量以及改善硫化胶的物理机械性能的助剂称为硫化促进剂，简称促进剂。早期使用的硫化促进剂为无机化合物(如氧化锌、氧化镁等)，但因其效能较低，已改为活性剂使用。目前使用的硫化促进剂基本上采用有机化合物，主要种类有秋兰姆、噻唑类、二硫代氨基甲酸盐、次磺酰胺类、黄原酸盐与黄原酸二硫化物等。

3. 防焦剂

焦烧是指橡胶加工过程中产生的早期硫化现象，防焦剂的作用就是防止胶料焦烧，提高操作安全性，延长胶料、胶浆的储存期。通常使用的防焦剂主要是有机酸类(主要有苯甲酸、邻苯二甲酸酐)、亚硝基化合物和硫代酰亚胺化合物三类。

4. 活性剂

活性剂能够增加促进剂的活性，因而可以减少促进剂的用量或缩短硫化时间，同时可以提高硫化胶的交联度。活性剂可分为无机活性剂和有机活性剂。

无机活性剂主要是金属氧化物，如氧化锌、氧化镁、一氧化铅等。其中氧化锌为最重要的无机活性剂，既能加快硫化速度，又能提高硫化度，且对噻唑类、次磺酰胺类、秋兰姆类、胍类促进剂有活化作用。

(五)偶联剂

偶联剂广泛应用于黏合材料和复合材料，其结构上的最大特点是分子中通常包含有性质不同的两个基团，一个基团的性质是亲无机物的，易与无机材料或填料起化学反应；另一个基团是亲有机物的，能与有机合成材料起化学反应。经偶联剂处理后无机增强材料或填料与偶联剂分子一部分形成链，变无机增强材料和填料的表面的亲水性为亲油性，而偶联剂分子的另一部分与聚合物发生化学反应。在复合材料中实际应用表明：聚合物和无机填料的界面上只需要极少数偶联剂即可对与无机材料邻近的聚合物产生较大的影响。偶联剂的溶解效应或极性效应可改变聚合物分子链段在相间的取向，而表面的催化效应可能导致相间的交联程度的提高或降低。由于偶联剂使无机增强材料或填料与聚合物之间的结合力增强，从而提高了复合材料的机械强度、电性能、耐老化性能以及表观质量和加工性能。

偶联剂大致可分为硅烷系、钛酸酯系、铝酸酯系、铬络合物系及其他高级脂肪酸、醇、酯等几类，常用的是前两类。

1. 硅烷偶联剂

硅烷偶联剂是研究最早、应用最广的一类重要的偶联剂，其化学通式为 $RSiX_3$，R 为活性基团，如氨基、环氧基、乙烯基、甲基丙烯基、卤素基、巯基等，能与聚合物分子反应形成化学键；X 为能够水解的烷氧基(OR)，如甲氧基、乙氧基或氯；X 先水解生成硅醇，再与无机物表面的羟基发生缩合反应。典型的硅烷偶联剂有 A151(乙烯基三乙氧基硅烷)、A171(乙烯基三甲氧基硅烷)等。

2. 钛酸酯偶联剂

钛酸酯偶联剂是一类新型偶联剂，具有独特结构，其通式为$(RO)_m Ti(OX'-R^2-r)_n$，RO 为烷氧基，可与无机物表面反应；m 是 RO 的数目，一般 $1 \leqslant m \leqslant 4$；OX′为连接基团，与钛原子直接相连。X 为苯基、羧基、巯基、焦磷基、亚磷酸基等；R^2 为有机骨架部分，常为异十八烷基、辛基、丁基、异丙苯酰基等；r 为乙烯基、氨基、丙烯基、巯基等；n 为官能团的数量，一般$(m+n) \leqslant 6$。

钛酸酯偶联剂按其结构大致可分为单烷氧基型、单烷氧基焦磷酸酯型、螯合型和配位体型四类。

(六)油田化学品

油田化学品也称油田化学剂，是指解决油田钻井、完井、采油、注水、提高采收率及集输等过程中所使用的助剂。油田化学品种类繁多，分类方法也较多。根据我国石油天然气行业使用的油田化学剂类型代号标准，可将油田化学品分为通用化学品、钻井用化学品、油气开采用化学品、提高采收率用化学品、油气集输用化学品和水处理用化学品六类。

油田通用化学品是指同一种化学品能广泛用于油田不同生产工艺过程中的化学品，包括高分子聚合物、黏土稳定剂、示踪剂、表面活性剂等。

1. 钻井用化学品

钻井指地质勘探之后的打井、修井、完井等项工作。在钻井过程中，常用到多种钻井液(泥浆)，它是以黏土泥浆为主要成分配制成的。在钻井液配制和处理过程中所用的化学剂称钻井液处理剂。钻井液的性能对钻井效率、防止事故起关键作用，而泥浆的好坏又与处理剂有着密切的关系。处理剂从化学结构上分主要有聚合物和表面活性剂两类。按所起作用可分为18类，即杀菌剂、缓蚀剂、消泡剂、除钙剂、乳化剂、絮凝剂、起泡剂、降滤失剂、堵漏材料、润滑剂、解卡剂、pH控制剂、表面活性剂、页岩抑制剂、降黏剂、温度稳定剂、增黏剂、加重材料。

2. 油气开采和提高采收率用化学品

油气开采过程中为了增加产量，常采用压裂、酸化、堵水、防砂、清防蜡等手段，这些过程都不同程度地使用油田化学品。其中，压裂和酸化是重要的增产措施。国内外的实践证明，压裂、酸化效果的好坏，在很大程度上取决于工作液中添加剂的质量。

依赖地层的天然压力采油称为一次采油。随着地层压力的下降，需要通过注水补充地层压力的方法进行采油称为二次采油。由于一次采油一般只能获得20%~30%的采收率，而二次采油也只不过采出油层储量的40%左右。因此，为了尽可能地将剩余储量开采出来，就必须采用物理、化学和生物技术来提高采收率，这就是二次采油，有时也称之为强化采油。目前，国外常用的三次采油方法有热力驱、混相驱、化学驱三大类。其中化学驱是指以化学剂组成的各种体系作为驱油剂的驱油法，主要有聚合物驱、碱驱、表面活性剂驱、复合驱、浓硫酸驱等。在配制化学驱油剂时所用的化学品称为提高采收率用化学品。

3. 表面活性剂

在油田行业，表面活性剂广泛应用于钻井、固井、采油、原油破乳脱水、集输等各个生产环节中，对于保证钻井安全，提高原油采收率、油井质量和生产效率以及节约运输、设备防护和防止环境污染等方面都起着极其重要的作用。当今表面活性剂已成为油田开发中必不可少的化学助剂。

4. 示踪剂

指能随流体流动，并能指示该流体的存在、流动方向和流动速度的化学剂，主要有气体示踪剂、液体示踪剂、放射性示踪剂、化学示踪剂等，广泛用于石油钻采、输油等环节中。常用的化学示踪剂有NaBr、NaCl、C_2H_5OH、NH_4SCN、NH_4NO_3等。

5. 黏土稳定剂

指能吸附在黏土表面，并中和电荷、防止黏土膨胀的化学品，主要为高分子阳离子聚合物(例如阳离子聚内烯酰胺)，广泛用于钻井、油气开采等过程。

用于油田化学品的高分子聚合物主要有天然聚合物、合成聚合物和生物聚合物。天然聚合物的主要品种有聚糖(多糖)、葡聚糖、甲基纤维素(钠)、乙基纤维素、羧甲基羟乙基纤维素、羧甲基淀粉、羟乙基淀粉、葡甘露聚糖、魔芋胶、半乳甘露聚糖、葫芦巴胶(香豆胶)、田菁胶、瓜尔胶、木质素、碱木质素、木质素磺酸盐、腐殖酸、腐殖酸盐、磺甲基腐殖酸等。合成聚合物主要有以下一些品种：部分水解聚丙烯腈、部分水解聚丙烯酰胺、聚丙烯酸盐、聚氨基甲酸酯、聚季铵盐、聚胺盐、乙烯-乙酸乙烯酯共聚物、乙烯-丙烯酸酯共聚物、聚乙二醇、聚二甲基硅氧烷、酚醛树脂、脲醛树脂、环氧树脂、呋喃树脂等。

(七)油气集输用化学品

油气集输是指将油井生产的原油和伴生气收集、处理、输送的全过程。在这种过程中为保证油气质量、保证生产过程安全可靠和降低能耗所用的化学品称油气集输用化学品。主要有缓蚀剂、破乳剂、减阻剂、乳化剂、流动性改进剂、天然气净化剂、水合物抑制剂、海面浮油清净剂、防蜡剂、清蜡剂、管道清洗剂、降凝剂、降黏剂、抑泡剂等14类。

(八)石油产品添加剂

为了提高石油产品(主要包括燃料油、润滑油、润滑脂)的使用性能和保存性能而加入的一些化学添加剂称为石油产品添加剂,也可称为石油产品助剂或石油助剂。石油产品助剂经过长期的研究开发与生产实践,已逐步成为一个独立的石油化学品门类,主要包括润滑油添加剂、燃料油添加剂、润滑脂添加剂和特殊油脂(如防锈油脂、液压油、绝缘油、导热油等)添加剂。

1. 燃料油添加剂

燃料油添加剂可分为两大类:一类为保护性添加剂,主要解决燃料储运过程中出现的各类问题的添加剂;另一类为使用性添加剂,主要解决燃料燃烧或使用过程中出现的各种问题的添加剂,包括各种改善燃烧性能或改善燃烧生成物特性的添加剂。针对燃料油种类不同,相应使用的添加剂多属于各类燃料的专用添加剂。

燃料油通用保护性添加剂有抗氧化剂、金属钝化剂、抗腐蚀剂或防锈剂、抗乳化剂等。汽油专用添加剂有抗爆剂、抗表面引燃剂、汽化器清净剂、防冰剂等。喷气燃料专用添加剂有抗静电剂、抗菌剂、抗冰剂、抗烧蚀剂等。柴油专用添加剂有分散剂、低温流动改进剂、十六烷值改进剂、消烟剂等。

(1)抗爆剂。汽油发动机燃烧室内,在点火火花塞的火焰到达之前,往往会发生未燃燃料与空气的混合气自燃的所谓爆震现象,因此需加入抗爆剂来抑制这种现象的发生。目前主要使用甲基叔丁基醚(MTBE),这是一种优良的高辛烷值汽油添加剂和抗爆剂

(2)金属钝化剂。为了提高汽油和航空燃料的稳定性,在添加抗氧化剂的同时,常常还要使用金属钝化剂。金属钝化剂是通过和燃料油中的金属离子反应生成螯合物,使之不再具有氧化促进作用。常用的金属钝化剂为 *N*,*N′*-二亚水杨基-1,2-丙二胺等。

(3)其他燃料油添加剂。为了防止汽油、喷气燃料、柴油等在储存过程中氧化生成胶质沉淀,以及在使用过程中溶在燃料中的胶质因燃料气化、雾化而沉积于吸入系统、气化器、喷嘴等处,影响发动机正常运转,加入抗氧剂可避免该现象的发生。常用的抗氧剂有屏蔽酚类和苯二胺类,例如2,6-二叔丁基-4-甲酚,*N*,*N*-二异丙基对苯二胺等。

抗积炭剂可防止含铅汽油在汽缸内燃烧时留下的含铅的积炭,主要品种有磷酸二甲苯酚酯等。清净分散剂可防止气化器内附着沉积物,并能有效除去已附着的沉积物。常用的物质为低相对分子质量表面活性剂(如磷化物、脂肪酰胺等)和高相对分子质量表面活性剂(聚丁烯基多胺等)。

防腐剂可防止车用汽油在储罐、管线以及发动机燃料段中由于溶有的微量水分和空气而对金属的腐蚀或锈蚀,常用 C_{12}烯基丁二酸、双烷基磷酸等。

流动性能改进剂可改善煤油、柴油等燃料油的低温流动性,使柴油在低于浊点的温度下也能较好通过油管与过滤器,使燃料油具有良好的低温泵送性能和过滤性能,常用的品种与润滑油中的降凝剂相同。

防冰剂是为防止因水分结冰造成堵塞空气通道等类故障而使用的添加剂,主要品种有表面活性剂和低碳醇、乙二醇及酰胺等。

抗静电剂可迅速消除喷气燃料在流动或运移中由于湍流的影响而产生的大量静电荷及火花,以免引起火灾或爆炸。我国目前使用的是烷基水杨酸铬与甲基丙烯酸酯、含氮共聚物等复合而成的产品。

消烟剂可减少柴油机排气中的烟粒(黑烟)保护环境。消烟剂实际上是保证燃烧反应进

行完全的催化剂，常用的有高碱性磺酸钡、甲基环戊二烯三羰基锰等。

助燃剂主要用于改善重油的燃烧性能和使灰分改性，包括燃烧促进剂、沉渣分散剂、水分离剂、灰分改性剂等。

2. 润滑油添加剂

根据润滑油添加剂的主要作用，有多种不同的分类方法。我国按添加剂主要改善的使用性能直接将它们分为清净剂、分散剂、抗氧抗腐剂、防锈剂、载荷添加剂(抗磨剂)、增黏剂、降凝剂和抗泡剂等七大类。

(九)纺织工业助剂

在纺织品加工的纺丝、纺纱、织布、练漂和整理到成品的各道工序中，均要使用各种助剂，这些助剂多数属于精细化工产品。它们起到提高操作效率，简化工艺过程，改善印染效果，提高纺织品质量及赋予织物优良、特殊的应用性能的作用，所以是纺织工业中不可缺少的重要助剂。根据纺织品生产工艺过程的应用情况进行分类，可将纺织工业用助剂分为纺织助剂(油剂、抗静电剂、上浆剂、漂白助剂等)，印染助剂(乳化剂、涂料印花助剂、匀染剂、固色剂、荧光增白剂等)、织物整理用助剂(树脂整理剂、柔软剂、防火阻燃剂、防水剂、防污剂等)，染料和颜料等四类。从化学结构来分类，纺织商业助剂或精细化工产品除少数为无机化合物外，多数为表面活性剂、有机高分子化合物等。表面活性剂对纺织印染加工十分重要，它们可作为净洗剂、精练剂、发泡剂、消泡剂、乳化剂、分散剂、渗透剂、润湿剂、柔软剂、平滑剂、面色剂、匀染剂、防火剂、阻燃剂、防水剂、抗静电剂等使用。

第二节　表面活性剂

一、表面活性与表面活性剂

不同聚集状态，即不同相的物质相互接触，形成相与相的分界面，我们称之为界面。按照气相、液相、固相两两组合形式的不同，界面可分为气-液、液-液、液-固、气-固、固-固五种类型。由于人眼通常看不见气相，所以常把气-液、气-固的界面称作表面。

通常把沿与表面相切的方向垂直作用于液体表面上任一单位长度的表面紧缩力，称为表面张力。液体的表面张力是液体的基本物理性质之一，它的许多特性都与表面张力有关。

硬脂酸钠、烷基苯磺酸钠等物质加入很少量就可使水的表面张力显著下降，例如，油酸钠水溶液浓度很低时(0.1%)就能使水的表面张力自0.072N/m降到0.025N/m左右。能使溶剂的表面张力降低的性质称为表面活性；而把具有表面活性，加入很少量即能显著降低溶剂(一般为水)的表面张力，改变体系界面状态的物质称为表面活性剂。某些物质如乙醇等同样可以降低溶剂的表面张力，但对体系界面状态的影响并不明显，不属于表面活性剂的范畴。

二、表面活性剂的分子结构特点与分类

1. 表面活性剂的特点

(1)双亲媒性。表面活性剂分子可以看作是碳氢化合物分子上的一个或几个氢原子被极

性基团取代而构成的物质，其中极性取代基可以是离子基团，也可以是非离子基团。因此，表面活性剂分子结构一般由极性基和非极性基构成，具有不对称结构。它的极性基易溶于水即具有亲水性质，故叫亲水基；而长链烃基(非极性基)不溶于水，易溶于油，具有亲油性质，故叫亲油基，也叫疏水基。由此可知表面活性剂分子具有两亲结构，称之为两亲分子。

(2)溶解度。表面活性剂至少应溶于液相中的某一相。

(3)界面吸附。在达到平衡时，表面活性剂溶质在界面上的浓度要大于溶质在溶液整体中的浓度。

(4)界面定性。表面活性剂在界面上会定向排列成分子层。

(5)生成胶束。当表面活性剂溶质在溶剂中的浓度达到一定时，会产生聚集面生成胶束，这种浓度的极限值称为临界胶束浓度(critical micelle concentration，简称 CMC)。

(6)多功能性。表面活性剂的溶液通常具有多种复合的功能。如清洗、发泡、润湿、乳化、增溶、分散等。

2. 表面活性剂的亲水-亲油平衡(HLB)值

表面活性剂的亲水-亲油平衡(Hydrophilic Lipophilic-Balance，简写为 HLB)指表面活性剂的亲水基和疏水基之间在大小和力量上的平衡关系，它是表面活性剂的重要的物理化学参数之一，反映这种平衡程度的量称为亲水-亲油平衡值。

获得 H LB 值的方法有实验法和计算法两种，其中后者较为方便。HLB 值没有绝对值，它是相对于某个标准所得的值。一般以石蜡的 HLB 值为 0，没有亲油基的聚乙二醇的 HLB 值为 20，油酸的 HLB 值为 1，油酸钾的 HLB 值为 20。十二烷基硫酸钠的 HLB 值为 40 作为标准。由此则可得，阴、阳离子型表面活性剂的 HLB 值为 1~40，非离子型表面活性剂的 HLB 值为 1~20。

Davies 将 H L. B 作为结构因子的总和来处理，把表面活性剂结构分解为一些基团，每种基团对 HLB 值均有确定的贡献。自实验结果可得出各种基团的 HLB 数值，称其为 HLB 基团数。一些 HLB 基团数列于表 11-2 中。将 HLB 基团数代入式(11-1)，即可算出表面活性剂的 HLB 值。

$$HLB=7+\sum(\text{亲水的基团数})-\sum(\text{亲油的基团数}) \tag{11-1}$$

对于一般表面活性剂，其亲油基为碳氢链，故$\sum$(亲油的基团数)可写为 0.475m(m 为亲油基的碳原数)。

对于只有—$(C_2H_4O)_n$—为亲水基的非离子表面活性剂，则可用式(11-2)计算：

$$HLB=E/5 \tag{11-2}$$

其中，E 代表表面活性剂分子中的环氧乙烷基的质量分数。

表 11-2　一些 HLB 基团数

亲水的基团数		亲油的基团数		亲水的基团数		亲油的基团数	
SO_4Na	38.7	—CH—	0.475	酯(自由)	2.4	—(C_3H_4O)—	0.5
COOK	21.1			COOH	2.1	—CF_2—	0.870
COONa	19.1			—OH	1.9	—CF_3	
SO_3Na	11	—CH_2—		—O—	1.3		
—N(叔胺)	9.4	—CH_3		—OH(失水山梨醇环)	0.5		
酯(失水山梨醇环)	6.8	═CH—		—(C_2H_4O)—	0.33		

3. 表面活性剂的分类

表面活性剂性质的差异除与烃基的大小、形状有关外，主要与亲水基有关。亲水基的变化比疏水基要大得多，因而表面活性剂一般以亲水基的结构分类，即按离子类型的不同来划分。

表面活性剂溶于水时，凡能离解成离子的叫作离子型表面活性剂；凡不能离解成离子的叫作非离子型表面活性剂。离子型表面活性剂按其在水中生成的表面活性离子的种类，又可分为阴离子型、阳离子型、两性离子型表面活性剂。一些具有特殊功能或特殊组成的新型表面活性剂，未按离子型、非离子型划分，而是根据其特性列入特殊表面活性剂。

(1)阴离子型表面活性剂。阴离子型表面活性剂按亲水基不同，可分为羧酸盐(R—COOM)、硫酸酯盐(R—OSO_3M)、磺酸盐(R—SO_3M)、磷酸酯盐(R—OPO_3RMR—PO_3RM_2)、脂肪酰-肽缩合物(R_1—$CONHR_2$ COH)等。由于R和M的不同，每一种又可衍生出许多种类的表面活性剂，其中烷基苯磺酸钠的产量最大，是合成洗涤剂的重要成分之一。

(2)阳离子型表面活性剂。工业上一般不直接应用阳离子表面活性剂的表面活性，多利用其派生性质。阳离子型表面活性剂以胺系为主，其分类与结构如图11-1所示。

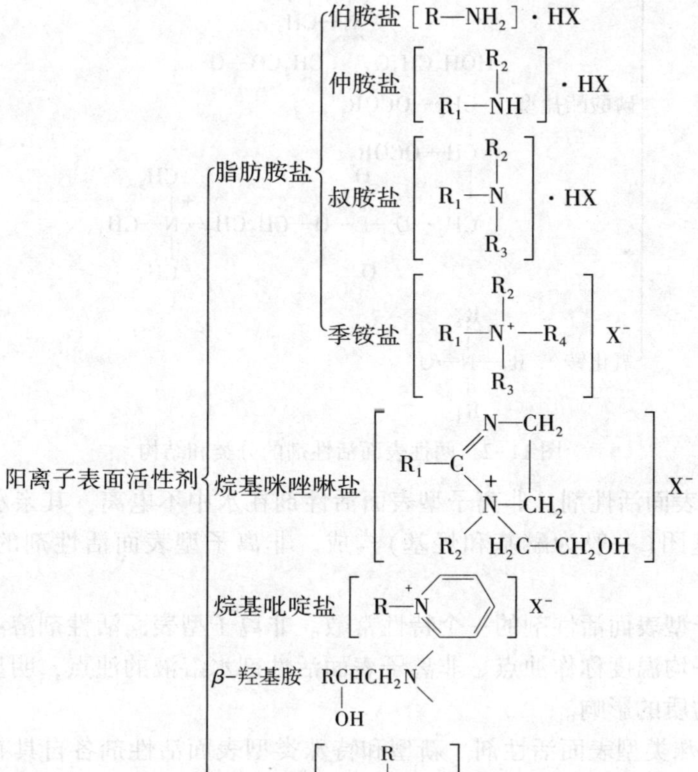

图11-1　阳离子表面活性剂的分类和结构

(3)两性表面活性剂。通常所说的两性表面活性剂，是指由阳离子部分和阴离子部分组成的表面活性剂，其常见类别与结构如图11-2所示。

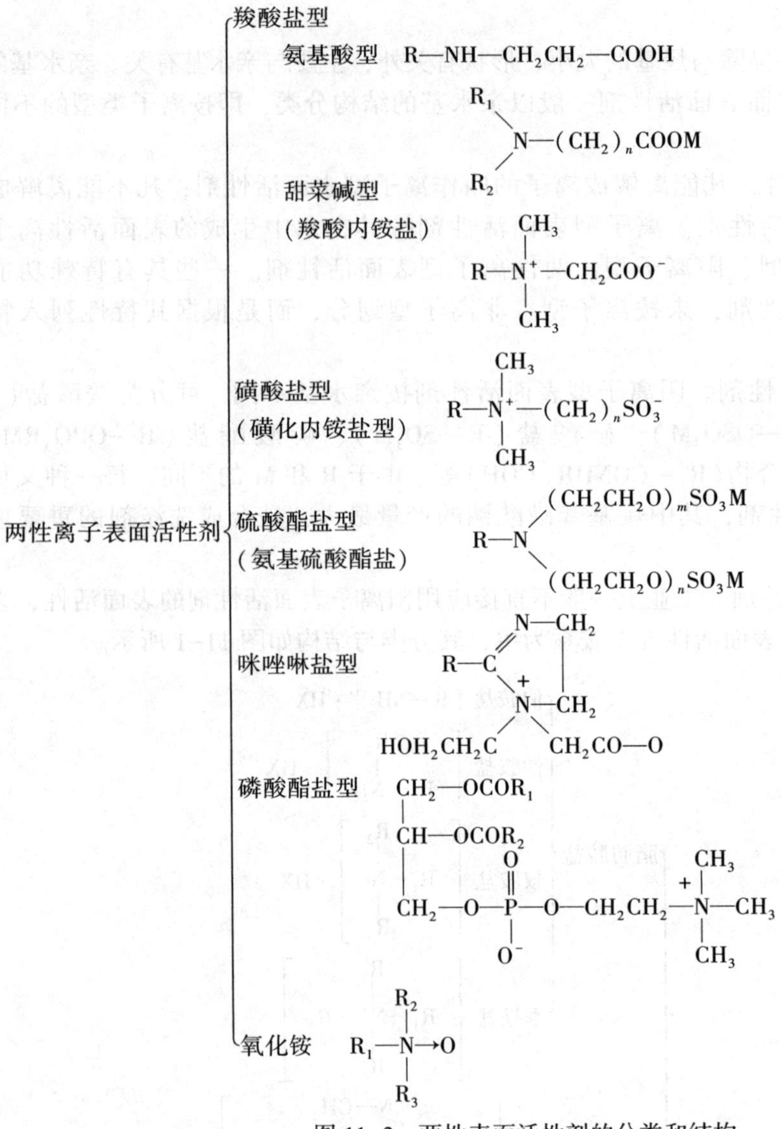

图 11-2 两性表面活性剂的分类和结构

(4)非离子型表面活性剂。非离子型表面活性剂在水中不电离，其亲水基主要是由具有一定数量的含氧基团(一般为醚基和烃基)构成。非离子型表面活性剂的分类与结构如图11-3所示。

浊点是非离子型表面活性剂的一个特性常数。非离子型表面活性剂溶液由透明变浑浊和由浑浊变透明的平均温度称作浊点。非离子表面活性剂水溶液的浊点，明显受表面活性剂的分子结构和共存物质的影响。

(5)新型和特殊类型表面活性剂。新型和特殊类型表面活性剂各自具有特殊的结构及性能，类别也较多，有氟系列、硅系列、含硼、聚合物表面活性剂等。

三、表面活性剂的理化特性

(一)润湿

固体表面与液体接触时，其表面能往往会减小。暴露在空气中的固体表面积总是吸附气体的，当它与液体接触时，气体如被排斥而离开表面，则固体与液体直接接触，这种现象称为润湿。

接触平衡时，接触角 θ 与固-气、固-液、气-液界面自由能的关系可用式(11-3)表示：

$$E_{SG}-E_{SL}=E_{SL}\cos\theta \qquad (11-3)$$

式(11-3)也称为润湿方程。以接触角 θ 表示润湿性时，通常将 $\theta=90°$ 定为润湿与否的标准。$\theta>90°$ 叫作不润湿，$\theta<90°$ 叫作润湿。θ 越小润湿性越好，平衡接触角小于零或不存在则叫作铺展。水与玻璃的接触角接近于零，而与石蜡的接触角约为 110°。

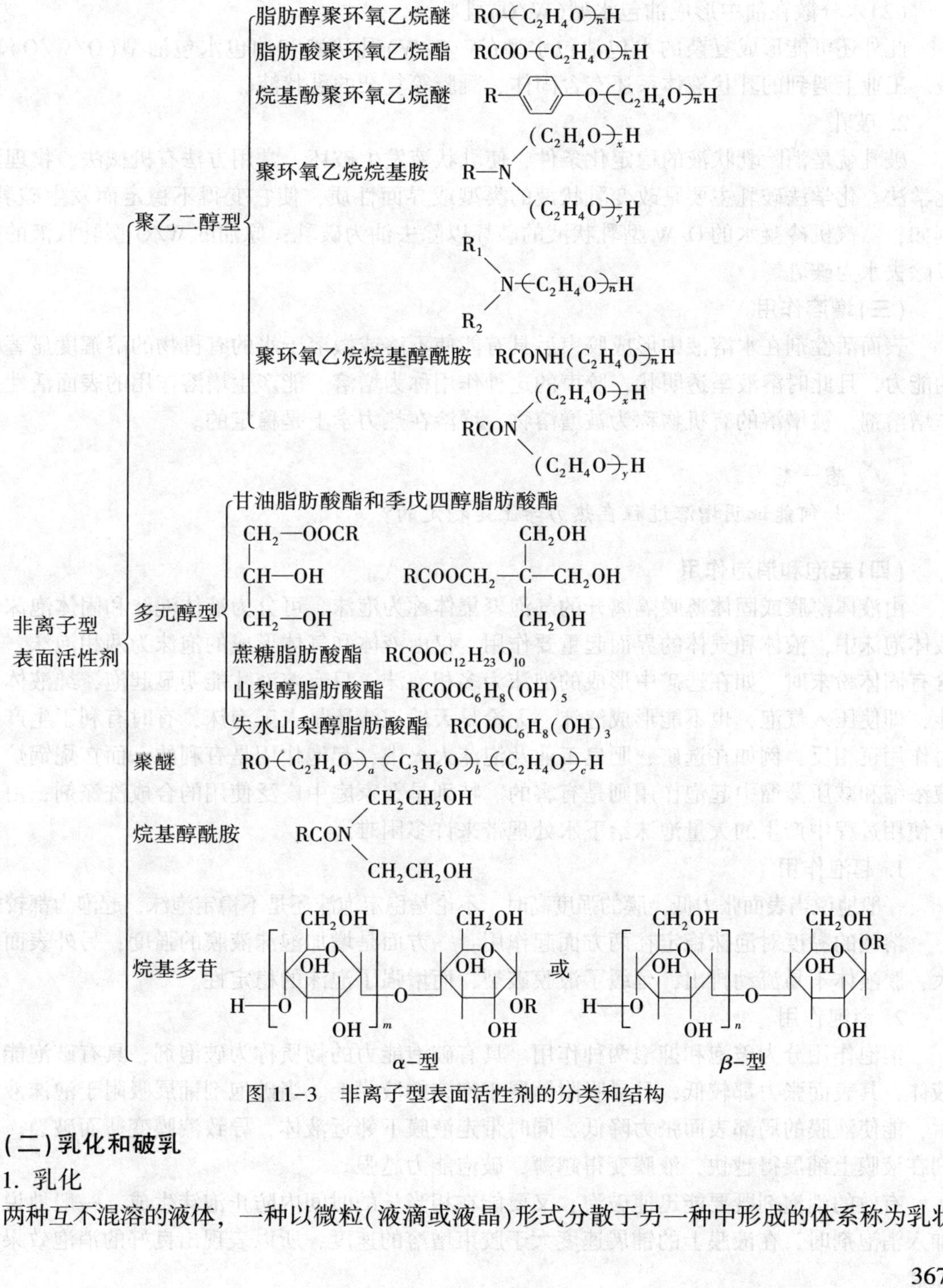

图 11-3　非离子型表面活性剂的分类和结构

(二)乳化和破乳

1. 乳化

两种互不混溶的液体，一种以微粒(液滴或液晶)形式分散于另一种中形成的体系称为乳状液，形成乳状液时由于两液体的界面积增大，所以这种体系在热力学上是不稳定的，为使乳状液稳定需要加入第三种组分——乳化剂，以降低体系的界面能。乳状液中以液滴存在的那一相称为分散相(或内相、不连续相)，连成一片的另一相叫分散介质(或外相、连续相)。

常见的乳状液一相是水或水溶液，另一相是与水不相混溶的有机物，如油脂、蜡等。水和油形成的乳状液，根据其分散情形可分为两种：

(1)油分散在水中形成水包油型(O/W)乳状液；

(2)水分散在油中形成油包水型(W/O)乳状液。

此外还可能形成复杂的水包油包水型(W/O/W)乳状液和油包水包油型(O/W/O)乳状液。工业上遇到的乳状液体系还有含固体、凝胶等复杂的乳状液。

2. 破乳

破乳就是消除乳状液的稳定化条件，使乳状液发生破坏，常用方法有机械法、物理法和化学法。化学法破乳主要是改变乳状液的类型或界面性质，使它变得不稳定而发生破乳等。例如，蒸汽机冷凝水的O/W型乳状液的破坏以除去油为破乳；原油的W/O型乳状液的破坏以除去水为破乳。

(三)增溶作用

表面活性剂在水溶液中形成胶束后具有能使不溶或微溶于水的有机物的溶解度显著增大的能力，且此时溶液呈透明状，胶束的这种作用称为增溶。能产生增溶作用的表面活性剂叫作增溶剂，被增溶的有机物称为被增溶物。增溶在热力学上是稳定的。

想一想

如何能证明增溶过程在热力学上是稳定的？

(四)起泡和消泡作用

由液体薄膜或固体薄膜隔离开的气泡聚集体称为泡沫，可分为液体泡沫和固体泡沫。在液体泡沫中，液体和气体的界面起重要作用。仅由液体和气体形成的泡沫为两相泡沫，当其含有固体粉末时，如在选矿中形成的泡沫为多相泡沫。只有溶液才能明显起泡，纯液体则不能，即使压入气泡，也不能形成泡沫。无论是天然泡沫还是人工泡沫，有时有利于生产，有时作用正相反，例如在选矿、肥皂工业及泡沫灭火中，起泡作用是有利的；而在烧锅炉、溶液浓缩和减压蒸馏中起泡作用则是有害的。特别是在家庭中广泛使用的合成洗涤剂，由于其在使用过程中产生的大量泡沫给下水处理带来许多困难。

1. 起泡作用

一般地说当表面张力低，膜的强度高时，不论是稳定泡沫还是不稳定泡沫，起泡力都较好。

溶液的黏度对泡沫稳定在两方面起作用：一方面是增加泡沫液膜的强度；另外表面黏度大，膜液体不易流动排出，延缓了液膜破裂，而增强了泡沫的稳定性。

2. 消泡作用

消泡作用分为破泡和抑泡两种作用。具有破泡能力的物质称为破泡剂，具有破泡能力的液体，其表面张力都较低，且易吸附铺展于泡沫的液膜上。当破泡剂铺展吸附于泡沫液膜上后，能使液膜的局部表面张力降低，同时带走液膜下邻近液体，导致液膜变薄而破裂。破泡剂在液膜上铺展得越快，液膜变得越薄，破泡能力越强。

有效的消泡剂既要能迅速破泡，又要能在相当长的时间内防止泡沫生成。一般地说开始加入消泡剂时，在液膜上的铺展速度大于胶束增溶的速度，所以表现出良好的消泡效果，经过一段时间后，随着消泡剂被增溶，消泡作用减弱。

实际应用的消泡剂种类很多，常见的有以下几类。

(1)醇类，常用的多为具有支链结构的醇，如二乙基己醇、异辛醇、异戊醇、二异丁基甲醇等。

(2)脂肪酸及脂肪酸酯，如牛脂、猪脂、失水山梨醇、单月桂酸酯、三油酸酯、甘油脂肪酸酯、双乙二醇月桂酸酯以及蓖麻油、豆油等。

(3)酰胺，如硬脂酰乙二胺、棕榈酰乙二胺、油酸二乙烯三胺缩合物等。

(4)磷酸酯，如磷酸三丁酯、磷酸三辛酯、磷酸戊酯、辛酸有机胺盐等。

(5)有机硅化合物，如硅油，主要是烷基硅油。

(6)卤化有机烃，如氯化烃、氟化烃、多氟化烃等。

此外某些金属皂，如硬脂酸和棕榈酸的铝、钙、镁皂等。一般非离子表面活性剂多为低泡型表面活性剂，有的具有良好的消泡能力。

第三节　涂　料

涂料是指用特定的施工方法涂覆到物体表面后，经固化使物体表面形成美观而有一定强度的连续性保护膜、或者形成具有某种特殊功能涂膜的一种精细化工产品。涂料生产作为一个工业部门仅有近百年的历史。涂料的应用十分广泛，涉及日常生活及国民经济的各个部门，因此必须生产出性能和规格各异的涂料产品，以满足各种不同使用的要求。目前涂料产品已形成醇酸、丙烯酸、乙烯、环氧、聚氨酯树脂涂料为主体的五大系列。

一、涂料的作用

涂料的作用较多，归纳起来主要有以下四类：

(1)保护作用。物体暴露在大气之中，受到水分、气体、微生物、紫外线的侵蚀，会引起金属锈蚀、木材腐朽、水泥风化等破坏现象。在物体表面涂覆涂料后，可隔绝破坏因素，从而阻止或延迟这些破坏现象的发生和发展，使各种物体的使用寿命大大延长。例如，三防涂料能使仪器仪表和贵重设备在热带、亚热带的湿热气候条件下正常使用并防止霉烂，磷化底漆可使金属表面钝化，富锌底漆则起阴极保护作用，使金属缓蚀。一座钢铁结构的桥梁如果不用涂料只有几年寿命，若用上合适涂料保护并维修得当，则其寿命可达百年以上，因此涂料被称为工业外衣。

(2)装饰作用。火车、轮船、汽车等交通工具涂装了各种颜色的涂料就显得美观、舒畅，家具、日用品等涂上涂料就显得五光十色、绚丽多彩。涂料在人们的物质生活乃至精神生活中是不容忽视的。

(3)色彩标志作用。涂料可使各种物体带上明显的颜色，因而起到色彩标志作用。各种危险品、化工管道、机械设备等涂以不同颜色涂料后，容易识别、便于准确操作，道路划线、铁道标志等也需不同色彩涂料以保证安全行车。目前，应用涂料做标志的色彩在国际上已逐渐标准化。

(4)功能作用。涂料在特定场合还发挥着特殊功能作用，例如集成电路板、电器均借助于绝缘涂料的涂膜起到绝缘作用；轮船、舰艇的底部涂上防污涂料以防海生物的附着；导弹外壳的涂料在进入大气层时能消耗掉自身，同时也能使摩擦生成的强热消散，从而保护导弹外壳。涂料在国防军工、航空航天及国民经济中各部门均有特殊的功能与作用。

二、涂料的分类

常用的涂料分类方法有六种：

(1)按主要成膜物质来分类，见表11-3。

表11-3 涂料分类表

序号	代号	成膜物质类别	主要成膜物质
1	Y	油性类	天然动植物油、清油、合成油
2	T	天然树脂类	松香及其衍生物、虫胶、乳酪素、动物胶、大漆及其衍生物
3	F	酚醛树脂类	改性酚醛树脂、纯酚醛树脂、二甲苯树脂
4	L	沥青类	天然沥青、石油沥青、烘焦沥青、硬质酸沥青
5	C	醇酸树脂类	甘油醇酸树脂、季戊四醇醇酸树脂、其他改性醇酸树脂
6	A	氨基树脂类	酚醛树脂、三聚氰胺甲醛树脂
7	Q	硝基漆类	硝基纤维素，改性硝基醛树脂
8	M	纤维素类	乙基纤维、苄基纤维、羟甲基纤维、乙酸纤维、乙酸丁酸纤维、其他纤维酯及醚类
9	B	过氯乙烯类	过氯乙烯树脂、改性过氯乙烯树脂
10	X	乙烯基类	氯乙烯共聚树脂、聚乙酸乙烯酯及其共聚物、聚乙烯醇缩醛树脂、聚二乙烯乙炔树脂、含氟树脂
11	G	丙烯酸树脂类	丙烯酸树脂、丙烯酸共聚物及其改性树脂
12	Z	聚酯类	饱和聚酯树脂、不饱和聚酯树脂
13	H	环氧树脂类	环氧树脂、改性环氧树脂
14	S	聚氨酯类	聚氨基甲酸酯
15	W	元素有机漆类	有机硅、有机钛、有机铝等元素有机聚合物
16	J	橡胶类	天然橡胶及其衍生物、合成橡胶及其衍生物
17	E	其他类	未包括在以上所列的其他成膜物质，如无机高分子材料、聚酯亚胺树脂等
18		辅助材料	稀释剂、防潮剂、催化剂、脱漆剂、固化剂

(2)按涂料或成膜物质的性状、形态来分类，如溶液涂料、乳液涂料、粉末涂料、有光涂料、多彩涂料、双组分涂料等。

(3)按涂膜的特殊功能来分类，如打底涂料、防锈涂料、防腐涂料、防污涂料、防霉涂料、耐热涂料、防火涂料、电绝缘涂料、荧光涂料等。

(4)按被涂物(即按用途)来分类，如建筑用涂料、船舶用涂料、汽车用涂料、木制品用涂料等，建筑用涂料又可分为室内用、室外用、木材用、金属用、混凝土用涂料等。

(5)按涂装方法来分类，如刷涂涂料、喷涂涂料、电泳涂料、烘涂涂料、流态床涂装涂料等。

(6)按涂膜固化方法来分类，如常温干燥涂料、烘干涂料、电子放射固化涂料等。

三、涂料的命名

按国标GB 2705—2016中对涂料的命名原则有如下规定：

涂料全名=颜色或颜料名称+成膜物质名称+基本名称。例如，红醇酸磁漆、锌黄酚醛防锈漆等。对于某些有专业用途及功能特性的产品，必要时可以在成膜物质后面加以说明，例如醇酸导电磁漆、白硝基外用磁漆。

通常不含颜料的透明涂料称为清漆；含有颜料的不透明涂料称为色漆（如磁漆、调和漆、底漆）；加有大量体质颜料的稠厚浆状涂料称为腻子。无挥发性稀释剂的涂料称为无溶剂涂料；呈粉末状的称粉末涂料；以有机溶剂作为稀释剂的称溶剂型涂料；以水作为稀释剂的则称为水性涂料。

四、涂料的性能和固化机理

要使涂料起到应有的作用，首先要求涂料必须对被涂物表面有足够的附着力。同时根据使用要求，涂膜还应有一定的硬度、韧性、耐久性等，在相当长的时间内起到其装饰和保护作用，此外涂料还应当可以修补和翻新。

涂料的固化机理有三种类型，一种是物理机理固化，另外两种是化学机理固化。

(1)物理机理固化。只靠涂料中液体组分(溶剂中分散相)的蒸发而得到干硬的涂膜。高聚物在制成涂料时已具较大的相对分子质量，失去溶剂后就变硬而不黏，在干燥固化过程中，高聚物并不发生化学反应。

(2)涂料与空气中氧气或水分发生反应而交联固化。如氧气能与干性植物油和其他不饱和化合物反应产生自由基并引起聚合反应：

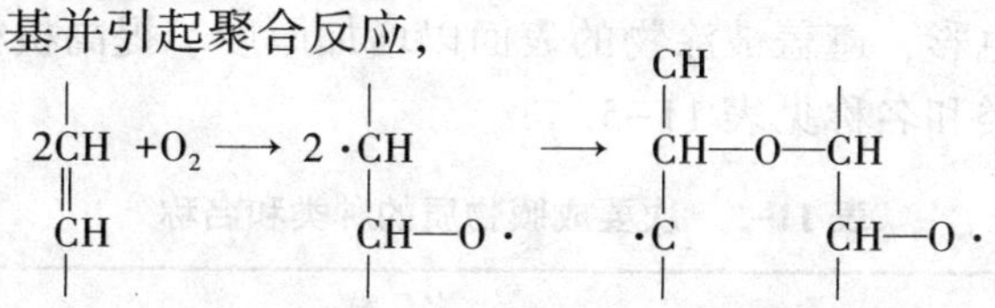

又如水分能与异氰酸酯发生缩聚反应，此两类反应均能得到交联涂膜：

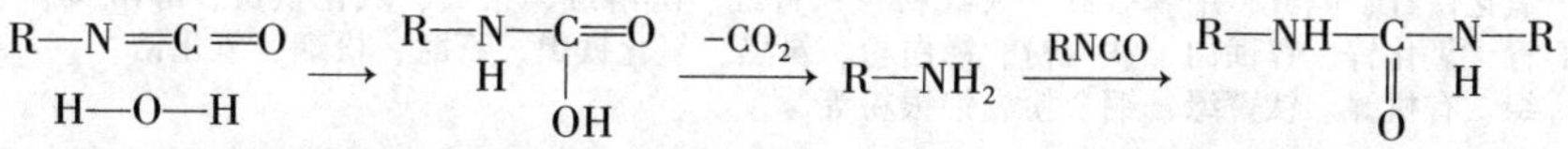

因此，在储存期间，涂料储罐必须密封良好，与空气、水分隔绝。

(3)涂料组分之间发生反应而交联固化。这类涂料在储存期间必须保持稳定，可以用双罐装法储存，使用前按一定比例混合，例如用胺固化的环氧树脂涂料采用双组分储存，涂装前把两种组分按一定配比均匀混合，在涂装过程中即发生交联而固化：

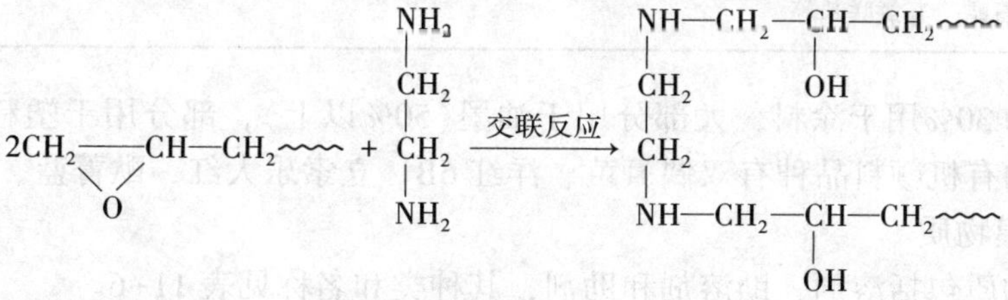

甲组分(树脂)　　乙组分(固化剂)

也可选用在常温下互不发生反应，只是在高温或受到辐射时才发生反应而交联固化的组分。

五、涂料的成膜物质

涂料一般由不挥发成分和稀释剂两大部分组成，涂布后稀释剂逐渐挥发掉，而不挥发分固化成膜。因此不挥发分是成膜物质，是决定涂膜性能的主体材料，也称基料。成膜物质又可分为主要、次要和辅助成膜物质，其种类详述如下：

1. 主要成膜物质

主要成膜物质的种类和名称详见表11-4。

表 11-4　主要成膜物质的种类和名称

种类	名　称
干性油	桐油、梓油、胡麻油、苏子油、线麻油、橡胶子油、青条鱼油、松浆油(塔油)等
半干性油	豆油、葵花子油、玉米油、棉子油、带鱼油等
不干性油	蓖麻油、椰子油、花生油等
天然树脂	虫胶、松香、沥青、石油沥青、天然漆等
人造树脂	石油松香(钙脂)、甘油松香(酯胶)、季戊四醇松香、顺丁烯二酸松香、石油树脂、硝化棉、乙酸纤维、乙基纤维、苄基纤维、氯化橡胶等
合成树脂	醇酸、氨基、酚醛、环氧、聚酰胺、丙烯酸、丙烯酸酯、聚氨酯、聚氯乙烯、聚乙酸乙烯酯、聚乙烯醇缩醛、苯乙烯、氟乙烯、环氧酯、有机硅、有机氟、有机钛等高聚物

2. 次要成膜物质

颜料是色漆中的次要成膜物质，通常为固体粉末，有着色颜料、体质颜料和防锈颜料等三种，系无机或有机颜料。虽然颜料本身不能成膜，但它始终留在涂膜中赋予涂膜许多特殊的性质，如使涂膜呈现色彩，遮盖被涂物的表面以增加厚度、提高机械强度、耐磨性、附着力和耐腐蚀性等。其种类和名称见表 11-5。

表 11-5　次要成膜物质的种类和名称

种类	名　称
着色颜料	氧化铁红、隔红、甲苯胺红、大红粉、钛菁红、醇溶红、铬黄、氧化铁黄、醇溶黄、铁蓝、钛着蓝、群青、氧化锌、锌钡白、铁白粉、锑白粉、炭黑、氧化铁黑、石磨、松烟、氧化铬绿、有机绿、钛菁绿、铜金粉、铝银粉等
防锈颜料	氧化铁红、钼铬红、铝粉、石墨、氧化锌、红丹、偏硼酸钡、锌镉黄、锌粉、天然红土、含铅氧化锌、云母氧化铁等
体质颜料	沉淀硫酸钡、重晶石粉、轻质碳酸钙、石粉、滑石粉、石棉粉、云母粉、高岭土、硅藻土、膨润土等
增韧剂	邻苯二甲酸二丁酯(或二辛酯)、碳酸三甲酚酯(或三苯酚酯)、癸二酸二丁酯(或二辛酯)、蓖麻油、氧化石蜡、五氯联苯等

有机颜料的 30%用于涂料，大部分用于油墨(50%以上)，部分用于塑料(占 19%)。涂料中使用较多的有机颜料品种有双偶氮黄、洋红 6B、立索乐大红、酞菁蓝、酞菁绿等。

3. 辅助成膜物质

辅助成膜物质包括溶剂、助溶剂和助剂，其种类和名称见表 11-6。

表 11-6　辅助成膜物质的种类和名称

种类		名　称
溶剂	植物油溶剂	松节油、双戊烯等
	石油溶剂	200 号溶剂油(松香水)、120 号溶剂汽油、煤油等
	煤焦溶剂	苯、甲苯、二甲苯、200 号煤焦溶剂等
	酯类溶剂	乙酸丁酯、乙酸乙酯、乙酸戊酯等
	酮类溶剂	丙酮、环己酮等
	醇类溶剂	乙醇、丁醇等

续表

种类		名　称
助剂	催干剂	环烷酸盐、亚麻酸盐、松香酸盐、二氧化锰、红丹、黄丹
	固化剂	乙二胺、己二胺、二乙烯三胺、聚酰胺、二甲基乙醇胺
	消光剂	硬脂酸铝(锌)、石蜡等
	润滑剂	环烷酸铝(锌)、三乙醇胺、有机硅油等
	防霉剂	环烷酸铜(锌)、油酸铜、防霉剂9等
	杀虫剂	氧化汞、氧化亚铜等
	其他助剂	抗结皮剂、悬浮剂、乳化剂、防冻剂、防老化剂等

溶剂包括表11-6中的有机溶剂和水性涂料的重要溶剂水，均为分散介质，有助于施工和改善涂膜的某些性能，它们不是成膜物质。通常将成膜物质和分散介质的混合物称为漆料。

涂料用助剂种类很多，用量最多的是催干剂和增塑剂，其他助剂用量虽小，但对涂料的某一关键性能却能起决定性作用，因此助剂在品种和用途方面都发展得很快。

六、涂料的生产

涂料的种类很多，有着色涂料、乳液涂料、环保涂料等。涂料中的挥发性有机物，如苯类、烃类、酯类、酮类及醚类等(简称VOC)，包括涂料成膜过程中挥发的有机溶剂和固化反应释放的有机物质，对大气的污染越来越受到关注。大气中挥发性有机物(VOC)在日光的作用下会生成O_3，在较低浓度下就会对人体健康产生非常不利的影响。进一步的研究发现，涂料中的VOC与大气中酸雨的形成也有关。涂料工业产生的VOC量占总VOC挥发量的47.2%。因此欧美一些国家对涂料产品VOC的挥发量进行了一系列的规定和限制。

随着人们环境意识的增强，绿色环保型涂料将成为人们的消费时尚。无疑研究和开发符合经济、生态、效率、能源要求的绿色环保型涂料产品具有重大战略意义和广阔的市场前景。环保涂料包括水性涂料、粉末涂料、UV/EB固化涂料、高固体分涂料(简称HSC)等。这里重点介绍一下环保涂料。

(一)粉末涂料

粉末涂料是一种含有100%固体成分，以固态粉末状态存在，并以粉末状态进行涂装，然后加热熔融流平，固化成膜的涂料。粉末涂料与一般溶剂型涂料和水性涂料不同，不是用溶剂或水作为分散介质，而是借助于空气作为分散介质。目前，粉末涂料的应用已涉及家用电器、仪器仪表、金属、纺织、轻工、器具、建筑装饰、机电设备、纺织机械、石油化工设备和管道、农业机械、金属网架、火车客车车辆、汽车零部件、飞机仓板、电子元器件、化妆品瓶、船舶防锈等加多个行业，取得了巨大的经济和社会效益。

粉末涂料不含有机溶剂，是环保部门大力推荐的低公害的涂料品种。粉末涂料储运方便、施工连续与自动化，涂装效率高，一次能厚涂30~500μm，耐久性优于溶剂型涂料。

粉末涂料的制造方法有熔融混合法、喷雾干燥法、沉淀法等。熔融混合法是当今工业生产中最常用的一种方法，具有很多优点。其工艺流程为：选料→投料→高速分散→熔融挤出→压片→冷却→粗碎→细碎→称量→包装。

聚酯-聚氨酯粉末涂料有优良的流动性和耐蚀性，良好的柔韧性和耐潮性，高冲击强度。其配方见表11-7~表11-9：

表 11-7 聚酯树脂配方

新戊二醇	494g	108~230℃反应到酸值	4.7mgKOH/g
环己烷二甲醇	342g	相对分子质量 M_n	2000~2200
三羟甲基丙烷	43g	T_g	58℃
对苯二甲酸	1081g	羟值	40~50mg KOH/g
酸催化剂 FasCat4100	2g	黏度(200℃)	1.4~1.8Pa.s

表 11-8 粉末涂料

聚酯树脂	55.4g	树脂/交联剂：80/20
封闭型异佛尔酮二异氰酸酯	13.8g	P/B：30/70
钛白粉 Ti-Pure R-960	29.32g	粒度<74μm
流平剂 Modaflow Powder Ⅱ	1.0g	储存稳定性：
安息香	0.3g	49℃×10 天不结块
抗氧剂 Irganox1010	0.03g	
二丁基锡二月桂酸酯	0.15g	

表 11-9 漆膜性能

固化周期：180℃×20min			
光泽，60°	93	冲击强度/kg·m	1.74/1.74
硬度	H-2H	耐溶剂性，MEK	200⁺次
附着力	优	轴棒弯曲，3mm	通过
耐盐雾性，500h	不延伸	耐潮性	不起潮
QUV500hr，保光率：56%			

(二)高固体分涂料

高固体分涂料就是要求固体分含量在60%~80%或更高，有机溶剂的使用量大大低于传统溶剂型涂料，符合环保法规要求的涂料。

高固体分涂料和其他低污染涂料品种相比有它的优点，如生产与涂装工艺、设备、检测评价的仪器和传统的溶剂型相同，发展高固体分涂料既可减少 VOC 挥发量又不需要增加设备投资。一次涂装的膜厚是传统涂料的 1~4 倍，还可以减少施工次数。几乎所有品种如醇酸(聚酯)、氨基、烯类(含丙烯酸)、环氧、聚氨酯等都可相应地发展成高固体分涂料，能保持高耐久性、高装饰性，适应各种工业如航空、航天、海洋事业与国防高新技术发展的需要。

(三)辐射固化(光固化)涂料

辐射固化是指在光(包括紫外、可见光)或高能射线(主要是电子束)的作用下，液态的低聚物(包括单体)经过交联聚合而形成固态产物的过程。

辐射固化(光固化)涂料最为显著的特点是固化速率快，是各类涂料中干燥固化最快的涂料，通常在紫外灯辐照下，只需几秒或几十秒就可固化完全。光固化涂料的另外一个优势在于它基本不含挥发性溶剂，具有环境友好的特点。溶剂型涂料含有 30%~70%的惰性溶剂，在成膜干燥时几乎全部挥发进入到大气中，累积所造成的环境危害相当大。光固化涂料则不同，光照时几乎所有成分参与交联聚合，进入到膜层成为交联网状结构的一部分，可视为100%固含量的涂料，传统涂料中只有粉末涂料具有此特点。然而固化涂料常温快速冷固化的特点是粉末涂料望尘莫及的。

光固化反应过程是具有化学反应活性的液态物质，在光的作用下快速转变为固态的过程。光固化反应本质是光引发的聚合、交联反应。尽管光固化涂料的品种繁多，性能各异，但任何一个光固化配方都包括以下三种主要组分：

(1)预聚物。赋予材料以基本的物理化学性能。反应性预聚物是光固化涂料的主体成分，常见的光固化预聚物主要有：环氧丙烯酸树脂(EA)、聚氨酯丙烯酸酯(PUA)、聚酯丙烯酸酯(PEA)、丙烯酸酯化的聚丙烯酸树脂(arylated PA)及不饱和聚酯。

(2)活性稀释剂(也称活性单体)。主要用于调节体系的黏度，但对固化速率和材料性能也有影响。常规UV涂料配方中可采用的活性稀释剂包括HEMA、HDDA、TMPTA、TPGDA、NPGDA、3EOTMPTA、3POTMPTA、GPTA、2PONPGDA、双三羟甲基丙烷四丙烯酸酯、双季戊四醇五丙烯酸酯、NVP等。

(3)光引发剂。用于产生可引发聚合的自由基或离子，主要包括HMPP(2-羟基-2-甲基苯丙酮)、二苯甲酮/叔胺体系、HCPK(α-羟基环己基苯基酮)、DMPA(α，α-二甲氧基-α-苯基苯乙酮)、HMPP(α-羟基异丙基苯基酮)等。

第四节　功能高分子材料和智能材料简介

一、功能高分子材料

功能高分子材料一般是指除了具有一定的力学性能之外，还具有特定功能(如导电性、光敏性、化学性、催化性和生物活性等)的高分子材料。功能高分子材料从组成和结构上可分为结构型功能高分子材料和复合型功能高分子材料。所谓结构型功能高分子材料，是指在分子链上带有可起特定作用的功能基团的高分子材料，这种材料所表现的特定功能是高分子结构因素所决定的。所谓复合型功能高分子材料，是指以普通高分子材料为基体或载体，与具有特定功能的结构型功能高分子材料进行复合而得的复合功能材料，以上两种材料均称为功能高分子材料。

功能高分子材料产量低，价格高，制造工艺复杂，其产量大致是通用高分子材料的千分之一或更少，而价格往往为其100倍以上，属于精细化工产品的重要组成部分。功能高分子材料涉及的范围广泛，品种繁多，表11-10给出习惯性分类的功能高分子材料概况。

功能高分子材料具有质量轻、易加工、可大面积成膜、原料来源广泛等特点。随着国民经济的发展，对这类材料的要求将越来越高。其今后的发展方向也将沿着以下几个方面：

(1)功能化。新材料正在从过去偏重结构材料转向功能材料，高分子材料未来正向高性能化、高功能化和多功能化方向发展。

(2)复合化。对新材料要求越来越严格的特定性能趋于极限化，同时要求综合性能也能满足，通常一般的材料是无法实现的。而把两种或多种材料组合起来，发挥各个组分单独使用时所达不到的性能和功能。

(3)精细化。新材料向精细化方向发展，如随着集成电路要求越来越高，先后开发了紫外光、远紫外、电子束、X射线、聚焦离子束、同步加速器辐射为光源的光致抗蚀剂。

(4)综合化。除了对新材料性能和功能的要求越来越精细化、多样化、极限化之外，材料开发本身还需要对材料的加工、分析测试、性能和功能的测定、应用技术和设备等有关问题一起加以综合考虑。

(5)知识技术密集化。材料科学是一门新兴的综合性学科，它需要很多基础科学作依据，随着今后对材料的结构和性能关系进一步了解，可通过计算机进行分子设计和材料选择，更好地选择和创制具有各种指定性能和功能的新材料。

表 11-10　功能高分子材料分类概况

分类	特性	应用示例
电磁功能高分子材料		
导电高分子材料	导电性	电极电池、防静电材料、屏蔽材料、面状发热体和接头材料
超导高分子材料	光电效应	约瑟夫逊元件、受控聚变反应堆、超导发电机、核磁共振成像技术
高分子半导体	导电性	电子技术和电子器件
光电导高分子	导电性	电子照相机、光电池、传感器
压电高分子	光电效应	开关材料，仪器仪表材料，机器人感触材料、显示、测量
热电高分子	力电效应	音响调和、仪器
声电高分子	热电效应	塑料磁石、磁性橡胶、仪器仪表的磁性元器件、中子吸收、微型电机、异步电机、传感器
高分子磁性体	声电效应	
磁性记录材料	导磁作用	磁带、磁盘
电致变色材料	磁性转移	显示、记录
光功能高分子材料		
塑料光纤	光的曲线传播	通信、显示医疗器械．
光致变色、显示	光色效应和光电效应	显示、记录，自动调节光线明暗太阳镜及窗玻璃
液晶高分子	偏光效应	显示、连接器
光盘的基板材料	光学原理	高密度记录和信息储存
感光树脂、光刻胶	光化学反应	大规模集成电路的精细加工、印刷
光学透明高分子材料	透光	接触眼镜片、菲涅尔透镜、阳光选择膜、安全玻璃以及其他透镜、棱镜和光学元器件
光弹材料	光力效应	无损探伤
光高分子材料	光化学作用	信息处理、荧光染料
光降解高分子材料	光化学	减少环境污染
光能转换材料	光电、光化学	太阳能电池

续表

分类	特性	应用示例
分离材料和化学功能高分子		
高分子分离膜和气液交换膜	传质作用	化工、制药、海水淡化、环保、冶金
离子交换树脂和交换膜	离子交换作用	化工、制药、纯水制备
高分子催化剂和高分子固定酶	催化作用	化工、食品加工、制药、生物工程
高分子试剂	反应性	化工、农药、医用、环保
分解性高分子	反应性	农业、包装、制药
螯合树脂、絮凝剂	吸附作用	稀有金属提取、水处理、海水提铀
高吸水性材料	吸附作用	化工、农业、纸制品
生物医学高分子材料		
人工器官材料	仿人体功能与替代修补作用	人体脏器
骨科、齿科材料	替代修补作用	人体骨骼、牙齿置换修补
药物高分子	药理作用	
降解性缝合材料	化学降解	非永久性外科材料
医用黏合剂	物理与化学作用	外科和修补材料

化学功能高分子材料是一类具有化学反应功能的高分子材料，它是以高分子链为骨架并连接具有化学活性的基团构成。化学功能高分子材料的种类很多，下面主要介绍离子交换树脂、高分子催化剂和高吸水性树脂。

(一)离子交换树脂

离子交换树脂是一类能显示离子交换功能的高分子材料。在其大分子骨架的主链上带有许多化学基团，这些化学基团由两种带有相反电荷的离子组成：一种是以化学键结合在主链上的固定离子，另一种是以离子键与固定离子相结合的反离子。反离子可以被离解成为能自由移动的离子，并在一定条件下可与周围的其他同类型离子进行交换。离子交换反应一般是可逆的，在一定条件下被交换上的离子可以解吸，使离子交换树脂再生，因而可反复利用。离子交换树脂品种繁多，分类方法也不统一，一般根据交换基团的种类、作用通常分为以下五类：

强酸型阳离子交换树脂，$R—SO_3H$，如：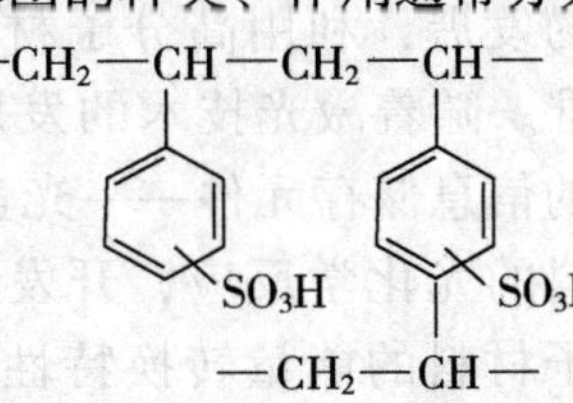，R—苯环上的取代基；

弱酸型阳离子交换树脂，$R—COOH$，$R—PO_3H_2$，$R—OH$，$R—AsO_3H_2$ 等；

强碱型阴离子交换树脂，$R\equiv N^+X^-$，$R\equiv N^+X^-$，$R\equiv S^+X^-$，X 为卤素；

弱碱型阴离子交换树脂，$R—CONH(CH_2)_3N(CH_3)_2$，$R—CH_2N\,CH_3(C_2H_4OH)_2$

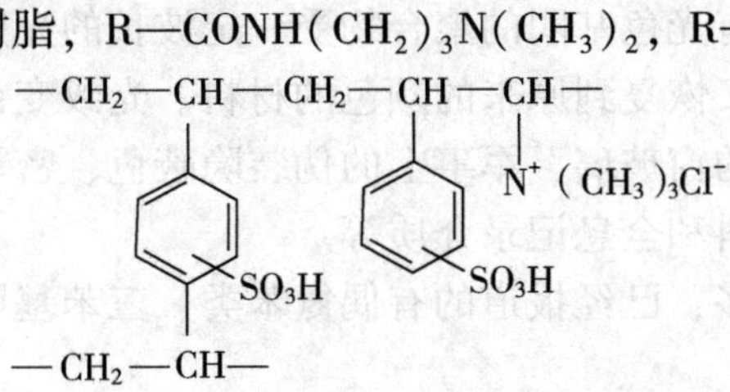

两性离子交换树脂，$—CH_2—CH—$

(二)高分子催化剂

高分子催化剂分子链上的诸多功能基之间的协同效应，作为催化活性中心的金属原子在链上的高分散或高浓缩效应、取代基提供的静电场、高分子的高级结构、光活性取代基的存在等高分子效应在静电场及立体阻碍两个方面为分子反应提供了特殊的微环境。这也是使高分子催化剂具有温和的反应条件和具有高活性、高选择性的主要原因。

高分子催化剂按其来源可分天然高分子催化剂、合成高分子催化剂、半天然高分子催化剂三大类。天然高分子催化剂是指存在于生物体内的各种具有催化功能的酶，它又可分为金属酶和不含金属的酶。合成高分子催化剂是指人工合成的各种具有催化功能的高分子，按其结构可分为不含金属原子的高分子酸碱催化剂、高分子金属络合物催化剂、高分子相转移催化剂、高分子胶体保护的金属簇催化剂等四大类。半天然高分子催化剂是将由生物体内提取的具有催化活性的酶用人工的方法固相化所制得的催化剂，固定化酶即属于此类

(三)高吸水性树脂

高吸水性树脂是近年来开发的一种含有强亲水性基团并具有一定交联度的功能性高分子材料。以往使用的吸附材料，如纸、棉、麻等吸水能力只有自身质量的15~40倍(指去离子水，以下同)，保水能力也相当差。20世纪70年代中期，美国农业部研究中心首先开发出一种高吸水性树脂，此后各种类型的高吸水性树脂相继出现。这些树脂不溶于水，也不溶于有机溶剂，能吸收数百倍至数千倍于自身质量的水，而且保水性强，即使加压水也不会被挤出，因而引起了世界各国的关注。

近年来高吸水树脂的工业生产能力不断扩大，并广泛应用于医疗卫生、建筑材料、环境保护、农业、林业及食品工业。

高吸水性树脂种类很多，可以从不同角度进行划分。从合成反应类型的角度可分为接枝共聚、羟甲基化及水溶性高分子交联树脂三类。但一般最常见的是按原料组成分为淀粉类、纤维素类及合成树脂类三类。

二、光功能高分子材料

光功能高分子材料是指能够对光进行传输、吸收、储存、转换的一类高分子材料。例如，随着通信技术的发展，利用高分子材料的光曲线传播特性，开发出了非线性光学元件——塑料光导纤维。随着激光技术的发展和对大容量、高信息密度储存(记录)材料的需求，开发出先进的信息储存元件——光盘。光盘的基材就是高性能的有机玻璃和聚碳酸酯。利用高分子材料的光化学反应，开发出电子工业和印刷工业上得到广泛使用的感光性树脂。利用高分子材料的能量转换特性，人们制成了光导电材料和光致变色材料。此外，还有光弹材料、光学塑料等。这里简要介绍光致变色材料、光降解材料、光导纤维及高分子液晶。

(一)光致变色高分子

光致变色高分子材料是含有光色基团的聚合物受一定波长的光照射时发生颜色变化，而在另一波长的光或热的作用下又恢复到原来的颜色的材料。光致变色高分子材料可制造各种护目镜、能自动调节室内光线的窗玻璃、军事上的伪装隐蔽色、密写信息记录材料、信号显示、计算机记忆元件、感光材料和全息记录介质等。

光致变色高分子的种类很多，已经报道的有偶氮苯类、三苯基甲烷类、螺吡喃类、双硫腙类、氧化还原类、硫堇类等。

（二）光降解高分子材料

许多高分子物质受到 300nm 以下的短波长光的照射时，显示出光降解性，但在 300nm 以上的近紫外光到可见光范围内光降解却比较少。太阳光约含 10% 的紫外光（小于 400nm），所以将在 300nm 以上的光下降解性好的高分子看作是光降解型高分子。典型的光降解型高分子有聚酮类，聚甲基乙烯酮，聚砜等。

（三）塑料光导纤维

光导纤维是一种能够传导光波和各种光信号的纤维。在当今的信息时代，人们在经济活动和科学研究中有大量的信息及数据需要加工和处理，而光纤正是传输信息的最理想的工具，以光导通信技术为基础的信息系统与传统的电缆系统比较，在同样多的时间内它可以进行更大量和更多类型信息的传送。一根光导纤维电缆相当于 100 根传送电话所使用的同轴电缆所传送的信息。而且传送时的损耗低，接点数目可以减少 1/20。光导系统的波带很宽，由几十 MHz/km 到几百 GHz/km，而且可以防止电讯号的噪声。另外光导纤维消耗材料少，与同轴电缆相比可节省大量有色金属。

目前，国际市场上销售的塑料光纤大多是包层式光纤，传输损耗多属于高损耗或中损耗范围。包层式塑料光纤按材料的组合形式大致有以下几类：①以聚苯乙烯为纤芯，聚甲基丙烯酸甲酯为包层材料；②以聚甲基丙烯酸甲酯为芯材，含氟聚合物为包层材料；③以重氢化聚甲基丙烯酸甲酯为芯材，含氟聚合物为包层材料；④其他组合形式。

（四）高分子液晶

20 世纪 70 年代初，美国 DuPont 公司合成了芳香族聚酰胺，并采用液晶纺丝技术首次制成了高强度高模量的有机纤维——芳香族聚酰胺纤维（Kevlar-29 和 Kevlar-49）。这一产品及其液晶纺丝技术的开发，标志着高分子液晶的研究进入了一个新的阶段。20 世纪 70 年代中期，热致聚酯液晶的开发开辟了高分子液晶的新领域。现在已经发现很多刚性和半刚性链的高分子、某些柔性链高分子和许多生物高分子，均具有液晶行为。高分子液晶在高强度模量纤维的制备、液晶自增强材料的开发、光电和温度显示材料的应用、疾病诊断和治疗以及生命科学的研究等方面，已取得了迅速的发展和重要的应用。目前高分子液晶的研究与开发已经成为高分子科学中的一个新的学科领域，日益受到各国的广泛重视。

高分子液晶可以分为主链型高分子液晶和侧链型高分子液晶。前者的液晶基元位于大分子主链，而后者的液晶基元则以侧基形式悬挂在大分子链上，形似梳状，故亦称梳形高分子液晶。例如：

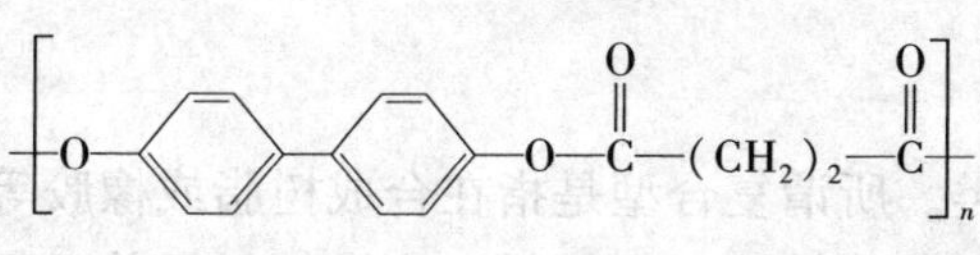 和 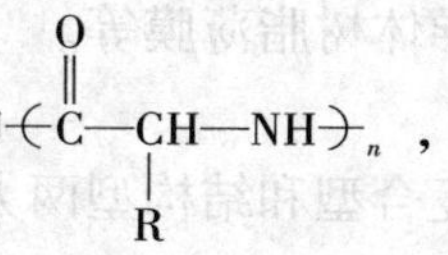，均为主链型液晶，在一定条件下分别呈现向列型、近晶型、胆甾型液晶相。

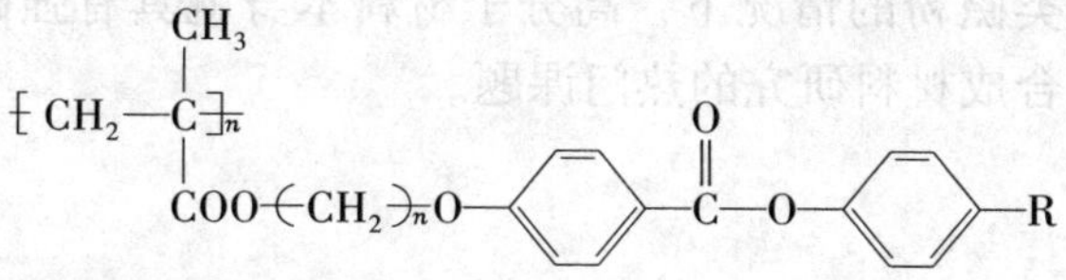，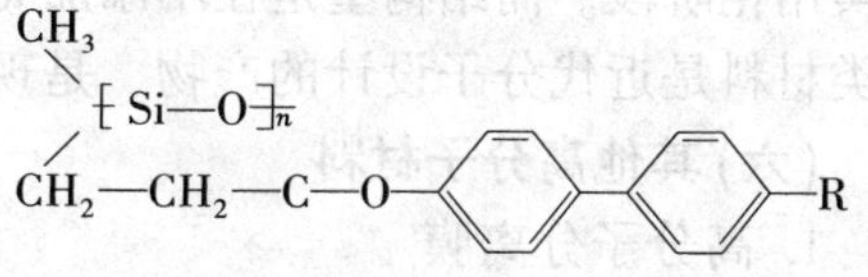

为侧链型高分子液晶。

（五）电磁功能高分子材料

电磁功能高分子材料包括导电、光电、力电、热电、磁性等许多种类。这里简介导电性高分子材料和高分子磁性材料。

1. 导电性高分子材料

电导率在半导体（10^{-7}～10^{5}m/s）和导体范围（大于10^{5}s/m）内的高分子材料分别称为半导电性高分子材料和导电性高分子材料，总称为导电性高分子材料。导电高分子材料按导电原理可分为结构型导电高分子和复合型导电高分子两大类。

所谓结构型导电高分子是指那些分子结构本身能提供载流子从而显示导电性的高分子材料，如共轭聚合物聚乙炔、金属螯合型聚合物聚酞菁铜以及高分子电荷转移络合物等电子导电体，目前仍处于研究开发阶段。

如聚氯乙烯的消除氯化氢后形成的产物，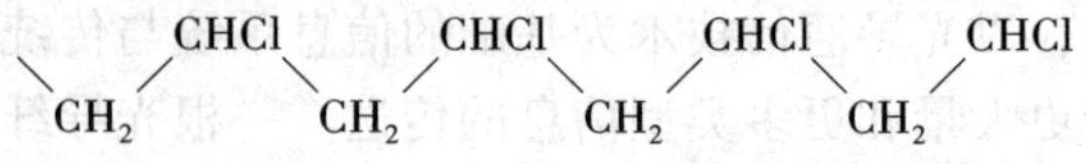

。

复合型导电高分子中的高分子本身并无导电性，它的导电过程是靠掺入的导电微粒或细丝来实现的，即由导电微粒或细丝提供载流子。最常见的复合导电高分子材料是在聚合物基料中混入炭黑、石墨、金属粉末、导电纤维等导电填料而制得的。按导电填料来分类，其中最常见的导电复合材料是炭黑添加型导电高分子材料和金属添加型导电高分子材料。

炭黑添加型高分子材料的导电性主要取决于炭黑的品种、用量。赋予导电性的炭黑必须具有结构发达、粒度小、表面积大、捕捉介电子的不纯物少（杂质少）及可进一步石墨化等五个基本特征。炭黑的添加量与导电性之间存在临界值，该值需经试验确定。如果把炭黑的结构、用量看作是实现材料导电化的主观因素，那么复合技术就是实现材料导电化的客观条件。复合技术主要包括炭黑的表面处理、混炼、熟化、成型时间及成型温度等。

金属添加型聚合物的导电性取决于金属的性质、含量及状态。一般来说，在金属微粒形状、大小、含量（体积分数）及在聚合物中的分散情况都相同时，若掺入金属的电阻率低，则材料的电阻率也低；反之材料的电阻率就高。金属填充型导电高分子材料，无论添加粉末、薄片还是纤维，在复合及成型加工上都会有很大难度。必须有严格的工艺条件，才能保证良好的性能。

复合型导电高分子材料可用作防静电材料、导电涂料、电路板的制作、压敏元件、感温元件、电磁波屏蔽材料、半导体树脂薄膜等。

2. 高分子磁性材料

高分子磁性材料可分为复合型和结构型两大类。所谓复合型是指在合成树脂或橡胶等高分子材料中添加铁氧体或稀土类磁粉加工成型的一种功能性复合材料，这类材料目前已经走向实用化阶段。而结构型是在不添加无机类磁粉的情况下，高分子材料本身就具有强磁性；这类材料是近代分子设计的产物，是现代合成材料研究的热门课题。

（六）其他高分子材料

1. 高分子分离膜

高分子分离膜是一种具有选择性传递物质的特种功能聚合物薄膜材料，高分子分离膜在对难分离物质的精细分离过程中，由于节能、无公害、设备投资小，在工业及生命工程中具有重要的应用价值。高分子分离膜依照分离物质种类及机理进行分类结果见

表11-11。

表 11-11　高效分离膜种类与应用

种类	分离过程	分离物质与能力	推动力	应用举例
压强差膜分离材料	反渗透	水与溶于水的离子、胶体、分子、细菌；分离物质粒径0.5~1.5nm	压强差2~10MPa	应用于超纯水制取及海水淡化
	超过滤	水与小分子溶质、胶体、分子、细菌分离，分离物质粒径1.5~50nm	压强差0.1~1MPa	分离病毒及高分子有机物胶体
	微孔过滤	溶液与微小固体颗粒之间分离，分离物质粒径50~5000nm	压强差<0.1MPa	污水处理及物质浓缩回收
气体分离膜	气体分离	空气(富氧)分离及其他分离	高压透气或减压吸引	医疗、发酵或富氧燃烧
离子交换膜	电渗析电解	电解质(如水溶液)脱盐	电场力(电位差)	海水浓缩，NaCl水溶液电解制NaOH
	离子置换	阳离子或阴离子选择性透过分离	对不同电荷离子的选择性	
液体分离膜	液液透析	无机盐、碱(孔径小于0.1~10μm)	化学位(浓度)梯度扩渗	湿法冶金、石化工业、废水处理
	有机液体分离	小分子及大分子有机物液体分离	浓度梯度	石油分离、有机混合液及生物体液分离

2. 生物医用高分子材料和高分子药物

现代医学的发展对医用材料的性能提出了多功能的要求，这是大多数传统的金属材料、陶瓷材料及其他无机材料难以满足的。而合成高分子与生物体物质(天然高分子)同属大分子范畴，二者分子结构上的相似性决定了前者在性能上能同后者接近，从而可能用合成高分子制作人工脏器、医疗器械、药物等。常用的医用高分子材料见表11-12。

表 11-12　人工脏器及选用的高分子材料

人工脏器	高分子材料	人工脏器	高分子材料
肝脏	赛璐粉，PHEMA	胰脏	丙烯酸酯共聚物(中空纤维)
心脏	嵌段聚氨酯弹性体、硅橡胶	人工红血球	全氟烃
肾脏	铜氨法等再生纤维素、乙酸纤维素、聚甲基丙烯酸甲酯立体复合物、聚丙烯腈、聚砜、聚氨酯等	胆管	硅橡胶
肺	硅橡胶、聚丙烯空心纤维、聚烷砜	关节、骨	超高相对分子质量聚乙烯、高密度聚乙烯、聚甲基丙烯酸甲酯、尼龙、硅橡胶
皮肤	火棉胶、涂有聚硅酮的尼龙织物，聚酯	人工血浆	羟乙基淀粉、聚乙烯吡咯烷酮
角膜	PMMA，PHEMA，硅橡胶	鼓膜	硅橡胶
玻璃体	硅油	食道	聚硅酮
乳房	聚硅酮	喉头	聚四氟乙烯、聚硅酮、聚乙烯
鼻	硅橡胶、聚乙烯	气管	聚乙烯、聚四氟乙烯、聚硅酮、聚酯纤维
瓣	硅橡胶、聚四氟乙烯、聚氨酯橡胶、聚酯	腹膜	聚硅酮、聚乙烯、聚酯纤维
血管	聚酯纤维、聚四氟乙烯、SPEU	尿道	硅橡胶、聚酯纤维

三、智能材料

智能材料按材料主体性质可划分为金属系智能材料、无机非金属系智能材料和高分子系智能材料，下面对高分子系智能材料作简单介绍。

智能材料是将普通材料的各种功能与信息系统在宏观、介观和微观水平上进行系统化、层次化控制的融合材料。与金属材料和无机非金属材料相比，聚合物具有多重亚稳态、多水平结构层次和较弱的分子间作用力，加之侧链容易引入各种官能团，这些因素均有利于感知和判断环境，实现环境响应。

1. 刺激响应性高分子凝胶

高分子凝胶是分子链经交联聚合而成的二维网络或互穿网络与溶剂(通常是水)组成的体系，与生物组织类似。交联结构使之不溶解而保持一定的形状；渗透压的存在使之溶胀达到体积平衡，此类高分子凝胶可因溶剂种类、盐浓度、pH 值、温度不同以及电刺激和光辐射不同而产生体积变化，有时出现相转变，网孔增大。网络失去弹性，凝胶相区不复存在，体积急剧溶胀(数百倍变化)，并且这种变化是可逆的、不连续的。凝胶的溶胀收缩循环可用于化学阀、吸附分离、传感器和记忆材料；网孔的可控性适用于智能性药物释放体系(drug delivery systerm，DDS)和人体角膜；利用该循环提供的动力可以设计化学发动机或人工肌肉。

2. 智能高分子膜材

高分子薄膜在智能方面研究较多的是选择性渗透、选择性吸附和分离等。将异丙基丙烯酰胺 PIPAAM. 及其共聚物(最低沉淀温度 LPT 为 33℃)接枝于聚偏二氟乙烯(PVDF)膜，温度低于 LPT 时接枝链溶剂化，自由端以无规旋转链的形态在膜孔周围扩散而封闭膜孔；温度高于 LPT 以上时，接枝链收缩并沉积于膜表面，膜孔开放。是选择性传质的化学阀。晶态和非晶态的渗透能力差别较大，通过晶态与非晶态转变可以控制传质。

生物分子具有特殊的识别能力，如酶对底物、抗体对抗原、外源凝集素对糖以及核酸对互补链段等。若将生物分子或复杂的生物系统与高分子膜杂化(既有利于延长生物材料的活性寿命，又能获得良好的选择性。L-谷氨酸/L 麦清蛋白共聚薄膜可用 pH 值控制物质传递，而且随无机盐浓度变化产生周期性膜电位，电流刺激时电阻出现非线性变化。

3. 智能型高分子集合体

利用两亲性高分子所形成的分子集合体建立智能系统的研究是一项非常热门的研究。在由亲水和疏水性嵌段组成的嵌段式聚合物的亲水性嵌段的末端导入显示特异结合性能的感应器配基(如抗原)后，使该两亲性高分子在水溶液中形成胶束，由疏水性嵌段组成核，感应器配基位于胶束表面。疏水性核可用作疏水性药物的储存库，因此该胶束有希望应用于药物输送系统。PEG 常用于亲水性冠性嵌段，而疏水性嵌段可使用聚丙二醇[poly(propylene glycol)、PPG]、聚乳酸[poly(lactic glycol)]、聚苯乙烯[poly(styrene)]等各种高分子。

4. 形状记忆树脂

形状记忆树脂是指具有初始形状的制品，再一次变形后通过加热等手段进行处理，又可恢复初始形状的现象。以上是通过热刺激而产生的形状记忆现象，也可通过光、电场或化学物质等方法刺激而显示形状记忆功能的高分子材料。

这些材料及主要用途：反式聚异戊二烯形状记忆树脂主要应用于不同直径管子的连接材料、管道内外夹层覆盖材料、紧固件填缝材料、固定敷料等医疗用固定器材、汽车保险杠、玩具等。

苯乙烯-丁二烯嵌段共聚物形状记忆材料，可用于医疗、包装、日杂、家电、建筑、汽车、工艺品、文教用品等。

聚氨酯形状记忆树脂，可用作异径管接合材料、包覆或衬里材料、紧固销钉、医疗用固定器材、火灾报警装置的感温元件、汽车用缓冲器、保护罩等。

超材料

塑造未来科技的神奇材料

随着科学技术不断发展，新材料、新能源和医疗设备技术在我们的日常生活中扮演着越来越重要的角色。

1. 什么是超材料

超材料(Metamaterials)是一类人造复合材料，具有天然材料所无法实现的特殊物理性质。通过对微观结构的精确设计和控制，研究人员可以赋予超材料特定的波动特性，从而在光学、声学和电磁领域实现前所未有的功能。

2. 超材料的背景与现状

超材料的概念最早可以追溯到20世纪60年代，但直到21世纪初，人们才真正开始关注这一领域。随着纳米技术的飞速发展，在许多领域都取得了显著的应用成果，例如隐形技术、太空旅行、能源收集等。在这些应用中，超材料展现出了强大的潜力，为我们的生活带来了诸多便利。

3. 超材料的未来趋势与应用

隐形技术：借助超材料的特性，超材料已经能够实现光学隐形。通过设计具有特定折射率的超材料，光线可以在物体表面绕行，从而达到隐形效果。未来，这一技术可以应用于民用和军事领域，例如隐形衣、隐形飞机等。

太空旅行：超材料在航空航天领域也具有广泛的应用前景，它们可以用来制造轻质、高强度的航天器材料，提高太空探测器和卫星的性能。此外，超材料还可以用于实现太空中的无线能源传输，为太空设备提供动力。

能源收集：超材料具有高效光捕获能力，可以用于制造太阳能电池。相比传统太阳能电池，超材料太阳能电池具有更高的光电转换效率和更广泛的光响应范围，有望成为未来可持续能源领域的重要器件。

医疗设备：超材料在医疗领域也有广泛应用。例如，超声成像技术可以利用超材料的声学特性，实现更高分辨率的医学影像；研究人员还尝试利用超材料的生物相容性，开发新型医疗植入物和生物传感器等。

通信技术：超材料可用于制造高性能天线和通信器件，提高无线通信的速度和稳定性。尤其在5G和6G通信技术领域，超材料的应用可以实现更高的数据传输速率和更低的能耗，从而更好地满足未来智能互联网的需求。

超材料作为一种前沿的新材料技术，正以前所未有的速度改变着我们的生活，不仅为科学家们打开了新的研究领域，也为我们的生活带来了无数可能性。随着超材料技术的不断发展和成熟，它将在各个领域产生更广泛的影响，为人类创造更美好的未来。

习题与练习

一、选择题

1. 下列属于非离子表面活性剂的是(　　)。

A. 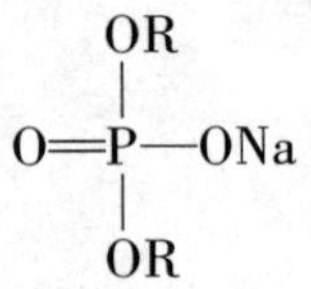　B. 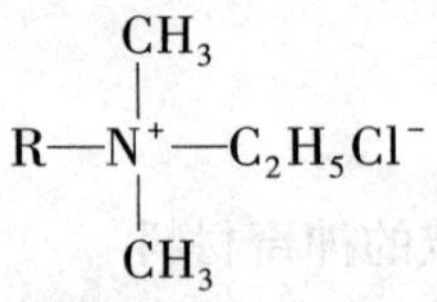　C. 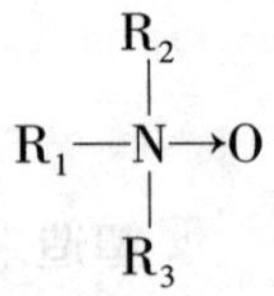　D. 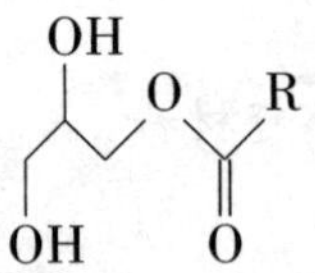

2. 表面活性剂表面张力降低的效率和表面活性剂表面张力降低的能力(　　)。

A. 一定平行　B. 一定不平行　C. 不一定平行　D. 不确定

3. 下列物质中，亲油基的亲油活性最强的是(　　)。

A. 环烷烃　B. 芳香烃

C. 脂肪族烯烃　D. 脂肪基的芳香烃

4. 醌类交联剂主要用于(　　)的交联。

A. 环氧树脂　B. 不饱和聚酯　C. 丁基橡胶　D. 塑料

5. 下列各类化合物中，不能作为硫化促进剂的是(　　)。

A. 秋兰姆类　B. 噻唑类　C. 硫代氨基甲酸酯　D. 黄原酸盐

6. 不能作为交联剂的是(　　)。

A. 有机过氧化物　B. 脂肪酸类　C. 胺类　D. 醌类

7. 不是涂料的化学机理固化的是(　　)。

A. 干燥固化　B. 涂料与水分发生反应而交联固化

C. 涂料组分之间发生反应而交联固化　D. 涂料与氧气发生反应而交联固化

8. 木材表面涂装一层涂料主要起(　　)作用。

A. 保护作用　B. 装饰作用　C. 标志作用　D. 特殊作用

9. 涂料是由成膜物质、颜料、溶剂和助剂等按一定配方配制而成，加入溶剂的主要目的是(　　)。

A. 构成涂料的基础成分　B. 赋予涂料许多特殊性质

C. 降低成膜物质的黏稠度　D. 改善涂料性能

10. 辐射固化(光固化)涂料的配方都包括哪些主要组分(　　)。

A. 预聚物　B. 乳化剂　C. 活性稀释剂　D. 光引发剂

11. 下列助剂属于功能性助剂的是(　　)。

A. 防霉剂　B. 润滑剂　C. 塑解剂　D. 发泡剂

二、判断题

1. 浊点可用来衡量非离子型表面活性剂的亲水性，浊点越高，亲水性越强。(　　)

2. 涂料和塑料、橡胶和纤维等高分子材料一样，能够单独作为工程材料使用。(　　)

3. 涂料生产用的成膜物质是合成树脂。(　　)

4. 粉末涂料的制造方法有熔融混合法、喷雾干燥法、沉淀法等。(　　)

5. 环保涂料包括水性涂料、粉末涂料、UV/EB 固化涂料、高固体分涂料(简称 HSC)等。(　　)

6. 粉末涂料含有 80%以上固体成分。(　　)

三、填空题

1. 表面活性剂的生物活性是指________及________。
2. 稳定剂按其化学结构可分为盐基性铅盐、________、________、有机锡化合物、________及复合稳定剂。
3. 交联剂按其作用不同可分为________、________、________。
4. 涂料的成膜物质有主要成膜物质、________和________。
5. 涂料的作用有________、________、________和________。
6. 成膜物质是涂料的基本成分，常用的成膜物质有________、________和合成树脂等。
7. 功能高分子材料从组成和结构上可分为________和________。
8. 离子交换树脂一般根据交换基团的种类、作用通常分为______、______、________、________或________。
9. 粉末涂料的制造方法有________、________或________。

四、名词解释

1. 相比	2. 表面活性剂	3. HLB 值
4. 助剂	5. 抗氧剂	6. 助燃剂
7. 阴离子表面活性剂	8. 阳离子表面活性剂	9. 润湿
10. 乳化、破乳	11. 增溶	12. 磺化反应
13. 功能高分子材料	14. 离子交换树脂	

五、简答题

1. 表面活性剂通常分为哪几类？
2. 表面活性剂的亲油基原料包括哪些？
3. 助剂分为哪几类？
4. 合成材料所用的助剂按照其功能分为哪几类？
5. 什么样的物质称为增塑剂？
6. 抗氧剂按化学结构进行分类，抗氧剂可分为哪几类？
7. 按照改善的使用性能可以将润滑油添加剂分为哪几类？
8. 涂料是如何命名的？涂料的作用有哪几方面？
9. 涂料由哪些基本成分组成？按成膜物质分，涂料可以分为哪几类？
10. 涂料的主要性能指标有哪些？
11. 涂料用合成树脂有哪些？（最少三个）
12. 简述涂料配制的一般工艺流程。
13. 功能高分子材料发展方向有哪些？

第五篇 煤化工

第十二章 煤炭气化

第一节 煤炭气化的简介

一、煤炭气化的简介

煤的气化是煤炭转化的主要途径之一(图 12-1)，它是洁净、高效利用煤炭的最主要途径之一，是许多能源高新技术的关键技术和重要环节。如燃料电池、煤气联合循环发电技术等，煤制气应用领域非常广泛。煤炭气化是煤或煤焦与气化剂(空气、氧气、水蒸气、氢等)在高温下发生化学反应将煤或煤焦中有机物转变为煤气的过程。煤气是指气化剂通过炽热固体燃料层时，所含游离氧或结合氧将燃料中的碳转化成的可燃性气体。进行煤炭气化的设备称为煤气发生炉。

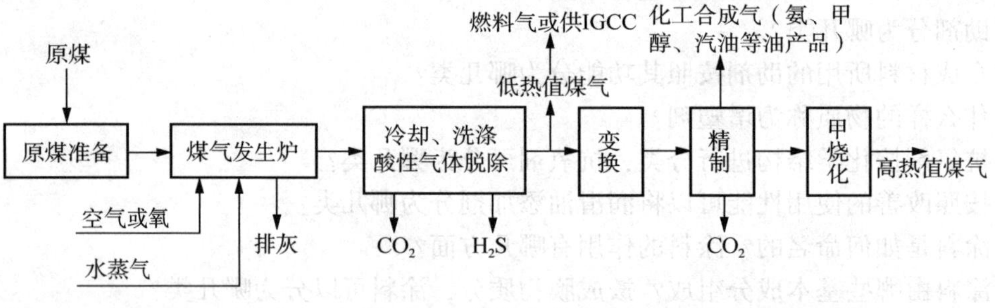

图 12-1 煤炭气化过程

气化过程中产生的混合气体组成随气化时所用的煤或煤焦的性质、气化剂的类别、气化过程条件以及煤气发生炉的结构不同而不同。因此，在生产工业用煤气时，必须根据煤气所需的组成来选择气化剂的类别和气化条件，才能满足生产的需要。

煤气的有效成分为一氧化碳、氢气、甲烷等，其可作为化工原料、城市煤气和工业燃气等。煤炭气化分为完全气化和部分气化。部分气化指的是煤的干馏技术。根据干馏温度的高低又分为高温干馏、低温干馏。高温干馏主要在冶金工业中用于炼焦，焦炭是主产品，低温干馏又称温和气化。由于温和气化工艺简单、加工条件温和、投资省，可获得煤气、焦油和半焦而受到国内外的重视，是洁净煤技术的一个重要组成部分。但煤炭干馏技术毕竟受到煤种和产品综合发展的制约，只能满足于局部的需要，而我国煤炭资源中有一半以上煤种适合于完全气化技术，因此煤制气技术的立足点应放在完全气化方面。

二、煤炭气化的意义

煤炭作为我国主要的能源来源之一，一直以来都扮演着重要的角色。煤炭的燃烧不仅产生大量的二氧化碳等温室气体，还会释放出有害物质，对环境造成严重污染。为了解决这个问题，煤炭气化技术应运而生。

煤炭气化产生的气体中含有较高浓度的一氧化碳，可以通过进一步的处理转化为二氧化碳。而这些二氧化碳可以被收集和储存，从而减少对大气的排放。这种碳捕集技术可以有效地减缓全球气候变化的速度。

煤炭气化技术可以实现资源的高效利用。煤炭气化可以将煤炭中的碳、氢等元素转化为气体，而不是直接燃烧。这样一来，煤炭的能量利用率大大提高，可以充分发挥煤炭的潜在能量。同时，煤炭气化还可以产生一系列有机化合物，可以用于合成燃料、化工原料等，进一步提高资源的利用效率。

此外，煤炭气化技术还可以解决煤炭开采带来的环境问题。传统的煤炭开采方式会导致大量的煤矸石堆积，给生态环境带来严重破坏。而煤炭气化可以将煤炭中的有机物转化为气体，减少煤矸石的产生。同时，煤炭气化还可以对煤炭进行深度加工，将煤炭中的灰分、硫等有害物质去除，减少对环境的污染。

三、煤炭气化工艺的分类

目前正在应用和开发的煤气化炉有很多类型。尽管我们把所讨论的气化炉局限于已经工业化的和大型示范装置的范围内，其数量仍然相当大。所有这些气化炉都有一个共同的特征，煤在气化炉中，在高温条件下与气化剂反应，使固体燃料转化成气体燃料，只剩下含灰的残渣。通常气化剂用水蒸气、氧(空气)和 CO_2。粗煤气中的产物是 CO、H_2 和 CH_4，伴生气体是 CO_2、H_2O 等，此外还有硫化物、烃类产物和其他微量成分。各种煤气组成取决于煤的种类、气化工艺、气化剂的组成，影响气化反应的热力学和动力学条件。气化方法的分类有多种方法，分述如下：

1. 按制取煤气的热值分类

若按制取煤气在标准状态下的热值分类：

(1)制取低热值煤气方法，煤气热值低于 8347kJ/m^3(2000kcal/m^3)；

(2)制取中热值煤气方法，煤气热值 16747~33494kJ/m^3(4000~8000kcal/m^3)；

(3)制取高热值煤气方法，煤气热值高于 33494kJ/m^3(8000kcal/m^3)。

2. 按供热方式分类

煤气化过程的整个热平衡表明，总的反应是吸热的，因此必须供热量。各种过程需要的热量各不相同，这主要由过程的设计和煤的性质决定的，一般需要消耗气化用煤发热量的15%~35%，顺流式气化取上限，逆流式气化取下限，其供热方式有几种途径：

(1)部分氧化方法。这是一种直接的供热方式，通过煤或残炭和氧(或空气)，在气化炉内燃烧供热。如图 12-2 所示。

(2)外热式气化。从气化炉外部供热，因为制氧投资运行费用都比较高，又因为部分煤燃烧生成 CO_2，气化效率降低。让煤仅与水蒸气反应，热量通过间壁传给煤或气化介质，也可用电热或核反应热间接加热。这种过程称为配热式水蒸气气化，见图 12-3 所示。

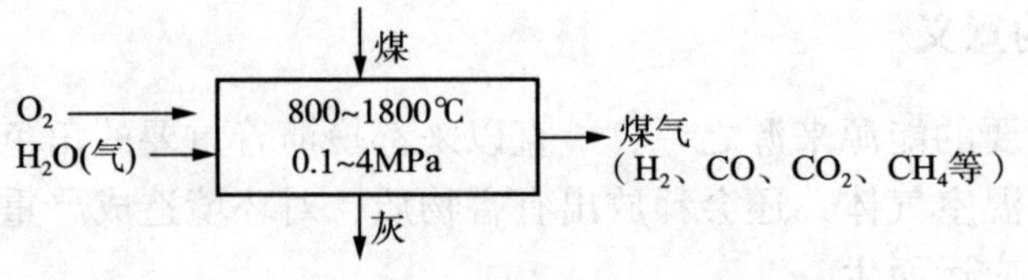

图 12-2　自热式煤的水蒸气氧化原理

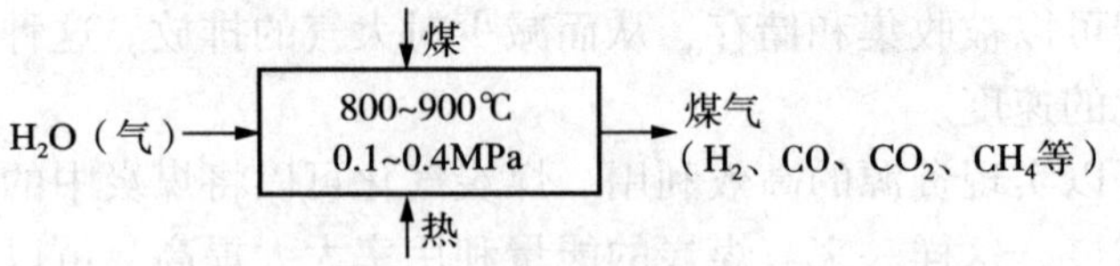

图 12-3　煤的外热式气化原理

(3)加氢气化。由平行进行的化学反应直接供热，如：

$$C+2H_2 \rightleftharpoons CH_4+7280kJ/kg$$

根据上述加氢反应设计的气化反应过程，如图 12-4 所示。这个过程的原理在于：煤先进行加氢气化，加氢气化后残焦用部分氧化方法气化，产生的合成气为加氢阶段提供氢源。

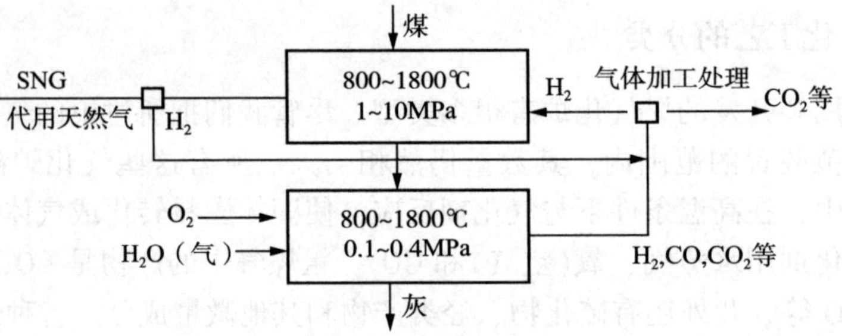

图 12-4　加氢气化原理

3. 按固体燃料的运动状态分类

气化方法按固体燃料的运动状态可分为：

(1)移动床(固定床)气化法：在气化过程中，煤由气化炉顶部加入，气化剂由气化炉底部加入，煤料与气化剂逆流接触，相对于气体的上升速度而言，煤料下降速度很慢，甚至可视为固定不动，因此称之为固定床气化。而实际上煤料在气化过程中是以很慢的速度向下移动的，比较准确地称其为移动床气化。

(2)流化床气化法：是用流态化技术来制取煤气的一种方法，它是以粒度为 0~10mm 的小颗粒煤为气化原料，由于煤粒小，表面积大，气化剂经过煤粉层，在气化炉内使其悬浮分散在垂直上升的气流中，使燃料处于悬浮运动状态，固体颗粒的运动如沸腾着的液体。煤粒在沸腾状态进行气化反应，从而使得煤料层内温度均匀，气相和固相相对运动激烈，对流传热效率高，这种煤气发生炉也为沸腾炉。

(3)气流床气化法：是将颗粒很小的煤粒与气化剂一起喷入气化燃料炉内，产生的煤气在高温下离开反应器。它是一种并流气化，用气化剂将粒度为 10μm 以下的煤粉带入气化炉内，也可将煤粉先制成水煤浆，然后用泵打入气化炉内。煤料在高于其灰熔点的温度下与气化剂发生燃烧反应和气化反应，灰渣以液态形式排出气化炉。图 12-5 是三类煤气化炉及床内温度分布图。

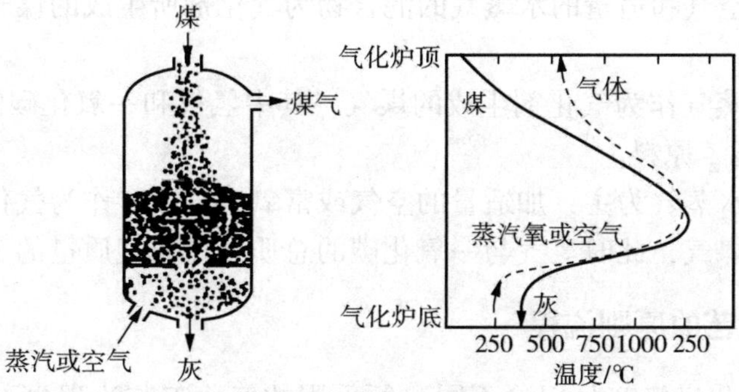

（a）移动床气化炉

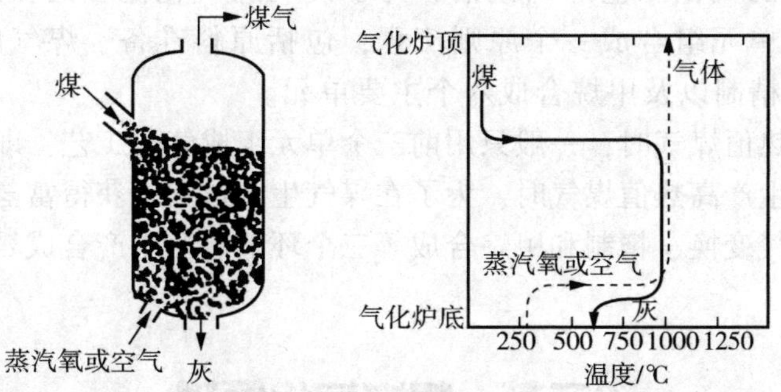

（b）流化床气化炉

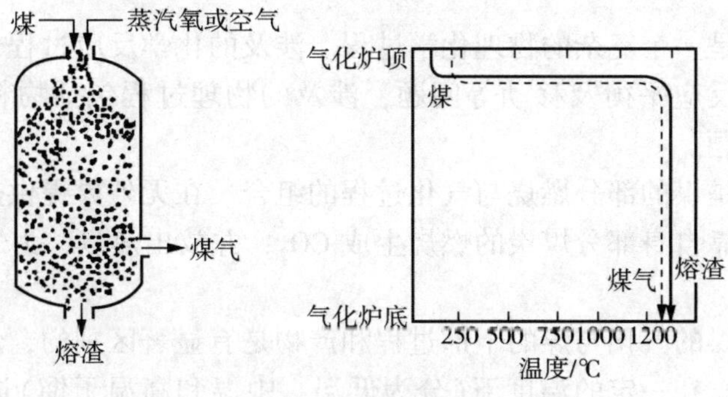

（c）气流床气化炉

图 12-5　三类煤气化炉及床内温度分布

(4)熔融床气化法：它是将粉煤和气化剂从切线方向高速喷入一个温度较高且高度稳定的熔池内，把一部分动能传给熔渣，使池内熔融物作螺旋状的旋转运动并气化。目前此气化工艺已不再发展。故本书中不再详细介绍这方面的内容。

4. 按气化介质分类

根据气化剂不同，煤炭气化又分为富氧气化、纯氧气化、水蒸气气化、加氢气化等。几种气化方式按所得煤气组成不同又分为空气煤气、混合煤气、水煤气和半水煤气。

由氧气、水蒸气作气化剂，反应温度在 800~1800℃之间，压力在 0.1~4MPa 下生成的发生炉煤气又常分为以下几种。

①空气煤气是以空气为气化剂生成的煤气。其中含有 60%(体积分数)的氮及一定量的一氧化碳、少量二氧化碳和氢气。在煤气中空气煤气的热值最低，主要作为化学工业原料，

煤气发动机燃料等。

②混合煤气是以空气和适量的水蒸气的混合物为气化剂所生成的煤气。这种煤气在工业上一般用作燃料。

③水煤气是以水蒸气作为气化剂生成的煤气，其中氢气和一氧化碳的含量共达85%(体积分数)以上，用作化工原料。

④半水煤气是以水蒸气为主，加适量的空气或富氧空气同时作为气化剂制得的煤气。合成氨时较多使用半水煤气，此时氢气与一氧化碳的总质量是氮气质量的3倍。

四、煤炭气化工艺的原则流程

由于煤炭的性质和煤气产品用途不同，所采用的气化工艺流程也不一样，很难用一种系统流程将如此众多的气化工艺加以概括。为了说明煤气化流程的概念，取气化过程的共性，将主要的工作单元组合成一个原则流程，包括原料准备、煤气的生产、净化及脱硫、煤气变换、煤气精制以及甲烷合成六个主要单元。

在仅需要生产低热值煤气时，一般只用前三个单元组成气化工艺，即原料准备、煤气的生产和净化。在需要生产高热值煤气时，为了在煤气生产过程中获得富氢和甲烷含量较高的气体产物，还需要煤气变换、精制和甲烷合成等三个环节。在生产合成氨原料时，则无需甲烷化这一转换单元。

第二节　煤炭气化原理

煤的气化过程是一个复杂的物理化学过程。涉及的化学反应过程包括温度、压力、反应速度的影响和化学反应平衡及移动等问题，涉及的物理过程包括物料及气化剂的传质、传热、流体力学等问题。

煤的气化过程是煤的部分燃烧与气化过程的组合。在无外界提供热源的情况下，煤气化炉内的气化热源依靠自身部分煤炭的燃烧生成CO_2，并放出热量，为煤的气化过程提供必要的热力反应条件。

值得一提的是煤的气化与煤的干馏过程和产物是有显著区别的，煤的干馏过程是煤炭在隔绝空气的条件下，在一定的温度下(分为低温、中温和高温干馏)进行的热加工过程，干馏的目的在于得到焦炭、焦油和其他若干化学产品，同时也得到一定数量的煤气(焦炉煤气)。而煤的气化过程是利用气化剂(氧气、空气或水蒸气)与高温煤层或煤粒接触并相互作用，使煤中的有机化合物在氧气不足的条件下进行不完全氧化，尽可能完全地转化成含氢、甲烷和CO等可燃物的混合气体。

一、煤气化的基本条件

(1)气化原料和气化剂。气化原料一般为煤、焦炭。气化剂可选择空气、空气-蒸汽混合气、富氧空气-蒸气、氧气-蒸汽、蒸汽或CO_2等。

(2)发生气化的反应容器。即煤气化炉或煤气发生炉。气化原料和气化剂被连续送入反应器，在其内完成煤的气化反应，输出粗煤气，并排出煤炭气化后的残余灰渣。煤气发生炉的炉体外壳一般由钢板构成，内衬耐火层，装有加煤和排灰渣设备、调节空气(富氧气体)和水蒸气用量的装置、鼓风管道和煤气导出管等。

(3)煤气发生炉内保持一定的温度。通过向炉内鼓入一定量的空气或氧气，使部分入炉原料燃烧放热，以此作为炉内反应的热源，使气化反应不间断地进行。根据气化工艺的不同，气化炉内的操作温度亦有较大不同。可分别运行在高温(1100~2000℃)、中温(950~1100℃)或较低的温度(900℃左右)区段。

(4)维持一定的炉内压力。不同的气化工艺所要求的气化炉内的压力也不同，分为常压和加压气化炉，较高的运行压力有利于气化反应的进行和提高煤气的产量。

二、气化过程主要化学反应

一般认为在煤的气化阶段中发生了下述反应

(1)碳的氧化燃烧反应。煤中的部分碳和氢经氧化燃烧放热并生成 CO_2 和水蒸气，由于处于缺氧环境下，该反应仅限于提供气化反应所必需的热量。

$$C+O_2 \longrightarrow CO_2+394.55kJ/mol$$

$$C+\frac{1}{2}O_2 \longrightarrow CO+110.4kJ/mol$$

$$H_2+\frac{1}{2}O_2 \longrightarrow H_2O+21.8kJ/mol$$

(2)气化反应。这是气化炉中最重要的还原反应，发生于正在燃烧而未燃烧完的燃料中，碳与 CO_2 反应生成 CO，在有水蒸气参与反应的条件下，碳还与水蒸气反应生成 H_2 和 CO_2(即水煤气反应)，这些均为吸热化学反应。

$$CO_2+C \rightleftharpoons 2CO-173.1kJ/mol$$

$$C+H_2O \rightleftharpoons CO+H_2-131.0kJ/mol$$

在实际过程中，随着参加反应的水蒸气浓度增大，还可能发生如下水煤气平衡反应(也称为一氧化碳变换反应)。在有关工艺过程中，为了把一氧化碳全部或部分转变为氢气，往往在气化炉外利用这个反应。现今所有的合成氨厂和煤气厂制氢装置均设有变换工序，采用专有催化剂，使用专有技术名词变换反应。

$$CO+2H_2O \longrightarrow CO_2+2H_2-88.9kJ/mol$$

(3)甲烷生成反应。当炉内反应温度在700~800℃时，还伴有以下的甲烷生成反应，对煤化程度浅的煤，还有部分甲烷产生自煤的大分子裂解反应。

$$C+2H_2 \xrightarrow{\text{催化剂}} CH_4$$

$$CO+3H_2 \xrightarrow{\text{催化剂}} CH_4+H_2O$$

$$CO_2+4H_2 \xrightarrow{\text{催化剂}} CH_4+2H_2O$$

$$2CO+2H_2 \xrightarrow{\text{催化剂}} CH_4+CO$$

$$2C+2H_2O \xrightarrow{\text{催化剂}} CH_4+CO_2$$

在煤的气化过程中，根据气化工艺的不同，上述各个基本反应过程可以在反应器空间中同时发生，或不同的反应过程限制在反应器的各个不同区域中进行，亦可以在分离的反应器中分别进行。

根据以上反应产物，煤炭气化过程可用下式表示：

$$煤 \xrightarrow{\text{高温、高压、气化剂}} C+CH_4+CO+CO_2+H_2+H_2O$$

(4)其他反应

因为煤中有杂质硫存在，气化过程中还可能同时发生以下反应：

$$S+O_2 \rightleftharpoons SO_2$$

$$SO_2+3H_2 \rightleftharpoons H_2S+2H_2O$$

$$SO_2+2CO \rightleftharpoons S+2CO_2$$

$$2H_2S+SO_2 \rightleftharpoons 3S+2H_2O$$

$$C+2S \rightleftharpoons CS_2$$

$$CO+S \rightleftharpoons COS$$

$$N_2+3H_2 \rightleftharpoons 2NH_3$$

$$2N_2+2H_2O+4CO \rightleftharpoons 4HCN+3O_2$$

$$N_2+xO_2 \rightleftharpoons 2NO_x$$

在以上反应生成物中生成许多硫及硫的化合物，它们的存在可能造成对设备的腐蚀和对环境的污染。

前已述及煤炭与不同气化剂反应可获得空气煤气、水煤气、混合煤气、半水煤气等，其反应后组成见表 12-1。

表 12-1　工业煤气组成

种类	气体组成						
	φ_{H_2}/%	φ_{CO}/%	φ_{CO_2}/%	φ_{N_2}/%	φ_{CH_4}/%	φ_{O_2}/%	φ_{H_2S}/%
空气煤气	0.9	33.4	0.6	64.6	0.5		
水煤气	50.0	37.3	6.5	5.5	0.3	0.2	0.2
混合煤气	11.0	27.5	6.0	55	0.3	0.2	
半水煤气	37.0	33.3	6.6	22.4	0.3	0.2	0.2

第三节　煤炭气化技术——固定床（移动床）气化法

一、固定床气化工艺简介

移动床(固定床)是一种较老的气化装置。燃料主要有褐煤、长焰煤、烟煤、无烟煤、焦炭等，气化剂有空气、空气-水蒸气、氧气-水蒸气等，燃料由移动床上部的加煤装置加入，底部通入气化剂，燃料与气化剂逆向流动，反应后的灰渣由底部排出。固定床气化炉又分为常压和加压气化炉两种，在运行方式上有连续式和间歇式的区分。

固定床气化炉的主要特点：

(1)在固定床气化炉中，气化剂与煤反向送入气化炉；

(2)煤为块状，一般不适合用末煤和粉煤；

(3)一般为固态干灰排渣，也有采用液态排渣方式的；

(4)煤的碳转化效率高，耗氧量低；

(5)气化炉出口的煤气温度较低，通常无需煤气冷却器；

(6)一般容量较小。

二、固定床气化的过程原理

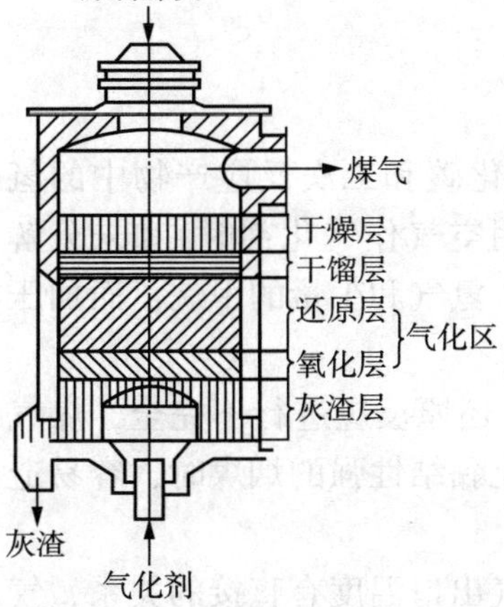

图 12-6　固定床气化的原理

固定床气化炉内的气化过程原理如图 12-6 所示。

在固定床气化炉中的不同区域中，各个反应过程所对应的反应区域界面比较明显。当炉料装好进行气化时，以空气作为气化剂或以空气(氧气、富氧空气)与水蒸气作为气化剂时，炉内料层可分为六个层带，自上而下分别为：空层、干燥层、干馏层、还原层、氧化层、灰渣层，气化剂不同，发生的化学反应不同。由于各层带的气体组成不同，温度不同，固体物质的组成和结构不同，因此反应的生成物均有一定的区别。各层带在炉内的主要反应和作用都不同。

(1)灰渣层中的灰是煤炭气化后的固体残渣，煤灰堆积在炉底的气体分布板上具有以下三个方面的作用。

①由于灰渣结构疏松并含有许多孔隙，对气化剂在炉内的均匀分布有一定的好处。

②煤灰的温度比刚入炉的气化剂温度高，可使气化剂预热。

③灰层上面的氧化层温度很高，有了灰层的保护，避免了和气体分布板的直接接触，故能起到保护分布板的作用。

灰渣层对整个气化操作的正常进行作用很大，要严格控制。根据煤灰分含量的多少和炉子的气化能力制定合适的清灰操作。灰渣层一般控制在 100~400mm 较为合适，视具体情况而定。如果人工清灰，要多次少清，即清灰的次数要多而每次清灰的数量要少，自动连续出灰效果要比人工清灰好。清灰太少，灰渣层加厚，氧化层和还原层相对减少，将影响气化反应的正常进行，增加炉内的阻力；清灰太多，灰渣层变薄，造成炉层波动，影响煤气质量和气化能力，容易出现灰渣熔化烧结，影响正常生产。

灰渣层温度较低，灰中的残炭较少，所以灰渣层中基本不发生化学反应。

(2)氧化层也称燃烧层或火层，是煤炭气化的重要反应区域，从灰渣中升上来的预热气化剂与煤接触发生燃烧反应，产生的热量是维持气化炉正常操作的必要条件。氧化层带温度高，气化剂浓度最大，发生的化学反应剧烈，主要的反应为：

$$C+O_2 \longrightarrow CO_2$$

$$2C+O_2 \longrightarrow 2CO$$

$$2CO+O_2 \longrightarrow 2CO_2$$

上面三个反应都是放热反应，因而氧化层的温度是最高的。

考虑到灰分的熔点，氧化层的温度太高有烧结的危险，所以一般在不烧结的情况下，氧化层温度越高越好，温度低于灰分熔点的 80~120℃为宜，约 1200℃。氧化层厚度控制在 150~300mm 左右，要根据气化强度、燃料块度和反应性能来具体确定。

氧化层温度低可以适当降低鼓风温度，也可以适当增大风量来实现。

(3)还原层在氧化层的上面是还原层，赤热的炭具有很强的夺取水蒸气和二氧化碳中的氧而与之化合的能力，水(当气化剂中用蒸汽时)或二氧化碳发生还原反应而生成相应的氢气和一氧化碳，还原层也因此而得名。还原反应是吸热反应，其热量来源于氧化层的燃烧反应所放出的热。还原层的主要化学反应如下：

$$C+CO_2 \rightleftharpoons 2CO$$

$$C+H_2O \rightleftharpoons H_2+CO$$
$$C+2H_2O \rightleftharpoons 2H_2+CO_2$$
$$C+2H_2 \rightleftharpoons CH_4$$
$$CO+3H_2 \rightleftharpoons CH_4+H_2O$$
$$2CO+2H_2 \rightleftharpoons CO_2+CH_4$$
$$CO_2+4H_2 \rightleftharpoons CH_4+2H_2O$$

由上面的反应可以看出，反应物主要是碳、水蒸气、二氧化碳和二次反应产物中的氢气；生成物主要是一氧化碳、氢气、甲烷、二氧化碳、氮气(用空气作气化剂时)和未分解的水蒸气等。常压下气化主要的生成物是一氧化碳、二氧化碳、氢气和少量的甲烷，而加压气化时的甲烷和二氧化碳的含量较高。

还原层厚度一般控制在300~500mm左右。如果煤层太薄，还原反应进行不完全，煤气质量降低；煤层太厚，对气化过程也有不良影响，尤其是在气化黏结性强的烟煤时，容易造成气流分布不均，局部过热，甚至烧结和穿孔。

习惯上把氧化层和还原层统称为气化层。气化层厚度与煤气出口温度有直接的关系，气化层薄出口温度高；气化层厚，出口温度低。因此在实际操作中，以煤气出口温度控制气化层厚度，一般煤气出口温度控制在600℃左右。

(4)干馏层位于还原层的上部，气体在还原层释放大量的热量，进入干馏层时温度已经不太高了，气化剂中的氧气已基本耗尽，煤在这个过程历经低温干馏，煤中的挥发分发生裂解，产生甲烷、烯烃和焦油等物质，它们受热成为气态而进入干燥层。

干馏区生成的煤气中因为含有较多的甲烷，因而煤气的热值高，可以提高煤气的热值，但也产生硫化氢和焦油等杂质。

(5)干燥层位于干馏层的上面，上升的热煤气与刚入炉的燃料在这一层相遇并进行换热，燃料中的水分受热蒸发。一般地利用劣质煤时，因其水分含量较大，该层高度较大，如果煤中水分含量较少，干燥段的高度就小。

(6)空层即燃料层的上部，炉体内的自由区，其主要作用是汇集煤气，并使炉内生成的还原层气体和干馏段生成的气体混合均匀。由于空层的自由截面积增大使得煤气的速度大大降低，气体夹带的颗粒返回床层，减少粉尘的带出量。控制空层高度一是要求在炉体横截面积上要下煤均匀，下煤量不能忽大忽小；二是按时清灰。

必须指出上述各层的划分及高度，随燃料的性质和气化条件而异，且各层间没有明显界限，往往是相互交错的。

三、水煤气生产工艺

水煤气是炽热的碳与水蒸气反应所生成的煤气，燃烧时火焰呈现蓝色，所以又称为蓝水煤气。

在以空气和水蒸气为气化剂时，为了维持气化的连续进行，必须有积累热量的吹风阶段和制气阶段两大步骤。而实际生产中常包括一些辅助阶段，通常分为：吹风、蒸汽、吹净、一次上吹、下吹、二次上吹、空气吹净六个阶段。对于煤气质量要求不严或用于生产合成氨原料气时，常省掉蒸汽吹净阶段。每个阶段的气流方向如图12-7所示。

首先是吹风阶段，此时向炉内自下而上吹入空气以使炭层温度上升；在吹风阶段之后将要送入水蒸气前，在炉上部和煤气管道中存有一些残余的吹风煤气，为了避免含有大

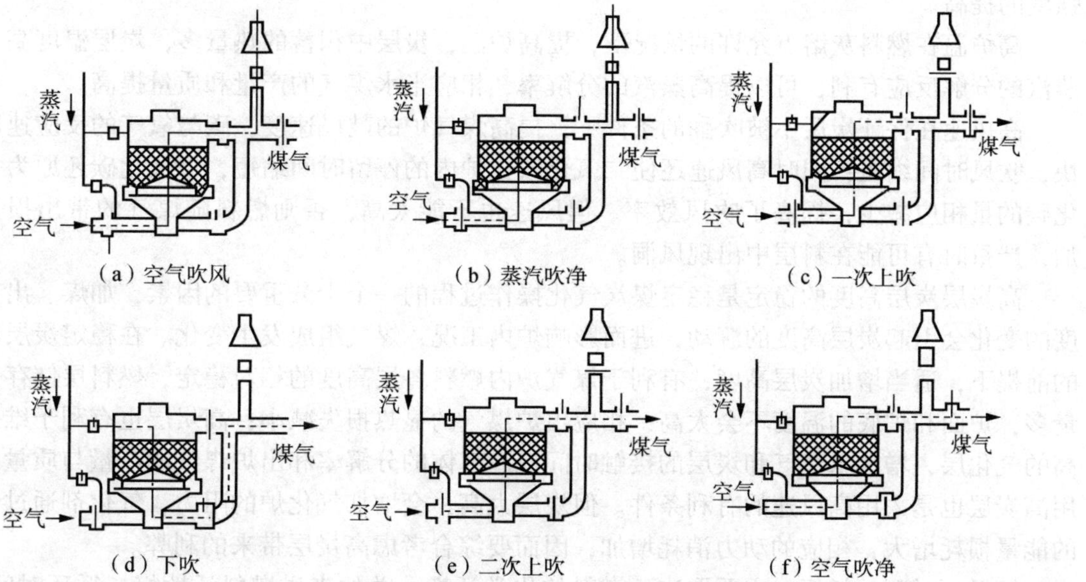

图 12-7 每个循环按六个阶段制水煤气的气体流程

量氮和二氧化碳的吹风气混入水煤气而影响质量，一般需要一个短时间的蒸汽吹净阶段。倘若生产合成氨的原料气或对水煤气质量要求不严时，可以不设这个阶段；然后送入水蒸气进入上吹制气阶段，此时床层底部逐渐被冷却，但炉子上部温度仍高，因而气化层逐渐上移；当蒸汽上吹了一个阶段后，改将水蒸气由煤气炉上部送入，进行下吹阶段；在下吹制气后，炉底有下行煤气，不可立即吹入空气，以免引起爆炸。为了安全起见，可以在下吹制气以后，再次进行上吹制气称为二次上吹阶段；在二次上吹制气后，本应开始下一轮的循环，但因炉上部和煤气管道中仍有煤气，需由空气吹净阶段将这部分煤气送入煤气系统，再进行下一循环。

1. 半水煤气生产

在合成氨生产中为获得氢氮比为 3∶1 的合成气，可以用发生炉煤气和水煤气混合的方法，亦可在同一煤气炉中制取。在生产中采用在水煤气中加氮的办法获取合格原料气，该法有利于提高煤气炉的生产能力。

半水煤气生产通常分为五个阶段。

(1)吹风阶段：来自鼓风机的加压空气自炉底送入，与炭层反应后生成的吹风气，经除尘及余热回收系统回收余热后经烟囱放空。

(2)上吹制气阶段：蒸汽与加氮空气自炉底同时送入，与灼热炭层反应生成的煤气经除尘、废热锅炉、洗涤塔降温后由塔顶引出，送入气柜。加氮空气阀比上吹蒸汽阀早关3%~5%。

(3)下吹制气阶段：为使气化层下移，蒸汽自炉顶送入。反应生成的煤气自炉底引出，经洗气箱和洗气塔降温除尘后送入气柜。加氮空气阀比蒸汽阀迟开 3%~5%，早关3%~5%。

(4)二次上吹：气体流程基本同上吹制气，但无加氮空气。目的在于置换炉下部和管道中残存的煤气，以防止爆炸。

(5)吹净阶段：工艺流程同上吹制气，只是改用空气以回收系统中的煤气到气柜。

实践证明间歇法制造半水煤气时，在维持煤气炉温度、料层高度和气体成分的前提下，采用高炉温、高风速、高炭层、短循环(称三高一短)的操作方法，有利于气化效率和气化强度的提高。

高炉温在燃料灰熔点允许的情况下，提高炉温，炭层中积蓄的热量多，炭层温度高，对蒸汽的分解反应有利，可以提高蒸汽的分解率，相应半水煤气的产量和质量提高。

高风速在保证炭层不被吹翻的条件下，提高煤气炉的鼓风速度，碳与氧气的反应速度加快，吹风时间缩短；同时高风速还使二氧化碳在炉内的停留时间缩短，二氧化碳还原为一氧化碳的量相应减少，提高了吹风效率。但风速也不能太高，否则燃料随煤气的带出损失增加，严重时有可能在料层中出现风洞。

高炭层炭层高度的稳定是稳定煤炭气化操作过程的一个十分重要的因素，加煤、出灰速度的变化会引起炭层高度的波动，进而影响炉内工况，煤气组成发生变化。在稳定炭层高度的前提下，适当增加炭层高度，有利于煤气炉内燃料各层高度的相对稳定，燃料层储存的热量多，炉面和炉底的温度不会太高，相应出炉煤气的显热损失减小；高炭层也有利于维持较高的气化层，增加水蒸气和炭层的接触时间提高气体的分解率和出炉煤气的产量与质量；采用高炭层也是采用高风速的有利条件。但炭层太高，会增加气化炉的阻力，气化剂通过炭层的能量损耗增大，相应的动力消耗增加，因而要综合考虑高炭层带来的利弊。

短循环时间的长短，主要取决于燃料的化学活性，总的来讲燃料活性好，循环时间短；燃料活性差，则循环时间长。

2. 工艺条件

(1)气化层温度。常用半水煤气中的 CO_2 高低来判断气化层温度的高低。一般控制 CO_2 含量在 8%~12%，炉顶温度 350~400℃，炉底温度 200~250℃。

(2)吹风时间和入炉风量。提高风速可以减少 CO 的生成，增加炉内炭层蓄热。可缩短吹风时间，有利于提高煤气炉的生产能力。入炉空气量在 0.95~1.05m^3/m^3(标)半水煤气(含加氮空气)。如系纯吹风，则空气量在 0.65~0.7m^3/m^3(标)半水煤气。优质原料，蒸汽分解率高时取低值，反之取高值。

(3)上下吹制气时间和蒸汽用量。以不使煤气炉温度波动太大为原则，通常下吹蒸汽量约为上吹气量的 1.1~1.5 倍。下吹时间在实际生产中根据炉型决定，现在多数企业采用蒸汽流量稳压自调技术，按炉温控制供给蒸汽量，以提高蒸汽分解率。

(4)炭层高度。高炭层有利于炉内燃料分区高度相对稳定，使燃料层储存较多的热量，而炉面和炉底温度不至太高，有利于维持较高的气化层温度，也会延长气化剂与原料的接触时间；有利于提高蒸汽分解率和煤气中有效气体含量。但过高则使阻力增加，可能导致局部过热，引起煤气炉结疤。

(5)循环时间。较短的循环时间可以减少气化层的温度波动，有利于提高蒸汽分解率和煤气质量。循环时间根据燃料的化学活性而定。气化活性高的燃料循环时间可以较短。反之则较长，一般以 120~150s 为宜。

(6)生产强度。应当适度。过分强调设备出力，增大生产强度，对生产操作和节能降耗不利。在实际生产中，应提倡经济运行，适当地减少吹风时间，相应地减少上、下吹蒸汽用量，虽然煤气炉的生产能力有所下降，但原料煤和蒸汽消耗可以大幅度降低。

四、加压移动床气化工艺

常压移动床气化炉生产的煤气热值较低，煤气中一氧化碳的含量较高，气化强度和生产能力有限，煤气不宜远距离输送，同时不能满足城市煤气的质量要求，为解决上述问题，故研究发展了加压气化技术。

目前，在工业应用中较为成熟的技术为鲁奇碎煤加压气化工艺，其碎煤加压气化炉是由德国鲁奇公司所开发，称为鲁奇加压气化炉，简称鲁奇炉。

(一)碎煤加压气化的特点

1. 原料适应性

(1)原料适应范围广，除黏结性较强的烟煤外，从褐煤到无烟煤均可气化；

(2)由于气化压力较高，气流速度低，可气化较小粒度的碎煤；

(3)可气化水分、灰分较高的劣质煤。

2. 生产过程

(1)单炉生产能力大，最高可达75000m^3(标)/h(干基)；

(2)气化过程是连续进行的，有利于实现自动控制；

(3)气化压力高，可缩小设备和管道尺寸，利用气化后的余压可以进行长距离输送；

(4)气化较年轻的煤时，可以得到各种有价值的焦油、轻质油及粗酚等多种副产品；

(5)通过改变压力和后续工艺流程，可以制得H_2/CO各种不同比例的化工合成原料气，拓宽了加压气化的应用范围。

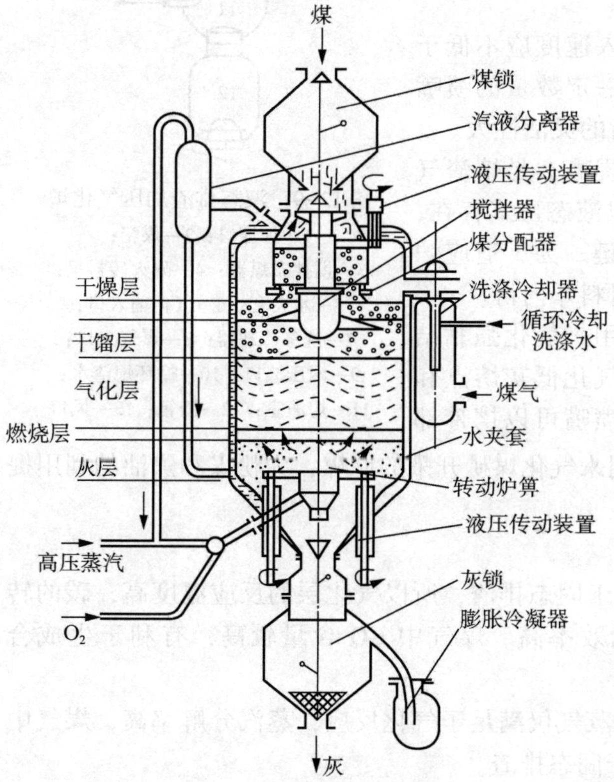

图12-8　碎煤加压气化炉内生产工况

碎煤加压气化的缺点：①蒸汽分解率低。对于固态排渣气化炉，一般蒸汽分解率约为40%，蒸汽消耗较大，未分解的蒸汽在后序工段冷却，造成气化废水较多，废水处理工序流程长，投资高；②需要配套相应的制氧装置，一次性投资较大。

(二)加压气化的实际过程

鲁奇加压气化炉内生产工况如图12-8所示。

在实际的加压气化过程中，原料煤从气化炉的上部加入，在炉内从上至下依次经过干燥、干馏、半焦气化、残焦燃烧、灰渣排出等物理化学过程。

鲁奇炉内有可转动的煤分布器和灰盘，气化介质氧气和水蒸气由转动炉箅的条状孔隙处进入炉内，灰渣由灰盘连续排入灰斗，以与加煤方向相反的顺序排出。块煤加入气化炉顶部的煤锁，在进入气化炉之前增压。一个旋转的煤分布器确保煤在反应器的整个截面上均布，煤缓慢下移到气化炉。气化产生的灰渣由旋转炉箅排出并在灰斗中减压，蒸汽和氧气被向上吹，气化过程产生的煤气在650~700℃时离开气化炉。该气化炉也由水夹套围绕，水夹套产生的水蒸气可用于工艺过程中。鲁奇炉使用的原料仍是块煤，且产生焦油。

(三)液态排渣加压气化炉

液态排渣加压气化炉的基本原理是仅向气化炉内通入适量的水蒸气，控制炉温在灰熔点以上，灰渣要以熔融状态从炉底排出。气化层的温度较高，一般在1100~1500℃之间，气化反应速度大，设备的生产能力大，灰渣中几乎无残炭。液态排渣气化炉如图12-9所示。

液态排渣气化炉的主要特点是炉子下部的排灰机构特殊，取消了固态排渣炉的转动炉箅。

在炉体的下部设有熔渣池。在渣箱的上部有一液渣急冷箱，用循环熄渣水冷却，箱内充满70%左右的急冷水。由排渣口下落在急冷箱内淬冷形成渣粒，在急冷箱内达到一定量后，卸入渣箱内并定时排出炉外。由于灰箱中充满水，与固态排渣炉相比，灰箱的充、卸压就简单多了。

在熔渣池上方有8个均匀分布、按径向对称安装并稍向下倾斜、带水冷套的钛钢气化剂喷嘴。气化剂和煤粉及部分焦油由此喷入炉内，在熔渣池中心管的排渣口上部汇集，使得该区域的温度可达1500℃左右，使熔渣呈流动状态。

为避免回火，气化剂喷嘴口的气流喷入速度应不低于100m/s。如果要降低生产负荷，可以关闭一定数量的喷嘴来调节，因此它比一般气化炉调节生产负荷的灵活性大。

高温液态排渣，气化反应的速度大大提高，是熔渣气化炉的主要优点。所气化的煤中的灰分是以液态形式存在，熔渣池的结构与材料是这种气化方法的关键。为了适应炉膛内的高温，炉体以耐高温的碳化硅耐火材料作内衬。

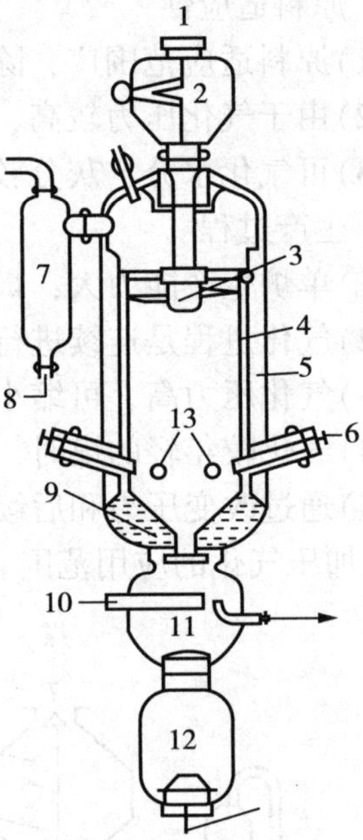

图12-9　液态排渣加压气化炉

1—加煤口；2—煤箱；3—搅拌布煤器；4—耐火砖衬里；5—水夹套；6—气化剂入口；7—洗涤冷却器；8—煤气入口；9—耐压渣口；10—循环熄渣水；11—熄渣室；12—渣箱；13—风口

该炉型装上布煤器和搅拌器后，可以用来气化强黏结性的烟煤。与固态排渣炉相比，可以用来气化低灰熔点和低活性的无烟煤。在实际生产中，气化剂喷嘴可以携带部分粉煤和焦油进入炉膛内，因此可以直接用来气化煤矿开采的原煤，为粉煤和焦油的利用提供了一条较好的途径。

液态排渣气化炉有以下特点。

(1)由于液态排渣气化剂的汽氧比远低于固态排渣，所以气化层的反应温度高，碳的转化率增大，煤气中的可燃成分增加，气化效率高。煤气中CO含量较高，有利于生成合成气。

(2)水蒸气耗量大为降低，且配入的水蒸气仅满足于气化反应，蒸汽分解率高，煤气中的剩余水蒸气很少，故而产生的废水远小于固态排渣。

(3)气化强度大。由于液态排渣气化煤气中的水蒸气量很少，气化单位质量的煤所生成的湿粗煤气体积远小于固态排渣，因而煤气气流速度低，带出物减少，因此在相同带出物条件下，液态排渣气化强度可以有较大提高。

(4)液态排渣的氧气消耗较固态排渣要高，生成煤气中的甲烷含量少，不利于生产城市煤气，但有利于生产化工原料气。

(5)液态排渣气化炉体材料在高温下的耐磨、耐腐蚀性能要求高。在高温、高压下如何有效地控制熔渣的排出等问题是液态排渣的技术关键，尚需进一步研究。

(四)工艺参数的选择

1. 气化压力

与常压气化比较煤在加压下气化时，气化过程在数量上和质量上的指标均发生重大变化。随着气化压力的提高，燃料中的碳将直接与氢反应生成甲烷，在这种情况下，在900~1000℃的低温下进行气化反应成为可能，同时水煤气反应所需要的大量的热量可以由甲烷生成反应放出的热量来提供，随着压力的提高，热量的需求量和氧气的需求量大大降低。

(1)压力对煤气组成的影响：根据化学反应平衡规律，提高气化炉的压力有助于分子数减小的反应，而不利于分子数增大或不变的反应。因此，高压对下列反应有利：

$$C+2H_2 \rightleftharpoons CH_4$$

$$CO+3H_2 \rightleftharpoons CH_4+H_2O$$

$$CO_2+4H_2 \rightleftharpoons CH_4+2H_2O$$

$$2CO+2H_2 \rightleftharpoons CO_2+CH_4$$

提高气化压力不利于下列反应：

$$2H_2O \rightleftharpoons 2H_2+O_2$$

$$C+H_2O \rightleftharpoons H_2+CO$$

$$C+2H_2O \rightleftharpoons 2H_2+CO_2$$

由以上反应可以知道，随气化压力的提高，煤气中的甲烷和二氧化碳含量增加，而氢气和一氧化碳的含量减少。

(2)压力对氧气消耗量的影响：加压气化过程随压力的增大，甲烷的生成反应增加，由该反应提供给气化过程的热量亦增加。这样由碳燃烧提供的热量相对减少，因而氧气的消耗亦减少。

(3)压力对蒸汽消耗量的影响：加压蒸汽的消耗量比常压蒸汽的消耗量高2.5~3倍，原因有几个方面。一是加压时随甲烷的生成量增加，所消耗的氢气量增加，而氢气主要来源于水蒸气的分解。从上面的化学反应可知，加压气化不利于水蒸气的分解，因而只有通过增加水蒸气的加入量提高水蒸气的绝对分解量，来满足甲烷生成反应对氢气的需求。另一方面，在实际生产中控制炉温是通过水蒸气的加入量来实现的，这也加剧了蒸汽消耗。

(4)压力对气化炉生产能力的影响经过计算，加压气化炉的生产能力比常压气化炉的生产能力高$\sqrt{p}$倍(p表示气化压力)，例如，气化压力在2.5MPa左右时，其气化强度比常压气化炉约高4~5倍。

加压下气体密度大，气化反应的速度加快有助于生产能力的提高。加压气化的气固接触时间长，一般加压气化料层高度较常压的大，因而加压气化具有较大的气固接触时间，这有利于碳的转化率的提高，使得生成的煤气质量较好。

(5)压力对煤气产率的影响。压力对煤气产率的影响如图12-10所示。由图12-10中可以看出，随着压力的提高，粗煤气的产率是下降的，净煤气的产率下降得更快。这是由于气化过程的主要反应中，如$C+H_2O \rightleftharpoons H_2+CO$，以及$C+CO_2 \rightleftharpoons 2CO$等都是分子数增大的反应，提高气化压力，气化反应将向分子数减小的方向进行，即不利于氢气和一氧化碳的生成，因此煤气的产率是降低的。而加压使二氧化碳的含量增加，经过脱除二氧化碳后的净煤气的产率却下降。

从以上的分析来看，总体讲加压对煤的气化是有利的，尤其用来生产燃烧气(如城市煤气)，因为它的甲烷含量高。但加压气化对设备的要求较高，不同的煤种适宜气化压力也不尽相同，一般泥煤是 1.57~1.96MPa；褐煤是 1.77~2.16MPa；不黏结性烟煤是 1.96~2.35MPa；黏结性烟煤、年老烟煤和焦炭均为 2.16~2.55MPa；无烟煤为 2.35~2.75MPa。

对于加压气化生产合成气来讲，甲烷的生成是不利的。为获得较多的氢气和一氧化碳气体，可采用挥发分低的原料，如年老的烟煤、无烟煤以及焦炭；并采用低的压力、较高的操作温度和通入适当的气化剂等措施。另一种方法是在炉外将甲烷进行转化，但流程和操作都比较复杂。

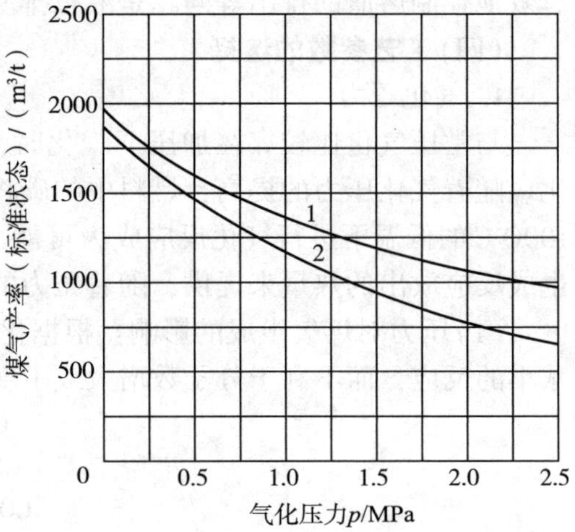

图 12-10　气化压力对煤气产率的影响(褐煤)

1—粗煤气；2—净煤气

2. 气化层的温度

甲烷的生成反应是放热反应，因而降低温度有利于甲烷的生成。但温度太低，化学反应的速度减慢。通常生产城市煤气时，气化层的温度范围在 950~1050℃左右；生产合成原料气时，可以提高到 1150℃左右。影响反应层温度最主要的因素是通入炉中气化剂的组成即汽氧比，汽氧比下降，温度上升。

3. 汽氧比的选择

汽氧比是指气化剂中水蒸气和氧气的组成比例。采用的汽氧比不同对加压气化过程的影响有如下几个方面。

(1)在一定的热负荷下，汽氧比增大水蒸气的消耗量增大而氧气的消耗量减少。

(2)汽氧比提高，水蒸气的分解率显著降低。

(3)汽氧比增大，气化炉内一氧化碳的变换反应增强，使煤气中一氧化碳的含量降低，而氢气和二氧化碳的含量升高。

(4)提高汽氧比，焦油中的碱性组分下降而芳烃组分则增加。

通常变质程度深的煤种，采用较小的汽氧比，能适当提高气化炉内的温度，以提高生产能力。加压气化炉在生产城市煤气时，各种煤的汽氧比(kg/m^3)大致范围是：褐煤 6~8，烟煤 5~7，无烟煤和焦炭 4.5~6。

第四节　煤炭气化技术——流化床气化技术

一、流化床气化法

流化床煤气化技术是气化碎煤的主要方法。其过程是将气化剂(氧气或空气与水蒸气)从气化炉底部鼓入炉内，炉内煤的细颗粒被气化剂流化起来，在一定温度下发生燃烧和气化反应。

流化床气化经多年发展形成很多炉型。美国有 U-gas、KRW、HYGas、COGas、Exxon 催化气化等；德国有高温温克勒 HTW 及 Lurgi 公司的 CFB；日本有旋流板式 JSW 和喷射床气化；中国有 ICC 灰熔聚气化、灰黏聚多元气体气化恩德炉流化床、载热体双器流化床、分区流化床、循环制气流化床水煤气炉及加压流化床等。

与移动床气化炉相比较，流化床煤气化具有如下特点：

(1)直接利用碎粉煤，不用加工成块形(如移动床气化炉所要求)，亦不用磨成细粉(如气流床气化炉所要求)，备煤加工费最低，正适合煤炭机械化开采水平提高后粉煤率增加的特点。

(2)床内物料均匀、温度均匀，便于操作控制，炉内存在的大量可燃物可保证生产的安全性。

(3)气化强度大，便于大规模设备的建设。目前长期生产应用ϕ5m的恩德炉，每台炉产合成气已达$4\times10^4m^3/h$，相当于产氨$9\times10^4t/a$。

(4)可在炉料中添加固硫剂。利用了循环流化床技术后，床内脱硫效果更佳。

(5)炉内温度足以裂解煤热解中产生的高烃类物质，简化了煤气净化及污水处理。

(6)炉内很少有机械运动及金属部件，维修工作量小。

(7)炉内反应温度一般不大于1000℃，只需一般耐火材料就可以长期运行。

(8)对煤的灰含量敏感性不大，在几种气化方法中，最适合于高灰劣质煤的利用。

(9)气化时氧耗量比气流床低，蒸汽消耗量又比干式排灰的移动床低。

(10)既不如移动床气化炉那样有充分的气-固相反应时间，往往气化的还原反应进行得不充分；又不如气流床气化炉那样有很高的气化温度，可以保证气化反应快速进行。因而在煤种上要求使用较高活性的煤和较高灰熔点的煤。

(11)因气化炉要保持产生煤气，必须要求炉内的还原性气氛，即要求炉内物料应有相当高的含炭量。这样，对常规的流化床气化炉来说，就带来了排出灰渣及随煤气带出的飞灰含炭量高、损失大的问题。

(12)流化床气化炉煤气的出口温度基本上与炉内相差很小。在HTW型等一些气化炉中，因增加了二次风来燃尽带到自由空间的煤粉，往往使炉出口煤气温度比床层内温度还高50~60℃高温、高夹带物煤气的除尘及湿热回收带来了余热锅炉的磨损问题。

总之，煤的流化床气化有诸多的吸引人的优点，初看技术也不复杂，因而不少人为此花费了毕生的精力。但从目前的情况看来进展不快。主要原因在于流化床现存基本问题的解决上有一定的技术难度，需要有大量细致的实验工作。

二、温克勒气化工艺

1. 温克勒气化炉

温克勒气化工艺是最早的以褐煤为气化原料的常压流化床气化工艺。图12-11是温克勒气化炉的示意图，气化炉为钢制立式圆筒形结构，内衬耐火材料。

温克勒气化炉采用粉煤为原料，粒度在0~10mm左右，若煤不含表面水且能自由流动就不必干燥。对于黏结性煤可能需要气流输送系统，借以克服螺旋给煤机端部容易出现堵塞的问题。粉煤由螺旋加料器加入圆锥部分的腰部，加煤量可以通过调节螺旋给料机的转数来实现。一般沿筒体的圆周设置二到三个加料口，互成180°或120°的角度有利于煤在整个截面上的均匀分布。

温克勒气化炉的炉箅安装在圆锥体部分，蒸汽和氧(或空气)由炉箅底侧面送入，形成流化床。一般气化剂总量的60%~75%由下面送入，其余的气化剂由燃料层上面2.5~4m处的许多喷嘴喷入，使煤在接近灰熔点的温度下气化，这可以提高气化效率、有利于活性低的煤种气化。通过控制气化剂的组成和流速来调节流化床的温度不超过灰的软化点。较大的富灰颗粒比煤粒的密度大，因而沉到流化床底部，经过螺旋排灰机排出。大约有30%的灰从

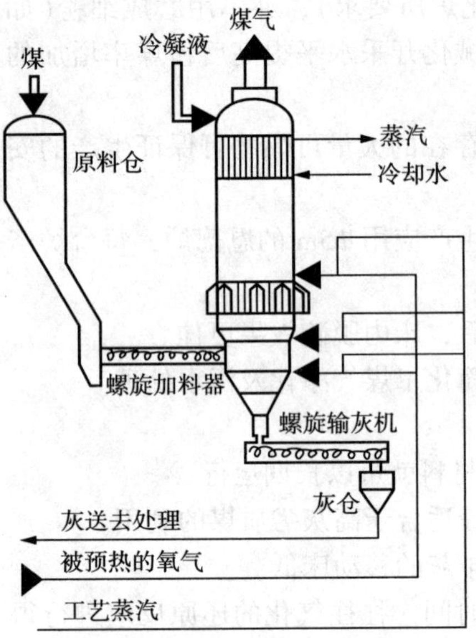

图 12-11　温克勒气化炉

底部排出，另外的70%被气流带出流化床。

气化炉顶部装有辐射锅炉，是沿着内壁设置的一些水冷管，用以回收出炉煤气的显热，同时，由于温度降低可能被部分熔融的灰颗粒在出气化炉之前重新固化。

2. 温克勒气化工艺流程

温克勒气化工艺流程包括煤的预处理、气化、气化产物显热的利用、煤气的除尘和冷却等。如图 12-12 所示。

(1)原料的预处理：

①原料经破碎和筛分制成 10mm 级的入炉料，为了减少带出物，有时将 0.5mm 以下的细粒筛去，不加入炉内。

②烟道气余热干燥，控制入炉原料水分在 8%~12% 左右。经过干燥的原料，可使加料时不致发生困难，同时可提高气化效率，降低氧气消耗。

③对于有黏结性的煤料，需经破黏处理，以保证床层内正常的流化工况。

(2)气化：经预处理后的原料进入料斗，料斗中充以氮或二氧化碳气体，用螺旋加料器将原料送入炉内。一般蒸气-空气(或氧气)气化剂的 60%~70%由炉底经炉箅送入炉内，调节流速使料层全部流化，其余的 30%~40%作二次气化剂由炉筒中部送入。生成的煤气由气化炉顶部引出，粗煤气中含有大量的粉尘和水蒸气。

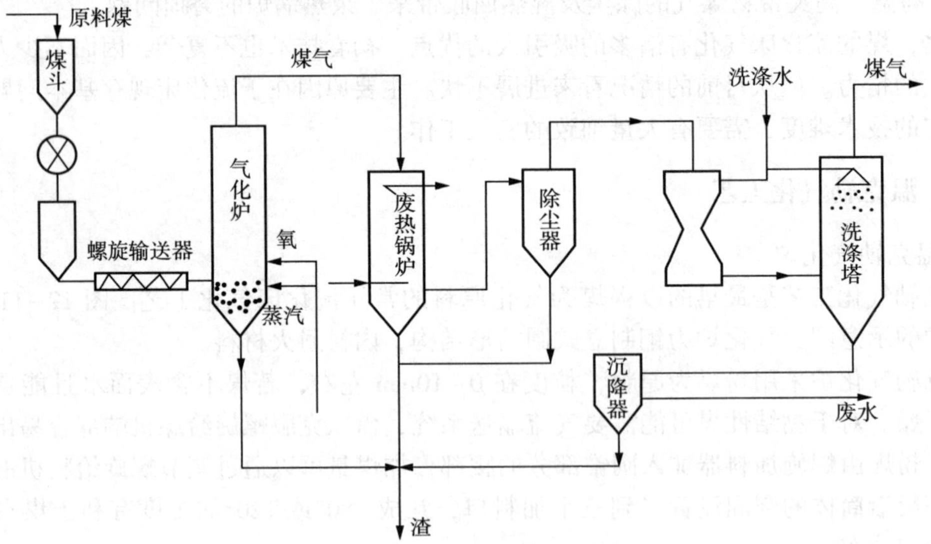

图 12-12　低温温克勒气化工艺

(3)粗煤气的显热回收：粗煤气的出炉温度一般在 900℃左右，且含有大量粉尘，这给煤气的显热利用增加了困难。一般采用辐射式废热锅炉，生产压力为 1.96~2.1MPa 水蒸气，蒸汽产量为 0.5~0.8kg/m^3 干煤气。由于煤气含尘量大，对锅炉炉管的磨损严重，应定期保养和维修。

(4)煤气的除尘和冷却：粗煤气经废热锅炉回收热量后经两级旋风分离器及洗涤塔。可除去煤气中大部分粉尘和水汽，使煤气的含尘量降至 6~20mg/m^3，煤气温度降至 35 ~40℃。

3. 工艺条件

(1)操作压力-0.098MPa。

(2)原料粒度为0~10mm 的褐煤、不黏煤、弱黏煤和长烟煤等均可使用，但要求具有较高的反应性。使用具有黏结性的煤时，由于在富灰的流化床内，新鲜煤料被迅速分散和稀释，故使用弱黏煤时一般不致造成床层中的黏结问题。但黏结性稍强的煤有时也需要进行预氧化破黏。由于流化床气化时床层温度较低，碳浓度也较低，故不适宜使用低活性、低灰熔点的煤料。

(3)气化炉的操作温度：高炉温对气化是有利的，可以提高气化强度和煤气质量，但炉温是受原料的活性和灰熔点的限制的，一般在900℃左右，影响气化炉温度的因素大致有汽氧比、煤的活性、水分含量、煤的加入量等。其中又以汽氧比最为重要。

(4)二次气化剂用量及组成：使用二次气化剂的目的是提高煤的气化效率和煤气质量。引入气化炉身中部的二次气化剂用量和组成须与被带出的未反应碳量成适当比例。如二次气化剂过少，则未反应碳得不到充分气化而被带出，造成气化效率下降；反之二次气化剂过多，则产品气将被不必要地烧掉。

由以上的叙述可知，温克勒气化工艺的优点如下：

①单炉生产能力大。当炉径为5.5m，以褐煤为原料，蒸汽-氧气常压鼓风时，单炉生产能力为60000m^3/h。空气常压鼓风时，单炉生产能力为100000m^3/h，均大大高于常压固定床气化炉的产气量。

②气化炉结构气化炉的结构较简单。如炉箅不进行转动，甚至改进的温克勒炉不设炉箅，因此操作维修费用较低。每年该项费用只占设备总投资的1%~2%，炉子使用寿命放长。

③可气化细颗粒煤(0.10mm)。随着采煤机械化程度的提高，原煤中细粒度煤的比例亦随之增加，现在一般原煤中<10mm 的细粒度煤要占40%甚至更多。流化床气化时可充分利用机械化采煤得到<10mm 的细粒度煤，可适当简化原煤的预处理。

④出炉煤气基本上不含焦油。由于煤的干馏和气化在相同温度下进行，相对于移动床干馏区来说，其干馏温度高得多，故煤气中几乎不存在焦油，酚和甲烷含量也很少，排放的洗涤水对环境污染影响较小。

⑤运行可靠。开停车容易负荷变动范围可较大，在正常负荷的30%~150%范围内波动，一般不影响气化效率。

流化床温克勒气化工艺的主要缺点如下：

①气化温度低。为防止细粒煤料中灰分在高温床中软化和结渣，以至于破坏气化剂在床层截面上的均匀分布，流化床气化时的操作温度应控制在900℃左右，所以必须使用活性高的煤为原料，并因此对进一步提高煤气产量和碳转化率起了限制作用。

②气化炉设备庞大。由于流化床上部固体物料处于悬浮状态，物料运动空间比固定床气化炉中燃料层和上部空间所占的总空间大得多，故流化床气化时以容积计的气化强度比固定床时要小得多。

③热损失大。由于床层内温度分布均匀，出炉煤气温度几乎与炉床温度一致，故带走热量较多，热损失较大。

④带出物损失较多。由于使用细颗粒煤为原料，气流速度又较高。颗粒在流化床中磨损使细粉增加，故出炉煤气中带出物较多。

⑤粗煤气质量较差。由于气化温度较低，不利于二氧化碳还原和水蒸气分解反应，故煤气中 CO_2 含量偏高，可燃组分含量(如 CO、H_2、CH_4 等)偏低，因此为净化压缩煤气耗能较多。

温克勒气化工艺的缺点主要是由于操作温度和压力偏低造成的。为克服上述存在的缺点，需提高操作温度和压力。为此，发展了高温温克勒法(HTW)气化工艺和流化床灰团聚气化工艺，如 U-Gas 气化法。

第五节　煤炭气化技术——气流床气化技术

气流床技术应用在煤的气化上，是将煤制成粉煤或煤浆，粉煤和气化剂经由烧嘴或燃烧器一起夹带、并流送入气化炉，在气化炉内进行充分的混合、燃烧和气化反应。由于在气化炉内气固相对速度很低，气体夹带固体几乎是以相同的速度向相同的方向运动，因此称为气流床气化或夹带床气化。

气流床气化炉内的反应基本上与流化床内的反应类似。

在反应区内由于煤粒悬浮在气流中，随着气流并流运动。煤粒在受热情况下进行快速干馏和热解，同时煤焦与气化剂进行着燃烧和气化反应，反应产物间同时存在着均相反应，煤粒之间被气流隔开。所以基本上煤粒单独进行膨胀、软化、燃尽及形成熔渣等过程，而煤粒相互之间的影响较小。从而使原料煤的黏结性、机械强度、热稳定性对气化过程基本上不起作用。故气流床气化除对熔渣的黏度-温度特性有一定要求外，原则上可适用于所有煤种。

一、概述

1. 气流床气化的主要特征

(1)气化温度高、气化强度大。流床反应器中由于煤粒和气流的并流运动，煤料与气流接触时间很短，而且由于气流在反应器中的短暂停留，故要求气化过程在瞬间完成。为此，必需保持很高的反应温度(达 2000℃左右)和使用煤粉(<200 目)作为原料，以纯氧和水蒸气为气化剂，所以气化强度很大。

(2)煤种适应性强。气化时对原料煤除要注意熔渣的黏度-温度特性外，基本上可适用所有煤种。但褐煤不适宜制成水煤浆加料。

当然，挥发分含量较高，活性好的煤较易气化，完成反应所需要的空间小，反之为完成气化反应所需的空间较大。

(3)煤气中不含焦油。由于反应温度很高，炉床温度均一。煤中挥发分在高温下逸出后，迅速分解和燃烧生成二氧化碳和水蒸气，并放出热量。二氧化碳和水蒸气在高温下与脱挥发分后的残余炭反应生成一氧化碳和氢，因而制得的煤气中不含焦油，甲烷含量亦极少。

(4)需设置较庞大的磨粉、余热回收、除尘等辅助装置。由于气流床气化时需用粉煤，要求粒度为 70%~80%通过 200 目筛，故需较庞大的制粉设备，耗电量大。此外，由于气流床为并流操作，制得的煤气与入炉的燃料之间不能产生热交换，故出口煤气温度很高，需设置较庞大的余热回收和除尘装置。

2. 气流床气化的分类

气流床气化主要有如下几种分类方式：

(1)根据入炉原料的输送性能可分为干法进料和湿法进料。

(2)根据气化压力可分为常压气化和加压气化。

(3)根据气化剂可分为空气气化和氧气气化。

二、湿法气流床加压气化(TEXACO炉)

湿法气流床气化是指煤或石油焦等固体碳氢化合物以水煤浆或水炭浆的形式与气化剂一起通过喷嘴，气化剂高速喷出与料浆并流混合雾化，在气化炉内进行火焰型非催化部分氧化反应的工艺过程。具有代表性的工艺技术有美国德士古发展公司开发的水煤浆加压气化技术、道化学公司开发的两段式水煤浆气化技术、中国自主开发的多喷嘴煤浆气化技术。它们当中以德士古发展公司水煤浆加压气化技术开发最早、在世界范围内的工业化应用最为广泛。

德士古(TEXACO)气化工艺最早开发于20世纪40年代后期。开始的工作重点集中在开发一种天然气的重整工艺，以便为转换成液态烃化合物制造合成气，不久后重点转向为氨的生产制造合成气。20世纪50年代期间，研究扩大该工艺以气化石油及少量的煤。目前，在我国运行的德士古气化炉有12台。兖矿鲁南化肥厂的德士古气化装置，是我国从国外引进的第一套德士古煤炭气化装置，采用水煤浆进料在加压下来生产合成氨的原料气体。

1. 德士古气化炉

德士古气化炉是一种以水煤浆进料的加压气流床气化装置，如图12-13所示。

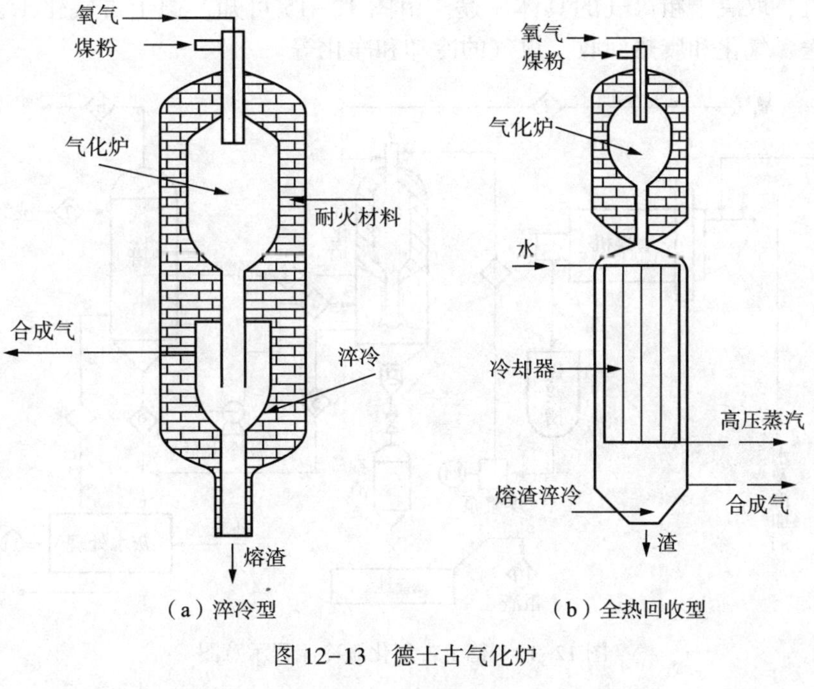

(a)淬冷型 (b)全热回收型

图12-13 德士古气化炉

该炉有两种不同的炉型，根据粗煤气采用的冷却方法不同，可分为淬冷型[图12-13(a)]和全热回收型[图12-13(b)]。

两种炉型下部合成气的冷却方式不同，但炉子上部气化段的气化工艺是相同的。德士古加压水煤浆气化过程是并流反应过程。合格的水煤浆原料与氧气从气化炉顶部进入。煤浆由喷嘴导入，在高速氧气的作用下雾化。氧气和雾化后的水煤浆在炉内受到高温衬里的辐射作用，迅速进行着一系列的物理、化学变化，预热、水分蒸发、煤的干馏、挥发物的裂解燃烧以及碳的气化等。气化后的煤气中主要是一氧化碳、氢气、二氧化碳和水蒸气。气体夹带灰分并流而下，粗合成气在冷却后从炉子的底部排出。

在淬冷型气化炉中，粗合成气体经过淬冷管离开气化段底部，淬冷管底端浸没在一水池中。粗气体经过急冷到水的饱和温度，并将煤气中的灰渣分离下来，灰熔渣被淬冷后截留在水中落入渣罐，经过排渣系统定时排放。之后冷却了的煤气经过侧壁上的出口离开气化炉的淬冷段。然后按照用途和所用原料，粗合成气在使用前进一步冷却或净化。

在全热回收型炉中，粗合成气离开气化段后，在合成气冷却器中从1400℃被冷却到700℃，回收的热量用来生产高压蒸汽。熔渣向下流到冷却器被淬冷，再经过排渣系统排出。合成气由淬冷段底部送下一工序。

对于这两种工艺过程，目前大多数德士古气化炉采用淬冷型，优势在于它更廉价，可靠性更高，劣势是热效率较全热回收型的低。

气化炉为一直立圆筒形钢制耐压容器，内壁衬以高质量的耐火材料，可以防止热渣和粗煤气的侵蚀。

2. 工艺流程

水煤浆加压气化炉燃烧室排出的高温气体和熔渣因冷却方式的不同而分为激冷流程(图12-14)和废热流程(图12-15)。高温粗煤气(含熔渣)的显热回收为高压蒸汽还是回收为工艺直接用蒸汽，取决于粗煤气的具体用途。由图12-15可知，德士古气化工艺可分为煤浆的制备和输送、气化和废热回收、煤气的冷却和净化等。

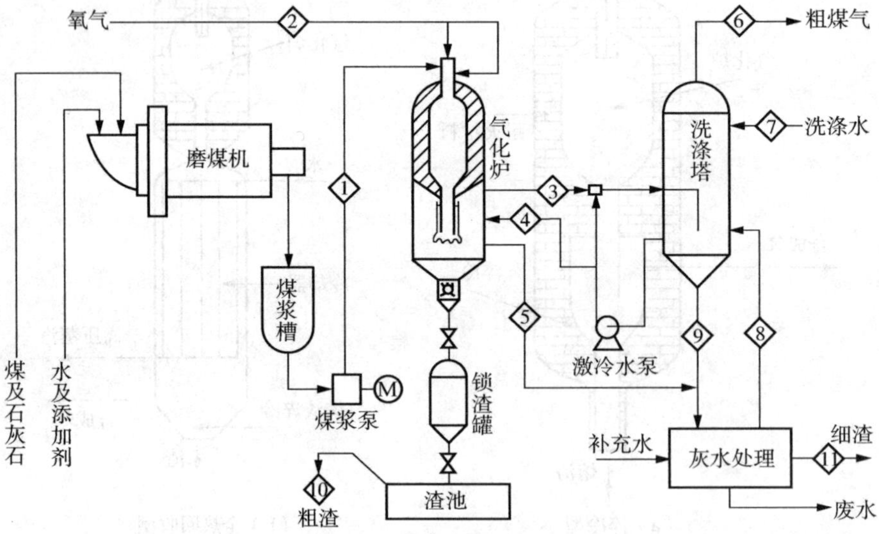

图12-14　德士古气化激冷流程示意图

(1)煤浆的制备和输送。合格煤浆的制备是德士古法应用的基本前提。煤浆的浓度、黏度、稳定性等对气化过程和物料的输送均有重要的影响，而这些指标与煤的研磨又有着密切的关系。

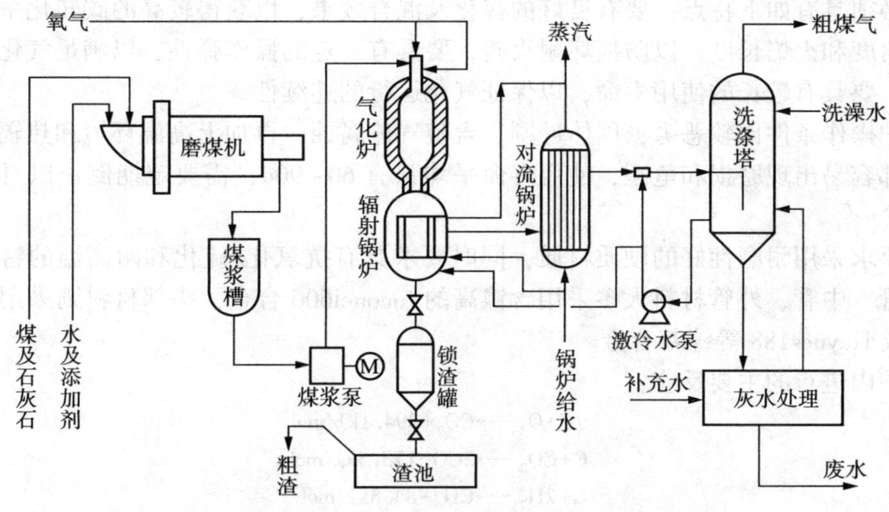

图 12-15　德士古气化废热流程示意图

(2)气化炉。气化炉是气化过程的核心，而喷嘴又是气化炉的关键设备。合格的水煤浆在进入气化炉时，首先要被喷嘴雾化，使煤粒均匀地分散在气化剂中，从而保证高的气化效率。良好的喷嘴设计可以保证煤浆和氧气的均匀混合。

国外使用的喷嘴结构多用三套管式(如图 12-16 所示)，中心管和外环隙走氧气，中层环隙走煤浆。设置中心管氧气的目的是保证煤浆和氧气的充分混合，中心氧量一般占总量的10%~25%。根据煤浆的性质可调节两股氧气的比例，以促使氧气和碳的反应。

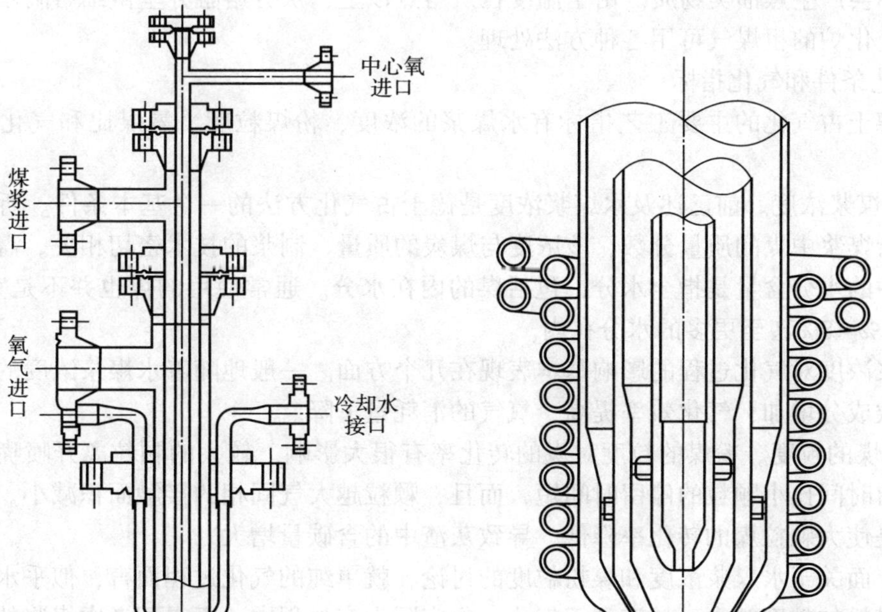

图 12-16　三流道喷嘴示意图

喷嘴必须具有如下特点：要有良好的雾化及混合效果，以获得较高的碳转化率；要有良好的喷射角度和火焰长度，以防损坏耐火砖；要具有一定的操作弹性，以满足气化炉负荷变化的需要；要具有较长的使用寿命，以保证气化运行的连续性。

气化炉操作条件比较恶劣，固体冲刷、含硫气体腐蚀，再加上高温环境和热辐射，水煤浆喷嘴头部容易出现磨损和龟裂，使用寿命平均只有 60~90d，需要定期倒炉以对喷嘴进行检查维护。

喷嘴要求采用耐磨性好的硬质材质，同时要求具有抗氧化/硫化和耐高温的特性。目前喷嘴的内管、中管、外管材料大多采用含镍高的 Inconel600 合金，头部材料则采用含钴高的 UMCO50 或 Haynes188 等镍基合金。

气化炉内进行的主要反应：

$$C+O_2 \longrightarrow CO_2+394.1kJ/mol$$

$$C+CO_2 \longrightarrow 2CO-173.3kJ/mol$$

$$C+2H_2 \longrightarrow CH_4+84.3kJ/mol$$

$$CO+H_2O \longrightarrow H_2+CO_2-38.4kJ/mol$$

$$CO+3H_2 \longrightarrow CH_4+H_2O+219.3kJ/mol$$

还进行以下反应；

$$C_mH_n \rightleftharpoons (m-1)C+CH_4+0.5(n-4)H_2C_mH_n \Leftrightarrow (m-1)C+CH_4+0.5(n-4)H_2$$

$$C_mH_n+(m+0.25n)H_2 \rightleftharpoons mCO_2+0.5nH_2O$$

当煤浆进入气化炉被雾化后，部分煤燃烧而使气化炉温度很快达到 1300℃ 以上的高温，由于高温气化在很高的速度下进行，平均停留时间仅几秒钟，高级烃完全分解，甲烷的含量也很低，不会产生焦油类物质。由于温度在灰熔点以上，灰分熔融并呈微细熔滴被气流夹带出，离开气化炉的粗煤气可用各种方法处理。

3. 工艺条件和气化指标

影响德士古气化的主要工艺指标有水煤浆的浓度、粉煤粒度、氧煤比和气化炉操作压力等。

(1)水煤浆浓度。前已述及水煤浆浓度是德士古气化方法的一个基本条件。所谓水煤浆的浓度是指煤浆中煤的质量分数，该浓度与煤炭的质量、制浆的技术密切相关。需要说明的是水煤浆中的水分含量是指全水分，包括煤的内在水分。通常使用的煤也并不是完全干的，一般含有 5%~8%甚至更多的水分在内。

水煤浆浓度对气化过程的影响基本表现在几个方面。一般地随着水煤浆浓度的提高，煤气中的有效成分增加，气化效率提高，氧气的消耗量下降。

(2)粉煤的粒度。粉煤的粒度对炭的转化率有很大影响。较大的颗粒离开喷嘴后，在反应区的停留时间比小颗粒的停留时间短，而且，颗粒越大气固相的接触面积减小。这双重的影响结果是使大颗粒煤的转化率降低，导致灰渣中的含碳量增大。

结合上面关于水煤浆浓度和煤粉粒度的讨论，就单纯的气化过程而言，似乎水煤浆的浓度越高、煤粉的粒度越小，越有利于气化。但实际生产过程中，不得不考虑煤浆的泵送和煤浆在气化炉中的雾化，而这两个生产环节又极大地受水煤浆黏度的限制。煤的粒度越小，煤浆浓度越大，则煤浆的黏度越大。为了便于使用，水煤浆应具有较好的流动性，黏度不能太大，以利于泵送和雾化。

德士古法的收益明显受到水煤浆浓度的影响。在工业规模的条件下，煤浆黏度是一限制因素。为使煤浆易于泵送和提高其浓度，工业上采用添加表面活性剂来降低其黏度。

表面活性剂是一种两亲分子，由疏水基和亲水基两部分组成。在水煤浆中表面活性剂的亲水基伸入水中，而疏水端却被煤粒的表面吸引，对煤粒起到很好的分散作用。水煤浆用的表面活性剂多选择芳烃类中与煤结构相近的物质，这样可以在煤的表面更好地吸附。因为添加剂的用量不小，一个日产千吨氨厂按添加 0.5%计算，每年需表面活性剂约 3000~4000t，这样就可以选择价廉的添加剂以降低生产成本。

(3)氧煤比。氧煤比是德士古气化法的重要指标。在其他条件不变时，氧煤比决定了气化炉的操作温度，如图 12-17 所示。同时氧煤比增大，碳的转化率也增大，如图 12-18 所示。

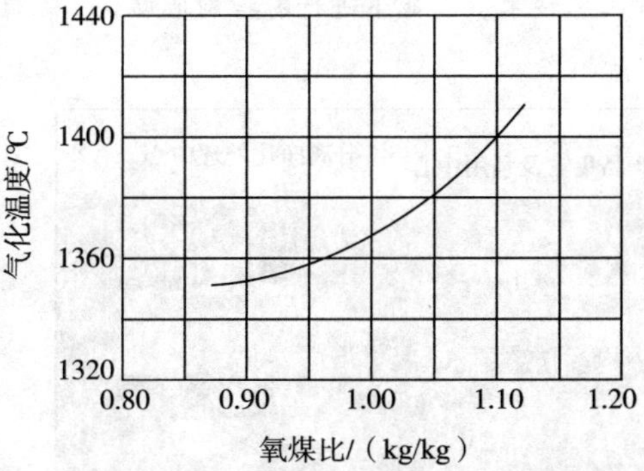

图 12-17 氧煤比与气化温度的关系图

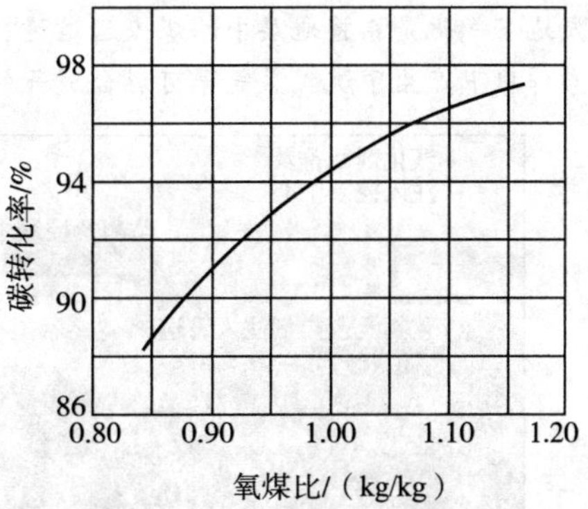

图 12-18 氧煤比与碳转化率的关系

虽然氧气比例增大可以提高气化温度，有利于碳的转化，降低灰渣含炭量。但氧气过量会使二氧化碳的含量增加，从而造成煤气中的有效成分降低，气化效率下降。

某化肥厂曾经因为灰渣含炭量太高，在氧气流量不变的条件下，通过降低煤浆的加入量相应提高氧煤比的方法，在德士古气化装置上进行过验证性试验。当氧气的消耗量从每天的 263900m^3 提高到 267200m^3 后，有效气体（$CO+H_2$）的含量从试验前的 83.85%降低到 81.84%；而二氧化碳的含量从试验前的 15.94%提高到 17.74%；灰渣可燃物的含量从试验前的 43.96%降低到 31.83%。与此相应的比煤耗从试验前的 0.5653kg/m^3（$CO+H_2$）降低到 0.5410kg/m^3（$CO+H_2$）；煤气产量也从试验前的每天 873350m^3 提高到 887400m^3。由此可见适当提高氧气的消耗量，可以相应提高炉温，降低生产成本，但提高炉温还要考虑耐火砖和喷嘴等的寿命。

(4)气化压力。德士古工艺的气化压力最高可达 8.0MPa，通常根据煤气的最终用途，经过经济核算，选择合适的气化压力。

提高气化压力可以增加反应物的浓度，加快反应速度；同时由于煤粒在炉内的停留时间延长，碳的转化率提高。其结果是气化炉的气化强度提高，后续工段压缩煤气的动力消耗相应减少。

(5)煤种的影响。德士古气化的煤种范围较宽，一般情况下不适宜气化褐煤，由于褐煤的内在水分含量高，内孔表面大，吸水能力强，在成浆时煤粒上吸附的水量多。因此，相同的浓度下自由流动的水相对减少，煤浆的黏度大，成浆困难。

灰分含量是影响气化的一个重要因素。德士古法是在煤的灰熔点以上的温度操作，炉内灰分的熔融所需要的热量需燃烧部分煤来提供，因而煤灰分含量增大，氧消耗量会增大，同理煤的消耗量亦增大。

在选择煤种时应选择活性好、灰熔点低（小于 1300℃）的煤。对于灰分含量，一般应低于10%~15%，否则需加入助熔剂（CaO或Fe_2O_3），这又会增加运行成本，这一点特别不利于中国煤种的使用。

知识链接

煤炭地下气化技术

随着科技的发展，世界能源正在形成煤炭清洁化革命、非常规油气革命、新能源革命与智能化革命等多种能源革命跨界发展的新浪潮。人类利用能源也正在从高碳向低碳、非碳化发展。而“煤炭地下气化”有可能成为这次浪潮的新生力量。

煤炭地下气化是指将地层中的煤炭通过适当的工程工艺技术，在地下进行有控制地燃烧，在煤的热作用及化学作用下产生甲烷、氢气等可燃合成气的过程。

图12-19 煤炭地下气化原理流程图

煤炭地下气化可有效避免因采煤引起的安全和生态环境问题，提高资源利用效率，变物理采煤为化学采气，有效缓解“富煤”和“气不足”之间的矛盾。如果该技术取得成功，将引领中国“天然气革命”，实现天然气产量跨越增长。

目前，煤炭地下气化技术已基本成熟，但受工艺技术本身及市场、安全环保等外部环境的影响，产业化步伐进展缓慢。中深层和产业融合将是未来煤炭地下气化的发展方向。不考虑煤阶、地表条件等因素，中国埋深1000~3000m的可气化煤炭折合天然气资源量为$(272\sim332)\times10^{12}m^3$，是常规天然气资源量的3倍，与非常规天然气资源量的总和相当，开发潜力巨大。

国内外的现场试验表明，浅层煤炭地下气化技术基本成熟，但并没有取得规模产业化发展，原因有三：一是地质选区过程中论证不充分，如因地层水大量涌入气化腔导致试验停止等；二是地下气化技术和工艺对地质、工程、地面要求非常高，技术本身仍存在需要完善之处；三是绝大部分浅层试验项目受外部环境的影响大，如国家环保政策导致试验停止、地表下陷和浅层水污染导致项目停止等。

而相对于浅层煤层，中深层煤炭地下气化有很多优点：一是气化炉远离地表及饮用水源，避免了直接环境污染；二是埋深增大有利于增加气化炉的密闭性，避免了大量裂隙导致的产出气泄漏；三是随着埋深增大、温度提高，气化反应速度和热值也随之提高。

但随着埋深的增大，地层压力也随之提高，地层情况更为复杂，施工和监测控制技术难度增加，项目成本也随之上涨。为尽量避免可能的地下水污染以及避开与煤炭开采企业的业务范围重叠，煤炭地下气化未来一定是向中深层、深层甚至超深层发展。

习题与练习

一、填空题

1. 煤炭气化是煤或煤焦与______在高温下发生化学反应将煤或煤焦中有机物转变为______的过程。

2. 气化剂一般有______、______、______、______等。

3. 煤气的有效成分为______、______、______等。

4. 煤炭气化如果按固体燃料的运动状态分类的话可以分为：______、流化床气化、______、熔融床气化。

5. 一般认为，在煤的气化阶段中发生了下述反应：______、______、______及其他反应。

6. 德士古气化炉是一种以______的加压气流床气化装置，该炉有两种不同的炉型，根据粗煤气采用的冷却方法不同可分为______、______。

7. 温克勒气化工艺流程包括______、______、______、______。

8. 鲁奇炉的排渣方式主要有______和______两种。

9. 移动床气化炉当炉料装好进行气化时，以空气作为气化剂，或以空气(氧气、富氧空气)与水蒸气作为气化剂时，炉内料层可分为六个层带，自上而下分别为：______、______、______、______、______、______，气化剂不同，发生的化学反应不同。

10. 所谓气流床就是气化剂将煤粉夹带进入气化炉，进行______气化。

11. 进行煤炭气化的设备叫______。

12. 气化炉在生产操作过程中根据使用的压力不同，可分为______和______；根据不同的排渣方式，可以分为______和______。

13. 水煤浆的浓度是指煤浆中______，该浓度与煤炭的质量、制浆的技术密切相关。

14. 移动床是一种较老的气化装置，燃料由______加入，底部通入______，燃料与气化剂______流动，反应后的灰渣由底部排出。

15. 气化温度一般指煤气发生炉内______层的温度。

16. 间歇法制造半水煤气时，在维持煤气炉温度、料层高度和气体成分的前提下，采用______、______、______、______称三高一短的操作方法，有利于气化效率和气化强度的提高。

17. 温克勒气化工艺中采用二次气化剂的目的是______。

18. 气流床气化的分类根据入炉原料的输送性能可分为______和______。

二、选择题

1. 煤气的有效成分是(　　)。

A. CO　　B. CO_2　　C. H_2S　　D. N_2

2. 下列煤气只是采用水蒸气作为气化剂的是(　　)。

A. 空气煤气　　B. 半水煤气　　C. 水煤气　　D. 混合煤气

3. 移动床气化就是(　　)。

A. 固定床气化　　B. 流化床气化　　C. 气流床气化　　D. 沸腾床气化

4. 气流床气化中煤料与气化剂采用(　　)方式进入气化炉。

A. 逆流　　B. 并流　　C. 随机　　D. 错流

5. (　　)温度较低，灰中的残炭较少，基本不发生化学反应。

A. 空层　　B. 灰渣层　　C. 干馏层　　D. 干燥层

6. (　　)是煤炭气化的重要反应区域，产生的热量是维持气化炉正常操作的必要条件。

A. 还原层　　B. 干燥层　　C. 干馏层　　D. 氧化层

7. 下面哪一个不是碎煤加压气化的特点：(　　)。

A. 原料适用范围广

B. 气化压力较高，气流速度低，可气化较小粒度的碎煤

C. 可气化水分、灰分较高的劣质煤

D. 气化强度大，便于大规模设备的建设

8. 下面不属于液态排渣气化炉特点的是(　　)。

A. 气氧比低，气化层反应温度高，碳的转化率大

B. 气化强度小

C. 水蒸气耗量小

D. 氧气消耗较固态排渣高

9. 温克勒气化工艺属于(　　)气化工艺。

A. 流化床　　B. 固定床　　C. 移动床　　D. 气流床

10. 不属于流化床气化特点的是(　　)。

A. 直接利用碎粉煤　　B. 原料煤为块状

C. 煤气出口温度与炉内相差很小　　D. 可在炉料中添加固硫剂

11. 温克勒气化炉炉箅安装在圆锥体部分，蒸汽和氧由炉箅底侧面送入，一般气化剂总量的(　　)由下面送入，其余的由燃料层上面 2.5~4m 处的喷嘴喷入。

A. 50%~60%　　B. 85%　　C. 78%　　D. 60%~70%

12. 温克勒气化炉中富灰颗粒大约有(　　)从底部排出，(　　)被气流带出流化床。

A. 30%，70%　　B. 40%，60%　　C. 50%，50%　　D. 70%，30%

13. 对气流床气化特点描述不正确的是(　　)。

A. 煤种适应性强

B. 气化温度低，气化强度大

C. 煤气中不含有焦油

D. 需设置较庞大的磨粉、余热回收、除尘等装置

14. 采用湿法进料的是(　　)。

A. 德士古炉　　B. K-T 炉　　C. Shell 炉　　D. ABB-CE 气化炉

三、判断题

1. 在流化床时，为了使煤在破碎、输送和加料时能保持自由流动状态而规定料煤的水分应<5%。在气流床气化采用干法加料时，一般要求原料的水分最好<2%，以便于粉煤的气动输送。(　　)

2. 一般来说，煤中挥发分越高，转变为焦油的有机物就越多，煤气的产率下降。(　　)

3. 低灰的煤种有利于煤的气化生产，能提高气化效率、生产出优质煤气，但低灰煤价格高，使煤气的综合成本上升。(　　)

4. 煤的比表面积和煤的粒径有关，煤的粒径越小，其比表面积越大。煤有许多内孔，

所以比表面积与煤的气孔率有关。( )

5. 煤的粒度太小，当气化速度较大时，小颗粒的煤有可能被带出气化炉外，从而使炉子的气化效率升高。( )

6. 煤的挥发分产率与煤的变质程度有密切的关系。随着变质程度的提高，煤的挥发分逐渐升高。( )

7. 鲁奇加压炉属于流化床气化炉。( )

8. 一般用于固态排渣气化炉的煤，在气化时不能出现结渣，其灰熔点应大于1250℃，液态排渣却相反，灰熔点越低越好，但要保证有一定的流动性。( )

9. 固定床气化炉内料层可分为六个层带，自下而上分别为：空层、干燥层、干馏层、还原层、氧化层、灰渣层。( )

10. 气流床气化炉可使黏结性煤，但不应使用黏结性较强的煤为原料。( )

11. 蒸汽分解率高，得到的煤气质量好，粗煤气中水蒸气含量低。( )

12. 升高温度有利于化学平衡向放热方向进行。( )

13. 一般的，灰熔点低的煤在气化时难于结渣。( )

14. 化学活性是指煤与气化剂中氧、蒸汽、二氧化碳及其氢的反应能力。( )

15. 温克勒气化工艺是最早的以褐煤为气化原料的加压流化床气化工艺。( )

16. 随水煤浆浓度的提高，煤气中的有效成分增加，气化效率提高，氧耗量下降。( )

17. 合格煤浆的制备是德士古法应用的基本前提。( )

18. 德士古气化煤种范围较宽，所以褐煤也使用。( )

19. 氧化层也称燃烧层或火层，是煤炭气化的重要区域，也是温度最高的一层。( )

20. 热稳定性差的煤，在气化过程中易破碎，使床层阻力增加，煤气中带出物增加。( )

21. 流化床气化炉煤气出口温度与炉内温差较大。( )

四、简答题

1. 简述移动床气化炉的燃料分层情况，并说明各层的主要作用。

2. 什么是煤炭的汽化？

3. 什么是沸腾床气化？沸腾床气化和移动床气化相比较，有什么优点？

4. 简述制取水煤气的工作循环。

5. 温克勒气化炉为什么使用二次气化剂？

6. 为什么煤的黏结性对气流床气化过程没有太大影响？

7. 简述气流床气化的技术特点。

第十三章　煤炭液化

第一节　概　述

煤炭液化是把固体煤炭通过化学加工过程，使其转化成为液体燃料、化工原料和产品的先进洁净煤技术。根据不同的加工路线，煤炭液化可分为直接液化和间接液化两大类。

煤的直接液化技术是指在高温高压条件下，通过加氢使煤中复杂的有机化学结构直接转化成为液体燃料的技术，又称加氢液化。其典型的工艺过程主要包括煤的破碎与干燥、煤浆制备、加氢液化、固液分离、气体净化、液体产品分馏和精制，以及液化残渣气化制取氢气等部分，特点是对煤种要求较为严格，但热效率高，液体产品收率高。一般情况下 1t 无水无灰煤能转化成半吨以上的液化油，加上制氢用煤约 3~4t 原料产 1t 成品油，液化油在进行提质加工后可生产洁净优质的汽油、柴油和喷气燃料等。

煤的间接液化技术是先将煤全部气化成合成气，然后以煤基合成气(一氧化碳和氢气)为原料，在一定温度和压力下，将其催化合成为烃类燃料油及化工原料和产品的工艺，包括煤炭气化制取合成气、气体净化与交换、催化合成烃类产品以及产品分离和改制加工等过程。一般情况下约 5~7t 原煤产 1t 成品油，其特点是适用煤种广、总效率较低、投资大。

第二节　煤炭直接液化

一、煤与石油的比较

煤与石油都是由碳、氢、氧为主的元素组成的天然有机矿物燃料，但它们在外观和化学组成上都有明显差别。

表 13-1　煤与液体油及甲烷的元素组成　　%

元素	无烟煤	中等挥发分烟煤	高挥发分烟煤	褐煤	泥炭	石油	汽油	CH_4
C	93.7	88.4	80.3	72.7	50~70	83~87	85	75
H	2.4	5.0	5.5	4.2	5.0~6.1	11~14	14	25
O	2.4	4.1	11.1	21.3	25~45	0.3~0.9		
N	0.9	1.7	1.9	1.2	0.5~1.9	0.2		
S	0.6	0.8	1.2	0.6	0.1~0.5	1.0		
H/C	0.31	0.67	0.82	0.87	~1.0	1.76	1.94	4

由表 13-1 可知，煤与石油、汽油在化学组成上最明显的差别是煤中氢含量低、氧含量高、H/C 原子比低、O/C 原子比高。这主要是由于煤与石油的分子结构不同，烟煤的有机质是由 2~4 个或更多的芳香环构成的芳核，芳环上连接含有氧、氮或硫等的官能团侧链，形成结构单元；结构单元之间通过桥键连接，煤中桥键多为醚键和次甲基键，呈空间立体结构的高分子缩聚物。而石油分子主要是由烷烃、芳烃和环烷烃等组成的混合物。煤的相对分子质量尚无定论，估计约为 5000~10000，煤的吡啶萃取物平均相对分子质量约为 200，而

石油的平均相对分子质量约为200，低馏分的相对分子质量更低(约100)，高沸点残渣油的相对分子质量较高也不超过600。

因此，要将煤转化为液体产物，首先要将煤的大分子裂解为较小的分子；而要提高H/C原子比，降低O/C比，就必须增加H原子或减少C原子。总之煤液化的实质是在适当温度、氢压、溶剂和催化剂条件下，提高其H/C原子比，使固体煤转化为液体的油。

二、煤加氢液化过程中的主要反应

一般认为在煤加氢液化过程中，氢不能直接与煤分子反应使煤裂解，而是煤分子本身受热分解生成不稳定的自由基裂解碎片，此时若有足够的氢存在，自由基就能得到饱和而稳定下来，如果氢不够或没有，则自由基之间相互结合转变为不溶性的焦。所以，在煤的初级液化阶段，煤有机质热解和供氢是两个十分重要的反应。

煤是非常复杂的有机物，在加氢液化过程中化学反应也极其复杂，它是一系列顺序反应和平行反应的综合，可认为发生下列四类化学反应。

1. 煤的热解

煤在隔绝空气的条件下加热到一定温度，煤的化学结构中键能最弱的部位开始断裂，呈自由基碎片：

$$煤 \longrightarrow 自由基碎片 \sum R^{\circ}$$

研究表明，煤结构中苯基醚C—O键、C—S键和连接芳环C—C键的解离能较小，容易断裂；芳香核中的C—C键和次乙基苯环之间相连结构的C—C键解离能大，难于断裂；侧链上的C—O键、C—S键和C—C键比较容易断裂。

煤结构中的化学键断裂处用氢来弥补，化学键断裂必须在适当的阶段就应停止，如果切断进行得过分，生成气体太多；如果切断进行得不足，液体油产率较低，所以必须严格控制反应条件。

2. 加氢反应

煤热解产生的自由基碎片是不稳定的，它只有与氢结合后才能变得稳定，成为相对分子质量比原料煤要低得多的初级加氢产物。其反应为：

$$\sum R^{\circ} + H = \sum RH$$

供给自由基的氢源主要来自以下几方面：

(1)溶解于溶剂油中的氢在催化剂作用下变为活性氢；

(2)溶剂油可供给的或传递的氢；

(3)煤本身可供应的氢(煤分子内部重排、部分结构裂解或缩聚放出的氢)；

(4)化学反应生成的氢，如$CO+H_2O \longrightarrow CO_2+H_2$它们之间相对比例随液化条件的不同而不同。当液化反应温度提高、裂解反应加剧时，需要有相应的供氢速率相配合，否则就有结焦的危险。

提高供氢能力的主要措施：

(1)增加溶剂的供氢性能；

(2)提高液化系统氢气压力；

(3)使用高活性催化剂；

(4)在气相中保持一定的H_2S浓度等。

3. 脱氧、硫、氮杂原子反应

加氢液化过程中，煤结构中的一些氧、硫、氮也产生断裂，分别生成H_2O(或CO_2，

CO)、H_2S 和 NH_3 气体而被脱除。煤中杂原子脱除的难易程度与其存在形式有关，一般侧链上的杂原子较芳环上的杂原子容易脱除。

(1)脱氧反应。煤有机结构中的氧存在形式主要有：①含氧官能团，如—COOH、—OH、—CO 和羰基等；②醚键和杂环(如呋喃类)。羧基最不稳定，加热到 200℃以上即发生明显的脱羧反应析出 CO_2。

酚羟基在比较缓和的加氢条件下相当稳定，故一般不会被破坏，只有在高活性催化剂作用下才能脱除。羰基和醌基在加氢裂解中，既可生成 CO 也可生成 H_2O。脂肪醚容易脱除，而芳香醚与杂环氧一样不易脱除。

从煤加氢液化的转化率与脱氧率之间的关系看出，脱氧率在 0%～60%范围内，当脱氧率为 60%时，煤的转化率与其成直线关系(如图 13-1 所示)。当煤的转化率已达 90%以上，氧的脱除率才达到 60%。可见有 40%的氧十分稳定不易脱除。

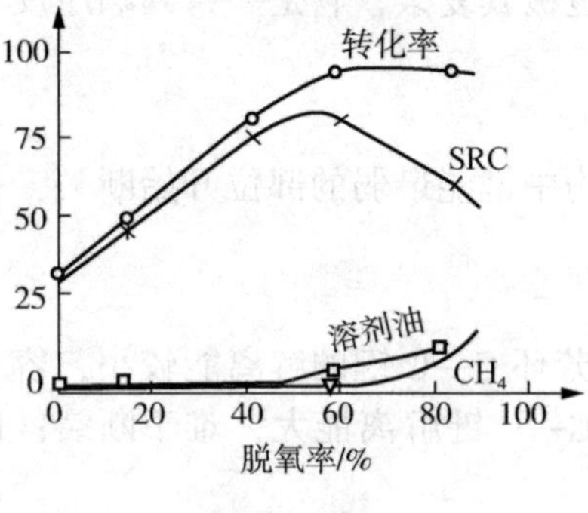

图 13-1　煤加氢液化转化及转化率及产品产率和脱氧率的关系

(2)脱硫反应。煤有机结构中的硫以硫醚、硫醇和噻吩等形式存在，脱硫反应与上述脱氧反应相似。由于硫的负电性弱，所以脱硫反应较容易进行。杂环硫化物在加氢脱硫反应中，C—S 键在碳环被饱和前先断开，硫生成 H_2S，加氢生成的初级产品为联苯；其他噻吩类化合物加氢脱硫机理与此基本类似。

(3)脱氮反应。煤中的氮大多存在于杂环中，少数为氨基，与脱硫和脱氧相比脱氮要困难得多。在轻度加氢中，氮含量几乎没有减少，一般脱氮需要激烈的反应条件和有催化剂存在时才能进行，而且是先被氢化后再进行脱氮，耗氢量很大。例如，喹啉在 210～220℃，氢压 10～11MPa 和有 MoS_2 催化剂存在的条件下，容易加氢为四氢化喹啉，然后在 420～450℃加氢分解成 NH_3 和中性烃。

(4)缩合反应。在加氢液化过程中，由于温度过高或供氢不足，煤热解的自由基碎片彼此会发生缩合反应，生成半焦和焦炭。缩合反应将使液化产率降低，它是煤加氢液化中不希望发生的反应。图 13-2 为由沥青烯缩聚生成不溶性焦的示意图。

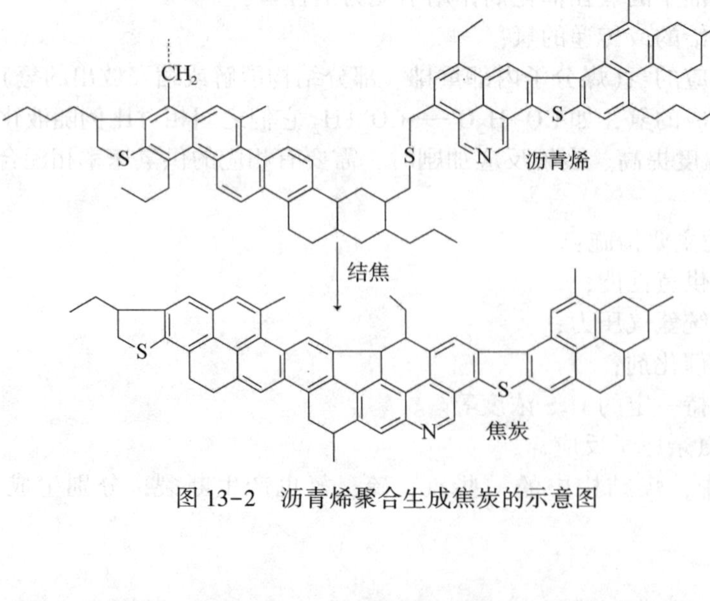

图 13-2　沥青烯聚合生成焦炭的示意图

为了提高煤液化过程的液化效率，常采用下列措施来防止结焦：①提高系统的氢分压；②提高供氢溶剂的浓度；③反应温度不要太高；④降低循环油中沥青烯含量；⑤缩短反应时间。

三、煤加氢液化的反应产物

煤加氢液化后得到的产物并不是单一的，而是组成十分复杂的，包括气、液、固三相的混合物。反应釜取出的液化气体产物一般用气相色谱或气-质联谱进行分析。液固产物组成复杂，要先用溶剂进行分离，通常所用的溶剂有正己烷(或环己烷)、甲苯(或苯)和四氢呋喃THF(或吡啶)。可溶于正己烷的物质称为油；不溶于正己烷而溶于苯的物质称为沥青烯；不溶于苯而溶于四氢呋喃(或吡啶)的物质称为前沥青烯；不溶于四氢呋喃的物质称为残渣(或未反应煤)。煤加氢液化产物分离流程如图13-3所示。

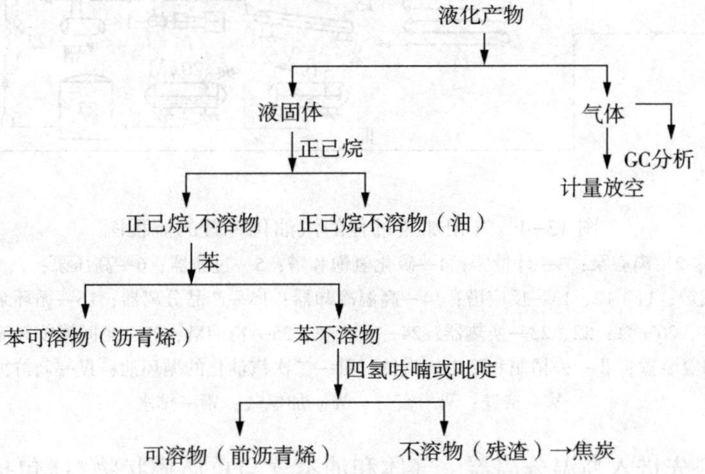

图13-3　煤直接液化产物的分离流程

残渣由尚未完全转化的煤、矿物质和外加的催化剂构成。由于惰质组反应活性最差，故富集在残渣中。前沥青烯是指的重质煤液化产物，平均相对分子质量约1000，杂原子含量较高。沥青烯类似于石油沥青质的重质煤液化产物，与前者一样也是混合物，平均相对分子质量约为500。油是轻质煤液化产物，除少量树脂外，一般可以蒸馏，沸点有高有低，相对分子质量大致在300以下。

四、煤炭直接液化工艺

按煤液化的目标产物分类大致有：①生产洁净的固体燃料(SRC)、重质燃料油，替代直接燃煤和石油，供发电锅炉等使用；②生产汽油、柴油等发动机燃料，替代石油；③脱灰、脱硫作为生产电极等碳素制品的原料，也可用作炼焦配煤的薪结组分；④生产化工原料，如芳烃等。

按过程工艺特点分类大致有：①煤直接催化加氢液化工艺；②煤加氢抽提液化工艺；③煤热解和氢解液化工艺；④煤油混合共加氢液化工艺。

1. 德国煤直接加氢液化老工艺

德国是当今世界上第一家拥有煤直接加氢液化工业化生产经验的国家。德国的煤直接加氢液化老工艺是世界其他国家开发同类工艺的基础。

该工艺过程分为两段，第一段为固相加氢，将固体煤初步转化为粗汽油和中油；第二段为气相加氢，将前段的中间产物加工成商品油，如图 13-4 所示。由备煤、干燥工序来的煤与催化剂和循环油一起在球磨机内湿磨制成煤糊，煤糊用高压泵输送并与氢气混合后送入热交换器，与从高温分离器顶部出来的热油气进行换热，随后送入预热器预热到 45℃，再进入 4 个串联的加氢反应器。

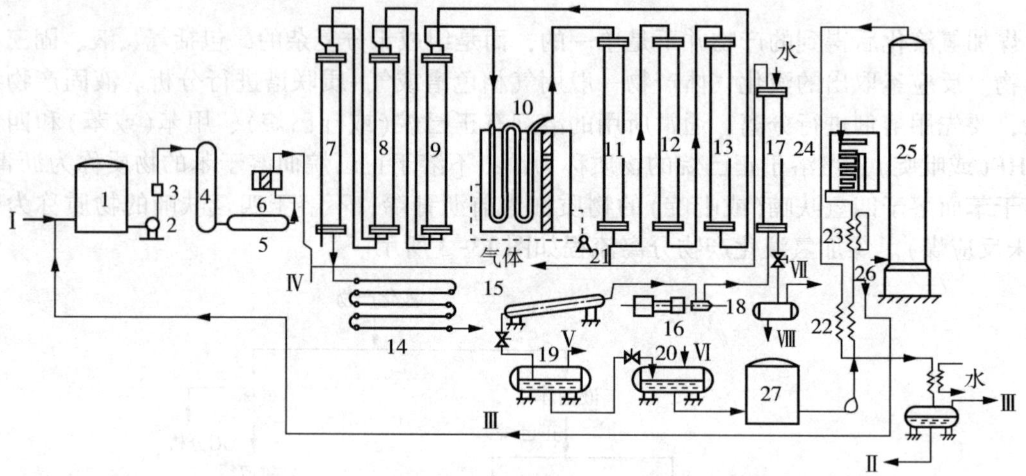

图 13-4　气相加氢过程的汽油化装置的流程图

1、18、19、20—罐；2—离心泵；3—计量器；4—硫化氢饱和塔；5—过滤器；6—高压泵；7、8、9—高压换热器；10—对流式管式炉；11、12、13—反应塔；14—高温冷却器；15—产品分离器；16—循环泵；17—洗涤塔；21、26—泵；22、23—换热器；24—管式炉；25—精馏塔；27—中间罐物料流：

Ⅰ—来自预加氢装置；Ⅱ—去精制和稳定的汽油；Ⅲ—二次汽油化的循环油；Ⅳ—新鲜循环气(98%)；Ⅴ—贫气；Ⅵ—富气；Ⅶ—加氢气；Ⅷ—排水

反应后的物料先进入高温分离器，气体和油蒸气与重质糊状物料(包括重质油和未反应的煤、催化剂等)在此分离。前者经过热交换器后再到冷分离器分出气体和油，气体的主要成分为氢气，经洗涤除去烃类化合物后作为循环气再返回到反应系统，从冷分离器底部获得的油经蒸馏得到粗汽油、中油和重油。

高温分离器底部排出的重质糊状物料经离心过滤分离为重质油和残渣，离心分离重质油与蒸馏重油混合后作为循环溶剂油返回煤糊制备系统，制备煤糊；残渣采用干馏方法得到焦油和半焦。

蒸馏得到的粗汽油和中油作为气相加氢原料，从罐中泵出，通过初步计量器、硫或硫化氢饱和塔和过滤器后与循环气混合后进入顺次排列的高压换热器换热，再进入管式气体加热炉预热。从加热炉出来的原料蒸汽混合物进入 3 个或 4 个顺次排列的固定床催化加氢反应塔。催化加氢装置的操作压力为 32.5MPa，反应温度维持在 360~460℃范围内。

从反应塔 13 出来的加氢产物蒸气送至换热器，换热后的产品气进入高压冷却器 14，冷却后再进入产品分离器 15，用循环泵 16 从分离器抽出气体，气体通过洗涤塔后作为循环气又返回系统。

从分离器得到的加氢产物进入中间罐 27，然后由泵 21 送入精馏装置。从精馏装置得到汽油为主要产品，塔底残油返回作为加氢原料。

2. 德国直接液化新工艺——IGOR 工艺

自 20 世纪 70 年代中东石油危机以来，德国在煤炭液化工业实践基础上，一直进行工艺研究与开发工作。随着催化剂、供氢溶剂、限制溶剂油沥青烯含量以及固液分离技术的进步和联合利用，开发出德国新工艺(DT)，使煤液化反应压力从70MPa降低到30MPa，反应器的煤通过量由0.35t/(m³·h)增加到0.5t/(m³·h)，煤液化油产率高达50%以上。

DT工艺是对传统煤高压加氢工艺的改进，其工艺过程仍然是由煤浆制备、溶剂循环、间接预热、沥青烯和固液分离等过程组成。生产的煤液化粗油(合成原油)含有大量的多核芳烃，含氮杂环、有机碱以及苯酚类等化合物，它们对人体健康和生产操作环境都有较大的危害。

液化粗油无论用作加氢裂解、重整原料还是直接作为市场燃料都必须深度加氢精制。它们在储存运输过程中，甚至在短时间内储存也都会生成黑色沉积物，对油品提质加工催化剂有毒性。实际上煤液化粗油尚不具备洁净燃料油应具有的一切特性和要求。

图13-5为煤液化粗油精制联合工艺(IGOR)。

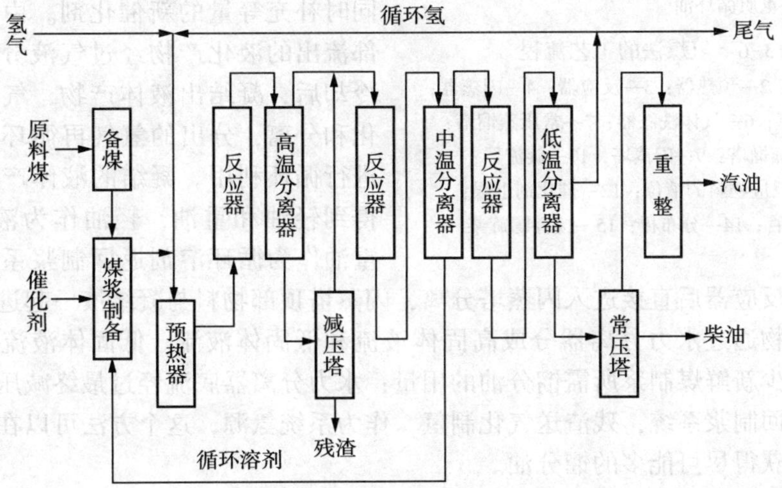

图13-5　德国IGOR工艺流程图

煤与循环溶剂再加催化剂与H_2一起依次进入煤浆预热器和煤浆反应器，反应后的物料进高温分离器，在此重质物料与气体及轻质油蒸气分离，由高温分离器下部减压阀排出的重质物料经减压闪蒸分出残渣和闪蒸油，闪蒸油又通过高压泵打入系统与高温分离器分出的气体及轻油一起进入第一固定床反应器，在此进一步加氢后进入中温分离器，中温分离器分出的重质油作为循环溶剂，气体和轻质油蒸气进入第二固定床反应器又一次加氢，再通过低温分离器分出提质后的轻质油产品，气体再经循环氢压机加压后循环使用。为了使循环气体中的H_2浓度保持在所需要的水平，要补充一定数量的新鲜H_2。液化油在此工艺经两步催化加氢，已完成提质加工过程。油中的N和S含量降到10μg/g。此产品可直接蒸馏得到直馏汽油和柴油，汽油只要再经重整就可获得高辛烷值产品，柴油只需加入少量添加剂即可得到合格产品。

3. 氢煤法(H-Coal)

氢煤法的开发始于1963年，是美国能源部等资助下由碳氢化合物公司(HRI)研究开发的煤加氢液化工艺，其工艺基础是对重油进行催化加氢裂解的氢油法(H-Oil)。

氢煤法工艺流程如图13-6所示。该法采用褐煤或年轻烟煤为原料，生产燃料油或合成原油。燃料油可加工提炼成车用燃料，合成原油可用作锅炉燃料。

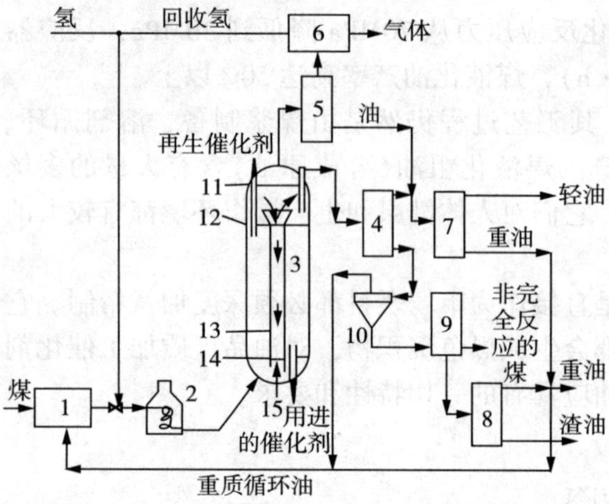

图 13-6　氢煤法的工艺流程

1—煤浆制备；2—预热器；3—反应器；4—闪蒸器；5—冷分离器；6—气体洗涤器；7—常压蒸馏塔；8—减压蒸馏塔；9—闪蒸塔；10—旋流器；11—浆态反应物料的液位；12—催化剂上限；13—循环管；14—分布板；15—搅拌螺旋桨

煤粉磨细到小于 60 目，干燥后与液化循环油混合制成煤浆，经过煤浆泵把煤糊增压至 20MPa，与压缩氢气混合送入预热器预热到 350~400℃后，进入沸腾床催化反应器。采用加氢活性良好的钴-钼($Co-Mo/Al_2O_3$)柱状催化剂，利用溶剂和氢气由下向上地流动，使反应器的催化剂保持沸腾状态。在反应器底部设有高压油循环泵，抽出部分物料打循环，造成反应器内的循环流动，促使物料在床内呈沸腾状态。为了保证催化剂的活性，在反应中连续抽出 2%的催化剂进行再生，并同时补充等量的新催化剂。由液化反应器顶部流出的液化产物经过气液分离，蒸气冷凝冷却后，凝结出液体产物，气体经过脱硫净化和分离，分出的氢气再循环返回到反应器进行循环利用。凝结的液体产物经常压蒸馏得到轻油和重油，轻油作为液化粗油产品，重油作为循环溶剂返回制浆系统。含有固渣的液体物料出反应器后直接进入闪蒸塔分离，闪蒸塔顶部物料与凝结液一起进入常压蒸馏塔精馏，塔底产物通过水力分离器分成高固体液流和低固体液流。低固体液流返回煤浆混合槽，以尽量减少新鲜煤制浆所需馏分油的用量；水力分离器底流经过最终减压蒸馏得重油和残渣，重油返回制浆系统，残渣送气化制氢，作为系统氢源，这个方法可以在较低煤进料量的条件下操作获得尽可能多的馏分油。

4. Exxon 供氢体溶剂(EDS)法

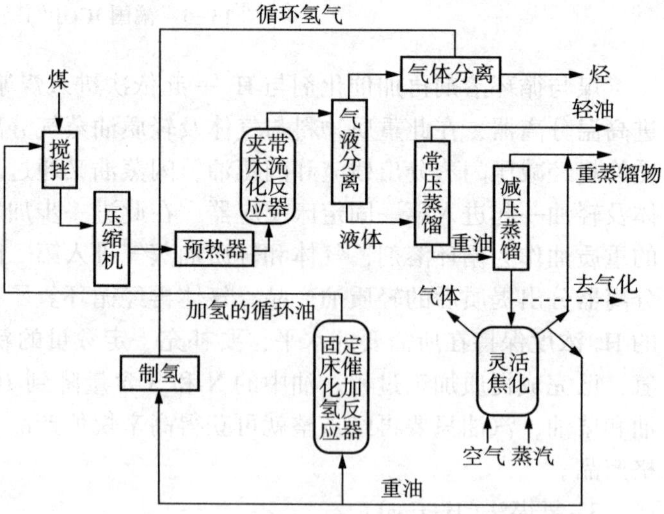

图 13-7　埃克森供氢体溶剂法(EDS)流程图

埃克森供氢体溶剂(Exxon Donor Solvent，简称 EDS)法是埃克森研究工程公司(Exxon Researchand Engineering Company，ER&E)从 1966 年开始进行研究的煤液化技术。EDS 煤液化法的技术可行性已由小型连续中试装置得到证实，在 1970 年之前运行一个 0.5t/d 全流程液化中试装置，到 1975 年 6 月投入运行一个 1.0t/d 的中试装置，1976 年进行的实验室和工程研究进一步肯定了 EDS 法的可靠性，认为它适应煤种范围宽，并发现了几处可能进行的工艺改进。后来建设并完成 250t/d 的中试装置运转试验，为工业化生产积累了经验。研究结果进一步表明，EDS 煤液化的成本与其他煤液化方法得到的类似质量的液体产品的成本相同或者更低，其工艺流程见图 13-7

所示。

原料煤破碎、干燥后与供氢溶剂混合制成煤浆。煤浆与氢气混合后预热到430℃，送入液化反应器，在反应器内由下向上活塞式流动，在温度430~480℃、压力10~14MPa下，停留30~45min进行抽提加氢液化反应。供氢溶剂的作用是使煤分散在煤浆中并把煤流态化输送通过反应系统，并提供活性氢对煤进行加氢反应。液化反应器出来的产物送入气液分离器，在此烃类和氢气从液相中分出，气体去分离净化系统，富氢尾气循环利用。液相产物进入常压蒸馏塔，蒸出轻油。塔底产物进入减压蒸馏塔分离出轻质燃料油、重质燃料油和石脑油产品。部分轻质燃料油用催化剂加氢后制成再生供氢溶剂，供制浆循环油。减压蒸馏器的残渣浆液送入灵活焦化器，将残渣浆液中的有机物转化为液体产品和低热值煤气，提高了碳的转化率。

第三节 煤炭间接液化

一、间接液化的现状和技术发展

二战以后煤间接液化的中心由德国转移到了南非，Sasol 公司通过自主开发，已形成新一代的 F-T 合成技术，具有明显的技术优势。我国由于能源结构的特殊性，对煤间接液化十分重视。煤制甲醇和甲醇羰基化生产醋酸在我国已有相当规模。

(1)采用浆态床反应器的 F-T 合成技术：与传统的固定床和气流床反应器相比，浆态床反应器有许多优点，如单程转化率可达到90%，因而无需进行尾气循环；传热好反应温度均匀；可使用 H_2/CO 比低达0.6~0.7(摩尔比)的合成气，对煤制合成气特别适用；C_1 和 C_2 产率低，液态产物的选择性高等。

(2)改良 F-T 法：为提高合成产品的选择性，国内外做了大量工作。用 ZSM-5 分子筛固定床反应器改质处理最后得到高质量汽油。

(3)SMDS 技术：SMDS(Shell MiddleDistillateSynthesis)是荷兰壳牌石油公司于20世纪80年代中期开发成功的两段法新工艺。第一段采用固定床反应器，使用自己开发的钴催化剂，特点是重质长链烷烃的选择性高，链增长因子可达0.9；第二段采用常规的加氢裂解技术，将一段产物转变为高质量柴油和喷气燃料。

(4)TIGAS 技术：TIGAS 是丹麦托普索公司开发的合成气经甲醇、二甲醚合成汽油的两段过程。第一段由合成气合成甲醇和二甲醚，第二段由甲醇和二甲醚转化为汽油。该技术已完成1t/d的中试，运行 1×10^4h 以上。结果表明：其 CO 转化率可达98%，高于 MTG 过程；一段反应器中二甲醚选择性高达99%；二段的 ZSM-5 催化剂寿命比 MTG 过程长好几倍；两段等压操作，动力消耗较低。

(5)由合成气直接合成二甲醚的技术：由于二甲醚具有类似于液化石油气的性质，不但可代替 LPG 作为民用燃料，而且由于其十六烷值高，污染排放少，更是优质柴油发动机燃料，所以由合成气直接合成二甲醚受到世界各国的广泛重视，甚至有人提出二甲醚经济的概念。

二、F-T 合成的原理

(一)煤炭间接液化的一般加工过程

煤基 F-T 合成烃类油一般要经过原料煤预处理、气化、气体净制、部分气体转换(也可不用)、F–T 合成和产物回收加土等工序。图 13–8 为煤基 F–T 合成工艺流程。

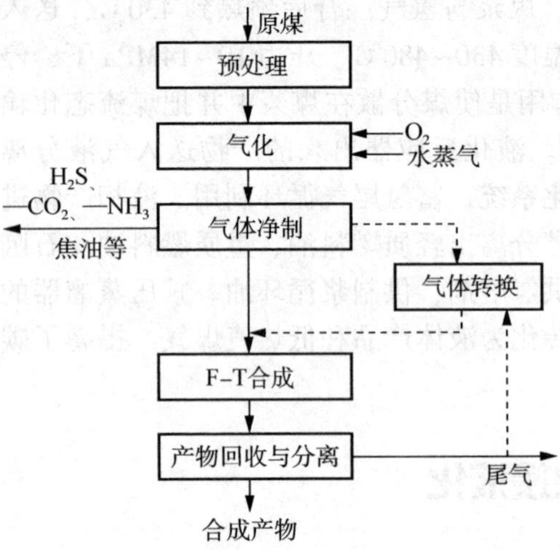

图 13–8 煤基 F–T 合成工艺流程

1. 煤预处理

根据所选用煤气化炉对气化原料煤的要求进行预加工，以提供符合气化要求的原料。通常包括破碎、筛分、干燥等作业。各种气化炉对原料都有一定的粒度要求，如鲁奇加压气化炉要求原料粒度为 6~40mm，水煤气炉要求 25~75mm，气化前一般设有筛分作业；气流床 K–T 气化炉要求原煤的粒度小于 0.1mm，需要有制粉系统；德士古气化原料为浆料，需要设置制浆系统。

2. 煤炭气化

煤在高温下与气化剂(氧、水蒸气、CO_2 等)反应，生成煤气的过程称为煤炭气化。为了生产合成原料气($CO+H_2$)，通常选用蒸气和氧气(或空气)作气化剂，在一定范围内通过控制水蒸气/氧气比来调节原料气中 H_2/CO 的比值。工业上生产合成原料的气化炉有鲁奇加压气化炉、水煤气炉、K–T 炉、德士古气化炉以及温克勒气化炉等。

目前煤炭间接液化 F–T 合成产品的成本在很大程度上取决于气化，据 SASOL 一厂资料介绍，制气工艺占总费用的 65%，合成工艺占 20%，产品回收加工占 10%，考虑 F–T 合成的经济性。应采用热效率高，成本低的气化炉，如德士古气化炉，鲁奇熔渣炉等。

3. 气体净制

由气化炉出来的粗煤气，除有效成分 $CO+H_2$ 还含有一定量的焦油、灰尘、H_2S、H_2O 及 CO_2 等杂质，这些杂质是 F–T 合成催化剂的毒物，CO_2 虽不是毒物，而是非有效成分，影响 F–T 合成效率。因此，原料气在进入 F–T 合成前，必须先将粗煤气洗涤冷却，除去焦油、灰尘；再进一步净制，脱除 H_2S、CO_2、有机硫等，净制方法有物理吸收法、化学吸收法和物理化学吸收法，脱除精煤气中的酸性气体，具体选用哪一种净化工艺要考虑经济问题，需根据原料气的组成、要求脱除气体的程度及净化加工成本诸因素来决定。

4. 气体转换

由气体炉产出粗煤气经净制后，净煤气的有效成分 V_{H_2}/V_{CO} 之比值，一般为 0.6~2 左右。一些热效率高、成本低的第二代气化炉，生产的原料气 V_{H_2}/V_{CO} 比值很低，只有 0.5~0.7，往往不能满足 F–T 合成工艺的要求，如常压钴催化剂的合成。要求合成原料气的 $V_{H_2}/V_{CO}=2$，波动范围为±0.5；南非 SASOL 合成油厂气流床 Synthol 合成，要求新鲜原料气 $V_{H_2}/V_{CO}=2.7$ 左右，所以在合成工艺之前，需将部分净化气或尾气进行气体转换，调节合成原料气的 V_{H_2}/V_{CO} 比值，以达到合成工艺要求。转换方法有 CO 变换法和甲烷重整法。

(1) CO 变换法。将部分净煤气中的 CO 与水蒸气作用生成 H_2 和 CO_2，提高 H_2 含量。CO 变换工艺根据选用的催化剂不同，分中温变换和低温变换两种。前者选用铁铬系催化剂，操作温度 350~500℃，变换后气体的 CO 含量为 2%~4%，后者选用铜锌系催化剂，操作温度 150~250℃，变换后气体中 CO 含量在 0.3%左右。

(2)甲烷重整法。某些加压气化炉生产的煤气含量 CH_4 较多或者 F-T 合成尾气中含 CH_4 较多时，可采用甲烷重整法，即将这些气体中的 CH_4 和水蒸气作用，转化为 CO 和 H_2，其反应式为：

$$CH_4+H_2O \longrightarrow CO+3H_2$$

该反应是吸热反应，为保证在高温下反应所需要的热量，可采用部分氧化重整，将部分原料气氧化燃烧，释放的热量供给甲烷重整。

气体转化工序设置，取决于 F-T 合成工艺对原料气组成(V_{H_2}/V_{CO})比的适应性。

5. F-T 合成与产物回收

经过气体净制和转换，得到符合 F-T 合成要求的原料气，再送 F-T 合成，合成后的产物冷凝回收并加工成各种产品。

(二)F-T 合成的反应

F-T 合成油品的主要反应方程式如下。

生成烷烃：$nCO+(2n+1)H_2 \longrightarrow C_nH_{2n+2}+nH_2O$

生成烯烃：$nCO+(2n)H_2 \longrightarrow C_nH_{2n}+nH_2O$

还有一些副反应如下：

生成甲烷：$CO+3H_2 \longrightarrow CH_4+H_2O$

生成甲醇：$CO+2H_2 \longrightarrow CH_3OH$

生成乙醇：$2CO+4H_2 \longrightarrow C_2H_5OH+H_2O$

结炭反应：$2CO \longrightarrow C+CO_2$

此外除了以上的副反应之外还有生成更高碳数的醇以及醛、酮、酸、酯等含氧化合物的副反应。控制反应条件和选择合适的催化剂，能使得到的反应产物主要是烷烃和烯烃。

三、Sasol 间接液化工艺流程

南非 Sasol 公司是迄今为止目前世界上唯一利用煤制合成气、通过 F-T 合成生产发动机燃料油和化学品的大型企业集团。

Sasol(Southof Africa Synthetic Oil Co，简称 Sasol)成立于 1950 年。它下辖采煤、煤制合成燃料、煤制化学品、炼油与石油化工及技术开发中心等子公司。主要工厂有三家即 Sasol Ⅰ、SasolⅡ和 SasolⅢ。

煤气化全部采用鲁奇炉，一共 97 台，Ⅰ厂 17 台，Ⅱ厂和Ⅲ厂各 40 台。粗煤气净化采用冷甲醇洗，净化前后的煤气组成见表 13-2。

表 13-2　煤气净化前后的组成　　%(体积)

成分	净化前	净化后	成分	净化前	净化后
H_2	38.1	56	C_2^+	0.5	0.22
CO	19.0	28	N_2	0.3	0.08
CO_2	32.0	1.5	H_2S	0.7	0.3×10^6
CH_4	9.4	13.5			

Sasol-Ⅰ合成厂采用 Arge 合成和 SynthoI 合成联合流程，见图 13-9。主要产品是汽油、柴油和石蜡。

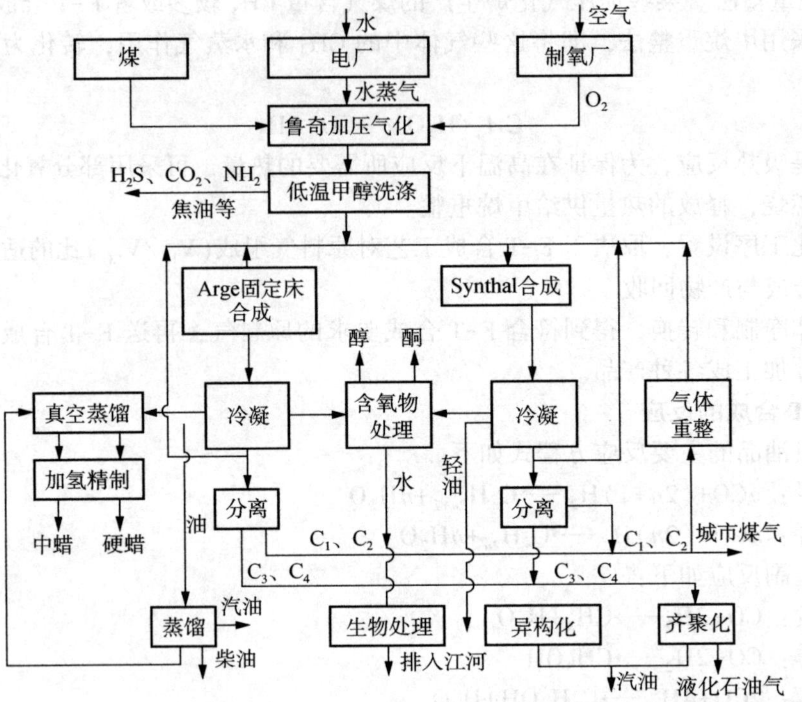

图 13-9　Sasol-Ⅰ联合合成工艺流程

Sasol-Ⅱ厂和 Sasol-Ⅲ厂合成均采用 Synthal 合成工艺，见图 13-10。主要产品为汽油、柴油和烯烃等化学品。

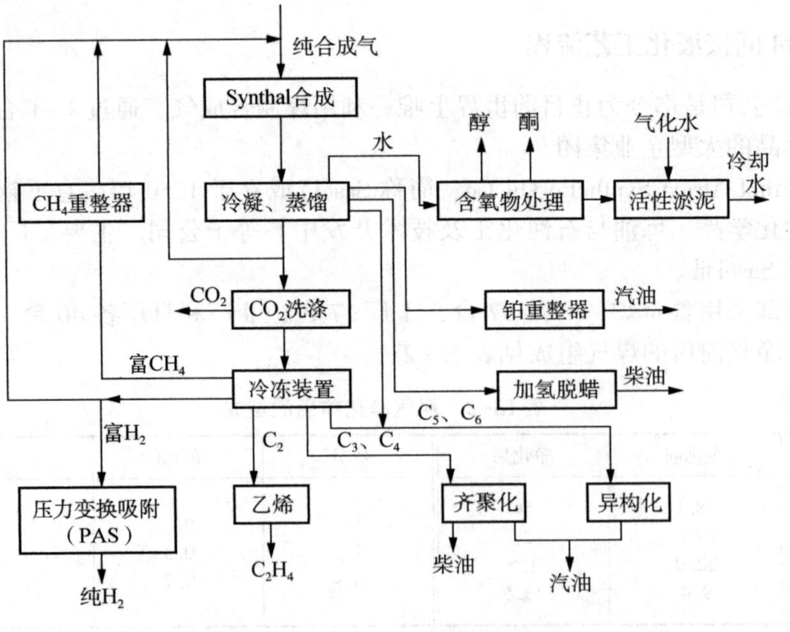

图 13-10　Sasol-Ⅱ合成工艺流程

习题与练习

一、填空题

1. 煤炭液化是将煤中的____转化为______，其目的就是__________________，来生产__________________。

2. 煤炭直接液化是指采用________、______氢气，在催化剂和溶剂作用下________、______等反应，将煤直接转化为______和________。

3. 煤加氢液化过程中的主要反应有__________、__________、__________。

4. 煤炭加氢液化一般要使用溶剂。溶剂的作用主要是__________、__________、__________、__________。

5. 煤加氢液化的主要影响因素______、______、______、______。

6. 煤气化生产合成气__________，再用合成气为原料合成______或______此过程称为煤的间接液化。

7. 煤基 F-T 合成烃类油一般要经过________、________、________、________、________等工序。

8. F-T 合成油品的主要反应方程式______________、______________。

9. F-T 合成的主要副反应有______________、______________、__________。

10. F-T 合成可能得到的产品包括________、________、________、________。

11. F-T 工业合成催化剂有两大类________和________。

12. 甲烷重整法适用于____。

13. CO 变换工艺，根据选用的催化剂不同，分______和______两种。前者选用________催化剂，后者选用______催化剂。

14. F-T 合成反应是体积________的反应，故增加压力有利于______________。

15. 煤炭加氢液化一般要使用溶剂。溶剂的作用主要是______、______和______、________等。

二、判断题

1. 在煤加氢液化过程中，氢直接与煤分子反应使煤裂解。(　　)

2. 在加氢液化过程中，由于温度过高或供氢不足，煤热解的自由基“碎片”彼此会发生缩合反应，生成半焦和焦炭。(　　)

3. 煤加氢液化后得到的产物由气、液两相组成的混合物。(　　)

4. 煤加氢液化难易顺序为低挥发分烟煤、中等挥发分烟煤、高挥发分烟煤、褐煤、年轻褐煤、泥炭。(　　)

5. 煤在催化剂存在下的液相加氢速度与催化剂表面直接接触的液体层中的氢气浓度有关。(　　)

6. $CH_4+H_2O \longrightarrow CO+3H_2$ 该反应是放热反应。(　　)

7. 钴催化剂和 Ni 催化剂一般用于高压合成。(　　)

8. 煤炭间接液化 F-T 合成产品的成本在很大程度上取决于气化。(　　)

9. CO 是 F-T 合成的有效成分。(　　)

三、选择题

1. 下列不属于煤与石油主要差别的是(　　)。

A. 煤中氢含量低、氧含量高　　B. 煤与石油的分子结构不同

C. 二者相对分子质量不同　　D. 外观不同

2. 加氢液化过程中需要抑制的是(　　)。

A. 加氢反应　　B. 缩合反应　　C. 裂解反应　　D. 脱除杂原子的反应

3. 下列不属于提高供氢能力的措施的是(　　)。

A. 增加溶剂的供氢性能　　B. 液化系统氢气压力;

C. 使用高活性催化剂　　D. 在气相中保持一定的 H_2S 浓度等。

4. 当前煤炭直接液化催化剂主要使用(　　)。

A. $ZnCl_2$　　B. $SnCl_2$　　C. CoS　　D. 铁系催化剂

5. 下列不能引起 F-T 合成催化剂中毒或者失效的是(　　)。

A. 合成气中少量氧的氧化作用　　B. 合成气含有微量硫化氢

C. 催化剂表面石蜡沉积　　D. 合成气中 H_2 含量过高

6. 合成气中 $CO+H_2$ 的含量一般要求在(　　)。

A. 80%~85%　　B. 75%~80%　　C. 70%~75%　　D. 85%~90%

7. 不利于降低产品中的碳原子数的是(　　)。

A. 增加反应温度　　B. 增加 H_2/CO 比

C. 降低铁催化剂的碱性　　D. 降低压力和空速

四、简答题

1. 简述中国发展煤炭液化的必要性。
2. 什么是煤炭液化?
3. 煤与石油的区别有哪些?
4. 加氢液化时供给自由基的氢源有哪些?
5. 煤炭加氢液化时溶剂的作用是什么?
6. 如何选择直接液化的催化剂?
7. 直接液化按过程工艺特点分有哪类?
8. 煤加氢液化的影响因素有哪些?
9. F-T 合成主要包括哪些过程?
10. F-T 合成的主要反应是什么?

第十四章　甲醇合成技术

第一节　甲醇概述

甲醇是最简单的化学品之一，是重要的化工基础原料和清洁液体燃料，广泛应用于有机合成、染料、医药、农药、涂料、汽车和国防等工业中。

甲醇最早由木材和木质素干馏制得，故俗称木醇。木材在长时间加热炭化过程中，产生可凝和不可凝的挥发性物质，这种被称为焦木酸的可凝性液体中含有甲醇、乙酸和焦油。除去焦油的焦木酸可通过精馏分离出天然甲醇和乙酸。生产 1kg 的甲醇约需 60~80kg 的木材，这是生产甲醇的最古老方法。美国于 20 世纪 70 年代初才完全抛弃这一过程。

1923 年德国 BASF 公司在合成氨工业化的基础上，首先用锌铝催化剂在高温高压的操作条件下实现了由一氧化碳和氢合成甲醇的工业化生产，开创了工业合成甲醇的先河。工业合成甲醇成本低，产量大，促使了甲醇工业的迅猛发展。甲醇消费市场的扩大，又促使甲醇生产工艺不断改进，生产成本不断下降，生产规模日益增大。1966 年英国 ICI 公司成功地实现了铜基催化剂的低压甲醇合成工艺，随后又实现了更为经济的中压法甲醇合成工艺。与此同时德国 Lurgi 公司也成功地开发了中低压甲醇合成工艺。随着甲醇合成工艺的成熟和规模的扩大，由甲醇合成和甲醇应用所组成的甲醇工业成为化学工业中的一个重要分支，在经济的发展中起着越来越重要的作用。

一、物理性质

甲醇是最简单的饱和一元醇，分子式 CH_3OH，相对分子质量 32. 04。常温常压下纯甲醇是无色透明，易挥发、可燃，略带醇香味的有毒液体。甲醇可以和水以及乙醇、乙醚等许多有机液体无限互溶，但不能与脂肪烃类化合物相互溶。甲醇蒸气和空气混合能形成爆炸性混合物，爆炸极限为 6. 0%~36. 5%(体积)。甲醇的一般物理性质见表 14-1，甲醇在不同压力下的沸点和不同温度下的蒸气压见表 14-2 和表 14-3。

表 14-1　甲醇的一般物理性质

性质	数据	性质	数据
密度(0℃)/(g/mL)	0. 8100	自燃点/℃	
相对密度 d_4^{20}	0. 7913	空气	473
沸点/℃	64. 5~64. 7	氧气	461
熔点/℃	-97. 8	临界温度/℃	240
闪点/℃		临界压力/Pa	79.54×10^5
开口	16	临界体积/(mL/mol)	117. 8
闭口	12	临界压缩系数	0. 224

续表

性质	数据	性质	数据
蒸气压(20℃)/Pa	1.2879	燃烧热/(kJ/mol)	
液体热容(20~25℃)/[J/(g·℃)]	2.51~2.53	25℃液体	727.038
黏度(20℃)/Pa·s	5.945×10^{-4}	25℃气体	742.738
热导率/[J/(cm·s·K)]	2.09×10^{-3}	生成热/(kJ/mol)	
表面张力(20℃)/(N/cm)	22.55×10^{-5}	25℃液体	238.798
折射率(20℃)	1.3287	25℃气体	201.385
蒸发潜热(64.7℃)/(kJ/mol)	35.295	膨胀系数(20℃)	0.00119
熔融热/(kJ/mol)	3.169	腐蚀性	常温无腐蚀性，铅铝例外
		空气中爆炸性/%(体积)	6.0~36.5

表 14-2　甲醇的沸点

压力/mmHg	温度/℃	压力/mmHg	温度/℃	压力/atm	温度/℃	压力/atm	温度/℃
1	-44.0	100	21.2	2	84	30	186.5
10	16.2	200	34.8	5	112.5	40	203.5
20	6.0	400	49.9	10	138.0	50	214.0
40	5.0	760	64.7	20	167.8	60	224.0

注：1mmHg=133.322Pa，1atm=101.325Pa。

表 14-3　甲醇的蒸气压

温度/℃	蒸气压/mmHg	温度/℃	蒸气压/mmHg	温度/℃	蒸气压/mmHg
67.4	0.102	20	96.0	130	6242
-60.4	0.212	30	160	140	8071
54.5	0.378	40	260.5	150	10336
-48.1	0.702	50	406	160	13027
-44.4	0.982	60	625	170	16292
-44.0	1	64.7	760	180	20089
-40	2	70	927	190	24615
-30	4	80	1341	200	29787
20	8	90	1897	210	35770
-10	15.5	100	2621	220	42573
0	29.6	110	3561	230	50414
10	54.7	120	4751	240	59660

注：1mmHg=133.322Pa。

甲醇和水可以无限互溶，甲醇水溶液的性质是甲醇的重要物理性质，对于甲醇应用、精制以及环境保护方面具有重要的作用。甲醇水溶液的密度随甲醇浓度和温度的增加而减小；去甲醇水溶液的沸点随液相中甲醇浓度的增加而降低；相同温度压力下气相中甲醇浓度大于液相中甲醇浓度，尤其是当甲醇液相浓度较小时。甲醇的闪点较低，纯甲醇的闪点为16℃。甲醇水溶液的闪点仍较低，特别应当注意。

甲醇属强极性有机化合物，具有很强的溶解能力，能和多种有机溶液互溶，并形成共沸混合物。甲醇对气体的溶解能力也很强，特别是对二氧化碳和硫化氢的溶解能力很强，可作为洗涤剂用于工业脱除合成气中多余的二氧化碳和硫化氢有害气体。甲醇对一氧化碳气体的强吸附为甲醇和一氧化碳的反应体系提供了有利因素。

甲醇属剧毒化合物，口服5~10mL可以引起严重中毒，10mL以上造成失明，60~250mL致人死亡。甲醇可以通过消化道、呼吸道和皮肤等途径进入人体。轻度中毒，可出现头痛、头晕、失眠、乏力、咽干、胸闷、腹痛、恶心、呕吐及视力减退；中度中毒表现为神志模糊、眼球疼痛，由于视神经萎缩而导致失明；重度中毒时可发生剧烈头痛、头昏、恶心、意识模糊、双目失明，具有癫痫样抽搐、昏迷，最后因呼吸衰竭而死亡。一般认为甲醇是一种强烈的神经和血管毒物。

为防止甲醇中毒可采取如下措施：

呼吸系统防护：可能接触其蒸气时应该佩戴过滤式防毒面罩(半面罩)；紧急事态抢救或撤离时，建议佩戴空气呼吸器。

眼睛防护：戴化学安全防护眼镜。

身体防护：穿防静电工作服。

手防护：戴橡胶手套。

其他：工作现场禁止吸烟、进食和饮水。工作毕淋浴更衣，实行就业前体检和定期的体检。

如已经中毒根据具体情况可以采用如下急救措施，见表14-4。

表14-4　甲醇中毒急救措施

中毒形式	急救措施
皮肤接触	脱去被污染的衣着，用肥皂水和清水彻底冲洗皮肤
眼睛接触	提起眼睑，用流动清水或生理盐水冲洗、就医
吸入	迅速脱离现场至空气新鲜处。保持呼吸道通畅，如呼吸困难，给输氧。如呼吸停止，立即进行人工呼吸、就医
食入	饮足量温水，催吐，用清水或1%硫代硫酸钠溶液洗胃、就医

二、化学性质

甲醇可进行氧化、酯化、碳基化、胺化、脱水等反应。甲醇裂解产生CO和H_2是制备CO和H_2的重要化学方法。

1. 氧化反应

甲醇在电解银催化剂上可被空气氧化成甲醛，是重要的工业制备甲醛的方法。

$$CH_3OH+0.5O_2 \longrightarrow HCHO+H_2O$$

甲醛进一步氧化生成甲酸：

$$HCHO+0.5O_2 \longrightarrow HCOOH$$

甲醇在Cu-Zn/Al_2O_3催化剂作用下发生部分氧化：

$$CH_3OH+0.5O_2 \longrightarrow 2H_2+CO_2$$

甲醇完全燃烧时氧化成CO_2和H_2O，放出大量热：

$$CH_3OH+O_2 \longrightarrow H_2O+CO_2$$

2. 酯化反应

甲醇可与多种无机酸和有机酸发生酯化反应。甲醇和硫酸发生酯化反应生成硫酸氢甲酯，硫酸氢甲酯经加热减压蒸馏生成重要的甲基化试剂硫酸二甲酯：

$$CH_3OH+H_2SO_4 \longrightarrow CH_3OSO_2OH+H_2O$$

$$CH_3OSO_2OH \longrightarrow (CH_3)_2OSO_2O+H_2SO_4$$

甲醇和甲酸反应生成甲酸甲酯：

$$CH_3OH+HCOOH \longrightarrow HCOOCH_3+H_2O$$

3. 羰基化反应

甲醇和光气发生羰基化反应生成氯甲酸甲酯，进一步反应生成碳酸二甲酯：

$$CH_3OH+COCl_2 \longrightarrow CH_3OCOCl+HCl$$

$$CH_3OCOCl+CH_3OH \longrightarrow (CH_3O)_2CO+HCl$$

在压力 65MPa、温度 250℃，以碘化钴作催化剂，或在压力 3MPa、温度 160℃，以碘化铑作催化剂，甲醇和 CO 发生碳基化反应生成醋酸或醋酐：

$$CH_3OH+CO \longrightarrow CH_3COOH$$

$$CH_3OH+CO \longrightarrow (CH_3CO_2)_2O+H_2O$$

在压力 3MPa、温度 130℃下，以 $CuCl_2$ 作催化剂，甲醇和 CO、氧气发生氧化羰基化反应生成碳酸二甲酯：

$$CH_3OH+CO \longrightarrow (CH_3O)_2CO+H_2O$$

在碱催化剂作用下，甲醇和 CO_2 发生羰基化反应生成碳酸二甲酯：

$$CH_3OH+CO_2 \longrightarrow (CH_3O)_2CO$$

在压力为 5~6MPa、温度 80~100℃下，以甲醇钠为催化剂甲醇和 CO 发生羰基化反应可生成甲酸甲酯：

$$CH_3OH+CO \longrightarrow HOOCCH_3$$

4. 胺化反应

在压力 5~20MPa、温度 370~420℃下，以活性氧化铝或分子筛作催化剂，甲醇和氨发生反应生成一甲胺、二甲胺和三甲胺的混合物，经精馏分离可得一甲胺、二甲胺和三甲胺产品。

$$CH_3OH+NH_3 \longrightarrow CH_3NH_2+H_2O$$

$$2CH_3OH+NH_3 \longrightarrow (CH_3)_2NH+2H_2O$$

$$3CH_3OH+NH_3 \longrightarrow (CH_3)_3N+3H_2O$$

5. 脱水反应

甲醇在高温和酸性催化剂如 ZSM-5、γ-Al_2O_3 作用下分子间脱水生成二甲醚：

$$2CH_3OH \longrightarrow (CH_3)_2O+H_2O$$

6. 裂解反应

在铜催化剂上甲醇可裂解成 CO 和 H_2：

$$CH_3OH \longrightarrow 2H_2+CO$$

若裂解过程中有水蒸气存在，则发生水汽转化反应：

$$CO+H_2O \longrightarrow H_2+CO_2$$

即甲醇水蒸气重整反应：

$$CH_3OH+H_2O \longrightarrow 3H_2+CO_2$$

7. 氯化反应

甲醇和氯化氢在 ZnO/ZrO 催化剂上发生氯化反应生成一氯甲烷：

$$CH_3OH+HCl \longrightarrow CH_3Cl+H_2O$$

氯甲烷和氯化氢在 $CuCl_2/ZrO_2$ 催化剂作用下进一步发生氧氯化反应生成二氯甲烷和三氯甲烷。

$$CH_3Cl+HCl+0.5O_2 \longrightarrow CH_2Cl_2+H_2O$$

$$CH_3Cl_2+HCl+0.5O_2 \longrightarrow CHCl_3+H_2O$$

8. 其他反应

甲醇和异丁烯在酸性离子交换树脂的催化作用下生成甲基叔丁基醚(MTBE)：

$$CH_3OH+CH_2=CH(CH_3)_2 \longrightarrow CH_3-O-C(CH_3)_3$$

甲醇和苯在 3.5MPa、350~380℃反应条件下，在催化剂的作用下可生成甲苯：

$$CH_3OH+C_6H_6 \longrightarrow C_6H_5CH_3+H_2O$$

甲醇在 0.1~0.5MPa、350~500℃条件下，在硅铝磷酸盐分子筛(SAPO-34)催化作用下生成低碳烯烃：

$$CH_3OH \longrightarrow CH_2=CH_2+H_2O$$

$$CH_3OH \longrightarrow CH_2=CH-CH_3+H_2O+H_2$$

在 750℃下、甲醇在 Ag/ZSM-5 催化剂作用下生成芳烃：

$$CH_3OH \longrightarrow C_6H_6+H_2O+H_2$$

在 240~300℃、0.1~1.8MPa 下，甲醇和乙醇在 Cu/Zn/Al/Zr 催化作用下生成乙酸甲酯：

$$CH_3OH+CH_3CH_2OH \longrightarrow CH_3COOCH_3+H_2$$

在 220℃、20MPa 下甲醇在钴催化剂的作用下发生同系化反应生成乙醇：

$$CH_3OH+CO+H_2 \longrightarrow CH_3CH_2OH+H_2O$$

三、甲醇的用途

甲醇是重要的化工原料，甲醇主要用于生产甲醛，其消耗量约占甲醇总量的 30%~40%；其次作为甲基化剂，生产甲胺、甲烷氯化物、丙烯酸甲酯、甲基丙烯酸甲酯、对苯二甲酸二甲酯等；甲醇羰基化可生产醋酸、醋酐、甲酸甲酯、碳酸二甲酯等。其中甲醇低压羰基化生产醋酸，近年来发展很快。随着碳一化工的发展，由甲醇出发合成乙二醇、乙醛、乙醇等工艺正在日益受到重视。甲醇作为重要原料在敌百虫、甲基对硫磷、多菌灵等农药生产中，在医药、染料、塑料、合成纤维等工业中有着重要的地位。甲醇还可经生物发酵生成甲醇蛋白，用作饲料添加剂。

甲醇不仅是重要的化工原料，而且还是性能优良的能源和车用燃料。它可直接用作汽车燃料，也可与汽油掺和使用，它可直接用于发电站或柴油机的燃料，或经 ZSM-5 分子筛催化剂转化为汽油，它可与异丁烯反应生成甲基叔丁基醚，用作汽油添加剂。

(1)碳一化工的支柱。在 20 世纪 70 年代，随着甲醇生产技术的成熟和大规模生产，甲醇化学首先发展。中东、加拿大等天然气产量丰富的国家，由于天然气制甲醇的能力提高，导致大量甲醇进入市场；英国 ICI 公司与德国 Lurgi 公司低压甲醇技术得到推广；美国孟山都公司甲醇低压羰基化生产醋酸的技术取得突破，获得工业应用；美国 Mobil 公司用 ZSM-5 催化剂成功地将甲醇转化为汽油。这样一系列原来以乙烯为原料的有机化工产品可能转变为由甲醇获得，甲醇成了碳一化工的支柱。

(2)新一代燃料。甲醇是一种易燃液体，燃烧性能良好，辛烷值高，抗爆性能好，在开发新燃料的过程中，自然成为重点开发对象，被称为新一代燃料。甲醇可以掺烧汽油，纯甲醇可用于汽车燃料，甲醇可制汽油，甲醇可制甲基叔丁基醚。

(3)有机化工的主要原料。甲醇进一步加工可制得甲胺、甲醛、甲酸及其他多种有机化工产品。国内已有成熟生产工艺的甲醇作为原料的一次加工产品有甲胺、甲醛、甲酸、甲醇钠、氯甲烷、甲酸甲酯、甲酰胺、二甲基甲酰胺、二甲基亚砜、硫酸二甲酯、亚磷酸三甲酯、氟氯乙烯、丙烯酸甲酯、甲基丙烯酸甲酯、氯甲酸甲酯，氯乙酸甲酯、二氯乙酸甲酯、氯甲醚、羰丙基甲醚、羰乙基甲醚、二甲醚、环氧化乙酰蓖麻油酸甲酯、二甲基二硫代磷酸酯、十一烯酸、氨基乙酸、月桂醇、聚乙烯醇等。国内正在努力开发即将投入生产的甲醇系列有机产品有醋酸、醋酐、碳酸二甲酯、溴甲烷、对苯二甲酸二甲酯、甲硫酸、乙二醇等。

目前，甲醇制烯烃越来越受到重视。甲醇制烯烃装置是将甲醇转化为烯烃，并分离出单体乙烯、丙烯和丁烯等产物，供下游装置使用。近年来甲醇制烯烃(MTO 和 MTP)技术已经成为国内外碳一化工的热点，是世界上工业化前景最为乐观的新型烯烃技术路线。其巨大的发展潜力已经引起国内外的广泛关注，尤其是对于石油资源缺乏、煤炭资源丰富的我国有十分重要的意义。

(4)精细化工与高分子化工的重要原料。甲醇作为重要的化工原料，在农药、染料、医药、合成树脂与塑料、合成橡胶、合成纤维等工业中得到广泛的应用。

(5)物化工制单细胞蛋白。甲醇蛋白是一种由单细胞组成的蛋白，它以甲醇为原料，作为培养基通过微生物发酵而制得。由于工业微生物技术的发展，以稀甲醇为基质生产甲醇蛋白的工艺在国外已工业化，大型化装置已投产，在国内也正在研究开发。我国饲养业对蛋白质需求量很大，发展甲醇蛋白是很有前途的。

第二节 甲醇合成的基本原理

一、化学反应

合成甲醇的主要化学反应为 CO 和 H_2 在多相铜基催化剂上的反应：

$$CO+2H_2 \rightleftharpoons CH_3OH(g)-90.8kJ/mol$$

反应气体中含有 CO_2 时，发生以下反应：

$$CO_2+3H_2 \rightleftharpoons CH_3OH(g)+H_2O-49.5kJ/mol$$

同时 CO_2 和 H_2 发生 CO 的逆变换反应：

$$CO_2+H_2 \rightleftharpoons CO+H_2O(g)+41.3kJ/mol$$

反应过程中除生成甲醇外，还伴随一些副反应的发生，生成少量的烃，醇，醛，醚，酸和酯等化合物。

1. 烃类

$$CO+3H_2 \rightleftharpoons CH_4+H_2O$$
$$2CO+2H_2 \rightleftharpoons CH_4+CO_2$$
$$CO_2+4H_2 \rightleftharpoons CH_4+2H_2O$$
$$2CO+5H_2 \rightleftharpoons C_2H_6+2H_2O$$
$$3CO+7H_2 \rightleftharpoons C_3H_8+3H_2O$$
$$nCO+(2n+1)H_2 \rightleftharpoons C_nH_{2n+2}+nH_2O$$

2. 醇类

$$2CO+4H_2 \rightleftharpoons C_2H_5OH+H_2O$$
$$3CO+3H_2 \rightleftharpoons C_2H_5OH+CO_2$$

$$3CO+6H_2 \rightleftharpoons C_3H_7OH+2H_2O$$

$$4CO+8H_2 \rightleftharpoons C_4H_9OH+3H_2O$$

$$CH_3OH+nCO+2nH_2 \rightleftharpoons C_nH_{2n+1}CH_2OH+nH_2O$$

3. 醛

$$CO+H_2 \rightleftharpoons HCHO$$

4. 醚类

$$2CO+4H_2 \rightleftharpoons CH_3OCH_3+H_2O$$

$$2CH_3OH \rightleftharpoons CH_3OCH_3+H_2O$$

5. 酸类

$$CH_3OH+nCO+(2n-2)H_2 \rightleftharpoons C_nH_{2n+1}COOH+(n-1)H_2O$$

6. 酯类

$$2CH_3OH \rightleftharpoons HCOOCH_3+2H_2$$

$$CH_3OH+CO \rightleftharpoons HCOOCH_3$$

$$CH_3COOH+CH_3OH \rightleftharpoons CH_3COOCH_3+H_2O$$

$$CH_3COOH+C_2H_5OH \rightleftharpoons CH_3COOC_2H_5+H_2O$$

7. 元素碳

$$2CO \rightleftharpoons C+CO_2$$

这些副反应的产物还可以进一步发生脱水、缩合、酰化或酮化等反应，生成烯烃、酯类、酮类等副产物。当催化剂中含有碱类化合物时，这些化合物的生成更快。副产物不仅消耗原料，而且影响甲醇的质量和催化剂的寿命。特别是生成甲烷的反应为一个强放热反应，不利于反应温度的操作控制，而且生成的甲烷不能随着产品冷凝，甲烷在循环系统中循环，更不利于主反应的化学平衡和反应速率。

甲醇合成反应有如下四个特点：

(1)放热反应。甲醇合成是一个可逆放热反应，为了使反应过程能够向着有利于生成甲醇的方向进行、适应最佳温度曲线的要求，以达到较好的产量，要求采取措施移走热量。

(2)体积缩小反应。从化学反应可以看出，无论是CO还是CO_2分别与H_2合成CH_3OH，都是体积缩小的反应，因此压力增高，有利于反应向着生成CH_3OH的方向进行。

(3)可逆反应。即在CO、CO_2和H_2合成生成CH_3OH的同时，甲醇也分解为CO_2、CO和H_2，合成反应的转化率与压力，温度和氢碳比$f=(H_2-CO_2)/(CO+CO_2)$。

(4)催化反应。在有催化剂时合成反应才能较快进行，没有催化剂时即使在较高的温度和压力下，反应仍极慢地进行。

二、甲醇合成的工艺条件

(一)温度对甲醇合成反应的影响

甲醇的合成反应是一个可逆放热反应。从化学平衡考虑，随着温度的提高，甲醇平衡常数数值将为降低。但从反应速度的观点来看，提高反应温度，反应速度加快，因而存在一个最佳温度范围。对不同的催化剂，使用温度范围是不同的。因此，选择合适的操作温度对CH_3OH的合成至关重要。

一般Zn-Cr催化剂的活性温度为350~420℃，铜基催化剂的活性温度为200~290℃。对每种催化剂在活性温度范围内都有适当的操作温度区间，如Zn-Cr催化剂的370~380℃左右，铜基催化剂为250~270℃左右，但不能超过催化剂的耐热允许温度，对于铜基催化剂一般不超过300℃。

实际生产中为保证催化剂有较长的使用寿命和尽量减少副反应，应在确保甲醇产量的前提下，根据催化剂的性能，尽可能在较低温度下操作(在催化剂使用初期，反应温度宜维持较低的数值，随着使用时间增长，逐步提高反应温度)。例如，冷管型CH_3OH合成塔，铜基催化剂的使用可控制在230~240℃，热点温度为260℃左右，后期可控制床层温度270~280℃，热点温度为290℃左右。

另外，甲醇合成反应温度越高，则副反应增多，生成的粗甲醇中有机杂质等组分的含量也增多，给后期粗甲醇的精馏加工带来困难。

(二)压力对甲醇合成反应的影响

甲醇的合成反应是一个体积收缩的反应，增加压力反应向生成甲醇的方向移动；从动力学考虑，增加压力，提高了反应物分压，加快了反应的进行；另外，提高压力也对抑制副反应，提高甲醇质量有利。所以，提高压力对反应是有利的。

不同类型的催化剂对合成压力有不同的要求。如Zn-Cr催化剂由于其活性温度较高(350~420℃)，要实现CH_3OH合成必须在25MPa以上，因此，Zn-Cr催化剂的操作压力一般要求为25~35MPa；而铜基催化剂由于其活性温度为230~290℃，甲醇合成压力也要求较低，采用铜基催化剂可在5MPa的低压下操作，但是，压力也不宜过高，否则不仅增加动力消耗，而且对设备和材料的要求也相应提高。

(三)空速对甲醇合成反应的影响

气体与催化剂接触时间的长短，通常以空速来表示，即单位时间内每单位体积催化剂所通过的气体量。其单位是m^3(标)/(m^3催化剂·h)，简写为h^{-1}。

空速是调节甲醇合成塔温度及产醇量的重要手段，影响选择性和转化率，直接关系到催化剂的生产能力和单位时间的放热量。表14-5为空速对一氧化碳转化率和甲醇产量的影响。

表14-5 铜基催化剂上空速与CO转化率、CH_3OH生产能力

空间速度/h^{-1}	CO转化率/%	粗甲醇产量/[m^3/(m^3催化剂·h)]
20000	50.1	25.8
30000	41.5	26.1
40000	32.2	28.4

在甲醇生产中气体一次通过合成塔仅能得到3%~6%的甲醇，新鲜气的甲醇合成率不高，因此，新鲜气必须循环使用。如果采用较低的空速，反应过程中气体混合物的组成与平衡组成较接近，催化剂的生产强度较低，但是单位CH_3OH产品所需循环气量较小，气体循环的动力消耗较低，并且由于气体中反应产物的浓度降低，增大了分离反应产物的费用。

在一定条件下空速增加，气体与催化剂接触时间减少，出塔气体中甲醇含量降低。但由于空速的增加，单位时间内通过催化剂的气体量增加，所以甲醇实际产量是增加的。当空速增大到一定范围时，甲醇产量的增加就不明显了。同时由于空速的增加，消耗的能量也随之加大，气体带走的热量也增加，可以防止催化剂过热。但当气体带走的热量大于反应热时，床层温度会难于维持。

甲醇合成的空速受到系统压力、气量、气体组成和催化剂性能等诸多因素影响。例如，对 $ZnO-Cr_2O_3$ 催化剂，空速控制在 $20000 \sim 40000h^{-1}$；而 $CuO-ZnO-Al_2O_3$ 催化剂则在 $10000h^{-1}$。

(四)气体组成对甲醇合成反应的影响

1. 氢与一氧化碳的比例对甲醇合成反应的影响

甲醇由一氧化碳、二氧化碳与氢反应生成，反应式如下：

$$CO+2H_2 = CH_3OH$$

$$CO_2+3H_2 = CH_3OH+H_2O$$

从反应式可以看出，氢与一氧化碳合成甲醇的物质的量比为 2，与二氧化碳合成甲醇的物质的量比为 3，当一氧化碳与二氧化碳都有时，对原料气中氢碳比(f 或 M 值)有以下两种表达方式：

$$f=(H_2-CO_2)/(CO+CO_2)=2.05\sim2.15$$

$$或\ M=H_2/(CO+1.5CO_2)=2.0\sim2.05$$

不同原料采用不同工艺所制得的原料气组成往往偏离上述 f 值或 M 值。例如，用天然气(主要成分甲烷)为原料采用蒸气转化法所得粗原料气中 H_2 过多，这就要在转化前或转化后加入 CO_2 调节合理的氢碳比。而用重油或煤为原料所制的粗原料气氢碳比太低，需要设置变换工序使过量的 CO 变换为 H_2 和 CO_2，再将过量 CO_2 除去。

在合成时若 CO 含量过高会造成温度不易控制，引起羰基铁在催化剂上的积聚，使催化剂失活。若 H_2 过量，会抑制高级醇、高级烃和还原性物质的生成，提高甲醇的浓度和纯度；同时由于氢导热性好，利于防止局部过热和催化剂床层温度控制生产中合理的氢碳比应比化学计量比略高些，按化学计量比值，f 值或 M 值约为 2，实际控制得略高于 2，即通常保持略高的氢含量。例如，在鲁奇合成流程中，甲醇合成塔入气口 CO 占 10.53%，CO_2 3.16%，H_2 76.40%；在托普索合成流程中，合成循环气中含 CO 5%、CO_2 5%、H_2 90%。

2. 惰性气体含量对甲醇合成反应的影响

甲醇原料气的主要组分是 CO、CO_2、H_2，惰性气体是指氮、氩气及其他不凝性的有机化合物。惰性气体在合成反应器内不参与 CH_3OH 的合成反应，但会在合成系统中逐渐积累而增多。系统中惰性气含量高，相应地降低了 CO、CO_2、H_2 的有效分压，对合成甲醇反应不利，动力消耗也增加。惰性气体来源于原料气及合成甲醇过程的副反应。对于甲醇生产厂家，循环气中惰性气含量会不断累积，需要经常排放一部分气体来维持惰性气的一定含量。

一般控制原则：在催化剂使用初期活性较好，或者是合成塔的负荷较轻、操作压力较低时，可将循环气中惰性气含量控制在 20%~25%；反之，控制在 15%~20%左右。

3. CO_2 与 CO 比例对甲醇合成反应的影响

合成甲醇原料气中应保持一定量的 CO_2，能促进铜基催化剂上甲醇合成的反应速率，适量 CO_2 可使催化剂呈高活性。此外在 CO_2 存在下，甲醇合成的热效应比没有 CO_2 存在时要小，催化床温易于控制，这对防止生产过程中催化剂超温及延长催化剂使用寿命有利。但 CO_2 含量过高，会造成粗甲醇中含水量增多，降低压缩机生产能力，增加了气体压缩和精馏粗醇的能耗。CO_2 在原料气中的最佳含量应根据甲醇合成所用催化剂与甲醇合成操作温度作相应调整。在采用铜基催化剂时，原料气中 CO_2 的含量通常在6%(体积)左右，最大允许 CO_2 含量为12%~15%。

4. 入塔甲醇含量对甲醇合成反应的影响

入塔甲醇含量越低，越有利于甲醇合成反应的进行，也可减少高级醇等副产物的生成。为此，应尽可能降低水冷却器温度，努力提高甲醇分离器效率，使循环气和入甲醇塔的气体中甲醇含量降到最低限。采用低压合成甲醇时，要求冷却分离后气体中的甲醇含量为0.6%左右。一般控制水冷却器后的气体温度在20~40℃。

(五)甲醇合成催化剂对原料气净化的要求

为了延长甲醇合成催化剂的使用寿命，提高粗甲醇的质量，必须对原料气进行净化处理，净化的任务是清除油、水、尘粒、羰基铁、氯化物及硫化物等等，其中特别重要的是清除硫化物。

目前工业合成甲醇广泛采用的催化剂为Cu-Zn-Al系催化剂，该系催化剂活性高、选择性好，但对毒物极为敏感，容易中毒失活，使用寿命往往达不到设计要求。影响其使用寿命的因素很多，如中毒、烧结、污物堵塞孔隙、强度下降等，其中主要影响因素为中毒和烧结。在目前的工艺中，导致甲醇催化剂中毒失活的因素主要集中在以下几个方面：

(1)硫及硫的化合物；

(2)氯及氯的化合物；

(3)羰基金属等金属毒物

(4)微量氨；

(5)油污。

1. 羰基金属化合物

羰基金属化合物种类很多，在合成甲醇工艺中主要是 $Fe(CO)_5$、和 $Ni(CO)_4$、$Fe(CO)_5$、$Ni(CO)_4$ 主要有两种来源：

(1)原料气中CO对设备与管道的腐蚀而形成 $Fe(CO)_5$、$Ni(CO)_4$。

(2)造气过程中原料气中CO与原料中Fe和Ni结合生成的。主要是利用渣油、煤、焦炭为原料制合成气的过程中产生。

羰基金属在甲醇合成催化剂表面受热后极易分解成高度分散的金属铁和镍，逐步被催化剂表面吸附而沉积在催化剂表面上，侵占催化剂活性位，堵塞催化剂的表面和孔隙，导致催化剂中毒、活性下降。

此外，由于Fe、Ni是生成甲烷有效的催化剂，这不仅增加了原料的消耗，而且使反应区的温度剧烈上升，影响了催化剂寿命；羰基铁、羰基镍在催化剂上沉积，导致副反应发生，增加粗甲醇中的杂质含量；粗甲醇中的羰基化合物可与甲醇形成共沸物，从而影响精甲醇质量。我国精甲醇国家标准中对羰基化合物也有严格的控制指标，羰基金属不脱除会直接影响企业的经济效益。

因此，甲醇生产中应严格控制合成气中羰基铁、羰基镍的含量小于0.1μL/L。为此，可在甲醇合成塔前设置羰基金属净化塔，解决羰基金属危害问题，延长甲醇催化剂使用寿命。近年来为了避免羰基金属的生成，采用高铬钢铁素体内管的甲醇反应器，也可防止催化剂中毒及羰基铁生成。

2. 氯及氯的化合物

研究表明对于 Cu-Zn-Al 甲醇催化剂而言，氯的危害比硫的毒害更大，入塔气体中含 0.1μL/L 的氯就会发生明显的中毒。催化剂中 0.01%～0.03% 的吸氯量其活性就会大幅下降。虽然实际生产中氯含量没有硫含量高，但由于其毒性大，累积效应所带来的影响是十分严重的，其对催化剂的危害是不容忽视的。实际生产中的氯主要来源于原料煤、工艺蒸汽、空气和所使用的化工助剂及保温材料。因此，应控制入塔原料气氯含量小于 0.1μL/L。解决原料气中氯的问题行之有效的方法就是采用脱氯剂。

3. 微量氨

当原料气中含有微量氨时，就会在甲醇合成过程中发生胺化反应，生成一甲胺、二甲胺、三甲胺等副产物带入粗甲醇中，由于甲氨类增多，碱值高、杂醇多，增加了粗甲醇精馏的困难，既影响甲醇产品质量又增加了消耗。这使甲醇带有甲胺类化合物特有的鱼腥味，严重降低了甲醇品级。甲胺在精馏中虽然会通过加入氢氧化钠溶解一部分，但仍会有小部分残留在精甲醇中，造成精甲醇中游离碱超标，达不到优等品(<0.0002%)的标准。当有微量水存在时，氨还会与甲醇催化剂中的铜生成铜氨络离子，造成铜的流失，从而导致甲醇催化剂失活。原料气中含有 50～100μL/L 氨时，催化剂活性下降 10%～20%。

4. 油污

油污可堵塞甲醇催化剂的表面和内部孔道，减少催化剂比表面积，从而减少活性中心数目，加之带进的硫、甚至氯进一步导致催化剂中毒失活，油污主要来源于压缩机和循环机的润滑油泄漏。解决油污污染的方法之一是可采用无油润滑的压缩机，还另外有一个简单的方法是在甲醇合成塔前设置一个装填脱油剂的装置。温度提高时可适当提高空速，吸附容量大、使用方便、灵活，可很好地保护甲醇催化剂。

第三节 甲醇合成的工艺流程

一、典型工艺流程

生产甲醇的方法有多种，早期用木材或木质素干馏法制甲醇的方法，今天在工业上已经被淘汰了。氯甲烷水解法也可以生产甲醇，但因水解法价格昂贵，没有得到工业上的应用。甲烷部分氧化法可以生产甲醇，这种制甲醇的方法工艺流程简单，建设投资节省。但是，这种氧化过程不易控制，常因深度氧化生成碳的氧化物和水，而使原料和产品受到很大损失，因此甲烷部分氧化法制甲醇的方法仍未实现工业化。

目前工业上几乎都是采用一氧化碳、二氧化碳加压催化氢化法合成甲醇。典型的流程包括原料气制造、原料气净化、甲醇合成、粗甲醇精馏等工序。图 14-1 为煤制甲醇典型工艺路线图。

甲醇的合成在甲醇合成塔中进行。甲醇合成是可逆放热反应，为使反应过程适应最佳温度，以达到较高的产量，所以要采取措施移走反应热。甲醇的分离采用冷凝分离法，它是利用甲醇在高压下易被冷凝的原理而进行分离的。高压下与液相甲醇呈平衡的气相甲醇含量随温度降低、压力的增高而下降。要使气体循环，必须设置循环机以克服合成回路中的阻力。气体在合成系统内循环是凭借循环压缩机(或在原料气压缩机中设循环段)进行的，由于系统中气体的流速很大，通过设备管道时产生了较大的压力降，由循环压缩机得到了补偿。

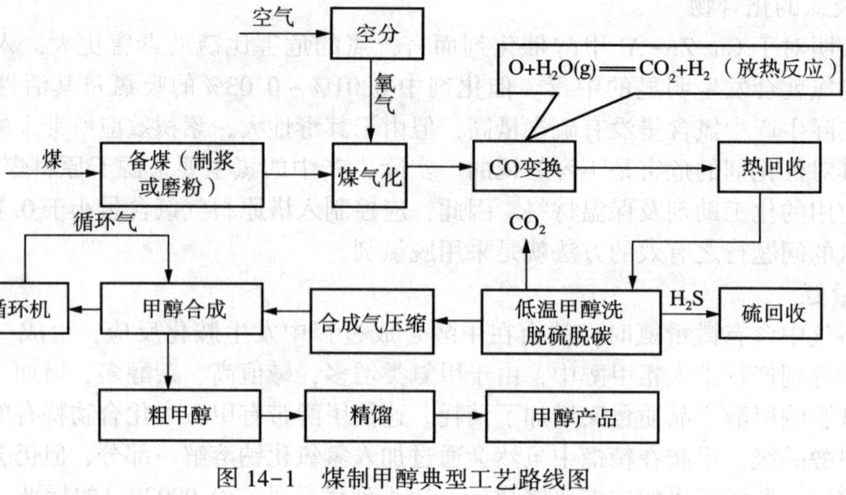

图 14-1　煤制甲醇典型工艺路线图

甲醇合成是可逆强放热反应，受热力学和动力学控制。通常在单程反应器中，CO 和 CO_2 的单程转化率达不到 100%。反应器出口气体中甲醇含量仅为 3%~6%，未反应的 CO、CO_2 和 H_2 需与甲醇分离，然后进一步压缩到反应器中。为了保证反应器出口气体中有较高的甲醇含量，一般采用 30MPa 以上的反应压力。根据操作压力不同又可分为高压法、中压法和低压法生产。

二、高压合成法

高压法是在压力为 30MPa、温度为 300~400℃下使用锌铬催化剂合成甲醇的工艺。高压法甲醇合成工艺流程高压法是指压力在 25~32MPa 下进行的甲醇合成反应。工业上最早的甲醇合成技术就是在 30~32MPa 压力下在锌铬催化剂上合成甲醇的，出口气体中甲醇含量为 3%左右，反应温度为 360~420℃。我国开发了 25~27MPa 压力下在铜基催化剂上合成甲醇的技术，出口气体中甲醇含量 4%左右，反应温度 230~290℃，高压法甲醇合成工艺流高压法合成甲醇的工艺流程图如图 14-2 所示。经压缩后的合成气在活性炭吸附器中脱除五羰基铁后，与循环气一起送入管式反应器中，在 350℃和 30.4MPa(300atm)，一氧化碳和氢通过催化剂层反应生成粗甲醇。含粗甲醇的气体经冷却器冷却后，迅速送入粗甲醇分离器中，使粗甲醇冷凝，未反应的一氧化碳和氢循环回反应器。冷凝的粗甲醇进入精馏装置，在第一分馏塔中分出二甲醚和甲酸甲酯及其他低沸点不纯物；在第二分馏塔里除去水和杂醇得到精甲醇。高压法合成甲醇由于操作压力高，动力消耗大，设备复杂质量差等缺点，正在逐渐淘汰。

三、低压甲醇合成法

低压法是在操作压力为 5MPa，反应温度在 230~270℃范围下，空速 6000~10000h^{-1}，使用铜基低温高活性催化剂生产甲醇的工艺，主要的低压合成法有：4~8MPa 帝国化学公司(ICI)和德国鲁奇(Lurqi)的工艺，国内的 Linde 工艺。

1. ICI 低压甲醇合成工艺流程

ICI 冷激型甲醇合成塔是英国 ICI 公司在 1966 年研制成功的。它首次采用了低压法合成甲醇，合成压力为 5MPa，这是甲醇生产工艺上的一次重大变革。该反应器适于大型化，易于安装维修。

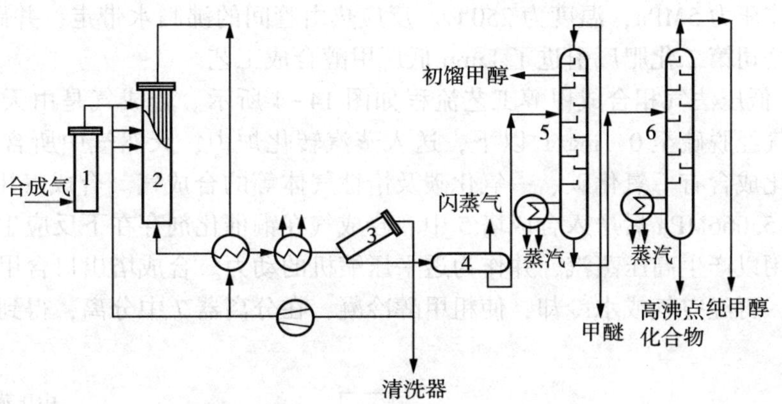

图 14-2　高压法合成甲醇工艺流程图

1—活性炭吸附剂；2—管式反应器；3—粗甲醇分离器；4—粗甲醇储罐；5—粗分离塔；6—精分离塔

ICI 低压甲醇合成工艺流程如图 14-3 所示。合成气经离心式压缩机升压至 5MPa，与循环压缩后的循环气混合，大部分混合气经热交换器预热，于 230~245℃进合成塔，一小部分混合气作为合成塔冷激气，控制床层反应温度。在合成塔内气体在低温高活性的铜基催化剂(ICI51-1 型)上合成甲醇，反应在 230~270℃及 5MPa 下进行，副反应少，粗甲醇中的杂质含量低。合成塔出口气经热交换器换热，再经水冷分离得到粗甲醇，未反应气返回循环机升压，完成一次循环。为了使合成回路中的惰性气体含量维持在一定范围内，在进循环机前释放一股气体作为燃料。粗甲醇在闪蒸器中降压至 0.35MPa，使溶解的气体闪蒸，也作为燃料使用。合成采用 ICI51-1 型铜基催化剂，这是一种低温催化剂，操作温度 230~270℃，可在低压下(5MPa)操作，抑制强放热的甲烷化反应及其他副反应。粗甲醇中杂质含量低，使精馏负荷减轻。另一方面由于采用低压法，使动力消耗减至高压法的一半，节省了能耗。

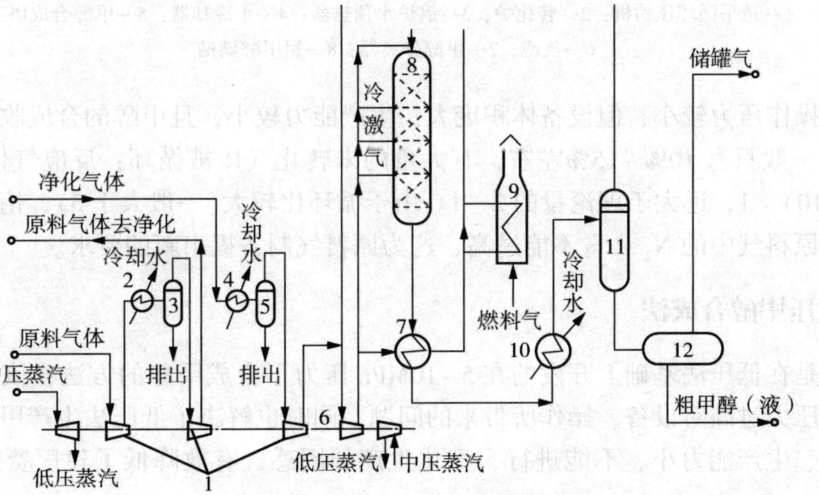

图 14-3　ICI 低压法甲醇合成工艺流程

1—原料气压缩机；2—冷却器；3—分离器；4—冷却器；5—分离器；6—循环气压缩机；
7—热交换器；8—甲醇合成塔；9—开工加热器；10—甲醇冷凝器；11—甲醇分离器；12—中间储槽

2. Lurgi 低压甲醇合成工艺流程

Lurgi 低压甲醇合成工艺是由德国 Lurgi 公司开发的，该流程采用管壳型反应器，催化剂装在管内，操作压力 5MPa，温度为 250℃。反应热由管间的沸腾水带走，并副产中压蒸汽。我国齐鲁石化公司第二化肥厂引进了 Lurgi 低压甲醇合成工艺。

德国 Lurgi 低压法气相合成甲醇工艺流程如图 14-4 所示。合成气是由天然气水蒸气重整制备；天然气经脱硫至 0.1mg/L 以下，送入蒸汽转化炉中，天然气中所含的甲烷在镍催化剂作用下转化成含有一氧化碳、一氧化碳及惰性气体等的合成气。合成气用透平压缩机 4 压缩至 4.053~5.066MPa 后送入合成塔 5 中。合成气在铜催化剂存在下反应生成甲醇。合成甲醇的反应热用以产生高压蒸汽，并作为透平压缩机的动力。合成塔出口含甲醇的气体与混合气换热冷却，再经空气或水冷却，使粗甲醇冷凝，在分离器 7 中分离，得到粗甲醇送入储槽 8。

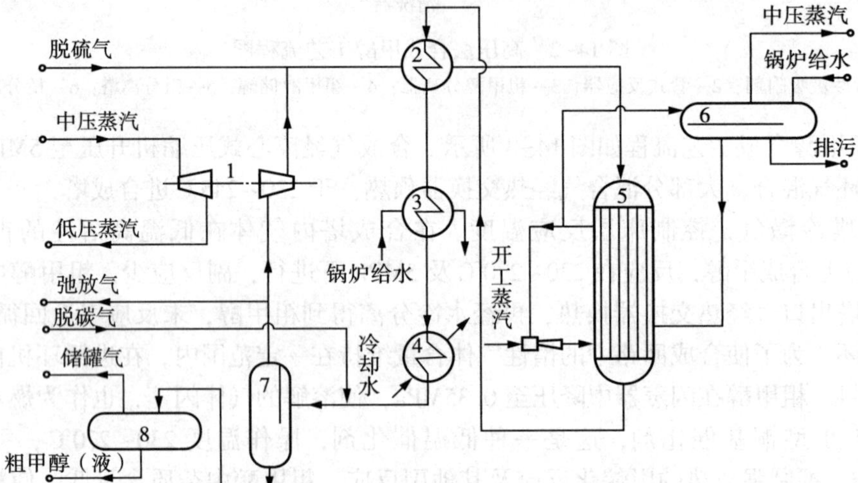

图 14-4　Lurgi 低压法合成甲醇生产工艺流程图

1—透平循环压缩机；2—转化炉；3—锅炉水预热器；4—水冷却器；5—甲醇合成塔；6—气泡；7—甲醇分离器；8—粗甲醇储槽

低压法操作压力较小，但设备体积庞大，生产能力较小，且甲醇的合成收率较低，单程转化率低，一般只有 10%~15%左右，有大量的未转化气体被循环；反应气体的 H_2/CO 比一般为(5~10)：1，远大于理论量的 2：1。由于循环比较大(一般大于 5)，惰性组分有累积效应，新鲜原料气中的 N_2 含量不能过高，这为原料气制备提出新的要求。

四、中压甲醇合成法

中压法是在低压法基础上开发的在 5~10MPa 压力下合成甲醇的方法，该法成功地解决了高压法的压力过高对设备、操作所带来的问题，同时也解决了低压法生产甲醇所需生产设备体积过大、生产能力小、不能进行大型化生产的困惑，有效降低了建厂费用和甲醇生产成本。

中压法合成甲醇的工艺流程图见图 14-5 所示。原料以天然气或石脑油为起始，经过重整转化为合成气。合成气原料在转化炉 1 内燃烧加热，转经压缩与循环气一起，在循环压缩机 5 中预热，然后进入合成塔 8，其压力为 8.106MPa，温度为 220℃。在合成塔里化炉内填充镍催化剂，从转化炉出来的气体进行热量交换后送入合成气压缩机 4，合成气通过催化剂生成粗甲醇。合成塔为冷激型塔，回收合成反应热产生中压蒸汽。出塔气体预热进塔气体，然后冷却，将粗甲醇在冷凝器中冷凝出来，气体大部分循环。粗甲醇在粗分离塔 9 和精制塔 10 中经蒸馏分离出二甲醚、甲酸甲酯及杂醇油等杂质，即得精甲醇产品。

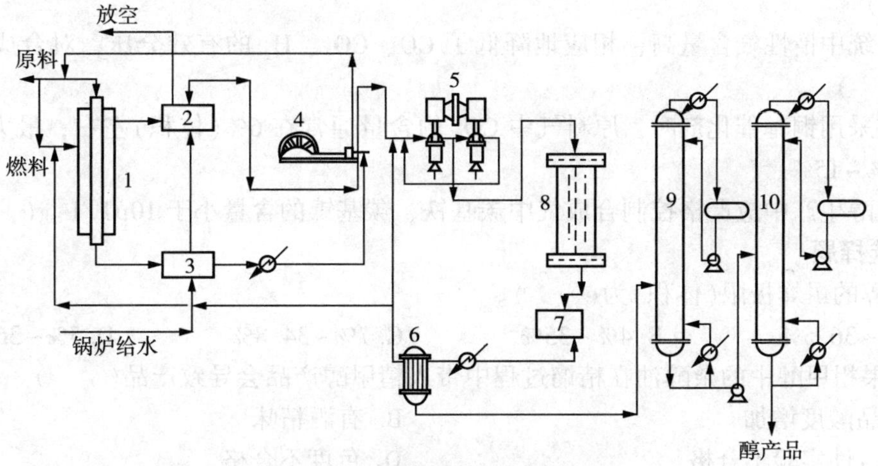

图 14-5　中压法合成甲醇工艺流程图

1—转化炉；2、3、7—换热器；4—压缩机；5—循环压缩机；6—甲醇冷凝器；8—合成塔；9—粗分离塔；10—精制塔

习题与练习

一、填空题

1. 甲醇工业的合成方法有：______，______，______。
2. 甲醇属剧毒化合物，口服______mL 可以引起严重中毒，______mL 以上造成失明，______mL 致人死亡。
3. 合成甲醇的主要化学反应为：______________。
4. 在合成时若 CO 含量过高会造成温度不易控制，引起_______在催化剂上的积聚，使催化剂失活。
5. 导致甲醇催化剂中毒失活的因素主要集中在__________，__________，__________，______，______五个方面。
6. 粗甲醇中所含的杂质有______，______，______，______四类。

二、判断题

1. 皮肤接触甲醇中毒，应脱去被污染的衣着，用肥皂水和清水彻底冲洗皮肤。(　　)
2. 甲醇合成触媒的硫中度是一种累积性中毒，触媒活性随硫化物的增加而下降。(　　)
3. 空速越大，甲醇合成率越高，所以甲醇合成中空速控制得越高越好。(　　)
4. 甲醇合成反应是可逆放热，体积缩小的气相反应。(　　)
5. 粗甲醇浓度越高，越容易提纯精馏。(　　)
6. 温度对触媒活性影响很大，在活性范围内应在尽可能低的温度下工作。(　　)
7. 空速的大小所表达的是催化剂与反应物质的接触时间的长短。(　　)
8. 从热力学分析可知，合成甲醇的反应温度低，所需操作压力也可以低。(　　)

9. 甲醇合成时压力越高越好。(　　)

10. 空速的增加，单位时间内通过催化剂的气体量增加，所以甲醇实际产量是增加的。(　　)

11. 系统中惰性气含量高，相应地降低了 CO、CO_2、H_2 的有效分压，对合成甲醇反应有利。(　　)

12. 在采用铜基催化剂时，原料气中 CO_2 的含量通常在 6%(体积)左右，最大允许 CO_2 含量为 12%~15%。(　　)

13. 甲醇生产中应严格控制合成气中羰基铁、羰基镍的含量小于 10μL/L。(　　)

三、选择题

1. 甲醇的爆炸极限(体积)为(　　)。

A. 6%~36.5%　　B. 4%~35%　　C. 7%~34.8%　　D. 5%~36%

2. 如果粗甲醇中的杂醇油在精馏过程中带入精甲醇产品会导致产品(　　)。

A. 产品酸度增加　　B. 有酒精味

C. 水溶性实验不合格　　D. 色度不合格

3. 对甲醇理化性叙述正确的是(　　)。

A. 有酒精气味，可溶解油类等物质

B. 分子式 CH_3OH 分子量 32.04，沸点比乙醇高

C. 由于其含有羟基和甲基，可进行加成反应

D. 易挥发、易燃、易爆，其中毒表现与甲醛一样

4. 下列不是甲醇合成反应特点的是(　　)。

A. 放热反应　　B. 可逆反应　　C. 体积增大的反应　　D. 催化反应

5. 下列不是甲醇合成原料气有效组分的是(　　)。

A. CO　　B. CO_2　　C. H_2　　D. CH_4

四、简答题

1. 什么是时空产率和氢碳比？
2. 甲醇的毒性有哪些？
3. 甲醇的主要用途有哪些？
4. 甲醇的化学性质有哪些？
5. 目前工业上生产甲醇所采用工艺路线是什么？
6. 目前世界上甲醇生产工艺有哪几种？
7. 简述甲醇合成反应机理。
8. 甲醇反应的影响因素有哪些？
9. 反应温度对甲醇合成有何影响？
10. 空速大小对甲醇合成的影响有哪些？
11. 惰气含量对甲醇合成有何影响？

参 考 文 献

1. 薛荣书，谭世语．化工工艺学(第二版)．重庆：重庆大学出版社，2004.
2. 刘振河．化工生产技术．北京：高等教育出版社，2007.
3. 吴指南．基本有机化工工艺学(修订版)．北京：化学工业出版社，2004.
4. 唐培堃．精细有机合成化学与工艺学．天津：天津大学出版社，1997.
5. 王焕梅．石油化工工艺基础．北京：中国石化出版社，2013.
6. 王焕梅．有机化工生产技术．北京：高等教育出版社，2007.
7. 蔡世干，王尔菲，李锐编．石油化工工艺学．北京：中国石化出版社，1993.
8. 吴志泉，涂晋林．工业化学(第二版)．上海：华东理工大学出版社，2003.
9. 杨西萍．化工反应原理与设备．北京：化学工业出版社，2009.
10. 魏刚．化工分离过程与案例．北京：中国石化出版社，2020.
11. 郁浩然，鲍浪．化工计算．北京：中国石化出版社，1990.
12. 陈滨．乙烯工学．北京：化学工业出版社，1997.
13. 于红军．高分子化学及工艺学．北京：化学工业出版社，2000.
14. 侯文顺．高聚物生产技术．北京：高等教育出版社，2007.
15. 崔克清．化工过程安全工程．北京：化学工业出版社，2002.
16. 李和平．精细化工工艺学(第二版)．北京：科学出版社，2007.
17. 张洁，屈撑屯，李彦．北京：石油工业出版社，2004.
18. 侯侠，王建强，主编．煤化工生产技术，北京：中国石化出版社，2011.